Electric Railway

# 전기철도구조물공학

김양수 · 유해출 · 심규식 공저

# 머리말

우리나라의 전기철도는 1899년 서대문~동대문간에 DC 600[V] 노면전차를 운행한 것이 시초이며, 1973년 청량리~제천간 152[km] 산업선 전철화, 1974년 경인선, 경부선 등 수도권 전철이 교류 25[kV] 방식으로 건설되어 경제개발5개년계획에 맞추어 농경사회에서 산업화 사회로 가는데 있어서 전기철도는 국토의 균형발전과 수송능력 증강, 친환경 에너지 이용 효율 확대, 대기오염 확산 저감과 중장거리 대용량 수송에 적합하고, 안전성(安全性)과 신속성(迅速性), 편의성(便宜性), 정시성(定時性) 등 대중교통 수단으로서의 수송 역할을 다하고 있다.

특히, 2004년에는 서울~동대구간 KTX 고속열차 운행과 2009년 동대구~부산간 KTX 고속열차 운행으로 서울~부산간 최고영업속도 330[km/h]로 세계에서 5번째로 고속철도를 운행하는 국가로 발전하게 되었다. 이후 세계는 속도와의 전쟁에 돌입하여 프랑스(TGV)는 2007년에 574.8[km/h] 고속열차 시운전을 성공적으로 마치었고, 우리나라는 2013년 차세대 고속열차 HEMU 430X 고속열차와 전차선로, 신호시스템을 개발하여 호남선 일부 구간에서 421.3[km/h] 시운전에 성공하였다.

2021년 7월에 발표한 제4차 국가철도망구축계획에는 국민이 원하는 경쟁력이 있고 국가 균형 발전을 선도하고 그린 모빌리티의 중심이 되는 철도를 목표로 7개의 추진과제를 선정하였다.

먼저 선로용량 부족 해소 및 기존 노선을 급행화하는 철도운영 효율성 제고, 주요 거점간 고속연결, 비수도권 광역철도 확대, 수도권 교통혼잡 해소, 산업발전 기반 조성 등이 주요 추진과제이다.

이러한 추진과제를 성공적으로 수행한다면 향후 철도영업거리는 연장 125[%](2019년 4,274[km] → 2030년 5,341[km]) 증가, 철도 수송분담율도 5.5[%](2019년 11.5[%]→ 2030년 17[%]) 증가할 전망이다.

따라서 철도영업거리와 철도 수송분담율이 증가하면 전기철도의 전철화율도 2022.1. 현재 78.2[%]에서 2030년에는 85[%] 이상 상회할 수 있을 것으로 전망된다.

또한 경인선, 경부선, 과천선, 일산선, 분당선 등은 시설물의 노후화로 개량 사업이 부분적으로 시행되고 있지만 전기철도 시설물의 전반적인 개량이 필요한 시점에 전기철도 시설물 정밀안전진단 및 성능평가 용역이 금년부터 국가철도공단과 한국철도공사에서 발주하고 있어 정밀안전진단과 성능평가 부분에 전기철도구조물이 포함되므로 전기철도구조물공학의 기본서를 충분히 이해하고 전철전력시설물 정밀안전진단 및 성능평가 용역에 참여한다면 많은 도움이 되리라 생각된다.

전기철도 구조물은 일반의 토목, 건축의 구조물과 사용목적과 용도가 다른 전기철도의 전철전원공급 설비를 구성하는데 있어 각종 전선 및 그 부속물(설비,장치 등) 등을 지지하는 철강, 콘크리트 구조물을 열차가 운행하는 선로 주변 또는 상부에 설치하는 것으로 전기철도 안전운행과 직결되는 매우 중요한 설비이다.

본서는 1999년 전기철도분야의 국가기술자격 종목이 신설되면서 본서를 출간하는데 있어 국내 기술자료의 부족으로 주로 외국의 선진 기술자료와 국내의 일반 구조역학 문헌들을 참고로 하여 많은 부분을 인용하다보니 내용상의 부족한 점과 용어에 대한 이해도가 떨어지므로써 본서를 가지고 국가기술 자격시험을 준비하는 수험생과 전기철도 관련 실무자, 전기철도를 이해하려는 분들이 쉽게 접근하지 못하는 어려운 학문으로 인식되고 있었다.

이러한 환경에서 23년이 지난 현재 전기철도 관련 법, 규정, 지침 등의 개정과 용어의 정의, 용어의 순화 등을 좀 더 알기 쉽게 바꾸면서 현실성과 시대성에서 맞지 않는 내용들이 있어 이를 보완 · 개정하고자 국가철도공단의 설계지침 및 편람(KR CODE 2012)과 전기철도기술사 회원님 들께서 기술사 수험 준비, 현장 실무를 통해 주신 많은 의견을 수렴하여 본서에 반영하였다.

특히, 각 장별로 학습목표와 핵심정리를 통하여 좀 더 알기쉽고 중요도와 집중력을 높일 수 있도록 구성하였고, 끝 부분에는 본서의 핵심 Key Word를 쉽게 찾을 수 있도록 찾아보기(색인목록)를 추가로 구성하였고, 부록에 있는 전철설비 표준기호(symbol)와 표준도가 그동안 많이 개정 보완되어 최근 업그레이드된 자료를 뒷부분에 넣었다.

수 많은 세월동안 한번도 개정판을 출간하지 못했기에 교재의 전반적인 틀은 유지하면서 현실성과 시대성에 맞추는데 주안점을 두었으며, 앞으로 계속 전기철도 구조물에 대한 내용의 수정 · 보완에 최선을 다할 것을 다짐하며 독자 여러분의 많은 이해와 조언 및 지도편달을 바라마지 않는다.

끝으로 본서의 내용과 편집면에서 참고가 된 여러 문헌들의 저자분들께 감사드리며, 저자로 하여금 이 책을 개정할 수 있도록 격려하고 지도하여 주신 한국전기철도협회 김양수 회장님(본서 저자)과 이유경 부회장님, 한국전기철도기술사 회원님, 이 책을 개편하여 출간되도록 많은 수고를 해주신 동일출판사 임직원들께 감사의 뜻을 표한다.

김양수, 유해출, 심규식 배

# 차 례

**Chapter 1**
**전기철도구조물 일반**



**Chapter 2**
**힘과 구조물**

Chapter 3
**응력과 변형도**

Chapter 4

부재(部材) 단면의 성질

**Chapter 5**

**전기철도구조물의 설비**



**Chapter 6**

**전기철도구조물의 설계**

Chapter

# 1 전기철도구조물 일반

학습목표

- 전기철도구조물의 정의와 종류에 대하여 간단하게 알아 보고 자세한 내용은 제5장 전기철도 구조물의 설비에서 다루도록 한다.
- 전기철도구조물 설계시 기상(기온, 바람, 눈)의 적용에 대하여 이해할 수 있다.
- 전기철도구조물에 가해지는 하중의 종류, 적용에 대하여 이해할 수 있다.
- 전기철도구조물에 사용하는 재료(강재)에 대하여 이해할 수 있다.

## 1 구조물의 정의

전기철도에서 「구조물」은 변전설비와 전차선로설비를 구성하며, 각종 전선과 그 부속물(장치,설비) 등을 지지하는 설비를 말한다.

전기철도 「구조물」은 그 특성상 열차가 운행하는 선로 주변과 상부에 시설되어 전기차(EL, EC, KTX 등)를 안전하게 운행하도록 하여야 하는 특수한 목적의 구조로 되어 있기 때문에, 이에 대한 설계 및 시공에 있어서는 철도공학적인 이론과 관련 규정, 편람 등의 기초 위에서 해석되어져야 할 것이다.

전기철도 구조물에 대한 기본적인 조건으로 고려하여야 할 것은 먼저 전기철도 구조물의 가장 큰 목적은 전기차를 안전하게 운행하기 위한 설비이기 때문에 모든 구조물은 강도, 수명이 상호 보완될 수 있도록 내부식성이 우수하고 유효수명(내용년수)이 길며, 열차의 진동에 따른 풀림 등이 없는 재질과 설비를 갖고 강도에 견딜 수 있어야 하며, 전기차의 안전운행을 위한 설비로서 충분한 보안도와 신뢰도를 확보할 수 있어야 한다. 또한, 경제성이 있고 시공의 편의성과 향후 유지보수의 측면에서 구조물의 간소화와 표준화가 되어 있어야 한다.

# 2 구조물의 종류

## 2.1 | 전철주

전철주는 가공전차선로를 지지 또는 인류하기 위한 설비를 말하며, 가동브래킷, 빔, 지선 등과 조합해서 사용하며 콘크리트전주, 철주(조립철주, H형강주, 강관주), 목주 등이 있다.

### (1) 콘크리트전주

콘크리트전주는 사용할 목적에 따라서 1종과 2종으로 구분하며 1종은 주로 송전, 배전, 통신, 신호용에 사용되고 2종은 전차선로에 사용되고 있었다.

1970년대 초 수도권과 산업선 전철화 건설시 가공전차선로에 사용한 전주는 철근에 인장을 걸어 원심력을 이용하여 제작된 철근콘크리트전주(프리텐션 콘크리트전주)를 사용하였으나 현재는 사용하지 않고 있으며, 전차선로 사고・장애시 임시설비용 전철주로 사용되고 있다.

### (2) 철주

철주는 전선의 수평장력이나 빔의 중량, 기타 풍압에 대하여 강도가 약한 개소, 선로와 선로의 사이가 협소하여 건축한계에 지장을 주는 개소, 교량난간 등에 건식하는 경우에는 조립철주나 H형강주, 강관주 등의 철주를 주로 사용하고 있다.

### (3) 목주

목주는 부식 때문에 지지물의 강도가 저하되므로 다른 지지물에 비해서 신뢰성이 낮고, 또한 화재에 대해 약하다고 할 수 있다. 목주는 방식처리(주로 크레소드 주입)를 확실하게 하고 목재의 품질이 우수한 것을 사용한다면 30년 이상 사용이 가능하나, 현재는 전차선로 사고・장애시 빔 등의 구조물 버팀용(임시 가설비)으로 사용되고 있다.

## 2.2 | 전철주기초

전철주를 선로의 노반 또는 교량의 콘크리트 구조물에 고정시키기 위한 설비를 말하며 전철주기초에는 근가기초, 쇄석기초, 콘크리트기초, 특수기초 등이 있다.

### (1) 근가기초

전철주를 고정시키기 위하여 근가를 사용하는 기초로서 목주와 초기의 콘크리트전주에 사용되었던 방식이다. 현재에는 거의 사용하지 않고 임시 가설비에 사용하고 있는 정도이다.

### (2) 쇄석기초

전주 지름의 2배 정도 원형구멍을 굴착한 후 전주가 침하(沈下)되지 않도록 철근콘크리트제의 바닥판을 여러 개 깔고 그 위에 전주를 수직으로 세운 다음 굴착한 구멍과 전주의 공간을 쇄석(부순 돌)과 토사를 채워 넣는 기초를 말하며, 비교적 지반이 단단한 장소에 사용한다.

### (3) 콘크리트기초

전철주의 대표적인 기초이며 콘크리트를 타설하여 전주를 기초 위에 고정시키는 것으로 콘크리트기초의 형상에 따라 I형기초와 T형기초로 분류하고 있으며, T형기초는 하중에 대하여 지내력이 부족하여 침하현상을 보강하기 위하여 노반의 쌓기 개소, 갯벌 매립개소 등에 시공한다.

또한 전철주기초를 시공하는 방법에 있어 기계화 시공(전주기초 굴삭장비: 트리콘 빗트, 햄머 비트 방식)시는 원형기초로, 인력 터파기 시에는 사각기초의 형태로 시공하고 있다.

### (4) 특수기초

기초의 설치 개소가 특수한 개소일 때 사용되는 기초를 말하며 특수기초에는 앵커볼트기초, 우물통기초, 푸팅기초, 중력형블럭기초, Z형기초, H형기초, 투입식기초, 항기초 등이 있다.

## 2.3 | 빔(Beam)

전철주와 조합하여 전차선과 급전선(부급전선), 보호선 등을 지지하기 위한 철(강) 구조물을 말하며 고정식, 스팬선식이 있다.

### (1) 고정식

궤도의 한쪽 또는 양쪽에 전주를 세우고 궤도와 직각 방향으로 강재를 조합한 브래킷 또는 빔을 설치하여 이것에 전차선을 조가하는 방식을 고정식이라 말한다. 고정식에는 고정브래킷, 크로스빔, 문형고정빔(평면빔, V빔, 사각빔, 강관빔 등) 등이 있다.

### (2) 스팬선식

고정식 문형빔 대신에 전선(스팬선)을 양측 전철주 경간에 가선하고 이것에 전차선을 조가하는 방식을 스팬선식이라 말한다. 스팬선식에는 스팬선에 직접 전차선을 조가하는 단(單)스팬선빔방식과 주(主)스팬선과 보조(補助) 스팬선을 이용한 방식의 스팬선빔방식이 있으며, 또 역구내 분기개소 등에서 사용되는 것으로 문형빔 하부에 스팬선을 설치하여 전차선을 조가하는 빔하(下)스팬선방식이 있다. 이 외에도 차량기지 등에서 빔하스팬선 대신에 ㄴ형강을 사용하는 가압빔방식이 있다.

## 2.4 | 가동브래킷

브래킷트를 선로방향에 대하여 90° 회전 가능한 구조로 설치하여 전차선과 조가선을 지지해 주는 역할을 한다. 브래킷트는 전철주와 접합되는 부분을 회전축으로 해서 브래킷 본체가 좌・우로 자유롭게 회전할 수 있는 구조로 되어 있기 때문에 “가동브래킷”이라고 부르고 있다. 가동브래킷은 역간의 단독주에 사용되며 역구내에는 고정빔과 조합하여 사용한다.

## 2.5 | 지선(支線)

전차선, 급전선 등의 인장력 또는 수평장력이 작용하는 전주에 취부하는 것으로 그 인장력 또는 수평장력에 의하여 전주가 경사 또는 구부러지지 않도록 하기 위한 설비를 지선(支線)이라 한다.

### (1) 단지선

보통지선이라고 부르는 것으로 일반적이고 기본적인 지선이다.

### (2) V지선

상부는 2개의 지선(또는 원형 봉강)을 지선밴드에 취부하고, 하부는 지선기초에 고정하는 것으로 정면에서 보면 형상이 V형으로 시설된 지선으로 저속철도 simple catenary 가선방식의 전차선 인류용으로 가장 많이 사용되고 있고, 전차선로용 지선의 대표적인 것이다.

### (3) 2단지선

단지선 또는 V지선을 상・하 방향으로 2개 시설하는 방식으로 고(高)장력이 요구되는 고속철도의 Heavy simple(compound) catenary 가선방식의 전차선 인류용으로 사용하고 있다.

(4) **수평지선**

직접 지선을 시설하기가 불가능한 경우 지선이 있는 인접한 전주까지 수평으로 지선을 설치하거나 별도로 적당한 위치에 지선용 전주를 세우고 전주간에 수평으로 지선을 취부한 것을 말한다.

(5) **궁형지선**

전주와 가까운 곳에 지선용근가를 시설해서 지선을 궁형으로 취부하여 전철주의 구부러짐을 보완하여 주는 지선으로 특수한 경우에만 사용된다. 일명 궁지선이라고도 한다.

### 2.6 | 완철(腕鐵)

전주 또는 고정빔 등에 취부하여 급전선, 부급전선, 보호선 등을 지지 또는 인류하기 위한 구조물을 완철(腕鐵)이라 한다.

### 2.7 | 하수강(下垂鋼), 평행틀

(1) **하수강**

전주의 건식이 곤란한 개소에서 고정빔이나 터널의 천정에서 아래로 가동브래킷, 곡선당김장치 등을 지지하기 위한 지지물을 「하수강」이라 한다.

(2) **평행틀**

전차선로의 에어섹션, 에어조인트 등 평행개소(over lap)에는 1본의 전주에 2개(고속선은 3개도 있음) 이상의 가동브래킷을 지지하기 위한 강재 구조물을 「평행틀」이라 한다.

## 3 기상의 적용

전기철도 구조물은 예상되는 최대풍압하중과 전선 등에 의한 장력에 대하여 구조물이 충분히 견딜 수 있는 강도(强度)를 가지도록 설계되어야 한다. 특히 전차선로 구조물은 열차가 운행하는 선로변 또는 상부에 설치되므로 풍압 등에 의하여 전차선이 기울어지거나 구조물이 변형되는 경우에도 팬터그래프가 전차선에서 벗어나지 않도록 편위와 이

선율을 감안하여 설계되어야 한다. 또한, 전기철도 구조물을 설계할 때에는 설치개소에서의 최대풍속, 최저온도, 최대적설량 및 그 시기 등의 기상조건이 가장 중요한 조건이 되므로 기온・풍속・빙설부착 등 그 지역의 환경에서 충분히 견딜 수 있는 강도를 가져야 한다.

## 3.1 | 기온(氣溫)

전차선로의 설계에 대하여 중요한 것 중 하나는 온도변화에 따른 전선의 이도(弛度)와 장력(張力)의 관계이다. $D=WS^2/8T$, 또는 $D=SWS^2/8T$으로 계산하기 때문에 이도($D$)를 크게 하면 장력($T$)이 감소하고, 전선의 인장하중에 대한 안전율($S$)이 증가한다. 그러나 불필요하게 이도를 크게 하면 전선의 지표상 제한높이를 유지하기 위해서는 지지물을 높게 하여야 하므로 경제적으로 손실이 된다. 그러나 이것은 단순히 경제적인 문제만이 아니라 바람에 의한 수평진동으로 선간단락・지락사고 등이 발생할 수 있으며 빙설에 의한 진동 등으로도 사고가 발생될 수 있기 때문이다.

이와 반대로 장력($T$)을 너무 크게 하면 전선의 인장하중에 대한 안전율($S$)은 감소하지만 기온의 저하, 빙설의 부착 등에 따라 장력($T$)이 증가하게 되어 전선의 탄성한도를 넘으면 단선되게 된다. 이와 같이 온도변화가 이도($D$)・장력($T$)에 크게 변화를 주기 때문에 설계시 기온을 설정하는 방법과 온도변화 범위의 적용은 매우 중요하다.

이 때문에 우리나라 전차선로 설계・시공표준에서 설계할 때 적용하는 표준온도 및 최고・최저온도를 표 1.1과 같이 내륙과 해안, 터널로 구분하여 적용하고 있다. 참고로 일본에서는 국토면적이 넓고 지역에 따라 온도의 차이가 많으므로 각 지역의 기온기록 등을 참고로 해서 평균기온을 15[℃] 부근, 10[℃] 부근, 그 이하의 3단계로 나눠 지구별로 표 1.2와 같이 표준온도 및 최고・최저온도를 정하고 있다.

**표 1.1 표준온도 및 최고・최저온도(우리나라)**

| 구분 | 최저온도[℃] | 표준온도[℃] | 최고온도[℃] |
|---|---|---|---|
| 내륙 | −25 | 10 | 40 |
| 해안 | −20 | 15 | 40 |
| 터널 | −5 | 15 | 30 |

▸ 참고자료 KR CODE 2012(국가철도공단) KR E−01030

표 1.2 표준온도 및 최고·최저온도(일본)

| 온도구분 | 최저온도 | 표준온도 | 최고온도 |
|---|---|---|---|
| A 지구 | −10[℃] | 15[℃] | 40[℃] |
| B 지구 | −20[℃] | 10[℃] | 40[℃] |
| C 지구 | −40[℃] | 5[℃] | 40[℃] |

## 3.2 | 바람

바람의 세기는 역학적으로 반복하는 하중으로서 구조물이나 전선의 강도 또는 전차선의 기울기에 영향을 미치므로 구조물 설계의 기초적 조건이 된다. 전기철도 구조물의 설계에 적용하는 풍속은 최대풍속과 운전 가능한 최대풍속이 있다.

구조물의 강도계산에서 예상되는 기상조건과 바람에 의한 구조물의 변형과 전차선의 기울기를 계산하는 경우의 기상조건은 갑종풍압하중, 을종 및 병종풍압하중으로 구분하여 적용하고 있다.

갑종풍압하중은 여름철 고온계(태풍) 하중으로 그 지역의 표준온도를 적용하고 을종 및 병종풍압하중은 겨울철 저온계 하중으로 −5[℃]와 그지역의 최저온도를 적용한다.

을종풍압하중은 비중 0.9의 빙설이 전선류의 주위에 6[mm]의 두께로 부착한 경우를 예상하여 이것에 갑종풍압하중의 1/2의 풍압하중을 적용한다. 빙설이 부착되거나 갑종풍압하중의 1/2의 풍압하중이 가해진 정도의 바람이 부는 경우 기온은 그다지 저하하지 않으므로 이때의 기온은 일률적으로 −5[℃]로 한다.

병종풍압하중은 도심지에 눈이 그다지 많이 오지 않고 풍속이 감속되기 쉬운 지역에 적용하는 것이므로 전차선로에 적용하는 경우는 겨울철의 계절풍으로 하여 적용한다. 이 경우는 을종풍압하중과 같이 전선류에 빙설이 부착되는 것을 고려하지 않는 대신에 온도가 저하된다는 조건에서 병종풍압하중은 갑종풍압하중의 1/2로 하며 그 지역의 최저온도를 적용한다.

### (1) 최대풍속

구조물의 강도계산에는 최대풍속을 적용하고 있다. 구조물의 강도계산에서 최대풍속의 값을 크게 하여 설계하면 구조물이 안전하겠지만 건설비는 늘어나게 된다. 따라서 강도계산에 사용되는 최대풍속을 결정하는 방법은 그 풍속이 발생한 빈도와 그 풍속에 견디는 응력, 구조물의 건설비 및 구조물이 파괴된 경우 운전에 미치는 영향과 복구비 등을 고려하여 결정하게 된다.

그리고 풍속조건은 그 지역의 최근 40년간의 최대풍속(10분 평균값)의 기록중에서 1번째 ~ 3번째 순위에 있는 풍속의 평균값을 기준으로 하거나, 다음 표의 값에 따른다. 터널은 최대풍속을 40[m/s]로 적용한다.

표 1.3 최대풍속의 적용

| 지표면으로부터 높이 | 일반지구 (m/s) | 해안지구 (m/s) |
|---|---|---|
| 10[m] 이하 | 35 | 40 |
| 20[m] 이하 | 40 | 45 |
| 30[m] 초과 | 45 | 50 |

▸ 참고자료 KR CODE 2012(국가철도공단) KR E-01030

### (2) 운전 가능한 최대풍속

바람의 영향이 강하면 전차선이 기울어지는 현상이 발생하게 되는데 이때 전차선이 전기차의 집전장치(팬터그래프)에서 이탈(이선)하게 되므로 열차운전이 불가능하게 된다. 이와 같이 전차선의 기울기는 팬터그래프의 유효폭 및 그 동요량과 같이 전차선로 지지물 경간의 최대한도를 결정하는 중요한 요소가 된다. 그러므로 전기철도 구조물을 설계할 때에는 이와 같은 바람의 영향에 의한 기울기 등을 고려한 순간풍속을 적용함으로써 안전하게 집전될 수 있도록 하여야 하며, 이 때의 풍속을 열차운전이 가능한 최대풍속이라고 한다.

### (3) 설계에 적용하는 풍속

강도계산을 위하여 적용하는 풍속은 각종 지형에 따른 풍속의 변화를 고려하여야 하기 때문에 표 1.4와 같이 일반개소와 특수개소로 구분하여 강도계산상 적용하는 최대풍속과 전차선의 기울기를 계산할 때의 순간풍속을 별도로 정하여 사용하고 있다.

일반개소(일반평지 및 이것에 준하는 지형)는 고온계절(4월부터 11월까지)을 적용하여 최대풍속을 40[m/s]로 하여 계산하고, 전차선의 기울기를 계산할 때에는 순간풍속을 30[m/s]로 하고 있다.

특수개소(3[m] 이상의 제방, 교량 위, 산, 계곡 등 특히 지형적으로 바람의 모이는 지역)에는 과거의 관측데이터・사고실적 등을 감안하여 강도계산상 적용하는 최대풍속을 50[m/s]로 하고 전차선의 기울기를 계산할 때에는 순간풍속을 35[m/s]로 하고 있다. 특수개소는 일반개소의 풍속에 지형계수를 고려하여 최대 1.5배까지 올려서 계산하기도 한다.

일반적으로 강가에서는 나무나 경작물 등에 의하여 평야보다도 바람의 마찰이 작기 때문에 강한 바람이 불기 쉽다. 따라서 강가에서는 평야의 풍속값에 대하여 약 30[%] 정도의 증가한 값을 적용하며 노반(路盤)이 높거나 산을 절취(切取)한 개소의 출입구에서 풍속이 증가하는 것을 고려하여 노반의 법면 경사・높이 등에 따라 다르게 되나 5[m] 이상의 노반에서는 20[%] 이상의 풍속을 증대하는 것을 고려할 필요가 있다.

표 1.4 풍속의 적용구분

| 풍속 구분 | 풍압 하중 | 강도 계산에 이용되는 풍속값 | 기울기 계산에 이용되는 풍속값 | 비 고 |
|---|---|---|---|---|
| 특수개소 | A 하중 | 50[m/s] | 35[m/s] | (갑종풍압×1.5) 적용지구 |
| 일반개소 | B 하중 | 40[m/s] | 30[m/s] | 갑종풍압 적용지구 |

[주1] 터널 내에 있어서 전선과 직각방향의 풍속은 0[m/s]로, 선로평형방향의 풍속은 30[m/s]로 한다.
[주2] 3[m] 이상의 제방, 하천, 계곡 특히 지형적으로 바람이 모이는 지역은 특수개소로 한다.

### (4) 순간풍속과 평균풍속

공기흐름의 속도를 「풍속」이라 하고 풍속에는 「평균풍속」과 「순간풍속」이 있다. 관측시각 전 10분간의 바람의 정도를 시간(600초)으로 나눈값을 「평균풍속」 또는 단순히 「풍속」이라 하고 평균풍속 중에서 제일 큰 것을 「최대풍속」이라 한다. 기상통보에서 최대풍속이라 말하는 것은 이 평균풍속을 말한다.

관측시각에 있어서 순간값을 「순간풍속」이라 하고, 순간풍속 중에서 제일 큰 것을 「최대순간풍속」이라 한다.

순간풍속과 평균풍속의 비는 주위의 지형이나 지상의 높이에 따라서도 상당한 차이가 있다. 예를 들면 해상에서는 바람의 변화가 작기 때문에 그 비는 작게 되며, 산지에서는 평지와 산지를 비교할 때 평지는 작고 산지는 바람의 변화가 크므로 그 비는 크게 된다.

지표부근은 지형 등의 영향이 작용하기 때문에 순간과 평균의 비는 크고 지상보다 높이가 높게 되면 될수록 그의 비는 일반적으로 작게 된다.

보통, 최대순간풍속은 그때의 평균풍속의 1.2~1.5배이므로 평균 1.35배로 생각하면 된다. 일반적으로 구조물의 파괴에 관계되는 것은 순간풍속의 크고 작음이다. 10분간 평균풍속이 주어졌을 때 10분간에 나타난 최대의 단시간($t$초) 평균풍속을 추정하는 계수로서 표 1.5와 같이 표시되고 있다.

표 1.5 평균풍속과 최대풍속의 비율

| $t$[초] | 5 | 10 | 15 | 20 | 25 | 30 | 40 | 50 | 60 |
|---|---|---|---|---|---|---|---|---|---|
| 10분간 평균풍속에 곱하는 계수 | 1.35 | 1.28 | 1.25 | 1.22 | 1.20 | 1.19 | 1.16 | 1.14 | 1.12 |

태풍은 과거의 실적 등을 조사하여 그 최대풍속의 50년 재현값(최대풍속의 부는 빈도는 50년에 평균 1회 비율)을 구하고, 순간풍속은 5초간 평균풍속으로 하여 50년 재현 풍속(風速)값의 1.35배(순간풍속 추정값 = 풍속 추정값 ×1.35[m/s])를 적용하고 있다.

### (5) 지형과 풍속

바람은 지표면상에서의 높이 · 지형 등에 따라 변화하게 되는데 지표면 부근에서는 높이와 더불어 풍속은 증가한다.

지표면 부근의 높이와 풍속의 관계는 지상높이 $h$ 의 풍속을 $V_h$[m/s], 기준풍속(기준높이 $h_0$의 풍속)을 $V_0$[m/s], 지물의 상황이나 기층의 안정도에 관계된 값을 $n$ 이라 하면 식 (1.1)로 나타낼 수 있다.

$$V_h = V_0\left(\frac{h}{h_0}\right)^{\frac{1}{n}} \tag{1.1}$$

$n$ 값은 동일장소에서도 일시에 따라 변동하고 지표 부근의 기온이 높을 때에는 7배에 가깝지만 야간에는 작게 되어 1.3 배 이하로 되는 경우도 있다. 지형에 따라 바람은 수직과 수평으로 모여서 풍속을 증대시켜 강풍으로 될 수 있다. 강풍은 수직으로 모인 바람이 산악 등을 넘을 때에 발생하고 약 50[%] 정도의 풍속이 증가한다.

풍동(風動) 시험의 결과 노반이 축제(築堤)된 개소에서도 수직으로 바람이 모여서 풍속이 증가하였고 전차선의 높이 부근에는 평지보다 풍속이 1.2～1.5배에 달하였으며 불어오는 각도는 10～15° 정도이다.

수평으로 모인 바람은 산기슭에 유입할 때에 발생한다. 산림이 많은 장소와 도시 등에서는 지표면이 균일하지 않아 마찰의 영향을 받아 바람이 약하다.

관측한 바에 의하면 방풍림이 폭 30[m]의 경우에 풍속은 60～80[%]로 감소하였고, 폭 60[m]의 경우에는 50[%]까지 감소한 예도 있다.

이와 같이 바람은 지형의 영향을 많이 받으며 극단적인 경우에는 언덕 하나를 넘으면 바람의 양상이 전부 다르기 때문에 설계를 할 때에는 각 지역의 특색 등을 충분히 조사 · 검토하여 설계에 반영하여야 한다.

## (6) 바람의 호흡

풍속계의 측정결과를 보면 풍속은 평상시 일정하지 않고 언제나 변동하는 것을 알 수 있다. 이러한 풍속의 변동을 바람이 호흡을 한다고 말한다.

이 원인은 지표면에 산·골짜기·삼림·건물 등이 있어 불규칙하기 때문에 바람이 이런 곳을 지나갈 때에 무수히 많은 크고 작은 소용돌이가 예상되고, 태양 빛을 받았을 경우에 불규칙한 대류가 발생하기 때문이다. 즉, 「바람의 호흡」은 대기 난류의 「소용돌이」에 의하여 일어난다. 이 바람의 호흡은 어떤 주기를 갖고, 이것이 전주와 전선 등의 고유진동주기와 공진하면 큰 피해가 일어날 수 있다.

## (7) 풍속과 풍압

### 1) 구조물에 가해지는 풍압($P$)

구조물에 가해지는 풍압($P$)은 식 (1.2)로 나타낼 수 있다.

$$P = \frac{1}{2}\rho C(GV_d)^2 \tag{1.2}$$

여기서, $P$ : 풍압, $\rho$ : 공기밀도, $G$ : 돌풍계수,
$C$ : 풍력계수(공기저항계수), $V_d$ : 설계풍속

공기밀도는 0.125[N·s²/m⁴](1.225[N/m³])을 적용할 수 있으며, 풍력계수는 표 1.6을 이용하여 산정할 수 있다.

표 1.6 풍력계수

| 구 분 | 형상 | 풍력계수[$C_x$] |
|---|---|---|
| 사각형 또는 삼각형 단면골조 | | 풍력계수[$C_x$]<br>$C_x$ : $K \cdot F \cdot M$<br>$K$ : 골조풍력계수의 기본치<br>$F$ : 세장률, $M$ : 풍압배수 |
| 원주 및 다각형 | ○ $d\sqrt{q} \le 1.5$의 경우<br>• 표면이 매끄러운 원주<br>• 표면이 거친 원주 및 다각형<br>○ $d\sqrt{q} > 1.5$의 경우<br>철판<br>콘크리트 표면<br>$\Delta d = 0.02$인 거친면 | <br><br>1.2<br>1.4<br><br>0.7<br><br>$H/d \ge 2.5$일 때 1.0<br>$H/d < 2.5$일 때 0.8 |

| 구 분 | 형상 | 풍력계수[$C_x$] |
|---|---|---|
| 원주<br>및<br>다각형 | $\Delta d = 0.08$인 거친면<br>6각형<br>8각형<br>단, $q$ : 속도압[Pa]<br>$q = \frac{1}{2}\rho V^2$<br>$\rho$ : 공기밀도[kg · s$^2$/m$^4$]<br>V : 속도[m/s] | $H/d \geq 2.5$일 때 1.2<br>$H/d < 2.5$일 때 1.0<br>$H/d \geq 2.5$일 때 1.4<br>$H/d < 2.5$일 때 1.2 |
| 구 | ◦ $d\sqrt{q} \leq 1.5$의 경우<br>◦ $d\sqrt{q} > 1.5$의 경우 | 0.6<br>0.4 |
| 이외의<br>경우 | 전면을 피복한 철탑 표면에 다른 공작물을 설치한 경우에는 그 공작물의 풍압력을 가산한다.<br>단, 그 간격이 a'≤(b' 또는 c'가 작은 방향)인 경우는 철탑표면이 중복되는 수직투영면적의 풍력계수를 1/2까지 줄일 수 있다. | |

2) 4각형 또는 3각형 단면골조의 풍력계수 $C_x$

4각형 또는 3각형 단면골조의 풍력계수 $C_x$는 골조풍압계수의 기본치를 $K$, 세장률을 $F$, 풍압배수를 $M$이라 하면 다음 식 (1.3)으로 나타낸다.

$$C_x = K \cdot F \cdot M \tag{1.3}$$

사각형 또는 삼각형 단면골조의 풍력계수는 다음과 같은 충실률에 따라 계산한다.

① 골조풍력계수의 기본값

$$\text{충실률}(\Psi) = \frac{\text{수직 투영면적}}{\text{수직윤곽내 전면적(외곽면적)}}$$

| 충실률($\Psi$) | $\Psi \leq 0.2$ | $0.2 < \Psi \leq 0.3$ | $0.3 < \Psi \leq 0.9$ | $0.9 < \Psi \leq 1.0$ |
|---|---|---|---|---|
| 기본값($K$) | 2.0 | 1.9 | 1.7 | 2.0 |

② 세장률($F$)

| 세장률[F] | $0 < F \leq 0.3$ | $0.5 < F \leq 0.9$ | $0.9 < F \leq 1.0$ |
|---|---|---|---|
| $H/a < 5$ | 0.9 | 0.8 | 0.6 |
| $H/a \geq 5$ | 1.0 | 0.9 | 0.8 |

☞ F가 없는 것은 직선보정을 한다.

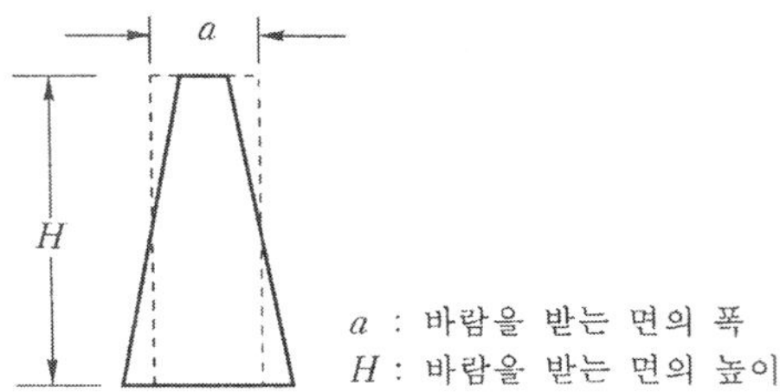


그림 1.1 바람을 받는 면의 폭과 높이

③ 풍압배수($M$)

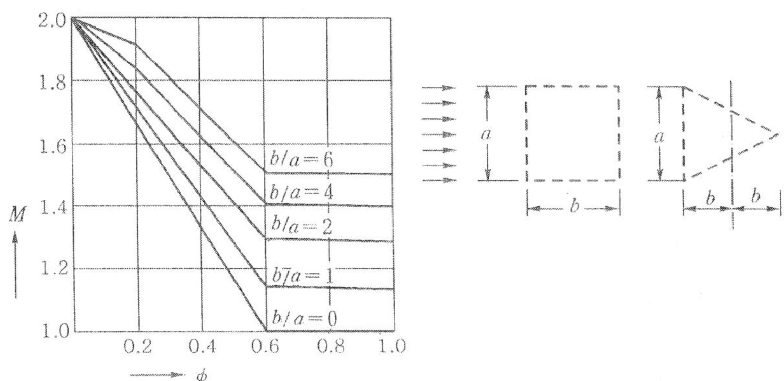


그림 1.2 풍압배수(倍數)

돌풍계수는 풍속의 증가에 따라 돌풍률이 감소하는 경향으로 표 1.7을 참조하여 산정한다. 설계풍속은 기본풍속에 고도 및 노출환경에 따른 영향을 고려하여 다음 식을 이용하여 산정한다.

$$V_d = K_z V \tag{1.4}$$

여기서, $V$는 기본풍속이며, $K_z$는 다음 식을 이용하여 계산한다.

$$K_z = 1.925\left(\frac{Z}{Z_G}\right)^{\alpha}, \quad Z \geq Z_b \tag{1.5}$$

$$K_z = 1.925\left(\frac{Z_b}{Z_G}\right)^{\alpha}, \quad Z < Z_b \tag{1.6}$$

표 1.7 기본풍속별 돌풍률

| 기본풍속(V, [m/s]) | 돌풍률(G) |
|---|---|
| 20 이하 | 1.40 |
| 20～30 | 1.60−0.01V |
| 30～40 | 1.45−0.005V |
| 40 이상 | 1.25 |

여기서, $Z_G$, $Z_b$, $\alpha$는 가설지점 주변지역의 지표면의 거친정도, 즉 지표조도에 따라 달라지며 선로에 가설되는 전주 등의 구조물의 경우 표 1.8로부터 결정된다. 기본풍속은 표 1.9과 같이 주요지역의 기본풍속을 적용한다.

표 1.8 지표조도 구분에 의한 $Z_G$, $Z_b$, $\alpha$ (국가철도공단, 2007)

| 지표 조도 | 지표상황 | $Z_G$(m) | $Z_b$(m) | $\alpha$ | 조도 |
|---|---|---|---|---|---|
| I | ○ 해상, 해안 | 500 | 5 | 0.12 | 작다<br>↑<br>↓<br>크다 |
| II | ○ 개활지, 농지, 전원<br>○ 수목과 저층 건축물이 산재해 있는 지역 | 600 | 10 | 0.16 | |
| III | ○ 수목과 저층 건축물이 산재해 있는 지역<br>○ 중・고층 건물이 산재하여 있는 지역<br>○ 완만한 구릉지 | 700 | 15 | 0.22 | |
| IV | ○ 중・고층 건물이 산재하여 있는 지역<br>○ 기복이 심한 구릉지 | 700 | 30 | 0.29 | |

표 1.9 주요지역의 기본풍속

| Zone | 기본풍속 (m/s) | 지 역 | |
|---|---|---|---|
| I | 25 | 내륙 | 철원, 춘천, 서울, 수원, 원주, 충주, 대전, 추풍령, 안동, 대구, 전주, 울산, 광주, 진주, 강화, 양평, 인제, 홍천, 태백, 제천, 보은, 천안, 부여, 금산, 임실, 정읍, 남원, 장수, 순천, 장흥, 해남, 고흥, 봉화, 영주, 문경, 영덕, 의성, 구미, 영천, 거창, 합천, 밀양, 산청, 이천, 인천 |
| II | 30 | 동해안<br>서해안 | 울진, 속초, 대관령, 강릉<br>서산, 보령, |
| III | 35 | 서남해안<br>남해안<br>동남해안 | 목포, 완도, 군산, 부안, 진도, 해남, 장흥, 고흥<br>마산, 여수, 남해<br>포항, 부산, 울산 |

| Zone | 기본풍속 (m/s) | 지 역 | |
|---|---|---|---|
| IV | 40 | 남해안<br>제주지역<br>특수지역 | 통영, 거제<br>제주도<br>울릉도 |

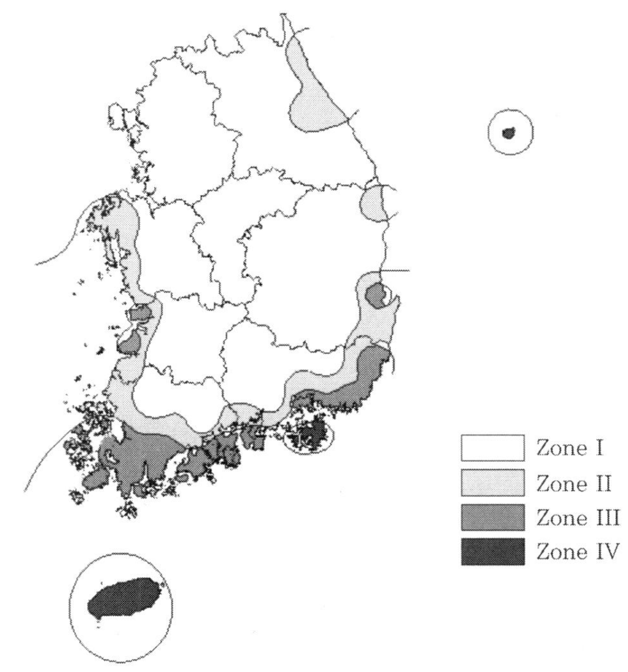


그림 1.3 기본풍속분포도

**예제 1-1**

**어떤 태풍이 불어 왔을 때 10분간 평균풍속으로 25[m/s]가 관측되었다. 순간풍속의 관측값이 없다고 한다면 이 태풍의 5초간 평균풍속은 얼마의 바람이 불었다고 추정하는가?**

풀이 순간풍속 추정값 = 풍속 추정값 × 1.35[m/s]
= 25 × 1.35 = 34[m/s]

### 3.3 | 눈(雪)

적설량이 1[m] 이상되는 눈이 많이 오는 지역에서의 지역별 착설량의 적용은 해당지역의 지형·표고·바람에 대한 차폐상황 등을 고려해서 적절한 값을 취하여 그 실정에 따라 눈의 하중을 고려해서 설계할 필요가 있다.

**표 1.10** 전선 및 지지물에 걸리는 눈의 하중

| 하 중 | 대 상 구 조 물 |
|---|---|
| 착설에 의한 하중 | 전선류 |
| 착빙에 의한 하중 | 전선류 |
| 관설에 의한 하중 | 빔, 브래킷, 완철류 |
| 적설에 의한 하중 | 철주, 지선, 지주(버팀전주) |
| 사면적설의 이동에 의한 하중 | 전주, 지선, 지주(버팀전주) |
| 제설차에 의한 눈의 횡압력 | 전주, 지선, 지주(버팀전주) |

## 4 하중

### 4.1 | 하중의 종류

전기철도 구조물에 가해지는 하중에는 풍압하중, 눈(雪)하중, 곡선로 등의 횡장력, 작업원이나 기계기구의 중량, 단선시의 충격하중 등 여러 가지가 있으나 강도계산에 사용하기 위하여 하중을 크게 수평하중과 수직하중으로 분류한다. 수평하중은 주로 풍압하중과 곡선개소 등의 수평장력이며, 수직하중은 주로 전선과 지지물 자체의 자중이다.

구조물 등의 강도계산에 사용하는 상정하중은 표 1.11과 같이 전차선로 지지물의 강도계산에 적용하는 주된 것이며, 이외의 하중은 기상조건의 변화에 따른 바람·부착빙설로 인하여 발생하는 미풍진동, 갤로핑, 스릿트점프 등의 동(動)하중과 지진(地震)하중이 있다.

**표 1.11** 강도계산에 사용되는 상정하중

<table>
<tr><th colspan="2">하중의 종류</th><th colspan="2">하 중 내 역</th><th>기호</th></tr>
<tr><td rowspan="19">수평하중</td><td rowspan="13">풍압하중</td><td rowspan="4">전선류의 풍압하중</td><td>갑종풍압하중</td><td>$P_{w1}$</td></tr>
<tr><td>을종풍압하중</td><td>$P_{w2}$</td></tr>
<tr><td>병종풍압하중</td><td>$P_{w3}$</td></tr>
<tr><td>착설풍압하중</td><td>$P_{w4}$</td></tr>
<tr><td rowspan="3">지지물(전주)의 풍압하중<br>(전선 직각방향)</td><td>갑종풍압하중</td><td>$P_{w1}$</td></tr>
<tr><td>을종풍압하중</td><td>$P_{w2}$</td></tr>
<tr><td>병종풍압하중</td><td>$P_{w3}$</td></tr>
<tr><td rowspan="3">지지물(전주)의 풍압하중<br>(선로 평형방향)</td><td>갑종풍압하중</td><td>$q_{w1}$</td></tr>
<tr><td>을종풍압하중</td><td>$q_{w2}$</td></tr>
<tr><td>병종풍압하중</td><td>$q_{w3}$</td></tr>
<tr><td rowspan="3">빔의 풍압하중<br>(선로 평형부분)</td><td>갑종풍압하중</td><td>$Q_{w1}$</td></tr>
<tr><td>을종풍압하중</td><td>$Q_{w2}$</td></tr>
<tr><td>병종풍압하중</td><td>$Q_{w3}$</td></tr>
<tr><td rowspan="4">곡선로 등에<br>의한 횡장력</td><td>표준온도에서의 횡장력</td><td></td><td>$P_1$</td></tr>
<tr><td>－5[℃]에서의 횡장력</td><td></td><td>$P_2$</td></tr>
<tr><td>최저온도에서의 횡장력</td><td></td><td>$P_3$</td></tr>
<tr><td>0[℃]에서의 횡장력</td><td></td><td>$P_4$</td></tr>
<tr><td rowspan="2">설 하 중</td><td>사면적설의 이동에 따른 작용력</td><td></td><td>$F_1$</td></tr>
<tr><td>제설차의 횡장력</td><td></td><td>$F_2$</td></tr>
<tr><td rowspan="8">수직하중</td><td rowspan="3">자　중</td><td>전선류의 자중(얼음중량 제외)</td><td></td><td>$W$</td></tr>
<tr><td>빔 등의 자중</td><td></td><td>$w$</td></tr>
<tr><td>전주의 자중</td><td></td><td>$W_p$</td></tr>
<tr><td rowspan="4">설 하 중</td><td>전선류의 착설하중</td><td></td><td>$W_s$</td></tr>
<tr><td>빔 등의 관설하중</td><td></td><td>$W_{s1}$</td></tr>
<tr><td>철주사재에 가한 침항력</td><td></td><td>$W_{s2}$</td></tr>
<tr><td>지선 또는 지주(버팀전주)에 가한 침항력</td><td></td><td>$f$</td></tr>
<tr><td>피빙하중</td><td>전선류의 피빙중량</td><td></td><td>$W_i$</td></tr>
</table>

## 4.2 | 하중의 적용

하중은 동시에 가해지는 하중과 그렇지 않는 하중이 있기 때문에, 이러한 하중들을 구조물의 강도계산에 적용할 때에 단순히 모든 하중을 더해서 사용하는 것이 아니므로 주의가 필요하다.

풍압하중을 적용할 때 최악조건이 갑, 을, 병종 어느 한 개로 정해지는 지역은 극히 적으므로, 고온계(갑종풍압)하중 및 저온계(을 또는 병종풍압)하중에 대해 계산을 하여 조건이 나쁜 쪽(지지물에 제일 큰 응력을 발생시키는 경우)으로 설계를 하며, 또 이런 하중은 조건에 따라 소멸되거나 합해지는 방향으로 작용하는 경우가 있다.

전차선로는 전기방식에 따라 직류(DC)와 교류(AC)방식이 있고 교류방식에는 BT 급전방식과 AT급전방식으로 나누어지며 이러한 방식에 따라 전차선로의 가선방식 및 조가방식 등이 다르게 되므로 각 방식별 장주에 따라 하중이 각기 다르기 때문에 정해진 장주상태에서 하중조건은 최악의 상태에 대하여 강도계산을 한다.

전기철도 구조물의 강도계산에 적용하는 하중의 종별에 따른 적용은 표 1.12와 표 1.13과 같이 일반지구와 적설지구로 나누어서 적용하고 있다.

일반지구에는 갑종, 을종 또는 병종 중에서 최대값을 적용한다. 풍압하중과 수평장력이 동시에 작용할 때 전선의 장력은 장력이 자동 조정되는 전선을 제외하고 풍압에 따라 변화한 장력을 사용한다. 또한, 갑종풍압하중은 일반적으로 태풍하중으로 적용하지만 태풍보다 오히려 겨울철 계절풍에서 최대 풍압하중이 발생하는 지방에서는 경험치로 볼 때 최저온도가 안 되므로 이 경우 적용온도를 −5[℃]로 하고 있다.

**표 1.12** 구조물 강도계산의 하중종별과 적용

| 적용종별 \ 하중종별 | | 수 평 하 중 | | | | | | | | | | | |
|---|---|---|---|---|---|---|---|---|---|---|---|---|---|
| | | 풍 압 하 중 | | | | | | | 곡선로 등에서의 횡장력 | | | | 설하중 |
| | | 선로 직각방향 | | | | | | | | | | | |
| | | 전 선 류 | | | | 전 주 등 | | | | | | | |
| | | 표준온도 | −5[℃] | 최저온도 | 착설온도 0[℃] | 표준온도 | −5[℃] | 최저온도 | 표준온도 | −5[℃] | 최저온도 | 착설온도 0[℃] | |
| | | $P_{w1}$ | $P_{w2}$ | $P_{w3}$ | $P_{w4}$ | $p_{w1}$ | $p_{w2}$ | $p_{w3}$ | $P_1$ | $P_2$ | $P_3$ | $P_4$ | $F$ |
| 일반지구 | a | ○ | | | | ○ | | | ○ | | | | |
| | b | | ○ | | | | ○ | | | ○ | | | |
| | c | | | ○ | | | | ○ | | | ○ | | |
| 적설지구 | d | ○ | | | | ○ | | | ○ | | | | |
| | e | | ○ | | | | ○ | | | ○ | | | |
| | f | | | ○ | | | | ○ | | | ○ | | |
| | g | | | | ○ | | | | | | | ○ | ○ |
| | h | ○ | | | | ○ | | | | ○ | | | |

| 적용종별 \ 하중종별 | | 수직 하중 | | | | | | 비 고 |
|---|---|---|---|---|---|---|---|---|
| | | 자 중 | | | 설 하 중 | | | |
| | | 전선류 | 빔등 | 전주등 | 전선류의 착 설 | 빔등의 관 설 | 피빙하중 전 선 류 | |
| | | $W$ | $w$ | $W_p$ | $W_s$ | $W_{s1}$ | $W_i$ | |
| 일반지구 | a | ○ | ○ | ○ | | | | (a)~(c) 중 최대의 것 적용 |
| | b | ○ | ○ | ○ | | | ○ | |
| | c | ○ | ○ | ○ | | | | |
| 적설지구 | d | ○ | ○ | ○ | | | | (d)~(g) 중 최대의 것 적용 동계에 최대 풍압하중을 발생하는 지구는 (d)대신 (h)를 적용 |
| | e | ○ | ○ | ○ | | | | |
| | f | ○ | ○ | ○ | | | | |
| | g | ○ | ○ | ○ | ○ | ○ | | |
| | h | ○ | ○ | ○ | | | | |

표 1.13 구조물 강도계산의 하중종별과 적용(특수한 하중)

| 하중 종별 | 수 평 하 중 | | | | | | | | | 수직하중 | | |
|---|---|---|---|---|---|---|---|---|---|---|---|---|
| | 풍압하중 | | | | | 곡선로 등에서의 횡장력 | | | 설하중 | 자 중 | | |
| | 직각 | 선로 평형방향 | | | | | | | | 전선류 | 빔등 | 전주등 |
| | 전선 | 전선류 | | 전주등 | | | | | | | | |
| | 착설온도 0[℃] | 표준 온도 | −5 [℃] | 표준 온도 | −5 [℃] | 표준 온도 | −5 [℃] | 착설온도 0[℃] | | | | |
| | $P_{w4}$ | $q_{w1}$ | $q_{w2}$ | $Q_{w1}$ | $Q_{w2}$ | $P_1$ | $P_2$ | $P_4$ | $F$ | $W$ | $w$ | $W_P$ |
| i | | ○ | | ○ | | | | | | ○ | ○ | ○ |
| j | | | ○ | | ○ | | | | | ○ | ○ | ○ |
| k | ○ | | | | | | | ○ | ○ | ○ | ○ | ○ |
| l | | | | | | | | | | | | |
| m | | | | | | | | | | | | |

| 하중 종별 | 수직방향 | | | | 전선의 장력 | | 비 고 |
|---|---|---|---|---|---|---|---|
| | 설하중 | | | 피빙하중 | | | |
| | 전선류의 착설 | 빔등의 관설 | 적 설 침항력 | 전선류 | 최저 온도 | 착설 온도 | |
| | $W_s$ | $W_{s1}$ | | $W_i$ | $T_3$ | $T_4$ | |
| i | | | | | | | (i)~(j)중 큰 것을 적용 |
| j | | | | ○ | | | |
| k | ○ | ○ | ○ | | | | 적설지구의 (g)대신 적용 |
| l | | | | | ○ | | 적설지구에 적용 (l)~(m) 중 큰 것을 적용 |
| m | | | ○ | | | ○ | |

적설지구에는 갑종, 을종, 병종과 적설시 하중을 비교해서 응력이 최대가 되는 하중을 설계하중으로 한다.

### (1) 선로에 평행방향의 하중

구조물(특히 빔)에 지지되는 전선 가닥수가 많으면 전선이 지지물에 대해서 지선의 역할을 하기 때문에 빔에 큰 풍압하중이 가해져도 전주가 선로 평행방향으로 쓰러지지 않기 때문에 일반적인 설계에서는 선로에 평행한 방향의 하중은 무시하고 있다. 그러나 가선된 전선의 가닥수가 작은 선로에서는 바람에 대해서 저항력이 작고 지선으로서의 효과도 작으므로 선로에 대하여 평행방향의 하중을 적용한다(표준 가닥수는 빔의 전체 길이를 4로 나눈값으로 한다).

또한, 빔의 선로 평행방향에 대한 하중은 양측 전주가 절반씩 부담한다고 할 때 전체 길이의 1/3 이내에 전선이 편중되어 지지되고 있는 경우에는 전선이 지지되지 않은 측의 전주에 큰 부담이 걸리게 되므로 이 경우에도 선로에 평행방향의 하중을 고려해서 계산한다 (이 때 복도체로 된 급전선이나 트윈 심플커티너리방식의 전차선은 1조로서 취급한다).

### (2) 적설지구의 적설 침항력

적설지구에서 철주의 사재계산은 다음의 하중을 적용한다.

$$P_{w4} + P_4 + F_1 + F_2 + W + w + W_p + W_s + W_{s1} + W_{s2}$$

적설지구에서 철주 등의 사재가 눈에 묻히면 사재가 적설 침항력에 의하여 큰 힘을 받는 것이 실험에 의해 확인되었다. 그러므로 눈에 철주 등의 사재(또는 수평재)가 묻힐 우려가 있는 개소에는 사재의 계산에 적설에 따른 침항력을 더해 주어야 한다.

적설지구의 지선 또는 지주(버팀전주)의 계산에는 다음의 하중을 적용한다.

$T_3$(또는 $P_3$) 또는 $T_4$(또는 $P_4$)$+f$ 중 큰 것. 다만 $T_3 \cdot T_4$는 각각 최저온도 0[℃]에서의 전선의 장력으로 한다.

적설지구의 지선 및 지주(버팀전주)는 인류지선의 경우 인류되는 전선의 장력을 고려하고 수평지선(또는 지주(버팀전주))의 경우에는 전선의 수평장력과 풍압하중 외에 적설 침항력을 고려해서 계산한다. 또한, 지선 또는 지주(버팀전주)가 경사면에 있는 경우에는 경사면 적설의 이동에 의한 작용력도 더하여 계산한다.

### (3) 기타

기타 필요개소에는 단선충격하중 1,000~2,000[N/조]과 작업원 중량 60[kg/인]의 하중을 고려한다.

**예제 1-2**

**빔 전체 길이가 15[m]일 때 몇 조(條) 이하의 전차선은 선로에 평행방향 하중을 적용하는가?**

---

풀이

표준가닥수 : $\dfrac{15}{4} = 4$조

평행 방향하중을 적용하는 조(條)수 : $4 \times \dfrac{1}{3} = 1\dfrac{1}{3}$조 ≒ 1조

즉, 전선 2가닥은 선로평행방향의 하중은 무시하지만 전선 1조의 경우에는 전선 평행방향의 하중을 적용해서 계산한다.

## 4.3 | 수평하중

### (1) 풍압하중

#### 1) 풍압하중의 표준

구조물 등의 강도계산, 전차선의 풍압 기울기 계산 및 급전선 등의 이격거리를 결정할 때 풍압하중의 표준은 가장 중요한 요소가 된다.

① 갑종풍압하중

고온계 하중(고온계 표준 풍압하중)이라고 말하며 여름철의 태풍을 기준하여 설계조건을 정하고 있다. 고온계(여름부터 가을까지의 계절)에 있어서 풍속 40[m/s]의 바람이 있는 것으로 가정한 경우에 발생하는 하중이다.

② 을종풍압하중

저온계 하중(저온계 표준풍압하중)이라고 하며 겨울철의 계절풍을 기준하여 설계조건을 정하고 있다. 저온계(겨울부터 봄까지의 계절)에 있어서 가선된 전선에 빙설(두께 6[mm], 비중 0.9)이 부착한 상태로 갑종풍압하중의 1/2의 풍압(풍속 28[m/s])에 의해 생기는 하중을 말한다. 일반적으로 이 계절에는 강풍이 없고 빙설이 많은 지방을 대상으로 하고 있다.

③ 병종풍압하중

갑종풍압하중의 1/2의 풍압(풍속 28[m/s])에 의해 발생하는 하중으로 인가(人家)가 많이 밀집된 장소(일반적으로 풍속은 감소한다) 및 저온계에 있어서 강풍이 없이 빙설이 많지 않은 지방을 대상으로 하고 있다.

표 1.14 구성재의 단위투영면적당 풍압

<table>
<tr><th colspan="4" rowspan="2">풍압을 받는 구분</th><th colspan="4">구성재의 수직투영면적 1[m²]에 대한 풍압[Pa]</th></tr>
<tr><th>Zone I<br>풍속 25[m/s]</th><th>Zone II<br>풍속 30[m/s]</th><th>Zone III<br>풍속 35[m/s]</th><th>Zone IV<br>풍속 40[m/s]</th></tr>
<tr><td colspan="4">목 주</td><td>547</td><td>731</td><td>957</td><td>1,201</td></tr>
<tr><td rowspan="9">지지물</td><td rowspan="5">철주</td><td colspan="2">원형</td><td>547</td><td>731</td><td>957</td><td>1,201</td></tr>
<tr><td colspan="2">삼각형 또는 능형</td><td>1,313</td><td>1,754</td><td>2,296</td><td>2,883</td></tr>
<tr><td colspan="2">강관에 의하여 구성되는 4각형</td><td>1,040</td><td>1,388</td><td>1,818</td><td>2,282</td></tr>
<tr><td rowspan="2">기타</td><td>복재가 전후면에 겹지는 경우</td><td>1,514</td><td>2,022</td><td>2,648</td><td>3,324</td></tr>
<tr><td>기타</td><td>1,661</td><td>2,217</td><td>2,903</td><td>3,645</td></tr>
<tr><td rowspan="2">철근 콘크리트주</td><td colspan="2">원형</td><td>547</td><td>731</td><td>957</td><td>1,201</td></tr>
<tr><td colspan="2">기타</td><td>821</td><td>1,096</td><td>1,435</td><td>1,802</td></tr>
<tr><td rowspan="2">철탑</td><td colspan="2">강관으로 구성</td><td>1,167</td><td>1,559</td><td>2,041</td><td>2,562</td></tr>
<tr><td colspan="2">기타</td><td>2,007</td><td>2,680</td><td>3,508</td><td>4,404</td></tr>
<tr><td rowspan="2">전선 기타 가섭선</td><td colspan="3">다도체(구성하는 전선이 2가닥마다 수평으로 배열되고 또한 그 전선 상호간의 거리가 전선의 바깥지름의 20배 이하인 것에 한함)를 구성하는 전선</td><td>620</td><td>828</td><td>1,084</td><td>1,361</td></tr>
<tr><td colspan="3">기타</td><td>693</td><td>926</td><td>1,212</td><td>1,522</td></tr>
<tr><td colspan="4">애자장치(특별고압전선로용)</td><td>967</td><td>1,291</td><td>1,691</td><td>2,123</td></tr>
<tr><td colspan="3" rowspan="2">완철(특별고압전선로용)</td><td>단일재</td><td>1,113</td><td>1,487</td><td>1,946</td><td>2,443</td></tr>
<tr><td>기타</td><td>1,514</td><td>2,022</td><td>2,648</td><td>3,324</td></tr>
</table>

☞ zone Ⅰ~Ⅳ는 표 1.9를 참고

### 2) 풍압하중의 적용

조립철주는 철탑에 비교해서 주재가 가늘고 또한 충실률(마디간을 점유하는 부재의 면적과 마디간 면적과의 비)이 크기 때문에 공기저항계수가 철탑의 경우보다 상당히 감소하는데 복재가 전・후면으로 겹쳐진 경우는 2,200[N/m$^2$], 복재가 전・후면으로 겹쳐지지 않은 경우는 복재의 풍압 증가를 고려해서 2,400[N/m$^2$]으로 한다.

강관의 경우는 전면의 영향을 받는 경우가 작기 때문에 전・후면의 복재가 겹쳐진 경우도, 겹쳐지지 않은 경우에도 균일한 풍압으로 한다.

목주・철근콘크리트주의 풍압하중은 각각 풍동(風動) 실험값으로 계산한다. 가선된 전선(단도체)의 풍압하중은 풍동실험 결과에서 가선된 전선의 공기저항계수($C$)를 1로, 고온계의 공기밀도 $\rho = 0.115$[N・s$^2$/m$^4$]로 하면 풍속 40[m/s]에는 920[N/m$^2$]의 풍압값이 얻어진다.

가선된 전선의 풍압은 지상 높이의 증대와 더불어 증가하게 되나 전선의 규모효과에 의해 풍압이 낮아지므로 전선의 표준풍압은 이 효과를 고려하여 전선의 갑종풍압하중을 일률적으로 1,000[N/m$^2$]로 하고 있다.

가선된 전선(다도체)의 풍압하중은 전선이 바람의 방향에 병렬로 가설된 경우 풍압은 풍동(風動) 실험결과 전선상호의 간섭에 따라 감소하는 것을 고려해서 단도체의 90[%]로 한다.

### (2) 수평장력

곡선로(曲線路)의 지지점 개소에는 전선의 장력에 의하여 곡선 안쪽방향으로 수평장력(분력)이 발생한다. 이 수평장력은 지지물(전주, 브래킷, 애자)이나 가선금구의 강도에 관계될 뿐만 아니라 곡선당김금구의 취부각도를 정하는 중요한 요소가 된다. 또한, 곡선로는 전차선을 인류할 때 그 분력에 의하여 1경간 앞 지지점에 수평방향의 하중이 가해진다.

#### 1) 곡선로의 수평장력

곡선로의 수평장력은 다음과 같이 계산한다.

$$P = \frac{S \cdot T}{R} \text{[N]} \tag{1.7}$$

여기서, $P$ : 수평장력[N]
$S$ : 경간[m]
$T$ : 전선의 장력[N]
$R$ : 곡선 반지름[m]

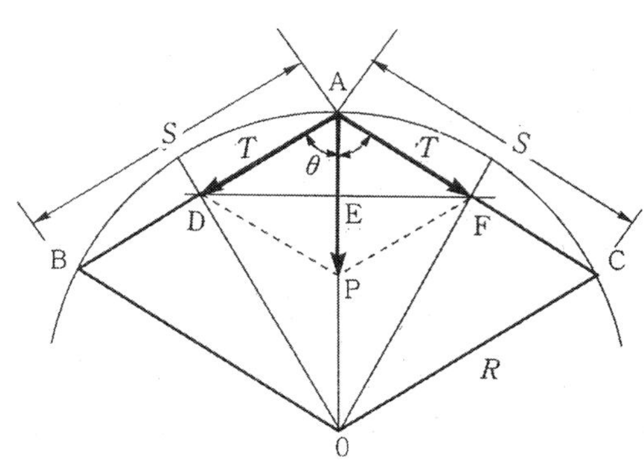


**그림 1.4** 곡선로의 수평장력

그림 1.4과 같은 곡선로의 수평장력($P$)는

$$P = 2T\cos\theta$$

$$\cos\theta = \frac{S/2}{R}$$

$$\therefore\ P = \frac{ST}{R} \tag{1.5}$$

즉, 곡선로의 수평장력($P$)는 경간과 전선의 장력에 비례하고 곡선 반지름에 반비례한다.

### 2) 곡선 인류개소의 수평장력

그림 1.5에서 인류개소 B점에 발생하는 수평장력($P$)은

$P$ : 합성 수평장력[N]

$P_1$ : AB간의 곡선에 따른 수평장력[N]

$P_2$ : BC간의 인류에 따른 수평장력[N]

$T$ : 전선의 장력[N]

$g$ : 궤도중심에서 인류주의 중심까지의 거리[m]

$d$ : 전차선의 기울기[m]

$S$ : 경간[m]

$S_1$ : AB간의 경간[m]

$S_2$ : BC간의 경간[m]

$R$ : 곡선의 반경[m]

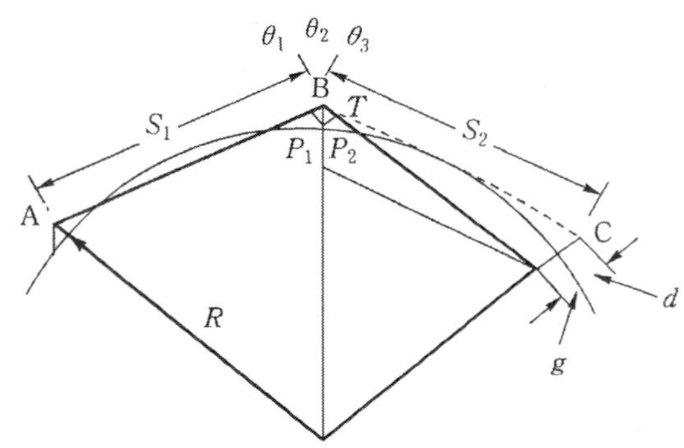


**그림 1.5** 곡선 인류개소의 수평장력

라 하면

$$P = P_1 + P_2$$

$P_1$, $P_2$는

$$P_1 = T\sin\theta_1 + T\sin\theta_2 = \frac{(S_1 + S_2)}{2R}T$$

$$P_2 = T\sin\theta_3 = \frac{(d \pm g)}{S_2}T$$

$S_1 = S_2 = S$ 라면

$$P_1 = \frac{ST}{R}$$

$$P_2 = \frac{(d \pm g)}{S}T$$

$\theta_1$, $\theta_2$ : 곡선중심과 가선과의 각도

$\theta_3$ : 인류를 위해 발생한 가선의 각도

따라서, 곡선로 인류개소의 수평장력은 다음과 같이 계산한다.

$$P_1 = \frac{ST}{R}[\mathrm{N}] \quad 또는 \quad P_1 = \frac{(S_1 + S_2)T}{2R}[\mathrm{N}] \tag{1.8}$$

$$P_2 = \frac{(d \pm g)T}{S}[\mathrm{N}] \quad 또는 \quad P_2 = \frac{(d \pm g)T}{S_2}[\mathrm{N}] \tag{1.9}$$

주1) + : 인류가 전선보다 내측으로 된 경우
– : 인류가 전선보다 외측으로 된 경우

### 3) 직선로의 지그재그 편위에 따른 수평장력

$$P = 2T\sin\theta = 2T\frac{2d}{\sqrt{S^2 + (2d)^2}}[\mathrm{N}] \tag{1.10}$$

여기서, $P$ : 수평장력[N]

$S$ : 경간[m]

$T$ : 전선의 장력[N]

$d$ : 전차선의 기울어짐[m]

**예제 1-3**

**조가선과 전차선의 각 장력을 10,000[N]로 하고 경간을 50[m]로 할 때 조가선과 전차선의 수평장력[N]은? (여기서 전차선의 편위는 0.2[m]로 한다.)**

풀이

$$P = 2 \times 10000 \frac{2 \times 0.2}{\sqrt{50^2 + (2 \times 0.2)^2}} = 160[\mathrm{N}]$$

T θ P 0.4[m] 50[m]

## 4.4 | 수직하중

### (1) 눈에 의한 하중

1) 착설(着雪)에 의한 하중

착설은 눈이 와서 전선이나 구조물 등에 쌓이는 현상을 말하며, 풍속이 3[m/s] 이하이고 기온이 0∼1.5[℃]일 때에 많이 발생한다(평지에서 바람이 약한 때에 발생하기 쉽다).

비교적 습기가 많고 바람이 없는 곳에 내리는 경우에 착설로 인한 하중을 무시할 수 없다. 그러나 바람이 있는 곳에서는 전선의 경우처럼 단면적이 작은 것에는 부착이 되지 않고 전철구간에는 야간에 있어서도 상당수의 열차가 운행되기 때문에 진동에 의한 탈락 등으로 전차선에는 착설이 없는 것으로 보아 전선류의 착설에 의한 수직하중의 증가는 약 200[N/m]로 하고 을종풍압하중과 비교해서 큰쪽을 취한다. 다만 착설에 의한 하중을 취하는 경우 풍압하중은 전선에만 6Pa(풍속 3[m/s])로 하고, 기온은 0[℃]로 한다. 또한 전차선은 착설이 없는 것으로 한다.

2) 착빙(着氷)에 의한 하중

착빙은 착설과 다르게 눈 속의 작은 물방울이 바람 때문에 전선 등의 물체에 날려서 얼어붙은 현상을 말한다. 착설이 전선의 위에 쌓이는 것에 비하여 착빙은 그림 1.6 (a)에서와 같이 바람이 부는 방향에서부터 커지며 어느 정도 커지면 무게로 인하여 전선과 함께 비뚤어져 회전하게 되어 점점 착설과 마찬가지로 그림 1.6 (b)와 같이 원주형으로 커지게 되며, 짧은 블록으로 꺾여서 전선을 따라 이동하는 것도 있다.

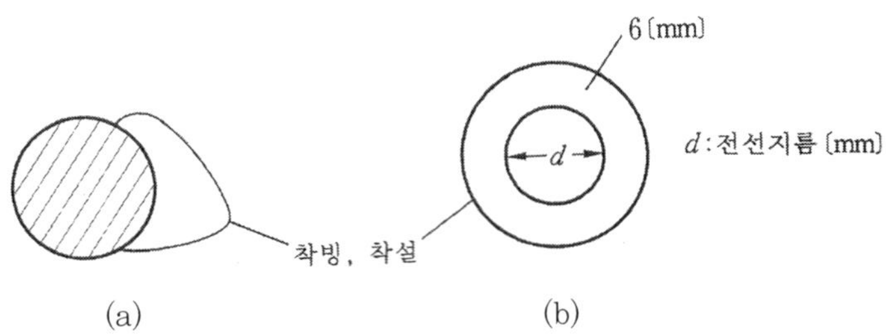


**그림 1.6** 착빙, 착설의 발달과정

착빙은 기온이 빙점 아래로 내려갈 때에 일어나고 겨울철 계절풍을 직접받는 산악지대에서 발생이 쉽고 강풍이 불어도 쉽게 탈락하지 않는다. 전선 및 지지물에 작용하는 하중은 착설에 비하여 크지만 발생하는 범위가 작으므로 이러한 지대에는 충분한 대책을 수립하여야 한다.

착빙의 양(量)은 눈 속에 포함한 물방울의 양, 전선에 가해지는 풍속(風速), 물방울의 크기, 전선의 굵기 등에 따라 결정되며 바람의 세기가 강한 장소에 다량으로 부착한다. 이 때문에 착빙의 양은 그 지역의 실정에 맞게 정해야만 하지만 복잡한 계산을 피하는 의미로 가선된 각 전선 주위에 두께 6[mm](비중 0.9)가 부착된다고 보고 설계하고 있다.

여기서, 전선의 지름을 $d$[mm]라 하면 착빙에 의한 단위증가 중량($W$)는

$$\begin{aligned} W &= \pi\left(\frac{(d+12)^2}{4} - \frac{d^2}{4}\right)\times 10^{-6}\times 0.9\times 10^3 \\ &= \frac{0.9\pi}{4}\{(d+12)-d\}\{(d+12)+d\}\times 10^{-3} \\ &= \frac{(0.9\times 3.14)}{4}\times 12\times 2(d+6)\times 10^{-3} \\ &= 1.696(d+6)\times 10^{-2}[\text{N/m}] \qquad (1.11) \end{aligned}$$

이 된다.

그러므로, 전선의 단위중량을 $W_0$[N/m]라 하면 전선의 단위 수직 착빙하중 $W_i$ [N/m]는

$$\therefore\ W_i = W + W_0 = 1.696(d+6)\times 10^{-2} + W_0\ [\text{N/m}] \qquad (1.12)$$

이 된다.

이런 빙설이 많은 지역에는 전선의 도약(Sleet jump) 등에 따른 전기적 사고의 우려가 있으므로 전선상호 간격에 대하여 충분한 이격거리를 확보하여야 한다.

표 1.15 착빙, 착설의 성질

| 종류 | 부착물질 | 발달시의 기온 | 발달시의 풍속 | 밀도 | 회전상황 |
|---|---|---|---|---|---|
| 착설 | 물을 포함한 눈 | 0~1.5[℃] | 5[m/s] 이하 | 0.2~0.1 | 눈만 회전 |
| 착빙 | 과냉각된 물방울 | 0[℃] 이하 | 강풍에도 발달 | 0.3~0.9 | 전선도 회전 |

3) 관설(冠雪)에 의한 하중

지지물의 상부, 완철 부분 및 애자장치 등과 같이 지면에서 떨어져 있는 물체에 눈이 쌓이는 것을 관설이라 한다. 관설은 지상에서의 적설과 달리 기온이 0~(−3)[℃]이고 바람이 약하게 불 때 크게 발달하는데 기온이 0[℃] 부근까지 상승하면 관설의 낙하가 많아지게 된다. 이러한 현상이 나타나는 지역에서는 예기치 않은 관설하중이 있는데 관측자료를 기초로 하여 적절한 값을 고려할 필요가 있다.

가동브래킷의 로드(rod)류에 대하여는 약 20[N/m], 파이프(pipe)류에 대하여는 약 30[N/m]를 고려한다.

관설이 있는 빔과 완철(트러스빔 및 4각빔을 제외)에서 눈(雪)의 비중을 $m$, 눈이 쌓이는 바닥 폭(幅)을 $b$, 관설계수를 $f$ 라 하면 관설에 의한 하중($W$)은 식 (1.13)과 같이 구해진다.

$$W = \frac{m \cdot b^2 \cdot f}{10} [\text{kg/m}] \tag{1.13}$$

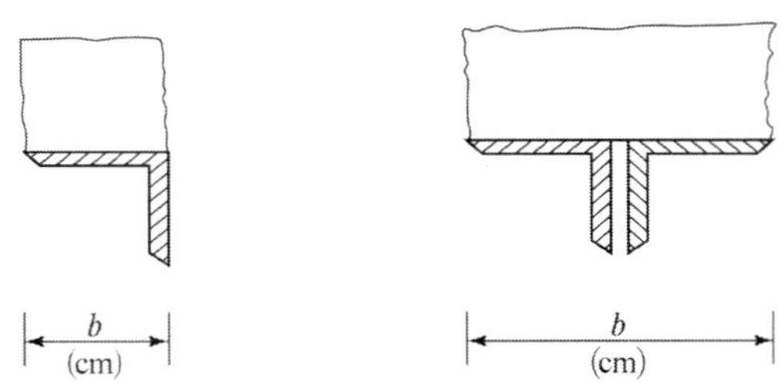


그림 1.7 완철 및 평면트러스빔의 관설

일반적으로 눈의 비중 $m$은 0.08, 관설계수 $f$는 2를 적용한다.

V트러스빔 및 4각빔의 관설에 의한 하중($W$)은 관설의 높이를 $H$, 관설의 점유율을 $F$ 라 할 때 식 (1.14)로 나타낼 수 있다.

$$W = \frac{0.3 \times b \cdot H \cdot F}{10} [\text{kg/m}] \tag{1.14}$$

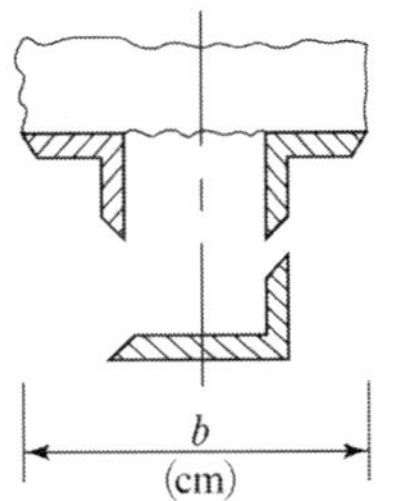


그림 1.8 V트러스와 4각트러스빔 관설

여기서, 0.3은 눈의 비중이며 식 (1.14)는 빔 전체에 대하여 균일한 중량으로서 계산하고 있지만 실제의 빔에는 빔의 플레이트(plate) 부분 및 전선류 첨가부분 등에 집중하중이 발생하기 때문에 적용할 때에는 적절한 관설높이를 고려해서 최종적인 수치가 그 선구(線區)의 실정에 맞도록 검토하여야 한다. 더욱이 관설하중은 상당히 큰 값이기 때문에 제설(除雪)・융설(融雪) 등을 고려해서 저감하는 경우도 있다.

눈이 쌓이는 것은 다분히 국지적 요소를 포함하고 있기 때문에 동일지역 내에서도 상당한 차이가 있어 일률적으로 관설높이($H$)를 적용하는 것은 곤란하다.

4) 적설에 의한 침강력(沈降力)

눈이 쌓인 지역에서 지지물의 부재에 예기하지 않은 적설하중이 가해지는 일이 있으며, 각부의 매설부분에는 침강력이 작용하는 경우가 있다. 때문에 최대적설 깊이가 1[m]를 넘는 경우에는 눈 속에 매설될 우려가 있는 철주의 사재(斜材) 및 지선・지주(버팀전주)에 대해서 적설에 의한 침강력을 고려하여야 한다.

이 침강력의 크기는 부재의 조립방법・형(形)・경사・크기・지상높이, 적설깊이 및 눈의 질(質) 등에 따라 다르며 매설부분의 철주(鐵柱) 부재(部材) 등에는 가능한 한 수평재가 없는 구조로 할 필요가 있다.

눈 속에 매설될 우려가 있는 철주의 사재는 침강력에 의한 설해(雪害)를 고려하여 사재의 단면계수를 $Z_a$, 사재의 길이를 $a$[m], 사재의 설치 간격을 $b$[m]라 할 때 식 (1.15)을 만족하는 부재로 한다.

$$\frac{Z_a}{a^2 \cdot b} > 2 \times 10^{-6} \tag{1.15}$$

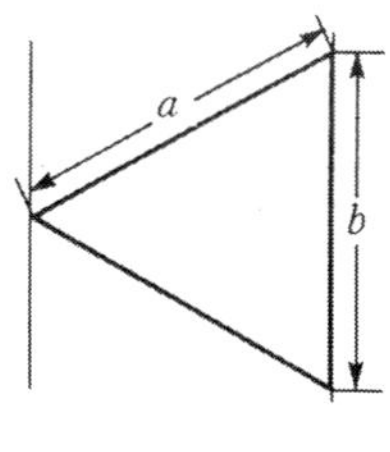


그림 1.9

또한, 지선 또는 지주(저팀전주)가 눈 속에 매설될 우려가 있는 경우에는 식 (1.16), (1.17)에 의해 침강력($F_a$)을 고려한다.

① 적설 3[m] 미만의 경우 (단위 길이당)

$$F_a = 160(H_{amax})^2 \cdot \cos^2\theta[\mathrm{N/m}] \tag{1.16}$$

② 적설 3[m] 이상의 경우(전체하중)

$$F_a = 230(H_{amax})^2 \frac{\cos^2\theta}{\sin\theta}[\mathrm{N/m}] \tag{1.17}$$

여기서, $H_{amax}$ : 최심 적설깊이[m]

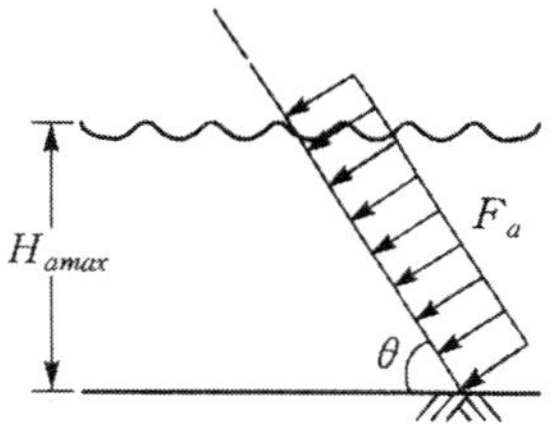


그림 1.10 적설에 의한 침강력

### 5) 경사면 적설의 이동에 따른 작용력 검토

급한 경사의 경우에는 적설의 이동에 의한 압력이 작용하여 지지물이 도괴(倒壞)되는 경우가 있으며, 경사면 10[m] 이상에서 눈사태가 발생할 우려가 많다.

경사각도 30° 이상인 경사면의 도중 또는 끝에 있는 전주・지선・지주(버팀전주) 등에는 상시 50[kN] 정도, 이상시에는 최대 150[kN] 정도의 작용력이 걸리는 것으로 보며, 적설구분별 작용력을 고려하여 적설의 이동압에 견디는 강도의 부재를 선정할 필요가 있다.

표 1.16 경사면 적설의 이동에 따른 작용력

| 최심 적설 깊이 | 작용력 |
|---|---|
| 0.5~1.5[m] | 50[kN] 이하 |
| 2.0[m] 이상 | 100[kN] |

# 5 재료(材料)

## 5.1 구조용 강재

보통 사용되는 강재는 탄소강과 합금강으로 나눈다. 탄소강은 탄소량만을 조절하고 합금원소를 넣지 않은 강(鋼)으로 보통강이라고 한다. 합금강은 탄소 외에 Mn, Si, Ni, Cr, Mo 등을 넣어 성질을 개선한 것으로 특수강이라고도 한다.

탄소강(炭素鋼 : Carbon steel)은 탄소 C의 함유량에 따라 연강(軟鋼 : C의 함유량이 0.15~0.3[%])과 경강(硬鋼 : C의 함유량이 0.4~0.5[%])으로 구분할 수 있다. 경강(硬鋼)은 주로 기계용 재료로 사용되고 있다. 연강은 구조용 강재(鋼材)로 널리 이용되고 있으며 인장강도는 30~50[kg/mm$^2$]이다.

고장력강(高張力鋼 : High strength steel)은 용접을 할 때에 성능이 연강보다 높은 항복점(降伏點)을 가지도록 제조된 합금강(合金鋼)으로서 인장강도 50[kg/mm$^2$] 이상, 항복점 30[kg/mm$^2$] 이상의 강도를 지니고 보통강에 비하여 용접성, 가공성 등이 우수하여 그만큼 사용 강재의 효율이 높아진다.

## 5.2 강재의 단면형상과 표시방법

구조재료의 형상 및 치수는 모두 한국산업표준(KS)에 규정되어 있으며 강구조(鋼構造)의 구조용 강재로서 사용되고 있는 것은 단면형상에 따라 분류하면 일반형강, 강판, 평강, 봉강, 강관, 각형강관, 경량형강 등이 있다.

### (1) 일반형강

1) ㄴ형강(angle)

등변과 부등변으로 구별된다.

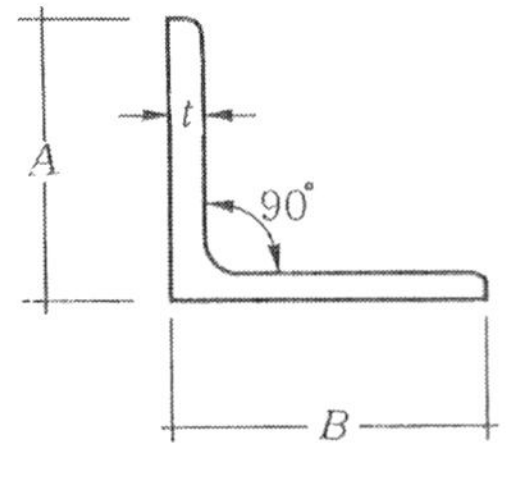


등변 L 형강($A = B$)

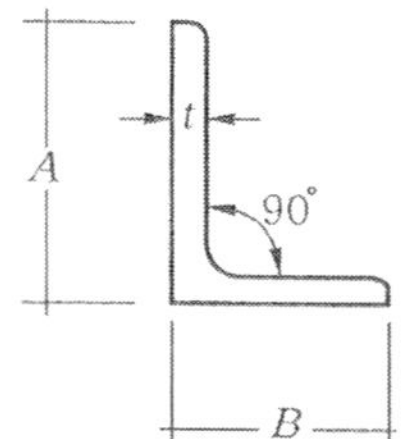


부등변 L 형강($A \neq B$)

$\mathrm{L} - A \times B \times t$

**그림 1.11** ㄴ 형강(angle)

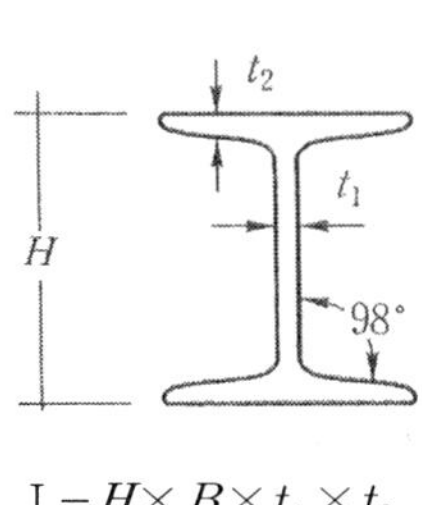


$\mathrm{I} - H \times B \times t_1 \times t_2$
I 형강(I–beam)

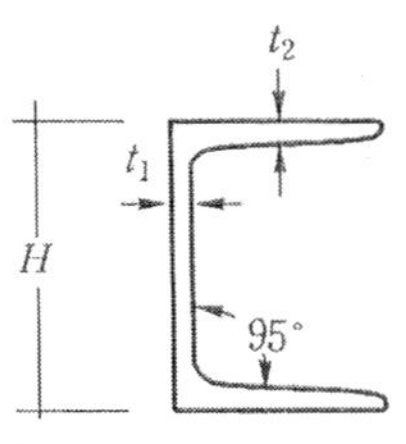


ㄷ$- H \times B \times t_1 \times t_2$
ㄷ형강(channel)

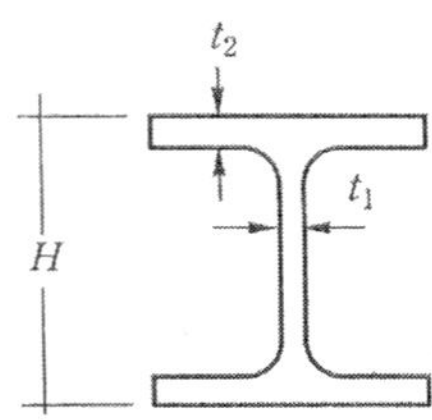


$\mathrm{H} - H \times B \times t_1 \times t_2$
H형강(Wide flange shape)

**그림 1.12** I형강, ㄷ형강, H형강

2) I 형강(I–beam)

단면형은 H형강과 비슷하나 플랜지(flange) 두께가 지지부와 선단부가 다르며, 플랜지 선단부가 곡면으로 되어 있다.

3) ㄷ형강(channel)

단면의 원심(圓心)과 전단 중심의 위치가 다를 경우 비틀림이 생기기 쉽다.

4) H형강(Wide flange shape)

좌굴과 휨에 대하여 유리한 단면으로 플랜지 두께가 일정하며 가공성도 용이하여 전기철도 구조물의 전철주로 사용하고 있다.

### (2) 강판(plate)

두께 6[mm]를 기준하여 후판(厚板 : 두꺼운 강판)과 박판(薄板 : 얇은 강판)으로 나눈다.

두께 $t$ : [mm]

P.L$-t$ 라고 표시한다.

### (3) 평강(flat bar)

두께가 3[mm] 이상의 판으로 폭이 125[mm] 미만의 것을 평강이라 하고 125[mm] 이상의 것을 강판이라고 한다.

### (4) 봉강

둥근강 : $\phi$ 이형강 : $D$

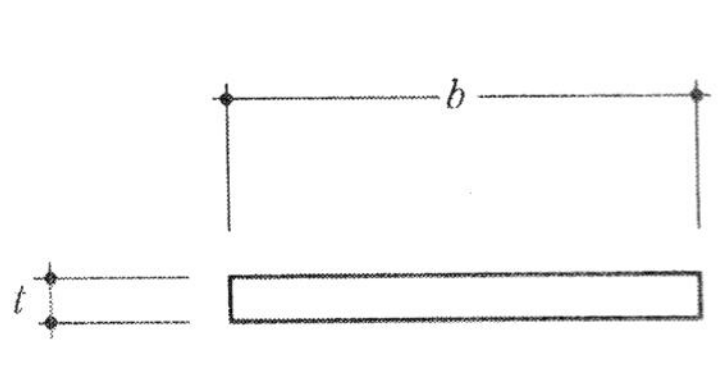


그림 1.13 평강(平鋼 : flat bar)

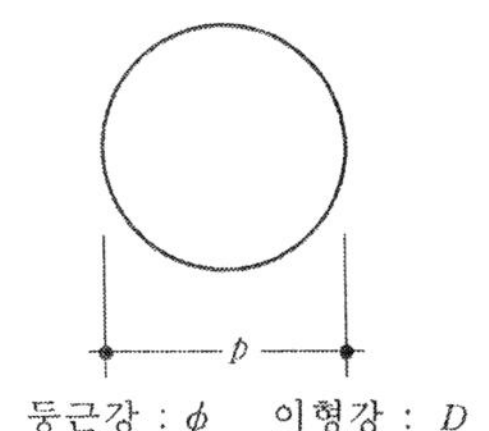


그림 1.14 봉강(棒鋼)

### (5) 강관 및 각형강관

좌굴과 비틀림에 대하여 유리한 단면으로 폐쇄된 것은 부식에 대하여 강하다.

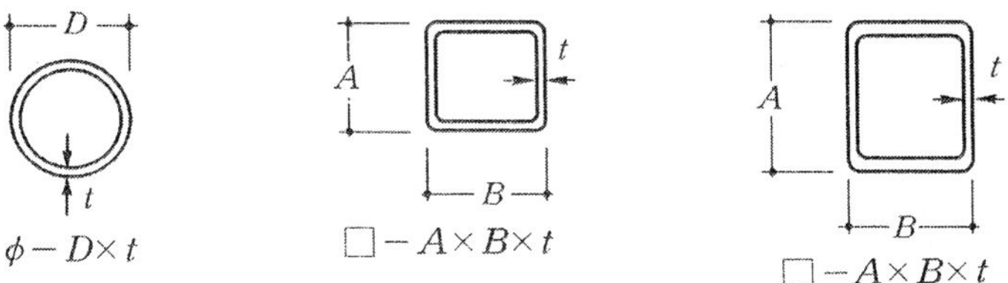


그림 1.15 강관(鋼管) 및 각형강관(角形鋼管)

### (6) 경량형강

판 두께를 얇게 (1.6[mm], 2.3[mm], 3.2[mm])하여 단면성능을 좋게 한 것이며 비교적 하중이 작은 구조물에 사용하면 경제적이다.

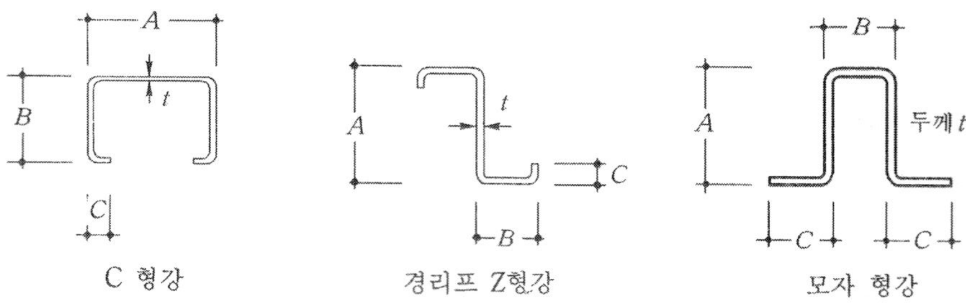


그림 1.16 경량형강(輕量形鋼)

### 핵심정리

- 전기철도에서 구조물은 변전설비와 전차선로를 구성하는 각종 전선과 부속물(장치, 설비)를 지지하는 설비이다.
- 전기철도구조물의 종류로는 전철주, 전철주기초, 빔(Beam), 지선, 하수강, 평행틀 등이 있으며 본서 제5장 전기철도구조물의 설비에서 자세하게 기술하였다.
- 전기철도구조물을 설계시에는 기온, 바람, 눈 등 기상조건을 적용하여야 한다.
  - 온도조건

| 구분 | 최저온도[℃] | 표준온도[℃] | 최고온도[℃] |
|---|---|---|---|
| 내륙 | −25 | 10 | 40 |
| 해안 | −20 | 15 | 40 |
| 터널 | −5 | 15 | 30 |

※ 국가철도공단 KR CODE 2012 KR E−01040

- 전기철도구조물에 가해지는 하중에는 풍압하중, 눈(雪)하중, 곡선로 등의 횡장력, 작업원이나 기계기구의 중량, 단선시의 충격하중 등이 있다.
  - 수평하중 : 풍압하중과 곡선개소 등의 수평장력
  - 수직하중 : 전선과 지지물 자체의 자중
- 기상조건의 변화에 따라 바람・부착빙설로 인하여 발생하는 갤로핑, 슬릿트점프(Sleet Jump)에 대하여 알아 보자.
  - 캘로핑 : 전선에 빙설이 붙으면 전선은 원통형으로 되지 않으므로 가로 방향의 바람에 대해 부양력이 발생하여 자려진동(좌우운동)이 일어나는 현상
  - 슬릿트점프(Sleet Jump) : 전선에 빙설이 부착하면 전선은 그 중량에 의해 아래로 늘어진다. 기온이 상승하게 되면 부착한 빙설이 탈락하게 되어 이것에 의해서 전선은 상하운동을 하게 되는 현상
- 풍압하중은 갑종풍압하중, 을종풍압하중, 병종풍압하중이 있다,
  - 갑종풍압하중 : 여름철 고온계 태풍에 의한 하중으로 그 지역의 표준온도 적용
  - 을종풍압하중 : 겨울철 저온계 하중으로 비중 0.9인 빙설이 전선류 주위에 6[mm] 두께로 부착한 경우를 예상하여 갑종풍압하중의 1/2의 풍압하중 적용
  - 병종풍합하중 : 갑종풍압하중의 1/2로 하고 그 지역의 최저온도 적용
- 곡선로의 지지점 개소에는 전선의 장력에 의하여 곡선 안쪽 방향으로 수평장력이 발생하게 되는데 곡선로의 수평장력 P = S・T / R 로 계산한다.
- 전기철도구조물에 사용하는 재료(강재)는 일반구조용압연강재(SS400), 일반강구조용탄소강강관(STK400, STK490)을 사용한다. 강재의 단면형상에 따라 일반형강(ㄴ형강, I형강, ㄷ형강, H형강), 강판, 평강, 봉강, 강관, 경량형강 등이 있다.

memo

Chapter

# 2 힘과 구조물

학습목표

- 힘의 정의와 SI 단위계에서 사용하는 단위에 대하여 학습할 수 있다.
- 힘, 모멘트, 응력의 단위의 변천과정을 이해할 수 있다.
- 길이, 질량, 시간, 힘, 응력, 압력 등 각 단위계별로 단위 비교표를 보고 참고할 수 있다.
- SI 단위계에서 사용하는 접두어의 명칭에 대하여 학습할 수 있다.
- 구조물에 힘(외력)이 작용하면 구조물은 변형(경사,꺾임)되므로 힘의 성질을 이해하고 힘의 표시방법과 힘의 3요소에 대하여 이해할 수 있다.
- 합력의 작용점을 구할 때 사용하는 바리니온(Varignon)의 정리에 대하여 이해할 수 있다.
- 힘의 합성과 분해에 대하여 이해할 수 있다.
- 힘의 합성을 위한 평행사변형법과 삼각형에 의한 방법에 대하여 이해할 수 있다.
- 힘의 평형조건에 대하여 이해할 수 있다.
- 라미의 정리(Lami's theorem)에 대하여 이해할 수 있다.
- 1차원 구조물과 2차원 구조물의 종류에 대하여 이해할 수 있다.
- 지점(支點)과 절점(節點)에 대하여 대하여 이해할 수 있다.
- 구조물의 안정, 불안정 및 정정, 부정정에 대하여 이해할 수 있다.

구조물에 힘, 즉 외력이 작용하면 그 구조물의 주요 부분에는 응력이 생기게 되고, 구조물은 변형되거나 변형하려고 한다. 이러한 힘에 대하여 구조물을 안전하게 설계, 시공, 유지보수 등을 하려면 먼저 먼저 힘의 성질을 이해하고 어떠한 경우에도 적용할 수 있는 이론적인 학문을 터득하여야 한다.

## 1 힘과 모멘트(Moment)

### 1.1 힘(Force)

외부로부터 힘이 작용하지 않으면 정지해 있는 물체는 항상 정지해 있고, 운동하고 있는 물체는 같은 속도로 1직선 위를 운동한다(Newton의 운동 제1법칙). 따라서 힘(force)은 물체의 정지 또는 운동의 상태를 변화시키는 작용이라고 할 수 있다.

물체에 힘이 작용하면 가속도가 생긴다. 이 가속도와 작용시킨 힘 및 물체의 질량 사이에는 가속도 $a$와 물체의 질량 $m$의 곱은 작용시킨 힘 $F$에 비례한다(Newton의 운동 제2법칙). 이것을 수식으로 표현하면

$$F \propto ma \tag{2.1}$$

여기서, $F$ : 힘

$m$ : 물체의 질량

$a$ : 가속도

이다.

질량 1(g) 이 작용하여 1[cm/s$^2$]의 가속도를 내게 하는 힘을 1다인(dyne)의 힘이라고 한다. 과거 공학분야에서는 물체의 중량을 힘의 단위로 하여 힘을 나타내 왔다. 즉 질량 1[kg]의 물체에 작용하는 중력을 힘의 단위로 하여 1[kgf]의 힘이라고 하였다. 따라서 힘(중량)을 질량과 구별하기 위하여 [kgf]로 표기하였고, ton 단위의 힘은 [t] 대신 [tonf]로 표기하였다.그러나 현재 유럽을 비롯한 세계 각국이 SI단위를 사용하고 있고, 우리나라도 2003년 개정된 콘크리트구조 설계기준과 2012년 제정된 전철전력설비 설계편람(KR CODE 2012,국가철도공단)에도 SI 단위계를 사용하고 있다.

SI(Syste'me Internatinalle d' Units, Internatinal System of Units) 단위는 국제적 통일을 기하기 국제도량형기구에 의해 작성되고, 국제표준화기구인 ISO(Internatinal Organigation for Standardigation)에 의해 체택되어 국제적으로 널리 통용되고 있는 국제단위이다.

SI단위계에서는 힘의 단위를 질량 1[kg] 물체에 작용하여 1[m/s$^2$]의 가속도를 내게 하는 힘을 1 N(Newton)의 힘이라 하고 이것을 힘의 단위로 사용한다.

$$1(\mathrm{N}) = 1[\mathrm{kg}] \times 1[\mathrm{m/s^2}] = 1[\mathrm{kg \cdot m}]/[\mathrm{s^2}] \tag{2.2}$$

따라서 1[kgf]의 힘을 SI 단위계의 [N]으로 계산하면

$$\begin{aligned} 1[\mathrm{kgf}] &= 1[\mathrm{kg}] \times 9.8[\mathrm{m/s^2}] = 9.8[\mathrm{kg \cdot m}]/[\mathrm{s^2}] \\ &= 9.8\mathrm{N} \fallingdotseq 10[\mathrm{N}] \end{aligned} \tag{2.3}$$

그러므로

$$1\,(\mathrm{N}) = 1/9.8[\mathrm{kgf}] = 0.102[\mathrm{kgf}] \fallingdotseq 0.1[\mathrm{kgf}]$$

종래부터 현재까지 힘, 모멘트, 응력의 단위가 어떻게 변화하였는지를 표 2.1에, 그리고 각 단위계별 단위 비교표(표 2.2), SI 단위계의 접두어 명칭(표 2.3), 힘의 단위별 환산표를 표 2.4에 나열하였다.

**표 2.1** 힘, 모멘트, 응력의 단위 변천

| 구 분 | 힘 | 모멘트 | 응력 |
|---|---|---|---|
| 종래 사용해 온 단위 | kg 또는 t | kg · m 또는 t · m | kg/cm$^2$ |
| 종래 KS에서 주고 있었던 단위 | kgf 또는 tf | kgf · m 또는 tf · m | kgf/cm$^2$ |
| 1999년 이후 개정된 각 설계기준 및 표준시방서에서 주고 있는 단위 | kgf 또는 tonf | kgf · m 또는 tonf · m | kgf/cm$^2$ |
| 현행 KS, 현행 각 설계기준 및 표준시방서에서 주고 있는 단위 | N 또는 kN | N · m 또는 kN · m | N/mm$^2$ 또는 MPa |

[주] (1) 1 kN(kilo Newton) = $10^3$ N
(2) SI계의 응력단위 N/mm$^2$를 MPa(Mega Pascal)로 나타내기도 한다. 즉, 1 N/mm$^2$ =1 MPa 이다.

**표 2.2** 각 단위계별 단위 비교

| 양 / 단위계 | 길이 | 질량 | 시간 | 힘 | 응력 | 압력 |
|---|---|---|---|---|---|---|
| SI계 | m | kg | s | N | N/m$^2$ 또는 Pa | Pa |
| CGS계 | cm | g | s | dyn | dyn/cm$^2$ | dyn/cm$^2$ |
| MKS계 | m | kg | s | kgf | kgf/m$^2$ | kgf/m$^2$ |
| ft-lb계 | ft | lb | s | lb | psi(lb/in$^2$) | psi(lb/in$^2$) |

[주] (1) SI 단위계에서는 응력의 단위로 N/m$^2$ 또는 Pa(Pascal)을 주고 있다. 즉 1 N/m$^2$ = 1 Pa 이다. 그러나 N/mm$^2$ 또는 MPa(Mega Pascal)가 주로 사용되고 있다. 즉 1 N/mm$^2$ = 1 MPa 이다.
(2) ft-lb 단위계(US customary units)에서는 힘의 단위로 lb(pound)를 사용하고 있으며, 따라서 응력의 단위로 psi(lb per sq in, lb/in$^2$)를 사용하고 있다.

**표 2.3** SI단위계 접두어의 명칭

| 단위에 곱하는 배수 | 접두어의 명칭 | 기호 | 단위에 곱하는 배수 | 접두어의 명칭 | 기호 |
|---|---|---|---|---|---|
| $10^{12}$ | 테라(tera) | T | $10^{-1}$ | 데시(deci) | d |
| $10^9$ | 기가(giga) | G | $10^{-2}$ | 센티(centi) | c |
| $10^6$ | 메가(mega) | M | $10^{-3}$ | 밀리(milli) | m |
| $10^3$ | 킬로(kilo) | k | $10^{-6}$ | 마이크로(micro) | $\mu$ |
| $10^2$ | 헥토(hecto) | h | $10^{-9}$ | 나노(nano) | n |
| 10 | 데카(deca) | da | $10^{-12}$ | 피코(pico) | p |

표 2.4 힘의 단위 환산표

| N | dyn | kgf | lb |
|---|---|---|---|
| 1 | $1\times10^{5}$ | $1.01972\times10^{-1}$ | $2.2481\times10^{-1}$ |
| $1\times10^{-5}$ | 1 | $1.01972\times10^{-6}$ | $2.2481\times10^{-6}$ |
| 9.80665 | $9.80665\times10^{5}$ | 1 | 2.20462 |
| 4.44822 | $4.44822\times10^{5}$ | $4.5359\times10^{-1}$ | 1 |

**예제 2-1**

**질량이 3 [t]인 물체에 작용하는 중력은 몇 [N]이 되는가?**

풀이 1[N]은 100,000[dyne]이고, 1[g중]은 980[dyne]이므로 1[kg중]은 9.8[N]이므로 중력은 3,000[kg중] × 9.8[N] = 29,400[N]이 된다.

## 1.2 | 힘의 표시방법과 힘의 3요소

일반적으로 힘은 힘의 3요소인 크기, 방향, 작용점을 가지는 벡터(vector)에 의해서 표시되는데 이것은 그림 2.1에서 보는 바와 같이 작용점 A$(x, y)$에서 $\theta$의 기울기를 가지는 힘의 방향 $P$로 직선을 그어 선의 길이 AP$(l)$로 그 크기를 나타내며 방향은 화살표로 나타내어진다. 또한, 크기를 나타내는 치수의 축척은 임의로 표현하는데, 선분의 길이를 1[cm]로 100[kg]을 나타내면 200[kg]은 2[cm]로 나타내면 되는 것이다.

설명한 바와 같이 힘의 3요소를 요약하면

- 크기(Magnitude of force) : 임의로 적당하게 축척된 선분의 길이로 표시한다$(l)$
- 방향(Direction force) : 화살표와 선분의 기울기로 표시한다$(\theta)$
- 작용점(Point of apprication) : 화살표의 끝 또는 시작점으로 선분 위의 한점으로 표시한다$(x, y)$

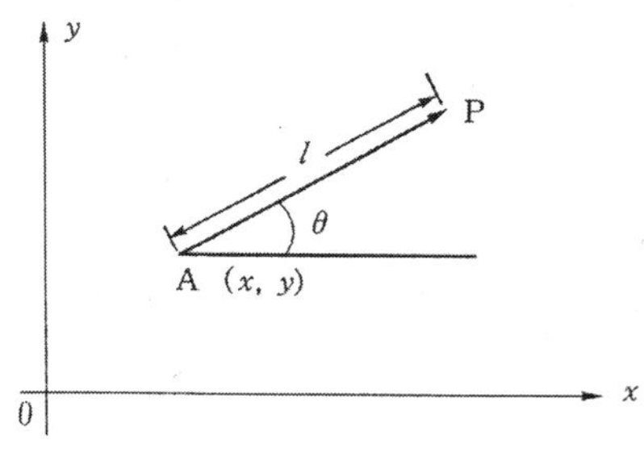


그림 2.1 힘의 3요소

또한, 힘이 어떤 강체(剛體 : rigid body)에 작용할 때 이 힘을 그 작용선 위의 임의점에 옮겨도 그 영향이 변하지 않는 것을 힘의 이동성(移動性)법칙 또는 힘의 작용선의 법칙이라 한다.

## 1.3 | 힘의 모멘트(Moment)

그림 2.2에서 기준으로 하는 점 O로부터 힘의 작용선까지의 수직거리와 힘의 크기를 곱한 것을 힘의 모멘트 또는 회전모멘트라 한다. 즉, 어떤 점을 중심으로 돌리려고 하는 힘을 힘의 모멘트라 하고

$$\text{모멘트 } M = \text{힘} \times \text{수직거리} = P \cdot l = 2\triangle \text{AOB} \tag{2.4}$$

로 나타낼 수 있으며, 이것은 점 P가 O의 주위에 물체를 회전시키려는 정도를 나타내는 것이다.

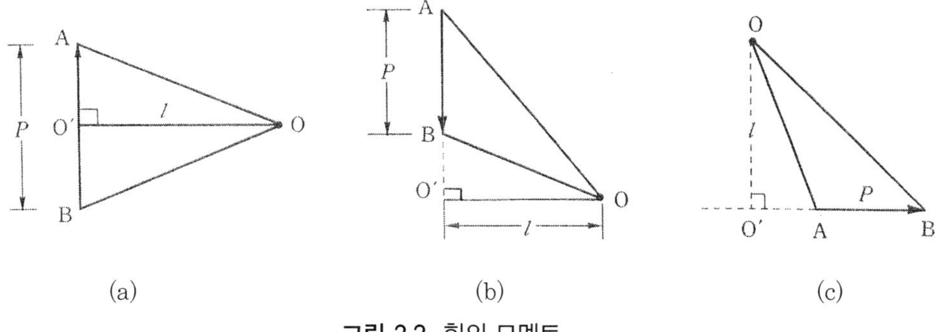


**그림 2.2** 힘의 모멘트

모멘트의 단위는 힘과 거리의 곱으로서 [kN · m], [N · m] 등으로 나타내고, 우측으로 회전, 즉 시계방향이면 정(+)의 부호를 갖고, 좌측으로 회전 즉, 반시계 방향이면 부(−)로 정하고 있으며, “여러 힘의 한 점에 대한 모멘트의 대수합은 그들 합력의 그 점에 대한 모멘트와 같다.”라고 하는데 이것을 바리니온(Varignon)의 정리라 하며 이 정리는 합력의 작용점을 구할 때 사용한다.

**표 2.5** 모멘트의 단위 환산표

| N · m | kgf · m | ft · lb |
|---|---|---|
| 1 | 0.10197 | 0.73756 |
| 9.80665 | 1 | 7.23305 |
| 1.35581 | 0.13825 | 1 |

바리니온의 정리를 설명하고자 그림 2.3과 같이 힘 $P_1$, $P_2$, $R$을 그리고 $P_1$의 O점에 대한 모멘트를 $M_1$, $P_2$의 O점에 대한 모멘트를 $M_2$, $R$의 O점에 대한 모멘트를 $M_R$라고 하면

$$M_1 = 2\triangle \mathrm{AOB} = \overline{\mathrm{AO}}\ \overline{\mathrm{OE}}$$

$$M_2 = 2\triangle \mathrm{AOC} = \overline{\mathrm{AO}}\ \overline{\mathrm{OF}}$$

$$M_R = 2\triangle \mathrm{AOD} = \overline{\mathrm{AO}}\ \overline{\mathrm{OG}}$$

$$M_1 + M_2 = \overline{\mathrm{AO}}\ (\overline{\mathrm{OE}} + \overline{\mathrm{OF}})$$

의 식이 성립하는데 그림에서 $\overline{\mathrm{OF}} = \overline{\mathrm{EG}}$ 이므로

$$M_1 + M_2 = \overline{\mathrm{AO}}\ (\overline{\mathrm{OE}} + \overline{\mathrm{EG}}) = \overline{\mathrm{AO}}\ \overline{\mathrm{OG}} = 2\triangle \mathrm{AOD} = M_R \qquad (2.5)$$

이 된다. 그러므로 $P_1$, $P_2$의 O점에 대한 모멘트의 대수합은 합력 $R$의 O점에 대한 모멘트와 같게 되는 것을 알 수 있으며, 이것은 여러 개의 힘이 있더라도, 그리고 이 힘이 어느 위치에 있더라도 이와같은 식이 성립한다는 것을 알 수 있다.

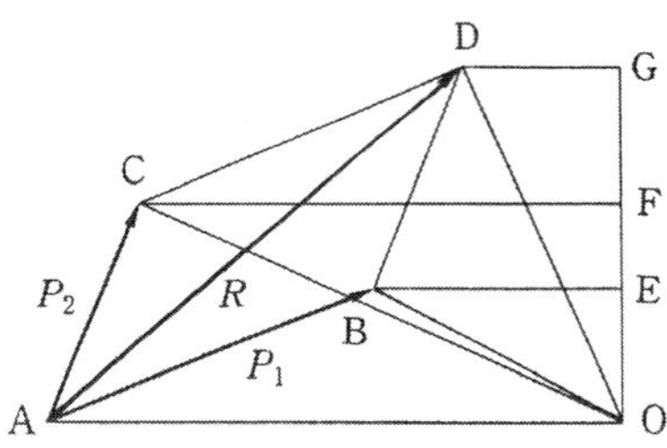


그림 2.3 바리니온의 정리

## 예제 2-2

**그림 2.4와 같이 3개의 힘이 작용할 때 이 세 힘에 대한 합력의 크기와 방향을 설명하고, 또한 합력의 작용점을 O점을 중심으로 하여 계산하여라.**

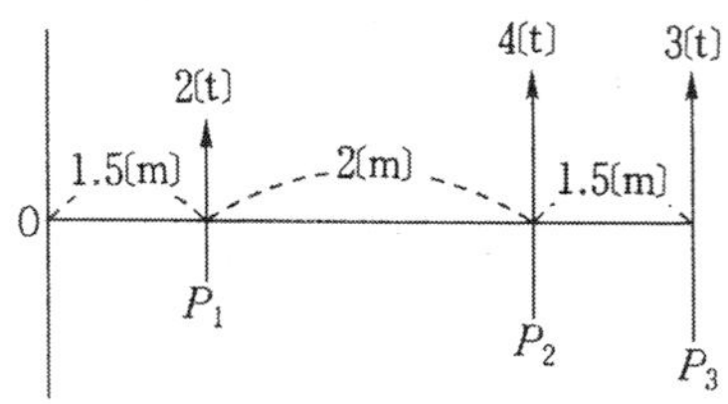


그림 2.4

풀이 바리니온의 정리를 이용하면 방향은 모두 위를 향하고 있으므로 당연히 위를 향하게 되며,

합력의 크기 $R = 2[\mathrm{t}] + 4[\mathrm{t}] + 3[\mathrm{t}] = 9[\mathrm{t}]$

작용위치 $M_0 = 9x = 1.5 \times 2 + 4 \times 3.5 + 3 \times 5$

이므로 $9x = 32$가 되어 $x = 32/9[\mathrm{m}]$가 된다. 즉, 작용위치는 우측으로 3.56[m] 지점이 된다는 것이다.

## 1.4 | 우력(偶力 : Couple forces)과 우력모멘트

우력은 짝힘이라고도 하며, 크기가 같고 방향이 반대인 나란한 두 힘을 우력이라 하는데, 이것은 그림 2.5에서 보는 바와 같이 동일 작용선상에 있지 않으며 우력 $P$ 사이의 거리를 $l$ 이라 하면, 힘×두 힘 사이의 거리 즉, $Pl$ 을 우력모멘트라 하며, 이것을 식으로 표현하면 우력모멘트 $M$은

$$M = Pl \tag{2.6}$$

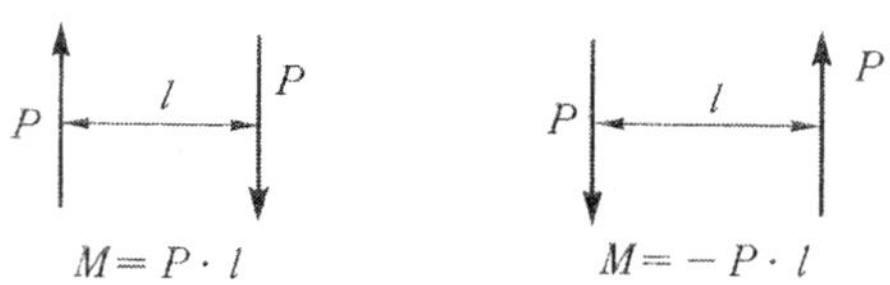


그림 2.5 우력 모멘트

이다. 또한, 우력과 같은 평면 내에 있는 임의의 점에 대하여 우력모멘트의 값을 구해도 그 값은 항상 일정하게 되며, 우력의 단위는 힘의 모멘트와 같다는 것을 알 수 있을 것이다. 여기에서 주목할 점은 우력을 받는 물체는 모멘트의 경우처럼 회전력을 받게 된다는 것이며, 그림 2.6을 우력 $P$의 임의의 점 O에 대한 모멘트의 대수합으로 나타내면 모멘트의 대수합 $M$은

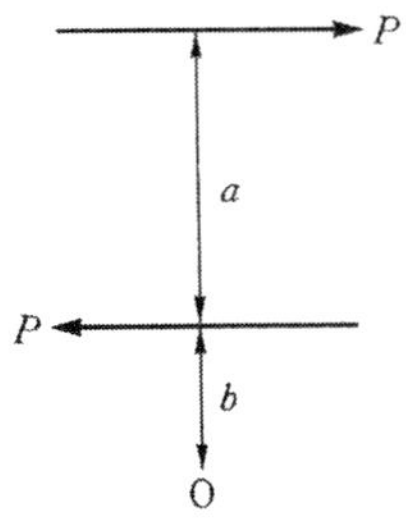


그림 2.6 모멘트의 대수합

$$M = P(a+b) - Pb = Pa \tag{2.7}$$

로서 일정함을 알 수 있다.

**예제 2-3**

**그림과 같은 힘에 대하여 O점에 대한 모멘트 $M$을 구하여라.**

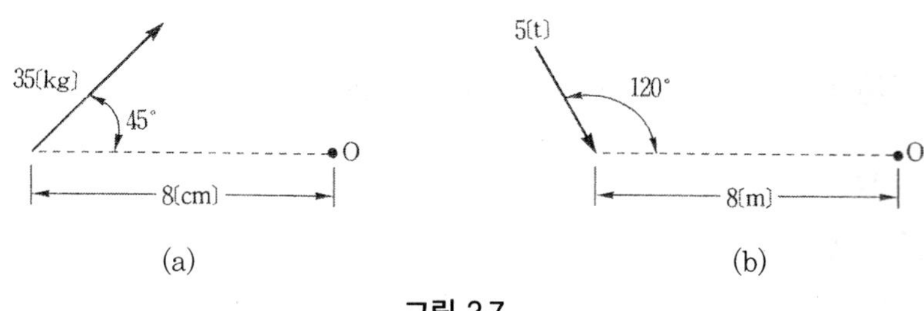


그림 2.7

풀이 (1) 그림 2.8 (a)와 같이 주어진 힘에 대하여 작용선까지의 수직거리 $l_1$을 구하면

$$l_1 = 8[\text{cm}] \times \sin 45° = 4\sqrt{2}$$

따라서 힘 $F$는 35[kg] 이므로

$$M = 35 \times 4\sqrt{2} = 140\sqrt{2}\,[\text{kg} \cdot \text{cm}]$$

(2) 그림 2.8 (b)와 같이 주어진 힘에 대하여 작용선까지의 수직거리 $l_2$를 구하면

$$l_2 = 8[\text{m}] \times \sin 60° = 4\sqrt{3}$$

따라서 힘 $F$는 5[t] 이므로

$$M = -5 \times 4\sqrt{3} = -20\sqrt{3}\,[\text{t} \cdot \text{m}] \fallingdotseq -200\sqrt{3}\,[\text{kN} \cdot \text{m}]$$

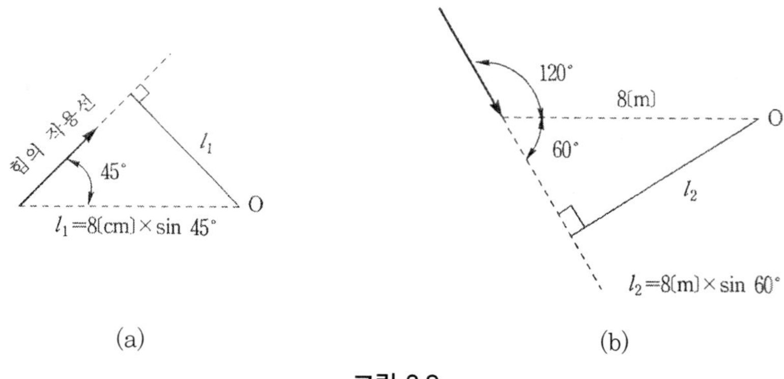


그림 2.8

**예제 2-4**

**그림 2.9와 같은 세 힘의 O점에 대한 모멘트의 합을 구하여라.**

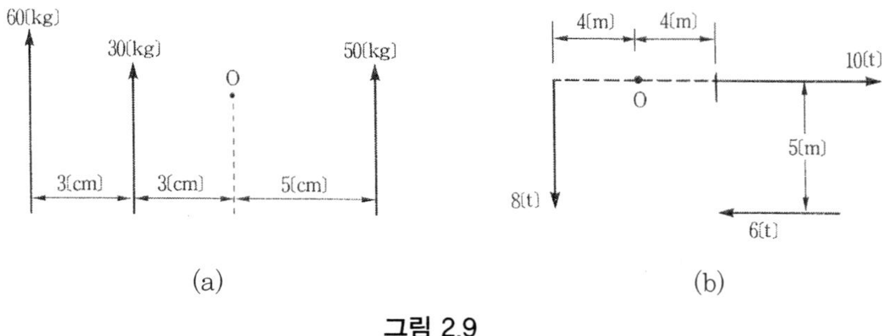


그림 2.9

---

풀이 (1) $M_0 = 60[kg] \times 6[cm] + 30[kg] \times 3[cm] - 50[kg] \times 5[cm]$
$= 360 + 90 - 250 = 200[kg \cdot cm]$

(2) $M_0 = -8[t] \times 4[m] + 6[t] \times 5[m] = -2[t \cdot m] \fallingdotseq -20[kN \cdot m]$

## 2 힘의 합성과 분해

물체에 작용하는 많은 힘들은 이 많은 힘들과 같은 효과를 갖는 하나의 힘으로 통합할 필요가 있다. 이와 같이 많은 힘들을 하나의 힘으로 통합하는 것을 힘의 합성(合成 : composition)이라 하며 통합된 힘을 합력(合力 : resultant force)이라 하고, 또한 한 개의 힘을 그와 똑같은 효력을 가지는 두 개 이상의 힘으로 나누는 것을 힘을 분해한다고 하며 분해된 힘을 분력(component of force)라고 한다.

### 2.1 한 점에 작용하는 두 힘의 합성과 분해

두 힘의 합력을 구하기 위해서 그림 2.10과 같이 1점 O에 작용하는 힘 $P_1$, 즉 OA와 $P_2$, 즉 OB를 평행사변형 OBCA로 그리고 O를 통하는 대각선 OC를 그리면 OC는 힘 $R$이 되며 이것이 $P_1$, $P_2$의 합력이 된다. 이와같이 그림을 그려서 구하는 방법을 도해법이라 하며, 한 점에 작용하는 두 힘을 합성하는 방법으로는 평행사변형에 의한 방법과 삼각형에 의한 방법이 있다.

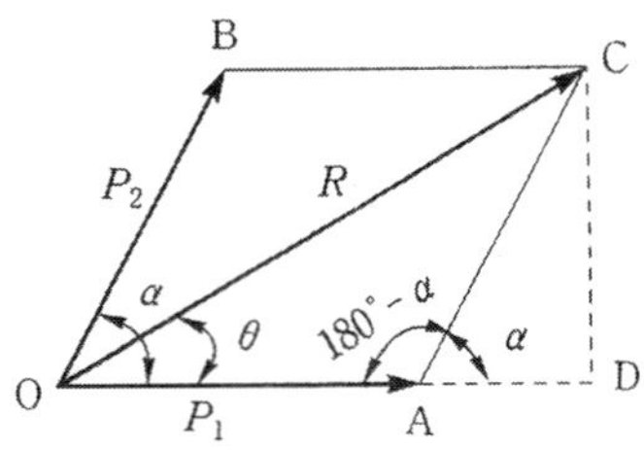


그림 2.10 힘의 합성

### (1) 평행사변형에 의한 방법

그림 2.11 (a)와 같이 작용점을 일치시키고 (b)와 같이 두 힘을 평행사변형으로 만들어 그 대각선을 그리게 되면 그 대각선이 합성된 힘이 된다.

이 때의 평행사변형을 힘의 평행사변형(parallelogram of forces)이라고 하며, 힘의 합력의 크기 $R$을 수식에 의한 해석법으로 구하려면 그림 2.10에서 피타고라스의 정리를 이용하여 구한다. 즉, 그림에서

$$
\begin{aligned}
R^2 &= \overline{\mathrm{OD}}^2 + \overline{\mathrm{CD}}^2 = (\overline{\mathrm{OA}} + \overline{\mathrm{AD}})^2 + \overline{\mathrm{CD}}^2 \\
&= (P_1 + P_2\cos\alpha)^2 + (P_2\sin\alpha)^2 \\
&= P_1^2 + 2P_1P_2\cos\alpha + P_2^2\cos^2\alpha + P_2^2\sin^2\alpha \\
&= P_1^2 + 2P_1P_2\cos\alpha + P_2^2
\end{aligned}
$$

$$\therefore\ R = \sqrt{P_1^2 + P_2^2 + 2P_1P_2\cos\alpha} \qquad (2.8)$$

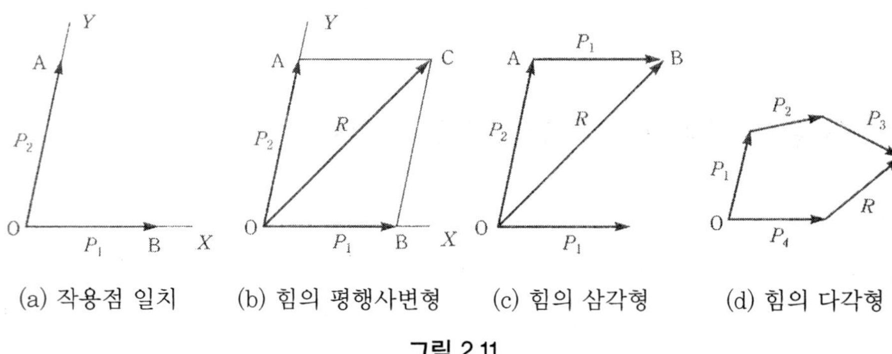


(a) 작용점 일치　(b) 힘의 평행사변형　(c) 힘의 삼각형　(d) 힘의 다각형

그림 2.11

여기에서 합력의 방향을 생각하여 보면

$$\tan\theta = \frac{\overline{\mathrm{CD}}}{\overline{\mathrm{OD}}} = \frac{P_2\sin\alpha}{P_1 + P_2\cos\alpha} \qquad (2.9)$$

이 되며, 특수한 경우로 $\alpha = 90°$라고 하면 합력 $R$은

$$R = \sqrt{P_1^2 + P_2^2}$$

$$\tan\theta = \frac{P_2}{P_1}$$

가 된다.

여기에서 합력 $R$의 분력을 구하기 위해서 그림 2.12에서 △OAC에 sin법칙을 이용하면 분력 $P_1$, $P_2$를 구할 수 있으며, 이것을 식으로 나타내면

$$\frac{P_1}{\sin(\alpha - \theta)} = \frac{P_2}{\sin\theta} = \frac{R}{\sin(180° - \alpha)} = \frac{R}{\sin\alpha}$$

$$\therefore\ P_1 = \frac{\sin(\alpha - \theta)R}{\sin\alpha},\quad P_2 = \frac{\sin\theta\ R}{\sin\alpha} \tag{2.10}$$

이 되며, 여기에서 $\alpha = 90°$이면

$$P_1 = R\cos\theta,\ P_2 = R\sin\theta \tag{2.11}$$

가 된다. 또한, 이것을 도해법으로 분해하려면 합성을 반대로 하면 분해가 된다. 즉, 그림 2.10에서 합력 $R$이 주어졌을 때 선분 OC의 양끝에서 주어진 방향으로 평행선을 그어 평행사변형 또는 힘의 삼각형을 만들어 표시되는 $P_1$과 $P_2$가 합력 $R$의 분력이 되는 것이다.

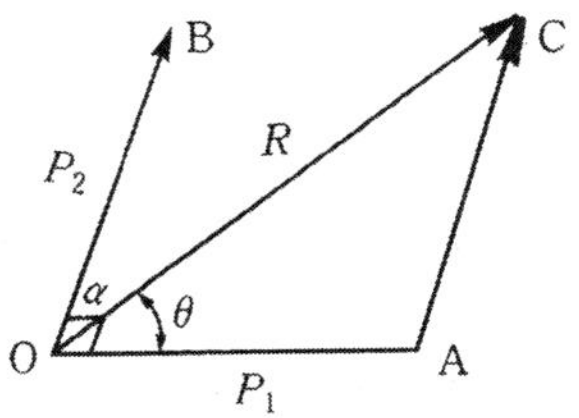


**그림 2.12** 두 힘의 분해

### (2) 삼각형에 의한 방법

그림 2.11 (c)와 같이 하나의 힘의 방향을 나타내는 화살표에 다른 힘의 작용점을 평행하게 이동시켜 붙이고 한 힘의 작용점과 다른 힘의 방향을 나타내는 화살표를 이으면 이 이은 선분이 합성된 힘이 되게 된다. 이 삼각형을 힘의 삼각형(force triangle)이라 한다.

**예제 2-5**

**그림 2.13에서 나타낸 두 힘 $P_1$, $P_2$의 합력을 구하여라.**

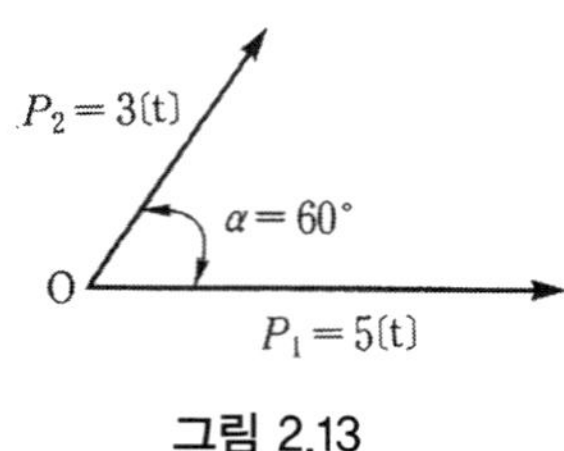


그림 2.13

---

**풀이** 그림 2.14와 같이 평행사변형을 그려서 힘의 합력 $R$을 피타고라스의 정리에 의하여 구하면

$$R = \sqrt{P_1^2 + P_2^2 + 2P_1P_2\cos\alpha} = \sqrt{5^2 + 3^2 + 2\times5\times3\times\frac{1}{2}} = 7[\mathrm{t}]$$

$$\tan\theta = \frac{P_2\sin\alpha}{P_1 + P_2\cos\alpha} = \frac{3\times\frac{\sqrt{3}}{2}}{5+3\times0.5} = 0.4$$

$$\therefore\ \theta = 21°50'$$

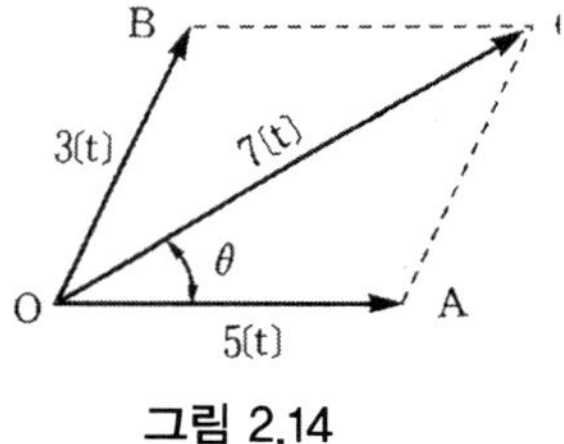


그림 2.14

## 2.2 | 한 점에 작용하는 여러 힘의 합성과 분해

한 점에 작용하는 여러 힘의 합성은 두 힘을 합성하는 방법 중 삼각형에 의한 방법과 같이 하나의 힘의 방향을 나타내는 화살표에 다른 힘을 평행하게 이동시켜 한 힘의 작용점과 다른 힘의 방향을 나타내는 화살표를 순차적으로 연결시켜 다각형을 만들면 시발점의 작용점과 마지막 화살표의 끝점을 이은 선분이 합성된 힘이 되게 된다. 또한, 두 힘에 대하여 평행사변형을 그려서 힘의 합력을 구하고 이 합력과 다른 힘으로 평행사변형을 또다시 만들고 이와같은 방법을 순차적으로 계속하여 반복하면 제일 마지막 남은 힘과의 합성이 전체 힘의 합성이 되는 것이다. 이것을 이해하도록 그려 놓은 것이 그림 2.15 (a)와 (b)이다.

이와같이 그림 2.15 (b)와 같이 O점을 출발하여 주어진 힘에 평행하게 $P_1$, $P_2$, $P_3$, $P_4$를 연결하고 마지막으로 $P_4$의 끝과 출발점 O를 연결하고 화살표를 붙이면 합력 $R$의 크기와 방향이 정해진다. 이렇게 그려진 다각형을 힘의 다각형 또는 시력도(示力圖, force polygon)라고 한다.

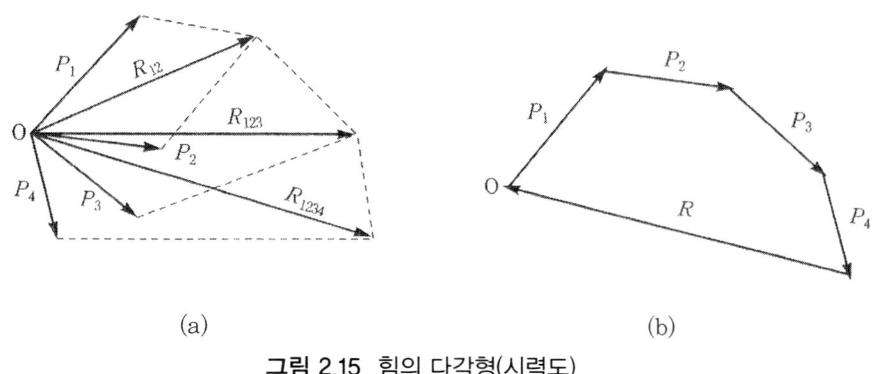


**그림 2.15** 힘의 다각형(시력도)

또한, 한 점에 작용하는 여러 힘을 해석법에 의하여 합력을 구하려면 여러 힘을 하나로 합성하거나 하나의 힘을 두 힘으로 분해한 힘은 마찬가지라는 힘의 분해에 대한 원리에 의하여 여러 힘을 수직분력과 수평분력으로 분해하여 계산한다. 그림 2.16은 4 개의 힘 $P_1$, $P_2$, $P_3$, $P_4$를 수평분력 $H_1$, $H_2$, $H_3$, $H_4$와 수직분력 $V_1$, $V_2$, $V_3$, $V_4$로 분해하는 과정과 식을 표현한 것으로

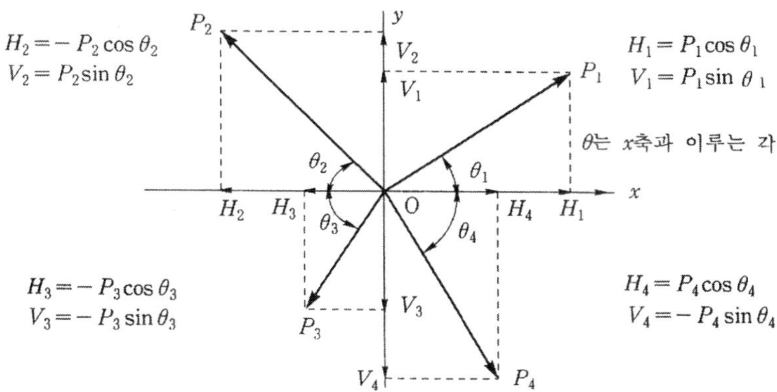


**그림 2.16** 4개의 힘을 수직분력과 수평분력으로 분해

$$\begin{aligned}\Sigma H &= H_1 + H_2 + H_3 + H_4 \\ &= P_1\cos\theta_1 - P_2\cos\theta_2 - P_3\cos\theta_3 + P_4\cos\theta_4 \\ \Sigma V &= V_1 + V_2 + V_3 + V_4 \\ &= P_1\sin\theta_1 + P_2\sin\theta_2 - P_3\sin\theta_3 - P_4\sin\theta_4\end{aligned} \tag{2.12}$$

가 되며 합력의 크기 $R$은

$$R = \sqrt{(\Sigma H)^2 + (\Sigma V)^2}$$

이 되고 합력의 방향 $\tan\theta$는

$$\tan\theta = \frac{\Sigma V}{\Sigma H}, \quad \theta = \tan^{-1}\frac{\Sigma V}{\Sigma H}$$

이며 작용점은 동일점이 된다.

여기에서 $\theta$의 범위는 식 (2.13)과 같이 정하고 있다.

$$\begin{aligned}&\Sigma H > 0,\ \Sigma V \geqq 0\text{이면},\ 0° \leqq \theta < 90°\ (1\ \text{상한}) \\ &\Sigma H \leqq 0,\ \Sigma V > 0\text{이면},\ 90° \leqq \theta < 180°\ (2\ \text{상한}) \\ &\Sigma H < 0,\ \Sigma V \leqq 0\text{이면},\ 180° \leqq \theta < 270°\ (3\ \text{상한}) \\ &\Sigma H \geqq 0,\ \Sigma V < 0\text{이면},\ 270° \leqq \theta < 360°\ (4\ \text{상한})\end{aligned} \tag{2.13}$$

**예제 2-6**

**그림 2.17과 같이 한 점에서 작용하는 세 힘의 합력과 합력의 방향을 구하여라.**

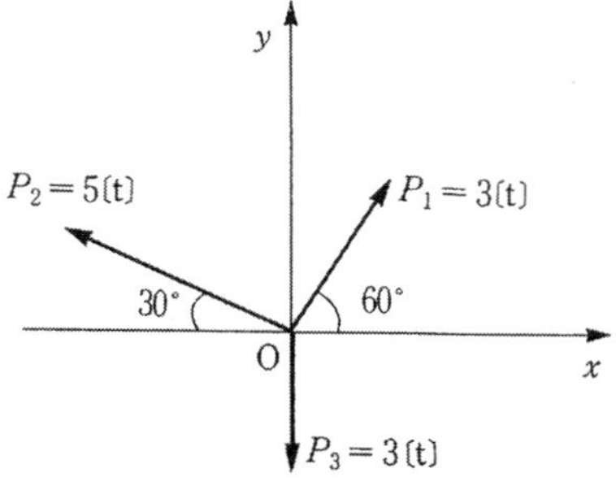


**그림 2.17**

**풀이**

$H_1 = P_1\cos60° = 3\times\frac{1}{2} = 1.5[t]$

$H_2 = -P_2\cos30° = -5\times\frac{\sqrt{3}}{2} = -4.33[t]$

$H_3 = 0$

$\therefore\ \Sigma H = H_1 + H_2 + H_3 = 1.5 - 4.33 = -2.83[t]$

$V_1 = P_1\sin60° = 3\times\frac{\sqrt{3}}{2} = 2.598[t]$

$V_2 = P_2\sin30° = 5\times\frac{1}{2} = 2.5[t]$

$V_3 = -3[t]$

$\therefore\ \Sigma V = V_1 + V_2 + V_3 = 2.598[t] + 2.5[t] - 3[t] = 2.098[t]$

$\therefore\ R = \sqrt{(\Sigma H)^2 + (\Sigma V)^2} = \sqrt{(-2.83)^2 + (2.098)^2} = \sqrt{12.41} = 3.52[t]$

$\tan\theta = \frac{\Sigma V}{\Sigma H} = \frac{2.098}{-2.83} = -0.741 \qquad \therefore\ \theta = 36°32'$

$\Sigma H < 0$, $\Sigma V > 0$이므로 합력 $R$은 제2상한에서 $x$축과 이루는 각이 $\theta = 36°32'$이다.

**예제 2-7**

**그림 2.18에서의 힘 $P$를 수평분력과 수직분력으로 분해하여라.**

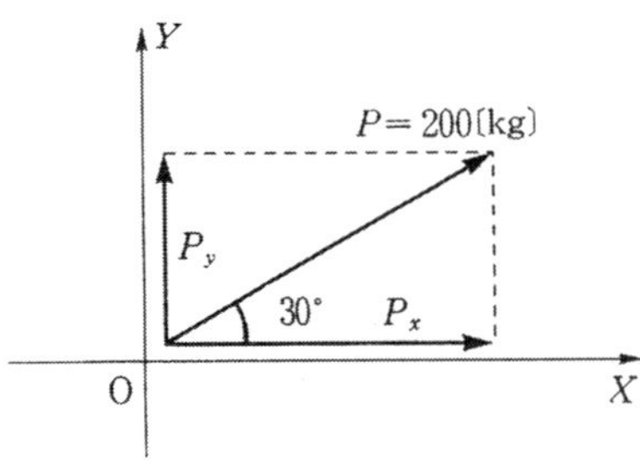


그림 2.18

**풀이**

$P_x = P\cos30° = 200[kg]\times\frac{\sqrt{3}}{2} = 100\sqrt{3}[kg]$

$P_y = P\sin30° = 200[kg]\times\frac{1}{2} = 100[kg]$

**예제 2-9**

**그림 2.19와 같이 한 점 O에 작용하는 힘들의 합력을 수식에 의한 방법과 도해에 의한 방법으로 구분하여 구하여라.**

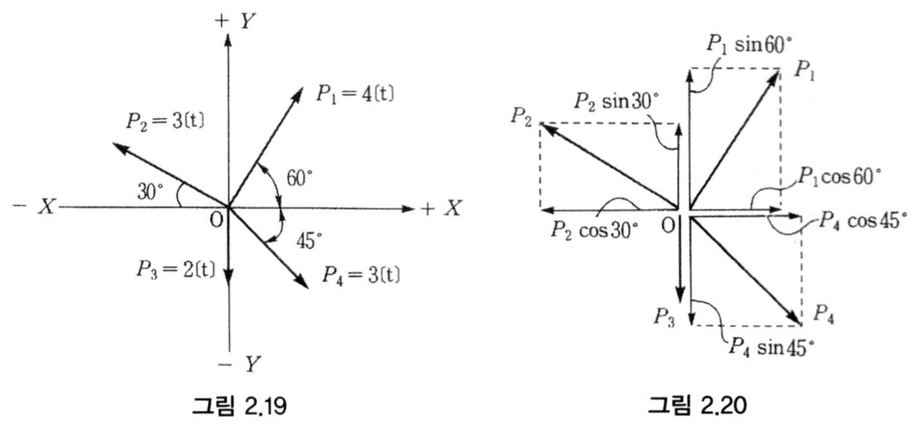


그림 2.19　　　그림 2.20

풀이 분해력의 부호는 좌표축의 정의 방향을 +로, 부의 방향을 −로 하여 계산하도록 하며

(1) 수식해법

그림 2.20과 같이 힘을 분해하여 구하면

$$\Sigma H = P_1\cos 60° + P_4\cos 45° - P_2\cos 30°$$
$$= 4[t]\times\frac{1}{2} + 3[t]\times\frac{1}{\sqrt{2}} - 3[t]\times\frac{\sqrt{3}}{2}$$
$$= 2 + 2.12 - 2.6 = +1.52$$ (+이므로 우측 방향의 힘이 된다.)

$$\Sigma V = P_1\sin 60° + P_2\sin 30° - P_3 - P_4\sin 45°$$
$$= 4[t]\times\frac{\sqrt{3}}{2} + 3[t]\times\frac{1}{2} - 2[t] - 3[t]\times\frac{1}{\sqrt{2}}$$
$$= 3.46 + 1.5 - 2 - 2.12 = 0.84[t]$$ (+이므로 상측 방향의 힘이 된다.)

합력 $R$의 크기와 수평축과 이루는 각 $\theta$를 구하면

크기 $R = \sqrt{(\Sigma H)^2 + (\Sigma V)^2} = \sqrt{1.52^2 + 0.84^2} = 1.74[t]$

방향각 $\tan\theta = \dfrac{\Sigma V}{\Sigma H} = \dfrac{0.84}{1.52} \fallingdotseq 0.55$

$\therefore\ \theta = 28°50'$이 된다.

따라서 $\tan\theta$는 정(+)의 값으로서 합력 $R = 1.74$[t]은 좌표축의 제1상한에서 $X$축과 이루는 각 $\theta$가 $28°50'$이 된다.

(2) 도해법

그림 2.21과 같이 1[t]의 힘을 5[mm]로 정하여 $P_1$, $P_2$, $P_3$, $P_4$의 순서로 힘의 다각형(Line force polygon)을 그린 다음에 $P_1$의 시작점 a와 $P_4$의 끝점 e를 맺은 것이 합력 $R$ 이다. 합력 $R$ 의 크기를 자로 재어 보면 8.7[mm]이므로 $R = \frac{8.7}{5} = 1.74$[t]이며, 수평선과 이루는 각 $\theta$는 각도기로 재어 보면 $\theta = 28°50'$ 이다.

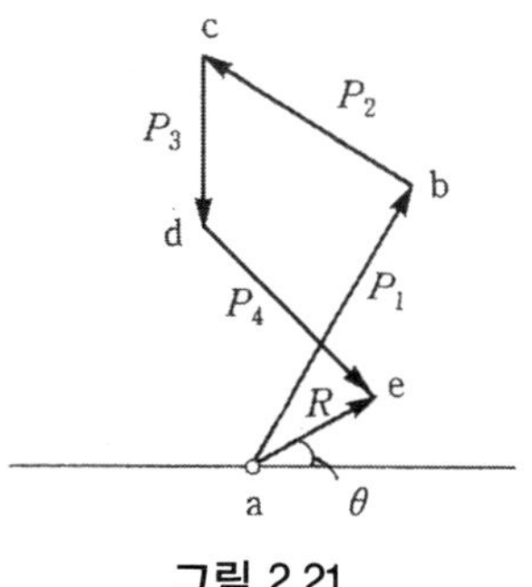


그림 2.21

**예제 2-9**

**그림 2.22에서 세 힘들의 합을 수식해법과 도해법으로 구하여라.**

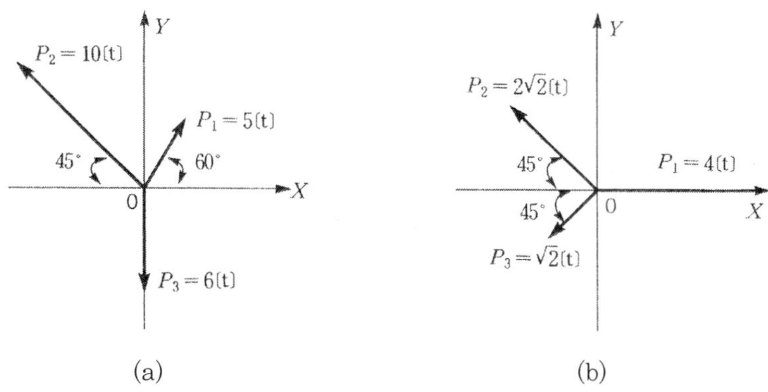


그림 2.22

**풀이** (1) 수식해법

예제 2-8에서와 같은 방법으로 힘의 합력을 구하면

① $R \fallingdotseq 7.1$[t], 제 2 상한에서 $X$축과 이루는 각 $\theta = 49°50'$ 이다.

② $R = \sqrt{2}$ [t], 제 1 상한에서 $X$축과 이루는 각 $\theta = 45°$이다.

(2) 도해법

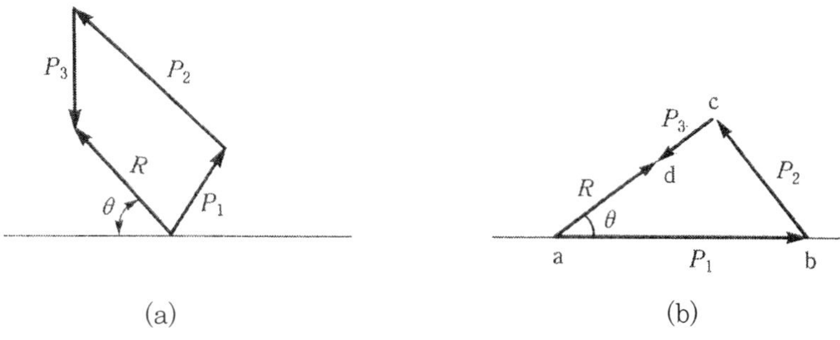


그림 2.23

**예제 2-10**

**그림과 같은 힘들의 O점에 대한 모멘트의 합을 구하여라.**

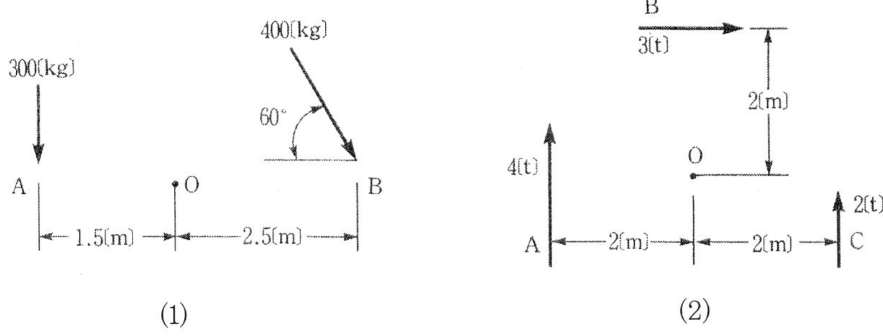


그림 2.24

풀이 (1) $M_0 = 300 \times 1.5 - 400\sin 60° \times 2.5 = 416[\text{kg} \cdot \text{m}]$

(2) $M_0 = 4 \times 2 + 3 \times 2 - 2 \times 2 = 10[\text{t} \cdot \text{m}]$

**예제 2-11**

**그림 2.25에서 $R$=120[kg]이 $X$축과 30°의 각을 이루고 있다고 할 때 $X$, $Y$축에 대한 분력 $P_x$와 $P_y$를 구하여라.**

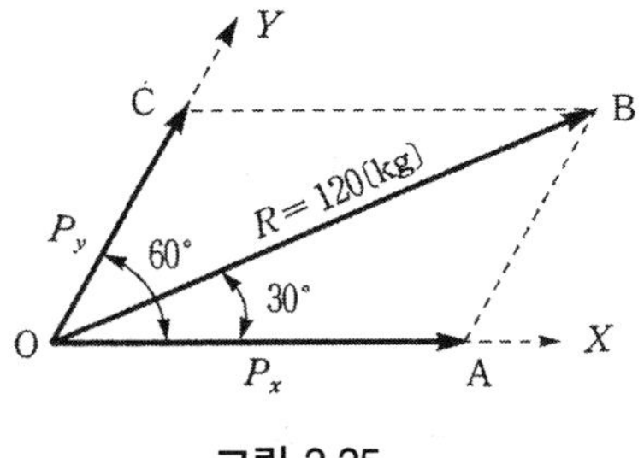


그림 2.25

풀이 $$P_x = \frac{\sin(\alpha - \theta)}{\sin\alpha} \cdot R = \frac{\sin(60° - 30°)}{\sin 60°} \times 120[\text{kg}] = \frac{0.5}{\frac{\sqrt{3}}{2}} \times 120 = 40\sqrt{3}\,[\text{kg}]$$

$$P_y = \frac{\sin\theta}{\sin\alpha} \cdot R = \frac{\sin 30°}{\sin 60°} \times 120[\text{kg}] = \frac{0.5}{\frac{\sqrt{3}}{2}} \times 120 = 40\sqrt{3}\,[\text{kg}]$$

## 2.3 | 동일점에 작용하지 않는 여러 힘의 합성과 분해

동일점에 작용하지 않는 힘을 합성 또는 분해하는 방법으로는 도해법과 해석법이 있는데, 도해법으로는 힘의 3각형법, 다각형법, 교차법 등이 있으며, 해석법으로는 동일점에 작용하는 여러 힘의 합성과 분해의 경우와 같은 방법으로 구하면 된다. 그러나 여기에서는 도해에 의한 방법으로 교차법에 대해서만 설명하기로 한다.

### (1) 도해에 의한 방법

그림 2.26 (b)와 같은 시력도에 의해서 합력의 방향과 크기를 구하고 그림 (a)와 같이 $P_1$, $P_2$의 교점의 연장선 $R_1$과 $P_3$와의 교점의 연장선 $R_2$의 연장선과 $P_4$의 교점이 합력의 작용점이 되므로 그 합력은 두 힘의 교점을 통과하도록 그려 나가면 된다.

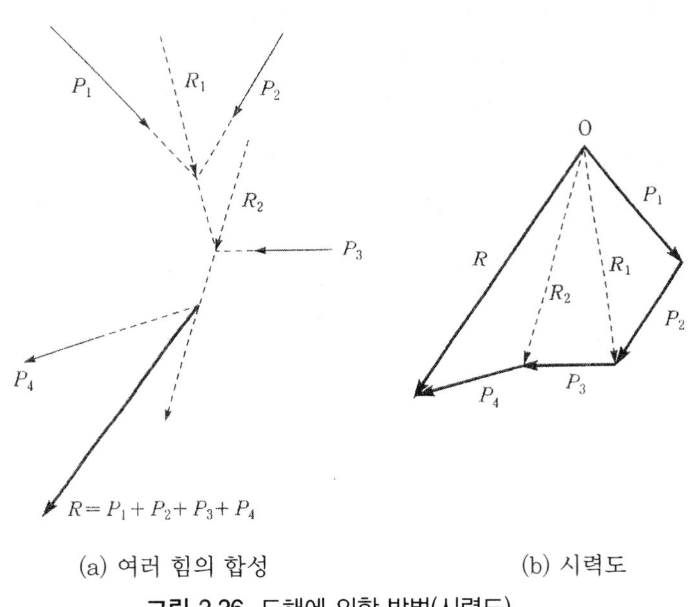


(a) 여러 힘의 합성 (b) 시력도

**그림 2.26** 도해에 의한 방법(시력도)

또한, 두 힘이 거의 평행하여 교점을 구할 수 없을 경우에는 연력도(連力圖 : Funicular polygon)와 시력도를 사용하여 합력의 크기와 방향 및 작용선을 구하면 된다. 이때 시력도에 의하여 구할 수 있는 것은 합력의 크기와 방향이며 연력도로는 합력의 작용선을 구하게 되는 것이다. 그림에서 보는 바와 같이 $L$, $M$, $N$ 선은 $l$, $m$, $n$선과 평행하게 하고 $L$과 $P_1$의 교점에서 $M$을 연결하고 $M$과 $P_2$의 교점에서 $N$을 연결한다. 그렇게 하면 합력 $R$은 교점 O를 통과하게 된다. 시력도와 연력도를 이용하여 합력을 구하는 방법에 대해서는 다음에 자세히 설명하기로 한다.

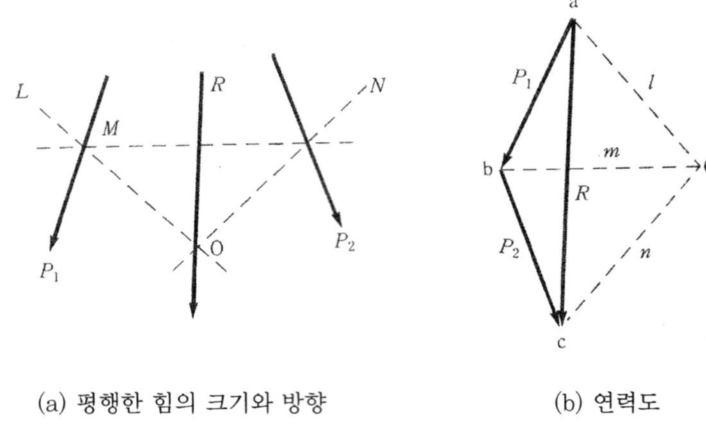


(a) 평행한 힘의 크기와 방향 (b) 연력도

**그림 2.27** 도해에 의한 방법(연력도)

### (2) 수식에 의하여 힘의 합력과 방향을 구하는 방법

동일점에 작용하는 여러 힘의 합성과 분해의 경우와 같은 방법으로 구하는데, 각 힘을 그림 2.28과 같이 직각좌표평면 내에 놓고 이 힘을 수직성분과 수평성분으로 분해하여 수직성분의 벡터합과 수평성분의 벡터합을 이용하면 합력 $R$을 구할 수 있게 되며 이것을 식으로 표현하면 다음과 같이 된다. 즉,

$$\Sigma H = H_1 + H_2 + \cdots\cdots = \sum P\cos\alpha$$

$$\Sigma V = V_1 + V_2 + \cdots\cdots = \sum P\sin\alpha$$

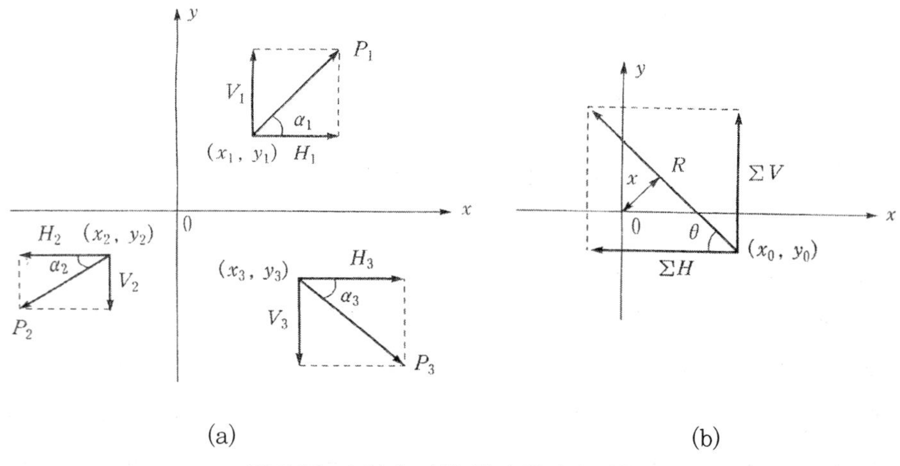


(a) (b)

**그림 2.28** 수식에 의한 힘의 합력과 방향

로 나타내며, 따라서 합력 $R$은

$$R = \sqrt{(\Sigma H)^2 + (\Sigma V)^2}, \ \tan\theta = \frac{\Sigma V}{\Sigma H} \tag{2.14}$$

이 되며, 합력의 작용점 $x_0$, $y_0$는

$$x_0 = \frac{V_1 x_1 + V_2 x_2 + \cdots\cdots}{V_1 + V_2 + \cdots\cdots} = \frac{\Sigma Vx}{\Sigma V}$$

$$y_0 = \frac{H_1 y_1 + H_2 y_2 + \cdots\cdots}{H_1 + H_2 + \cdots\cdots} = \frac{\Sigma Hy}{\Sigma H}$$

가 된다.

따라서 합력 $R$의 작용선까지의 수직거리 $x$는 $\Sigma M_0 = \Sigma Vx_0 + \Sigma Hy_0 = Rx$에서

$$x = \frac{\Sigma M_0}{R}$$

이 된다.

### (3) 시력도와 연력도로서 합력을 구하는 방법

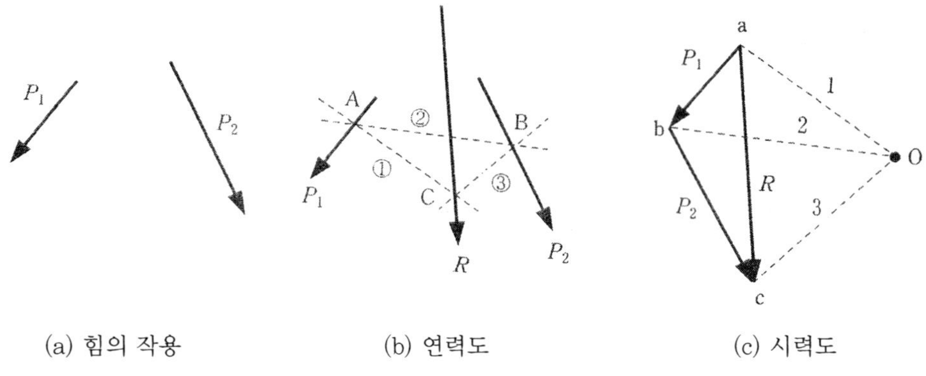


(a) 힘의 작용 (b) 연력도 (c) 시력도

**그림 2.29** 힘의 작용과 시력도, 연력도

(1) 그림 2.29 (c)와 같이 시력도에서 합력 $R$의 크기와 방향을 구한다.
(2) 그림 (c)에서 임의의 점 O (이것을 극점이라고 한다)를 잡고 극점 O와 a, b, c를 연결하는 극선(Ray of force polygon) $\overline{oa}$, $\overline{ob}$, $\overline{oc}$를 긋고 기호 1, 2, 3을 붙인다.
(3) 그림 (b)에서 힘 $P_1$과 $P_2$ 사이에 극선 2와 나란한 선 ②를 임의의 위치에 긋고 힘 $P_1$, $P_2$와 만나는 점 A, B를 표시한다.

(4) A점을 통과하는 극선 1에 나란한 선 ①과 B점을 통과하는 극선 3에 나란한 선 ③을 그어 ①, ③선의 교점 C를 구한다.

(5) 그림 (c)의 합력 $R$의 크기를 그림 (b)의 C점을 통과하는 위치에 $R$과 평행한 방향으로 이동시키면 이 $R$이 힘 $P_1$과 $P_2$의 합력이 된다.

여기에서 우리는 시력도와 연력도의 상호관계를 생각해 보기로 하자.

(1) 시력도의 한 점 b에 모여 있는 3개의 선, 즉 힘 $P_1$, $P_2$ 및 극선 2의 관계는 연력도에서 힘 $P_1$ 과 $P_2$ 사이를 극선 2와 나란한 ②선으로 연결짓고 있다.

(2) 앞의 (1)의 경우와 마찬가지로 시력도의 한 점 a에 모여 있는 힘 $P_1$, 합력 $R$, 극선 1의 관계는 연력도에서 힘 $P_1$ 과 합력 $R$ 사이를 극선 1과 나란한 ①선으로 연결짓고 있다.

(3) 앞의 (1), (2)의 상호관계를 잘 이해하여 두면 복잡한 힘들의 합력도 착오없이 도해할 수 있을 것이다.

## 2.4 | 작용선이 평행한 힘의 합성

그림 2.30과 같이 작용선이 평행한 힘을 합성하기 위해서는 각 힘의 대수합을 구하여 크기와 방향을 구하면 즉,

$$R = P_1 + P_2 - P_3 = \Sigma H \qquad (2.15)$$

가 되며, 바리니온의 정리를 적용하여 합력 $R$의 작용점의 위치를 구하여 보면 그림 2.30에서 O점을 중심으로 식 (2.15)를 적용시키면

$$Rx = P_1 x_1 + P_2 x_2 - P_3 x_3$$

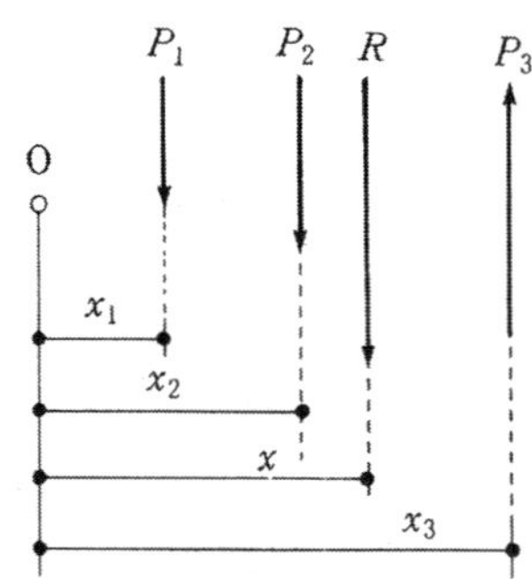


**그림 2.30** 작용선이 평행한 힘의 합성

이 된다. 그러므로 O점으로부터 합력의 작용점까지의 거리 $x$ 는

$$x = \frac{P_1 x_1 + P_2 x_2 - P_3 x_3}{R} \tag{2.16}$$

가 된다.

풀이의 결과로 보아 $x$ 의 부호가 정(+)으로 되면 작용위치는 정해진 방향이 되고, 만일 부(−)로 되면 작용위치 $x$ 는 정해진 방향과 반대의 위치가 된다.

이것을 그림 2.31과 같은 평행한 두 힘의 합성관계로 설명하면 힘의 합력의 크기 $R = P_1 + P_2$이고, 합력의 방향은 임의의 점에 모멘트의 중심을 잡아서 구하면 된다. 이것은 앞에서 설명한 바와 같이 모멘트에 대한 바리니온의 정리에 의하여 $O_1$점에 모멘트의 중심을 잡을 경우

$$P_1 l = R \cdot x \qquad \therefore\ x = \frac{P_1 \cdot l}{R}$$

이 되며, $O_2$점에 모멘트의 중심을 잡을 경우

$$\begin{aligned} P_1(l + l_1) + P_2 \cdot l_1 &= R(x + l_1) = R \cdot x + R l_1 \\ &= R \cdot x + P_1 l_1 + P_2 l_1 \end{aligned}$$

$$\therefore\ x = \frac{P_1 \cdot l}{R}$$

이 된다.

여기에서 중요한 것은 모멘트 중심인 O점을 어느 위치에 잡아도 결과는 같다는 것이며, $x$ 의 부호가 정(+)으로 되면 작용위치는 정해진 방향이 맞는 것이며, 부(−)로 되면 작용위치 $x$는 정해진 방향의 반대위치가 되는 것이다.

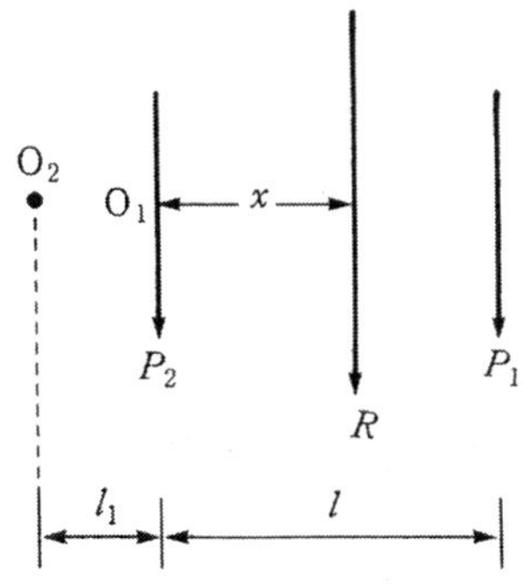


**그림 2.31** 평행한 두 힘의 합성

**예제 2-12**

**그림 2.32와 같은 힘들의 합력을 도해에 의한 방법으로 구하여라.**

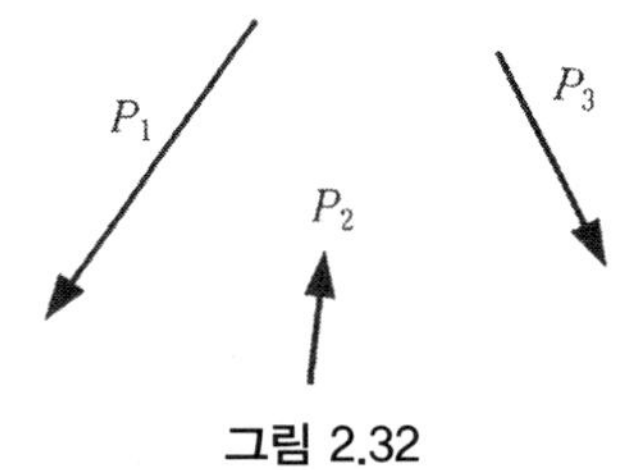


그림 2.32

풀이

(1) 그림 2.34와 같이 시력도에서 합력 $R$의 크기와 방향을 구한다.

(2) 그림 2.34에서 극점 O를 정하고, 극점기호를 시력도의 작도순에 따라 $\overline{oa}=1$, $\overline{ob}=2$, $\overline{oc}=3$, $\overline{od}=4$로 붙인다.

(3) 연력도 작도에서 극선 1~4 중 어느 것을 먼저 그려도 좋으나 시력도의 b점에 모여 있는 힘 $P_1$, $P_2$와 극선 2의 관계를 적용하여 연력도에 힘 $P_1$과 $P_2$를 극선 2와 나란한 ②로 연결하고 힘 $P_1$과의 교점을 A로 하고 힘 $P_2$의 작용선과의 교점을 B라 정한다.

(4) 연력도의 B점을 지나고 극선 3과 나란한 선 ③을 긋고 힘 $P_3$와의 교점을 C라 한다.

(5) 연력도의 A점을 지나는 극선 1과 나란한 선 ①을 긋고 C점을 지나는 극선 4와 나란한 선 ④를 그으면 선 ①과 ④의 교점 D가 합력 $R$의 작용선상의 한 점이 되므로 이 D점을 지나 합력 $R$을 평행하게 이동시키면 이 $R$이 힘 $P_1$, $P_2$, $P_3$의 합력이 된다.

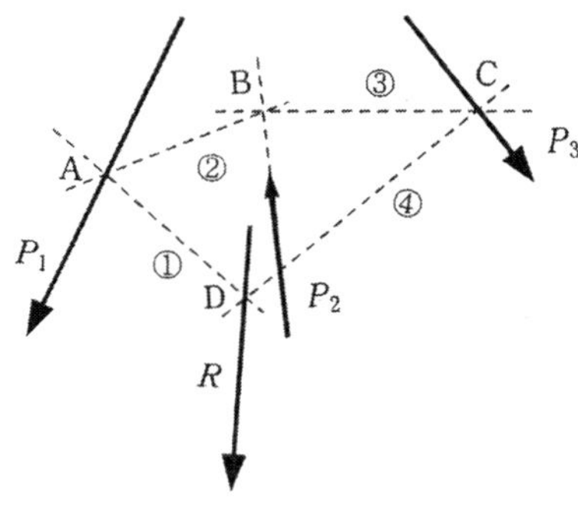


그림 2.33 연력도

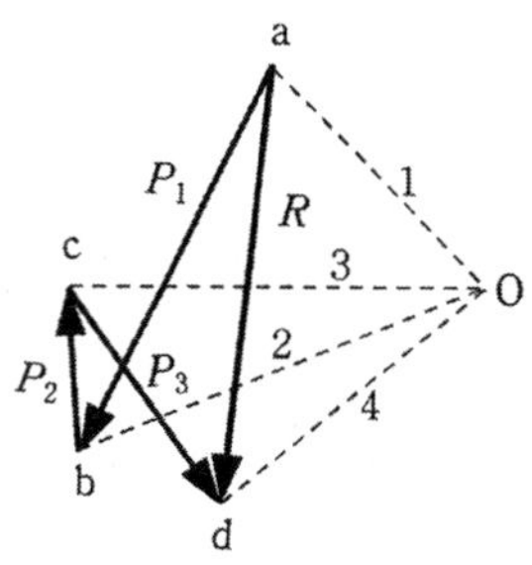


그림 2.34 시력도

**예제 2-13**

**연력도로 합력의 작용선의 위치를 구하는 방법에 대하여 설명하여라.**

풀이

그림 2.35와 같은 2 개의 힘 $P_1$, $P_2$로 합력 $R$의 작용선의 위치를 구하는 방법에 대하여 생각하기로 하자.

첫째, 시력도를 작도한다.
둘째, 그림 2.36에서 극선 ①, ②, ③의 방향에 주는 힘 $P_1$, $P_2$를 분해하면 $P_1' P_1''$, $P_2' P_2''$로 그림 2.36에 표시한 것과 같이 된다.
셋째, 그림 2.37의 연력도상에 $P_1$, $P_2$ 대신에 이들의 분해력 $P_1'$, $P_1''$와 $P_2'$, $P_2''$를 작용시키면 그림 2.37에 표시한 것과 같이 된다.
넷째, 그런데 그림 2.36으로부터 $P_1''$와 $P_2''$는 크기가 같고 작용방향이 반대이므로 이들의 합력은 0과 같게 되고 그림 2.37에는 $P_1'$, $P_2'$의 두 가지 힘만이 작용한다고 볼 수 있다.
다섯째, 그림 2.37에서 $P_1'$, $P_2'$의 합력을 구하면 두 힘의 교점 $f$를 통과하게 되고 이 $P_1'$, $P_2'$의 합력 $R$은 $P_1$, $P_2$의 합력과 같으므로 $P_1$, $P_2$의 합력의 작용선은 $f$ 점을 통과하는 것으로 된다.

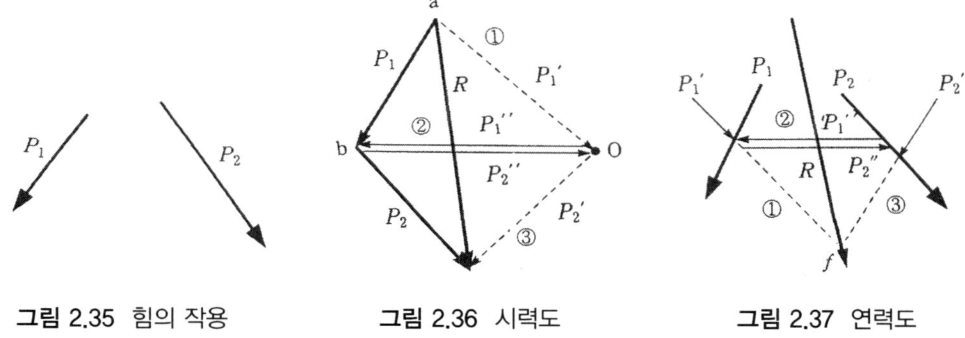


그림 2.35 힘의 작용　　그림 2.36 시력도　　그림 2.37 연력도

**예제 2-14**

**그림 2.38과 같은 $P_1 \sim P_4$의 합력을 구하여라 (단, 좌표의 단위는 [m]이다).**

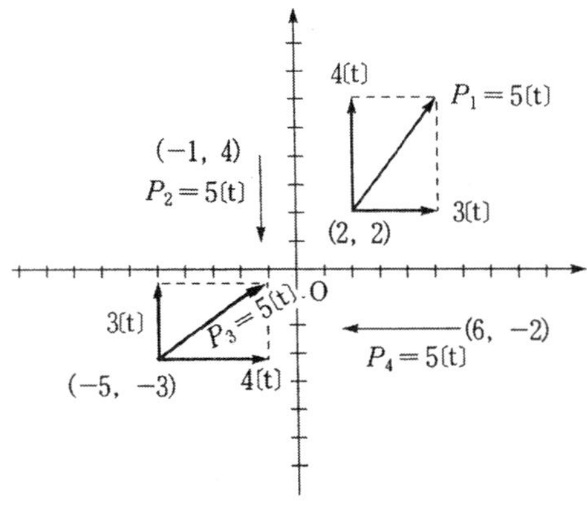


그림 2.38

풀이 분해력의 방향에 대한 힘의 부호를 그림 2.39와 같이 정의하기로 하면,

$H_1 = P_1\cos\theta = 5[t] \times \frac{3}{5} = 3[t]$

$H_2 = 0$

$H_3 = P_3\cos\theta = 5[t] \times \frac{4}{5} = 4[t]$

$H_4 = -P_4 = -5[t]$

따라서, $\Sigma H = 3[t] + 0 + 4[t] - 5[t] = 2[t]$

$V_1 = P_1\sin\theta = 5[t] \times \frac{4}{5} = 4[t]$

$V_2 = -P_2 = -5[t]$

$V_3 = P_3\sin\theta = 5[t] \times \frac{3}{5} = 3[t]$

$V_4 = 0$

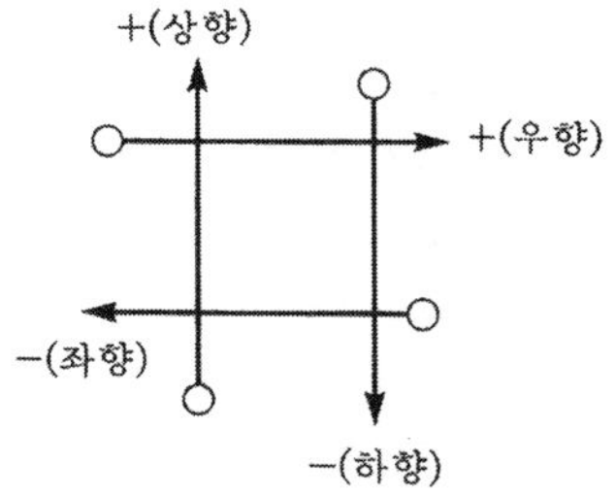

+(상향)
+(우향)
-(좌향)
-(하향)

그림 2.39

따라서, $\Sigma V = 4[t] - 5[t] + 3[t] + 0 = 2[t]$이 되므로

크 기 : $R = \sqrt{(\Sigma H)^2 + (\Sigma V)^2} = \sqrt{2^2 + 2^2} = \sqrt{8}\,[t]$

방 향 : $\tan\theta = \frac{\Sigma V}{\Sigma H} = \frac{2}{2} = 1$

$\therefore\ \theta = 45°$

작용점 : $x_0 = \frac{\Sigma Vx}{\Sigma H} = \frac{4\times2 - 5\times(-1) + 3\times(-5)}{2} = \frac{8+5-15}{2} = -1$

$y_0 = \frac{\Sigma Hy}{\Sigma H} = \frac{3\times2 + 4\times(-3) - 5\times(-2)}{2} = \frac{6-12+10}{2} = 2$

즉, 작용점을 좌표로 표현하면 (−1, 2)가 된다.

### 예제 2-15

**그림 2.40과 같은 수직방향 힘들의 크기와 방향 및 작용위치를 구하여라.**

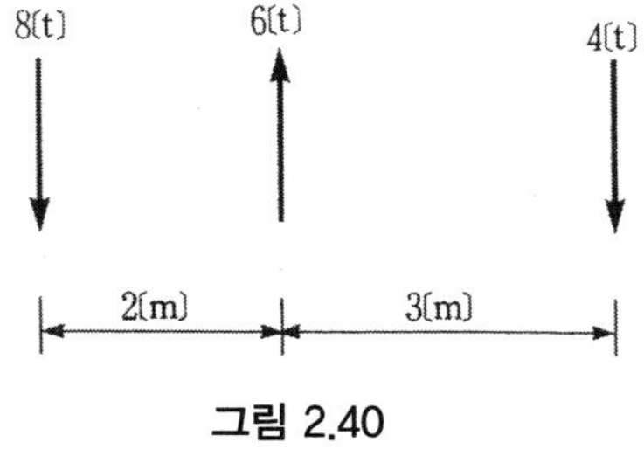


그림 2.40

풀이 상향의 힘을 (+), 하향의 힘을 (−)로 하고 합력 $R$을 구하면,

$R = -8[t] + 6[t] - 4[t] = -6[t]$ (하향)

그림 2.41과 같이 8[t] 의 작용선 위에 모멘트의 중심 O를 잡고 Varignon의 정리에 의하여 합력의 작용위치 $x$를 구하면

$$Rx = -6[\mathrm{t}] \times 2[\mathrm{m}] + 4[\mathrm{t}] \times 5[\mathrm{m}]$$

$$6x = -12 + 20, \qquad x = \frac{4}{3}[\mathrm{m}]$$

가 된다. 그러므로

합력의 크기 $R = 6[\mathrm{t}]$ 이고
합력의 방향은 하향이며
작용위치는 힘 8[t]의 우측으로 4/3[m]에 위치하게 된다.

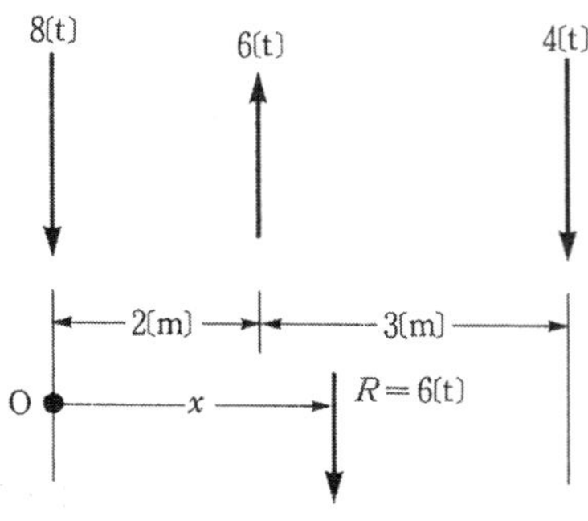


**그림 2.41** 합력의 위치

**예제 2-16**

**그림 2.42와 같은 수직방향 힘들의 합력의 크기와 방향 및 작용위치를 구하여라.**

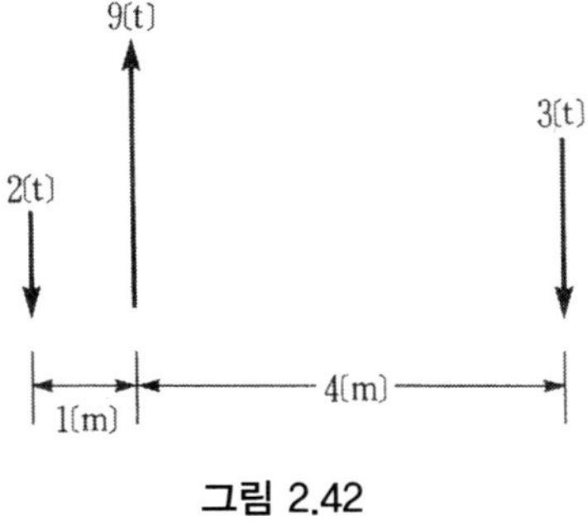


**그림 2.42**

**풀이** 상향의 힘을 (+), 하향의 힘을 (−)로 하고 합력 $R$을 구하면,

$$R = -2[\mathrm{t}] + 9[\mathrm{t}] - 3[\mathrm{t}] = +4[\mathrm{t}] \text{ (상향)}$$

그림 2.43과 같이 2[t]의 기준선 위에 모멘트의 중심 O를 잡고 Varignon의 정리를 적용하여 $x$를 구하면

$$-Rx = -9[\mathrm{t}] \times 1[\mathrm{m}] + 3[\mathrm{t}] \times 5[\mathrm{m}]$$

$$-4x = -9 + 15$$

$$x = -1.5[\mathrm{m}]$$

$x = -1.5$[m]로서 (−) 부호로 된 것은 처음에 2[t]을 기준으로 하여 우측으로 가정하였던 $x$의 방향이 가정된 쪽과는 반대쪽인 좌측이라는 것을 의미하므로 합력 $R$의 작용 위치는 2[t]을 기준으로 하여 좌측으로 1.5[m] 위치가 된다. 그러므로

합력의 크기 $R$은 4[t] 이고
합력의 방향은 상향이며
작용위치는 힘 2[t]의 좌측으로 3[m]에 위치하게 된다.

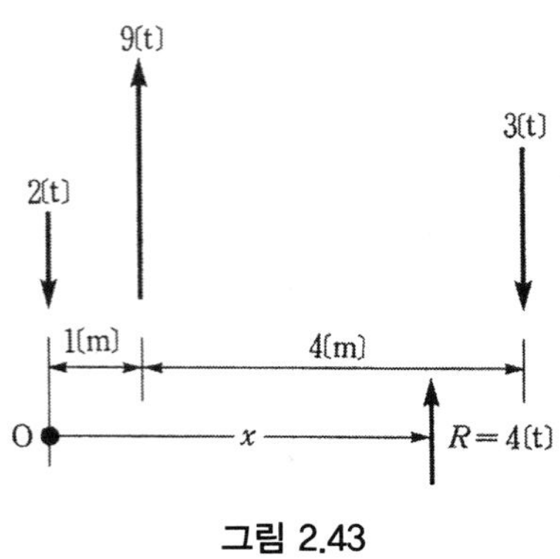


그림 2.43

**예제 2-17**

**그림 2.44에서 각 힘들의 합력을 도해법과 수식해법으로 구하여라.**

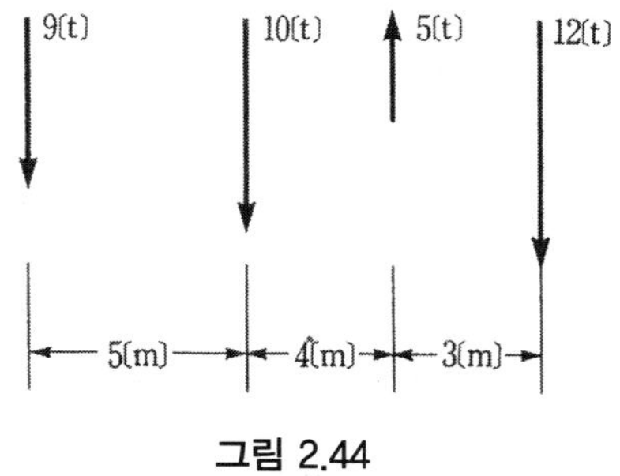


그림 2.44

**풀이**

- 도해법 : 힘의 크기와 거리를 적당한 축척을 써서 시력도와 연력도로 합력 $R$을 구하면 그림 2.45 (b)와 같게 된다.

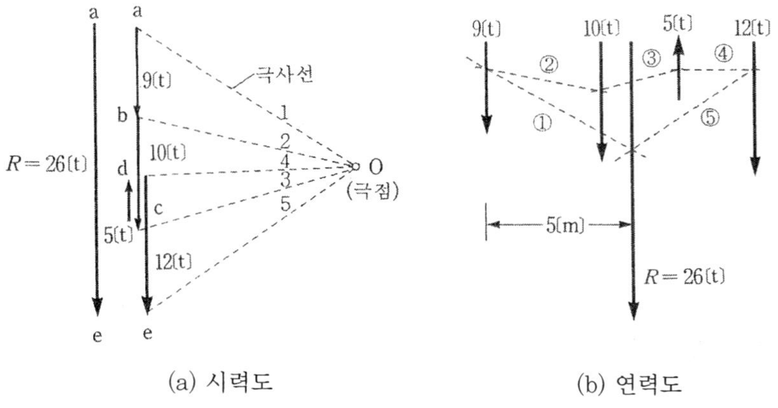


(a) 시력도 (b) 연력도

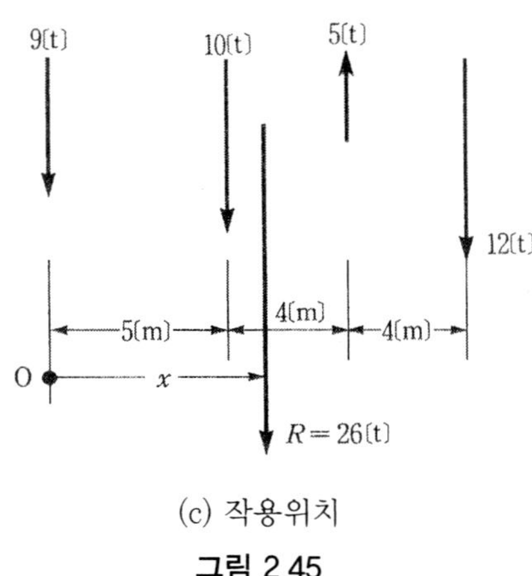


(c) 작용위치

**그림 2.45**

- 수식해법 : 상향의 힘을 (+), 하향의 힘을 (−)로 정하고 합력 $R$의 크기와 방향을 구하면

$$R = -9[t] - 10[t] + 5[t] - 12[t] = -26[t]$$

즉, 하향이 되며 모멘트의 중심 O를 9[t] 위에 잡고 합력 $R = 26[t]$까지의 작용거리를 $x$라 하면 바리니온의 정리에서

$$Rx = 10[t] \times 5[m] - 5[t] \times 9[m] + 12[t] \times 12[m]$$

$$26x = 50 - 45 + 144$$

$$x = \frac{149}{26}[m]$$

그러므로 합력의 크기는 26[t]이고, 방향은 하향, 작용점은 힘 9[t]의 작용선에서 오른쪽으로 149/26[m]되는 위치이다.

# 3 힘의 평형(平衡)

2개 이상의 힘이 구속을 받지 않는 어떤 물체나 구조물에 작용하여 그 물체나 구조물이 움직이거나 회전하지 않고 정지상태로 그대로 있는 것을 힘은 평형상태를 이루고 있다고 하거나 그대로 평형(equilibrium)이라고 한다.

## 3.1 힘의 평형조건

힘의 평형조건은 합력과 모멘트에 연관되어 생각하여야 하며, 이것은 합력과 모멘트가 0이 되어야 하므로 다음과 같이 구분하여 설명할 수 있으며 이것을 정리하여 표현하면

① 합력 $R$이 0이 되어야 한다는 것이다. 즉, 수직방향인 상하로 움직이지 않아야 하며 수평방향인 좌우로도 움직이지 않아야 하는데, 이것은 힘의 다각형을 그렸을 때는 폐합다각형이 되어야 한다는 것이다. 또한, 합력 $R$이 0이 되어야 한다는 것은 $\Sigma P = 0$이라는 의미이다.

② 모멘트 $M$이 0이 되어야 한다. 즉, 회전하지 않아야 하며 이것은 합력이 0이 되어도 우력이 있으면 회전하려고 하기 때문에 모멘트도 0이 되어야 완전한 평형이 된다. 또한, 모멘트 $M$이 0이라는 것은 $\Sigma M = 0$이라는 의미이다.

이것을 간단하게 수식으로 표현하면 다음과 같이 된다.

| 힘의 평형조건(靜止條件) | 역학적 표현 |
|---|---|
| 상하(수직방향)로 움직이지 않는다. | $\Sigma V = 0$ |
| 좌우(수평방향)로 움직이지 않는다. | $\Sigma H = 0$ |
| 회전하지 않는다. | $\Sigma M = 0$ |

이것을 여러 힘이 동일점에 작용하는지 또는 동일점에 작용하지 않는지에 따라 정리하여 보기로 하자.

## 3.2 | 여러 힘이 동일점에 작용할 경우의 힘의 평형

도해법으로 표시하면 그림 2.46 (a)와 같이 $P_1$, $P_2$, $P_3$, $P_4$가 1점 O에 작용할 때 이 힘들이 평형이 되기 위해서는 그 합력 $R$이 0이 되어야 하므로 그 힘의 다각형은 그림 2.46 (b)와 같이 폐합되어야 한다.

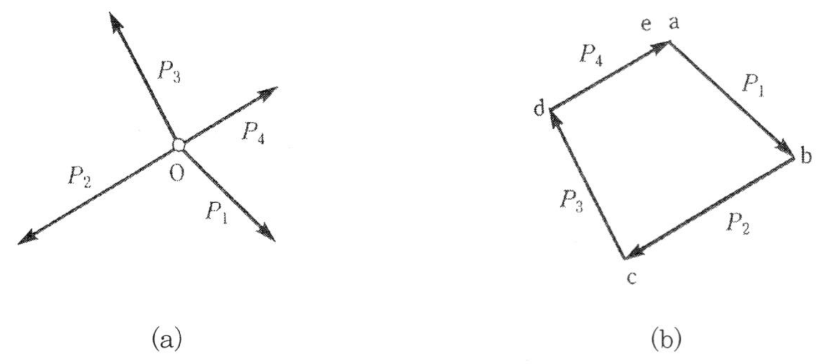


**그림 2.46** 동일점에 작용하는 여러 힘의 평형

이것을 수식에 의한 해석법으로 나타내면 각 힘의 수평분력의 합력을 $\Sigma H$, 수직분력의 합력을 $\Sigma V$ 라고 하면 평형조건은

$$\Sigma H = 0, \quad \Sigma V = 0 \tag{2.17}$$

으로 나타내어진다. 따라서 이것을 도해조건과 수식으로 간단하게 표현하면

| 도해조건 | 수식 |
|---|---|
| 시력도가 폐합되어야 한다. | $\Sigma V = 0$<br>$\Sigma H = 0$ |

## 3.3 | 여러 힘이 동일점에 작용하지 않을 경우의 힘의 평형

그림 2.47 (a)와 같이 4개의 힘 $P_1$, $P_2$, $P_3$, $P_4$ 가 있으며, 그림 2.47 (b)와 같이 이들의 시력도가 폐합되고 또한 연력도도 폐합되어야만 평형을 이루게 되는 것이다.

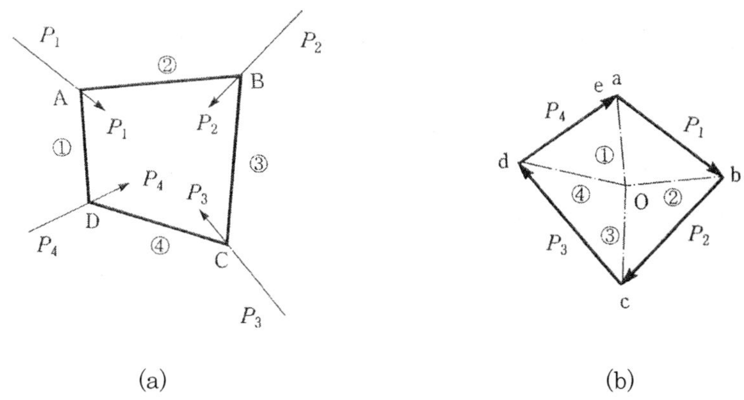


(a) (b)

**그림 2.47** 동일점에 작용하지 않는 여러 힘의 평형

이것을 수식에 의한 해석법으로 생각하면 식 (2.17)에 추가하여 모멘트의 대수합 $\Sigma M=0$가 되어야 한다. 즉,

$$\Sigma H=0, \quad \Sigma V=0, \quad \Sigma M=0 \tag{2.18}$$

가 성립될 때 평형을 유지하게 되며, 위의 식을 힘의 평형방정식(equilibrium equation of forces)이라고도 한다. 이것은 합력이 0이 되어도 우력이 있으면 회전하려 하기 때문에 모멘트도 0이 되어야 완전히 평형이 된다는 것이며, 이것을 도해조건과 수식으로 간단하게 표현하면

| 도해조건 | 수식 |
|---|---|
| 시력도가 폐합되어야 한다.<br>연력도가 폐합되어야 한다. | $\Sigma V=0$<br>$\Sigma H=0$<br>$\Sigma M=0$ |

## 3.4 | 라미의 정리(Lami's theorem)

한 점에 작용하는 세 개의 힘이 서로 평형을 이루고 있다면 이 세 개의 힘은 동일한 평면상에 있고 어느 한점에서 만난다. 이때 각각의 힘은 다른 두 힘의 사이각의 정현(sine)에 정비례한다는 것을 라미의 정리라 하는데, 이것을 수식에 의하여 알아 보기로 한다.

그림 2.48과 같이 서로 평형하지 않은 세 힘이 균형을 유지하고 있으며, 각각의 사이각을 $\theta_1$, $\theta_2$, $\theta_3$라 하고 그림 2.49와 같이 폐합 삼각형 ABC를 만들면 세 힘은 동일 평면상에 있고 $P_1$과 $P_2$의 합력은 $P_3$의 작용선상에 있어야 하므로 세 힘은 한 점에서 마주치게 된다. 이것을 폐합삼각형의 내부각에 있어서 삼각형의 sin법칙을 적용하면

$$\frac{P_1}{\sin(180° - \theta_1)} = \frac{P_2}{\sin(180° - \theta_2)} = \frac{P_3}{\sin(180° - \theta_3)}$$

$$\therefore \ \frac{P_1}{\sin\theta_1} = \frac{P_2}{\sin\theta_2} = \frac{P_3}{\sin\theta_3} \tag{2.19}$$

이 되는데 이와같은 관계가 성립되는 것을 라미의 정리라고 한다.

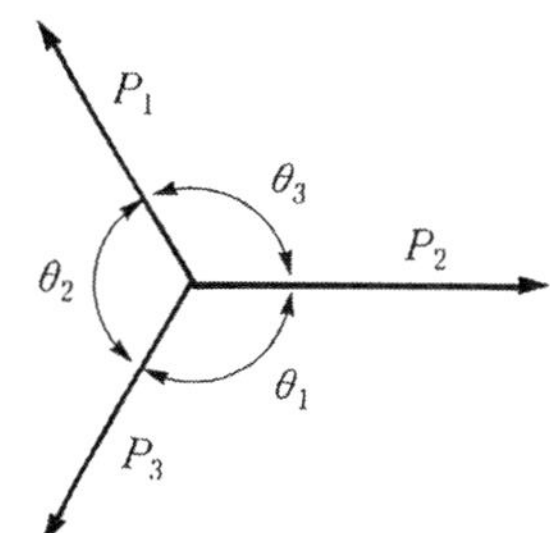


그림 2.48 평형하지 않는 세 힘

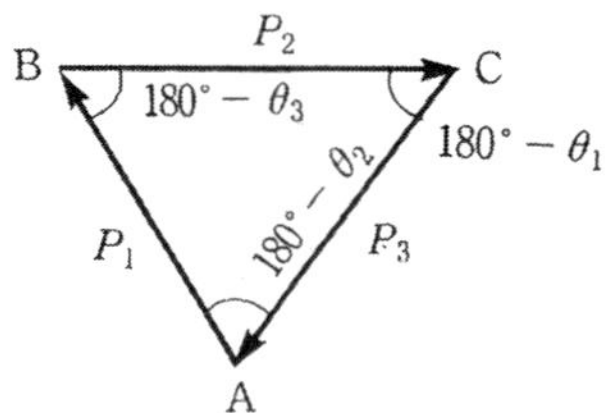


그림 2.49 폐합 삼각형

**예제 2-18**

**그림 2.50과 같이 중량 1000[kg]되는 물체가 로프에 지지되어 있을 때 줄 AB, BC가 받는 장력을 구하여라.**

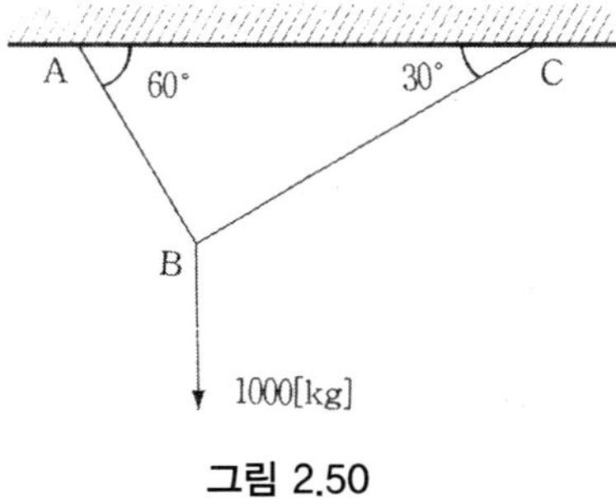


그림 2.50

풀이 줄과 로프 사이의 각도를 세 힘이 균형을 이루고 있는 상태로 변형하면 그림 2.51이 되는데 이것을 라미의 정리로 표현하면

$$\Sigma V = \text{AB} \sin 60° + \text{BC} \sin 30° - 1000 = 0$$

따라서

$$\frac{\sqrt{3}}{2}\text{AB}+\frac{1}{2}\text{BC}-1000=0$$

$$\sqrt{3}\,\text{AB}+\text{BC}-2000=0 \qquad \cdots ①$$

$$\sum H=-\text{AB}\cos 60°+\text{BC}\cos 30°=0$$

$$-\frac{1}{2}\text{AB}+\frac{\sqrt{3}}{2}\text{BC}=0$$

$$-\text{AB}+\sqrt{3}\,\text{BC}=0 \qquad \cdots ②$$

$$①+②\times\sqrt{3} \quad 4\text{BC}-2000=0$$

$$\therefore\ \text{BC}=500[\text{kg}]\ (\text{인장})$$

BC = 250[kg]을 식 ②에 대입하면

$$\therefore\ \text{AB}=\sqrt{3}\times 500 \fallingdotseq 866[\text{kg}]\ (\text{인장})$$

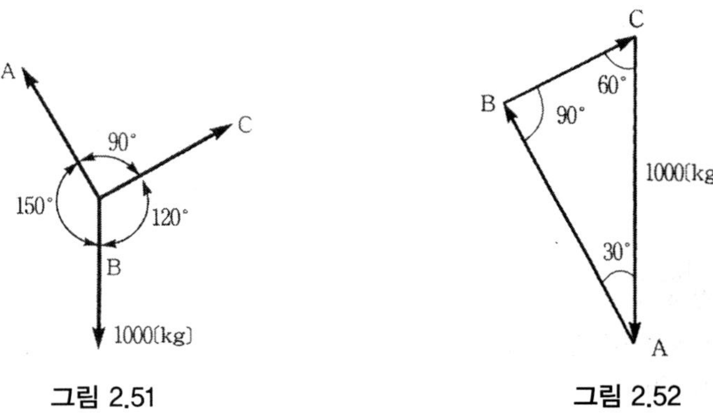


그림 2.51 그림 2.52

별해 라미의 정리를 적용하면 그림 2.51에서

$$\frac{1000}{\sin 90°}=\frac{AB}{\sin 120°}=\frac{BC}{\sin 150°}$$

$$\therefore\ \text{AB}=\frac{\sin 120°}{\sin 90°}\times 1000=\frac{\sqrt{3}/2}{1}\times 1000=866[\text{kg}]$$

$$\therefore\ \text{BC}=\frac{\sin 150°}{\sin 90°}\times 1000=\frac{1/2}{1}\times 1000=500[\text{kg}]$$

**예제 2-19**

**그림 2.53과 같은 물체의 A점에는 어느 정도의 힘과 모멘트가 작용하게 되면 평형을 이루게 되는가?**

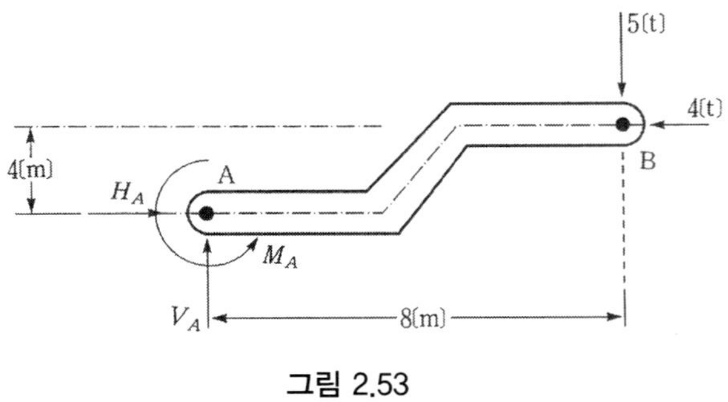


그림 2.53

풀이 $\Sigma H = 0$이어야 하므로

$-4[t] + H_A = 0$ 따라서 $H_A = 4[t]$ (우측 방향)

$\Sigma V = 0$이어야 하므로

$-5[t] + V_A = 0$ 따라서 $V_A = 5[t]$ (상측 방향)

$\Sigma M_A = 0$이어야 하므로

$5[t] \times 8[m] - 4[t] \times 4[m] - M_A = 0$

따라서, $M_A = 40 - 16 = 24[t \cdot m]$ (즉, 좌회전 방향이 된다.)

**예제 2-20**

**그림 2.54에서 줄 AB와 BC가 받는 힘의 크기를 구하여라.**

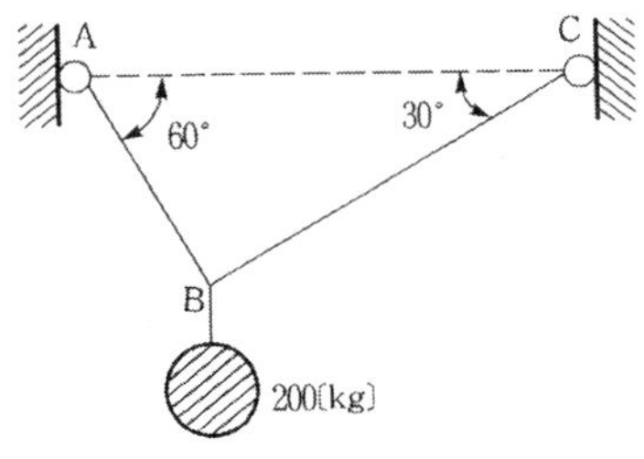


그림 2.54

**풀이** 그림 2.55에서 줄 $\overline{AB}$의 힘을 $T_1$, $\overline{BC}$의 힘을 $T_2$라하고 힘의 평형방정식을 적용하면, $\Sigma V=0$이 되어야 하므로

$$T_1\sin60° + T_2\sin30° - 200[kg] = 0$$

$$\frac{\sqrt{3}}{2}T_1 + \frac{1}{2}T_2 - 200 = 0$$

$$\sqrt{3}\,T_1 + T_2 - 400 = 0 \qquad \cdots ①$$

$\Sigma H=0$이 되어야 하므로

$$-T_1\cos60° + T_2\cos30° = 0$$

$$-\frac{1}{2}T_1 + \frac{\sqrt{3}}{2}T_2 = 0$$

$$-T_1 + \sqrt{3}\,T_2 = 0 \qquad \cdots ②$$

①＋②× $\sqrt{3}$ 으로 하면

$$T_2 + 3T_2 - 400 = 0$$

$$\therefore\ T_2 = 100[kg]$$

$T_2$의 값 100[kg]을 식 ②에 대입하면

$$T_1 = \sqrt{3} \times 100 = 100\sqrt{3}\,[kg]$$

다른 방법으로 풀이하여 보면, 시력도에서 30°, 60°, 90°에 대한 각 변의 비를 알 수 있으므로 이것을 이용하여 비례식으로 하여 풀 수가 있다. 즉,

$T_1$ : 200[kg]= $\sqrt{3}$ : 2에서

$$T_1 = \frac{200\sqrt{3}}{2}[kg] = 100\sqrt{3}\,[kg]$$

$T_2$ : 200[kg]= 1 : 2에서

$T_2 = 100$[kg]이 됨을 알 수 있을 것이다.

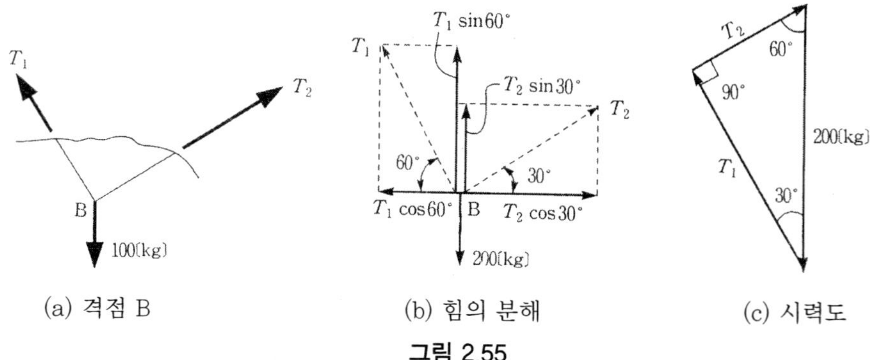


(a) 격점 B (b) 힘의 분해 (c) 시력도

**그림 2.55**

**예제 2-21**

**그림 2.56에서 부재 AB와 BC의 부재력을 $T_1$, $T_2$라 할 때 그 부재력의 크기를 구하여라.**

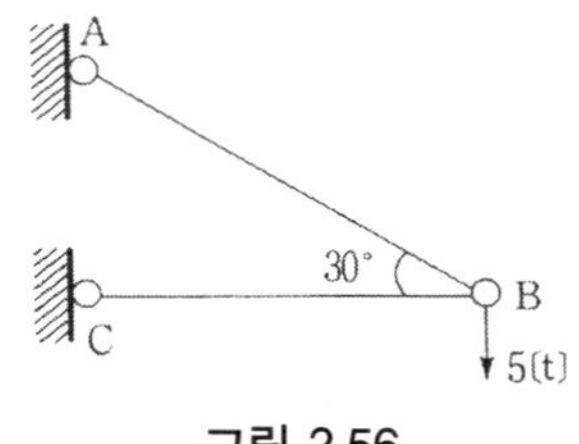


그림 2.56

풀이 그림 2.57과 같이 $T_1$, $T_2$를 인장력으로 가정하고 평형방정식을 적용시키면, $\Sigma V=0$ 이 되어야 하므로

$$T_1 \sin 30° - 5[t] = 0$$

따라서, $T_1 = \dfrac{5[t]}{\sin 30°} = \dfrac{5}{0.5} = 10[t]$

또한 $\Sigma H$ 도 $\Sigma H=0$이 되어야 하므로

$$-T_2 - T_1 \cos\theta\, 30° = 0$$

따라서, $T_2 = -T_1 \cos 30° = -10[t] \times \dfrac{\sqrt{3}}{2} = -5\sqrt{3}[t]$

여기서, $T_1$은 인장력이며, $T_2$는 압축력이 된다.

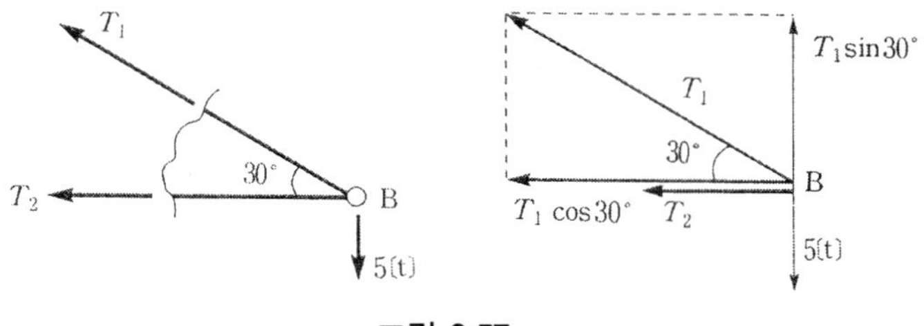


그림 2.57

**예제 2-22**

**그림 2.58에서 $P=5$[t]이 수직방향으로 작용할 때 $T_1$과 $T_2$가 받는 힘을 구하여라.**

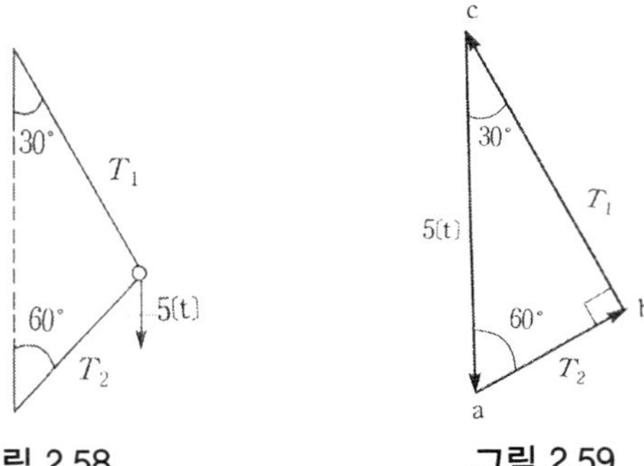


그림 2.58 그림 2.59

풀이 그림 2.59와 같이 시력도를 그려서 생각하기로 하자. 시력도에서 sin 법칙을 적용시키면

$\frac{T_1}{\sin 60°} = \frac{5[t]}{\sin 90°}$ 에서

$$T_1 = \frac{5[t]}{\sin 90°} \times \sin 60° = 5[t] \times \frac{\sqrt{3}}{2} = 4.33[t] \text{ (인장)}$$

$\frac{T_2}{\sin 30°} = \frac{5[t]}{\sin 90°}$ 에서

$$T_2 = \frac{5[t]}{\sin 90°} \times \sin 30° = 5[t] \times \frac{1}{2} = 2.5[t] \text{ (압축)}$$

따라서, $T_1$은 인장력으로서 4.33[t]이고, $T_2$는 압축력으로서 2.5[t]이 된다.

## 4 구조물(構造物)

구조해석에 관한 이론은 여러 관점으로 분류할 수 있는데, 구조물은 그것이 정정(靜定)이든 부정정이든 정적 및 동적해석, 평면 및 입체, 선형 및 비선형 등으로의 구분이 가능한 것이다.

또한, 구조물을 재료의 소재에 의하여 구분하면 이해하기 쉽게 목구조, 강구조 및 철근콘크리트 구조 등으로 구분할 수 있는데, 이것은 건축용 구조물로 많이 사용되고 있으며 전기철도 구조물에 대부분 응용되고 있다. 이것은 주로 부분적인 부재(member), 즉 선재로 구성되어 있으며 기타 인장재 및 압축재와 같은 단일부재도 있다.

그림 2.60은 선재로 구성된 구조물로서 이것을 형태와 지지조건에 따라 역학적으로 분류하면 보, 라멘, 트러스, 아치, 기둥 등으로 분류할 수 있는데 이것을 예로서 간단하게 도시한 것이다.

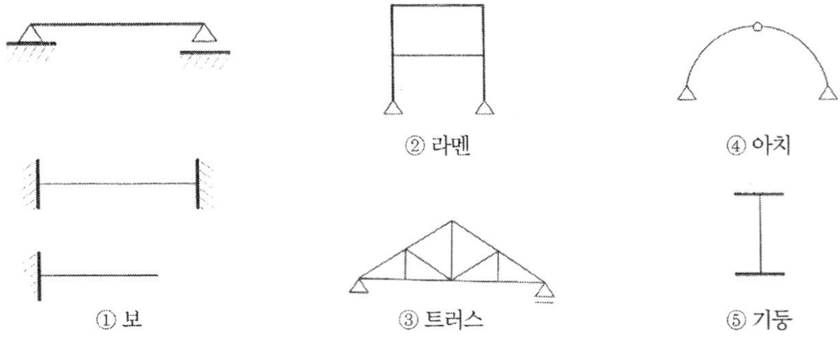


그림 2.60 구조물의 역학적 분류

## 4.1 구조물의 분류

### (1) 1차원 구조물

세 개의 축 중에서 한축의 방향으로 길이가 긴 구조물을 1차원 구조물이라고 하며, 그 종류는 다음과 같다.

#### 1) 봉구조(Bar Structure)

- 봉(rod) : 축방향으로 인장력이나 압축력을 받는 구조(그림 2.61 (a), (b))
- 기둥(column) : 축방향으로 압축력을 받는 구조(그림 2.61 (b))
- 샤프트(shaft) : 비틀림을 받는 구조(그림 2.61 (c))
- 보(beam) : 부재의 축에 수직인 하중, 즉 휨을 받는 구조(그림 2.61 (d))
- 인장보(tension beam) : 휨과 인장력을 받는 구조(그림 2.61 (e))
- 보-기둥(beam-column) : 휨과 압축력을 받는 구조(그림 2.61 (f))
- 곡선보(curved beam) : 휨을 받는 곡선 구조(그림 2.61 (g))
- 아치(arch) : 곡선 보가 양단이 지지되어 주로 축방향 압축력을 받는 구조 (그림 2.61 (h))
- 원통(ring) : 폐단면 곡선 구조(그림 2.61 (i))

#### 2) 뼈대 구조(Framed Structure)

- 트러스(truss) : 각 부재가 마찰이 없는 힌지로 연결되어 축방향력만 받는 구조 (그림 2.61 (j))

| 힌지 : 핀 등을 사용하여 중심축의 주위에서 서로 요동할 수 있는 구조의 접합부분 |
|---|

- 라멘(rahmen, rigid frame) : 각 부재가 강절로 연결된 구조(그림 2.61 (k))

| 강결 : 부재의 변형 후에도 부재 사이의 각도가 변하지 않는 강하게 접합된 절점 |
|---|

### (2) 2차원 구조물

세 개의 축 중에서 두 축 방향의 길이가 다른 한 축에 비하여 긴 구조를 2차원 구조물이라고 한다.

- 패널(panel, 또는 샤이베 schiebe) : 평면에 수직방향으로 하중이 작용하는 구조물 (그림 2.61 (l))
- 플레이트(plate 또는 슬래브 slab) : 평면에 하중이 작용하는 구조물(그림 2.61 (m))
- 쉘(shell, curved surface) : 곡선판 구조(그림 2.61 (n))

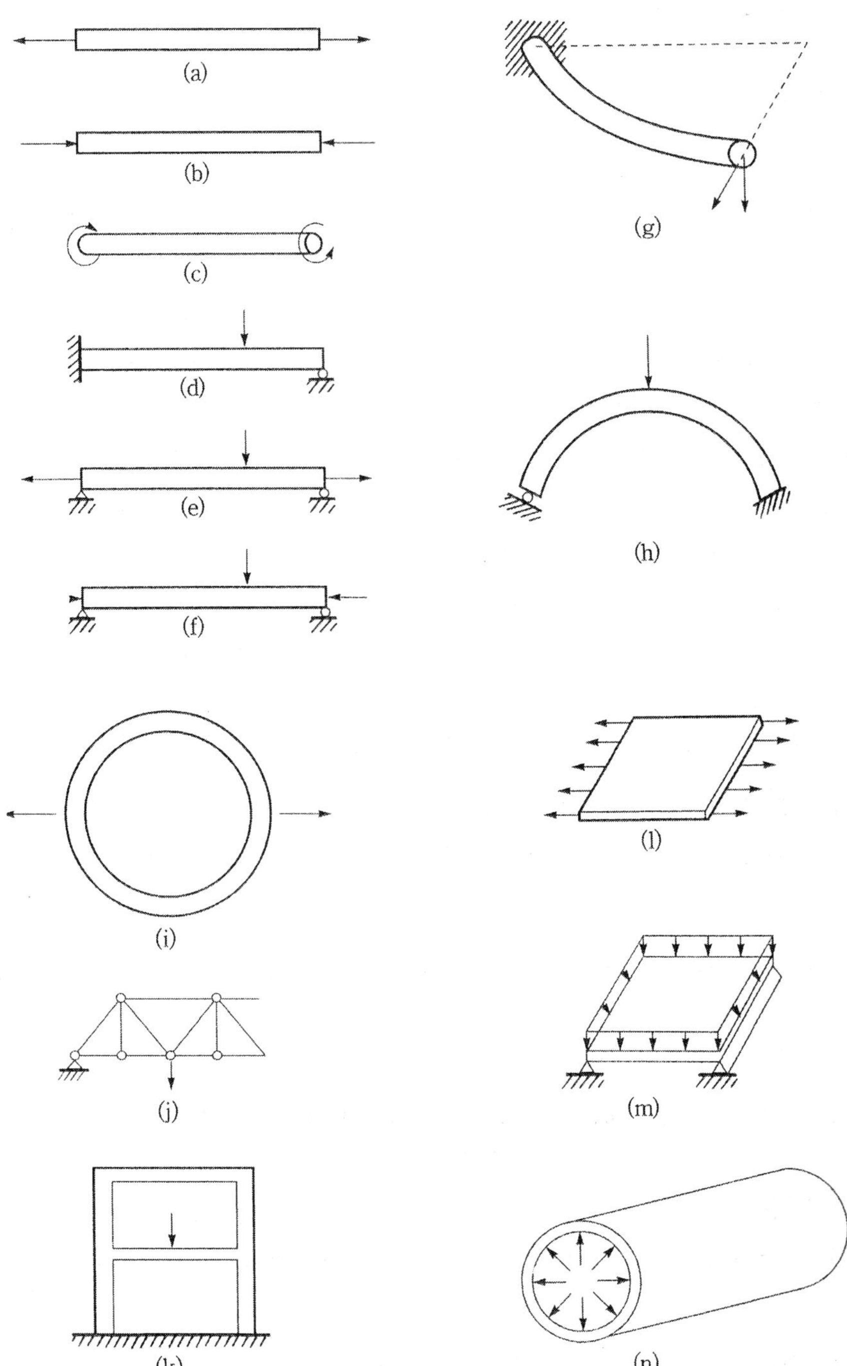


**그림 2.61** 1차원 구조물과 2차원 구조물

건축구조를 구성하는 구조재는 폭, 춤 및 길이가 있는데, 보와 기둥은 그의 길이에 비하여 단면의 폭과 춤이 작으므로 이것을 길이방향의 선으로 추상(抽象)하여 일반적으로 구조재의 중심선, 즉 선재로 표현하게 된다. 한편 철근콘크리트 바닥판(slab) 등의 구조는 평면 또는 곡면에 비하여 두께가 얇으므로 일반적으로 중앙면의 평면 또는 곡면을 추상하여 면재로 표현하게 되는데, 본 교재에서는 주로 선재로 구성된 구조물인 보, 기둥, 라멘, 트러스, 아치 등에 대하여 취급하기로 하고 이것에 대하여 알아 보기로 한다.

1) 보(beam)

단일부재가 몇 개의 지점 위에 놓여 있는 지점의 지지조건에 따라 그림 2.62의 (1)~(6)과 같은 보의 종류가 있다.

2) 기둥(column)

축방향으로 압축력을 받는 단일부재로서 지점의 지지조건에 따라 그림 2.62의 (7)~(10)과 같은 기둥의 종류가 있다.

3) 라멘(rahmen)

보와 기둥, 즉 수평재와 수직재가 강절점(rigid joint)으로 접합한 가구(架構)를 말한다. 그림 2.62의 (11)~(13)과 같은 정정라멘과 (14)와 같은 부정정라멘이 있다.

4) 트러스(truss)

직선재를 삼각형으로 구성하되 절점은 마찰이 없는 회전절점으로 연결하여 만든 구조로 각 부재는 압축력과 인장력만을 받게 된다. 그림 2.62의 (15)~(18)과 같은 종류들이 있다.

5) 아치(arch)

부재축이 곡선(원호 또는 포물선)으로 되어 있는 구조물로 주로 축선을 따라 압축응력이 일어나도록 설계된다. 그림 2.62의 (19)~(22)와 같은 종류들이 있다.

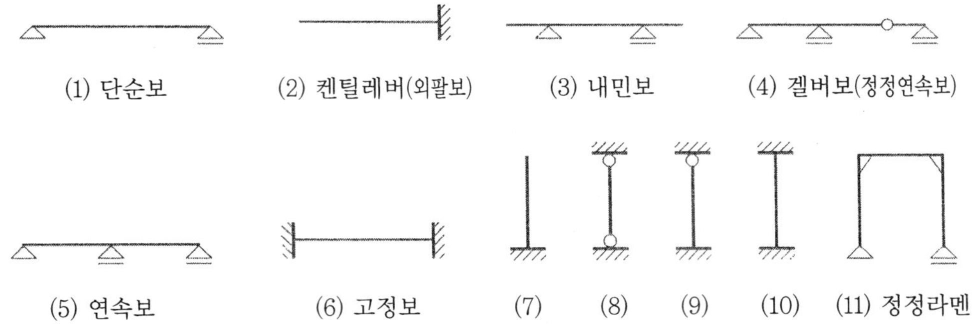

(1) 단순보 (2) 켄틸레버(외팔보) (3) 내민보 (4) 겔버보(정정연속보)

(5) 연속보 (6) 고정보 (7) (8) (9) (10) (11) 정정라멘

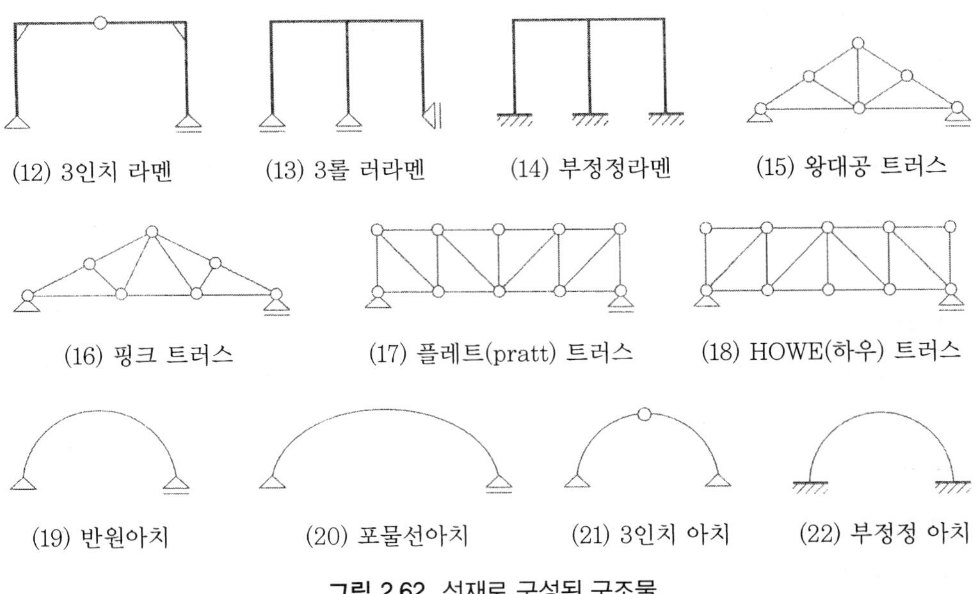


**그림 2.62** 선재로 구성된 구조물

## 4.2 지점(支點) 및 절점(節點)

### (1) 지점과 반력

정지하고 있는 구조물 또는 부재를 받치는 점을 지점(support)이라고 한다. 그림 2.63은 2개의 지점 A, B에 받쳐져 있는 보이다. 이 보에 하중 $P_1$, $P_2$가 작용하였을 때 정지상태에 있으려면 보의 지점을 받치고 있는 힘 $R_A$, $R_B$ 및 $H_A$, 즉 반력(reaction)이 작용하고 있지 않으면 안 된다. 이와같은 비김상태를 보아 반력은 보에 작용하는 외력 또는 하중과 같다고 할 수 있다. 하나의 지점에 일어나는 반력의 성질은 지점의 종류에 의하여 다르다. 그러므로 반력을 풀려면 지점의 구조를 분명히 하여야 한다.

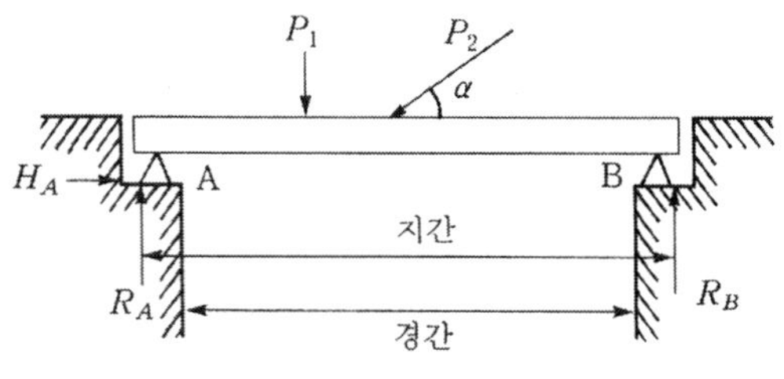


**그림 2.63** 지점

지점에는 이동지점(moveable support) 또는 롤러지점(roller support), 힌지지점(hinged support) 및 고정지점(fixed support) 등이 있다.

① 이동지점에서는 구조물이 이동, 회전을 할 수가 있기 때문에 반력은 수직한 방향으로 1개만 일어난다.

② 힌지지점에서는 구조물이 핀(pin)으로 연결되어 이동은 할 수 없고 회전만 가능하다. 따라서 반력은 수평반력과 수직반력의 2개가 일어난다.

③ 고정지점에서는 완전히 고정되어 이동도 회전도 할 수 없게 되어 있다. 반력은 수평반력, 수직반력 및 모멘트 반력 등 3개의 반력이 일어난다. 이상의 3지점에 대한 지점구조, 도면기호 및 반력수를 나타내면 표 2.6과 같다.

**표 2.6** 지점의 종류와 반발력

| 종 류 | 지점구조 | 기 호 | 반력수 | 반력의 종류 |
|---|---|---|---|---|
| 이동지점 | (a) | (d) | 1 | ↑ 수직 반력 |
| 힌지지점 | (b) | (e) | 2 | ↑ 수직 반력<br>→ 수평 반력 |
| 고정지점 | (c) | (f) | 3 | ↑ 수직 반력<br>→ 수평 반력<br>↷ 모멘트 반력 |

## (2) 절점

구조물에 있어서 부재와 부재와의 접합점을 절점(panel point) 또는 격점이라고 한다. 절점에는 그림 2.64 (a)와 같이 회전이 자유로운 힌지절점 또는 활절(滑節, hinged joint)과 그림 2.64 (b)와 같이 부재가 강결(剛結, rigid joint)되어 절점에 모인 부재가 전혀 회전이 안 되고 완전히 고정되어 있는 것이 있다.

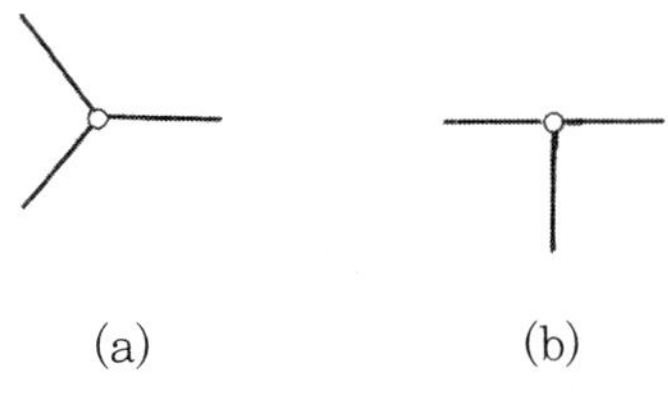


**그림 2.64** 절점

### (3) 외력(外力)과 반력(反力)

물체가 외력을 받았을 때 평형을 이루기 위해서 수동적으로 생기는 힘을 반력이라 하고, 구조물을 지지하고 있는 지점에서 생긴 반력을 지점반력이라 한다.

## 4.3 | 구조의 안정, 불안정 및 정정, 부정정

구조물이 어떤 외력을 받더라도 항상 비김상태를 이루면 구조물은 안정(stable)이며, 그렇지 못할 때는 불안정(unstable)이라고 한다. 이 안정과 불안정은 다시 내적 및 외적으로 나누어져서 구조물이 정지하고 회전도 이동도 하지 않는 구조물을 외적 안정이라고 하고, 그렇지 못할 때를 외적 불안정이라고 한다. 또한, 어떤 외력에 대해서도 그 구조물의 형상이 변하지 않는 구조물을 내적안정이라고 하고, 그렇지 못할 때를 내적 불안정이라고 한다.

그림 2.65 (a)는 외적 불안정, 내적 안정이고, 그림 2.65 (b), (c)는 외적 안정, 내적 불안정을 나타낸 그림이다.

정정과 부정정은 안정한 구조물에 쓰이는 것으로 힘의 평형조건만으로 구조물의 모든 반력과 부재의 응력을 구할 수 있을 때 이를 정정이라 하는데, 이중에서 지점반력을 구할 수 있을 때를 외적 정정, 부재의 부재력을 구할 수 있을 때를 내적 정정이라고 한다.

또한, 안정상태의 구조물 중 힘의 평형조건만으로 모든 반력과 부재력을 구할 수 없는 구조물을 부정정 구조물이라고 한다. 여기에서 반력을 구할 수 없을 때는 외적 부정정, 부재력을 구할 수 없을 때를 내적 부정정이라고 한다.

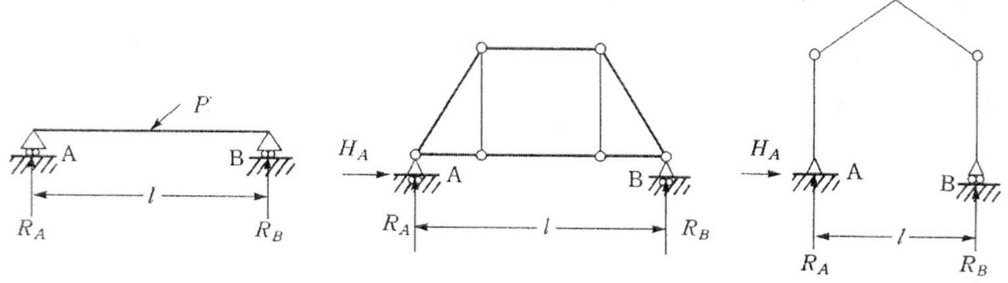


(a)외적 불안정, 내적 안정　(b) 외적 안정, 내적 불안정　(c) 외적 안정, 내적 불안정

**그림 2.65** 구조물의 안정, 불안정

정정과 부정정에 있어서 지점반력과 평형(內的)을 종합하여 말하는 경우를 전체적 정정.부정정이라고 하며, 정정이든 부정정이든 구조물은 안정해야만 한다.

## (1) 구조물의 안정, 불안정

### 1) 내적

① 안정 : 외력이 작용했을 때 구조물의 형태가 변하지 않는 경우

② 불안정 : 외력이 작용했을 때 구조물의 형태가 변하는 경우

### 2) 외적

① 안정 : 외력이 작용했을 때 구조물의 위치가 변하지 않는 경우, 즉 지점의 반력수가 3 이상으로 힘의 평형조건을 만족할 때

- 상하로 이동하지 않는다. $\sum V = 0$
- 좌우로 이동하지 않는다. $\sum H = 0$
- 어떤 방향으로도 회전하지 않는다. $\sum M = 0$

② 불안정 : 외력이 작용했을 때 구조물의 위치가 변하는 경우, 즉 지점의 반력수가 2 이하인 경우와 3 이상이라도 힘의 평형조건을 만족하지 못할 때

- 상하 또는 좌우로 이동하거나
- 어떤 방향으로 회전할 때이다.

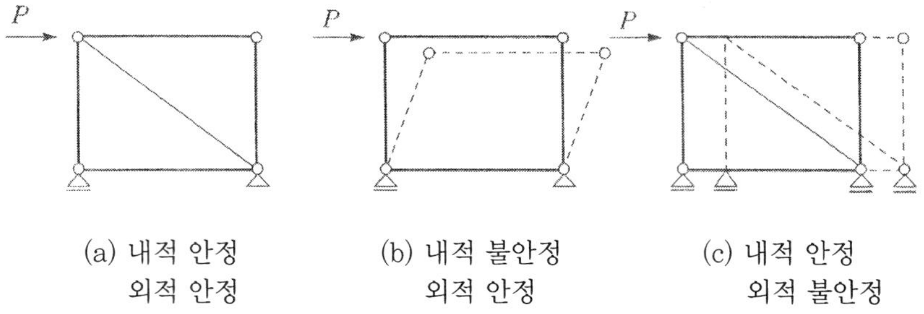


**그림 2.66 구조물의 내·외적 안정과 불안정**

따라서 구조물이 어떠한 외력을 받더라도

첫째, 상하 및 좌우방향으로 이동과 회전을 하지 않고 원위치를 유지하며

둘째, 큰 변형이 생기지 않으며

셋째, 유한한 반력과 부재응력으로 힘의 평형을 이룰 때 그 구조물은 안정하다고 하며, 외적 및 내적 안정에 대하여 자세히 살펴보면

㉠ 외적안정(支持의 安定)

구조물은 그 지점의 지지상태에 따라서 불안정으로 될 때가 있다. 그림 2.67 (a), (b)의 지점 반력의 수는 모두 3개이나, 그림 (a)의 경우 수직하중에 대해서는 이동하지 않으나 수평하중에 대하여는 이동하므로 불안정 구조물이며, 그림 (b)의 경우는 수직하중이나 수평하중에 대하여 모두 이동하지 않으므로 안정 구조물이 된다.

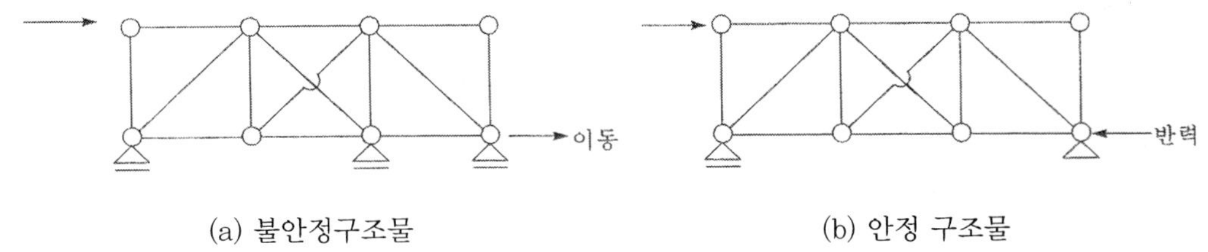


**그림 2.67** 외적 불안정 구조물과 안정 구조물

㉡ 내적안정(형태 안정)

그림 2.68 (a)와 같이 활절점으로 사변형을 구성하는 경우 골조는 외력에 의하여 용이하게 변형하므로 불안정구조물이 된다. 그런데 그림(b)와 같이 사재(bracing)로 보강한 경우와 그림 (c)와 같이 활절점의 어느 하나를 강절점으로 하면 변형하지 않는 안정 구조물이 된다.

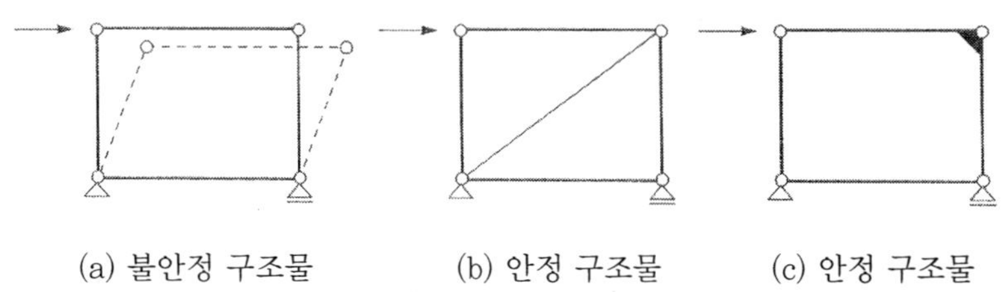


**그림 2.68** 내적 불안정 구조물과 안정 구조물

## (2) 구조물의 정정, 부정정

1) 내적

㉠ 정정 : 힘의 조건만으로 반력과 단면력을 구할 수 있는 경우, 즉 내적으로 안정한 구조물에서 그 지점반력을 힘의 평형조건뿐만 아니라 골조 각부의 변형조건을 가하여 구할 수 있는 것이다.

㉡ 부정정 : 힘의 조건만으로 반력과 단면력을 구할 수 없는 경우, 즉 내적으로 안정한 구조물에서 그 구조물을 구성하고 있는 모든 부재의 응력(부재력)을 힘의 평형조건뿐만 아니라 골조 각부의 변형조건을 가하여 구할 수 있는 것이다. 이것은 이동하거나 형이 변형되면 안 된다. 즉, 구조물은 안정해야 한다.

2) 외적

① 정정 : 힘의 조건만으로 반력을 구할 수 있는 경우, 즉 외적으로 안정한 구조물에서 그 지점반력을 힘의 평형조건식만으로 구할 수 있는 것이다.

② 부정정 : 힘의 조건만으로 반력을 구할 수 없는 경우. 즉 외적으로 안정한 구조물에서 그 지점반력을 힘의 평형조건뿐만 아니라 골조 각부의 변형조건을 가하여 구할 수 있는 것이다.

따라서 구조물의 정정. 부정정의 판별도 각종 방법과 판별식이 있으나 시찰로도 어느 정도는 판별이 가능하며, 트러스와 라멘을 예로 들어 살펴보기로 하자.

㉠ 트러스의 경우

그림 2.69 (a), (b), (c)의 트러스의 지지법은 모두 외적 정정이므로 구조물은 이동하지 않으나 그림 (a)의 트러스는 활절점으로 사변형 abcd를 구성하고 있으므로 형은 불안정이다. 즉, 내적 불안정인 것이다. 그림 (b), (c)의 트러스는 활절점으로 삼각형을 구성하고 있으므로 모두 내적 안정구조인데, 그림 (b)는 부재 ac 1개를 절단하여 제거하면 그림 (a)와 같이 불안정이 된다. 이와같이 부재 1 개를 제거하여 불안정이 되는 구조를 내적정정이라 한다. 한편 그림 (c)는 부재 ac 1 개를 제거하여도 안정이다. 이와같이 부재 1 개를 제거하여도 안정인 구조를 내적 부정정이라 한다.

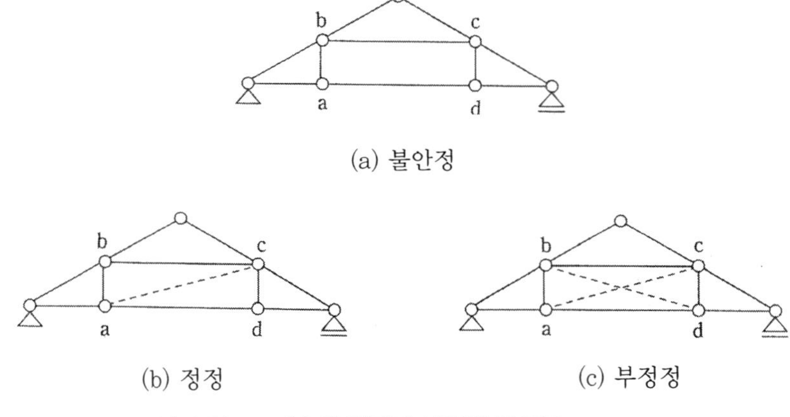


**그림 2.69 트러스의 정정과 부정정 구조물**

㉡ 라멘의 경우

그림 2.70 (c)의 라멘은 안정구조이다. 그런데 강절점 a, b 중 강절점 a를 활절점으로 교환한 그림 (d)의 라멘은 불안정으로 된다. 이와같이 강절점 1개를 활절점으로 바꾸었을 때 불안정이 되는 구조를 내적 정정이라 한다. 한편, 그림 (b)의 라멘의 강절점 a를 활절점으로 바꾼 그림 (a)의 라멘은 역시 안정구조이다. 이와같이 강절점 1개를 활절점으로 바꾸어도 안정인 구조를 부정정이라 한다.

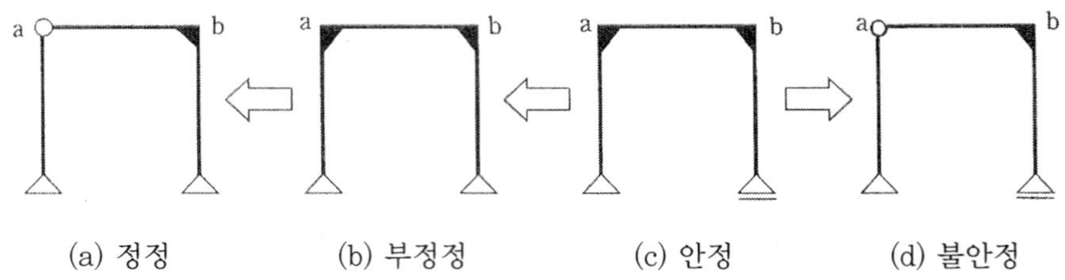


**그림 2.70** 라멘의 정정과 부정정, 안정과 불안정 구조물

## 4.4 | 구조물의 판별

### (1) 전체 부정정차수

불안정, 부정정 및 정정의 판별식은 식 (2.20)과 같으며, 이 식 (2.20)은 내외차수를 합한 차수를 구하는 식으로서 라멘 및 트러스에 응용되고 있다.

$$N = r + m + s - 2k \tag{2.20}$$

여기서, $N < 0$ 이면 불안정

$N = 0$ 이면 정정

$N > 0$ 이면 부정정이 된다.

단, $N$ : 부정정 차수

$r$ : 반력수

$m$ : 전부재수

$s$ : 각 절점에서 한 부재에 강접합된 수

$k$ : 전절점수(支點, 自由端 포함)

이며, 그림 2.71은 $s$와 $r$을 도해화한 것이다.

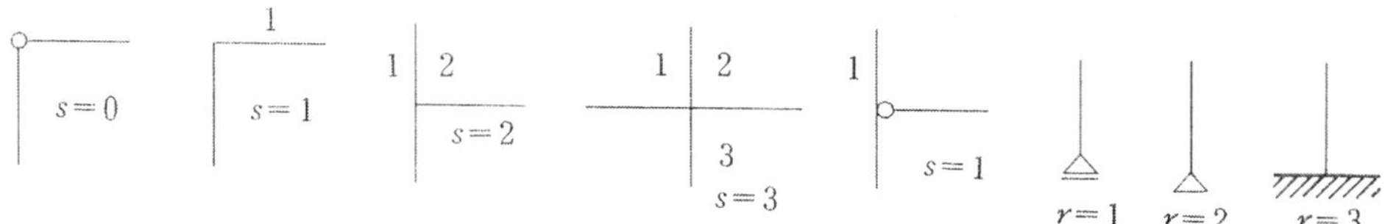


그림 2.71 $s$ (강접합된 수)와 $r$ (반력수) 도해

### (2) 단층구조물의 외적 부정정차수

단층구조물에서 내적정정 및 외적 부정정차수를 구할 때 사용하는 식은

$$N_e = r - 3 - h \qquad (2.21)$$

여기서, $h$ : 구조물 중에 들어 있는 힌지수이다.

### (3) 모든 구조물의 외적 부정정차수

$$N_e = r - 3 \qquad (2.22)$$

여기서, $r-3 > 0$ 이면 외적 부정정
$r-3 = 0$ 이면 외적 정정
$r-3 < 0$ 이면 외적 불안정

보의 반력을 결정하려면 보통 힘의 평형조건 $\Sigma V=0$, $\Sigma H=0$, $\Sigma M=0$을 사용하면 된다. 따라서 미지반력이 3이면 힘의 평형조건을 사용하여 미지반력을 결정할 수 있다. 그러나 미지반력의 수가 4개 이상일 때는 이 3조건만으로는 반력을 결정할 수가 없어서 부정정보가 된다.

### (4) 내적 부정정차수

내적 부정정차수는 내적, 외적을 합한 차수에서 외적차수를 빼면 된다. 즉,

$$N_i = N - N_e \qquad (2.23)$$

$$N_i = r + m + s - 2k - (r-3) = 3 + m + s - 2k$$

### (5) 트러스의 정정, 부정정차수

트러스가 최초의 3각망에 필요한 부재수($m$)는 3 개, 절점수($k$)는 3이며, 이후에는 절점이 증가함에 따라 부재는 2개씩 증가되어야 트러스가 안정하게 된다. 즉,

$$m = 3 + 2x \tag{2.24}$$
$$k = 3 + x$$

여기서, $x$를 소거하면

$$m = 2k - 3 \tag{2.25}$$

따라서 트러스는 $m < 2k - 3$이면 불안정
$m = 2k - 3$이면 정정
$m > 2k - 3$이면 내적 부정정

$$N_i = m - 2k + 3 \tag{2.26}$$

즉, $m - (2k - 3)$에 의해서 내적 부정정차수가 결정된다. 또, 외적으로는 지지조건에 따라 부정정차수가 결정되어 지는 것이다.

### (6) 라멘의 정정, 부정정차수

미지반력수를 $r$, 부재수를 $m$, 절점수를 $k$라고 할 때 각 부재마다 미지수는 모멘트, 전단력, 축력의 3 개이므로 총미지수는 $3m + r$이고, 평형방정식의 수는 각 절점에서 3 개씩 $3k$이다. 따라서

$3m + r = 3k$ 이면 정정
$3m + r > 3k$ 이면 부정정

이므로

$$N = 3m + r - 3k \tag{2.27}$$

즉, $3m + r - 3k$ 로 부정정차수를 결정한다.

**예제 2-23**

**그림 2.72과 같은 구조물의 부정정차수를 구하여라.**

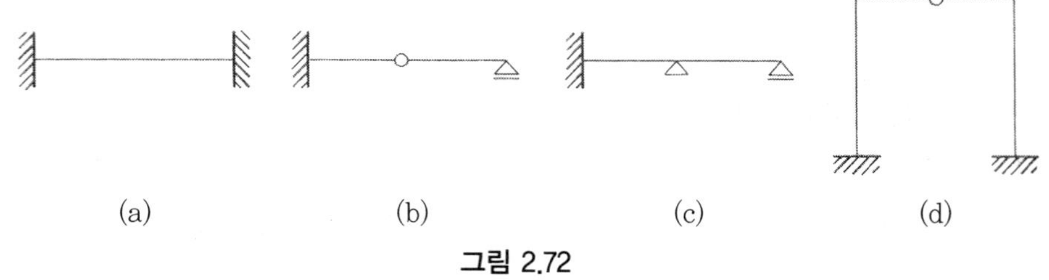

(a) (b) (c) (d)

그림 2.72

풀이

(a) $N = r+m+s-2k = 6+1+0-2\times2 = 3$차 또는
$N = r-3 = 6-3 = 3$차

(b) $N = r+m+s-2k = 4+2+0-2\times3 = 0$차 또는
$N = r-3-h = 4-3-1 = 0$차

(c) $N = r+m+s-2k = 6+2+1-2\times3 = 3$차 또는
$N = r-3 = 6-3 = 3$차

(d) $N = r+m+s-2k = 6+4+2-2\times5 = 2$차 또는
$N = r-3-h = 6-3-1 = 2$차

**예제 2-24**

**그림 2.73과 같은 트러스는 몇 차 부정정인가?**

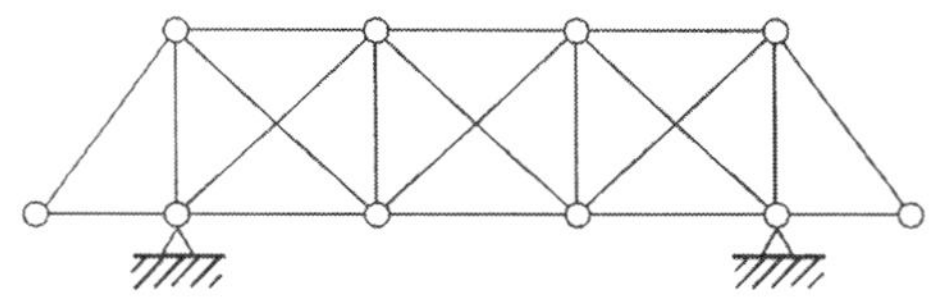

그림 2.73

풀이

전체 부정정차수 $N = r+m+s-2k = 4+18+0-2\times10 = 2$차
구조물의 외적 부정정차수 $N_e = r-3 = 4-3 = 1$차
내적 부정정차수 $N_i = N-N_e = 2-1 = 1$차

**예제 2-25**

**그림 2.74와 같은 라멘의 부정정차수를 구하여라.**

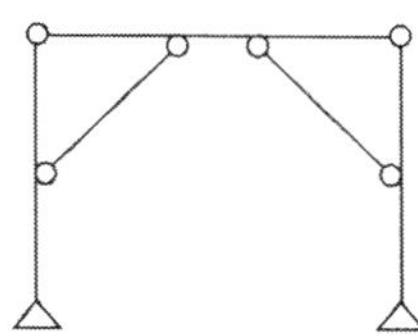

그림 2.74

풀이

전체 부정정차수 $N = r+m+s-2k = 4+9+4-2\times8 = 1$차
구조물의 외적 부정정차수 $N_e = r-3 = 4-3 = 1$차
내적 부정정차수 $N_i = N-N_e = 1-1 = 0$차

**예제 2-26**

**그림 2.75와 같은 라멘의 부정정차수를 구하여라.**

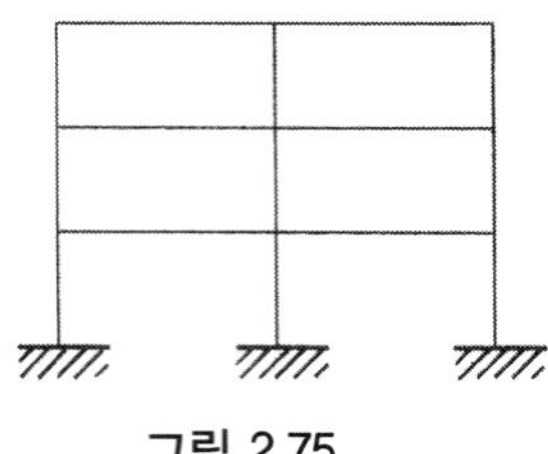

그림 2.75

풀이 $N = r + m + s - 2k = 9 + 15 + 18 - 2 \times 12 = 18$차

## 핵심정리

- 물체에 힘이 작용하면 그 힘의 방향에 가속도가 생기고 그 크기는 힘의 크기에 비례하고 물체의 질량에 반비례하게 된다.

$$F \propto ma$$

여기서, $F$ : 힘, $m$ : 물체의 질량, $a$ : 가속도

- SI(Syste'me Internatinalle d' Units, Internatinal System of Units) 단위는 국제적 통일을 기하기 국제도량형기구에 의해 작성되고, 국제표준화기구인 ISO(Internatinal Organigation for Standardigation)에 의해 체택되어 국제적으로 널리 통용되고 있는 국제단위이다.
- SI단위계에서는 힘의 단위를 질량 1[kg] 물체에 작용하여 1[m/s$^2$]의 가속도를 내게 하는 힘을 1N(Newton)의 힘이라 하고 이것을 힘의 단위로 사용한다.

$$1\,(\mathrm{N}) = 1[\mathrm{kg}] \times 1[\mathrm{m/s^2}] = 1[\mathrm{kg \cdot m}]/[\mathrm{s^2}]$$

- 힘의 단위 환산표는 다음과 같다.

| N | dyn | kgf | lb |
|---|---|---|---|
| 1 | $1\times10^{5}$ | $1.01972\times10^{-1}$ | $2.2481\times10^{-1}$ |
| $1\times10^{-5}$ | 1 | $1.01972\times10^{-6}$ | $2.2481\times10^{-6}$ |
| 9.80665 | $9.80665\times10^{5}$ | 1 | 2.20462 |
| 4.44822 | $4.44822\times10^{5}$ | $4.5359\times10^{-1}$ | 1 |

- SI단위계에서 사용하는 접두어의 명칭은 아래와 같다.

| 단위에 곱하는 배수 | 접두어의 명칭 | 기호 | 단위에 곱하는 배수 | 접두어의 명칭 | 기호 |
|---|---|---|---|---|---|
| $10^{12}$ | 테라(tera) | T | $10^{-1}$ | 데시(deci) | d |
| $10^{9}$ | 기가(giga) | G | $10^{-2}$ | 센티(centi) | c |
| $10^{6}$ | 메가(mega) | M | $10^{-3}$ | 밀리(milli) | m |
| $10^{3}$ | 킬로(kilo) | k | $10^{-6}$ | 마이크로(micro) | $\mu$ |
| $10^{2}$ | 헥토(hecto) | h | $10^{-9}$ | 나노(nano) | n |
| 10 | 데카(deca) | da | $10^{-12}$ | 피코(pico) | p |

- 힘의 3요소는
  - 크기 : 임의로 적당하게 축척된 선분의 길이로 표시($l$)
  - 방향 : 화살표와 선분의 기울기로 표시($\theta$)
  - 작용점 : 화살표의 끝 또는 시작점으로 선분 위의 한점으로 표시($x$, $y$)
- 힘의 평형조건

| 힘의 평형조건(靜止條件) | 역학적 표현 |
|---|---|
| 상하(수직방향)로 움직이지 않는다. | $\Sigma V=0$ |
| 좌우(수평방향)로 움직이지 않는다. | $\Sigma H=0$ |
| 회전하지 않는다. | $\Sigma M=0$ |

▸ 라미의 정리
한 점에 작용하는 세 개의 힘이 서로 평형을 이루고 있다면 이 세 개의 힘은 동일한 평면상에 있고 하나의 점에서 만난다. 이때 각각의 힘은 다른 두 힘의 사이각의 정현(sine)에 정비례한다.

▸ 1차원 구조물 : 세 개의 축(x,y,z) 중에서 한 축 방향으로 길이가 긴 구조물
EX) 봉구조물(봉, 기둥, 샤프트, 보, 아치), 뼈대 구조물(트러스, 라멘)

▸ 2차원 구조물 : 세 개의 축(x,y,z) 중에서 두 개의 축 방향으로 길이가 긴 구조물
EX) 패널(pannel), 플레이트(plate), 쉘(shell)

▸ 지점 : 정지하고 있는 구조물 또는 부재를 받치는 점
이동지점(moveable support) 또는 롤러지점(roller support), 힌지지점(hinged support) 및 고정지점(fixed support) 등이 있다.
- 이동지점에서는 구조물이 이동, 회전을 할 수가 있기 때문에 반력은 수직한 방향으로 1개만 일어난다.
- 힌지지점에서는 구조물이 핀(pin)으로 연결되어 이동은 할 수 없고 회전만 가능하다. 따라서 반력은 수평반력과 수직반력의 2개가 일어난다.
- 고정지점에서는 완전히 고정되어 이동도 회전도 할 수 없게 되어 있다. 반력은 수평반력, 수직반력 및 모멘트 반력 등 3 개의 반력이 일어난다.

▸ 구조물의 안정과 불안정
- 안정 : 구조물이 어떻한 외력을 받더라도 항상 평형(비김)상태를 이루는 것
  - 외적 안정 : 구조물이 정지하고 회전도 이동도 하지 않는 구조물
  - 내적 안정 : 어떤 외력에 대해서도 그 구조물의 형상이 변하지 않는 구조물
- 불안정 : 구조물이 어떻한 외력을 받더라도 항상 평형(비김)상태를 이루지 못하는 것

▸ 구조물의 정정과 부정정
힘의 평형조건만으로 구조물의 모든 반력과 부재의 응력을 구할 수 있을 때 이를 정정, 힘의 평형조건만으로 구조물의 모든 반력과 부재의 응력을 구할 수 없을 때 이를 부정정이라 한다.

▸ 구조물의 판별
- 전체 부정적차수
  $N = r + m + s - 2k$
- 트러스의 정정, 부정정차수
  $m = 2k - 3$
- 라멘의 정정, 부정정차수
  $N = 3m + r - 3k$

Chapter

# 3 응력과 변형도

학습목표

- 응력과 응력도의 정의에 대하여 이해할 수 있다.
- 부재 내부에 생기는 외응력의 종류(전단력, 휨모멘트, 축방향력) 설명과 부호(+, −)와 단위(kg, t)에 대하여 이해할 수 있다.
- 수직응력(인장응력, 압축응력)의 외력을 구하는 식을 이해할 수 있다.
- 전단응력, 휨응력, 비틀림응력, 온도응력의 정의와 구하는 식을 이해할 수 있다.
- 수식해법과 도시방법을 이용하여 응력산정법을 이해할 수 있다.
- 변형과 변형율의 정의에 대하여 이해할 수 있다.
- 변형율의 종류(선변형율, 전단변형율, 체적변형률)와 변형율을 구하는 식에 대하여 이해할 수 있다.
- 후크의 법칙(Hooks's law)을 이용하여 신장량과 탄성계수에 대하여 이해할 수 있다.
- 탄성계수의 종류(영계수, 횡탄성계수, 체적탄성계수)와 구하는 식에 대하여 이해할 수 있다.
- 프와송의 비(Poisson's ratio)에 대한 이해와 프와송의 수를 학습할 수 있다.
- 어떤 재료를 인장시험 할 때 응력과 변형도의 그림(선도)을 보고 비례한도, 탄성한도, 상항복점, 하항복점, 극한응력에 대하여 설명할 수 있다.

물체에 외력이 작용하면 그 물체를 이루고 있는 작은 분자 사이에는 외력에 저항하여 원래의 상태로 돌아가려는 힘이 생기게 마련이다. 전기철도 구조물에서도 이와같이 발생 가능한 외력에 의하여 생기는 응력 및 변형률을 이해함으로써 구조물의 구조, 강도 등을 산정하는 데 크게 도움이 될 것이다.

## 1 응력(應力)과 응력도(應力度)

구조물에 외력이 작용하면 구조물은 변형하면서 내력(内力)을 일으킨다.구조물 내부에 저항하는 힘이 생기는 것이다. 즉 외력에 저항하여 원형으로 돌아가려는 힘이 생긴다는 것이다. 이와같이 내부에 일어나는 힘을 내력 또는 응력이라 하는데 일반적으로 응력은 밀도나 농도처럼 응력도(stress)라고 불러야 하나(단위면적당 하중이므로) 일반적으로 응력 또는 단위응력이라고 부르며 단면 전체에 걸친 것을 전응력이라고 한다.

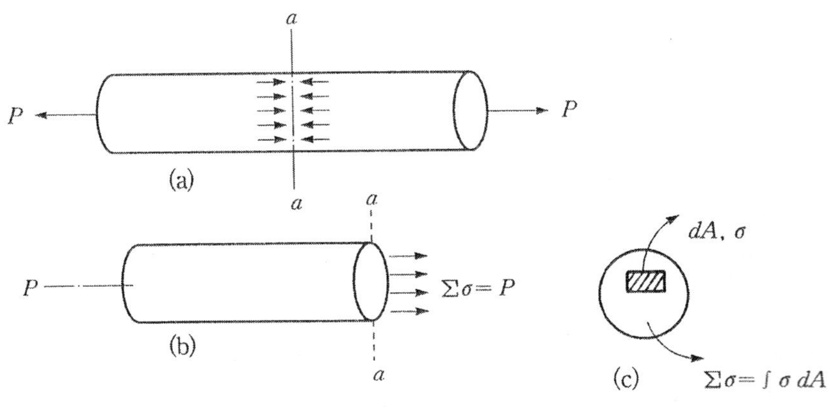


**그림 3.1** 응력

그림 3.1에서 보는 바와 같이 균일한 단면의 양단에서 하중을 가하게 되면 부재내부에 외력에 저항하여 끊어지지 않으려는 응력이 생기게 되고, a-a 단면을 절단했다고 볼 때 a-a 단면에는 응력이 생기게 된다. 이때 a-a 단면 좌우에 생긴 응력의 크기는 같게 되고, 전체가 평형이 되기 위해서 외력 $P$와 응력의 총합(全應力) 크기도 같게 된다. 따라서 a-a 단면의 한쪽만을 생각해도 된다. 즉,

$$P = \int_A \sigma\, dA = \sigma \int_A dA = \sigma A \tag{3.1}$$

따라서

$$\sigma = \frac{P}{A} \tag{3.2}$$

가 된다.

## 1.1 | 외력(external force)

구조물의 외부로부터 작용하는 힘으로 하중과 반력을 외력이라고 한다.

## 1.2 | 외응력(stress)

구조물에 외력이 작용할 때 부재내부에 저항력으로 응력이 발생하여 외력과 평형상태를 유지하게 되며 구조물은 일정한 형태를 유지하게 된다. 이 부재내부의 저항력을 외응력

또는 간단하게 응력이라 하는데, 특히 보에서는 이것을 단면력이라고 하며, 트러스나 라멘 등에서는 이것을 부재력이라고도 한다.

이러한 외응력에는 전단력, 휨모멘트, 축방향력 등이 있으며 이것을 자세하게 살펴보면 다음과 같다.

1) 전단력(shearing force)

부재를 그 부재의 축과 수직인 방향으로 자르려고 하는 힘을 전단력이라고 하며, 절단되려는 단면의 좌측에 상향의 힘이 작용하고 우측에 하향의 힘이 서로 맞서 절단하려는 것을 정(+)으로 한다. 또한, 그와 반대로 절단되려는 단면의 좌측에 하향의 힘이 작용하고 우측에 상향의 힘이 서로 맞서 절단하려는 것을 부(−)로 하며, 단위는 [N]이나 [kN]을 사용한다.

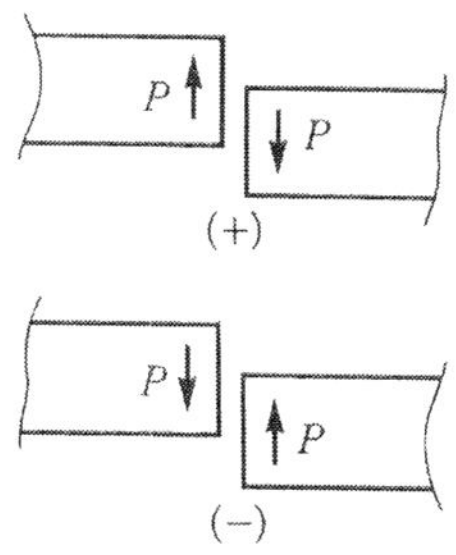


그림 3.2 전단력

2) 휨모멘트(bending moment)

부재에 작용하는 모멘트로서 부재를 굽혀서 휠려고 하는 능률의 크기를 휨모멘트라 하며, 부재의 종류가 수평부재일 때 부재의 하부측이 늘어나면서 구부리려고 하는 것을 정(+)으로 하며, 부재의 상부측이 늘어나면서 구부리려고 하는 것을 부(−)로 한다.

그림 3.3 휨모멘트

3) 축방향력(axial force)

외력이 부재의 축방향으로 작용할 때의 힘으로 보를 압축 또는 인장하는 힘을 말한다. 그리고 인장을 받을 때를 정(+)으로 하며, 압축을 받을 때를 부(−)로 한다. 또한, 단위는 [N]이나 [kN]을 사용한다.

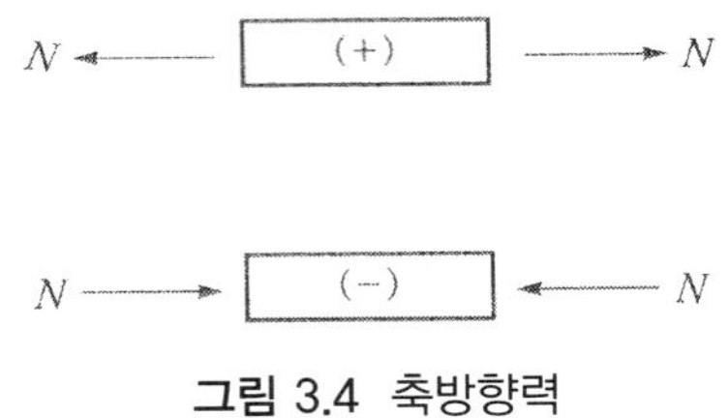


그림 3.4 축방향력

## 2 응력의 종류

### 2.1 | 수직응력(법선응력)

부재 축방향에 수직인 단면에 생기는 응력을 수직응력 또는 법선응력이라 하며 봉, 트러스, 중심축 하중을 받는 단독주에 적용된다.

#### (1) 인장응력(tensile stress)

그림 3.1 (a)와 같이 부재가 축방향으로 늘어나게 하려는 힘을 받을 때 부재 내부에서 생기는 응력을 인장응력(tensile stress)이라 하며, 이것을 수식으로 표현하면 그림 3.5 (a)에서 단위면적에 작용하는 응력을 $\sigma_t$, 면적요소를 $dA$라 하고 $\sigma_t$가 그 단면 위에서 고르게 분포할 때 면적요소 $dA$ 위에 작용하는 법선방향의 힘 요소는 $\sigma_t \cdot dA$로 표시된다. $\sigma_t \cdot dA$를 전단면적 $A$에 대하여 모아 놓으면 외력 $P$와 평형을 이루게 된다. 즉,

$$P = \int \sigma_t \cdot dA = \sigma_t \int dA = \sigma_t \cdot A \tag{3.3}$$

따라서 인장응력

$$\sigma_t = \frac{P}{A} \tag{3.4}$$

가 된다. 또한 외력 $P$가 각 단면 위에 균일한 분포응력을 생기게 하려면 단면의 도심에 반드시 작용하여야 하며, 부호는 일반적으로 인장력과 인장응력을 (+)로 한다.

### (2) 압축응력(compressive stress)

그림 3.5 (b)와 같이 부재가 줄어들게 하려는 힘을 받을 때 부재내부에서 생기는 응력을 압축응력(compressive stress)이라 하고 이때의 외력을 압축력이라고 한다.

외력 $P$가 단면의 도심축에 작용하면 응력이 단면에 고르게 분포되고 압축응력을 $\sigma_c$라 하면

$$\sigma_c = \frac{P}{A} \tag{3.5}$$

이며, 부호는 압축력과 압축응력을 (−)로 한다.

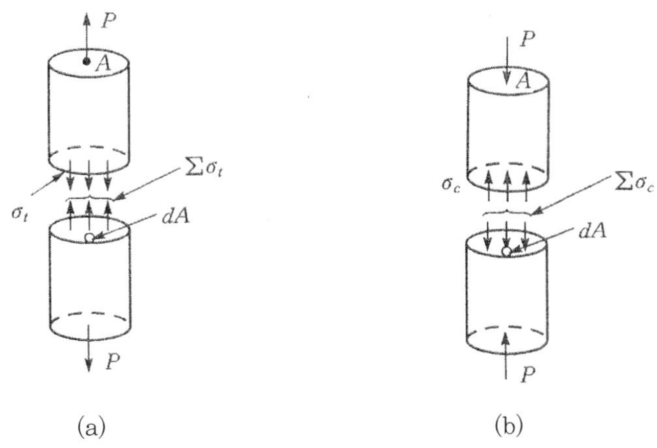


그림 3.5 인장응력(a)과 압축응력(b)

## 2.2 | 전단응력(shearing stress)

부재축의 직각방향의 전단력에 의해서 생기는 응력으로서 이것은 그림 3.6에서 보는 바와 같이 부재에 외력 $P$가 작용하면, 부재는 축과 수직인 방향으로 잘릴려고 하는 힘을 받게 되는데, 이 힘을 전단력(shearing force)이라 하고 전단력에 저항하기 위한 부재의 응력을 전단응력(shearing stress)이라고 한다.

전단응력이 단면에 고르게 분포된다고 생각하고 전단응력을 $\tau$, 단면적을 $A$, 전단력을 $Q$라 하면

$$\tau = \frac{Q}{A} \tag{3.6}$$

가 된다. 이와같은 전단응력을 접선응력(tangential stress)이라고도 한다.

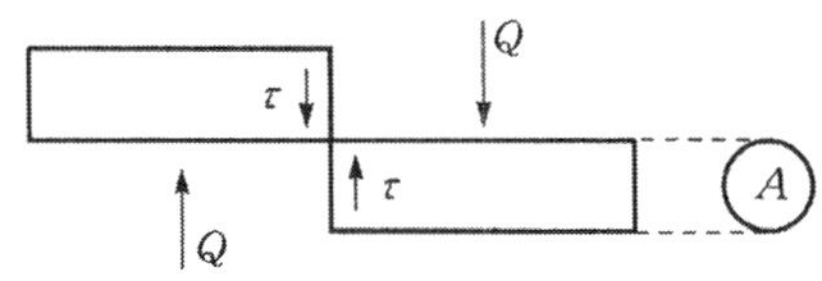


그림 3.6 전단응력

## 2.3 | 휨응력(bending stress)

그림 3.7과 같은 부재에 연직방향의 하중이 작용하면 부재에는 휨모멘트에 의하여 부재의 중심축에서 상부에는 부재가 줄어들려는 압축력을 받게 되고, 하부에는 늘어나려는 인장력을 받게 된다. 이때 부재의 내부에는 이러한 힘에 저항하기 위하여 응력이 생기게 되는데 이러한 응력을 휨응력이라 한다.

또한, 부재내부에는 압축력과 인장력을 받지 않는 어떤 면이 생기게 되는데, 이면을 중립면이라 하고 중립면에 수직한 면과 중립면이 만나는 점을 연결한 선을 중립축이라고 한다.

이 중립축의 상부에는 압축응력이 생기고, 하부에는 인장응력이 생기게 된다. 그러나 실제적으로는 부재가 휘면 전단응력도 함께 생기게 된다.

$$\sigma = \frac{M}{I}y$$

여기서, $M$ : 휨모멘트

$I$ : 단면2차모멘트

$y$ : 중립축에서의 거리

이다.

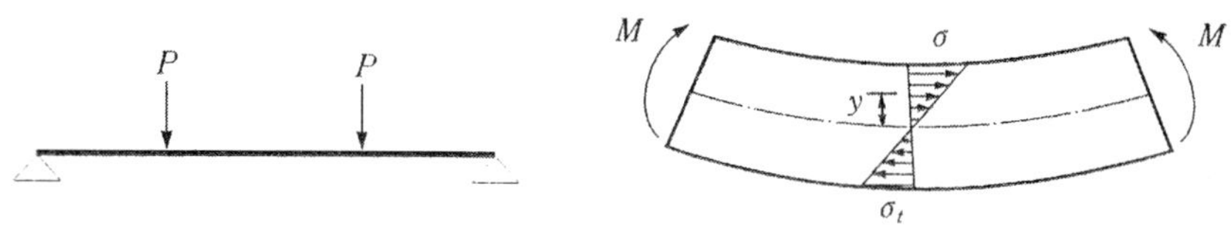


그림 3.7 휨응력

## 2.4 | 비틀림응력(torsional stress)

그림 3.8과 같은 직선봉의 양단에 크기가 같고 방향이 반대인 우력모멘트가 작용하면 이 부재는 비틀어지게 된다. 이 비틀림에 저항하여 생기는 응력을 비틀림응력이라 하며 이것은 전단응력과 같은 성질을 가지고 있다.

$$\tau = \frac{T \cdot r}{J} \rightarrow \frac{T \cdot r}{I_p} \text{ (원형단면일 때)}$$

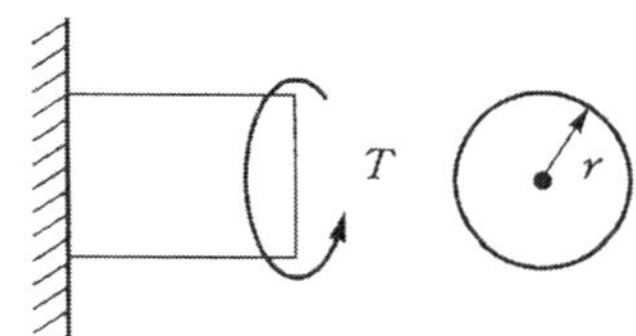


그림 3.8 비틀림응력

## 2.5 | 온도응력(열응력 ; thermal stress)

정정구조물에서 그 구조물 전체에 균일한 온도변화가 이루어진다면 응력을 발생시키지는 않을 것이다. 그 이유는 구조물 전체가 자유로이 팽창 또는 수축할 수 있기 때문인 것이다.

부정정 구조물에서의 온도변화는 그들 부재 내에 열응력이라고 불리우는 응력을 발생시키는데, 이것은 양단이 자유인 봉과 양단이 고정된 봉을 비교해 보면 쉽게 이해할 수 있으리라 보여지며, 자유봉에서는 봉 전체에 균일한 온도변화는 그 봉을 어느 정도 늘어나게 할 것이다. 이것을 수식으로 표현하면,

$$\delta = \alpha L \Delta T \tag{3.7}$$

으로 표현할 수 있으며, 여기에서 $\alpha$는 선팽창계수이고 $L$은 길이, $\Delta T$는 상승온도이다. 이 신장량은 자유롭게 생긴 것이므로 봉에는 어떠한 응력도 발생하지 않는다는 것이다.

그림 3.9 (a)와 같은 부정정 봉의 경우에는 봉이 늘어날 수 없으므로 온도가 상승하면 봉 속에 압축력 $R$이 발생한다. 양단 고정보에서 그 일단을 자유단으로 하게 되면 그림 3.9 (b)와 같이 온도변화만 작용하여 발생하는 상향변위는 $\alpha L \Delta T$이고 $R$만 작용하는 그림 3.9 (c)에서처럼 발생하는 하향변위는 $RL/EA$이다. 이 두 변위가 같다고 보면

$$R = EA\alpha\,\Delta T \tag{3.8}$$

가 된다.

이 식에서 $R$이 구해지면 그 봉 속의 압축응력 및 변형률을 계산할 수 있는데 그 식은 다음과 같게 된다.

$$\sigma = \frac{R}{A} = E\alpha\,\Delta T,\quad \epsilon = \frac{\sigma}{E} = \alpha\,\Delta T \tag{3.9}$$

이와같이 부정정계에서는 외부하중이 작용하지 않더라도 열효과 때문에 응력이 발생할 수 있다는 것을 알 수 있을 것이다.

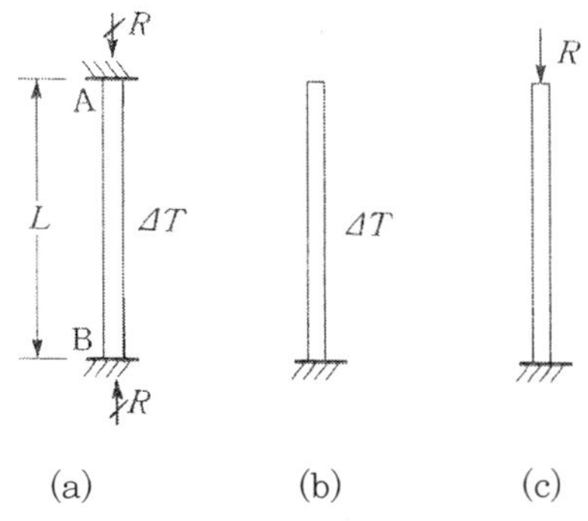


**그림 3.9** 온도응력

**표 3.1** 재료의 선팽창계수($\alpha$)

| 재 료 | $\alpha$ | 재 료 | $\alpha$ |
|---|---|---|---|
| 아 연 | $2.97\times10^{-5}$ | 두랄류민 | $2.26\times10^{-5}$ |
| 납 | $2.93\times10^{-5}$ | 황 동 | $1.84\times10^{-5}$ |
| 수 석 | $2.70\times10^{-5}$ | 포 금 | $1.83\times10^{-5}$ |
| 알루미늄 | $2.39\times10^{-5}$ | 순 철 | $1.17\times10^{-5}$ |
| 구 리 | $1.65\times10^{-5}$ | 연강(C < 0.2 %) | $1.12\times10^{-5}$ |
| 니 켈 | $1.33\times10^{-5}$ | 경강(C=0.4~0.5%) | $1.07\times10^{-5}$ |
| 배 금 | $0.89\times10^{-5}$ | 유 리 | $0.90\times10^{-5}$ |
| 텅 스 텐 | $0.43\times10^{-5}$ | 도 자 기 | $0.30\times10^{-5}$ |

# 3 응력 산정법

## 3.1 수식해법

### (1) 전단력

어떤 단면에 대하여 좌측에 걸리는 부재축에 수직인 힘의 대수적인 총합과 우측에 걸리는 부재축에 수직인 힘의 대수적 총합의 크기는 같고 방향은 반대가 된다. 따라서 어느 쪽이든 구하기 쉬운쪽(보통은 왼쪽)에 작용하는 모든 외력(하중과 반력)을 부재축과 수직인 방향으로 분해한 분력의 대수적 합계로 크기를 구한다. 이와같이 구한 크기는 단면의 왼쪽에서 구했다면 외력 중 상향의 힘은 정(+), 하향의 힘은 부(−)로 정하여 계산한다. 반대로 단면의 오른쪽에서 그 크기를 구했다면 부호는 왼쪽에서 구한 것의 반대로 정하여지는 것이다.

### (2) 휨모멘트

어떤 단면에 대하여 좌측에 걸리는 힘의 모멘트의 대수적인 총합과 우측에 걸리는 힘의 모멘트의 대수적 총합의 크기는 같고 방향은 반대이다. 따라서 어느 쪽이든 구하기 쉬운 쪽(보통은 왼쪽)에 작용하는 모든 외력의 그 단면에 대한 모멘트의 대수합으로 크기를 구한다. 이와같이 구한 크기를 단면의 왼쪽에서 구했다면 우회전 모멘트는 정(+), 좌회전 모멘트는 부(−)로 정하여 계산한다. 이와 반대로 단면의 오른쪽에서 그 크기를 구하였다면 부호는 왼쪽에서 구한 것의 반대로 정하여지는 것이다.

간단한 방법으로 지렛대의 원리를 설명하면

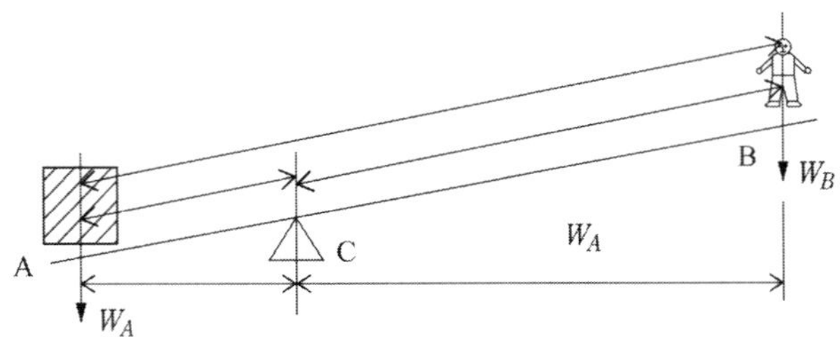


그림에서 하중점을 A, 힘의 작용점을 B, 지지점을 C라 하고 A에서 B까지의 길이를 각각 a, b라 하면

A점에 가하는 작용력(중량이 지렛대를 누르는 힘) : $W_A$

사람이 중량물을 움직이려고 누르는 힘 : $W_B$ 라 하면

$$a \cdot W_A < b \cdot W_B$$이면 중량물 $W_B$가 움직이기 시작하고

$$a \cdot W_A = b \cdot W_B$$ 이면 균형상태가 되어 움직이지 않는다.

$a : b = a' : b'$ 이므로

$$a \cdot W_A < b \cdot W_B = a' \cdot W_A < b' \cdot W_B$$

가 된다.

식의 좌변 $a' \cdot W_A$는 막대를 지점 C를 중심으로 반시계방향으로 회전시키려는 힘(작용력)이며, 우변 $b' \cdot W_B$는 막대를 시계방향으로 회전시키려는 힘이다. 이처럼 회전시키려고 하는 작용력을 모멘트라 하며 편의상 시계방향(+), 반시계방향(−)로 표시하며 지점 C는 양자의 합이되므로 $-a' \cdot W_A + b' \cdot W_B = 0$로서 모멘트합이 0이 되어 회전하지 않게 된다.

다음은 벽속에 막대를 박아넣고 그 끝에 물체를 달아맨 경우에는

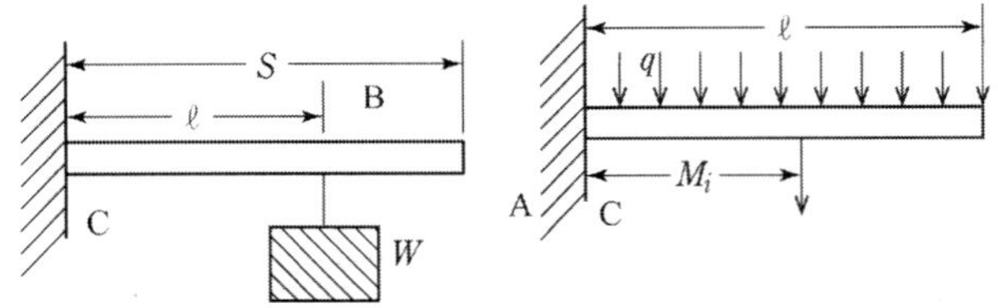


지점 C에도 모멘트 $M_{c1} = W \cdot S$ 가 존재한다.

이 모멘트는 막대를 회전시키려는 작용도 있지만 막대를 아래쪽으로 휘게 하려는 작용도 있으므로 이를 「휨모멘트」라 한다.

지점 C에는 $M_{c1}$ 외에도 막대 자체 중량에 의한 휨모멘트가 작용한다.

자체 중량에 의한 것은 위 오른쪽 그림처럼 중량이 없는 막대 위에 똑같은 $q$의 무게를 균일하게 놓은 것과 같다.

하중을 한 개소 또는 여러 개소에 집중하여 가하는 하중을 「집중하중」이라 하며, 위 그림처럼 광범위하게 분포되어 있는 하중을 「분포하중」이라 한다.

분포하중에 의한 휨모멘트는 분포하중의 중심(重心)에 집중하여 가해진 것으로 상정하여 계산한다.

그림에서 막대의 굵기 재질이 균일하며 벽에서 돌출된 부분의 중량의 $Q$라 하면 $q = \dfrac{Q}{\ell}$의 등분포하중이 되며 重心의 위치는 $\dfrac{\ell}{2}$이 되므로

C점의 모멘트는 $M_{c2} = Q \times \dfrac{\ell}{2} = \ell q \times \dfrac{\ell}{2} = q \times \dfrac{\ell^2}{2}$ 이 되며,

C점의 모멘트는 B점에 매달은 물체 즉, A점의 집중하중에 의한 모멘트 $M_{c1}$과 막대의 자체중량 $Q$에 의한 휨모멘트 $M_{c2}$의 합이 되어 $M = M_{c1} + M_{c2}$가 된다.

이와같이 한쪽 끝이 고정되고 다른 쪽 끝이 지지되지 않은 것을 「고정보」라 하며 단독 전주 등이 여기에 해당된다.

### (3) 축방향력

어떤 단면의 축방향력의 크기는 어느 한쪽에 작용하는 모든 외력(하중, 반력)을 그 축방향으로 분해한 분력의 합계로서 구한다. 또한, 이 축방향력의 부호는 단면의 왼쪽, 오른쪽에 관계없이 부재가 인장력을 받을 때는 정(+), 부재가 압축력을 받을 때는 부(−)로 정하여 계산한다.

## 3.2 | 도시방법(圖示方法)

외력의 작용과 반작용에 의하여 어떤 부재에 생기는 외응력, 즉 전단력, 휨모멘트, 축방향력 등은 우리 눈으로 직접 확인하여 볼 수는 없으나 이 보이지 않는 외응력을 시각적으로 바로 볼 수 있게 하는 방법으로 임의점에 발생하는 전단력, 휨모멘트, 축방향의 크기를 선분의 길이로 하여 부재축의 전구간에 대해 연속적으로 도시한 것이 전단력도, 휨모멘트도 및 축방향력도이다.

또한, 부재의 응력선도를 그릴 때에는 그 부재의 상측을 정(+)으로 하고, 하측을 부(−)로 하거나 또는 그 반대로 표기하기도 하지만 본 교재에서는 다음과 같은 방법으로 표기하기로 한다.

### (1) 전단력선도(S.F.D : Shearing Force Diagram)

전단력도의 (+)는 횡축의 상측에 표기하고, (−)는 횡축의 하측에 표기한다.

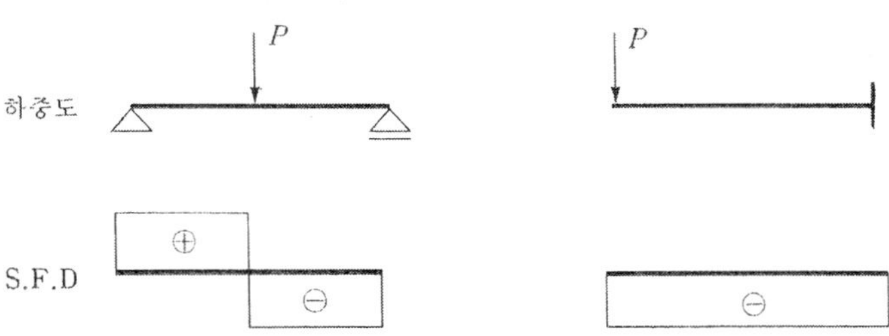


그림 3.10 전단력선도(S.F.D)

### (2) 휨모멘트선도(B.M.D : Bending Moment Diagram)

휨모멘트도의 (+)는 횡축의 하측에 표기하고, (−)는 횡축의 상측에 표기한다. 다시 말하면 휨모멘트도는 부재의 인장측에 표기한다.

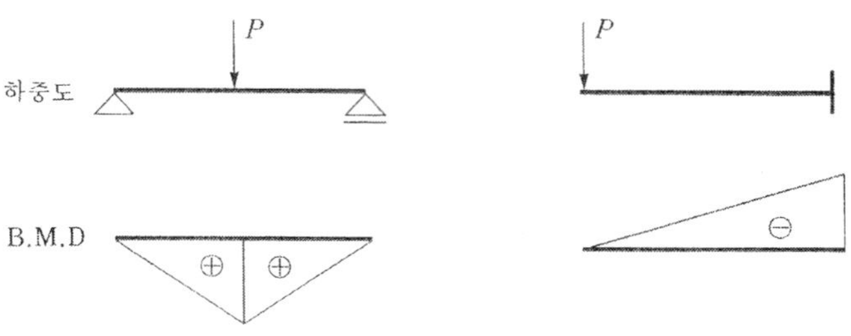


그림 3.11 휨모멘트선도(B.M.D)

### (3) 축방향력선도(A.F.D : Axial Force Diagram)

축방향력도의 (+)는 횡축의 하측에 표기하고, (−)는 횡축의 상측에 표기한다.

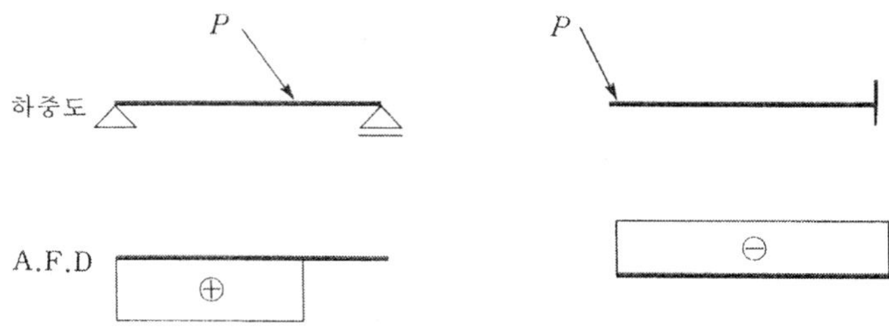


그림 3.12 축방향력선도(A.F.D)

**예제 3-1**

**그림 3.13과 같은 재하상태의 보에서 보 AB의 각 단면에 생기는 전단력을 구하고 전단력선도(S.F.D)를 그려라.**

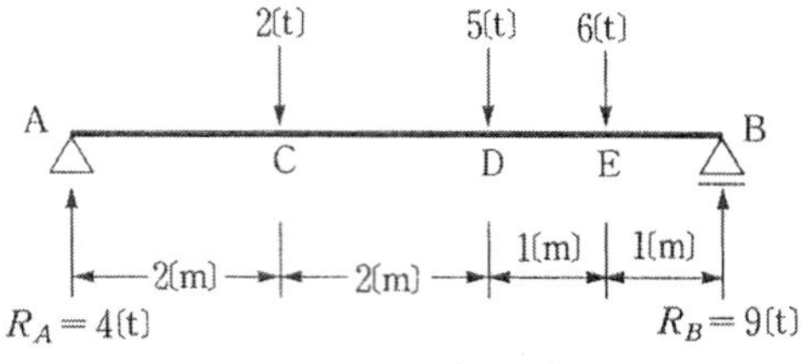


그림 3.13

풀이 (1) 그림 3.14 (a)는 AC 구간으로서
단면 a-a의 좌측에서 $Q_{AC}=+4[t]$
단면 a-a의 우측에서 $Q_{AC}=-(-2[t]-5[t]-6[t]+9[t])=-(-4[t])=+4[t]$
여기에서 $Q_{AC}=-$인 −는 우측에서 구하였기 때문이다.
(2) 그림 3.14 (b)는 CD 구간으로서
단면 b-b의 좌측에서 $Q_{CD}=+4[t]-2[t]=+2[t]$
단면 b-b의 우측에서 $Q_{CD}=-(-5[t]-6[t]+9[t])=-(-2[t])=+2[t]$
(3) 그림 3.14 (c)는 DE 구간으로서
단면 c-c의 좌측에서 $Q_{DE}=+4[t]-2[t]-5[t]=-3[t]$
단면 c-c의 우측에서 $Q_{DE}=-(-6[t]+9[t])=-(+3[t])=-3[t]$
(4) 그림 3.14 (d)는 EB 구간으로서
단면 d-d의 좌측에서 $Q_{EB}=+4[t]-2[t]-5[t]-6[t]=-9[t]$
단면 d-d의 우측에서 $Q_{EB}=-(+9[t])=-9[t]$
이상의 결과로서 어떤 단면의 전단력은 그 단면의 좌측에서 구하든 우측에서 구하든 그 값과 부호가 같음을 알 수 있다. 그러므로 전단력의 계산은 단면의 어느 쪽이든 힘의 수가 적어 계산이 빠른 쪽을 택하되 단면의 왼쪽을 택하였을 때는 힘의 부호가 수학의 좌표축의 부호와 일치하므로 혼돈의 우려가 적고 오른쪽을 택했을 때는 부호에 대한 주의만 한다면 계산상의 시간이 단축됨을 알 수 있다.

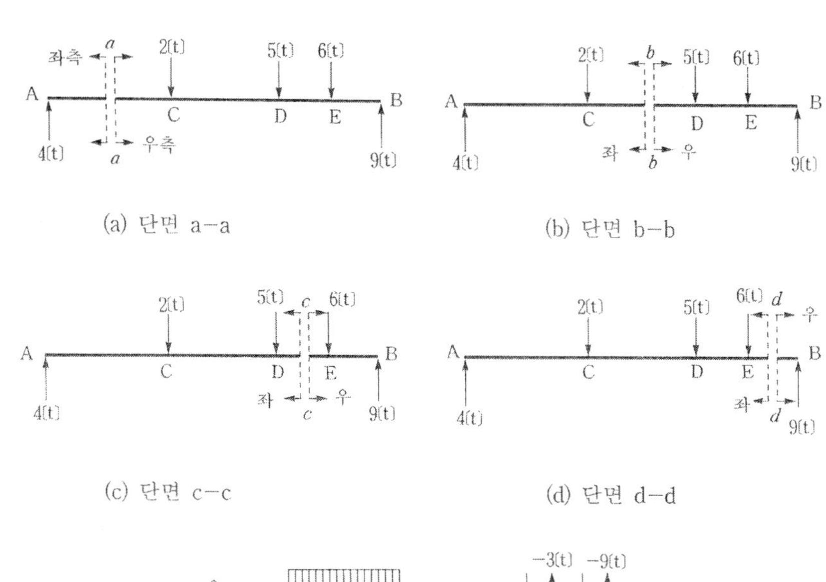


그림 3.14 전단력선도(S.F.D)

### 예제 3-2

**그림 3.15와 같은 재하상태의 보에서 보 AB의 각 단면에 생기는 휨모멘트를 구하고 휨모멘트선도(B.M.D)를 그려라.**

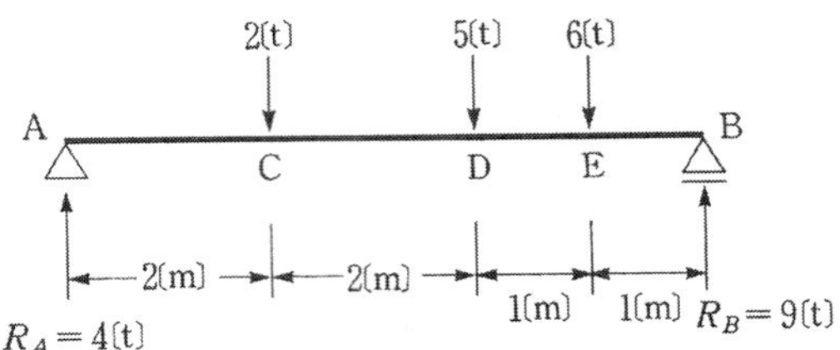


그림 3.15

---

**풀이** A, B 지점에서 $M_A=0$, $M_B=0$ 즉, 단순보의 회전지점과 이동지점의 휨모멘트는 각각 0이 된다.

(1) 그림 3.16 (a)의 단면 C에서 보면

단면 C의 좌측에서 $M_C=+4[t]\times 2[m]=+8[t\cdot m]$

단면 C의 우측에서 $M_C=-(+5[t]\times 2[m]+6[t]\times 3[m]-9[t]\times 4[m])$

$=-(-8[t\cdot m])=+8[t\cdot m]$

(2) 그림 3.16 (b)의 단면 D에서 보면

단면 D의 좌측에서 $M_D=+4[t]\times 4[m]-2[t]\times 2[m]=+12[t\cdot m]$

단면 D의 우측에서 $M_D=-(+6[t]\times 1[m]-9[t]\times 2[m])$

$=-(-12[t\cdot m])=+12[t\cdot m]$

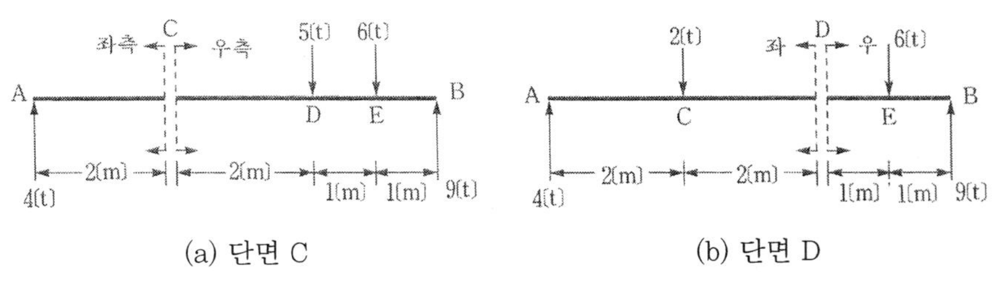


(a) 단면 C (b) 단면 D

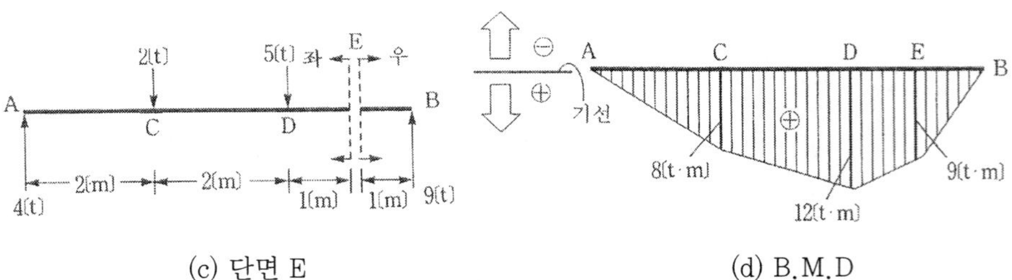


(c) 단면 E (d) B.M.D

그림 3.16 휨모멘트선도(B.M.D)

(3) 그림 3.16 (c)의 단면 E에서 보면
단면 E의 좌측에서 $M_E = +4[t] \times 5[m] - 2[t] \times 3[m] - 5[t] \times 1[m] = +9[t \cdot m]$
단면 E의 우측에서 $M_E = -(-9[t] \times 1[m]) = -(-9[t \cdot m]) = +9[t \cdot m]$

**예제 3-3**

**지름 2[cm]인 환강봉을 상온보다 25[℃] 상승시켜 벽에 고정시켰을 때 열 응력 및 봉의 단면에서 벽에 영향을 주는 힘을 구하여라.**
**단, $E = 2.1 \times 10^6 [kg/cm^2]$, $\alpha = 0.0000122$ 이다.**

풀이 $\sigma = E\alpha(t_2 - t_1) = 2.1 \times 10^6 \times 0.0000122 \times 25 = 640[kg/cm^2]$

$$P = \sigma A = 640 \times \frac{\pi \times 2^2}{4} = 2010[kg]$$

이 된다.

## 3.3 | 하중, 전단력 및 휨모멘트와의 관계

하중($W$)과 전단력($Q$) 및 휨모멘트($M$)는 일반적으로 다음과 같은 밀접한 관계가 있다.

$$\frac{dM}{dx} = Q \qquad \frac{dQ}{dx} = -W$$

$$Q = -\int W\,dx \qquad M = \int Q\,dx$$

이상의 관계를 정리하여 보면

첫째로, $\frac{dM}{dx}$는 휨모멘트의 기울기로서 $M$도와 $Q$도 사이에는

$M$이 3차곡선일 때 $Q$가 2차곡선이 되며,
$M$이 2차곡선일 때 $Q$는 직선이며,
$M$이 직선일 때 $Q$는 일정값을 갖게 되고,
$M$이 일정값일 때 $Q$는 0이 된다.

둘째로, $\frac{dM}{dx} = 0$일 때 $M$의 값이 최대 또는 최소가 되는 것으로 $Q = 0$일 때 $M$의 값이 최대 또는 최소의 값이 된다.

셋째로, $\frac{dM}{dx}=Q$ 일 때 $M=\int Q\,dx$ 도 성립되는 것으로서 어느 단면의 $M$의 크기는 그 단면까지 $Q$도(전단력도)의 면적을 합계한 것이 된다.

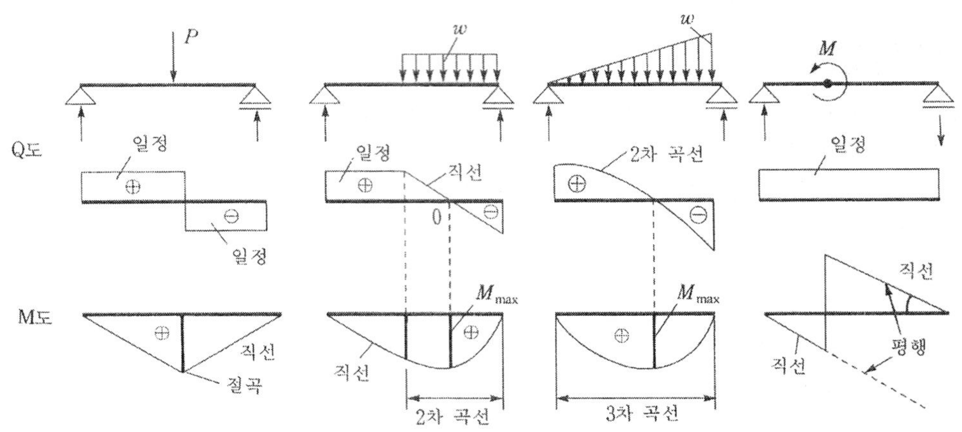


그림 3.17 전단력도와 휨모멘트도

한편, 하중과 $Q$도(전단력도)와 $M$도(휨모멘트도)간의 관계를 다시 정리해 보면 다음과 같음을 알 수 있을 것이다.

| 번 호 | 하중상태 | 전단력도 | 휨모멘트도 |
|---|---|---|---|
| 1 | 하중이 작용하지 않는 부분 | 부재축에 평행한 일정값 | 경사진 직선변화 |
| 2 | 등분포하중이 작용하는 부분 | 경사진 직선변화 | 2차곡선 |
| 3 | 등변분포하중이 작용하는 구간 | 2차곡선 | 3차곡선 |
| 4 | 집중하중이 작용하는 점 | 계단형으로 변화 | 좌우로 절곡 |
| 5 | 모멘트하중이 작용하는 점 | 변화하지 않음 | 계단형으로 변화 |

그림 3.18 (a)와 같이 임의의 연속적인 분포하중을 받는 보에서 좌측지점에서 $x$의 거리에 있는 단면 a-a와 이 a-a 단면에서 다시 극히 적은 거리 $dx$ 만큼 떨어진 단면 b-b의 2 개의 단면을 그림 (b)와 (c), (d)에서 보면 이 2 개의 단면은 원점에서 거리가 조금이라도 변하여 있으므로 이 단면들에 발생되는 전난력과 휨모멘트의 크기는 약간은 다른 값이 된다.

그림 (b)에서 힘의 평형조건식을 적용해 보면

$\Sigma V=0$이어야 하므로

$$+Q-w\,dx-(Q+d\,Q)=0$$

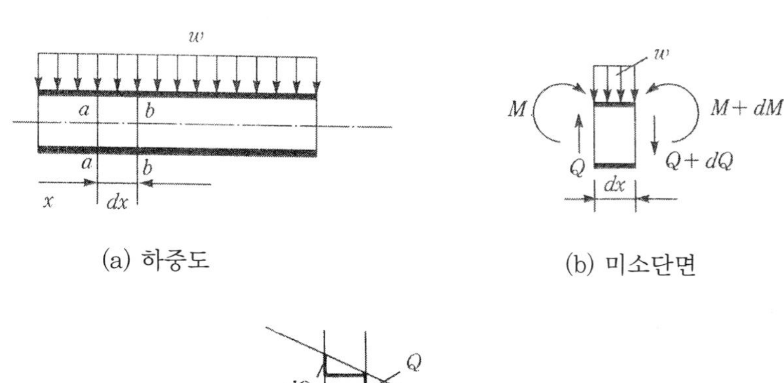


(a) 하중도

(b) 미소단면

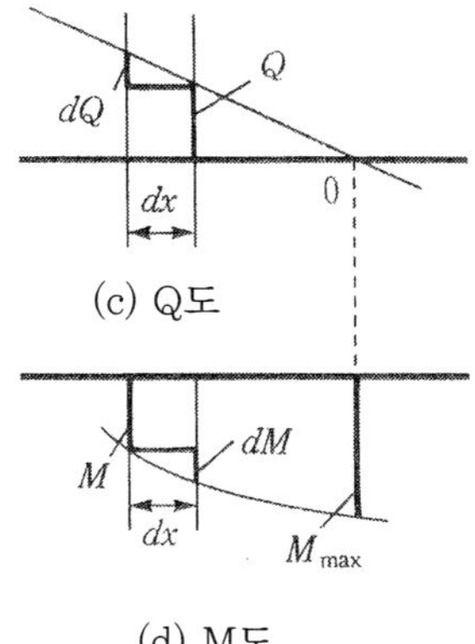


(c) Q도

(d) M도

**그림 3.18 분포하중의 전단력도와 휨모멘트도**

따라서

$$\frac{dQ}{dx} = -w$$

또, b-b 단면 위의 어느 한 점에 대하여 모멘트식을 세우면

$\Sigma M = 0$이어야 하므로

$$M + Qdx - w\,dx\left(\frac{dx}{2}\right) - (M + dM) = 0$$

그런데 식의 제3항 $\frac{w}{2}(dx)^2$은 미소거리 $dx$ 의 제곱이 있으므로 이것은 극히 적은값이 되어 무시하여도 전체값에 크게 지장이 없으므로 이것을 생략하고 정리하면

$$M + Qdx - M - dM = 0$$

따라서

$$\frac{dM}{dx} = Q$$

이상의 정리를 알고 있으면 보의 전단력도나 휨모멘트를 구하거나 서로 검토하기가 유리하고 보의 최대 휨모멘트가 생기는 위치나 크기를 아는 데 편리하다. 이상과 같이 정리한 식과 값은 단순보뿐만 아니라 모든 구조물에 대해서도 성립한다.

## 4 변형과 변형률

물체는 외력을 받으면 물체의 형상과 치수에 조금이라도 변화가 발생하는데 이 변화를 변형(deformation)이라 하고 변형의 양과 변형 전의 양과의 비를 변형률 또는 변형도라고 한다. 따라서 변형이 일어나는 것을 수식으로 표기하면 물체에 외력이 작용할 때 물체는 외력에 의해 부재의 길이방향, 직각방향 또는 축을 중심으로 하여 회전하는 방향으로 변형이 생기는데, 이 때 생긴 변형 $\Delta l$을 변형량이라 하고, 원래 길이에 대한 변형량의 비 $\epsilon$을 변형도 또는 변형률이라 하면,

$$\epsilon_l = \frac{\Delta l}{l} \quad \text{또는} \quad \epsilon_d = \frac{\Delta d}{d}$$

가 된다.

## 5 변형률의 종류

물체에 외력이 가해지는 방향 및 소재의 변형 정도에 따라 변형률은 선변형률, 전단변형률, 부피변형률, 휨변형률, 비틀림변형률, 온도변형률 등으로 구분할 수 있는데 여기에서는 전기철도 구조물에 발생될 수 있는 변형의 종류에 대해서만 나열해 보기로 한다.

### 5.1 선변형률

축방향으로 인장 또는 압축을 받을 때 생기는 변형률을 선변형률 또는 수직변형률이라 하는데, 이것은 물체에 외력이 가해지는 방향 및 변형의 방향과 정도에 따라 세로변형률과 가로변형률로 나누어 생각할 수 있다. 이것은 변형이 일어나는 공학적인 개념은 같고 변형의 형상만이 다르다고 보면 될 것이다.

### (1) 세로변형률(縱變形率)

그림 3.19에서와 같이 축방향의 힘을 받고 있는 봉(棒)의 전신장량(全伸張量)을 $\delta$라고 하면 단위길이마다의 신장량, 즉 변형률 $\epsilon$은

$$\epsilon = \frac{\delta}{l} \tag{3.10}$$

로 나타낼 수 있으며, 여기에서 $l$은 봉의 전체의 길이이다. 변형률 $\epsilon$은 단위가 없는 무차원이며 봉이 인장력을 받고 있다면 그 변형률은 그 재료의 신장을 나타내는 인장변형률(tensile strain)이 되고, 봉이 압축력을 받고 있다면 그 변형률은 압축변형률(compressive strain)이 되며, 이것은 봉의 인접한 단면이 서로 가까워지는 것을 뜻하는 것이다.

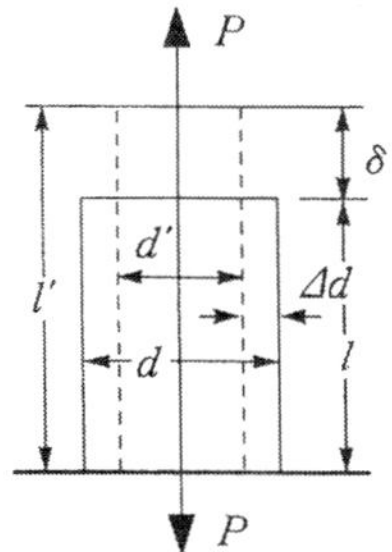


그림 3.19 선변형률

### (2) 가로변형률(橫變形率)

축방향에 힘 $P$가 작용할 때 세로방향으로 신축이 됨과 동시에 가로방향으로는 반드시 줄거나 또는 늘어나는 현상이 일어난다. 이와같은 것을 가로변형률이라 한다. 즉, 이것을 수식으로 해석하면 그림 3.19에서 보는 바와 같이 원래의 지름 $d$가 $d'$로 되어 $\Delta d$만큼 변화하였다고 하면 변형량 $\Delta d$와 원래의 $d$와의 비를 가로변형률이라 하는 것이며, 식으로 표시하면 다음과 같다.

$$\epsilon' = \frac{d' - d}{d} = \frac{\Delta d}{d} \tag{3.11}$$

### (3) 전단변형률(剪斷變形率)

그림 3.20에서 전단변형량 $\Delta\lambda$의 원래 길이 $l$에 대한 비, 즉 단위길이에 대하여 발생한 미끄러짐을 전단변형률(shearing strain)이라고 하고, 이것은 다음과 같이 표시한다.

단위는 무명수이며, 라디안으로 표시한다.

$$\gamma = \frac{\Delta \lambda}{l} = \tan\phi = \phi[\text{rad}] \tag{3.12}$$

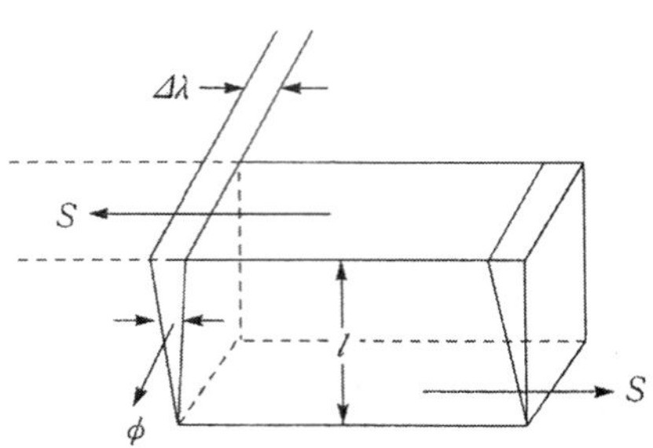


그림 3.20 전단변형률

### (4) 체적변형률(體積變形率)

체적의 변형량 $\Delta V$의 원래의 체적 $V$에 대한 비를 체적변형률(volumetric strain)이라고 하며, 다음 식으로 표시된다.

$$\epsilon_V = \frac{\Delta V}{V} \tag{3.13}$$

이 식을 다른 식으로 변형해 보면

$$\epsilon_V = \frac{\Delta V}{V} = \frac{V' - V}{V} = \frac{(l \pm \delta)^3 - l^3}{l^3} \tag{3.14}$$

가 된다. 여기에서

$$(l \pm \delta)^3 = l^3 \pm 3l^2\delta + 3l\,\delta^2 \pm \delta^3$$

이므로 $\delta^2$, $\delta^3$은 미소량으로 무시하면

$$\epsilon_V = \pm\frac{3l^2\delta}{l^3} = \pm 3\frac{\delta}{l} = \pm 3\epsilon \tag{3.15}$$

이 되며, 이 식을 관찰하여 보면 체적변형률은 세로변형률의 약 3배가 된다는 것을 알 수 있다.

### (5) 온도변형률(溫度變形率)

선팽창계수를 $\alpha$라 하면, 온도변형률 $\epsilon$은

$$\epsilon = \frac{\Delta l}{l} = \frac{l\alpha(t_2 - t_1)}{l} = \alpha(t_2 - t_1) \quad (3.16)$$

가 된다.

**예제 3-4**

**지름 5[cm]의 환봉이 4000[kg]의 인장하중을 받고 있다. 여기에서 응력은 얼마가 되겠는가?**

풀이 $\sigma = \frac{P}{A}$ 에서

$\sigma = \frac{4000}{\frac{(\pi \times 5^2)}{4}} = 203.82[\mathrm{kg/cm^2}]$ 이 된다.

**예제 3-5**

**길이가 4[m]인 각주에 하중을 가해서 변형률이 0.0004가 되었다면 신장량은 얼마가 되겠는가?**

풀이 $\epsilon = \frac{\delta}{l}$ 에서 $\epsilon = \frac{\delta}{400} = 0.0004$

$\therefore\ 0.0004 \times 400 = 0.16[\mathrm{cm}]$

## 6 탄성과 탄성계수

영국의 과학자 Robert Hooke(1635~1703)는 균일단면봉의 인장시험결과 탄성한도 내에서 신장량 $\delta$는 인장력 $P$와 봉의 길이 $l$에 비례하고 단면적 $A$에 반비례한다는 것을 실험으로 증명하였다.

이 관계식을 수식으로 표현하면

$$\delta \propto \frac{Pl}{A} \quad (3.17)$$

또는

$$\delta = \frac{1}{E}\frac{Pl}{A} = \frac{Pl}{AE} \tag{3.18}$$

으로 표현되며, 여기에서 $E$ 는 각 재료에 따라 정해지는 상수로서 그 재료의 인장하에서의 탄성계수(modulus of elasticity)라고 한다. 비례상수 $1/E$을 대입하여 항등식을 만든 것으로서 식 (3.18)을 훅의 법칙(Hook's law)이라고 한다.

일반적으로 모든 재료는 탄성한도 내에서 응력도와 변형도가 정비례하게

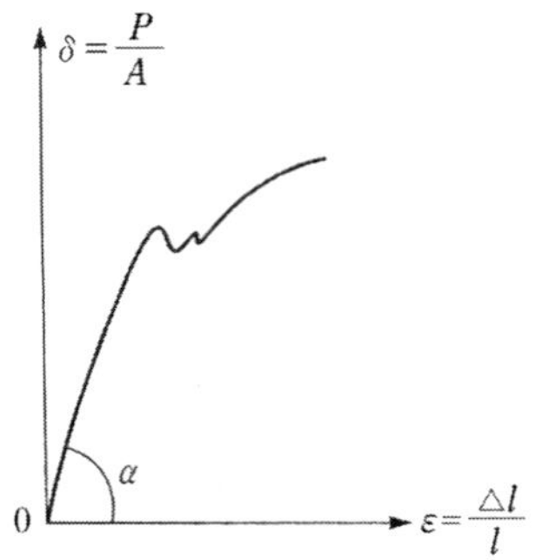


**그림 3.21** 응력과 변형도

되는데, 이것을 훅의 법칙이라고 하며 이때의 비례상수를 탄성계수라 한다. 따라서 훅의 법칙(Hooke's law)은 다음과 같이 표시할 수 있다. 즉,

$$\text{응력도} = \text{탄성계수} \times \text{변형도}$$

$$\text{탄성계수} = \frac{\text{응력도}}{\text{변형도}}$$

## 6.1 | 영계수(종탄성계수 : modulus of longitudinal elasticity)

수직응력 $\sigma$ 와 종변형률 $\epsilon$ 이 Hooke의 법칙에 따라서 비례관계를 성립시키는 비례상수는 Young이 처음으로 수량적으로 측정하였으므로 Young 계수(Young's modulus) 또는 종탄성계수라고 부르고, 식 (3.19)와 같이 $E$ 로 나타낸다.

$$E = \frac{\sigma}{\epsilon} \tag{3.19}$$

이것을 변형률의 관계식과 대응시키면,

$$E = \frac{Nl}{\Delta l A} \tag{3.20}$$

이 되며, 이 식의 단위는 [N/cm$^2$], [kN/cm$^2$]의 단위와 같게 된다.

## 6.2 | 횡탄성계수(modulus of laternal elasticity)

탄성한도 내에서는 전단응력 $\tau$와 전단변형률 $\gamma$와의 비가 일정하게 되는데, 이 상수를 횡탄성계수 또는 전단탄성계수라고 한다.

$$G = \frac{\tau}{\gamma} = \frac{P/A}{\Delta\lambda / l} = \frac{Pl}{A\Delta\lambda} \quad \text{또는} \quad \tau = Gr \tag{3.21}$$

또한, 여기에서 횡탄성계수와 종탄성계수를 비교하여 보면 횡탄성계수 $G$는 종탄성계수 $E$의 약 2/5 정도가 됨을 알 수 있다.

## 6.3 | 체적탄성계수(Volumetric Modulus)

수직응력 $\sigma$와 체적변형률 $\epsilon_V$와의 비는 동일 재료에 대하여 일정한데, 이것을 체적탄성계수라 하며, 이것을 수식으로 표현하면

$$\begin{cases} \sigma = K\epsilon_V = K\dfrac{\Delta V}{V} \\ K = \dfrac{\sigma}{\epsilon_V} \end{cases} \tag{3.22}$$

이 된다.

모든 재료의 물리적 성질이나 화학적 성질은 그 재료의 특성에 따라 다르며 표 3.2에 제시된 재료는 공업용 재료의 물리적 성질을 나타낸 것으로 공업용 재료의 파괴응력이나 탄성계수를 이해하는 데 도움이 될 것이다.

표 3.2 공업용 재료의 성질

| 재 료 | 비 중 | 파괴응력[kg/cm²] | | | 탄성계수[kg/cm²] | |
|---|---|---|---|---|---|---|
| | | 인 장 | 압 축 | 전 단 | E | G |
| 주 철 | 7.5 | 1,800 | 7,500 | 2,000 | $1\times10^6$ | $3.8\times10^4$ |
| 연 강 | 7.85 | 4,000 | 4,000 | 3,500 | $2.1\times10^6$ | $8.1\times10^5$ |
| 경 강 | 7.84 | 4,500 | 4,500 | 4,000 | $2.2\times10^6$ | $8.5\times10^5$ |
| 주 강 | 7.9 | 5,300 | 5,300 | – | $2.15\times10^5$ | $8.5\times10^5$ |
| 스프링강 | 7.85 | 10,000 | 10,000 | – | $2.2\times10^5$ | $8.7\times10^5$ |
| 스프링강(담금질) | 7.85 | 17,000 | 17,000 | – | $2.2\times10^5$ | $8.8\times10^5$ |
| 니 켈 강 | 7.8 | 6,200 | 6,200 | – | $2.1\times10^5$ | $8.5\times10^5$ |
| 구 리 | 8.6 | 2,200 | 3,200 | – | $1\times10^5$ | $4.2\times10^5$ |
| 포 금 | 8.7 | 2,400 | 2,400 | – | $3.5\times10^5$ | $4\times10^4$ |
| 황 동 | 8.5 | 1,300 | 780 | 1,400 | $8.5\times10^5$ | $4\times10^4$ |
| 알루미늄청동 | 7.6 | 4,500 | – | 2,800 | $1.2\times10^5$ | – |
| 인 청 동 | 8.6 | 3,500 | – | 2,800 | $2\times10^5$ | $3.7\times10^4$ |
| 낙 엽 송 | 0.39 | 950 | 350 | 60 | $7\times10^4$ | – |
| 육 송 | 0.53 | 1,000 | 450 | 78 | $8.8\times10^4$ | – |
| 전 나 무 | 0.47 | 900 | 420 | 70 | $9\times10^4$ | – |
| 박달나무 | 1.0 | 1,200 | 600 | 120 | $7\times10^4$ | 5800 |
| 화 강 암 | 2.6 | 46 | 1,700 | – | $1.4\times10^5$ | – |
| 콘크리트 | 2.3 | 18 | 200 | 28 | $1.4\times10^5$ | – |

**예제 3-6**

단면적 1[cm²], 길이 4[m]의 철선에 600[kg]의 하중을 가했을 때 0.5[cm]가 늘어났다. 종탄성계수는 얼마가 되는가?

풀이

$$E=\frac{\sigma}{\epsilon}=\frac{P/A}{\delta/l}=\frac{Pl}{A\delta}$$

$$\therefore\ E=\frac{600\times4\times100}{1\times0.5}=4.8\times10^5$$

**예제 3-7**

단면적 5[cm²]의 재료에 그 단면에 따라서 3,000[kg]의 전단력을 가했더니 1/1200[rad]의 전단변형이 발생하였다. 전단 탄성계수를 구하여라.

풀이 $G=\frac{\tau}{r}=\frac{P/A}{\Delta\lambda/l}=\frac{Pl}{A\Delta\lambda}=\frac{P}{A\phi}=\frac{3000}{5\times\frac{1}{1200}}=7.2\times10^5[\text{kg/cm}^2]$

## 6.4 | 프와송 비(Poisson's ratio)

프랑스의 프와송(Poisson's)이 재료를 시험한 결과 재료를 수직으로 누르면 수직으로는 길이가 줄어드는 반면 수평 방향으로는 팽창하는 것을 알 수 있었다. 따라서 탄성한도 내에서 봉에 축방향으로 인장 또는 압축하중이 작용하면 축방향으로 신축하는 동시에 횡방향에 수축 또는 신장이 일어난다. 횡변형률 $\epsilon'$와 종변형률 $\epsilon$과의 비를 프와송비라고 하고 이 비는 $\nu$ 또는 $\frac{1}{m}$로 표시한다.

이것을 수식으로 표현하면,

$$\nu=\frac{1}{m}=\frac{\epsilon'}{\epsilon}=\frac{\frac{\Delta d}{d}}{\frac{\Delta l}{l}}=\frac{\Delta d\cdot l}{\Delta l\cdot d} \tag{3.23}$$

그리고 $m$을 프와송 수라고 부른다.

보통 금속재료의 $m$은 $\frac{1}{3}\sim\frac{1}{4}$, 콘크리트는 6~12, 코르크는 0이다.

표 3.3 프와송비와 프와송수

| 재 료 | $m$ | $1/m$ | 재 료 | $m$ | $1/m$ |
|---|---|---|---|---|---|
| 유 리 | 4.1 | 0.244 | 동 | 3.0 | 0.333 |
| 주 철 | 3.7 | 0.270 | 셀룰로이드 | 2.5 | 0.400 |
| 연 철 | 3.6 | 0.278 | 납 | 2.32 | 0.430 |
| 연 강 | 3.3 | 0.303 | 고무 | 2.00 | 0.500 |
| 황 동 | 3.0 | 0.333 | | | |

주어진 재료의 탄성계수 $E$와 프와송비를 알면 봉의 체적도 계산할 수 있다. 그림 3.22에서

$$V=Al,\quad l_1=l+\delta=l+l\epsilon=l(1+\epsilon)$$
$$l'=l-\delta'=l(1-\epsilon')=l(1-\nu\epsilon)$$

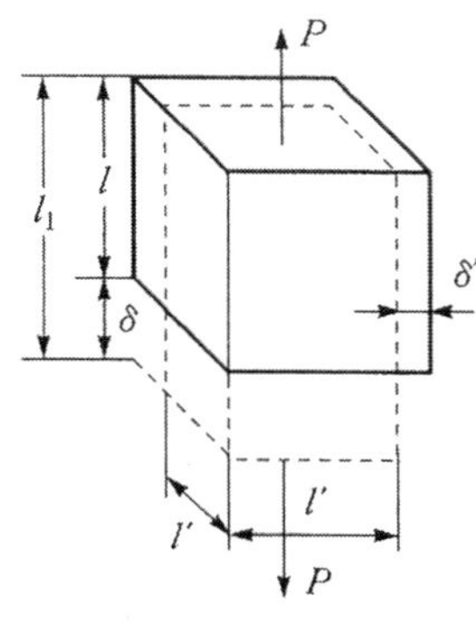


그림 3.22

변형된 단면적 $A_1$은

$$A_1 = l'^2 = l^2(1-\nu\epsilon)^2 = A(1-\nu\epsilon)^2$$

변형된 체적 $V_1$은

$$\begin{aligned} V_1 &= A_1 l_1 = Al(1+\epsilon)(1-\nu\epsilon)^2 \\ &= Al(1+\epsilon-2\nu\epsilon) = Al\{1+\epsilon(1-2\nu)\} \end{aligned}$$

$$\begin{aligned} \Delta V &= V_1 - V \\ &= Al\{1+\epsilon(1-2\nu)\} - Al \\ &= Al\epsilon(1-2\nu) \end{aligned}$$

따라서 체적변형률

$$\epsilon_V = \frac{\Delta V}{V} = \frac{Al\epsilon(1-2\nu)}{Al} = \epsilon(1-2\nu) \qquad (3.24)$$

이것은 하중으로 인하여 체적변화가 없는 것으로 가정하여 구한 값이므로 어떤 경우에도 $\frac{1}{m}$은 $\frac{1}{2}$보다 작아야 한다. 고무와 같은 재료는 그 길이가 늘어나도 그 체적이 거의 변하지 않아 $\frac{1}{m}$의 값은 $\frac{1}{2}$에 가깝다는 것을 알 수 있다.

**예제 3-8**

**봉이 축방향으로 단면에 균일한 인장응력을 받고 있다. 인장응력 $\sigma$ 가 300[kg/cm²]이면 체적변형률은 얼마인가? 단, 프와송비 $\nu = \frac{1}{m} = 0.4$, 탄성계수 $E = 2.1 \times 10^4$[kg/cm²]라고 한다.**

---

풀이

$$\epsilon_V = \frac{\Delta V}{V} = \epsilon(1-2\nu) = \frac{\sigma}{E}(1-2\nu) = \frac{300}{2.1\times 10^4}(1-2\times 0.4) = 0.0029$$

따라서 체적변형률은 0.0029가 되며 이것은 무차원의 수이다.

**예제 3-9**

**지름이 40[mm]이고, 길이가 250[mm]인 강봉을 당겼더니 20[mm]가 늘어났다. 이 강봉의 지름은 몇 [mm]가 줄었겠는가?**

---

풀이

$$\epsilon = \frac{\delta}{l} = \frac{20}{250} = \frac{2}{25} \qquad \epsilon' = \frac{\Delta d}{d} = \frac{\Delta d}{40} \qquad \frac{1}{m} = \frac{\epsilon'}{\epsilon} = \frac{1}{3}$$

$$\therefore\ 3\times\frac{\Delta d}{40} = 1\times\frac{2}{25} \qquad \Delta d = \frac{80}{75} \fallingdotseq 1.07[\text{mm}]$$ 이다.

## 7 인장시험

어떤 재료의 응력과 변형률 사이의 관계는 인장시험(tensile test)에 의하여 결정되게 되며, 시료로는 보통 둥근 봉모양의 시험편을 시험기에 장치하고 인장하중을 가하면서 시험하게 된다. 이때 하중을 증가시켜 가면서 봉에 가해지는 힘과 신장량을 측정하게 되는데, 봉 속의 응력은 봉에 가해지는 힘을 단면적으로 나누어서 구하게 되고, 변형률은 신장량을 그 신장량이 발생하는 전체의 길이로 나눔으로써 구해진다. 이와 같은 방법으로 그 재료에 대한 응력-변형률 선도를 얻을 수 있는 것이다.

예를 들면 그림 3.23에 보인 것이 연동의 응력-변형률 선도로서 0점부터 A점까지는 직선이므로 응력과 변형률이 정비례하는 것을 알 수 있으며, A점을 지나 B점까지는 직선에서 약간 어긋나서 곡선형으로 되지만 탄성을 유지하고 있다고 보면 될 것이다. 이때 A점을 비례한도라 하고, B점을 탄성한도라고 한다. A점과 B점을 실제로 결정하는 것은 쉬운 일이 아니다.

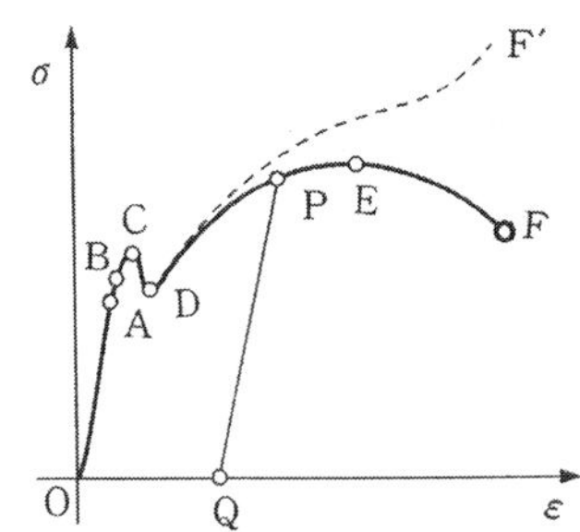


그림 3.23 인장시험(응력과 변형도)

탄성한도는 일반적으로 0.003[%]의 영구변형을 발생하게 하는 응력을 탄성한도로 하고 있으나 많은 재료에서는 AB가 거의 일치한다고 생각해도 좋다. 응력이 탄성한도를 넘어 훨씬 빨리 증가하여 점 C에 도달하면 인장력을 더 이상 증가시키지 않아도 상당량의 신장이 생기기 시작한다. 이 현상을 그 재료의 항복(yielding)이라고 하며, C점을 상항복점, D점을 하항복점이라고 부른다.

CD 영역에서는 그 재료가 소성상태로 되었다고 말하며, 봉에는 실제로 비례한도까지에 생긴 신장의 10 또는 15 배 정도의 소성신장이 일어난다.

신장과 더불어 응력은 증가하고 점 E에서 응력은 그 최대값, 즉 극한응력(ultimate stress)에 도달하게 되는데 이 점을 넘어서면 하중이 감소하는 데도 봉의 신장은 계속되며 드디어 선도의 점 F에서 시험편의 파단이 일어난다.

여기에서 OQ를 잔류변형 또는 영구변형이라고 하며, 봉이 신장되는 동안에 가로 수축이 일어나고, 이 결과로 봉의 단면적이 감소한다. 이 현상은 응력-변형률 선도의 점 D까지는 영향을 미치지 않으나 이 점을 넘어서면 면적의 감소가 응력의 계산값에 현저한 영향을 미치게 된다.

따라서 이 봉에는 그림 3.24와 같이 뚜렷한 네킹(necking)현상이 일어나고, 변형률 $\sigma$를 계산하는데 넥(neck)의 좁은 부분에서의 실제의 단면적을 사용한다면 전단응력-변형률선도는 그림 3.23의 점선 DF′와 같이 된다는 것을 알 수 있을 것이다.

그림 3.24 네킹(necking)현상

표 3.4는 각종 재료의 비례한도, 항복점, 극한강도를 나타낸 것으로 주철, 아연, 가죽, 고무 및 석재 등은 훅의 법칙이 성립되지 않으므로 다음과 같은 지수법칙으로 응력과 변형률과의 관계를 표시한 것이다.

$$\epsilon = K\sigma^n \tag{3.25}$$

**표 3.4** 비례한도, 항복점, 극한강도 [단위 : kg/cm²]

| 재료 | $\sigma_p$ | $\sigma_y$ | $\sigma_b$ |
|---|---|---|---|
| 주 철 | – | – | 1200～2400 |
| 주 강 | 2000～ | 2100～ | 3500～7000 |
| 연 강 | 1800～2300 | 2000～3000 | 3700～4500 |
| 경 강 | 2800～3200 | 3000～ | 4000～5800 |

식 (3.25)는 지수법칙으로 $K$는 실험상수이고, $n=1$이면 그림 3.25에서와 같이 직선이 되고, 이것은 훅의 법칙과 일치한다는 것을 의미하게 된다. 주철, 석재 및 콘크리트 등은 $n>1$이고 곡선으로 표시된다. 고무 및 가죽은 $n<1$이고 역시 곡선이 되는데 $n>1$인 경우의 반대방향의 곡선이 되는 것이다.

또한, 이것을 다른 방법으로 표현하면

$$\epsilon = a\sigma + b\sigma^2 + c\sigma^3 + \cdots\cdots \tag{3.26}$$

가 되는데 이것은 대수법칙으로서 $a$, $b$ 및 $c$는 실험상수이고, 제 2 항 이하를 무시하면 훅의 법칙과 일치한다는 것을 알 수 있을 것이다.

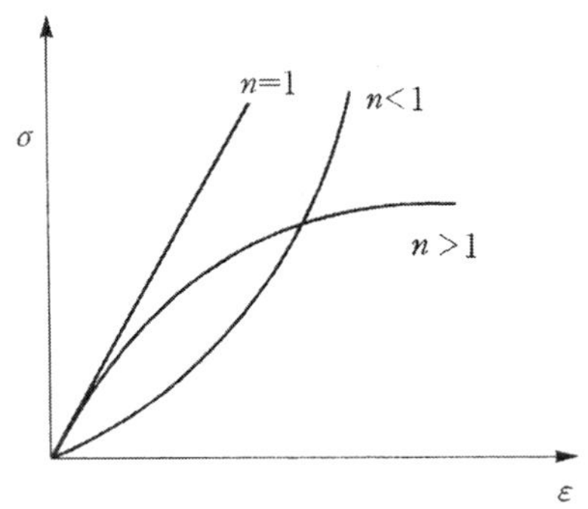


**그림 3.25** 지수법칙의 응력과 변형율

# 8 허용응력과 단면설계

## 8.1 | 허용응력과 안전율

어떤 외력에 의하여 재료의 내부에 탄성한도를 넘는 응력이 생기면 재료에 영구적인 변형이 생기며, 치수가 변화하게 되고 취약해지다가 결국은 파괴현상이 발생하게 된다. 또한, 탄성한도를 넘지 않는 응력이라도 장기간 반복하여 외력을 받게 되면 재료에 피로가 생겨 결국 위험하게 된다. 이와 같은 위험한 상태를 방지하기 위하여 재료에 생기는 응력을 탄성한계 이내에 충분히 작은 값을 취하도록 하여야 하는데 이와 같은 응력을 안전상 허용되는 최대의 응력이라는 뜻에서 허용응력(Allowable stress)이라 하고 기호로는 $\sigma_a$로 표시하나 응력의 종류에 따라 다음과 같은 기호를 많이 사용한다.

- 허용인장응력 : $f_t$
- 허용압축응력 : $f_c$
- 허용전단응력 : $f_s$ 또는 $\nu_c$
- 허용휨응력 : $f_b$
- 허용지압응력 : $f_l$

재료의 허용응력을 결정짓는 요소로는 하중 및 응력의 종류와 성질, 재료의 신뢰도, 부재의 형상, 부재의 사용상태, 온도, 마멸의 정도, 부식 등의 영향, 공작방법과 그 정밀도 등의 여러 가지 제반 요소에 의하여 결정하게 되는데 이것은 구조물의 설계에 기초가 되는 사항이다. 또한, 재료의 극한강도 $\sigma_u$와 허용응력 $\sigma_a$와의 비를 안전율이라 하고 일반적으로 그 기호는 $S$로 표시된다.

어떤 구조물을 설계할 때에는 그 구조물을 사용하는 여러 가지 조건하에서 그 구조물이 주어진 기능을 충분이 수행하여야 한다는 보증이 필요하게 된다. 구조물이 부하를 감당할 수 있는 능력이라는 관점에서 보면 구조물 속의 최대응력은 언제나 비례한도 이하가 되어야 한다. 왜냐하면 하중을 가한 다음 제거할 때 영구변형이 생기지 않아야 하기 때문이다. 구조물에 예기치 않은 과도한 하중이 걸리거나, 발생할 수 있는 구조물의 부정확성이나 구조물의 해석에 있어서의 미지의 변수를 참작하여 보통 허용응력 또는 사용응력을 비례한도보다 낮은 값으로 잡아 줌으로써 안전율이 주어지게 되는 것이다.

예를 들면 인장하(引張下)에서 항복점이 23,200[N/cm$^2$]인 동(銅)으로 구조물을 설계할 때 허용응력을 14,060[N/cm$^2$]로 하여 사용하는 경우가 많은데 이 경우 항복에 대한 안전율은 1.65가 된다. 또한, 극한응력에 대한 적당한 안전율을 설정하여 사용응력을 결정하는 경우가 있는데, 이 방법은 보통 목재나 콘크리트와 같은 취성재료(脆性材料)에 대하여 사용한다. 일반적으로 허용응력을 기준으로 하여 설계를 할 때에는 다음과 같은 두 개의 식 중에서 한 식을 사용하여 사용응력 $\sigma_a$를 구한다.

$$\sigma_a = \frac{\sigma_y}{n_1} \quad \text{또는} \quad \sigma_a = \frac{\sigma_u}{n_2} \tag{3.27}$$

여기에서 $\sigma_y$ 및 $\sigma_u$는 각각 항복점 및 극한응력을 나타내며, $n_1$ 및 $n_2$는 안전율이다. 적당한 안전율을 결정한다는 것은 복잡하고 어려운 문제이다. 그 이유는 안전율은 사용되고 있는 재료의 종류 및 그 구조물의 사용조건 등에 따라 달라지기 때문이다.

기계부품, 항공기, 철도, 교량 등에서 일어나는 하중과 같이 그 하중이 갑자기 가해지거나 크기가 변화하는, 즉 동적하중인 경우에는 피로파괴가 일어날 가능성이 많기 때문에 정하중(靜荷重) 상태의 같은 구조물의 경우보다 더 큰 안전율이 필요하게 된다. 허용응력을 사용하여 설계하는 것과는 달리 재료의 안전붕괴에 대한 안전율을 잡아서 설계하는 방법도 있다. 이 방법에는 구조물의 붕괴를 일으키는 하중의 크기를 결정한 다음 그 극한하중을 적당히 선정한 하중계수(load factor)로 나누어 줌으로써 허용하중을 결정하게 되는 것이다. 이와 같은 설계방법을 극한하중설계라 부르며, 이 경우에 있어서의 구조물 속의 실제응력은 사용하중을 결정하는 데 직접적인 역할을 하지 않는다는 것을 알 수 있게 되는 것이다. 금속구조물의 설계에 있어서는 사용응력법과 극한하중법이 다같이 사용되어 안전설계를 하게 된다. 이와같은 여러 가지 복합적인 요소로 이루어지는 안전율은 일반적으로 정하여서 사용하는 경우가 많은데, 표 3.5는 각종재료의 안전율을 나타낸 것으로 제시된 안전율의 기준값 이상으로 설계하면 동적이나 정적하중의 어느 하중에도 충분히 견디어 낼 수 있어 안전에 문제가 없게 될 것이다.

**표 3.5** 안전율

| 재 료 | 정하중 | 동하중 | | 충격하중 |
|---|---|---|---|---|
| | | 반복하중 | 교번하중 | |
| 주철, 취약한 금속 | 4 | 6 | 10 | 15 |
| 연강, 단강 | 3 | 5 | 8 | 12 |
| 주 강 | 3 | 5 | 8 | 15 |
| 동, 연금속 | 5 | 6 | 9 | 15 |
| 목 재 | 7 | 10 | 15 | 20 |
| 석 재 | 20 | 30 | – | – |

참고로 정하중은 정지하는 하중으로 정적으로 작용하는 하중이다. 반복하중은 하중의 방향은 일정하나 크기의 진폭이 되풀이하는 하중이며, 교번하중은 부재가 하중을 받을 때 힘의 크기와 방향이 변화하면서 교대로 가해지는 하중이다. 또한 충격하중은 비교적 짧은 시간에 충격적으로 작용하는 하중이다.

표 3.5에서 각종 재료의 안전율을 보는바와 같이 하중의 크기는 정하중 < 반복하중 < 교번하중 < 충격하중 순으로 충격하중이 가장 큰 것을 알 수 있다.

## 8.2 | 단면설계

허용응력과 안전율 관계에서 알 수 있듯이 인장력을 받는 부재의 단면설계는 인장응력도가 허용응력도보다 작도록 단면을 결정하여야 하며, 이것을 수식으로 표현하면

$$\sigma_t = \frac{P}{A_e} \leq f_t \tag{3.28}$$

가 되며, 여기에 사용된 기호는

$\sigma_t$ : 부재에 일어나는 인장응력도[N/cm$^2$]

$P$ : 부재에 일어나는 인장력[N]

$A_e$ : 부재의 유효단면적[cm$^2$]

$f_t$ : 허용인장응력도[N/cm$^2$]

이다.

또한, 전단력을 받는 부재의 단면설계에 있어서도 인장력을 받는 부재의 단면설계와 마찬가지로 전단응력도가 허용응력도보다 작도록 다음 식에 의하여 단면을 결정하게 되는 것이다.

$$\nu_{\max} = \frac{Q}{A} \leq \nu_c \tag{3.29}$$

$\nu_{\max}$ : 부재에 일어나는 최대전단응력도[N/cm$^2$]

$Q$ : 부재에 일어나는 전단력[N]

$A$ : 부재의 단면적[cm$^2$]

$\nu_c$ : 허용전단응력도[N/cm$^2$]

**예제 3-10**

**인장강도가 50[kg/cm$^2$]인 강재환봉에 3000[kg]의 인장하중을 가할 때 안전율을 8로 하면 이 강재환봉의 지름은 얼마가 되겠는가?**

---

풀이

$$\sigma_a = \frac{\sigma_y}{n_1} = \frac{50}{8} = 6.25[\text{kg/cm}^2]$$

$$A = \frac{P}{\sigma_a} = \frac{3000}{6.25} = 480[\text{mm}^2] \qquad A = \frac{\pi d^2}{4}$$

$$\therefore\ d = \sqrt{\frac{4A}{\pi}} = \sqrt{\frac{4\times 480}{\pi}} = 24.73[\text{mm}]$$

**예제 3-11**

**인장력 $N$=3800[kg]를 받는 원형강의 단면을 결정하여라. 이때 원형강의 강재의 허용인장 응력 $f_t$ =1900[kg/cm$^2$]이라 한다.**

---

풀이 원형강의 소요단면적 $A_e$는 식 (3.28)로부터

$$A_e \geqq \frac{N}{f_t} = \frac{3800}{1900} = 2[\text{cm}^2]$$

지금 단면적 $A_e$를 만족시키는 원형강의 지름 $d$는

$$\frac{\pi d^2}{4} = 2$$

따라서 $d = \sqrt{\frac{2\times 4}{\pi}} \simeq 1.6[\text{cm}]$

즉, $\phi$16[mm] 강봉으로 설계하면 안전하고 경제적이다.

**예제 3-12**

**지름 16[mm]의 리벳으로 9.6[t]의 인장력을 받는 이면전단 리벳을 설계하고자 한다. 철판의 허용인장 응력을 1600[kg/cm$^2$], 리벳의 허용지압응력을 3000[kg/cm$^2$], 허용전단응력을 1200[kg/cm$^2$], 리벳 16[mm]의 구멍지름은 1.7[cm]라고 할 때 필요한 철판의 두께, 폭 그리고 리벳의 수를 구하여라.**

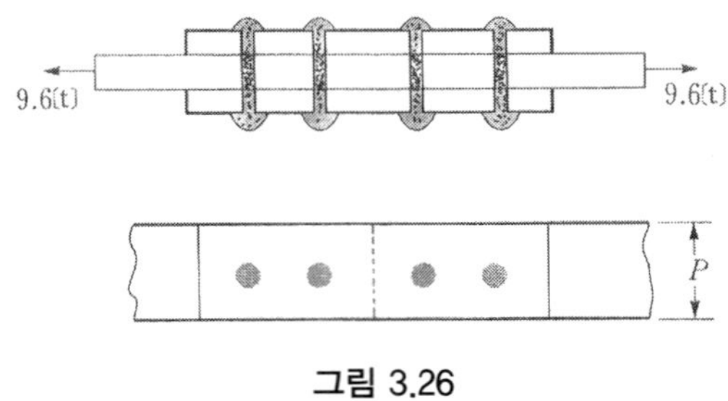


그림 3.26

풀이 첫째, 필요한 전단면적 $A$는 식 (3.29)을 이용하여 구하면

$$A \geq \frac{Q}{\nu_c} = \frac{9600}{1200} = 8[\text{cm}^2]$$

그러므로 필요한 리벳의 수 $n$은 2면전단이므로

$$n = \frac{8}{\dfrac{\pi \times 1.6^2}{4} \times 2} = 2$$

따라서 한쪽에 2개씩 4개가 필요하다.
둘째, 필요한 철판의 전두께를 $t$ 라고 하면 한쪽의 리벳수가 2개이므로

$$2 \times t \times 1.6 \times 3000 = 9600[\text{kg}]$$

따라서 $t = \dfrac{9600}{2 \times 1.6 \times 3000} = 1[\text{cm}]$

이면전단이므로 그림과 같이 양쪽에 덧판을 사용한다면 덧판 1개 두께는 $\dfrac{1}{2} = 0.5[\text{cm}]$ 씩으로 중간 철판의 두께는 1[cm]가 된다.
셋째, 리벳을 그림과 같이 일렬로 박는다면 철판의 필요한 폭 $P$는 리벳 16[mm]의 구멍 지름이 1.7[cm] 이므로

$$(P - 1.7) \times 1 \times 1600 = 9600[\text{kg}]$$

따라서 $P = 7.7[\text{cm}]$

그러므로 철판의 폭은 8[cm] 이상이면 된다.

# 9 응력도와 변형도

## 9.1 | 수직응력도와 변형도

### (1) 수직응력도

외력에 저항하여 물체 내부에 일어나는 저항력을 응력이라 하고 단위면적에 작용하는 응력을 단위응력 또는 응력도라고 하는데, 이러한 응력 중 축방향력에 의하여 일어나는 응력을 수직응력이라 하고 이 수직응력은 인장응력과 압축응력으로 나누어진다. 이와 같은 응력을 수식으로 표현하면 인장응력도를 $\sigma_t$라 하고, 압축응력도를 $\sigma_c$, 인장력 또는 압축력을 $P$, 단면적을 $A$라 하면

$$\sigma_t = \frac{P}{A}$$

$$\sigma_c = -\frac{P}{A} \tag{3.30}$$

이 된다. 여기에서 응력도의 단위는 [N/cm$^2$]이며 인장력은 [N], 단면적은 [cm$^2$] 이다.

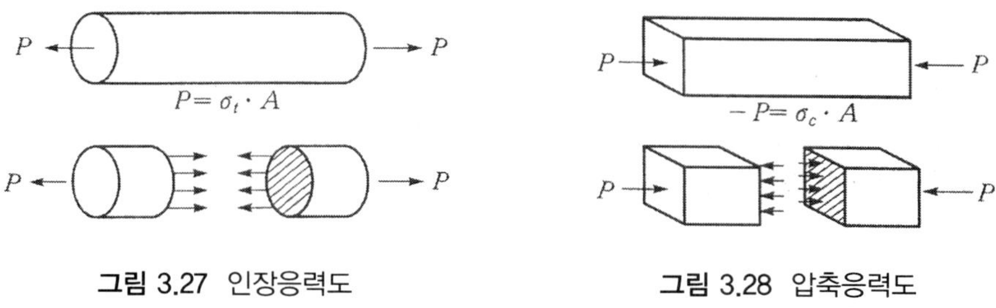


그림 3.27 인장응력도

그림 3.28 압축응력도

### (2) 변형도

물체는 외력을 받게 되면 형상과 치수에 조금이라도 변화가 일어나게 되는데, 이러한 변화를 변형(deformation)이라 하고 변형의 양과 변형 전의 양과의 비를 변형도(strain intensity)라 한다. 이 중 힘이 작용한 방향에 대한 것을 세로변형도라 하고 힘이 작용한 방향과 직각방향에 대한 것을 가로변형도라 한다. 이와같은 변형도를 수식으로 표현하기 위하여 원래의 변화하지 않은 길이를 $l$, 변형된 길이를 $\Delta l$ 이라 하면

$$\text{세로변형도}\quad \epsilon = \frac{\Delta l}{l} \tag{3.31}$$

이 되고, 원래의 변화하지 않은 폭을 $d$, 변형된 폭을 $\Delta d$라 하면,

$$\text{가로변형도}\quad \epsilon' = \frac{\Delta d}{d} \tag{3.32}$$

이 된다. 여기에서 세로변형도와 가로변형도의 단위는 무차원의 단위가 된다.

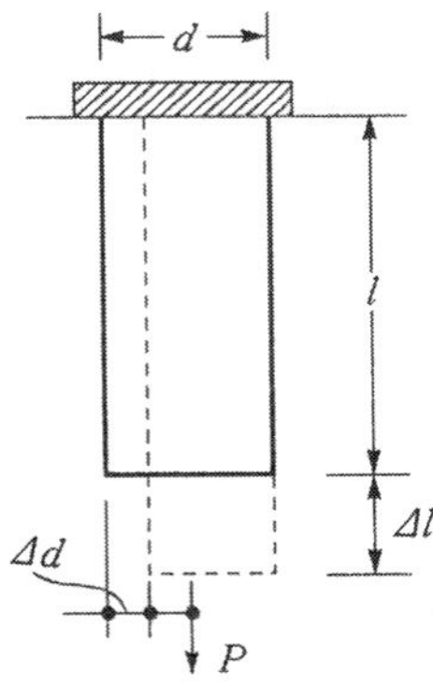


그림 3.29

**예제 3-13**

**지름 30[mm], 길이 2[m]인 봉강에 18[t]의 인장력이 작용하여 9[mm]가 늘어났다면 이때의 인장응력도와 세로변형도는 어떻게 되는가?**

풀이 힘의 단위는 [kg]으로, 길이의 단위는 [cm]로 환산하여 계산한다.
인장응력도 $\sigma_t$는

$$\sigma_t = \frac{P}{A} = \frac{18000}{\frac{\pi \times 3^2}{4}} = 2547.77[\text{kg/cm}^2]$$

세로변형도 $\epsilon$은

$$\epsilon = \frac{\Delta l}{l} = \frac{0.9}{200} = 0.0045$$

가 된다.

**예제 3-14**

**그림 3.30과 같이 한 변이 2[cm]인 각강(角鋼)을 $P=3.92$[t]의 힘으로 잡아당길 때 축방향으로 $\Delta l=0.055$[cm] 늘어났고, 폭이 $\Delta d=0.0004$[cm] 줄어들었을 때 이 강재의 변형도를 구하고 프와송수와 프와송의 비를 구하여라.**

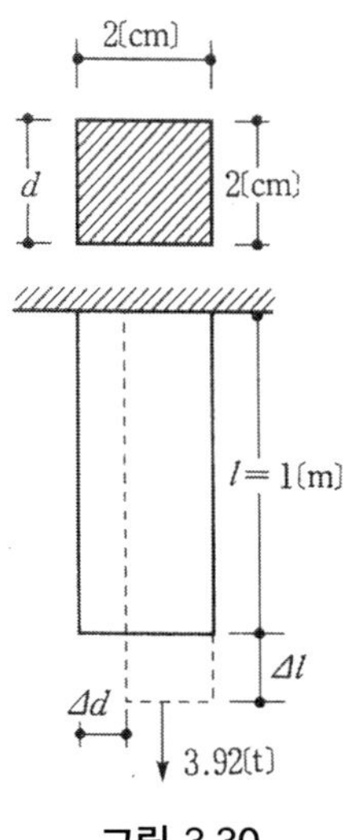


그림 3.30

---

풀이 프와송수 $m$ 은 프와송의 비로부터

$$\frac{1}{m}=\frac{\epsilon'}{\epsilon}=\frac{\dfrac{\Delta d}{d}}{\dfrac{\Delta l}{l}}=\frac{\Delta d \cdot l}{\Delta l \cdot d}$$

따라서 프와송의 수 $m$ 은

$$m=\frac{\Delta l \cdot d}{\Delta d \cdot l}$$

이 된다.

따라서 세로변형도 $\epsilon=\frac{\Delta l}{l}=\frac{0.055}{100}=0.00055$

가로변형도 $\epsilon'=\frac{\Delta d}{d}=\frac{0.0004}{2}=0.0002$

프와송의 수 $m=\frac{0.055\times 2}{0.0004\times 100}=2.75$

프와송의 비는 프와송 수의 역수이므로 $\frac{1}{2.75}=0.36$이 된다.

## 9.2 | 전단응력도와 변형도

### (1) 전단응력도

물질을 가위로 자르는 것과 같은 경우의 힘에 대한 관계, 즉 지극히 근접하여 접근하고 있는 2개의 단면에 따라서 크기가 같고 방향이 반대인 2개의 힘 $Q$가 작용하여 물체가 직접적으로 전단되려고 할 때, 단면에 따라 평행으로 생기는 응력을 전단응력도(shearing stress)라 하고, 또한 이것을 다른 말로 표현하여 접선응력도(tangential stress)라고도 한다.

이것을 수식으로 표현하면 전단응력도를 $\tau$라 하고, 전단력을 $Q$, 전단되려고 하는 단면적을 $A$라고 할 때

$$\tau = \frac{Q}{A} \tag{3.33}$$

이 되며, 여기에서 전단응력도의 단위는 [N/cm$^2$], 전단력은 [N], 전단되려고 하는 물질의 단면적은 [cm$^2$]이 된다.

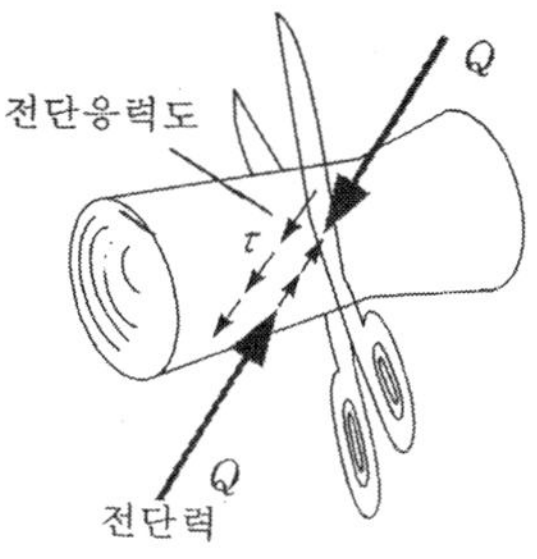


그림 3.31 전단응력도

### (2) 전단변형도

그림 3.32와 같은 미소 요소에서 전단력 $Q$에 의하여 상・하 양면에 전단응력도 $\tau$가 작용하게 되면 장방형 ABCD는 변형하게 되어 A′B′CD가 되고 원형일 때 직각이었던 ∠ADC는 변화하게 되어 ∠A′DC가 되는데 이 각의 변화량 ADA′를 $\gamma$로 표시하고 변형도를 수식으로 표현하면,

$$\tan\gamma = \frac{\mathrm{AA'}}{\mathrm{AD}} = \frac{\Delta S}{S}$$

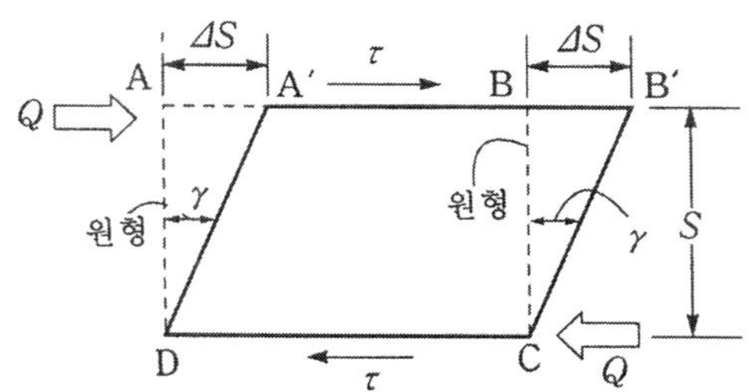


**그림 3.32 전단변형도**

된다. 여기에서 $\gamma$는 미소변화이므로 $\tan\gamma = \gamma$로 볼 수 있으므로

$$\gamma = \frac{\mathrm{AA'}}{\mathrm{AD}} = \frac{\Delta S}{S} \tag{3.34}$$

로 되고 이 때 이 $\gamma$를 전단변형도(shear strain)라 한다. 이 전단변형도의 단위가 무차원이라는 것은 미소변화량을 원래의 양으로 나누었기 때문에 무차원이 됨을 알 수 있을 것이다.

**예제 3-15**

**그림 3.33과 같이 지름이 25[mm]인 리벳에 전단력 6[t]이 작용할 때 각 리벳의 전단응력도를 구하여라.**

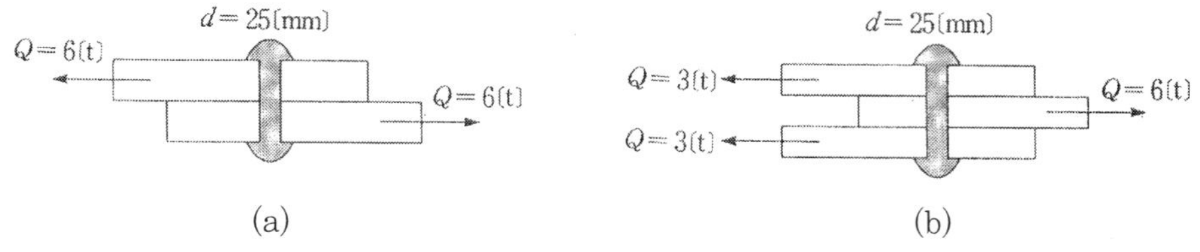


**그림 3.33**

풀이 그림 3.33 (a)의 경우는 일면전단이므로

$$\tau = \frac{Q}{A} = \frac{6}{\dfrac{\pi \times 2.5^2}{4}} = 1.22[\mathrm{t/cm^2}]$$

그림 3.33 (b)의 경우는 이면전단이므로

$$\nu = \frac{Q}{2A} = \frac{6}{2 \times \dfrac{\pi \times 2.5^2}{4}} = 0.61[\mathrm{t/cm^2}]$$

이 된다.

**예제 3-16**

**그림과 같은 강재에 전단력 $Q=50$[t]이 작용할 때 변형량 $\Delta y=0.04$[mm]가 생길 때 이 강재의 전단응력도와 전단변형도 및 전단탄성계수를 구하여라.**

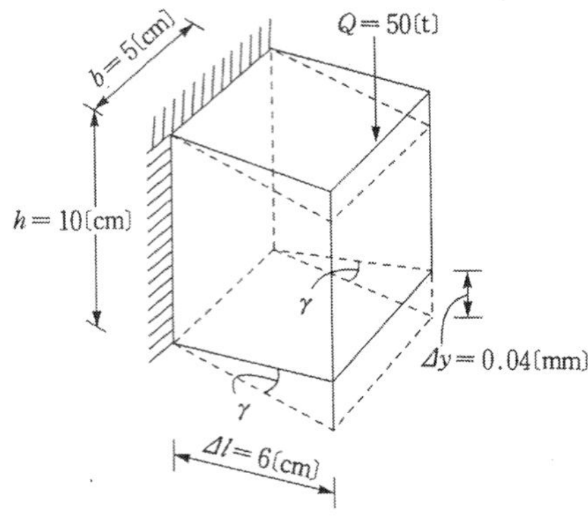


그림 3.34

풀이 전단응력도 $\tau$는

$$\tau=\frac{Q}{A}=\frac{50\ [t]}{5\times 10}=1000[\text{kg/cm}^2]$$

전단변형도 $\gamma$는

$$\gamma=\frac{\Delta y}{\Delta l}=\frac{0.04}{6}=0.0067[\text{rad}]$$

전단탄성계수 $G$는

$$G=\frac{\tau}{\gamma}=\frac{1000}{0.0067}=149.25[\text{t/cm}^2]$$

**예제 3-17**

**그림 3.35와 같은 강재($L-65\times 65\times 6$)의 단면에 18[t]의 인장력을 작용시켰을 때 이 강재는 얼마나 늘어나겠는가? 단, 영계수 $E=2{,}100[\text{t/cm}^2]$ 라고 한다.**

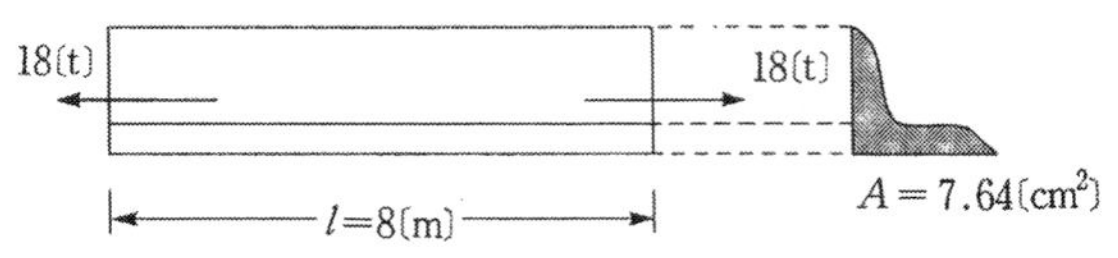


그림 3.35

풀이 늘어난 길이 $\Delta l$은 $\Delta l=\frac{Nl}{EA}=\frac{18\times 800}{2100\times 7.64}=0.90[\text{cm}]$

**예제 3-18**

그림 3.36에서와 같이 단면은 10[cm]×10[cm]이고, 길이가 80[cm]인 각재에서 15[t]의 압축력이 작용하여 79.5[cm]로 되었다. 이때의 압축응력도와 변형도 및 영계수를 구하여라.

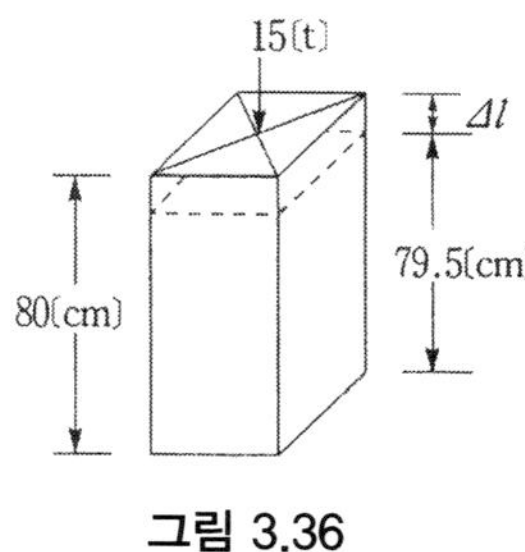


그림 3.36

---

풀이 압축응력도 $\sigma_c$는

$$\sigma_c = \frac{P}{A} = \frac{15000}{10 \times 10} = 150[\mathrm{kg/cm^2}]$$

변형도 $\epsilon$은

$$\epsilon = \frac{\Delta l}{l} = \frac{80 - 79.5}{80} = 0.00625$$

영계수 $E$는

$$E = \frac{\sigma}{\epsilon} = \frac{150}{0.00625} = 24000[\mathrm{kg/cm^2}]$$

가 된다.

## 핵심정리

- 물체에 외력이 작용하면 내부에 저항하는 힘을 응력이라 한다.
- 부재 내부에 생기는 외응력의 종류에는 전단력, 휨모멘트, 축방향력이 있으며, 단위는 [kg], [t] 을 사용한다.
- 수직응력에는 인장응력과 압축응력이 있으며, 인장응력은 (+), 압축응력은 (−)의 부호를 사용하고 인장응력은 $\sigma_t = \frac{P}{A}$, 압축응력은 $\sigma_c = \frac{P}{A}$의 식을 이용하여 계산한다.
- 전단응력은 $\tau = \frac{Q}{A}$, 휨응력은 $\sigma = \frac{M}{I}y$, 비틀림응력은 $\tau = \frac{T \cdot r}{J} \rightarrow \frac{T \cdot r}{I_p}$(원형단면일 때), 온도응력은 $\delta = \alpha L \Delta T$ 의 식을 이용하여 계산한다.
- 변형율의 종류에서 선변형율의 세로변형율은 $\epsilon = \frac{\delta}{l}$ , 가로변형율은 $\varepsilon' = \frac{d' - d}{d} = \frac{\Delta d}{d}$의 식을 이용하여 계산한다.
- 전단변형율의 단위는 무명수이며, 라디안으로 표시한다.

$$\gamma = \frac{\Delta \lambda}{l} = \tan\phi = \phi$$

- 체적변형률은 체적의 변형량 $\Delta V$의 원래의 체적 $V$에 대한 비를 체적변형률(volumetric strain)이라고 하며 $\varepsilon_V = \frac{\Delta V}{V}$로 계산한다. 체적변형률은 세로변형률의 약 3배가 된다.
- 탄성한도 내에서 신장량 $\delta$는 인장력 $P$와 봉의 길이 $l$에 비례하고 단면적 $A$에 반비례한다는 것을 후크의 법칙이라 한다.

$$\delta \propto \frac{Pl}{A} \quad \text{또는} \quad \delta = \frac{1}{E}\frac{Pl}{A} = \frac{Pl}{AE}$$

- 탄성계수의 종류에서 영계수는 종탄성계수라고도 하며, 수직응력 $\sigma$와 종변형률 $\varepsilon$이 Hooke의 법칙에 따라서 비례관계를 성립한다는 것으로 $E$로 나타낸다.

$$E = \frac{\sigma}{\epsilon},\ E = \frac{Nl}{\Delta l\, A} \quad \text{(단위는 [kg/cm}^2\text{], [t/cm}^2\text{])}$$

- 횡탄성계수는 탄성한도 내에서 전단응력 $\tau$와 전단변형률 $\gamma$와의 비가 일정하게 되는 것을 말하며

$$G = \frac{\tau}{\gamma} = \frac{P/A}{\Delta\lambda / l} = \frac{Pl}{A\Delta\lambda} \quad \text{또는} \quad \tau = Gr$$

- 체적탄성계수는 수직응력 $\sigma$와 체적변형률 $\epsilon_V$와의 비는 동일 재료에 대하여 일정한 것으로

$$\begin{cases} \sigma = K\varepsilon_V = K\frac{\Delta V}{V} \\ K = \frac{\sigma}{\varepsilon_V} \end{cases}$$

- 프와송의 비(Poisson's ratio) $\nu$ 또는 $\frac{1}{m}$는 탄성한도 내에서 봉에 축방향으로 인장 또는 압축하중이 작용하면 축방향으로 신축하는 동시에 횡방향에 수축 또는 신장이 일어날 때 횡변형률 $\varepsilon'$와 종변형률 $\varepsilon$과의 비를 말한다.

$$\nu = \frac{1}{m} = \frac{\varepsilon'}{\varepsilon} = \frac{\frac{\Delta d}{d}}{\frac{\Delta l}{l}} = \frac{\Delta d \cdot l}{\Delta l \cdot d}$$

- Necking 현상이란 고분자 물질을 연화온도 이하에서 잡아 당길 때 시료 전체가 균일하게 늘어나지 않고 늘어나는 곳과 늘어나지 않는 곳의 경계에 잘룩한 곳이 생겨 이것이 점점 양쪽으로 넓어지는 현상을 말한다.
- 어떤 재료를 인장시험 할 때 응력과 변형도(그림 3.23 참조)를 설명하면,
  A : 비례한도, B: 탄성한도, C: 상항복점, D: 하항복점, E: 극한응력 F: 시험편 파단되는 지점이다.
- 재료의 허용응력을 결정짓는 요소로는
  1) 하중 및 응력의 종류와 성질
  2) 재료의 신뢰도
  3) 부재의 형상과 사용상태
  4) 온도
  5) 마멸의 정도
  6) 부식 등의 영향
  7) 공작방법과 정밀도
- 각종 재료의 하중에 대한 안전율은 정하중 < 반복하중 < 교번하중 < 충격하중 순으로 충격하중이 가장 크다.
- 정하중은 정지하는 하중으로 정적으로 작용하는 하중이다.
- 반복하중은 하중의 방향은 일정하나 크기의 진폭이 되풀이 하는 하중이다.
- 교번하중은 부재가 하중을 받을 때 힘의 크기와 방향이 변화하면서 인장력과 압축력이 교대로 가해지는 하중이다.
- 충격하중은 비교적 짧은 시간에 충격적으로 작용하는 하중이다.
- 전기철도구조물의 안전율은 다음과 같다.
  1) 목주 : 파괴하중에 대하여 3.0 이상
  2) 콘크리트주 : 파괴하중에 대하여 2.0 이상
  3) 지선 : 인장하중에 대하여 2.5 이상
  4) 철주기초 : 내하중에 대하여 2.0 이상
  5) 전주기초
     (1) 폭풍시 최대하중에 대하여 2.0 이상
     (2) 운전시 최대하중에 대하여
         ① 안정된 기설 지반 : 3.0 이상
         ② 변형이 쉬운 불안정 지반 : 4.0 이상
  6) 장간애자 : 인장파괴하중(굽힘파괴하중)에 대하여 2.5 이상
  7) 현수애자 : 과전 파괴하중에 대하여 3.0 이상
  8) 경동선 : 인장하중에 대하여 2.2 이상
  9) 경동선 이외의 전선 : 인장하중에 대하여 2.5 이상
  10) 전선 안전율 = 인장하중(전선접속점의 강도고려)/최대사용장력

memo

Chapter

# 4 부재(部材) 단면의 성질

학습목표

- 단면1차모멘트의 개념에 대하여 이해할 수 있다.
- 파프스(Pappus)의 정리와 단면계수에 대하여 이해할 수 있다.
- 단면2차모멘트의 개념과 용도에 대하여 이해할 수 있다.
- 기본도형(직사각형, 삼각형, 원형, 정사각형)에 대한 단면2차모멘트를 살펴볼 수 있다.

## 1 단면1차모멘트와 도심

### 1.1 단면1차모멘트

한 단면의 미소면적에서 임의로 설정한 직교좌표축까지의 거리를 미소면적에 곱한 것과 전단면에 걸쳐서 적분한 것을 단면1차모멘트(statical moment of area) 또는 기하모멘트(geometrical moment of area)라 하며, 이것을 수식으로 표현하면 $x$, $y$축에 대한 단면1차모멘트를 $G_x$, $G_y$라 하고 그림 4.1에서와 같이 각 요소를 설정하면 다음과 같은 식으로 나타낼 수 있다.

$$G_x = \int_A y\,dA = \int_{y_1}^{y_2} zy\,dy \tag{4.1}$$

$$G_y = \int_A x\,dA = \int_{x_1}^{x_2} zx\,dx$$

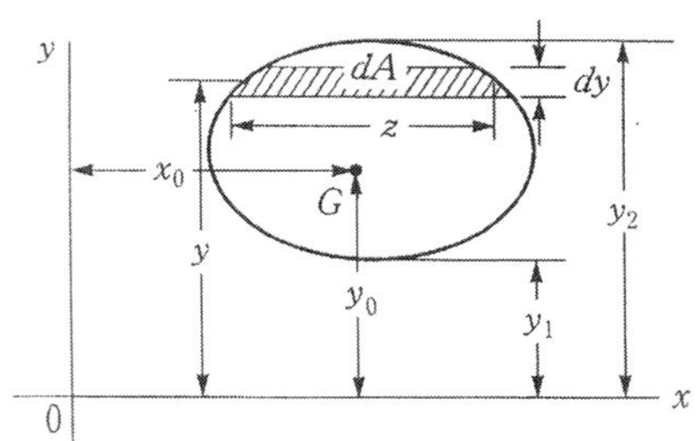


그림 4.1 단면1차모멘트

단면1차모멘트의 단위는 (면적×길이)이므로 [$cm^3$], [$m^3$] 등으로 표시한다. 이것은 체적을 표시하는 것이 아니고 면적에서 1차만 차수가 높다는 것을 의미한다. 또한, 식 (4.1)에서 $\int dA$는 단면의 면적이므로 적분기호 없이 다음과 같이 간단히 구해지는데,

$$G_x = A \cdot y_0$$
$$G_y = A \cdot x_0 \tag{4.2}$$

여기서, $G$ : 단면1차모멘트
$A$ : 전단면적
$y_0$ : 단면의 도심으로부터 $x$축까지의 거리
$x_0$ : 단면의 도심으로부터 $y$축까지의 거리

이며, 도형의 도심부터 축까지의 거리 $x$, $y$는 각축의 양측에서 정(+), 부(−)를 달리하게 된다. 이것을 예로 들어 설명하면, 그림 4.2 (a)에서 수평축(X 축)의 상부의 도심위치 $y_1$의 부호를 정(+)으로 하면, 하부의 도심위치$y_2$의 부호는 부(−)가 된다. 또한, 그림 4.2 (b)에서 수직축 (Y 축)의 우측의 도심위치 $x_1$의 부호를 정(+)으로 하면, 좌측의 도심위치 $x_2$의 부호는 (−)이다.

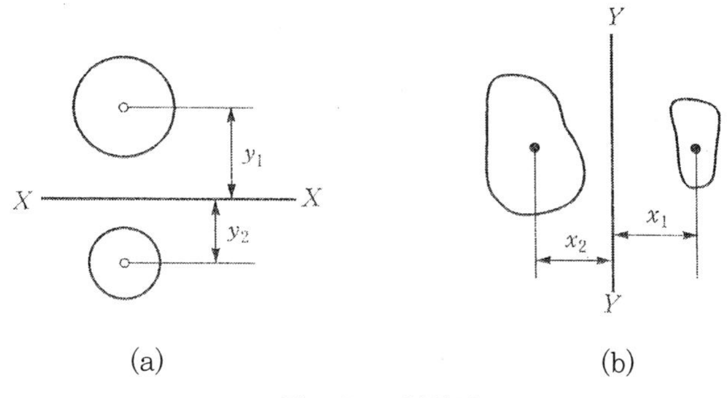


**그림 4.2** 도심위치

이 식을 이용하는 용도로는 도심의 위치계산, 보의 전단응력도 계산, 구조물의 안정도 계산 등에 이용된다. 특히, 도형의 도심을 지나는 축에 대한 단면1차모멘트는 영(0)이 되는 것을 알 수 있다.

## 1.2 | 좌표축의 평행이동

임의의 직교 좌표축에 관한 단면1차모멘트를 알고 있을 때 이 좌표축에 평행인 다른 좌표축에 관한 단면1차모멘트를 구하려면 다음과 같은 평행축 정리를 이용하면 편리하다. 그림 4.3에서와 같이 임의의 직교축 $x$, $y$에 관한 단면 $A$의 단면1차모멘트를 $G_x$, $G_y$라 하고 $x$, $y$축에 나란한 직교축 $X$, $Y$에 관한 단면 $A$의 단면1차모멘트를 $G_X$, $G_Y$라 하면,

$$G_X = \int_A (y - y_0)\,dA = \int_A y\,dA - \int_A y_0\,dA = G_x - y_0 \cdot A \qquad (4.3)$$

$$G_Y = \int_A (x - x_0)\,dA = \int_A x\,dA - \int_A x_0\,dA = G_y - x_0 \cdot A$$

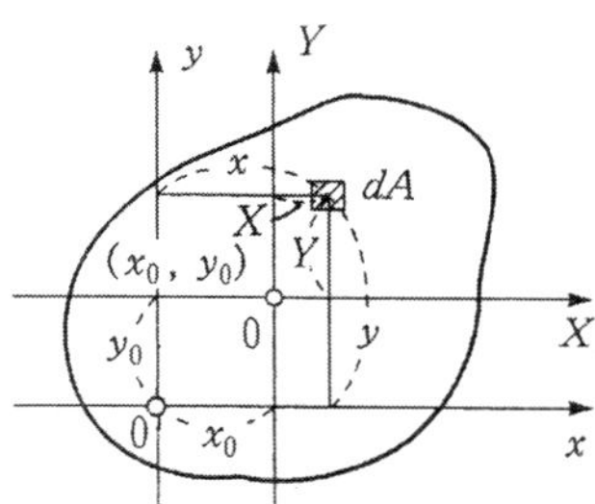


그림 4.3 좌표축의 평행이동

## 1.3 | 좌표축의 회전

그림 4.4와 같이 $x$, $y$좌표에서 각 $\theta$만큼 회전한 좌표를 $X$, $Y$라고 하면 단면1차모멘트는 그림에서

$$X = x\cos\theta + y\sin\theta \qquad (4.4)$$

$$Y = y\cos\theta - x\sin\theta$$

이 되므로 식 (4.1)에서와 같이

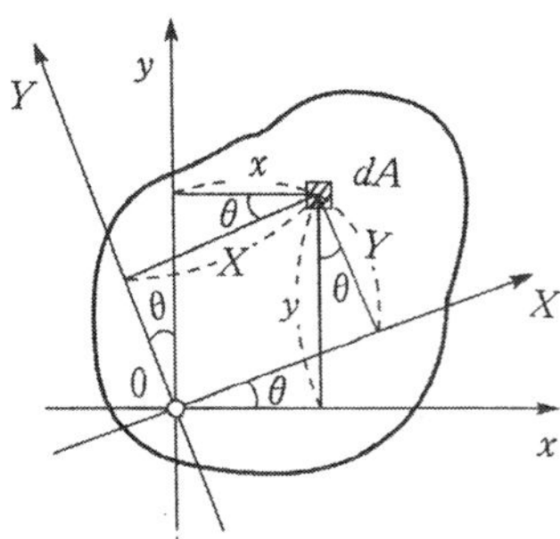


그림 4.4 좌표축의 회전

$$G_X = \int_A Y dA = \int_A (y\cos\theta - x\sin\theta)\,dA \tag{4.5}$$

$$= \cos\theta\int_A y\,dA - \sin\theta\int_A x\,dA = G_x\cos\theta - G_y\sin\theta$$

$$G_Y = \int_A X dA = \int_A (x\cos\theta + y\sin\theta)\,dA$$

$$= \cos\theta\int_A x\,dA + \sin\theta\int_A y\,dA = G_y\cos\theta + G_x\sin\theta$$

가 됨을 알 수 있을 것이다.

## 1.4 | 도심(圖心 : centroid)

임의의 1점을 원점으로 하는 임의의 직교 좌표축을 생각하기로 하자. 이 직교좌표축에 대한 단면1차모멘트가 각각 0이 될 때 그 원점을 주어진 단면의 도심 또는 중심(重心)이라고 한다. 즉, 다시 말하면 간단하게 도형(圖形)의 중심을 도심이라고 한다. 한편 도형의 면적에 있어서 두께나 무게는 관계가 없기 때문에 도심의 위치는 질량이나 중력에 관계가 없는 것이다.

도심의 정의에 의하여 이것을 수식으로 표현하면, $G_X = 0$, $G_Y = 0$이므로 식 (4.3)은 다음과 같이 나타낼 수 있다. 즉,

$$G_X = G_x - y_0 A = 0 \tag{4.6}$$

$$G_Y = G_y - x_0 A = 0$$

로 표시되며, 이것을 다시 $x_0$, $y_0$로 표현하면

$$x_0 = \frac{G_y}{A} \qquad y_0 = \frac{G_x}{A} \tag{4.7}$$

이 된다. 이것은 다시 설명하면 만일 단면의 도심을 알고 있을 경우 임의의 축 $x$, $y$에 관한 단면1차모멘트도 식 (4.7)을 변형한 다음 식으로 구할 수 있다. 즉,

$$G_x = Ay_0 \tag{4.8}$$
$$G_y = Ax_0$$

지금 그림 4.5와 같이 여러 개의 단면 $A_1$, $A_2$, $A_3$, … 등의 집합으로 된 단면의 임의의 좌표축에 관한 도심 $x_0$, $y_0$는 각 단면의 도심을 $(x_1, y_1)$, $(x_2, y_2)$,…라고 할 때 식 (4.7)에서 $x_0$, $y_0$를 다음과 같이 구할 수 있다.

$$x_0 = \frac{G_y}{A} = \frac{x_1A_1 + x_2A_2 + \cdots}{A_1 + A_2 + \cdots} \tag{4.9}$$
$$y_0 = \frac{G_x}{A} = \frac{y_1A_1 + y_2A_2 + \cdots}{A_1 + A_2 + \cdots}$$

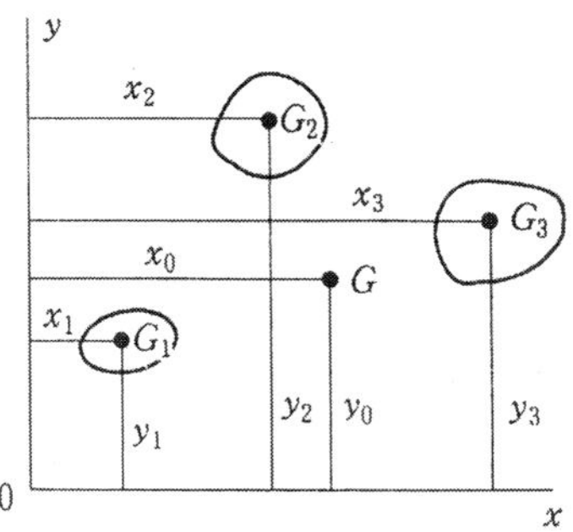


**그림 4.5 도심**

여기에서 기본도형의 도심 위치를 생각하여 보기로 하자. 기본도형의 밑변부터 도심까지의 거리 $y_0$는 도형의 형태에 따라 달라지는데

① 직사각형이나 평행사변형의 도심은 대각선의 교점이고

$$y_0 = \frac{h}{2} \tag{4.10}$$

가 된다.

② 삼각형의 도심은 3중선(中線)의 교점으로, 중선이란 삼각형의 우각에서 상대변의 중점에 연결한 직선을 말하며

$$y_0 = \frac{h}{3} \tag{4.11}$$

가 된다.

③ 원의 도심은 원의 중심과 일치되며

$$y_0 = \frac{D}{2} \tag{4.12}$$

가 된다.

④ 사다리꼴의 도심을 구하는 도해법에는 여러 방법이 있는데, 그 중 2개의 방법을 소개해 보기로 하자.

첫 번째 방법으로는 그림 4.6에서

㉠ 사다리꼴을 △ABD와 △BCD로 나누어 각 삼각형의 도심 $G_1$, $G_2$를 구한다.

㉡ 사다리꼴을 △ACD와 △BAC로 나누어 각 삼각형의 도심 $G_3$, $G_4$를 구한다.

㉢ $G_1$과 $G_2$를 맺고 $G_3$과 $G_4$를 맺으면 그들의 교점 $G$가 사다리꼴의 도심이 된다.

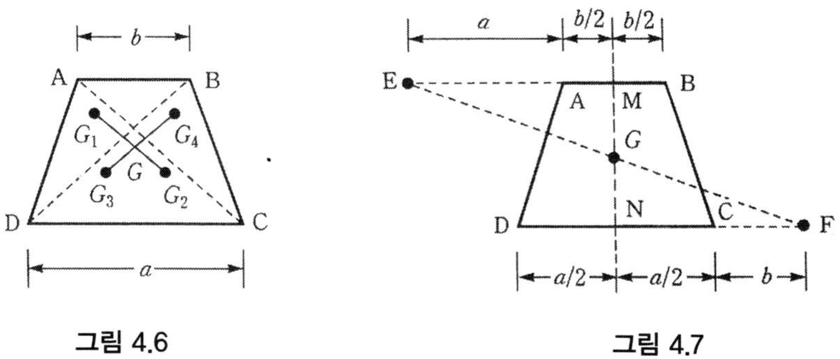


그림 4.6

그림 4.7

두 번째 방법으로는 그림 4.7에서와 같이

㉠ 윗변과 밑변의 2등분점 M, N을 연결하는 중선을 긋는다.

㉡ 윗변의 연장선 위에 밑변의 길이 $a$만큼 연장하는 E점을 정한다.

㉢ 밑변의 연장선 위에 윗변의 길이 $b$만큼 연장하는 F점을 정한다.

㉣ 중선 $\overline{MN}$과 선분 $\overline{EF}$의 교점 $G$가 사다리꼴의 도심이 된다.

도형이 복잡한 경우에는 단면적 계산과 도심의 계산을 쉽게 하기 위하여 도형을 분해하여 계산하는 것이 좋기 때문에 기본적인 도형의 도심 계산 방법을 알고 있는 것이 좋으며, 중심(重心)은 물체의 각 부분에 작용하는 중력의 합력이 통과하는 점으로서 각 부분의 중력이 같으면 도심과 일치하게 됨을 알 수 있을 것이다.

## 1.5 | 도심의 이동

도심의 이동은 이동거리에 어떤 영향을 미치는지 I형 단면을 예로 들어 설명하기로 하자.

그림 4.8과 같이 I형 단면에 $A_2$라는 단면이 증가되었을 경우 도심은 I형 단면의 도심에서 $\delta$만큼 이동하게 되는데 이때 이동량 $\delta$를 구하는 식을 유도하면

$$G_X = G_x - y_0\,A$$

이므로, 여기에서 $A_2$에 대한 $G_X$를 더하면

$$G_X = G_x - A_1\delta + A_2(y-\delta) = 0$$

$A_1$에 대한 $G_x = 0$이므로 앞의 식은

$$-A_1\delta + A_2 y - A_2\delta = 0$$

따라서

$$\delta = \frac{A_2\,y}{A_1 + A_2} = \frac{G_x}{A_1 + A_2} \quad \cdots\cdots \qquad (4.13)$$

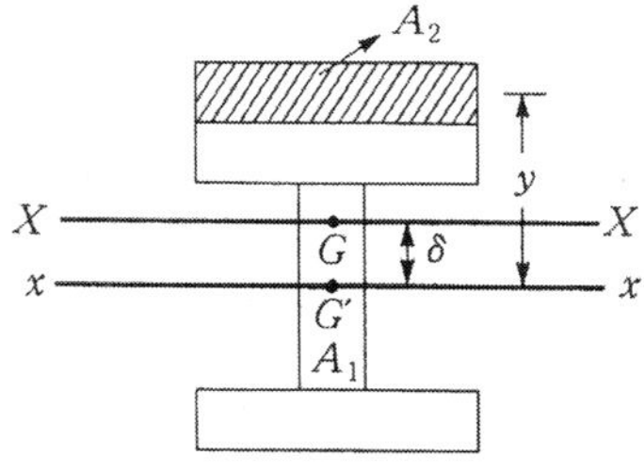


그림 4.8 I형 단면의 도심 이동

## 1.6 | 파프스(Pappus)의 정리

### (1) 제1정리

그림 4.9에서 길이가 $L$인 선분 AB를 $x$축을 중심으로 각 $\theta$만큼 회전시켰을 경우에 생기는 표면적 A는 C점을 선분 AB의 도심이라 할 때 다음과 같은 식이 성립됨을 알 수 있다. 이것을 파프스의 제 1 정리라고 한다.

$$A = (\text{선분의 길이}) \times (\text{평면의 도심이 이동한 거리})$$
$$= L(\theta \cdot y_c) \quad (4.14)$$

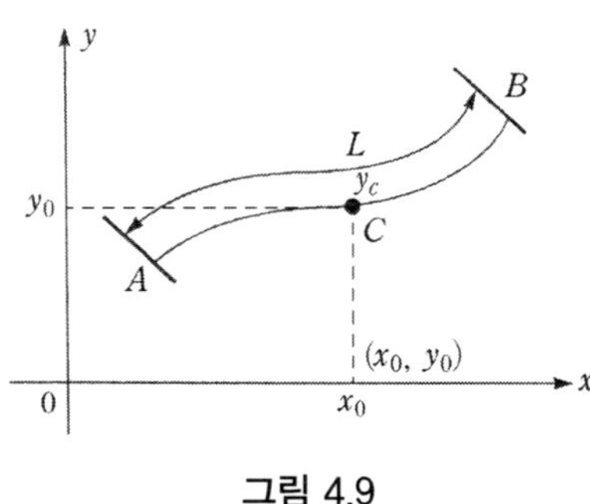


그림 4.9

### (2) 제2정리

단면적 $A$를 $x$축을 중심으로 각 $\theta$만큼 회전시켜서 얻어지는 회전체의 체적 $V$는

$$V = (\text{단면적}) \times (\text{평면의 도심이 이동한 거리})$$
$$= A(\theta \cdot y_c) \quad (4.15)$$

가 된다.

**예제 4-1**

**그림 4.10과 같은 구형 단면의 $X$축에 대한 단면1차모멘트와 도심을 구하여라.**

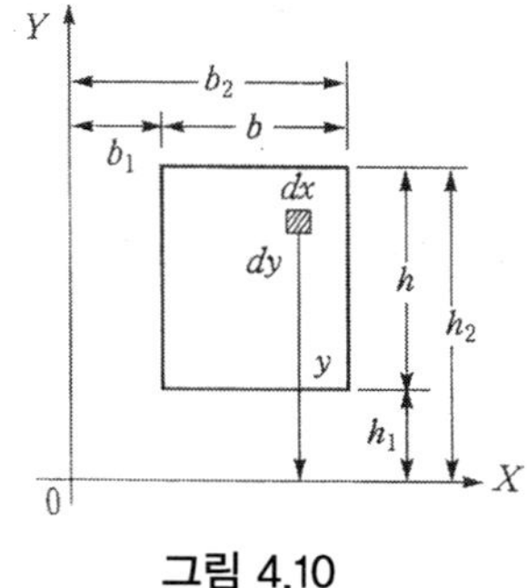


그림 4.10

풀이

$$G_x = \int\int y\,dA = \int_{h_1}^{h_2}\int_{b_1}^{b_2} y\,dx\,dy = \int_{h_1}^{h_2} y\,b\,dy$$

$$= b\left[\frac{y^2}{2}\right]_{h_1}^{h_2} = \frac{b}{2}(h_2^2 - h_1^2)$$

$$= \frac{b}{2}(h_2 - h_1)(h_2 + h_1) = \frac{bh}{2}(h_2 + h_1)$$

$$= A\left(\frac{h_2 + h_1}{2}\right) = A\left(\frac{h}{2} + h_1\right)$$

$$\therefore\ y_0 = \frac{G_x}{A} = \frac{A\left(\frac{h}{2} + h_1\right)}{A} = \frac{h}{2} + h_1$$

### 예제 4-2

그림 4.11과 같은 삼각형의 1변을 축으로 하는 단면1차모멘트와 도심을 구하여라.

풀이

$$b : x = h : h - y \qquad \therefore\ x = \frac{(h-y)\cdot b}{h}$$

$$G_x = \int_0^h y\,dA = \int_0^h y\cdot x\cdot dy$$

$$= \int_0^h \frac{(h-y)}{h}\cdot b\cdot y\cdot dy$$

$$= \frac{b}{h}\left(\left[\frac{hy^2}{2}\right]_0^h - \left[\frac{y^3}{3}\right]_0^h\right) = \frac{bh^2}{6}$$

$$\therefore\ y_0 = \frac{G_x}{A} = \frac{\frac{bh^2}{6}}{\frac{bh}{2}} = \frac{h}{3}$$

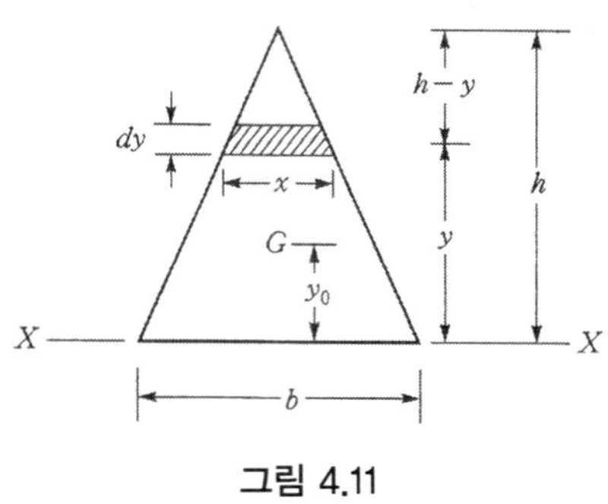

그림 4.11

### 예제 4-3

그림 4.12와 같은 도형의 $X$축에 대한 단면1차모멘트를 구하여라.

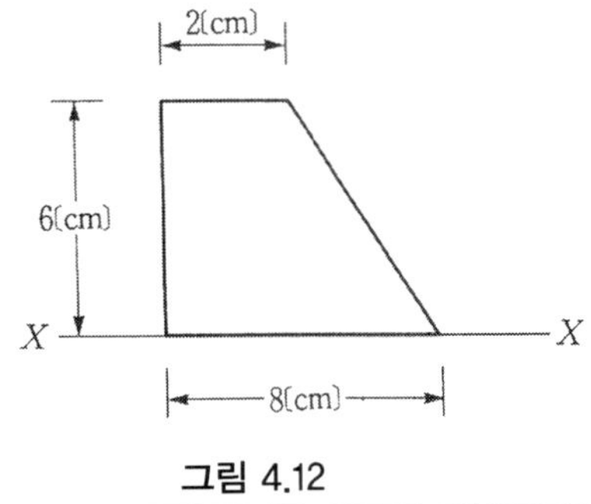

그림 4.12

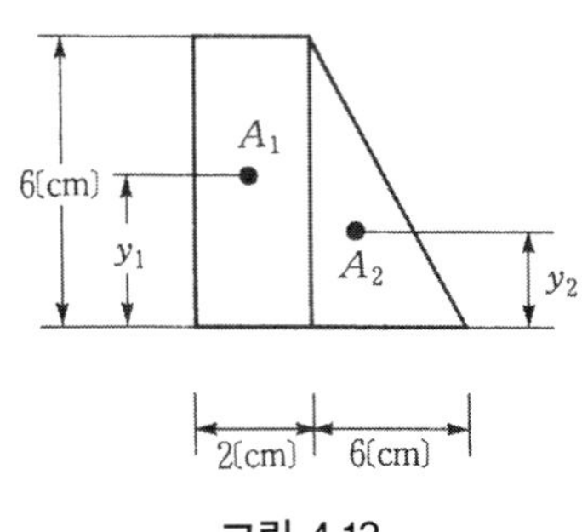

그림 4.13

풀이 도형을 그림 4.13과 같이 $A_1$, $A_2$로 나누어 생각하면

면 적 : $A_1 = 6 \times 2 = 12[\text{cm}^2]$

$$A_2 = \frac{1}{2} \times 6 \times 6 = 18[\text{cm}^2]$$

거 리 : $y_1 = 3[\text{cm}]$

$y_2 = 2[\text{cm}]$ (즉, 높이의 1/3이다.)

따라서 $X$축에 대한 단면1차모멘트 $S_x$는 분해된 $A_1$, $A_2$의 합으로 구할 수 있으므로

$$S_x = A_1 y_1 + A_2 y_2 = 12 \times 3 + 18 \times 2 = 72[\text{cm}^3]$$

이 된다.

# 2 단면2차모멘트와 단면계수

## 2.1 | 단면2차모멘트

그림 4.14에서 살펴보는 바와 같이 미소면적 $dA$ 와 직교하는 축에서 이 미소면적까지의 거리를 $x$, $y$ 라고 할 때 $y^2 dA$ 및 $x^2 dA$를 $dA$ 의 $x$, $y$ 축에 대한 2차모멘트라고 하며, 이것을 전단면에 걸쳐서 적분한 것을 단면2차모멘트(geometrical moment of inertia) 또는 관성모멘트(moment of inertia)라고 한다. 또한, 이것은 부재설계에 있어서 모든 저항성에 대한 기본이 되는 것이다.

이것을 수식으로 표시하면

$$I_x = \int_A y^2 dA, \quad I_y = \int_A x^2 dA \tag{4.16}$$

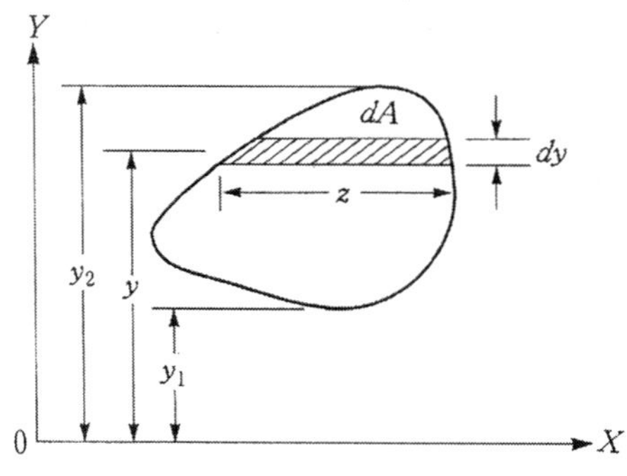


**그림 4.14** 단면2차모멘트

이 되며, 이 식의 단위는 (면적×길이$^2$)이므로 [cm$^4$], [m$^4$]으로 표시되는데, 이것은 차수가 4차라는 것만 표현되고 있는 것이다. 또한, 단면2차모멘트에서도 단면1차모멘트의 경우와 같이 좌표축의 평행이동에 관한 관계식이 성립된다.

그림 4.15에서 직교 좌표축 $X$, $Y$에 관한 단면2차모멘트 $I_X$, $I_Y$를 알고 있을 때 이 좌표축과 평행한 다른 좌표축 $x$, $y$에 관한 단면2차모멘트 $I_x$ 및 $I_y$를 구해 보면 식 (4.16)에서

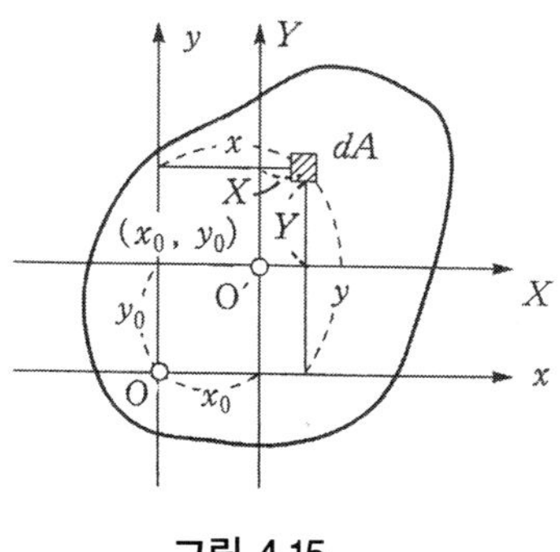


그림 4.15

$$\begin{aligned} I_x &= \int_A y^2 dA = \int_A (Y + y_0)^2 dA \\ &= \int_A Y^2 dA + 2y_0 \int_A Y dA + y_0^2 \int_A dA \\ &= I_X + 2y_0 G_X + y_0^2 A \end{aligned}$$

같은 방법으로

$$I_y = I_Y + 2x_0 G_Y + x_0^2 A \tag{4.17}$$

가 된다. 만일 좌표축 $X$, $Y$의 원점이 도심과 일치하게 되면

$$G_X = G_Y = 0$$

이 되므로, 식 (4.17)을 다시 표현하면

$$\left. \begin{aligned} I_x &= I_X + y_0^2 A \\ I_y &= I_Y + x_0^2 A \end{aligned} \right\} \tag{4.18}$$

가 된다.

따라서 단면2차모멘트를 다음의 경우로 구분하여 살펴보면

### (1) 많은 도형이 집합하여 있을 경우

많은 도형 $A_1$, $A_2$, ⋯, $A_n$ 등이 있고 그것들의 각 도형의 $X$축에 대한 단면2차모멘트를 각각 $I_1$, $I_2$, ⋯, $I_n$이라 하면 전체 도형의$X$축에 대한 단면2차모멘트 $I_X$는

$$I_X = I_1 + I_2 + \cdots + I_n \tag{4.19}$$

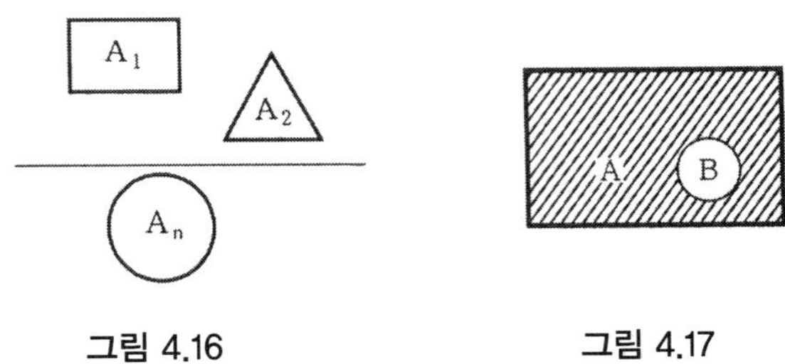


그림 4.16　　그림 4.17

### (2) 도형에 중공부분이 있을 때

그림 4.17에서 가상 전단면(빈속을 포함한 단면)을 A 라 하고 빈속을 B라 할 때

$$I_X = I_A - I_B \tag{4.20}$$

여기에서 $I_X$는 빈속 B를 뺀 단면의 2차모멘트이며, $I_A$는 빈속 B를 포함한 가상전단면의 2차모멘트이고, $I_B$는 빈속 B의 단면2차모멘트이다.

### (3) 대칭단면의 경우

그림 4.18과 같이 $X$축의 상・하 단면이 대칭일 때

$$I_X = \frac{BH^3}{12} - \frac{bh^3}{12} \tag{4.21}$$

으로 간단히 구할 수 있게 되는 것이다.

또한, 단면2차모멘트의 용도는

- 단면계수와 단면2차반지름 계산
- 강의 비, 처짐의 양, 좌굴하중 등의 계산
- 휨응력도, 전단응력도의 계산
- 단면극2차모멘트, 단면의 주축 계산

등이며, 단면2차모멘트의 특징으로는

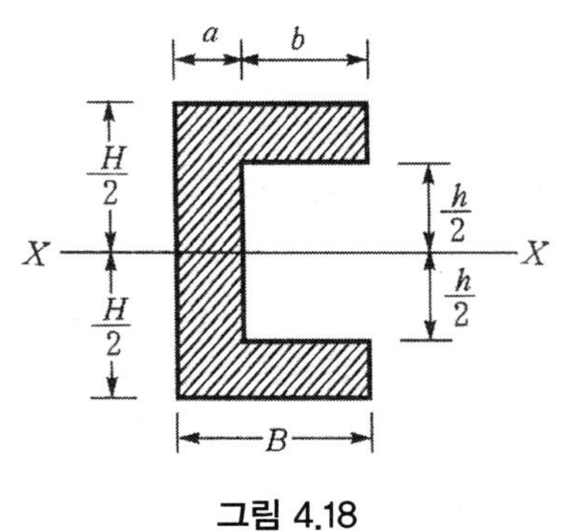


그림 4.18

- 나란한 축에 대한 단면2차모멘트 중에서는 도심축에 대한 단면2차모멘트가 최소가 되며
- 정삼각형, 정사각형, 정다각형의 도심축에 대한 단면2차모멘트는 축의 회전에 관계없이 일정한 값이 된다.

이해를 쉽게 하기 위하여 기본 도형에 대한 단면2차모멘트를 살펴보면

1) 직사각형(장방형) 단면인 경우

그림 4.19에서

$$\text{도심축 } I_{X0} = \frac{bh^3}{12} \tag{4.22}$$

$$\text{밑 변 } I_X = \frac{bh^3}{3}$$

2) 삼각형 단면인 경우

그림 4.20에서

$$\text{도심축 } I_{X0} = \frac{bh^3}{36} \tag{4.23}$$

$$\text{밑 변 } I_X = \frac{bh^3}{12}$$

3) 원형 단면인 경우

그림 4.21에서

$$\text{도심축 : 지름}(d)\ I_{X0} = \frac{\pi d^4}{64} \tag{4.24}$$

$$\text{반지름}(r)\ I_{X0} = \frac{\pi r^4}{4}$$

4) 정사각형(정방형) 단면인 경우

그림 4.22, 그림 4.23에서

$$\text{도 심 축 } I_{X0} = \frac{a^4}{12} \tag{4.25}$$

$$\text{대각선축 } I_X = \frac{a^4}{12}$$

이 된다.

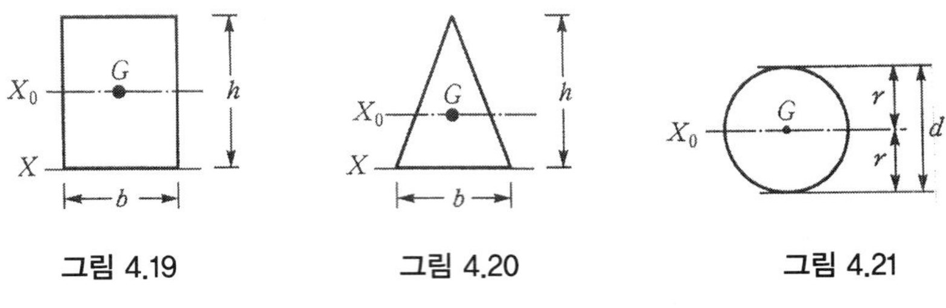


그림 4.19 그림 4.20 그림 4.21

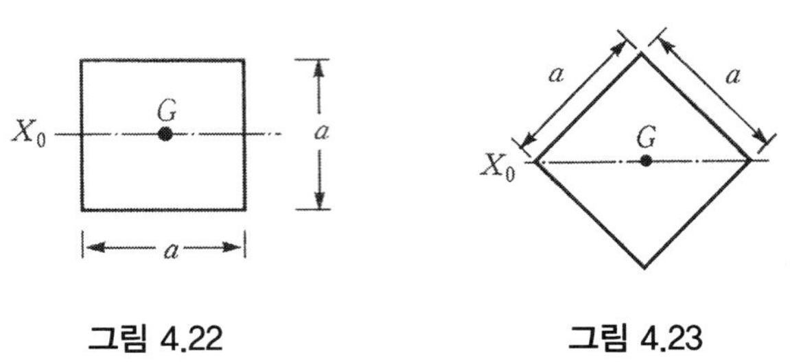


그림 4.22 그림 4.23

**예제 4-4**

**그림 4.24와 같은 직사각형 단면의 $X-X$축 및 $x-x$축에 대한 단면2차모멘트를 구하여라.**

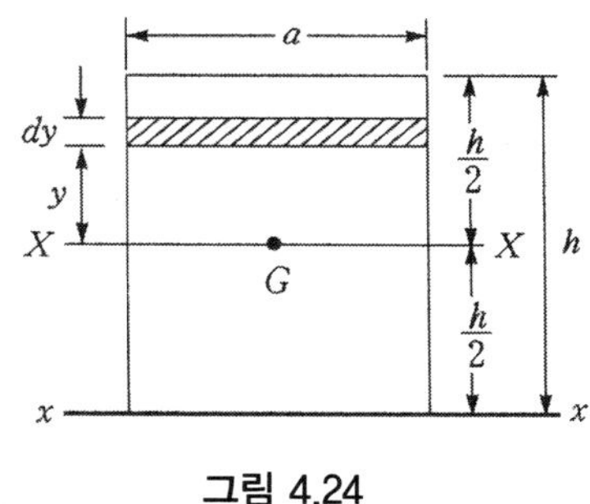


그림 4.24

풀이

$$dA = b \cdot dy$$

$$I_X = \int y^2 dA = 2\int_0^{\frac{h}{2}} b \cdot y^2 dy = 2b\left[\frac{y^3}{3}\right]_0^{\frac{h}{2}} = 2b \times \frac{1}{3} \times \left(\frac{h}{2}\right)^3 = \frac{bh^3}{12}$$

$$I_x = I_X + y_0^2 A = \frac{bh^3}{12} + \left(\frac{h}{2}\right)^2 \cdot b \cdot h = \frac{bh^3}{3}$$

**예제 4-5**

**그림 4.25와 같은 삼각형 단면의 $X-X$축 및 $x-x$축에 대한 단면2차모멘트를 구하여라.**

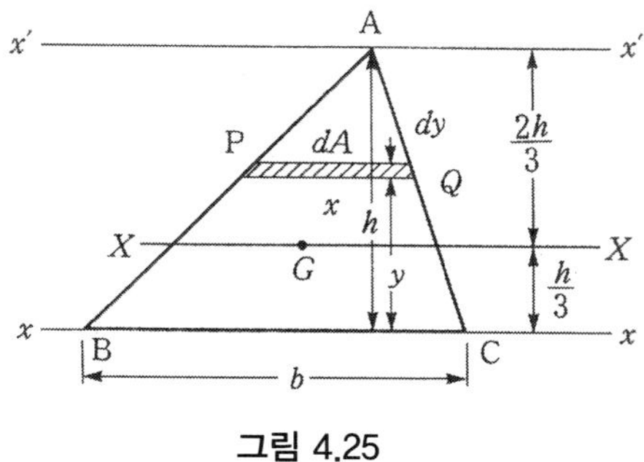


그림 4.25

풀이 $PQ$ 를 $x$ 라고 놓으면

$$b : x = h : h-y$$

$$\therefore\ x = \frac{b}{h}(h-y)$$

$$dA = x\,dy = \frac{b}{h}(h-y)\,dy$$

$$I_x = \int_0^h y^2 dA = \int_0^h y^2 \cdot \frac{b}{h}(h-y)\,dy$$

$$= \frac{b}{h}\int_0^h y^2(h-y)\,dy = \frac{b}{h}\left[h \cdot \frac{y^3}{3} - \frac{y^4}{4}\right]_0^h = \frac{bh^3}{12}$$

$$I_X = I_x - y_0^2 A = \frac{bh^3}{12} - \frac{bh}{2} \cdot \left(\frac{h}{3}\right)^2 = \frac{bh^3}{36}$$

**예제 4-6**

**그림 4.26과 같은 원의 도심을 지나는 축에 대한 단면2차모멘트를 구하여라.**

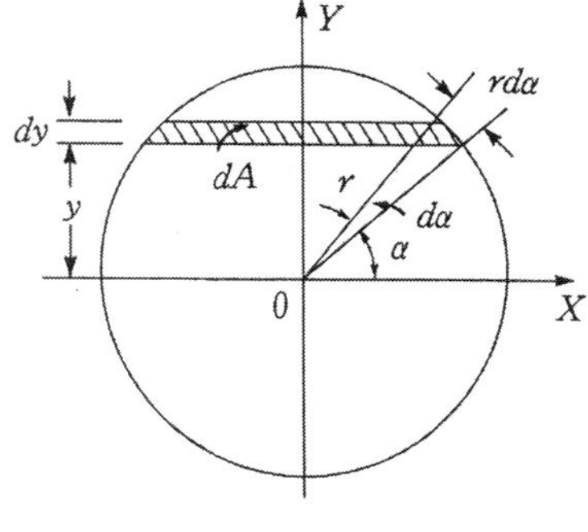


그림 4.26

풀이

$$y = r\sin\alpha$$

$$dy = r\cos\alpha\ d\alpha$$

$$dA = 2r\cos\alpha\, r\cos\alpha\ d\alpha = 2r^2\cos^2\alpha\ d\alpha$$

$$I_X = \int_0^{\frac{\pi}{2}} 2y^2 dA = r^4 \int_0^{\frac{\pi}{2}} 4\sin^2\alpha\ \cos^2\alpha\ d\alpha = r^4 \int_0^{\frac{\pi}{2}} (2\sin\alpha\ \cos\alpha)^2 d\alpha$$

$$= r^4 \int_0^{\frac{\pi}{2}} (\sin 2\alpha)^2 d\alpha = r^4 \int_0^{\frac{\pi}{2}} \frac{1-\cos 4\alpha}{2} d\alpha$$

$$= r^4 \left[\frac{1}{2}\alpha - \frac{1}{2\times 4}\sin 4\alpha\right]_0^{\frac{\pi}{2}} = \frac{\pi r^4}{4} = \frac{\pi d^4}{64}$$

## 2.2 | 단면2차반지름

한 축에 대한 단면2차모멘트를 그 단면적으로 나누고 이것을 제곱근한 값을 그 축에 대한 단면2차반지름 또는 회전반지름이라고 하는데, 이 단면2차반지름을 수식으로 표현하기 위하여 단면2차반지름을 $r$로 표시하면

$$r_x = \sqrt{\frac{I_x}{A}} \qquad (4.26)$$

$$r_y = \sqrt{\frac{I_y}{A}}$$

이 되며, 이 식의 단위는 [cm], [m] 등으로 표시된다. 또한, 식 (4.26)을 변형하면

$$I_x = A \cdot r_x^2 \qquad (4.27)$$

$$I_y = A \cdot r_y^2$$

이 되는데, 식 (4.27)에서는 하나의 축에 관한 단면2차모멘트는 그 축에서 $r$의 거리에 전단면 $A$가 집중하여 존재한 것이라고 생각할 때의 단면2차모멘트와 같게 되는 것이다.

여기에서 단면2차모멘트의 평행축정리를 이용하여 다음과 같은 식을 만들어 보면

$$I_X = I_x - A y_0^2 \qquad \frac{I_X}{A} = \frac{I_x}{A} - y_0^2$$

이 성립된다. 따라서

$$r_X^2 = r_x^2 - y_0^2 \qquad (4.28)$$

$$r_Y^2 = r_y^2 - x_0^2$$

이 되는 것이다.

단면2차반지름(radius of gyration)은 주로 기둥과 같이 압축력을 받은 부재의 단면 설계에 쓰이는 좌굴저항계수로서 그 값이 클 때 저항에 대한 효율이 커지는 것이며, 이것은 장주와 같은 압축재의 좌굴에 대하여 저항하는 경제적인 단면설계에 많이 사용되는 것이다.

## 2.3 | 단면계수(section modulus)

그림 4.27과 같이 어떤 한 단면의 도심 $G$ 를 지나는 축에 대한 단면2차모멘트를 그 축에서 상하로 가장 먼 최원단까지의 거리, 즉 연거리(緣距離)로 나눈 것을 그 단면의 단면계수라고 한다. 단면계수를 수식으로 나타내기 위하여 그림 4.27에서처럼 단면의 도심을 지나는 축에 대한 단면2차모멘트를 $I_X$ 라 하고, 두 연거리를 $y_1$, $y_2$ 라고 하면 $X$ 축에 대한 단면계수는 다음과 같이 표시된다.

$$Z_{X1} = \frac{I_X}{y_1}, \qquad Z_{X2} = \frac{I_X}{y_2} \tag{4.29}$$

이 식에서 알 수 있듯이 단면계수의 단위는 4승의 차원인 단면2차모멘트를 1승의 차원인 거리로 나누게 되므로 [cm$^3$], [m$^3$]의 3차원의 단위로 나타내어지며 단면계수가 큰 부재일수록 휨에 대하여 강하기 때문에 최대 강도를 갖는 단면을 구하는 데 단면계수를 활용하고 있다. 즉, 보와 같은 휨 부재가 휨모멘트에 저항하는 강약을 구하는 계수로서 부재의 경제적인 단면설계에 적용한다.

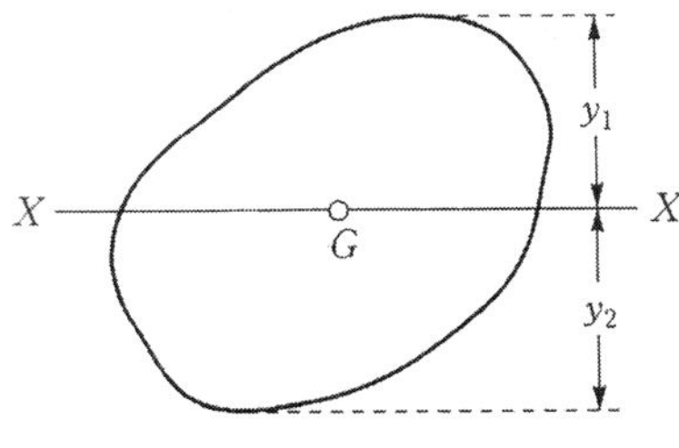


그림 4.27 단면계수

**예제 4-7**

**그림 4.28과 같은 도형에서 도심을 지나는 축에 대한 단면2차모멘트 $I_x$ 와 단면계수 $Z_{x1}$, $Z_{x2}$ 단면2차반지름 $r_x$ 를 구하여라.**

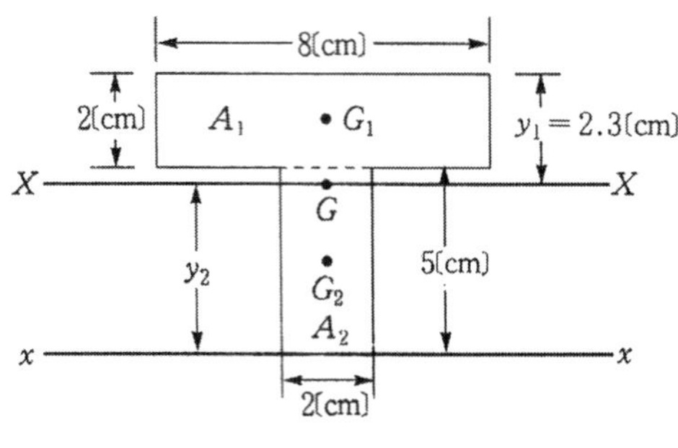


그림 4.28

풀이

$$y_2 = \frac{A_1 \times 6 + A_2 \times 2.5}{A_1 + A_2} = \frac{16 \times 6 + 10 \times 2.5}{16 + 10} \fallingdotseq 4.7[\text{cm}]$$

$$y_1 = 2.3[\text{cm}]$$

$$I_X = \frac{8 \times 2^3}{12} + 2 \times 8 \times 1.3^2 + \frac{2 \times 5^3}{12} + 2 \times 5 \times 2.2^2 = 101.5[\text{cm}^4]$$

$$Z_{X1} = \frac{I_X}{y_1} = \frac{101.5}{2.3} \fallingdotseq 44.1[\text{cm}^3]$$

$$Z_{X2} = \frac{I_X}{y_2} = \frac{101.5}{4.7} = 21.6[\text{cm}^3]$$

$$r_X = \sqrt{I_X / A} + \sqrt{101.5/26} \fallingdotseq 2.0[\text{cm}]$$

**예제 4-8**

**그림 4.29와 같이 지름이 $d$ 인 원형단면에서 최대의 강도를 갖는 단면이 되도록 $b$ 와 $h$ 의 비를 구하여라.**

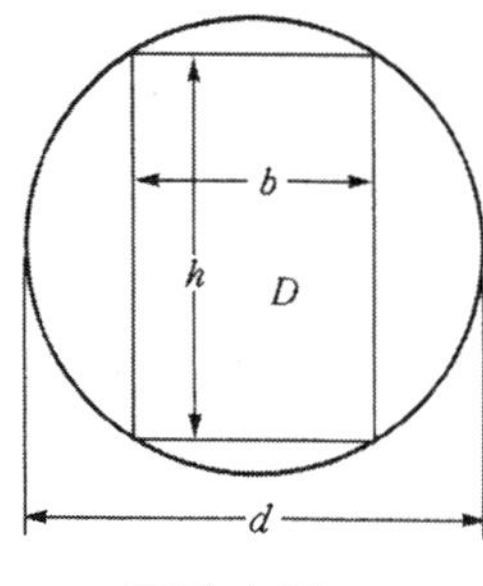


그림 4.29

풀이 단면계수가 최대가 되기 위해서는 $\frac{dz}{db}=0$이어야 하므로

$$Z=\frac{bh^2}{6},\quad b^2+h^2=d^2$$

$$Z=\frac{b(d^2-b^2)}{6},\quad \frac{dZ}{db}=\frac{1}{6}(d^2-3b^2)=0$$

따라서

$$b=\frac{d}{\sqrt{3}},\quad h=\sqrt{d^2-\frac{d^2}{3}}=\sqrt{\frac{2}{3}}\,d$$

그러므로 $b:h=\frac{d}{\sqrt{3}}:\sqrt{\frac{2}{3}}d=1:\sqrt{2}$ 가 된다.

# 3 단면2차극모멘트와 단면상승모멘트

## 3.1 | 단면2차극모멘트

그림 4.30에서 임의의 단면에 있어서 $x$, $y$ 좌표의 원점 O로부터 미소면적 $dA$까지의 거리를 $p$라고 할 때 단면2차극(極)모멘트(polar moment of inertia of area)는 다음과 같이 표시된다.

$$I_p=\int_A p^2\,dA \tag{4.30}$$

$p^2=x^2+y^2$ 이므로 식 (4.30)은

$$\begin{aligned} I_p &= \int_A p^2 dA = \int_A (x^2+y^2)\,dA \\ &= \int_A x^2 dA + \int_A y^2 dA = I_y + I_x \end{aligned} \tag{4.31}$$

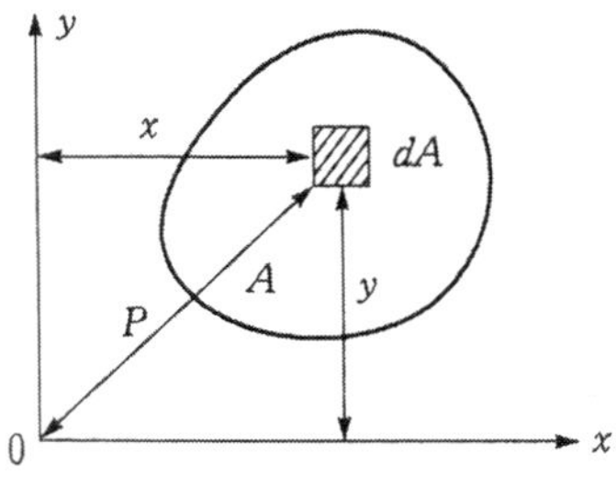


그림 4.30 단면2차극모멘트

또한, 단면2차극모멘트는 극관성모멘트라고도 하며, 단위는 [cm$^4$], [m$^4$]을 쓴다. 이것은 주로 리벳 및 볼트의 접합부 설계에 이용되는 비틀림응력도 계산용으로 많이 사용하고 있으며, 단면2차극모멘트의 값은 좌표의 회전에 관계없이 일정한 값을 갖게 된다.

**예제 4-9**

**그림 4.31과 같은 원통형 단면의 중심축에 대한 단면2차극모멘트를 구하여라.**

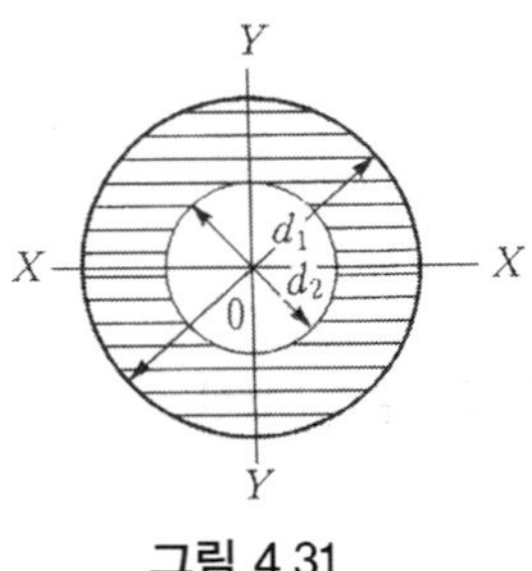


그림 4.31

---

풀이 바깥 원의 지름을 $d_1$, 안쪽 원의 지름을 $d_2$라 하면

$$I_{X1} = \frac{\pi d_1^4}{64}, \qquad I_{X2} = \frac{\pi d_2^4}{64}$$

$I_X = I_Y = \dfrac{I_p}{2}$ 에서

$$I_X = I_{X1} - I_{X2} = \frac{\pi}{64}(d_1^4 - d_2^4)$$

$$I_p = I_{p1} - I_{p2} = \frac{\pi}{32}(d_1^4 - d_2^4)$$

## 3.2 | 단면상승모멘트

그림 4.32에서 보는 바와 같이 미소면적에 직교좌표 $x$, $y$축으로부터 미소 단면까지의 거리 $x$, $y$를 곱한 것과 단면 전체에 대해서 적분한 것을 단면상승(相乘)모멘트(product of inertia of area) 또는 관성상승모멘트라고 한다. 이것을 수식으로 해석하면

$$I_{xy} = \int_A xy\,dA \tag{4.32}$$

이 되며, 단위는 단면2차극모멘트와 같은 [cm$^4$], [m$^4$] 등으로 나타낸다. 좌표축의 평행 이동에 대한 정리는 1차 및 2차 모멘트와 같은 방법으로 유도하는데, 그림 4.32에서

$$I_{xy} = \int_A xy\, dA = \int_A (X + x_0)(Y + y_0) dA$$

$$= \int_A XY dA + x_0 \int_A Y dA + y_0 \int_A X\, dA + x_0\, y_0 \int_A dA$$

$$= I_{XY} + x_0\, G_X + y_0\, G_Y + x_0\, y_0\, A$$

지금 $X$, $Y$축이 도심과 일치하면 $G_X = G_Y = 0$ 이므로

$$I_{xy} = I_{XY} + x_0\, y_0\, A \tag{4.33}$$

이 되며, 또한 $X$, $Y$축 중 적어도 하나가 대칭이면 $I_{XY} = 0$이 되므로

$$I_{xy} = x_0\, y_0\, A \tag{4.34}$$

이 된다. 이것은 단면의 주축, 주단면2차모멘트 계산에 사용되며, 기둥 등의 압축재의 설계에 주로 적용된다.

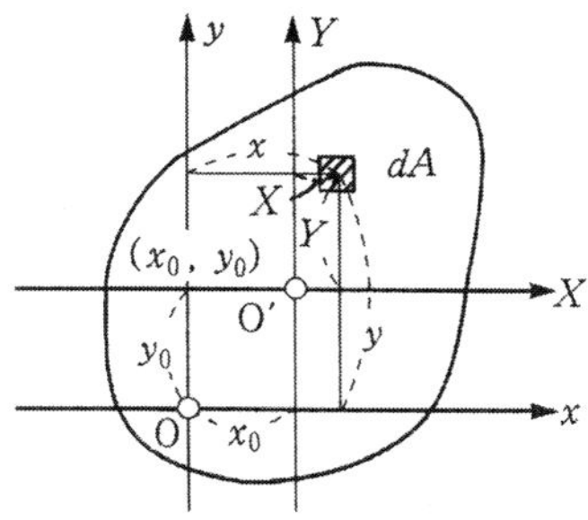


그림 4.32 단면상승모멘트

**예제 4-10**

**그림 4.33과 같은 구형단면 $(b \times h)$의 $X$, $Y$축에 대하여 단면상승모멘트를 구하여라.**

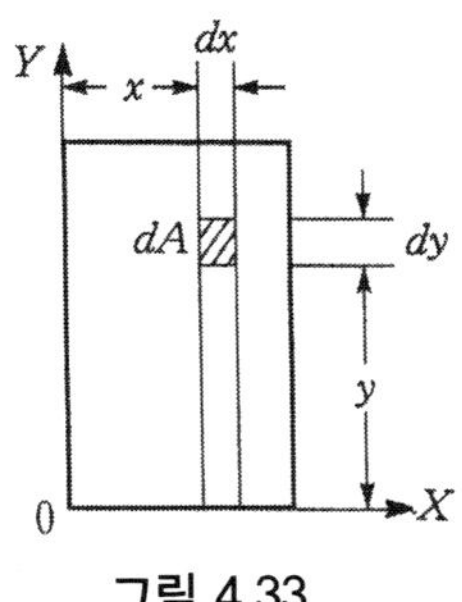


그림 4.33

풀이 $I_{XY} = \int\int_A xy\, dA = \int_0^h \int_0^b xy\, dx\, dy$

$$= \int_0^h y \left[\frac{x^2}{2}\right]_0^b dy = \left[\frac{x^2}{2}\right]_0^b \int_0^h y\, dy$$

$$= \left[\frac{x^2}{2}\right]_0^b \left[\frac{y^2}{2}\right]_0^h = \frac{b^2 h^2}{4}$$

## 4 주축과 주단면2차모멘트 및 관성타원

### 4.1 좌표축의 회전

그림 4.4와 식 (4.4)에서 살펴본 바와 같이 $x$, $y$ 좌표에서 각 $\theta$만큼 회전한 좌표를 $X$, $Y$라고 하면

$$X = x\cos\theta + y\sin\theta, \quad Y = y\cos\theta - x\sin\theta$$

가 됨을 알 수 있었으므로 이 식을 이용하여 $I_X$, $I_Y$, $I_{XY}$를 살펴보면

$$I_X = \int_A Y^2 dA = \int_A (x^2\sin^2\theta - 2xy\sin\theta \cdot cos\theta + y^2\cos\theta)dA$$

$$= I_x\cos^2\theta + I_y\sin^2\theta - I_{xy}\sin 2\theta \tag{4.35}$$

$$I_Y = \int_A X^2 dA = \int_A (x^2\cos^2\theta + 2xy\sin\theta \cdot cos\theta + y^2\sin^2\theta)dA$$

$$= I_x\sin^2\theta + I_y\cos^2\theta + I_{xy}\sin 2\theta \tag{4.36}$$

$$I_{XY} = \int_A XY dA$$

$$= \int_A \{(y^2 - x^2)\sin\theta cos\theta + xy(\cos^2\theta - \sin^2\theta\} dA$$

$$= \frac{I_x - I_y}{2}\sin 2\theta + I_{xy}\cos 2\theta \tag{4.37}$$

$$\therefore\ I_x + I_y = I_x + I_y = I_p \tag{4.38}$$

$$I_X \cdot I_Y - I_{XY}^2 = I_x \cdot I_y - I_{xy}^2$$

임을 알 수 있다.

## 4.2 | 주축과 주단면2차모멘트

식 (4.35), (4.36), (4.37)에서 $I_X$, $I_Y$, $I_{XY}$는 $\theta$의 함수로서 회전각 $\theta$의 크기에 따라서 증가 또는 감소되는데, 이 회전각이 증가 또는 감소됨에 따라 새로운 좌표축에 관한 단면2차모멘트는 달라지게 된다. 그림 4.4에서 $x$, $y$ 좌표축에 대해서 임의의 좌표축을 $X$, $Y$라고 하면, 이 임의의 좌표축에 관한 단면2차모멘트가 극대 또는 극소로 될 때, 이 두 축은 서로 직교하게 되며, 이러한 두 축을 그 원점에 관한 그 단면의 주축(principal axis)이라고 한다.

두 주축에 관한 단면상승모멘트는 항상 0이며, 반대로 단면상승모멘트가 0이 되는 서로 직교하는 두 축은 주축이 되는 것이다. 또한, $I_{XY}=0$이 되는 $X$, $Y$축을 공액축(conjugate axis)이라고도 하며 주축에 관한 단면2차모멘트를 주단면2차모멘트라고 한다.

지금 $X$, $Y$축을 주축이라고 하면 $I_{XY}=0$이 되며, 따라서 식 (4.38)은

$$I_X I_Y = I_x I_y - I_{xy}^2 \tag{4.39}$$

식 (4.39)에서 $I_Y=(I_x+I_y)-I_X$를 대입하면

$$I_X\{(I_x+I_y)-I_X\}=I_x I_y - I_{xy}^2$$

$$I_X^2-(I_x+I_y)I_X+(I_x I_y - I_{xy}^2)=0$$

$$\therefore\ I_X=\frac{1}{2}\left\{(I_x+I_y)\pm\sqrt{(I_x-I_y)^2+4I_{xy}^2}\right\}$$

같은 방법으로 $I_Y$를 구하면

$$\therefore\ I_Y=\frac{1}{2}\left\{(I_x+I_y)\pm\sqrt{(I_x-I_y)^2+4I_{xy}^2}\right\} \tag{4.40}$$

따라서 주단면2차모멘트 $I_1$, $I_2$는

$$I_X=I_1=\frac{1}{2}\left\{(I_x+I_y)+\sqrt{(I_x-I_y)^2+4I_{xy}^2}\right\} \tag{4.41}$$

$$I_Y=I_2=\frac{1}{2}\left\{(I_x+I_y)-\sqrt{(I_x-I_y)^2+4I_{xy}^2}\right\}$$

식 (4.35)에서 $I_X$를 주단면2차모멘트라고 하면 그 방향각 $\theta$는

$$\frac{dI_X}{d\theta}=0$$

으로 구할 수 있다. 즉,

$$\frac{dI_X}{d\theta} = -2I_x\cos\theta\sin\theta + 2I_y\sin\cdot cos\theta - 2I_{xy}\cos2\theta$$
$$= (I_y - I_x)\sin2\theta - 2I_{xy}\cos2\theta = 0$$
$$\therefore\ \tan2\theta = -\frac{2I_{xy}}{I_x - I_y} = \frac{2I_{xy}}{I_y - I_x} \tag{4.42}$$

방향각 $\theta$는 식 (4.37)에서 $I_{XY}=0$로 놓고 구할 수도 있다.

다음은 주축의 판정식을 유도하기 위해 식 (4.35)의 $I_X$를 $\theta$에 대하여 이중미분하면

$$\frac{d^2I_x}{d\theta^2} = 2(I_y - I_x)\cos2\theta + 4I_{xy}\sin2\theta$$
$$= \{2(I_y - I_x) + 4I_{xy}\tan2\theta\}\cos2\theta$$
$$= \left\{2(I_y - I_x) + \frac{8I_{xy}^2}{I_y - I_x}\right\}\cos2\theta$$
$$= 2(I_y - I_x + 4I_{xy}^2)\frac{\cos2\theta}{I_y - I_x} \tag{4.43}$$

이 되며, 또한 이 식 (4.43)에서 다음과 같은 주축의 판정기준을 정할 수 있다.

**(1) $I_x > I_y$, $I_{xy} > 0$이면**

$\tan2\theta < 0$ $\quad\therefore\ 45° < \theta < 90°$

$\cos2\theta < 0,$ $\quad I_y - I_x < 0$

$$\therefore\ \frac{d^2I_X}{d\theta^2} > 0 \qquad \begin{cases}\theta = \theta_1,\ I_X = I_{\min} \\ \theta = \theta_2,\ I_Y = I_{\max}\end{cases}$$

**(2) $I_x > I_y$, $I_{xy} \leqq 0$이면**

$\tan2\theta \geqq 0$ $\quad\therefore\ 0° \leqq \theta < 45°$

$\cos2\theta > 0$ $\quad I_y - I_x < 0$

$$\therefore\ \frac{d^2I_X}{d\theta^2} < 0 \qquad \begin{cases}\theta = \theta_1,\ I_X = I_{\max} \\ \theta = \theta_2,\ I_Y = I_{\min}\end{cases}$$

**(3) $I_x < I_y$, $I_{xy} \geqq 0$이면**

$\tan2\theta \geqq 0$ $\quad\therefore\ 0° \leqq \theta < 45°$

$\cos 2\theta > 0,\qquad I_y - I_x > 0$

$$\therefore\ \frac{d^2 I_X}{d\theta^2} > 0 \qquad \begin{cases} \theta = \theta_1,\ I_X = I_{\min} \\ \theta = \theta_2,\ I_Y = I_{\max} \end{cases}$$

**(4) $I_x < I_y$, $I_{xy} < 0$이면**

$\tan 2\theta < 0 \qquad \therefore\ 45° < \theta < 90°$

$\cos 2\theta < 0,\qquad I_y - I_x > 0$

$$\therefore\ \frac{d^2 I_X}{d\theta^2} < 0 \qquad \begin{cases} \theta = \theta_1,\ I_X = I_{\max} \\ \theta = \theta_2,\ I_Y = I_{\min} \end{cases}$$

**(5) $I_x = I_y$, $I_{xy} \neq 0$이면**

$\dfrac{dI_X}{d\theta} = -2I_{xy}\cos 2\theta = 0$ 에서 $\theta = 45°$

$\dfrac{d^2 I_x}{d\theta^2} = 4I_{xy}\sin 2\theta = 4I_{xy}$

$$I_{xy} > 0\text{이면} \begin{cases} \theta = \theta_1,\ I_X = I_{\min} \\ \theta = \theta_2,\ I_Y = I_{\max} \end{cases}$$

$$I_{xy} < 0\text{이면} \begin{cases} \theta = \theta_1,\ I_X = I_{\max} \\ \theta = \theta_2,\ I_Y = I_{\min} \end{cases}$$

따라서 이것은 최소 단면2차반지름의 계산으로 장주의 좌굴에 대한 안전한 단면설계에 이용되며 특징으로는

첫째, 주축에 대한 단면상승모멘트는 0이라는 것이며

둘째, 주축에 대한 단면2차모멘트는 그 점을 지나는 다른 어떠한 축에 대한 것보다 최대 또는 최소가 된다.

셋째, 단면이 대칭일 때는 그의 대칭축에 대한 단면상승모멘트는 0이므로 대칭축은 그 단면의 주축이 하나이다.

넷째, 정다각형이나 원형 단면은 대칭축이 여러 개 있으므로 주축은 여러 개 있게 되는 것이다.

**예제 4-11**

**그림 4.34 (a)와 같은 L형 단면이 있다고 할 때 이 단면의 O점을 원점으로 하는 주축과 주단면2차모멘트를 구하여라.**

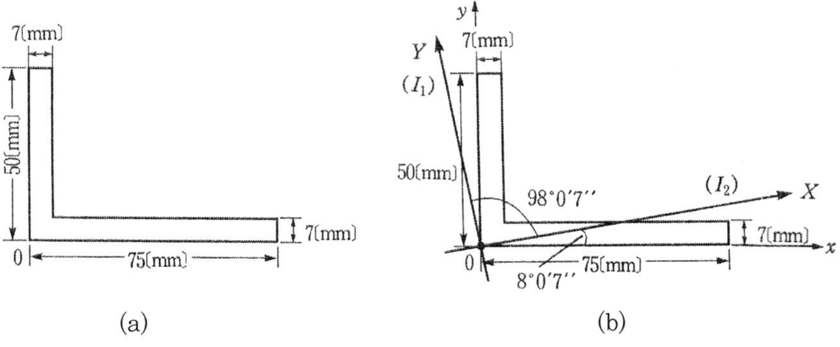


**그림 4.34**

---

풀이

$$I_x = \frac{7\times(50)^3}{3} + \frac{68\times(7)^3}{3} = \frac{898324}{3}[\text{mm}^4]$$

$$I_y = \frac{43\times(7)^3}{3} + \frac{7\times(75)^3}{3} = \frac{2967874}{3}[\text{mm}^4]$$

$$I_{xy} = Ax_0y_0 = \frac{7}{2}\times 25\times 350 + 41\times\frac{7}{2}\times 476 = 98931[\text{mm}^4]$$

$$\tan 2\theta = \frac{2I_{xy}}{I_y - I_x} = \frac{2\times 98931}{\frac{2967874}{3} - \frac{898324}{3}} = 0.28681$$

$0° \leqq \theta < 45°$에서 $2\theta = 160°0'14''$, $\theta = 8°0'7''$

$I_x < I_y$, $I_{xy} > 0$

$\theta = \theta_1 = 8°0'7''$ $\quad I_x = I_{\min}(I_2)$

$\theta = \theta_2 = 8°0'7'' + 90° = 98°0'7''$ $\quad I_y = I_{\max}(I_1)$

$$I_1 = \frac{1}{2}\left\{I_x + I_y + \sqrt{(1_x - I_y)^2 + 4I_{xy}^2}\right\}$$

$$= \frac{1}{2}\left\{\frac{898324}{3} + \frac{2967874}{3} + \sqrt{\left(\frac{898324}{3} - \frac{2967874}{3}\right)^2 + 4\times(98931)^2}\right\}$$

$$= 1003198.6[\text{mm}^4] = 100.32[\text{cm}^4]$$

$$I_2 = 28.55[\text{cm}^4]$$

## 4.3 | 주단면2차반지름과 관성타원

그림 4.35에서 단면적 $A$ 인 평면형의 원점 O에서의 주축에 관한 단면2차반지름을 주단면2차반지름(principal radius of gyration of area)이라고 하며, 주축 $X$, $Y$에 대한 최대, 최소의 주단면2차모멘트를 $I_1$, $I_2$라고 하고, 최대 주단면2차반지름을 $K_1$, 최소 주단면2차반지름을 $K_2$로 표시하면

$$K_1 = \sqrt{\frac{I_1}{A}}, \qquad K_2 = \sqrt{\frac{I_2}{A}} \tag{4.44}$$

으로 표현할 수 있다. 또한, 그림에서 원점 O를 중심으로 하는 타원형을 관성타원(ellipse of inertia of area)이라고 하는데, 이 관성타원의 방정식은

$$\frac{X^2}{K_2^2} + \frac{Y^2}{K_1^2} = 1 \tag{4.45}$$

으로 표시된다.

지금 O점을 통하는 $x$, $y$ 좌표축에 관한 단면2차반지름을 $K_x$, $K_y$라고 하면 이 거리는 관성타원에서 $x$, $y$축에 평행하게 접선을 그었을 때 이 접선에 대한 수선의 길이로서 표시된다.

이것의 용도는 기둥이나 트러스의 압축재의 좌굴에 대한 안전한 설계를 하는 데 사용되는 것으로 단면2차반지름의 값이 최소인 축이 좌굴에 대하여 가장 약한 축이 되는 것이므로 이 약한 축에 대하여 안전하게 설계하면 모든 경우에 안전한 설계가 되는 것이다.

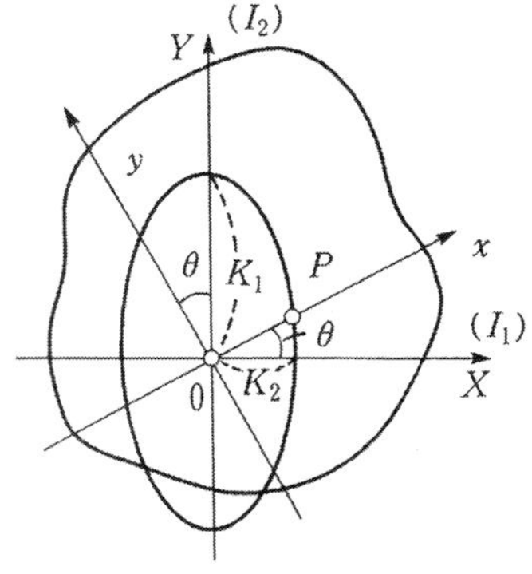


그림 4.35 주단면2차반지름

## 핵심정리

- 단면1차모멘트는 한 단면의 미소면적에서 임의로 설정한 직교좌표축까지의 거리를 미소면적에 곱한 것과 전단면에 걸쳐서 적분한 것을 말하며 단위로는 $cm^3$, $m^3$로 표시한다.
- 도형의 도심을 지나는 축에 대한 단면1차모멘트는 0이 된다.
- 정사각형, 직사각형, 평행사변형의 도심은 $y_0 = \frac{h}{2}$, 삼각형의 도심은 $y_0 = \frac{h}{3}$, 원의 도심은 $y_0 = \frac{D}{2}$이 된다.
- 파프스(Pappus)의 제1정리는 길이가 $L$인 선분 AB를 $x$축을 중심으로 각 $\theta$만큼 회전시켰을 경우에 생기는 표면적 A는

$$A = (\text{선분의 길이}) \times (\text{평면의 도심이 이동한 거리}) = L(\theta \cdot y_c)$$

- 파프스(Pappus)의 제2정리는 단면적 $A$를 $x$축을 중심으로 각 $\theta$만큼 회전시켜서 얻어지는 회전체의 체적 $V$는

$$V = (\text{단면적}) \times (\text{평면의 도심이 이동한 거리}) = A(\theta \cdot y_c)$$

- 단면2차모멘트는 미소면적 $dA$와 직교하는 축에서 이 미소면적까지의 거리를 $x$, $y$라고 할 때 $y^2 dA$ 및 $x^2 dA$를 $dA$의 $x$, $y$축에 대한 단면2차모멘트라고 하며, 이것을 전단면에 걸쳐서 적분한 것을 말한다.

$$I_x = \int_A y^2 dA, \quad I_y = \int_A x^2 dA$$

- 단면2차모멘트의 용도
  - 단면계수와 단면2차반지름 계산
  - 강의 비, 처짐의 양, 좌굴하중 등의 계산
  - 휨응력도, 전단응력도의 계산
  - 단면극2차모멘트, 단면의 주축 계산
- 나란한 축에 대한 단면2차모멘트 중에서는 도심축에 대한 단면2차모멘트가 최소가 되며, 정삼각형, 정사각형, 정다각형의 도심축에 대한 단면2차모멘트는 축의 회전에 관계없이 일정한 값이 된다.
- 기본도형(직사각형, 삼각형, 원형, 정사각형)에 대한 단면2차모멘트를 살펴 보면

1) 직사각형(장방형) 단면인 경우

도심축 $I_{X0} = \frac{bh^3}{12}$ 밑 변 $I_X = \frac{bh^3}{3}$

2) 삼각형 단면인 경우

도심축 $I_{X0} = \frac{bh^3}{36}$ 밑 변 $I_X = \frac{bh^3}{12}$

3) 원형 단면인 경우

도심축 : 지름$(d)$ $I_{X0} = \frac{\pi d^4}{64}$ 반지름$(r)$ $I_{X0} = \frac{\pi r^4}{4}$

4) 정사각형(정방형) 단면인 경우

도심축 : $I_{X0} = \frac{a^4}{12}$ 대각선축 : $I_X = \frac{a^4}{12}$

Chapter 5

# 전기철도구조물의 설비

학습목표

- 전철용 전주의 종류(콘크리트 전주, 철주, 목주)에 대하여 이해할 수 있다.
- 철주(H형강주, 조립철주, 강관주)에 대하여 이해할 수 있다.
- 전철주의 건식게이지에 대하여 이해할 수 있다.
- 전차선에 발생하는 기울기의 요소에 대하여 살펴 볼 수 있다.
- 전철주기초(근가기초, 쇄석기초, 콘크리트기초, 앵커볼트기초 등)의 종류와 형태에 대하여 알아 볼 수 있다.
- 전철주기초의 시공과 철주다리의 구조에 대하여 이해할 수 있다.
- 철강구조물(빔, 완철, 하수강, 평행틀, 지선 등)의 종류와 사용개소에 대하여 알아 볼 수 있다.
- 고정식 빔과 스팬선빔, 가동브래킷의 종류와 형상에 대하여 알아 볼 수 있다.
- 완철의 종류와 길이(전주로부터 이격거리)를 산출할 수 있다.
- 하수강과 평행틀의 개념과 사용개소에 대하여 이해할 수 있다.
- 전차선로에 사용하는 애자(현수애자, 장간애자, 지지애자)의 역할과 형상, 오손과 방지대책에 대하여 알아 볼 수 있다.
- 전차선로에 사용하는 전선류(급전선, 전차선, 조가선, 비절연 보호선)의 특성에 대하여 학습할 수 있다.
- 지선의 종류와 역할, 설치개소 등에 대하여 알아볼 수 있다.
- 철재의 방청(용융아연도금)에서 부착량과 황산동 횟수를 알아볼 수 있다.
- 용융아연도금의 특징에 대하여 이해할 수 있다.

## 1 전주 구조물

### 1.1 | 전철용 전주(電鐵用 電柱)

전기철도에서 사용하는 전주는 대부분 철주(H형강주, 조립철주, 강관주) 사용을 원칙으로 하고 있으며, 빔개소 등 특수개소는 조립철주, 챤넬주를 사용하며 부득이 한 경우(일시적 임시설비)에는 콘크리트주를 사용한다.

강도와 길이가 특히 큰 것을 필요로 하는 개소와 콘크리트주를 지지하는 기초의 설치가 곤란한 개소 등을 특수개소라 한다.

표 5.1 전철주의 규격

| 적 용 규 격 | 명 칭 | 규 격 | |
|---|---|---|---|
| | | H형강 및 원형강관(SM 490) | 원형강관(STKT 590) |
| H-250 | H형강 | 250×250×9×14 | - |
| H-300 | H형강 | 300×300×10×15 | - |
| P-10" | 원형강관 | 267.4×9t | 267.4×7t |
| P-12" | 〃 | 318.5×9t | 318.5×7t |
| P-14" | 〃 | 355.6×9t | 355.6×7t |
| P-16" | 〃 | 406.4×9t | 406.4×7t |
| P-18" | 〃 | 457.2×9t | 457.2×7t |
| P-20" | 〃 | 500 ×9t | 500 ×7t |
| P-22" | 〃 | 558.8×9t | 558.8×7t |

## (1) 전철용 전주의 종류

### 1) 콘크리트전주

콘크리트전주는 사용하는 목적에 따라서 1종과 2종으로 구별되며 1종은 주로 고압배전선로, 통신, 신호용으로 사용하고 2종은 전차선로에 사용하였다.

과거 수도권 전철(1974년 개통)과 산업선 전철(1973년 개통) 전차선로에 사용하였으며 이 때 사용한 철근콘크리트주는 PC강선을 탄성한도까지 당겨서 콘크리트와 원심력을 이용하여 인장응력과 굽힘력에 견딜수 있도록 제작한 프리텐션(pretension) 콘크리트주를 주로 사용하였으나 최근에는 임시설비용(사고복구용) 이외에는 거의 사용하지 않고 있다.

① 프리텐션 콘크리트주

전기철도용 콘크리트주의 표준구조는 프리텐션된 철근(PC강선)과 콘크리트 혼합체로 중공 원형단면의 테이퍼형(taper type)과 노테이퍼형(no taper type)을 사용하고 있다. 프리텐션 콘크리트주는 일반 철근콘크리트주와 비교하면 모멘트가 크므로 취급, 운반, 건식 중에 균열되는 것이 적으며 수평력에 대하여 전주의 구부러짐이 적은 장점이 있다.

㉠ 전주의 형상에 의한 구분

전주의 형상에 의한 콘크리주 종류에는 굽힘모멘트의 분포에 따라서 구분하는 T형과 N형의 2가지 형식기호로 표기한다.

T형이란 전주의 외형(지름)이 말구(전주의 상부)쪽으로 가면서 가늘어지는 형태를 말하는 테이퍼의 앞문자 T를 인용하여 "T"형이라 하며, N형이란 전주의 외형(지름)이 상부와 하부가 균일한 형태를 말하며 테이퍼가 아니라는 뜻의 노테이퍼의 앞문자를 인용하여 N형이라 한다.

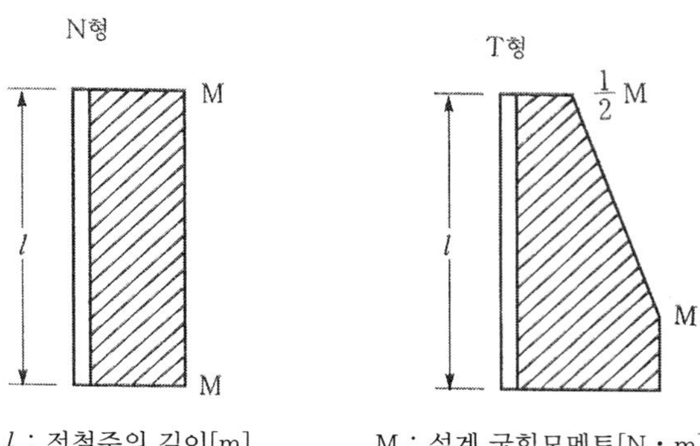


**그림 5.1 굽힘모멘트의 크기와 분포도**

**표 5.2 프리텐션 콘크리트주의 종별**

| 길 이 [m] | 하중점의 높이 [m] | 지지점의 높이 [m] | 지지점에 대한 설계모멘트 [N · m] |
|---|---|---|---|
| | | | N형 |
| | | | 지름 35[cm] |
| 9 | 7.25 | 1.5 | 49,000 |
| 10 | 8.05 | 1.7 | 49,000<br>63,700 |
| 11 | 8.85 | 1.9 | 49,000<br>63,700<br>73,500 |
| 12 | 9.75 | 2.0 | 49,000<br>63,700<br>73,500 |
| 13 | 10.55 | 2.2 | 73,500 |
| 14 | 11.35 | 2.4 | 73,500 |

[보기] 호칭방법은 길이[m] – 지름[cm] – 형별기호와 설계 굽힘모멘트[N · m]로 한다.
Ex) 10 - 35 - N 49,000

2) 철주(鐵柱)

전철용 전주는 전선의 수평장력이나 빔의 중량이 큰 개소, 기타 풍압에 따라 강도가 약한 개소, 선로와 선로 사이가 협소하여 건축한계에 지장을 주는 장소, 교량난간 등에 건식하는 개소 등에는 원칙적으로 철주(조립철주, 강관주, H형강주)를 사용하고 있다.

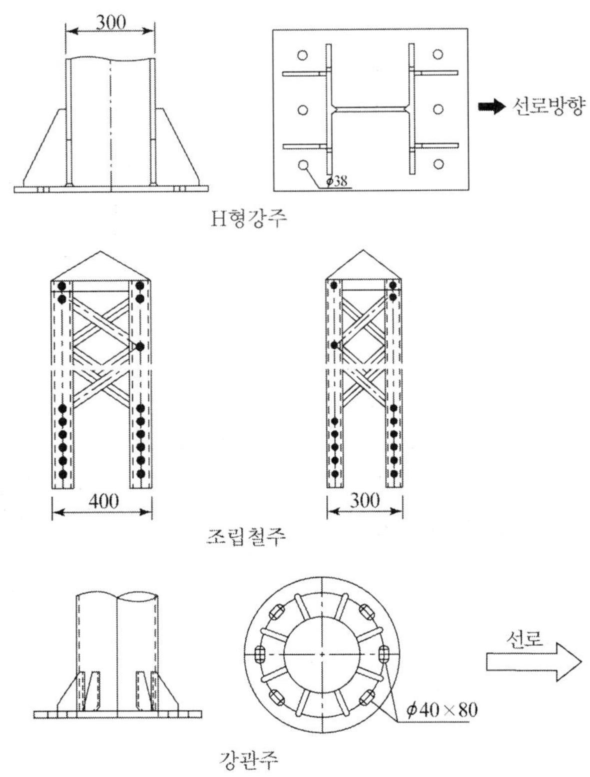


**그림 5.2** 철주의 종류

① 조립철주

조립철주에는 주재를 ㄴ형강을 사용하고 사재에는 ㄴ형강 또는 평강을 사용하는 4각형의 철주와 궤도중심 간격이 좁은 개소와 인류개소 등에는 주재를 ㄷ형강을 사용하고 사재에는 ㄴ형강 또는 평강을 사용하는 ㄷ형강철주(構型鐵柱 : 채널주) 등이 있다.

철주의 단면은 하중조건과 건축한계, 배수로 등 건식 위치에 제약이 있어 300~500[mm] 정사각형 또는 직사각형 단면구조의 볼트조립을 주로 사용하고 있다. 고속철도 구간에는 모멘트 분포에 적합한 변형 단면구조와 용접철주를 사용하고 있다.

② 강관주(鋼管柱)

강관주는 일반 토공구간의 심플(Simple Catenary), 헤비 심플(Heavy Simple Catenary) 커티너리 가선방식의 일반개소와 평행개소(Over lap)개소, 인류개소의 단독주에 사용된다.

**표 5.3 강관주의 종별**

| 길 이 [m] | 접속부의 구 조 | 관의 바깥지름 [mm] | 관의 두께 [mm] | 설계 굽힘모멘트 [N・m] | 비 고 |
|---|---|---|---|---|---|
| 8<br>8.5<br>9.5 | A 또는 B | 267.4 | 8<br>11<br>13 | 83,300<br>107,800<br>127,400 | |
| 10<br>11<br>12<br>13<br>14 | C | 406.4 | 6.4<br>9.5<br>12.7 | 156,800<br>235,200<br>303,800 | |

[주] 호칭방법은 길이[m], 접속부의 구조 – 관의 두께로 한다.
예 : 13 C – 9.5
관의 바깥지름은 267.4[mm], 318.5[mm], 355.6[mm], 406.4[mm], 457.2[mm], 500.0[mm] 등 여러 가지 종류가 있다.

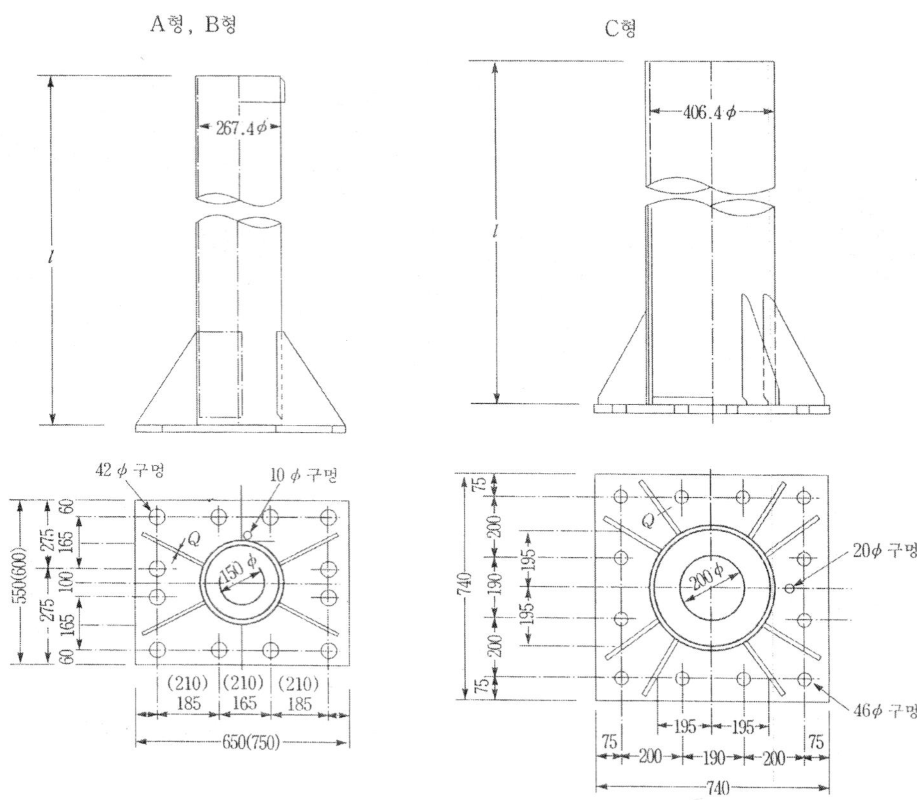


그림 5.3 강관주의 구조

③ H형강주(H型鋼柱)

H형강주는 단일재를 사용하기 때문에 제작이 용이하고 시공이 간편하여 최근 전철주로 가장 많이 사용되고 있다. 그러나 H형강주는 비틀림 현상이 있으므로 설계할 때 주의가 필요하다.

H형강주의 비틀림현상이란 한쪽 축 방향의 단면2차모멘트가 다른 쪽 방향의 단면2차모멘트에 비해서 작은 부재를 사용하고 있기 때문에 H형강의 단면2차모멘트의 큰 쪽의 축에 대해 하중이 가해지면 H형강주가 돌연 하중방향과 직각방향으로 꼬이면서 비틀리는 현상을 말한다.

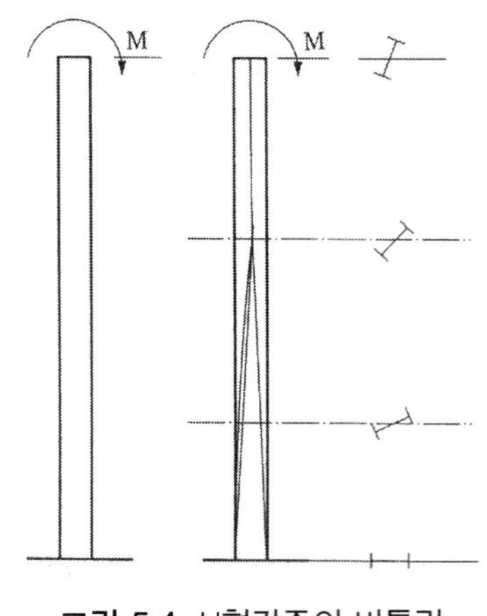


그림 5.4 H형강주의 비틀림

3) 목주(木柱)

목주는 부식 때문에 지지물의 강도가 저하되므로 다른 지지물에 비해서 신뢰성이 낮고, 또한 화재에 대해 취약하다. 방식처리(주로 크레소드 주입)를 잘하고 목재의 품질이 우수한 것은 30년 이상 사용하는 것도 있지만, 일반적으로 방식처리를 하지 않은 목주는 10년, 방식처리를 한 목주는 20년 정도를 교체 주기로 보고 있다.

현재에는 자재 구입난과 재질이 고르지 못한 점 때문에 실질적으로 사용되고 있지 않으며, 사고장애 복구시 단기간의 임시설비에 사용되고 있다.

표 5.4 각종 전철주의 비교

| 구분 | 콘크리트 전주 | 철 주 | 목 주 |
|---|---|---|---|
| 장점 | · 수명이 반영구적이다.<br>· 전주의 형상이 일정하고 공장 제작 품질관리가 용이하다.<br>· 강도선택이 자유롭게 가능하다.<br>· 보수가 필요없다.<br>· 가격이 비교적 싸다. | · 소요강도는 자유롭게 설계가 가능하다.<br>· 강도에 비하여 경량이다.<br>· 내구성이 비교적 높다.<br>· 특수한 형상도 가능하고 건식 장소의 제약이 비교적 적다.<br>· 전주길이에 제약이 없다.<br>· 분할 운반이 가능하다. | · 경량으로 건식이 비교적 용이하다.<br>· 일반적으로 가격이 싸다. |
| 단점 | · 중량이 무겁다.<br>· 운반, 취급이 불편하다. | · 비교적 고가이다.<br>· 초기 도금 후 방청 도장이 필요하다. | · 가연성이 있다.<br>· 강도를 자유롭게 선택하기가 불가능하다.<br>· 강도의 고르지 못함이 크다.<br>· 노후, 부식으로 교체가 필요하다.<br>· 딱다구리 등 조류의 피해가 발생할 수 있다. |

## (2) 전철주의 건식

1) 전철주의 경간

전차선을 지지하는 인접 전철주간 중심거리 간격을 「경간(Span)」이라 하며, 전차선로를 설계할 때 가장 먼저 고려하여야 하는 것이 전철주의 경간과 전선장력이다.

전철주 경간과 전선장력은 풍압 등에 따라 전차선이 기울어져 전기차 운전에 지장을 미치지 않도록 정하여야 한다. 즉, 풍속 30[m/s]의 바람이 불더라도 집전장치(pantograph)의 유효폭(655[mm], 전폭 1310[mm]) 이내에 전차선의 위치가 유지되도록 전철주 경간 등이 설계되어야 한다.(집전장치의 유효폭은 전기동차의 경우임)

① 표준경간

가공전차선로에서 전철주 경간을 크게 설계하면 건설비는 적게 소요되지만, 차량 동요나 풍압에 의해 전차선이 흔들리게 되어 집전장치가 전차선에서 벗어나게 된다. 이러한 이선현상을 방지하고 경제적인 전철주 경간을 선정하기 위해서는 해당 선로의 선로조건(직선 또는 곡선, 터널, 교량, 선로의 구배), 신호기 위치, 기상조건(기온, 눈, 바람 등)과 전기차의 운전조건(전차선의 높이, 편위, 구배) 등을 고려하여 설계되어야 한다. 그러나 현실적으로 각 지지점마다 이러한 조건을 감안하여 개소별로 전철주 경간을 선정하기는 매우 어렵기 때문에 보다 간편하게 전철주 경간을 설계하기 위하여 각 나라마다 해당선로의 조건에 맞는 표준경간을 정하여 설계, 시공하고 있다. 우리나라 일반전철구간(운전 최대속도 120[km/h], 심플 커티너리(simple catenary) 방식)의 표준경간은 표 5.5와 같으며, 인접하는 경간의 차는 10[m] 이하로 하며 부득이한 경우는 20[m]로 할 수 있다.

**표 5.5** 일반 전철구간 표준경간

| 곡선반지름(R) | 최대경간(m) |
|---|---|
| 2,000(m) 초과 | 60 |
| 1,000(m) 초과 ~ 2,000(m)까지 | 50 |
| 700(m) 초과 ~ 1,000(m)까지 | 45 |
| 500(m) 초과 ~ 700(m)까지 | 40 |
| 400(m) 초과 ~ 500(m)까지 | 35 |
| 300(m) 초과 ~ 400(m)까지 | 30 |
| 200(m) 초과 ~ 300(m)까지 | 20 |

**표 5.6** 경부고속철도 구간의 편위와 표준경간

| 곡선반지름[m] | 편위[mm] | Zone 1 | | Zone 2 | | Zone 3 |
|---|---|---|---|---|---|---|
| | | Normal | Exposed | Normal | Exposed | Tunnel |
| ∞ | 200/−200 | 63 | 54[m] | 49.5[m] | 45[m] | 49.5[m] |
| $\infty > R > 20000$ | 200/−200 | 58.5[m] | 54[m] | 49.5[m] | 40.5[m] | 48[m] |
| $20000 > R \geq 10000$ | 200/−150 | 58.5[m] | 54[m] | 49.5[m] | 40.5[m] | 48[m] |
| $10000 > R \geq 7000$ | 200/−100 | 58.5[m] | 54[m] | 49.5[m] | 40.5[m] | 49.5[m] |
| $7000 > R \geq 4000$ | 200/−50 | 58.5[m] | 54[m] | 49.5[m] | 40.5[m] | 48[m] |
| $4000 > R \geq 2000$ | 200/50 | 54[m] | 49.5[m] | 45[m] | 36[m] | 45[m] |
| $2000 > R \geq 1000$ | 200/200 | 49.5[m] | 49.5[m] | 45[m] | 31.5[m] | 45[m] |
| $1000 > R \geq 750$ | 200/200 | 45[m] | 45[m] | 40.5[m] | 40.5[m] | 40.5[m] |
| $750 > R \geq 500$ | 200/200 | 36[m] | 36[m] | 36[m] | 36[m] | 36[m] |
| $500 > R \geq 400$ | 200/200 | 36[m] | 36[m] | 31.5[m] | 31.5[m] | 31.5[m] |

[주] - Zone 1 : 서울~경주
- Zone 2 : 경주~부산
- Zone 3 : 서울~부산 터널

- Location 계수 : *ks*
·Normal : 1.0
·Exposed : 1.3 (지상 10~30[m] 사이)

**표 5.7 일본(JR)철도의 표준경간**

| 곡선 반지름($R$) | 경간 | |
|---|---|---|
| | 일반선 | 고속선 |
| 직선 및 $R$ = 1100[m] 이상 | – | 50[m] |
| 직선 및 $R$ = 1000[m] 이상 (1,100[m] 이상) | 50[m] | – |
| $R$ = 800[m] 이상 | – | 45[m] |
| $R$ = 700[m] 이상 (900[m] 이상) | 45[m] | – |
| $R$ = 600[m] 이상 | – | 40[m] |
| $R$ = 500[m] 이상 (700[m] 이상) | 40[m] | – |
| $R$ = 400[m] 이상 (600[m] 이상) | 35[m] | 35[m] |
| $R$ = 300[m] 이상 (400[m] 이상) | 30[m] | 30[m] |
| $R$ = 200[m] 이상 | 20[m] | 20[m] |

[주] ( )는 Twin Simple Catenary 구간 적용

② 경간 조정

표준경간은 일반적인 조건을 가정하여 정해진 것이기 때문에 특수개소(교량, 터널 등)에서는 표준경간을 적용하되 별도로 전차선의 기울기를 고려해서 경간을 조정하여야 한다. 전차선 기울기는 주행 중 전기차 진동의 정도와 풍압(바람)에 대한 것으로 이러한 기울기에 대하여 집전장치가 집전 가능하도록 하기 위하여 적정한 경간을 조정할 필요가 있다.

㉮ 전차선에 발생한 기울기의 요소

전차선의 기울기에는 풍압에 의한 기울기, 곡선로에 의한 기울기, 전주 구조물의 변형에 의한 기울기, 차량동요에 의한 집전장치의 기울기, 온도변화에 의한 가동브래킷의 회전 기울기 등이 있으며, 각 기울기 총합의 값이 집전장치 유효폭 이내로 되어야 하므로 전차선의 최대 기울기가 집전장치 유효폭보다 작게 되는 경우에는 전주경간이나 지지점의 기울기를 조정하여야 한다.

㉯ 집전장치(pantograph) 유효폭(전기동차의 경우)

전차선이 집전장치를 벗어나지 않는 한계의 범위를 집전장치의 유효폭이라 한다. 전차선 최대기울기의 각 요소가 전부 경합하는 확률은 극히 작고, 또는 이 경우에 최대 기울기가 생기더라도 전차선이 집전장치에서 벗어나지 않도록 하면

된다. 집전상 유효폭(습판폭 1,110[mm])보다 200[mm](좌 · 우각 100[mm]) 크게 한 1,310[mm]를 유효폭(전차선의 할입한계)로 하고 있다.

전차선이 집전장치에서 벗어나지 않는 집전장치 유효폭[m]의 계산식은 식 (5.1)과 같이 나타낼 수 있다.

$$L_0 = L + A \tag{5.1}$$

$$L = \left\{ R^{\frac{2}{3}} - \left( \frac{P_0 \times S}{4 \times T_t} \right)^{\frac{2}{3}} \right\}^{\frac{3}{2}} \tag{5.2}$$

여기서, $L_0$ : 집전장치 유효폭[m]

$L$ : 집전장치 유효폭 곡선부분의 유효길이[m]

$A$ : 집전장치 유효폭 수평부분의 길이[m]

$R$ : 집전장치 유효폭 혼의 곡선반지름[m]

$P_0$ : 집전장치 유효폭 압상력[N]

$S$ : 경간[m]

$T_t$ : 전차선 장력[N]

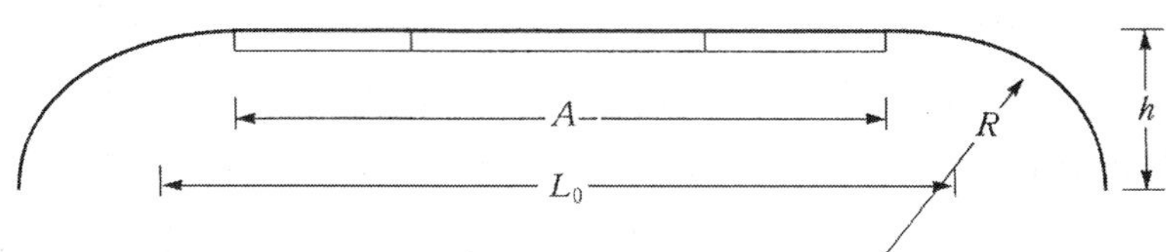


**그림 5.5** 집전장치 유효폭(전기동차)

**표 5.8** 집전장치의 유효폭(일반철도)

| 경간 [m] | 집전장치 압상력[N] | 전차선 장력[N] | | | 비 고 |
|---|---|---|---|---|---|
| | | 10,000 (100[%]) | 9,000 (90[%]) | 8,000 (80[%]) | |
| 50 | 55 | 793 | 782 | 769 | 집전장치 곡선반지름 350[mm] |
| | 110 | 711 | 697 | 680 | |
| 60 | 55 | 774 | 762 | 748 | |
| | 110 | 686 | 671 | 655 | |

표 5.9 집전장치의 유효폭(고속철도)

| 경간 [m] | 집전장치 압상력[N] | 전차선 장력[N] | | | 비 고 |
|---|---|---|---|---|---|
| | | 16,500 (110[%]) | 15,000 (100[%]) | 13,500 (90[%]) | |
| 50 | 50 | 844 | 837 | 828 | • 집전장치 곡선반지름 380[mm]<br>• 집전장치 압상력<br>100[N] : 1선만 습동<br>50[N] : 에어섹션 또는 에어조인트에서 2선을 습동 |
| | 100 | 783 | 772 | 760 | |
| 45 | 50 | 851 | 845 | 830 | |
| | 100 | 793 | 784 | 772 | |
| 40 | 50 | 859 | 853 | 845 | |
| | 100 | 805 | 796 | 785 | |
| 35 | 50 | 867 | 861 | 855 | |
| | 100 | 817 | 808 | 798 | |
| 30 | 50 | 876 | 871 | 864 | |
| | 100 | 830 | 822 | 813 | |

[주] 집전장치 압상력은 250[km/h]의 경우로 해서 100[N]로 하고 에어섹션, 에어조인트(양선습동)에 대해서는 1선습동 경우의 1/2 정도로 고려해서 50[N]로 한 것임.

㉰ 바람에 의한 전차선 풍압

바람이 불면 전차선에 기울기가 발생하기 때문에 열차의 안전운행을 위해서는 풍압에 의한 전차선의 기울기가 집전장치의 유효폭보다 작게 되도록 경간이나 기울기를 제한하여야 한다.

㉠ 진동방지장치가 설치되어 있는 경우

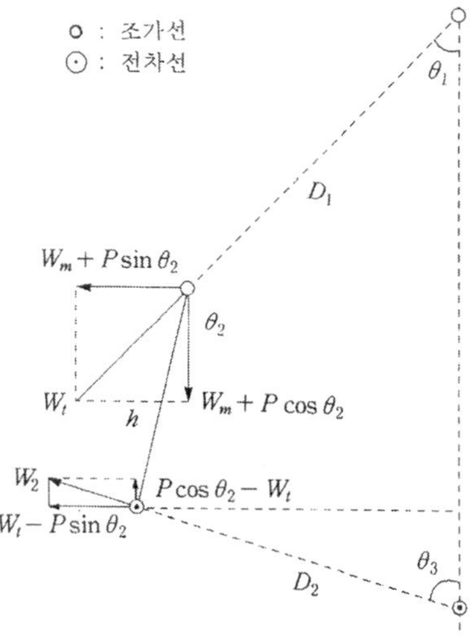


그림 5.6 풍압기울기(심플커티너리가선방식)

$$d_1 = \frac{S^2(W_m + W_t)}{8(T_m + T_t)}$$ : 심플커티너리가선방식 (5.3)

여기서, $d_1$ : 풍압에 따른 전차선의 기울기량[m]

$S$ : 경간길이[m]

$W_m$ : 조가선의 풍압하중[N/m]

$W_t$ : 전차선의 풍압하중[N/m]

$T_m$ : 조가선의 가선장력[N]

$T_t$ : 전차선의 가선장력[N]

$P$ : 행거가 작용하는 힘

$h$ : 행거의 최소길이

$D_1$ : 조가선의 이도 (deep)

$D_2$ : 전차선 풍압에 의한 이도

$$d_1 = \frac{S^2(W_m + W_a + W_t)}{8(T_m + T_a + T_t)}$$ : 콤파운드 커티너리가선방식 (5.4)

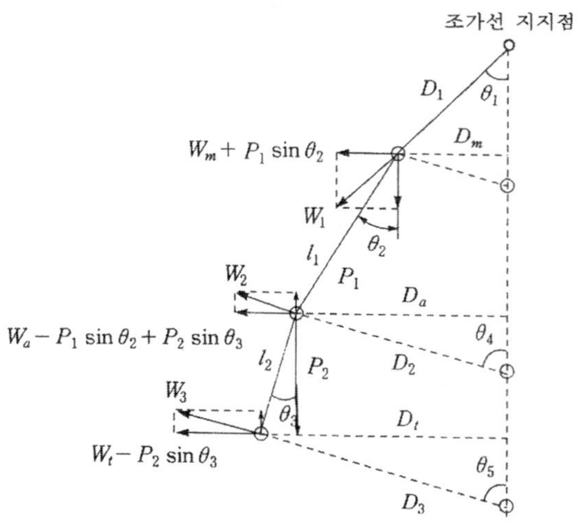


**그림 5.7** 풍압기울기(콤파운드 커티너리가선방식)

여기서, $W_a$ : 보조조가선의 풍압하중[N/m]

$T_a$ : 보조조가선의 장력[N]

$P_1$ : 드로퍼가 작용하는 힘

$P_2$ : 행거가 작용하는 힘

$l_1$ : 최소 드로퍼 길이

$l_2$ : 행거의 길이

$D_3$ : 전차선의 풍압에 의한 이도

$D_m$ : 조가선의 기울기

$D_a$ : 보조조가선의 기울기

$D_t$ : 전차선의 기울기

**㉡ 진동방지장치가 없는 경우**

전철주에 진동방지장치가 설치되어 있지 않은 경우 전차선의 풍압기울기는 식 (5.5)에 따라 구한다.

$$d_2 = \frac{W_m + W_t}{W_m' + W_t'} \cdot D + \frac{W_t}{W_t'} \cdot h \tag{5.5}$$

여기서, $d_2$ : 풍압에 따른 전차선의 기울기량[m]

$W_m'$ : 조가선의 단위중량[N/m]

$W_t'$ : 전차선의 단위중량[N/m]

$D$ : 조가선의 최대이도

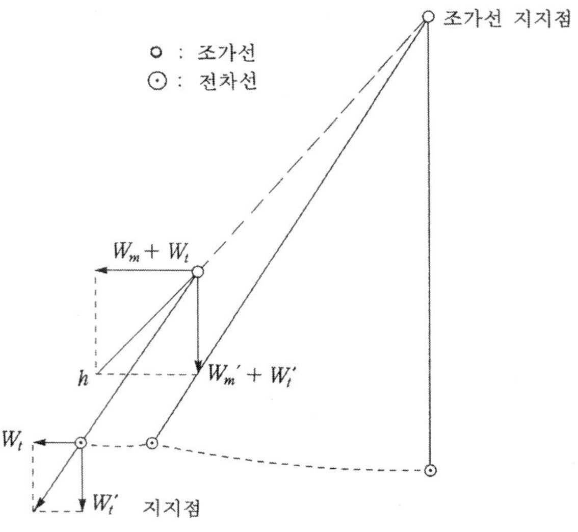


**그림 5.8** 풍압기울기(진동방지장치가 없는 경우)

㉢ 지그재그 기울기가 있는 경우

전차선의 풍압 기울기량은 다음 식에 따라 구한다.

– 심플 커티너리가선방식

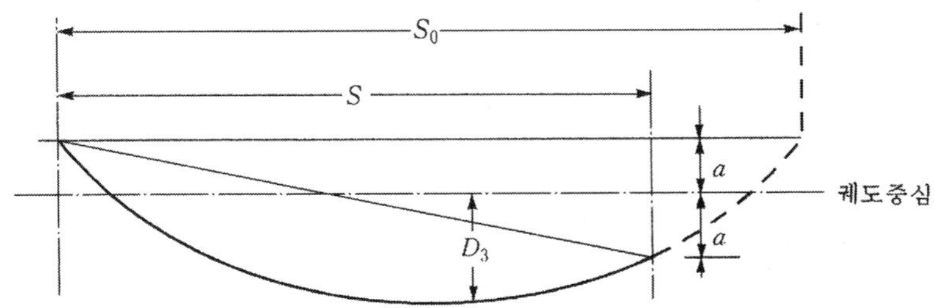


**그림 5.9** 풍압기울기(심플 커티너리가선방식)

$$d_3 = \frac{S^2(W_m + W_t)}{8(T_m + T_t)} + \frac{2a^2(T_m + T_t)}{S^2(W_m + W_t)} \tag{5.6}$$

여기서, $d_3$ : 지그재그 기울기를 취했을 때의 풍압에 따른 전차선 기울기량[m]

$S$ : 경간[m]

$a$ : 지지점의 설정 지그재그 편위량[m]

$S_0$ : 풍압을 받았을 때의 등가경간

– 콤파운드 커티너리가선방식(지그재그 기울기를 3경간 사이클로 할 때)

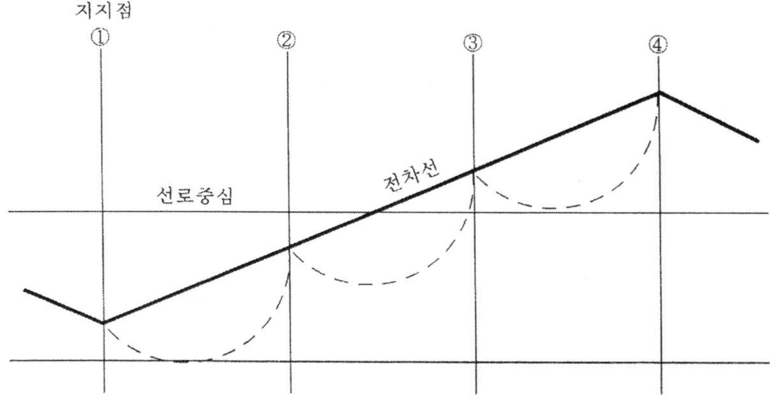


**그림 5.10** 3경간 편위(콤파운드커티너리 가선방식)

$$d_3 = \frac{S^2(W_m + W_a + W_t)}{8(T_m + T_a + T_t)} + \frac{H^2(T_m + T_a + T_t)}{2S^2(W_m + W_a + W_t)} + \alpha + \frac{H}{2} \quad (5.7)$$

여기서, $W_a$ : 보조조가선 풍압하중[N/m]

$T_a$ : 보조조가선의 가선장력[N]

$\alpha$ : 지지점 ②의 설정 지그재그 편위량[m]

$H$ : 지지점 ①, ② 간의 설정 지그재그 편위량[m]

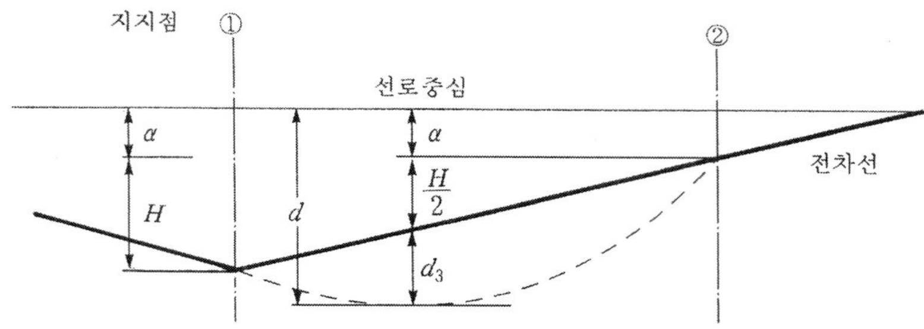


**그림 5.11** 풍압기울기(콤파운드 커티너리가선방식)

ⓐ 곡선로의 경우 전차선의 기울기

곡선로의 전차선은 지지점에서는 곡선의 외측에, 경간 중앙에서는 곡선내측에 위치하게 된다. 곡선로의 경우 전차선의 기울기는 각각의 곡선반지름에 대하여 구한다.

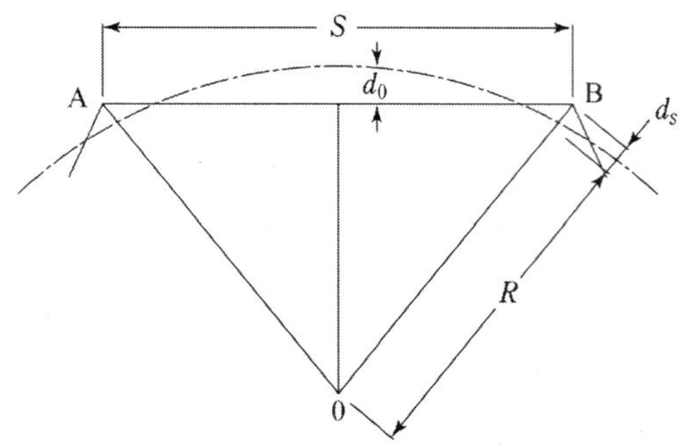


**그림 5.12** 곡선로의 경우 전차선의 기울기

▸ 지지점과 경간 중앙에서의 기울기량이 같을 때

$$d = \frac{S^2}{8R} \tag{5.8}$$

여기서, $d$ : 경간 중앙의 전차선의 기울기량[m]
$S$ : 전주 경간[m]
$R$ : 곡선반지름[m]

▸ 지지점의 전차선 기울기를 $d_s$ 로 하면
경간 중앙의 기울기량

$$d_0 = \frac{S^2}{8R} - d_s \tag{5.9}$$

여기서, $S$ : 전주 경간[m]
$R$ : 곡선반지름[m]
$d_s$ : 지지점의 전차선 편위(0.2[m])

**표 5.10** 곡선경간별 기울기 단위 : [m]

| 전주경간 | 곡선반경 | 지지점편위 | 중간기울기 | 풍압기울기 | 기울기 계 |
|---|---|---|---|---|---|
| 50 | 1,600 | 0.2 | −0.0046 | 0.225 | 0.2204 |
| 45 | 1,000 | 0.2 | 0.0531 | 0.182 | 0.2351 |
| 40 | 700 | 0.2 | 0.0857 | 0.144 | 0.2297 |
| 35 | 500 | 0.2 | 0.1062 | 0.110 | 0.2162 |
| 30 | 400 | 0.2 | 0.0812 | 0.081 | 0.1622 |
| 20 | 300 | 0.2 | −0.0333 | 0.036 | 0.0027 |

ⓑ 지지물의 굽힘에 따른 기울기
바람의 영향, 전선의 수평장력 등에 의하여 전철주 구조물의 굽힘과 전주 기초 변형으로 인한 전주경사가 발생하므로, 전차선의 높이에 대하여 100[mm](전철주의 굽힘에 대하여 50[mm], 기초경사에 대하여 50[mm]) 정도의 경사를 고려한다.

ⓒ 차량동요에 따른 집전장치 기울기
궤도면상 585[mm]의 점을 차량의 무게중심으로 보고 중심점에서 좌·우 610[mm]의 수평점에 생기는 기울기를 측정한 결과 상·하 각각 최대 32[mm](차량동요 최고각도 3°)까지 이동하는 것으로 보았을 때 전차선의 높이를 5,200[mm]로 하면 집전장치 면의 기울기는

$$(5,200-585)\times\frac{32}{610}\fallingdotseq 242[\text{mm}]$$

가 된다.

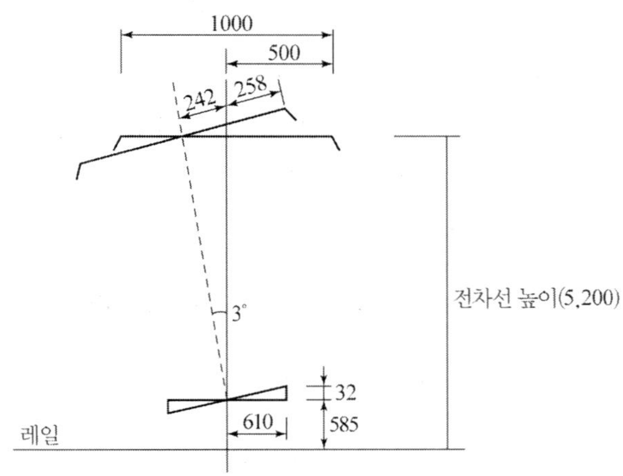


**그림 5.13** 차량동요에 의한 집전장치의 기울기

위 그림에서 집전장치가 가공전차선과 접촉하는 유효폭은 약 1,000[mm]이므로 가공전차선의 허용수평거리는 1000/2−242=258[mm]이다. 이것을 전차선의 최대편위 250[mm]로 정한 것이다.

ⓓ 온도변화에 따른 가동브래킷 회전 기울기

전차선은 온도변화와 장력변화에 따라서 이동하기 때문에 가동브래킷의 회전에 의하여 기울기가 발생될 수 있다. 가동브래킷의 회전에 따른 기울기는 각각의 전차선 인류길이와 가동브래킷 길이에 대해서 구하며 일반적으로 전차선 마모의 영향이 없는 것으로 보고 온도변화에 따른 전차선의 신축에 대해서만 구한다.

전차선을 자동장력조정하는 경우 조가선과 전차선이 동일한 선종으로 되어 있으면 온도변화에 따른 선로방향의 이동량은 조정거리의 신축되는 양과 같지만 조가선을 아연도강연선으로 사용하고 있는 가선구성에서는 전차선과 조가선의 신축 길이가 다르게 되므로, 신축되는 차를 저감하는 인류 Yoke의 작용에 따른 신축량은 동일한 선종의 값보다 작은 값이 된다.

Cu−Fe계의 가선과 Cu−Cu계의 가선을 비교하면 Cu−Fe계의 신축에 의한 이동량이 약 1/2이 된다. 가동브래킷의 회전에 따른 기울기량은 보통 식 (5.10)의 값을 사용하고 있다.

$$\sigma = M - \sqrt{M^2 - \Delta l^2} \tag{5.10}$$

여기서, $\sigma$ : 가동브래킷의 회전에 따른 전차선의 기울기[mm]

$M$ : 가동브래킷의 게이지[mm]

$\Delta l$ : 전차선의 이동량

▸ 가동브래킷의 게이지(M)

- 가동브래키트의 건식게이지 3,000[mm]
- 전주폭 318[mm]
- 전차선 편위 200[mm]

$$M = 3{,}000 - \frac{318}{2} - 200 = 2{,}640[\text{mm}]$$

▸ 전차선의 이동량($\Delta\ell$)

$$\Delta\ell = \alpha(t - t_0)L \times 10^3$$

$\alpha$ : 전차선의 선팽창계수 $1.7 \times 10^{-5}$

$t$ : 최고온도 40[℃]

$t_0$ : 표준온도 10[℃]

$L$ : 전차선장력 조정길이 600[m]

$\Delta\ell$ : $1.7 \times 10^{-5}(40 - 10) \times 600 \times 10^3 = 306[\text{mm}]$

▸ 가동브래킷 회전에 따른 기울기($\sigma$)

$$\sigma = 2{,}640 - \sqrt{2{,}640^2 - 306^2} \fallingdotseq 18[\text{mm}]$$

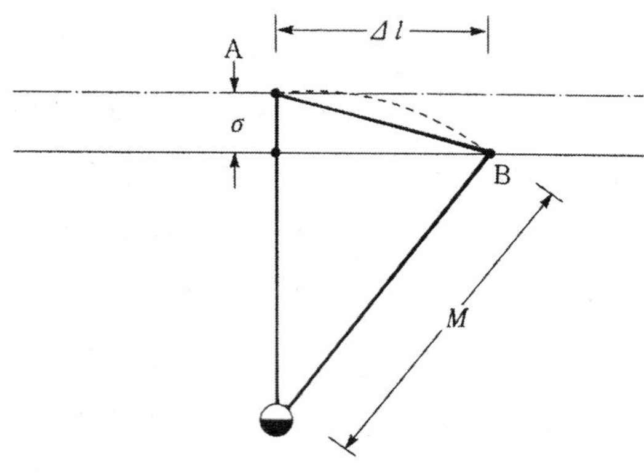


**그림 5.14** 가동브래킷의 기울기

**예제 5-1**

**건식게이지(gauge)가 3.1[m]이고 전주 지름이 400[mm]일 때 전차선 기울기를 150[mm]로 하면 최소 브래킷 게이지 $M$은?**

풀이 $M = 3100 - \frac{400}{2} - 150 = 2750[\text{mm}]$

**예제 5-2**

**전차선은 온도와 장력의 변화에 따라서 이동하지만 온도에 따른 이동만 고려하면 이동량 $\Delta l$는?**

풀이 $\Delta l = \alpha(t - t_0)L \times 10^3$에서

여기서, $\alpha$ : 전차선의 선팽창계수 $1.7 \times 10^{-5}$

$t$ : 최고온도 40[℃]

$t_0$ : 표준온도 10[℃]

$L$ : 전차선장력 조정길이 750[m]

따라서, $\Delta l = 1.7 \times 10^{-5} \times (40 - 10) \times 750 \times 10^3 = 382.5[\text{mm}]$

**예제 5-3**

**위 예제 5-1, 5-2의 조건에서 가동브래킷의 회전에 따른 기울기는?**

풀이 $\sigma = 2750 - \sqrt{(2750)^2 - (382.5)^2} \fallingdotseq 27[\text{mm}]$

ⓔ 직선구간에서 전차선 기울기의 여유

직선구간의 경우 전차선 기울기의 집전장치에 대한 여유는 다음과 같다.

$$\text{기울기의 여유} = \frac{D}{2} - (D_1 + D_2 + D_3) - D_4[\text{mm}] \tag{5.11}$$

여기서, $D$ : 집전장치의 유효폭

$D_1$ : 지지물의 굽힘에 의한 기울기

$D_2$ : 차량동요에 의한 집전장치 기울기

$D_3$ : 가동브래킷 회전에 따른 기울기

$D_4$ : 전차선의 풍압에 의한 기울기

표 5.11 직선구간에서 전차선의 기울기 여유 단위 : [mm]

| 구 분 | 전기동차 |
|---|---|
| 집전장치 유효폭($D$) | 1,310 |
| 지지물의 굽힘에 의한 기울기($D_1$) | 100 |
| 차량동요에 의한 집전장치 기울기 ($D_2$) | 242 |
| 가동브래킷 회전에 따른 기울기($D_3$) | 18 |
| $(D/2)-(D_1+D_2+D_3)$ | 295 |
| 전차선의 풍압에 의한 기울기($D_4$) | 208 |
| 기울기의 여유 | 87 |

표 5.12 곡선구간에서 전차선의 기울기 여유 단위 : [mm]

| 구 분 | 전기동차 | | | |
|---|---|---|---|---|
| 집전장치 유효폭($D$) | 1,310 | | | |
| 지지물의 굽힘에 의한 기울기($D_1$) | 100 | | | |
| 차량동요에 따른 집전장치 기울기($D_2$) | 242 | | | |
| 가동브래킷 회전에 따른 기울기($D_3$) | 18 | | | |
| $(D/2)-(D_1+D_2+D_3)$ | 295 | | | |
| 전차선의 풍압에 의한 기울기($D_4$) | 50[m] | 40[m] | 30[m] | 20[m] |
| | 220 | 229 | 162 | 2 |
| 기울기의 여유 | 75 | 57 | 133 | 293 |

2) 전철주의 건식게이지

전철주의 건식은 주로 선로와 평행하게 설치되기 때문에 열차의 안전운행을 확보하기 위하여 선로를 기준으로 해서 건축한계가 정해지고 있다. 전철주의 건식게이지는 건축한계 외측 보수에 필요한 폭을 포함한 거리로 정해진다. 즉, 「건식게이지」란 건축한계를 벗어난 지점에 세워지는 전주의 건식 가능 위치이며, 전주 중심과 궤도중심과의 직선 이격거리를 말한다.

전철주의 건식게이지는 선로의 조건과 현장여건 등에 따라 건식 위치가 달라지게 되므로 설계 및 시공에 있어 정확성과 정밀성을 요구한다.

전철주의 표준 건식게이지는 전주중심으로부터 궤도중심까지 3[m]를, 정거장 구내는 3.5[m] 위치에 설치하는 것을 표준으로 하지만 현장여건 및 시스템에 따라 설치위치가 가감될 수 있다.이 때에는 건축한계의 저촉 여부를 확인하여 설계에 반영하여야 한다.

또한, 승강장(홈) 또는 화물적하장(콘테이너 야드 등)에 설치하는 경우에는 그 연단으로부터 1.5[m] 이상 떨어져 설치하고, 캔트(Cant)가 100[mm] 이상되는 경우의 건식게이지는 내측인 경우 100~200[mm] 증(+)하고, 외측인 경우 100~200[mm] 감(−) 하여 설치할 수 있다.

그리고, 차막이의 바로 뒤에 전주를 설치하여서는 안되며, 부득이한 경우에는 10[m] 이상 거리를 두어 설치한다.

그밖에 자동차 등이 통행하는 건널목 부근에 설치하는 전주는 건널목 양측단으로부터 5[m] 이상 이격하여 설치하고, 신호기 부근에 설치하는 경우에는 신호투시에 지장이 없도록 시공전에 신호분야와 인터페이스를 통하여 설치 위치를 선정하는 것이 바람직하다.

## 1.2 | 전철주기초

전철주를 대지에 고정시키기 위한 설비를 「전철주기초」라 한다. 전차선로용 전주기초는 앞에서 설명한 것과 같이 전차선의 기울기에 직접적인 영향을 미치게 되므로 외력(外力)에 대해 충분한 저항을 갖고 전주의 경사가 허용한도를 넘지 않아야 한다. 또한, 지반의 흙을 포함한 기초의 구성재료는 부식, 동결, 건습, 열화(劣化)를 받아도 내구성이 있어야 하며, 특히 지표 부근의 흙은 계절적 건습이나 동결 등의 자연의 영향과 선로보수작업이나 기타 인위적인 영향도 고려하여야 한다.

### (1) 전철주기초의 종류

전철주기초의 종류에는 근가기초, 쇄석기초, 콘크리트기초, 우물통기초, 푸팅기초, 앵커볼트기초 등이 있다. 근가기초와 쇄석기초는 전주 주위의 기초구멍을 토사 또는 토사와 쇄석을 일정 비율로 혼합하여 공간을 채우는 "매몰기초"의 일종으로 비교적 강도가 작은 경우에 적용된다.

전철주의 기초구멍을 콘크리트로 채우는 것을 콘크리트기초라 말한다. 넓은 의미로는 콘크리트를 다져 넣은 푸팅(Footing)기초 등도 콘크리트기초의 일종이다. 콘크리트 전주기초에는 형태에 따라 I형기초, T형기초가 있다. 전주기초는 전주가 받는 하중과 전주의 종류, 건식 위치의 지형 및 토질의 종류를 파악하여 전주가 받는 하중에 적합한 것으로 선정하여야 한다.

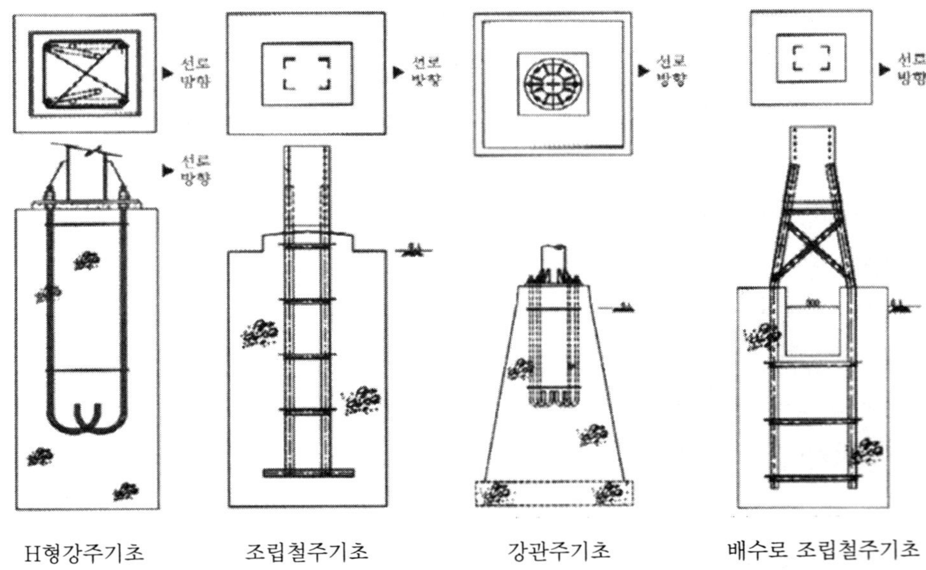


1) 근가(根架)기초

전철주에 근가를 철선 등으로 고정하여 전주가 경사되지 않도록 하는 기초를 말한다. 시공방법은 기초 흙파기를 단계별로 굴착하여 근가를 설치하며, 목주기초에 주로 사용하는 방식으로 초기의 콘크리트주에 사용하였다.

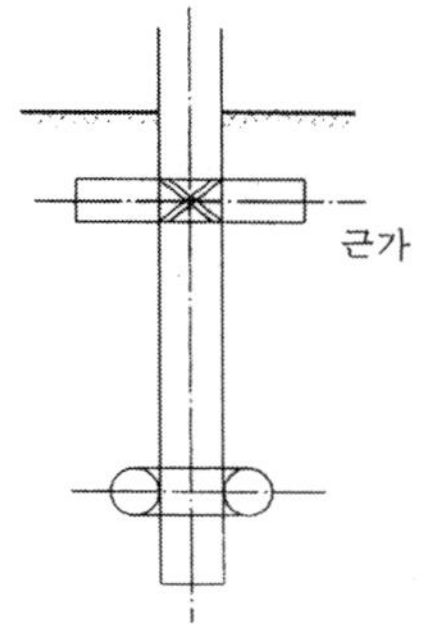


**그림 5.15 근가기초**

2) 쇄석기초

전주 지름의 2배 정도 원형구멍을 굴착한 후 전주가 땅 속으로 침하되지 않도록 철근 콘크리트제의 바닥판을 여러 개 깔고 그 위에 전주를 수직으로 세운 다음 굴착한 구멍과 전주의 공간을 쇄석(부순 돌)과 토사를 채워 넣는 기초로서 비교적 지반 모멘트가 작은 장소에 사용한다.

굴착한 토사가 연약할 때는 굴착한 토사 대신에 양질인 사질토를 이용하며 구멍을 굳히기 위하여 묻을 때 조금씩 쇄석을 넣으며 쇄석과 토사의 혼합비는 5 : 1을 표준으로 하고 있다.

| 직경 $d$[cm] | 전주지름의 1.8~2배 |
|---|---|
| 길이 $l$[cm] | 전주 길이의 1/6~전주지름의 6배 |
| 표토 $l'$[cm] | 10~30 |

※ 표토란 표층이 무너지기 쉬운 부분을 말한다.

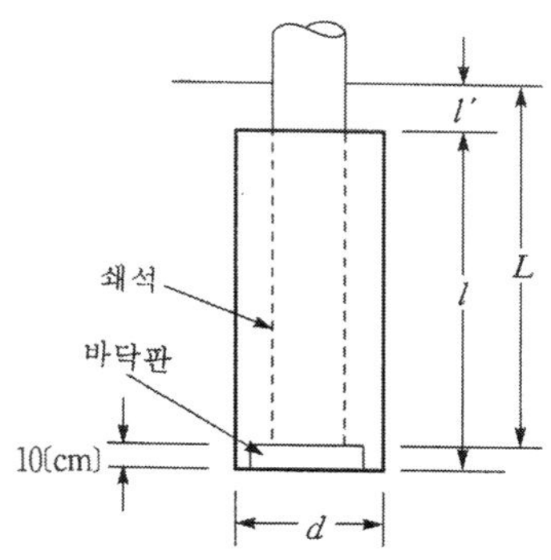


그림 5.16 쇄석기초

3) 콘크리트기초

전철주기초로서 가장 많이 이용되며 그 형태에 따라 I형기초와 T형기초가 있다. T형기초는 하중에 대하여 지내력이 부족한 경우에 사용한다.

① I 형기초

기초의 형태가 상하 직선으로 되어진 기초를 말하며, 일반적인 전철주의 콘크리트 기초로서 가장 많이 사용되고 있는 방식이다. 그 형태는 원형인 경우는 굴삭차를 이용한 기계화 시공으로, 4각형은 장비가 접근하기 곤란한 경우에 인력(人力)으로 터파기를 하고 흙막이 거푸집을 설치한 다음 콘크리트를 타설 시공한다.

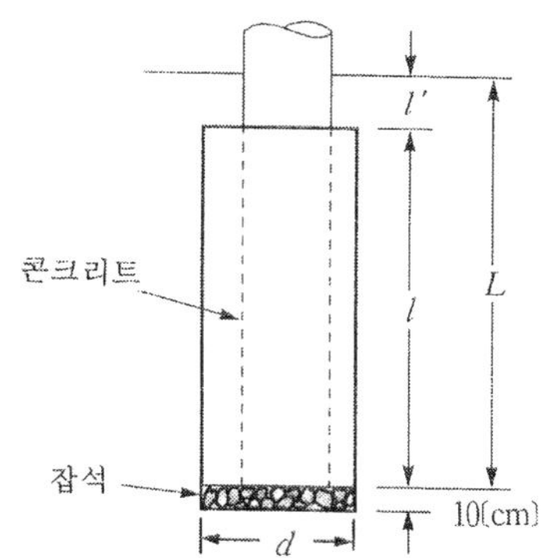


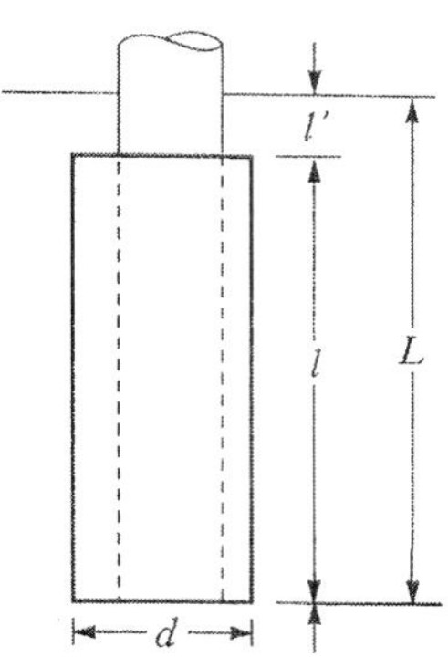


그림 5.17 I형기초

| 형 상 | 원형주 | 사각주 |
|---|---|---|
| 지름 또는 폭($d$[cm]) | 60～80 | 80～130 |
| 길 이 $l$[cm] | 주장의 1/6～250 | (폭의 2～250배) |
| 표 토 $l'$[cm] | 10～30 | 10～30 |

② T형기초(전붙이기초)

기초의 형태가 T형으로 되어 있으며, 쌓기(돋기)개소이거나 선로의 경사면의 토압이 약한 개소, 갯뻘 매립 개소 등에 전주의 침하와 전도가 되지 않도록 기초의 상부(강도계산에 따라 하부)를 넓게 하는 구조이다.

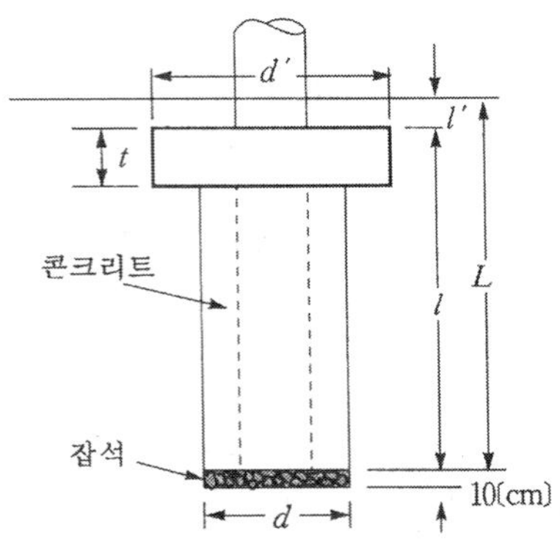


그림 5.18 T형기초

| 폭 | $d$[cm] | 80 ~ 130 |
|---|---|---|
| T형의 변길이 | $d'$[cm] | $2d$ 이상 |
| T형의 평균두께 | $t$[cm] | $3/5d$ ~ $2/3d$ |
| 길 이 | $l$[cm] | 주장의 1/6 ~ 250 (전주직경의 6 배) |
| 표 토 | $l'$[cm] | 10 ~ 50 |

③ 콘크리트기초 기계화시공 장비

굴삭차

콘크리트 믹서차

#### 4) 특수기초

① 앵커볼트기초

강관주 및 고가, 교량 등에 설치하는 앵커볼트기초는 콘크리트 타설전 앵커볼트(기초볼트)를 넣는 구조와 이미 만들어진 콘크리트 구조물의 천정 슬래브나 옹벽 개소의 콘크리트를 천공하여 케미칼 레진(Chemical lezhin)과 함께 앵커볼트를 삽입하는 시공 방법이 있다.

콘크리트 타설전 앵커볼트(기초볼트)를 넣은 구조는 H형강주, 강관주와 4각철주(좌판식)의 기초로 많이 사용되고 있다.

② 우물통기초

협소한 장소 또는 논 등 용수가 많은 개소에서 터파기를 할 때 흙이 무너지거나 지반이 약해서 기초터파기가 곤란한 경우가 있다.

시공방법은 그림 5.19에서와 같이 둥근 원통형의 콘크리트복관(안지름 : 1200[mm])을 사용해서 콘크리트복관 안쪽의 흙을 파면서 콘크리트복관을 땅 속으로 밀어 넣고 일정한 깊이에 도달하면 아래면을 잡석으로 다진 후 그 위에 전주를 설치한 다음 콘크리트를 타설하여 시공하는 특수기초이다.

보통 이 기초는 중(重)하중을 받는 가공송전선로 철탑기초에 사용한다.

③ 푸팅(Footing)기초

모멘트와 수직하중이 큰 구내 장(長)경간 빔용 철주, 스팬선용 철주 등 표준기초의 치수이상의 기초를 필요로 할 때 사용하는 기초이다. 토질이 나쁜 지반에서는 지내력이 작기 때문에 그림 5.20에서와 같이 기초의 밑면적을 크게 하여 수직하중에 견딜 수 있도록 되어 있는 기초이다. 이 경우 선로연변을 크게 굴착하지 않으면 안 되는 단점이 있다.

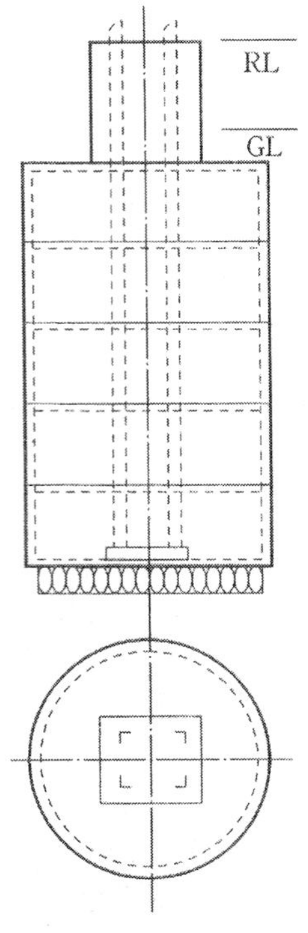

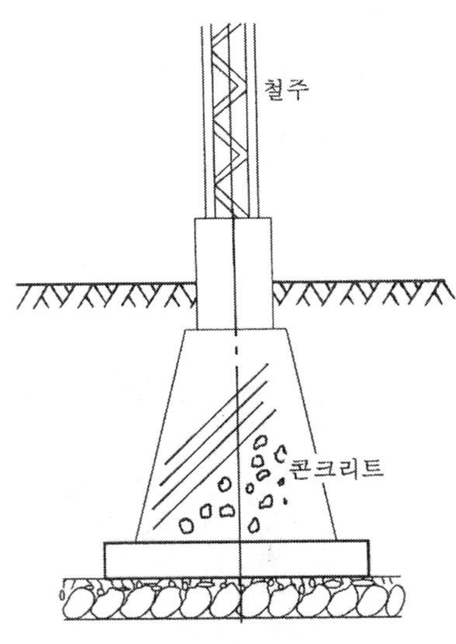


그림 5.19 우물통기초

그림 5.20 푸팅기초

④ 중력형블럭기초

측면 토압이 특히 연약한 경우에 사용하는 콘크리트기초로서 푸팅기초와 비슷하나 이 기초는 기초의 크기를 크게 하여 외력(外力)에 의한 모멘트를 자체 중량에 의하여 저항하도록 만들어진 특수기초의 일종이다.

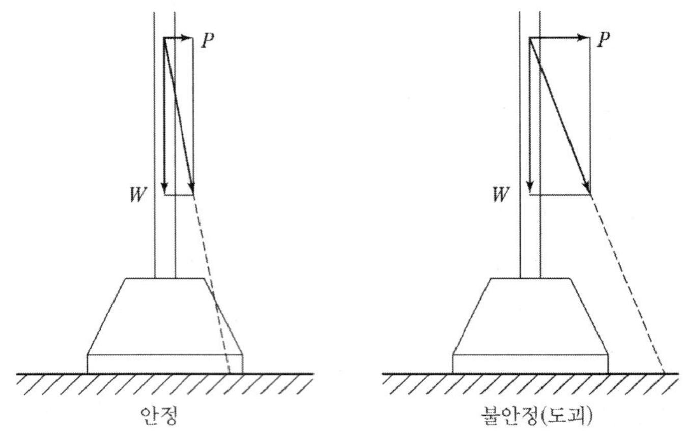


그림 5.21 중력형블럭기초

⑤ Z형기초

기초지반이 암반(巖盤)으로 되어 있을 때 그림 5.22에서와 같이 암반에 기초구멍을 파서 전주를 건식한 후 콘크리트로 직접 타설하는 특수기초이다. 보통 콘크리트주용으로 암반이 있는 부득이한 경우 사용되고 있다.

⑥ H형기초

특히 하중이 큰 지지물에는 H주를 이용하여 하중을 분산해 주고 있는데, 이러한 경우에 사용되는 기초로서 기초 하부는 독립되어 있고 상부는 공통으로 되어 있는 구조의 특수기초이다.

⑦ 투입식기초

고가교, 옹벽 등의 개소에서 토목구조물에 전주용 콘크리트기초 구멍을 미리 설치해 두고 후에 전주를 건식하고 모래를 채우는 구조의 기초이다. 전주설치는 장비를 이용하여 미리 설치된 기초구멍에 투입해 넣는 점 때문에 투입식기초라 한다.

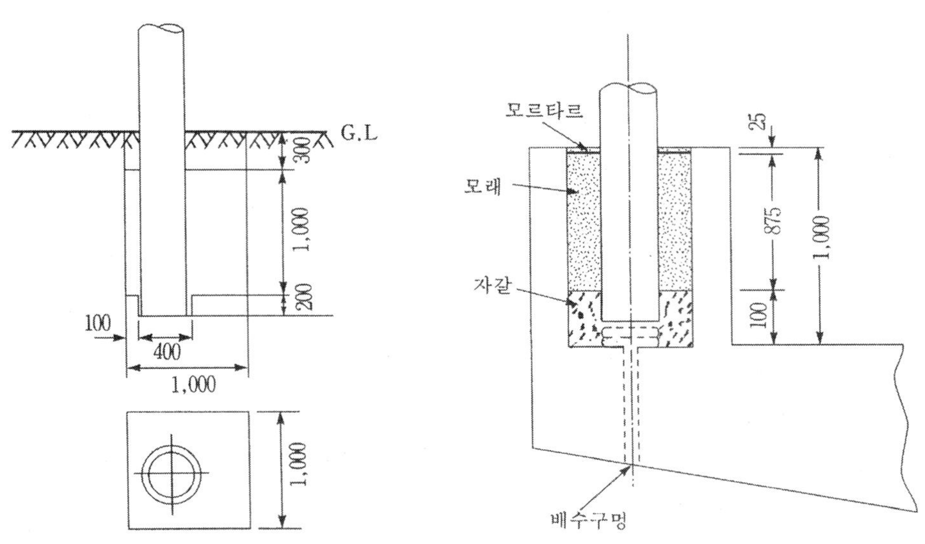


**그림 5.22** Z형기초 **그림 5.23** 투입식기초

⑧ 항(杭) 기초

항타에 따라서 지내력을 보강하는 특수기초이다. 기초항에는 하중을 지탱하는 방법에 따라서 다음과 같은 종류가 있다.

㉠ 지지항

연약한 토층을 다져서 하부를 견고한 지반으로 만들어 하중을 모은 것

㉡ 마찰항

흙과 항주간의 마찰력으로 하중을 지지하는 것

㉢ 압축항

연약한 모래층을 항으로 압축해서 지지력을 증가시키는 것

## (2) 전철주기초의 시공

### 1) 전철주기초의 깊이

전주의 묻히는 깊이는 일반적으로 전주 전체길이의 1/6 이상으로 하고 토질의 좋고 나쁨에 따라 1본 또는 2본의 근가를 사용하는 것이 보통이었다. 그러나 양호한 지반에는 큰 차이가 없지만 연약한 지반이나 작용하중이 큰 경우에는 기초의 저항력이 부족한 경우가 있기 때문에 기초의 형이나 크기는 지반 흙의 질이나 지형의 영향에 따른 저항력의 변화 등을 고려해 결정할 필요가 있다.

전철주기초의 깊이는 기온 등의 영향으로 흙의 체적변화를 일으킬 우려가 없는 깊이로 하며, 콘크리트주의 경우에는 약 2.5[m] 이상을 표준깊이로 하고 있다. 그러나 견고한 암반기초나 항기초 등에는 지반의 내력에 따라서 최소깊이를 정하고 있다.

수직하중이 특히 큰 경우나 지반의 압축 지지력이 특히 작은 경우에는 전주가 침하(沈下)되지 않도록 기초의 밑부분에 콘크리트제의 바닥판을 사용하기도 한다.

전차선로 구조물의 강도는 태풍 등에 의한 지지물, 전선류에 대한 풍압하중을 상정해서 검토해 두면 별다른 문제가 없다.

### 2) 철주다리의 구조

철주의 다리부분은 철주의 응력을 안전하게 기초로 전달되도록 하여야 한다. 철주다리 부분의 구조는 직매입, 근계매입, 앵커볼트매입, 핀구조 등이 있으며, 전기철도구조물의 경우 핀구조는 거의 사용하지 않고 있다.

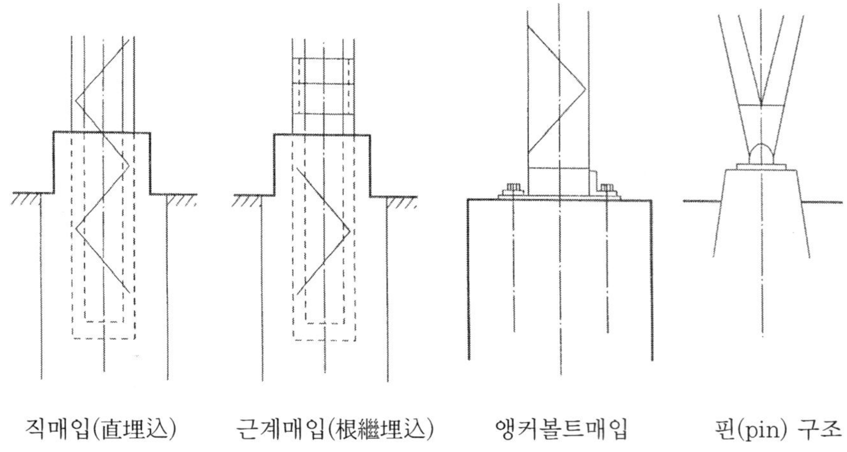


**그림 5.24 철주 다리부분의 구조와 앵커볼트 매입**

① **직매입**

철주 본체를 그대로 콘크리트기초에 매입하는 가장 기본적인 방식으로서 신설되는 선로에 사용되고 있으나 시공의 정확도가 필요하며, 콘크리트가 양생하는 동안 철주가 움직이지 않도록 삼발이 등으로 고정시켜야 하는 단점이 있어 열차운행이 빈번한 기존선에서는 사용하지 않는 방식이며, 신설선(고속선)의 경우 노반의 건조밀도가 높은 구간은 시공한 사례가 있다.

② **근계매입**

철주 전체를 기초부(하부)와 상부로 분할하여 기초부 완료 후 상부와 접속되는 부분에 접속판(강판)을 이용하여 상부와 하부를 볼트로 체결해서 접속하는 방식으로 가장 많이 사용되는 방식이다.

철주하부의 접속은 접속판을 사용하여 접속한다. 다만, 특수한 경우는 겹치게 할 수 있다. 접속판은 강판 또는 ㄴ형강을 사용하여 주재 외측에 취부하고 철주 각부는 응력에 충분히 견디고, 철주 각부의 접속은 접속 부재간에 응력을 충분히 전달시키는 구조로 할 필요가 있다. 이 접속부를 겹치게 한 경우에는 편심에 따른 모멘트가 생기므로 접속판 접속을 원칙으로 하고 있다. 다만, 하부주재가 상부주재보다 큰 경우이거나 하중이 작은 경우에는 겹치는 접속을 할 수 있다. 또한, 접속판을 ㄴ형강으로 사용할 때는 주재보다 1단계 이상 큰 것을 사용한다.

③ **앵커볼트매입**

콘크리트기초 또는 교량 구조물에 앵커볼트를 매입해 넣고 철주를 볼트로 체결하는 방식으로 교량이나 고가교 등 기초의 설치가 곤란한 경우와 굴삭차(햄머비트,

트리콘비트)를 이용한 원형 콘크리트기초, 4각형 콘크리트기초에 가장 많이 사용하는 방식이다.

④ 핀구조

철주다리 부분이 회전 가능하도록 만들어진 특수구조이며, 핀구조는 기초의 굽힘 모멘트를 부담시키기가 곤란한 경우에 한해 사용하며 일반적으로 전철주에는 사용되지 않는 방식이다.

3) 철주다리의 배수

철주다리 부분의 배수가 나쁜 경우에는 이 부분의 부식이 촉진되기 때문에 철주와 기초부분의 접합부분에는 지표상보다 높게 몰탈시멘트로 마감을 하고 경사를 주어 배수가 잘 되도록 해야 한다.

# 2 철(강) 구조물

## 2.1 빔(Beam)

전기철도에서는 대부분 열차가 운행하는 선로의 상부에 전차선과 급전선(부급전선)을 지지하기 위하여 역간의 단독주에는 가동브래킷(bracket)을 설치하여 궤도와 직각방향으로 전차선과 조가선을 지지하는 구조로 되어 있으며, 정거장 구내, 차량기지, 화물기지(콘테이너 야드) 등에는 여러 개의 선로가 집중되어 있어 전주와 건너편 전주간을 문형(門形)구조로 가로 질러 설치한 철(강) 구조물을 빔(Beam)이라 한다.

### (1) 빔의 종별

빔의 종별는 고정빔, 스팬선빔의 2종류가 주로 사용되고 있으며, 스팬선빔은 특수한 개소에 한해서 사용한다. 빔은 주재를 ㄴ형강, ㄷ형강, 강관 등의 강재를 사용하여 조립구조(볼트 체결) 또는 용접구조로 되어 있으며, 용융아연도금을하여 방청처리를 하고 있다.

빔의 선정은 해당 구간의 운전조건과 경제성을 고려해서 적절하게 선정할 필요가 있다. 정차장(역) 구내에서는 "고정빔"으로 하며 구내 선로가 많은 개소, 차량기지, 화물기지 등에서 빔의 길이가 길어질 경우 강도적으로 약한 개소 등에는 스팬선빔을 사용한다.

### 1) 고정빔

궤도의 한쪽 또는 양쪽에 전주를 세우고 궤도와 직각으로 강재를 조합한 빔 또는 브래킷을 취부하고 이것에 전차선을 조가하는 것을 고정빔이라 한다. 고정빔에는 고정브래킷, 크로스빔, 문형고정빔(평면빔, V빔, 사각빔, 강관빔 등) 등이 있다.

① **고정브래킷**(fixed bracket)

고정브래킷은 켄틸레버(cantilever)의 일종으로 단선구간용의 전차선 구조물로서 사용되어 왔으며, 현재 단선구간의 역간 또는 역구내의 전차선을 1선 지지하는 경우에 사용한다. 고정브래킷의 구조는 ㄴ형강을 1본 또는 2본 전주에 취부하고 이것을 텐션로드(환봉 16[mm] 아연도금)로 붙잡아 주거나 ㄴ형강으로 지지하는 구조로 되어 있다.

1본으로 구성된 것을 단(單) 브래킷, 2본으로 구성된 것을 포 브래킷이라 부르며, 하중의 크기에 따라 선택하여 사용한다.

특수한 구조의 것은 진동방지장치 또는 곡선당김장치를 설치하기 위해 고안된 코부리(비곡 鼻曲)브래킷이 있지만 진동방지파이프형이 개발되어 점차 사용빈도가 감소하는 추세에 있으며, 브래킷의 길이가 길거나 하중이 클 경우에 이용되고, 전주건식 위치에 제약이 있는 경우에 유리한 V형브래킷 등이 있다.

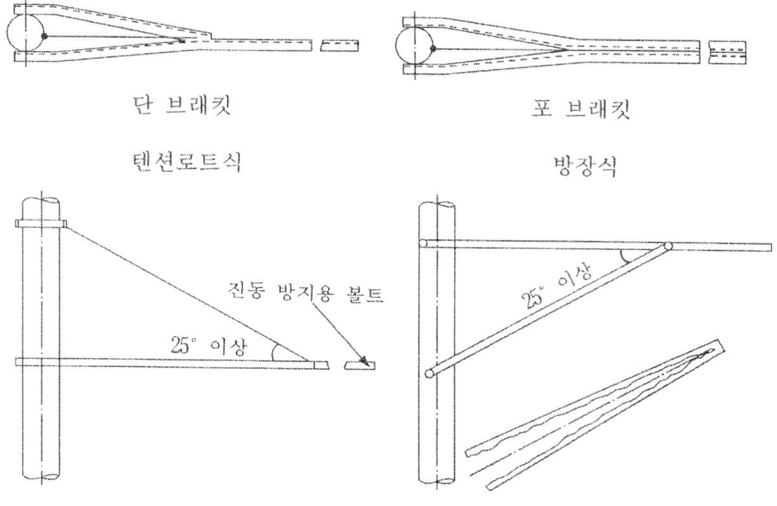


**그림 5.25** 고정브래킷

② **크로스빔**

단선구간의 진동방지개소와 복선구간의 역간과 역구내 등의 일부에서 사용되는 빔이다. 주재를 ㄴ형강으로 사용하여 1본 또는 2본을 전철주간에 취부하고 이것을 텐션로드로 걸거나 또는 ㄴ형강으로 지지하는 간단한 구조로 되어 있어 고정빔으로서 사용되어 왔으며 "보통빔"이라고도 부른다.

주재가 1본으로 된 것을 단빔, 2본으로 된 것을 "포 빔"이라 말하고 하중의 크기에 따라 선택한다.

크로스빔의 크기를 크게 하면 가선의 수직하중에 의하여 굽힘력이 작용하기 때문에 전주의 길이를 크게 하여 로드 등으로 붙잡아 주어야 하므로 빔의 길이는 보통 강재의 길이를 10[m] 이내로 하는 것이 좋다.

크로스빔은 전주와 빔이 접합된 구조가 아니므로 문형(門型)빔이라 하지 않는다.

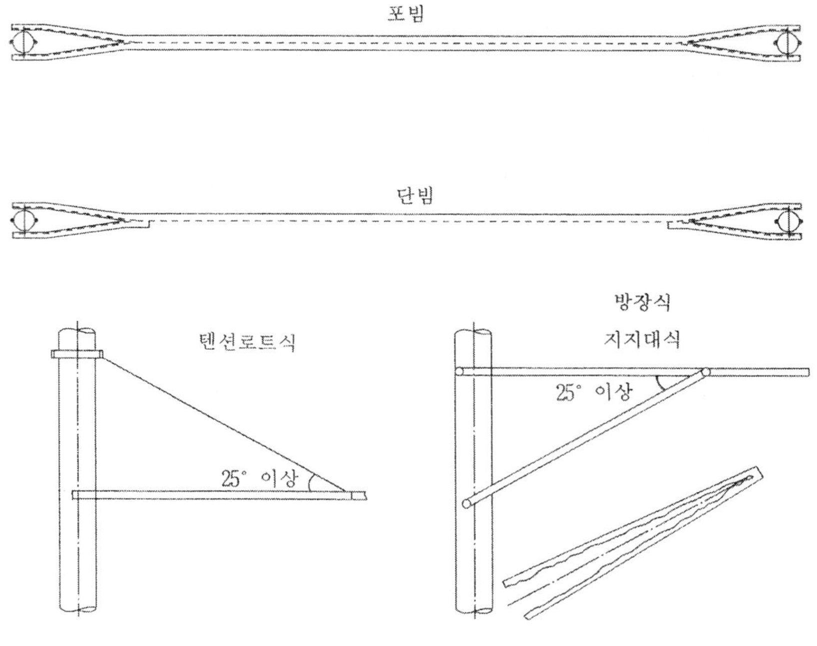


**그림 5.26 크로스빔**

③ 문형 고정빔

지지물과 결합된 빔의 형태가 문형(門型)으로 되어 있다고 하여 문형 고정빔이라 말하며, 복선 또는 복선 이상의 전차선을 지지하기 위하여 사용되어지는 것으로 강재를 조립한 구조로 되어 있으며 "트러스라멘 빔"이라고도 말한다.

- **라멘** : 독일의 "Rahmen"을 그대로 읽은 단어로 강결구조(rigid frame)를 말하고 있다. 즉, 결구(結構, frame)를 구성하고 있는 각부재(member)가 그 결합점에 강직(剛直)하게 결합되고 어떠한 경우에 있어서도 그 교각(交角)을 바꾸지 않는 구조로 구성된 구조물을 "라멘"이라고 한다.
- **트러스** : 직선 부재를 핀결합(핀연결)으로 3각형이 연속된 형태로 조립된 구조를 말한다. 핀구조란 절점(節点, 부재와 부재를 연결하는 점)의 회전이 자유로운 구조를 말한다.

문형고정빔의 종류에는 평면빔, V빔, 4각빔과 강관빔이 있으며, 빔의 선정은 내(耐)하중의 크기에 따라 결정한다.

㉠ **평면빔**

평면빔은 ㄴ형강과 평강을 조립한 평면의 형태를 가진 빔으로 크로스빔보다 하중이 큰 개소에서 사용하지만 빔과 직각방향의 수평하중에 대해 불안전하기 때문에 빔의 길이가 비교적 짧고 하중이 작은 개소에 사용하고 있다.

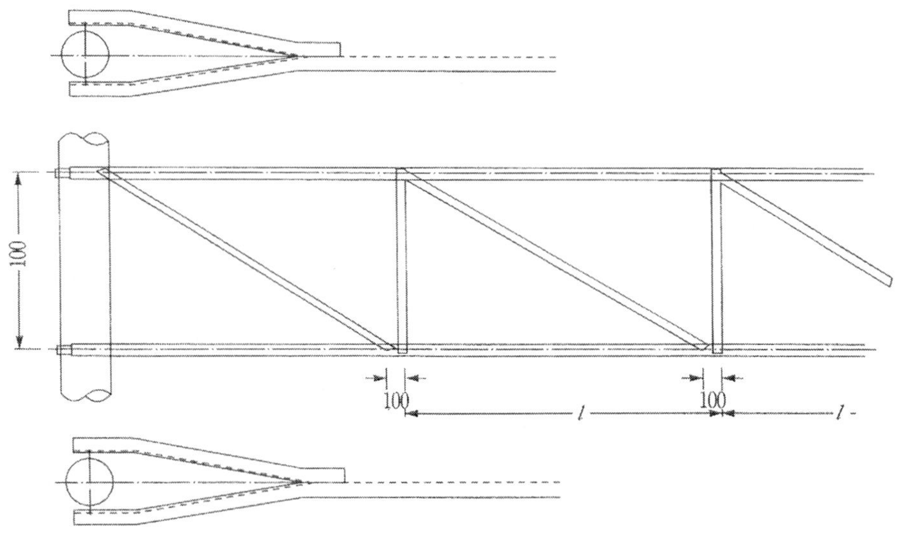


$l$ : 최대 2200[mm]로 한다.

**그림 5.27 평면트러스빔**

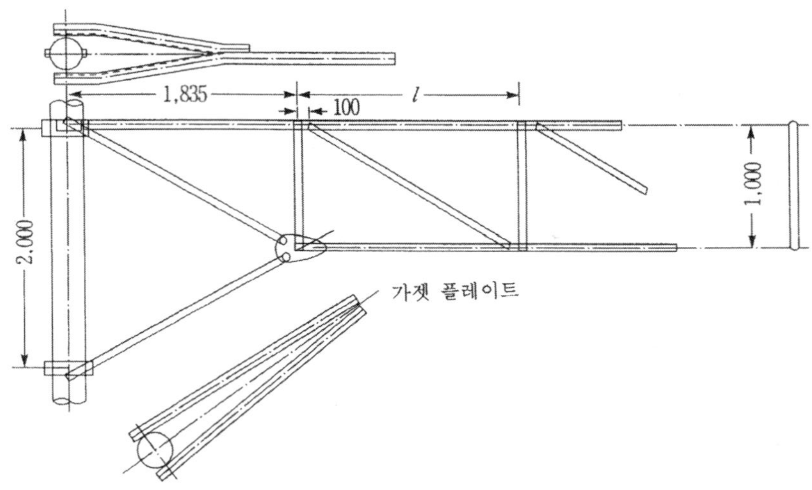


*l* : 최대 1850[mm]로 한다.

**그림 5.28** 평면트러스라멘빔

㉡ V빔

평면빔의 수평하중에 대한 응력이 보강된 빔으로 압축력을 받는 상부주재(ㄴ형강)를 2본으로 하고 인장력을 받는 하부주재(ㄴ형강)는 1본으로 하여 양단에 부재를 붙여 V자 형태로 전주에 취부하는 구조의 빔이다. 이때 빔의 단면의 형태가 V자로 되므로 "V빔"으로 부르고 있다.

V빔은 강재를 합리적으로 이용함으로써 경제적이며 단면특성이 좋고 빔의 축방향에 대한 응력도 크다. 그러므로 V빔은 하중이 비교적 큰 개소에 사용되며 빔의 길이는 단면형상, 촌법(寸法), 사용하는 강재의 종류 등을 고려하여 최대 빔의 길이를 25[m] 정도로 하여 사용하고 있다.

V빔은 처음에는 평행한 형태의 "V트러스빔"을 주로 사용하였으나 현재는 빔의 취부폭(상・하주재의 간격은 1[m])이 큰 방장식(方丈式)의 "V트러스라멘빔"을 사용하고 있다.

"V트러스라멘빔"은 V트러스빔에 ㄴ형강 2본의 사재를 취부해서 전주와 빔을 가젯 플레이트로 접합한 라멘구조로 된 빔을 말한다.

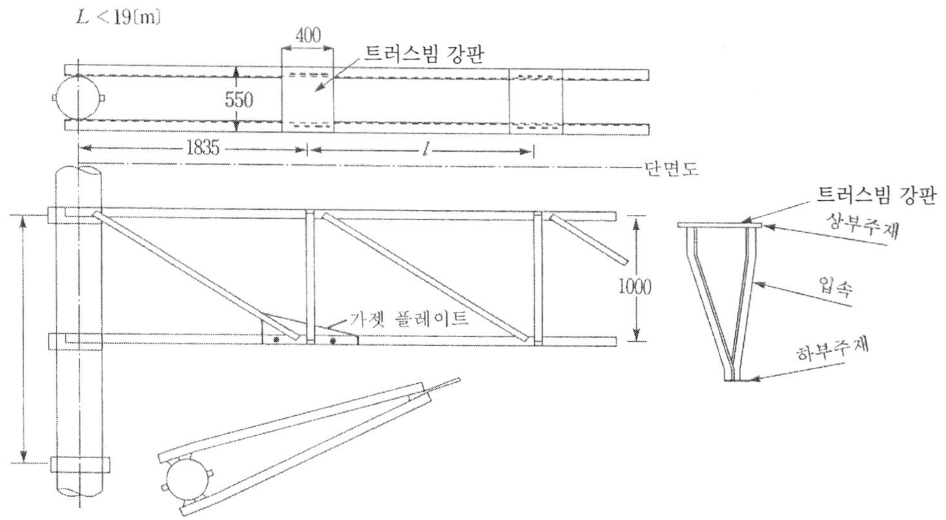


l : 최대 1850[mm]로 한다.

**그림 5.29** V트러스빔

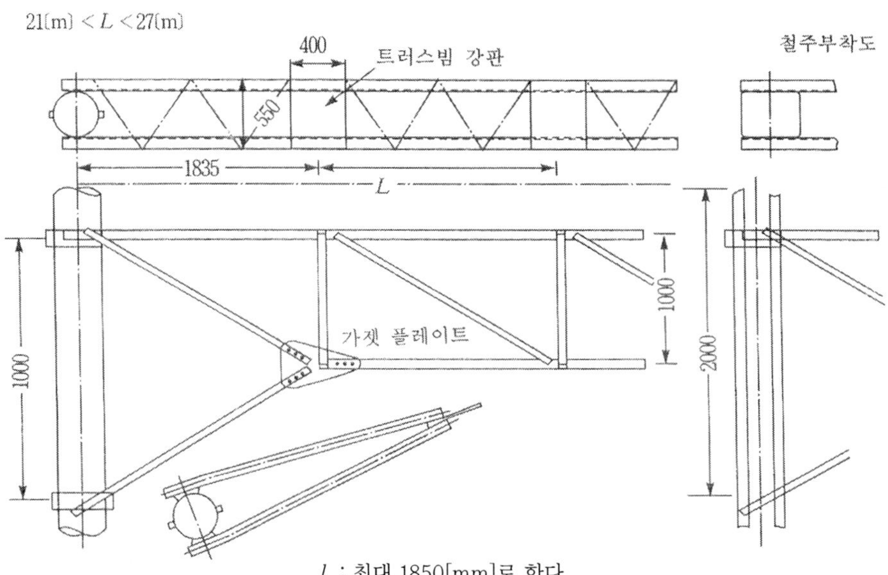


l : 최대 1850[mm]로 한다.

**그림 5.30** V트러스라멘빔

### ㉢ 사각빔

측면과 상·하면을 4각 트러스형으로 조합한 빔을 4각빔이라 한다. 빔의 길이가 길거나 수평하중이 큰 개소에 적합한 빔으로서 V빔 이상의 길이를 필요로 할 때에 사용된다.

이 빔은 빔 본체와 이것을 취부하는 벤드로 구성되어 있으며, 양단을 취부하는 곳에 조정용 구멍을 두어 빔의 길이를 조정하는 구조로 되어 있다. 4각빔의 조립방식은 볼트로 체결하거나 고속선의 경우에는 용접으로 접속하는 방식을 사용하고 있다.

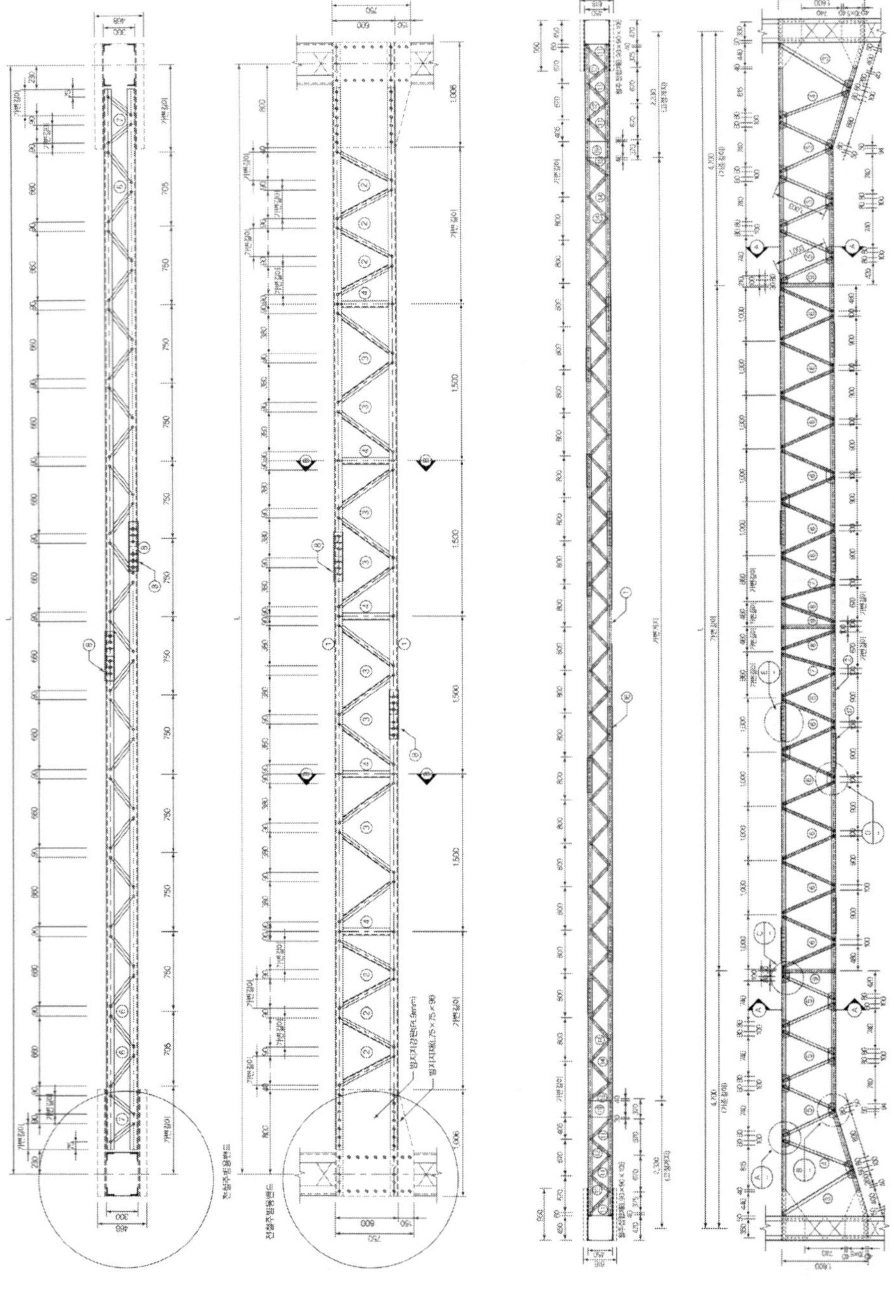

그림 5.31 4각트러스빔

그림 5.32 4각트러스라멘빔

㉣ 강관빔

강관을 단독 또는 조합한 구조의 빔을 "강관빔"이라 말한다. 강관빔은 적설량이 많은 지역에서 눈이 쌓이는 것을 방지하여 관설하중을 줄일 수 있고, 구조가 간단하고 미관에도 좋아 ㄴ형강 조립빔과 함께 일반철도 구간에서 많이 사용한다.

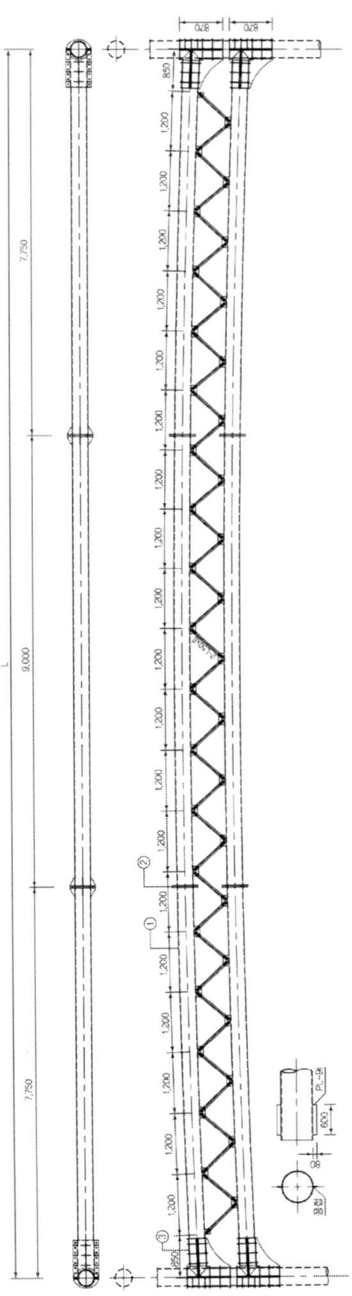


**그림 5.33** 강관빔

ⓜ 인류빔

전차선의 인류주는 차막이에서 10[m] 이상 떨어진 점에 건식하도록 되어 있으나 불가능한 경우에 지지물을 문형구조(빔을 사용)로 하여 전차선을 인류하기 위해 사용하는 빔을 "인류빔"이라 한다.

ⓑ 인출용빔(스트럭쳐빔)

변전소, 구분소 등에서 급전선(부급전선), 보호선 등을 인출하거나 지지하기 위하여 설비되는 고정빔으로 ㄴ형강 또는 강관 등을 사용하는 구조의 빔을 인출용빔 또는 스트럭쳐빔이라고 한다.

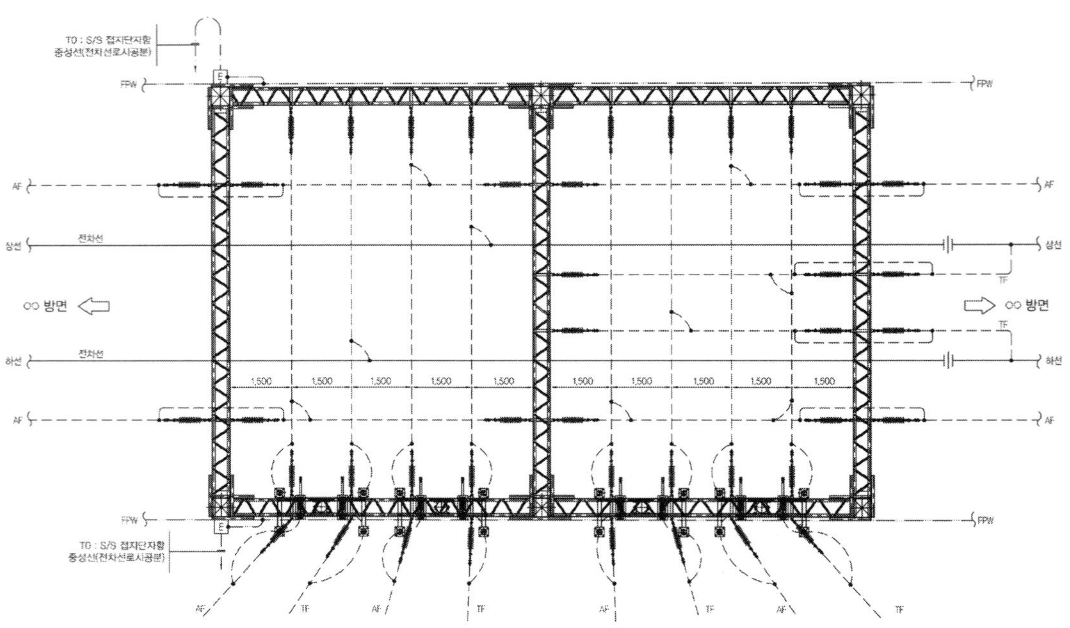


**그림 5.34** 인출용빔(스트럭쳐빔 배치도)

**표 5.13** 고정빔의 길이별 호칭

| 호칭 | 길이[m] | 호칭 | 길이[m] |
|---|---|---|---|
| 1선용 | 6까지 | 6선용 | 22 초과 26까지 |
| 2선용 | 6 초과 10까지 | 7선용 | 26 초과 30까지 |
| 3선용 | 10 초과 14까지 | 8선용 | 30 초과 34까지 |
| 4선용 | 14 초과 18까지 | 9선용 | 34 초과 38까지 |
| 5선용 | 18 초과 22까지 | | |

**예제 5-4**

**고정빔에서 방장(方丈)의 효과는?**

풀이 V트러스빔 등을 전주에 취부할 때 상부와 하부 간격이 크게 되므로 수평방향의 풍압하중에 의한 구조물의 우력(偶力)에 의하여 발생하는 상부주재와 하부주재간의 전단력을 완화하는 효과가 있으며, 트러스와 전주간 접합이 양호하게 되기 때문에 V트러스빔보다 큰 하중을 부담시킬 수 있다. 4각빔은 전주와 접합하는 데 강판을 사용하기 때문에 더욱더라멘 효과를 높일 수 있다.

### 2) 스팬선빔

스팬선빔에는 스팬선빔방식, 빔하스팬선방식, 가압빔방식이 사용되고 있다. 스팬선빔방식은 고정식 문형빔 대신에 전선을 스팬선으로 가선하여 이것에 전차선을 조가하는 방식으로 역구내 측선이 많은 개소와 차량기지, 화물기지 등 선로의 수가 많은 개소에서 사용되며, 주스팬선만으로 구성된 단(單)스팬선 빔과 주스팬선과 보조스팬선 등으로 구성된 커티너리빔 방식이 있다.

빔하스팬선방식은 고정식 문형빔 하부에 가동브래킷 대신에 스팬선을 설치하여 전차선을 조가하는 방식으로 주로 작은 규모의 역구내 측선과 분기개소등에서 사용되며 이와 비슷한 형태로 스팬선 대신에 ㄴ형강을 설치한 가압빔방식이 있다.

스팬선빔방식은 빔의 중량이 가벼워서 건설비가 저렴하고, 빔의 길이를 크게 할 수 있으며 전차선의 편위 조정이 손쉬운 장점이 있으나 온도변화에 따른 스팬선 이도 조정이 필요하는 등의 보수점검이 어렵고 한 선로에 사고 발생시 다른 선로에 영향을 주는 단점이 있다.

**표 5.14** 각종빔의 비교

| 빔 종류 | 장 점 | 단 점 |
|---|---|---|
| 고정 브래킷 크로스빔 | · 구조가 간단하다.<br>· 다른 빔에 비하여 공사비가 저렴하다. | · 중하중(重荷重)에 견디기 어렵다.<br>· 장대(長大)에 사용이 곤란하다.<br>· 수평하중에 약하다. |
| 고정빔 | · 중하중에 견딤<br>· 횡하중에 강함. | · 조가물에 대해 자중(自重)이 크다.<br>· 눈(雪)에 대해 불리하다. |
| 스팬선 빔 | · 같은 길이의 고정빔에 비교해서 공사비 저렴하다.<br>· 애자의 수량을 작게 할 수 있다.<br>· 전주 건식수가 작게 되며 미관과 투시가 좋고 구내작업에 유리하다. | · 온도변화에 따른 스팬선 이도 조정이 필요하다.<br>· 지지되어 있는 가선이 상호 영향이 있어 광범위한 조정이 필요하다.<br>· 전주의 장대화(長大化)로 큰 강도의 전주가 필요하다. |
| 가압빔 | · 애자설비의 수량을 작게 할 수 있다.<br>· 진동방지, 곡선당김장치를 가압빔에 취부하기 때문에 경점이 적다. | · 급전구분이 다소 복잡하다.<br>· 순환전류에 의한 가닥소손될 우려가 있다. |

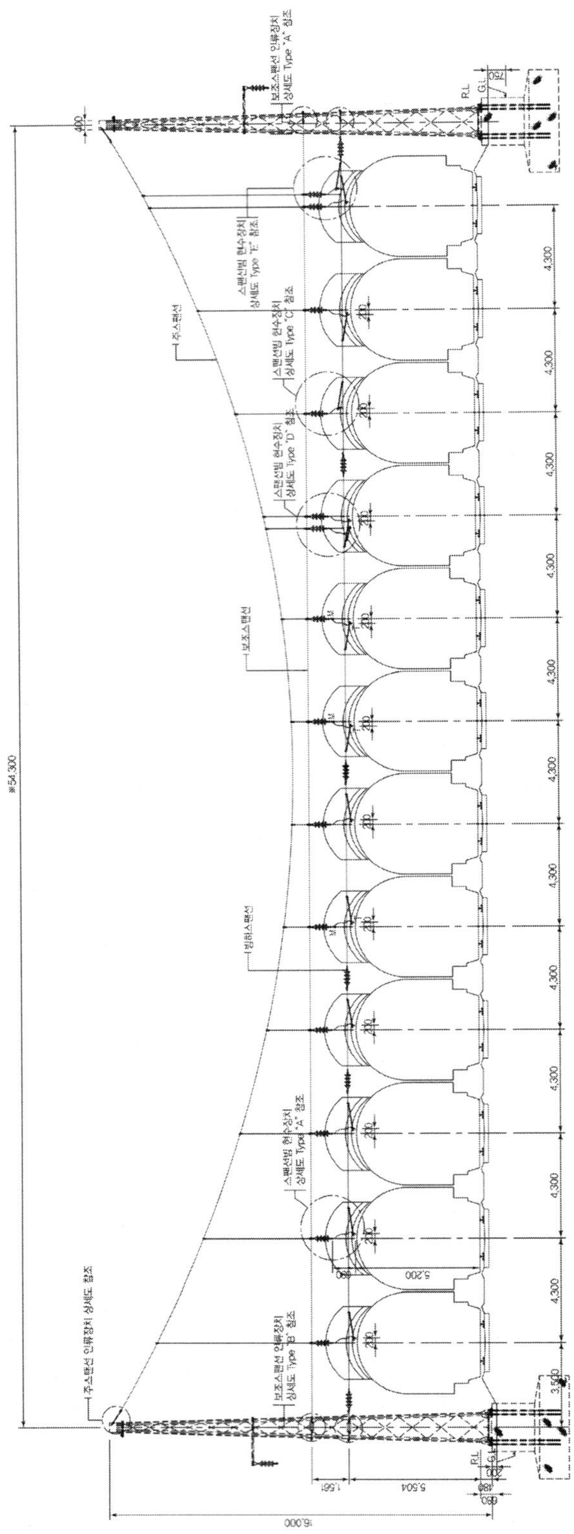

그림 5.35 스팬선 빔

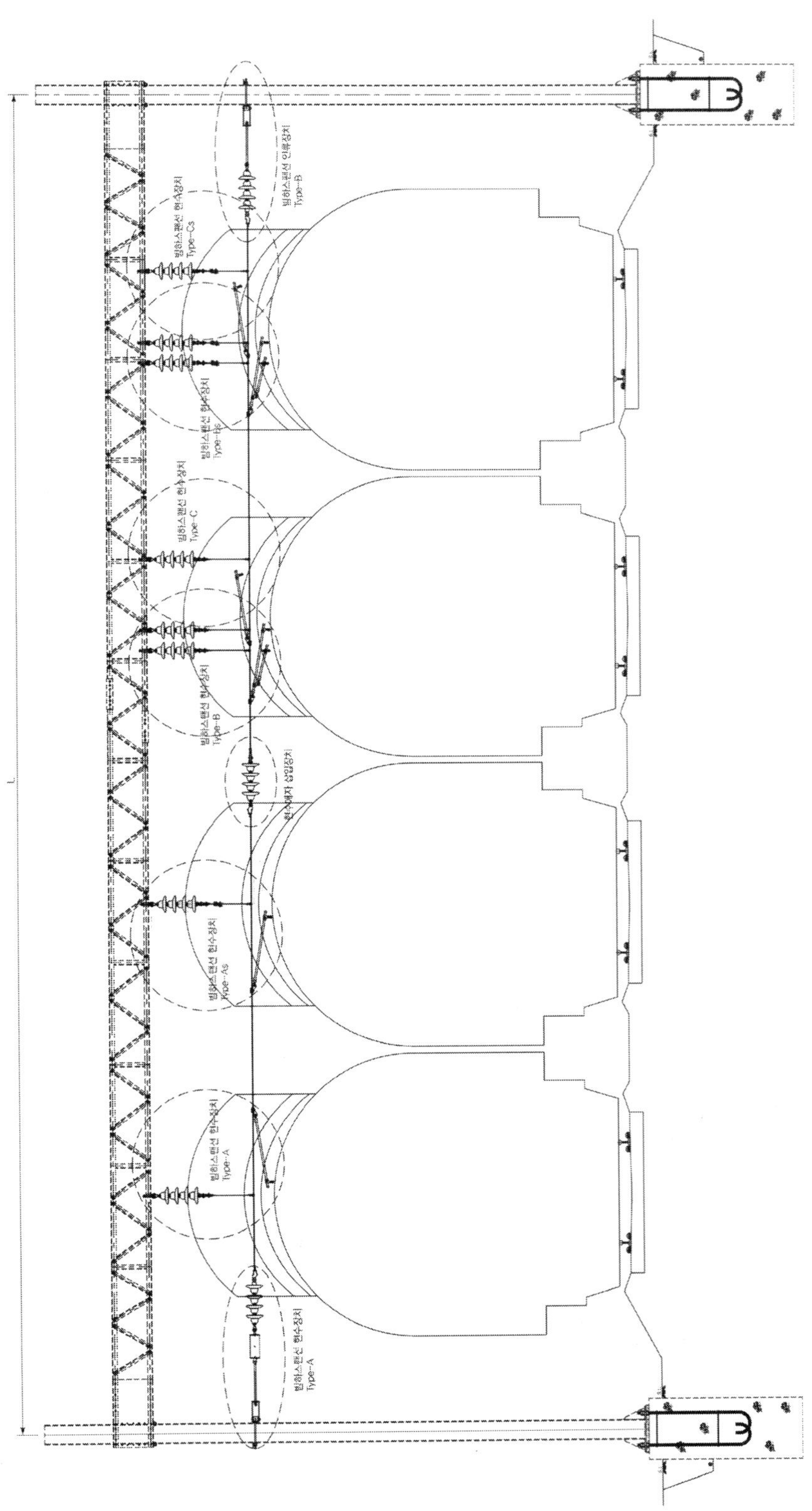

**그림 5.36** 빔하스팬선

## 2.2 | 가동브래킷

브래키트를 선로방향에 대하여 90° 회전 가능한 구조로 제작하여 전차선과 조가선을 지지해 주는 역할을 한다. 브래키트는 전철주와 접합되는 부분을 회전축으로 해서 브래킷 본체가 좌・우로 자유롭게 회전할 수 있는 구조로 되어 있기 때문에 “가동브래킷”이라고 부르고 있다. 가동브래킷은 역간의 단독주에 사용되며 역구내에는 고정빔과 조합하여 사용한다.

가동브래킷의 구성은 수평 주파이프, 경사파이프, 곡선당김금구(진동방지금구), 전철주와 전기적 절연을 위하여 삽입하는 장간애자 등으로 구성되어 있으며, 가동브래킷은 매연에 의한 애자의 오손이 적고 합성전차선의 신축에 의한 동작이 쉽게 되고 집전장치의 집전 상태가 양호하며, 고속운전에 적합하기 때문에 역간과 역구내의 통과 본선 구조물의 표준으로 사용되고 있다.

일반적인 가동브래킷 각 부재는 단재(單材)로 주요 하중을 부담하며, 축 방향의 응력을 받을 뿐만 아니라 동시에 비교적 큰 휨모멘트를 받는다.

가동브래킷의 부재에 강관을 주로 사용하고 있는데, 그 이유는 강관을 사용한 구조물은 ㄴ형강을 사용한 구조물에 비교해서 재질의 단면특성이 우수하기 때문에 부재의 두께를 작게 할 수 있어 경량의 견고한 구조물의 설계가 가능하기 때문이다.

1) 가동브래킷의 종류

가동브래킷은 선로의 곡선조건에 따라 합성전차선을 당기거나 밀어 주어 편위를 조정하는 역할을 하는데, 가동브래킷이 받는 작용력에 따라 인장형(I형 : In Type)과 압축형(O형 : Out Type)으로 구분하여 사용하고 있다. 인장형은 합성전차선을 전주측으로 당기는 개소에 사용되며, 압축형은 합성전차선을 전주 반대측으로 밀어 주는 개소에 사용한다.

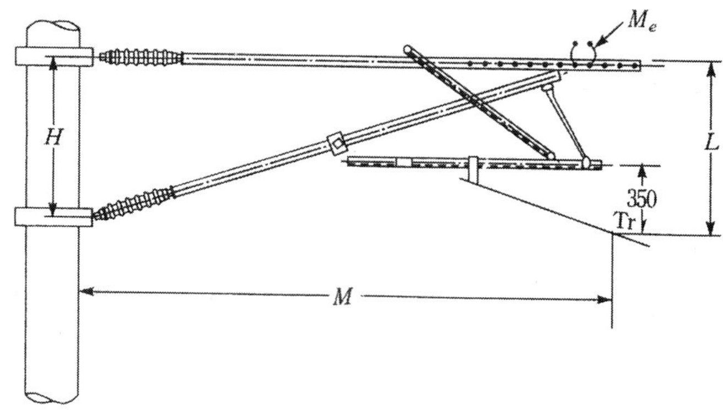


**그림 5.37** 가동브래킷

가동브래킷은 건식게이지[m]를 G, 가고(架高)를 L, 작용력에 대한 형(型)을 O, I로 표시하여 호칭한다 (예: G 3.0 L 960 O)

2) 가동브래킷 특성

① 회전성능

수평방향으로 회전이 가능한 각도는 90°로 하고 회전에 의하여 전차선 위치가 좌우 ±500[mm] 미만의 범위에서는 조가점에 변동이 없도록 하여야 한다. 이것은 가동브래킷 본체가 전주와 취부된 축에 회전이 가능한 구조로 되어 있기 때문에 기온의 변화 등에 의한 전차선의 장력조정을 원활하게 하고 고속 집전성능의 유지가 가능하도록 하여야 하기 때문이다.

② 회전 억제저항

전차선의 이동에 대하여 지지점의 회전 억제저항이 작으면 가선 장력의 불균일을 방지할 수 있어 팬터그래프의 집전상태를 양호하게 유지할 수 있다. 지지점의 회전억제저항을 작게 하려면 가선상태, 용수철 정수가 양호하여야 한다. 회전억제저항은 전차선의 수직하중과 횡장력을 받은 상태에서 1개소당 3[kg] 이하로 하고 있다.

가동브래킷 본체와 전주는 장간애자로 절연되고 있기 때문에 가동브래킷 전체가 동일 전위(電位)로 되어 곡선당김금구의 취부공간이 크고 취부하기가 쉬워서 팬터그래프와 이격을 충분히 확보할 수 있다.

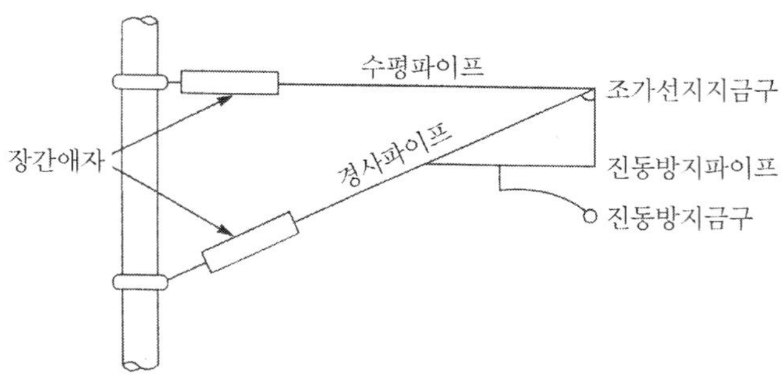


**그림 5.38** 가동브래킷의 부재명칭

장간애자(자기제)는 비에 의한 세척효과가 있고 선로 바로 위에 설치되어 있는 경우에 비해서 디젤기관차 등의 매연을 직접 흡수하지 않기 때문에 오손이 적게 되나 장간애자의 자기부분이 부러지는 경우에는 브래킷이 탈락할 우려가 있다.

최근에는 외부충격에 쉽게 깨지는 자기제 애자 대신에 고분자계열의 수지애자가 개발되어 전기철도 건설구간 등에 사용하고 있다.

## 2.3 | 완철(腕鐵)

전주 또는 고정빔 등에 취부하여 급전선, 부급전선, 보호선 등을 지지 또는 인류하기 위한 구조물을 "완철"이라 말한다.

완철은 용융아연도금을 한 ㄴ형강 등의 강재를 단독 또는 조합하여 사용하고 있다. 고정빔 상단에 취부하여 급전선, 보호선 등을 지지하는 완철을 전주대용물이라고 한다.

### (1) 완철의 종류

완철은 직류 전차선로용과 교류 전차선로용으로 구분한다. NF(Negative Feeder) 1선용 대용물은 굽힘을 고려하여 그다지 횡장력이 걸리지 않는 개소에 설치한다.

### (2) 완철의 길이

완철의 길이는 지지하고 있는 전선의 풍압하중과 곡선로의 수평장력의 영향으로 인하여 애자가 경사지는 것을 고려하여 선간 이격거리와 절연 이격거리 확보가 되도록 길이를 정하여야 한다. 이 때문에 직류용과 교류용은 그 길이가 서로 다르게 된다. 또한, 고정빔에 취부하는 전주대용물 높이는 작업을 하기 위한 이격거리와 조류(鳥類)의 피해 등을 충분히 고려해서 결정하여야 할 것이다.

급전선 등의 지지방법은 현수조가방식을 표준으로 하고 수평진동에 제한을 받는 개소 등에는 V형조가방식으로 하고 있다.

1) 지주로부터 이격거리($L$)

① 수직하중

$$W = W_1 + W_2[\mathrm{N}] \tag{5.12}$$

여기서, $W_1$ : 전선의 하중[N]

$W_2$ : 애자의 하중[N]

② 수평하중

$$P = P_1 + P_2[\mathrm{N}] \tag{5.13}$$

여기서, $P_1$ : 곡선로에 의한 수평장력[N]

$P_2$ : 전선과 애자의 풍압하중[N]

③ 진동각

$$\theta = \tan^{-1}\frac{P}{W}[°] \tag{5.14}$$

④ 가선의 이동량

$$l = l' \times sin\theta [\mathrm{mm}] \tag{5.15}$$

여기서, $l'$ : 애자의 연결 길이[mm]

∴ 지주로부터의 이격거리

$$L = l + d + c [\mathrm{mm}] \tag{5.16}$$

여기서, $d$ : 전기적 절연최소 이격거리[mm]

$c$ : 여유

2) 전주대용물의 높이($H$)

$$H = l' + d + t + c \tag{5.17}$$

여기서, $t$ : 고리판 금구[mm]

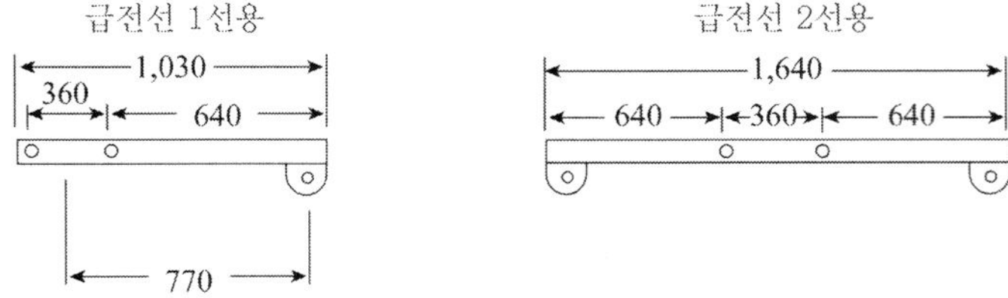


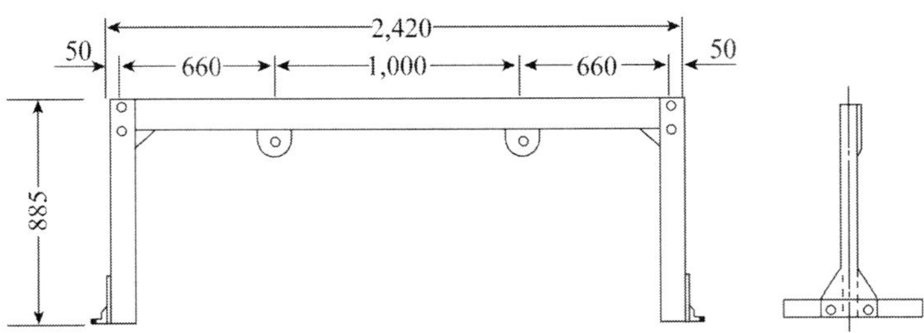


그림 5.39 직류용 완철

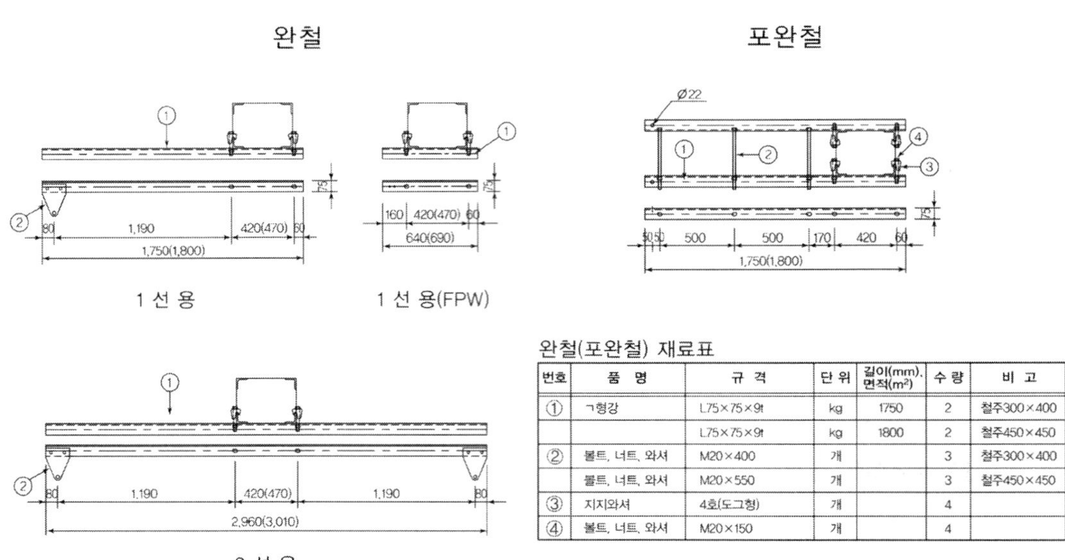


완철(포완철) 재료표

| 번호 | 품 명 | 규 격 | 단 위 | 길이(mm), 면적($m^2$) | 수 량 | 비 고 |
|---|---|---|---|---|---|---|
| ① | ㄱ형강 | L75×75×9t | kg | 1750 | 2 | 철주300×400 |
|  |  | L75×75×9t | kg | 1800 | 2 | 철주450×450 |
| ② | 볼트, 너트, 와셔 | M20×400 | 개 |  | 3 | 철주300×400 |
|  | 볼트, 너트, 와셔 | M20×550 | 개 |  | 3 | 철주450×450 |
| ③ | 지지와셔 | 4호(도그형) | 개 |  | 4 |  |
| ④ | 볼트, 너트, 와셔 | M20×150 | 개 |  | 4 |  |

**그림 5.40** 교류용 완철(조립철주 1, 2선용)

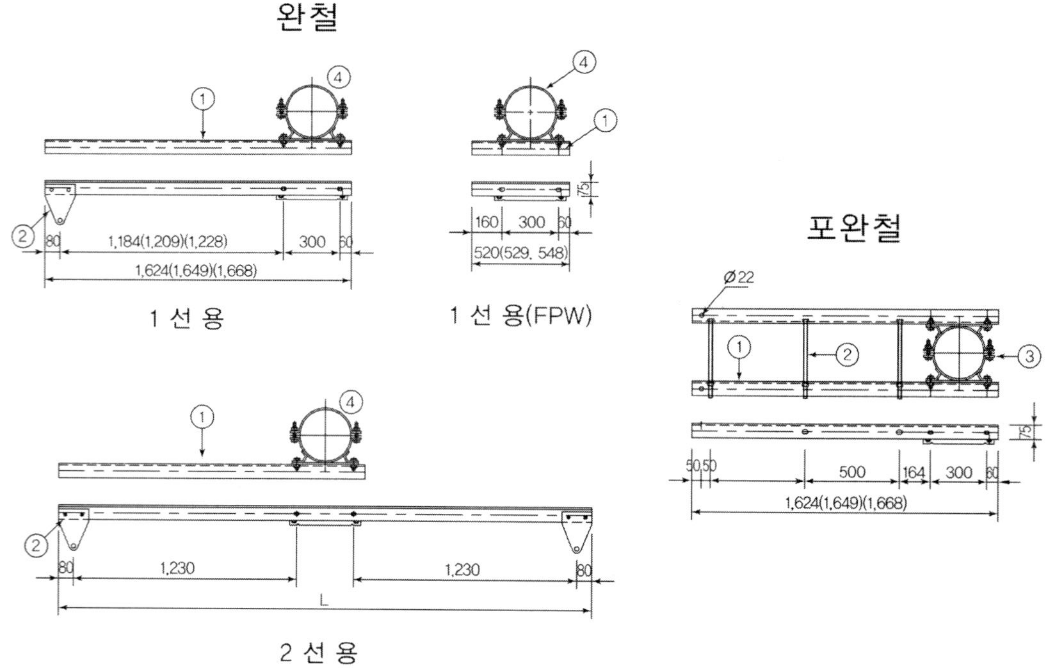


**그림 5.41** 교류용 완철(강관주 1, 2선용)

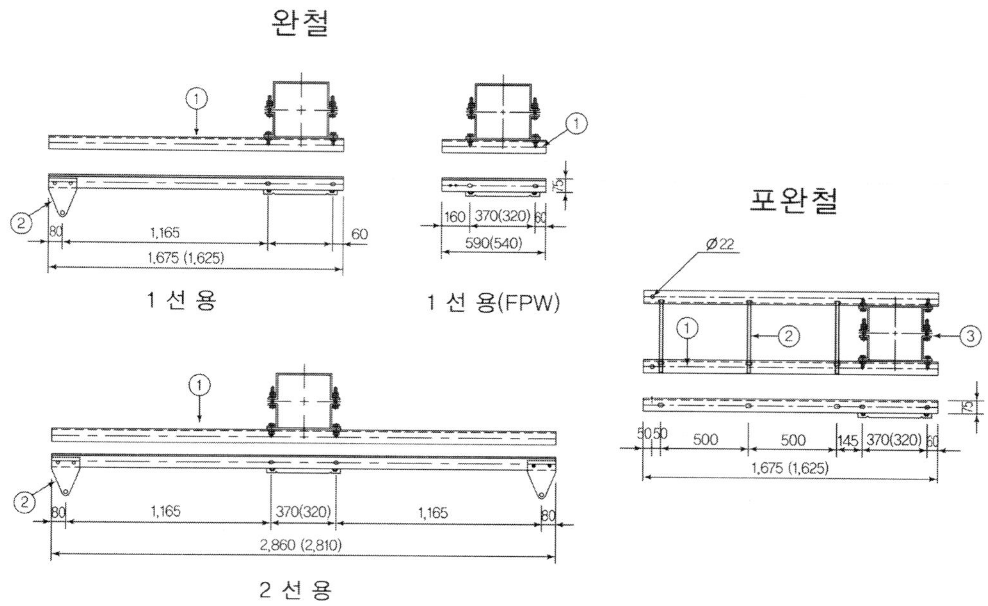


**그림 5.42** 교류용 완철(H형강주 1, 2선용)

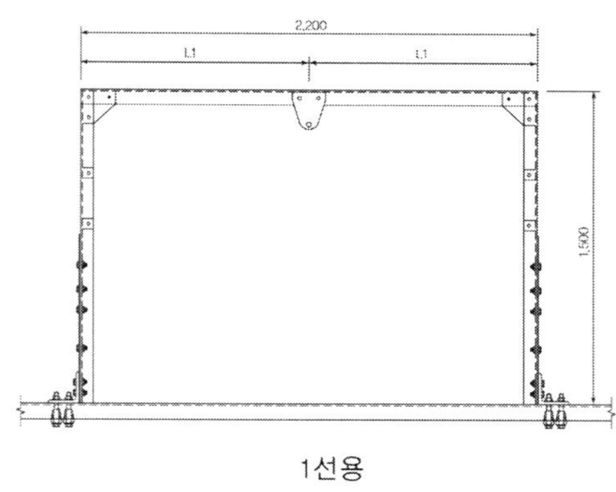


1선용

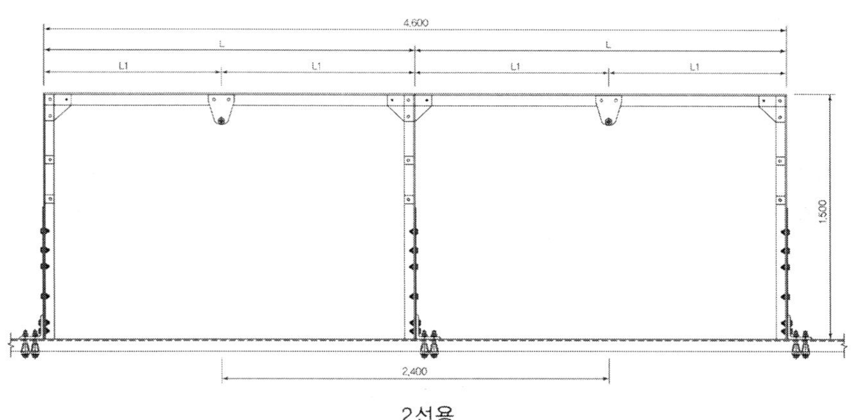


2선용

**그림 5.43** 전주대용물(4각빔 1, 2선용)

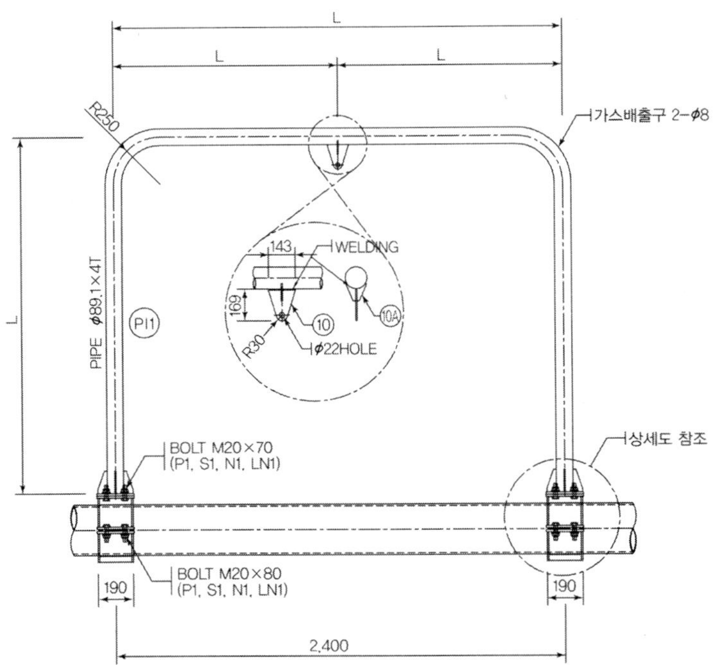


전주대용물 1선용

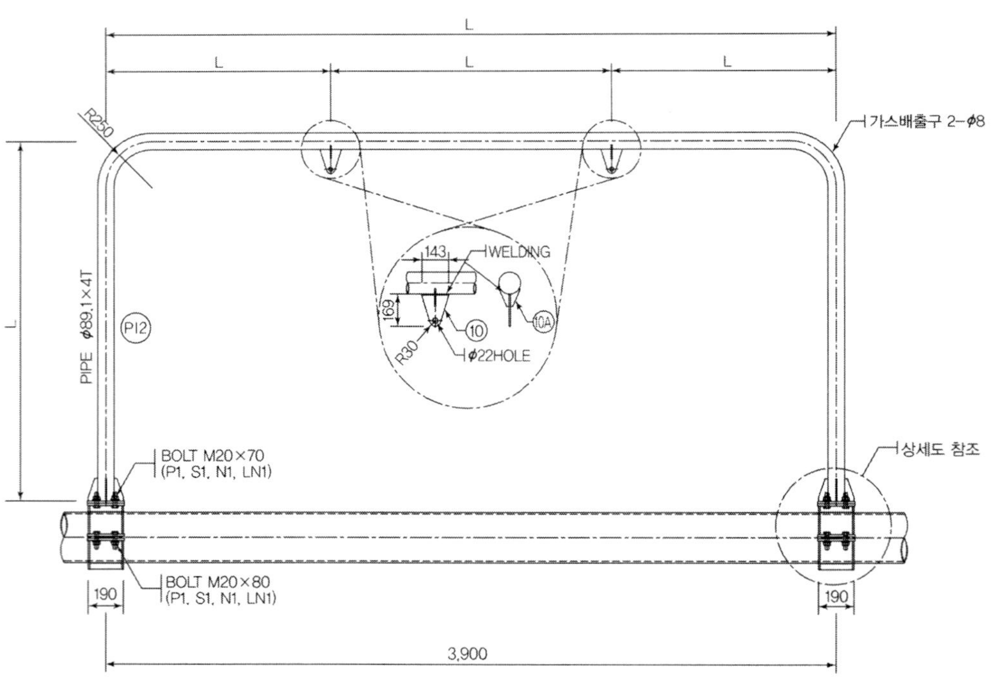


전주대용물 2선용

**그림 5.44** 전주대용물(강관빔 1, 2선용)

**예제 5-5**

**급전선(Al 510[$mm^2$]) 2 조를 조가하는 직류 2선용 전주 대용물의 크기를 산출하여라. 단, 경간 30[m], 곡선반지름 300[m], 병종풍압하중을 적용하고 전선간거리를 1[m]로 한다.**

---

풀이

(1) 지주로부터의 이격거리

① 수직하중

$W = W_1 + W_2[\mathrm{N}] = 84.78[\mathrm{kg}] + 3[\mathrm{kg}] \times 2 = 91[\mathrm{kg}]$

② 수평하중

$P = P_1 + P_2[\mathrm{N}] = 430[\mathrm{N}] + 1.76[\mathrm{N/m}] \times 30[\mathrm{m}] + 0.85[\mathrm{N}] \times 2 = 485[\mathrm{N}]$

③ 진동각

$$\theta = \tan^{-1}\frac{P}{W}[°] = \tan^{-1}\frac{485}{91} = 79°$$

④ 가선의 이동량

$l = l' \times sin\theta[\mathrm{mm}] = 360[\mathrm{mm}] \times \sin 79° = 353[\mathrm{mm}]$

∴ 지주로부터의 이격거리 $L = l + d + c[\mathrm{mm}]$에서

(전기적 절연최소이격=250[mm], 여유=17[mm]로 하면)

$L = 353 + 250 + 17[\mathrm{mm}] = 620[\mathrm{mm}]$

(2) 전주 대용물의 높이($H$)

$H = l' + d + t + c$ 에서

(고리판 금구 $t = 100[\mathrm{mm}]$, 여유=85[mm]로 하면)

$H = 360 + 250 + 100 + 85 = 795[\mathrm{mm}]$

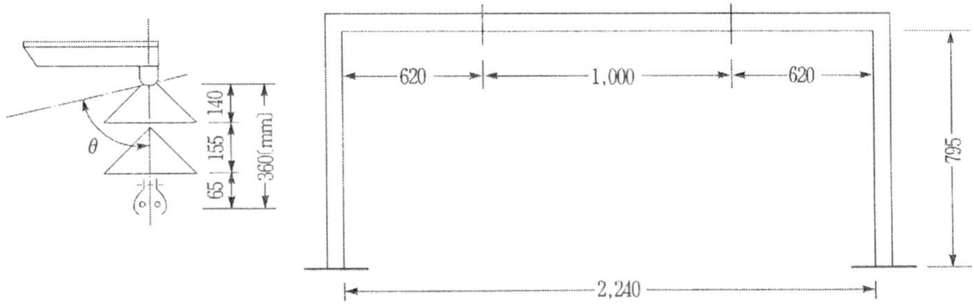


**그림 5.45** 전주대용물 크기

| 경 간 [m] | 풍 압 | 곡선로에 대한 횡장력 | 풍압에 따른 횡장력 | 수 평 하 중 | 수 직 하 중 | 진동각 (θ) | 최 대 하 중 |
|---|---|---|---|---|---|---|---|
| 30 | 갑종 | 232 | 3.53 × 30 | 337.9 | 84.78 | 75°55′ | 348 |
| | 을종 | 390 | 2.48 × 30 | 464.4 | 120.82 | 75°25′ | 480 |
| | 병종 | 430 | 1.76 × 30 | 482.8 | 84.78 | 80°02′ | 490 |
| 60 | 갑종 | 104 | 3.53 × 60 | 315.8 | 169.56 | 61°46′ | 358 |
| | 을종 | 126 | 2.48 × 60 | 274.8 | 241.62 | 48°41′ | 366 |
| | 병종 | 112 | 1.76 × 60 | 217.6 | 169.56 | 52°04′ | 276 |

### 예제 5-6

**급전선(Al 200[mm²]를 조가하는 교류 1선용 완철의 크기를 산출하여라. 단, 경간 30[m], 곡선반지름 300[m], 갑종풍압하중을 적용한다.)**

풀이 (1) 지주로부터의 이격거리($L$)

① 수직하중

$W = W_1 + W_2[\text{kgf}] = 0.5598[\text{kg/m}] \times 30[\text{m}] + 3[\text{kg}] + 4.2[\text{kg}] \times 4 = 36.59[\text{kg}]$

② 수평하중

$P = P_1 + P_2[\text{N}]$

$= 57[\text{N}] + 1.85[\text{N/m}] \times 30[\text{m}] + 1.7[\text{kgf}] \times 1 + 4[\text{N}] \times 4 = 130.2[\text{N}]$

③ 진동각

$\theta = \tan^{-1}\dfrac{P}{W}[°] = \tan^{-1}\dfrac{130.2}{36.59} = 74.3°$

④ 가선의 이동량

$l = l' \times sin\theta[\text{mm}] = 907[\text{mm}] \times \sin 74.3° = 873[\text{mm}]$

∴ 지주로부터의 이격거리 $L = l + d + c[\text{mm}]$ 에서

(전기적 절연최소이격 $d = 300[\text{mm}]$, 여유 $c = 27[\text{mm}]$로 하면)

$L = 873 + 300 + 27[\text{mm}] = 1,200[\text{mm}]$

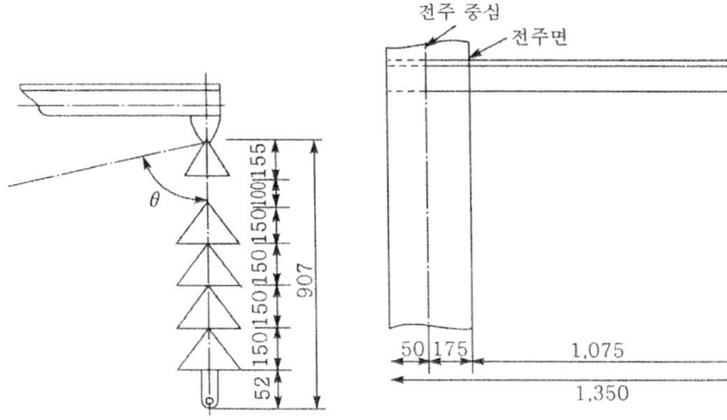


그림 5.46 교류 PF 1선용 완철의 크기

| 경간 [m] | 풍압 | 곡선로에 대한 횡장력 | 풍압에 따른 횡장력 | 수평 하중 | 수직 하중 | 진동각 ($\theta$) | 최대 하중 |
|---|---|---|---|---|---|---|---|
| 30 | 갑종 | 57 | 1.85 × 30 | 112.5 | 16.79 | 81°30′ | 114 |
| | 을종 | 83 | 1.525 × 30 | 128.8 | 29.26 | 77°12′ | 132 |
| | 병종 | 83 | 0.925 × 30 | 110.8 | 16.79 | 81°24′ | 112 |
| 60 | 갑종 | 27 | 1.85 × 60 | 138.0 | 33.59 | 76°18′ | 142 |
| | 을종 | 126 | 1.525 × 60 | 122.5 | 58.53 | 64°30′ | 136 |
| | 병종 | 23 | 0.925 × 60 | 78.5 | 33.59 | 66°48′ | 85 |

**예제 5-7**

**보호선(Al 200[mm²])을 조가하는 교류 1선용 완철의 크기를 산출하여라. 단, 경간 30[m], 곡선반지름 300[m], 갑종풍압하중을 적용한다.**

풀이 (1) 지주로부터의 이격거리($L$)

① 수직하중

$W = W_1 + W_2[\mathrm{N}] = 0.5598[\mathrm{kg/m}] \times 30[\mathrm{m}] + 3[\mathrm{kg}] \fallingdotseq 20[\mathrm{kg}]$

② 수평하중

$$P = P_1 + P_2[\mathrm{N}]$$
$$= 57[\mathrm{kgf}] + 1.85[\mathrm{kgf}] \times 30[\mathrm{m}] + 1.7[\mathrm{kgf}] \times 1 \fallingdotseq 114[\mathrm{kgf}]$$
$$= 1{,}117.2[\mathrm{N}]$$

③ 진동각

$$\theta = \tan^{-1}\frac{P}{W}[°] = \tan^{-1}\frac{114}{20} = 80[°]$$

④ 가선의 이동량

$l = l' \times sin\theta[\mathrm{mm}] = 192[\mathrm{mm}] \times \sin 80° = 189[\mathrm{mm}]$

∴ 지주로부터의 이격거리 $L = l + d + c[\mathrm{mm}]$에서

(전기적 절연최소이격 $d = 150[\mathrm{mm}]$, 여유 $c = 16[\mathrm{mm}]$로 하면)

$L = 189 + 150 + 16[\mathrm{mm}] = 355[\mathrm{mm}]$

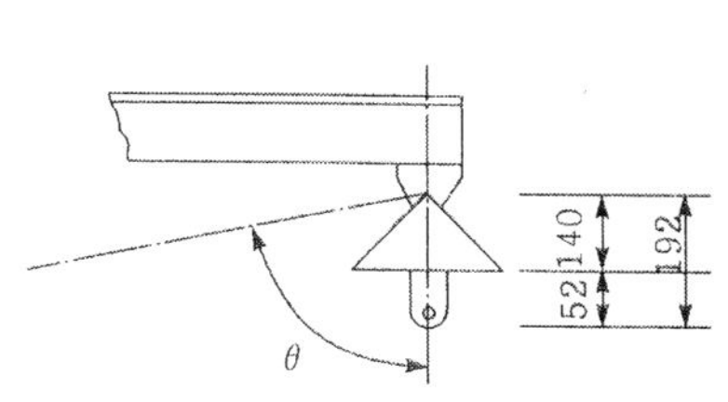


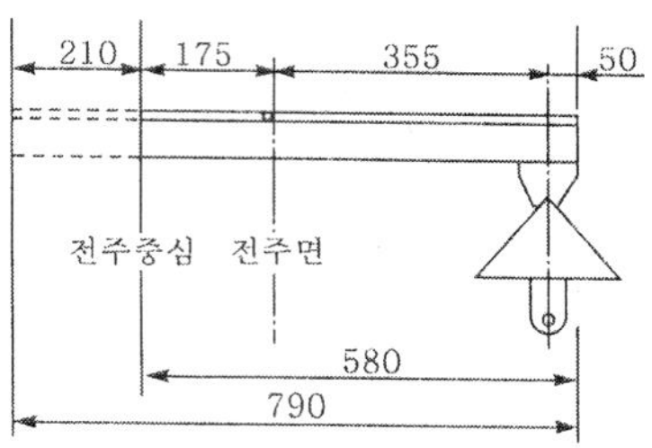


**그림 5.47** 교류 NF 1선용 완철의 크기

## 2.4 | 하수강, 평행틀

### (1) 하수강

전주의 건식이 곤란한 개소에서 고정빔이나 터널의 천정 아래로 가동브래킷 또는 곡선 당김장치 등을 지지하기 위한 구조물을 "하수강"이라 한다. 하수강은 H형강, 강관형 등을 사용하며, 터널 및 선상역사, 문형빔 구간, 교량 하부 등 전차선로 상부에 지지물을 취부하여 가선하는데 사용되고 있다.

하수강의 길이는 노반의 지형과 브래키트의 규격, 전차선로의 가선방식, 구조물 등을 고려하여 결정하며, 터널의 하수강은 C찬넬 또는 매립전을 이용하여 취부하도록 한다.

1) 전차선용 하수강

전차선용 하수강은 곡선당김, 진동방지장치용 하수강과 조가선 애자 지지용이 있다. 곡선당김, 진동방지장치용 하수강은 빔의 중간에 곡선당김장치나 진동방지 스팬선 또는 가동식 스팬선을 취부하기 위해 사용하는 하수강을 말하며, 조가선 애자 지지용은 동일 빔 내에서 선로의 고저차가 있는 경우이거나 과선교의 전・후로 전차선의 고저차가 있는 경우에 빔에 취부하여 전차선 높이를 조정하기 위한 것이다.

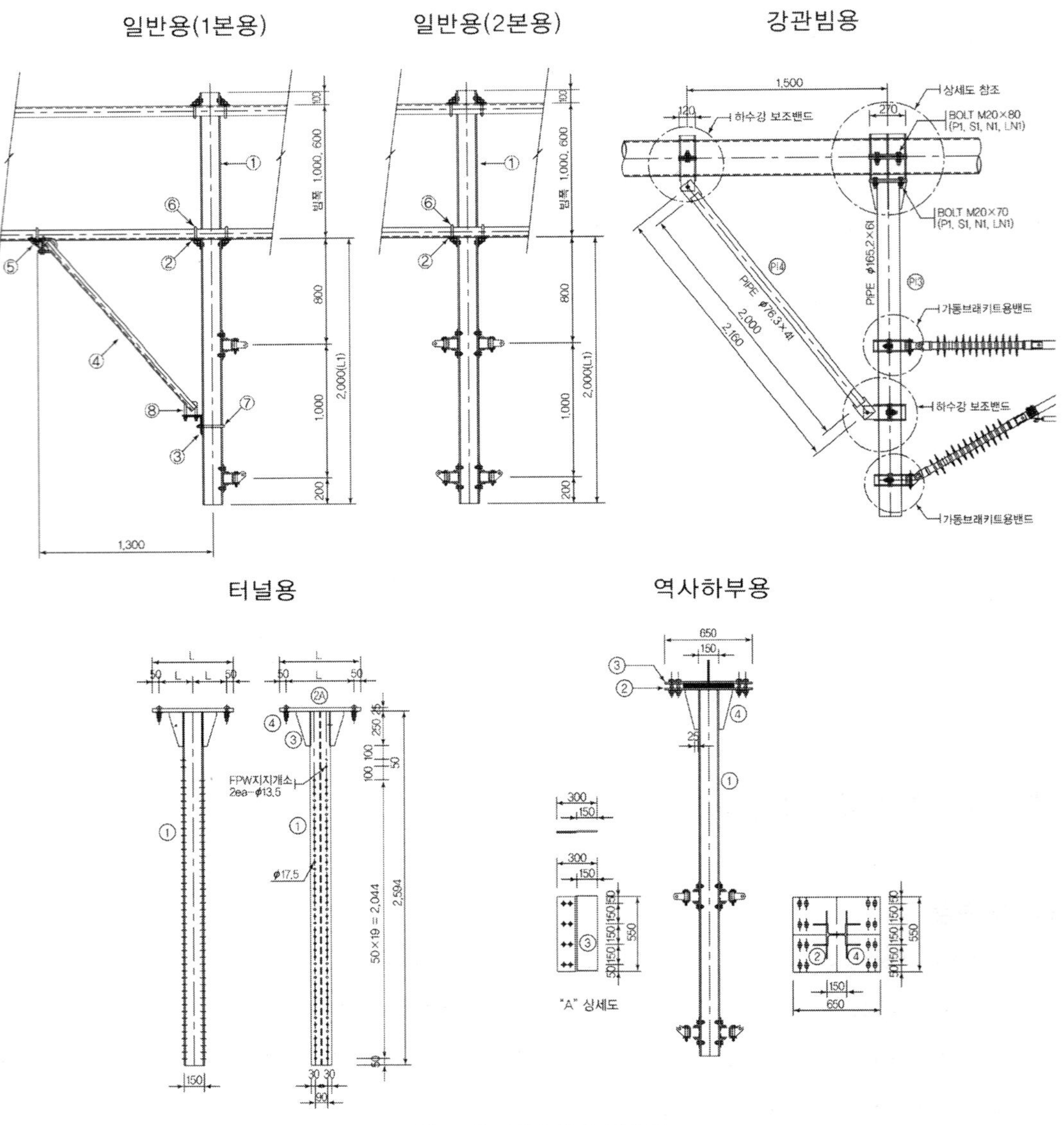


그림 5.48 전차선용 하수강

2) 빔용 하수강

빔용 하수강에는 가동브래킷용과 가압빔용이 있으며, 가동브래킷용은 복선터널의 천정이나 역구내 고정빔 등에 가동브래킷을 취부하기 위한 하수강이다. 가압빔용은 가압빔을 전주에 직접 취부하지 않을 때에 고정빔에 취부해서 가압빔을 취부하기 위한 것이다.

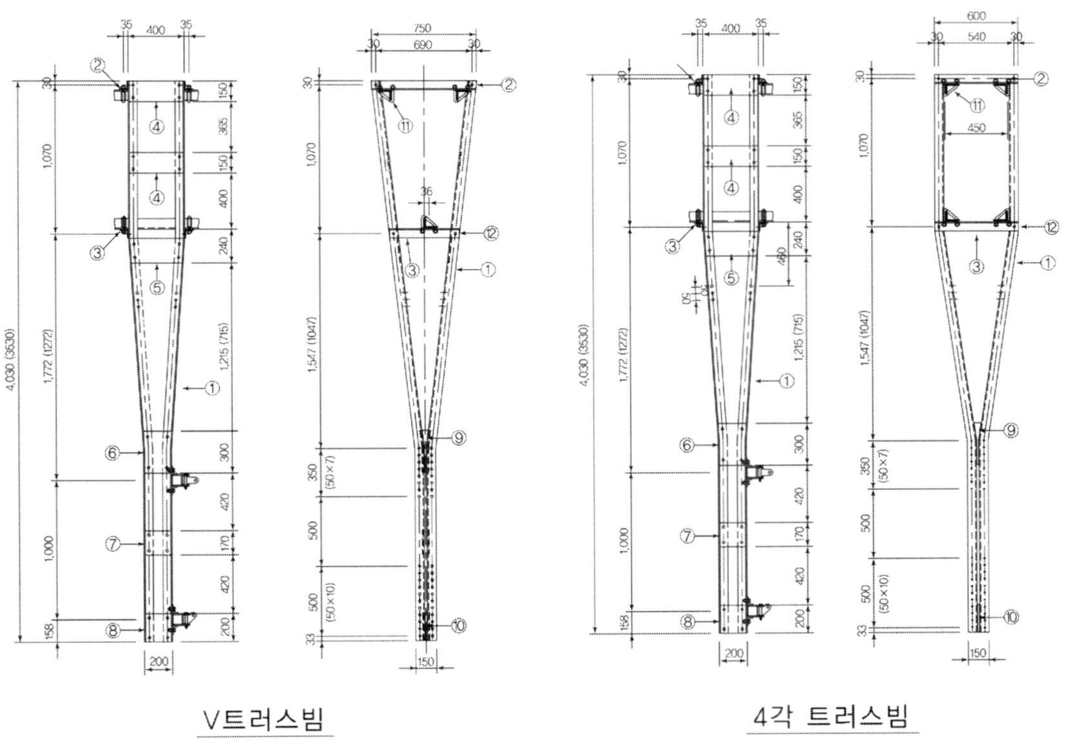


**그림 5.49** 빔용 하수강

## (2) 평행틀

전차선 평행개소(over lap) 등에서 1본의 전주에 2개 이상(고속철도는 3개를 설치하는 경우도 있음)의 가동브래킷을 지지하기 위한 구조물을 평행틀이라 말한다. 평행틀 사용 개소는 평행개소와 역구내 건넘선(교차선) 개소 등이다.

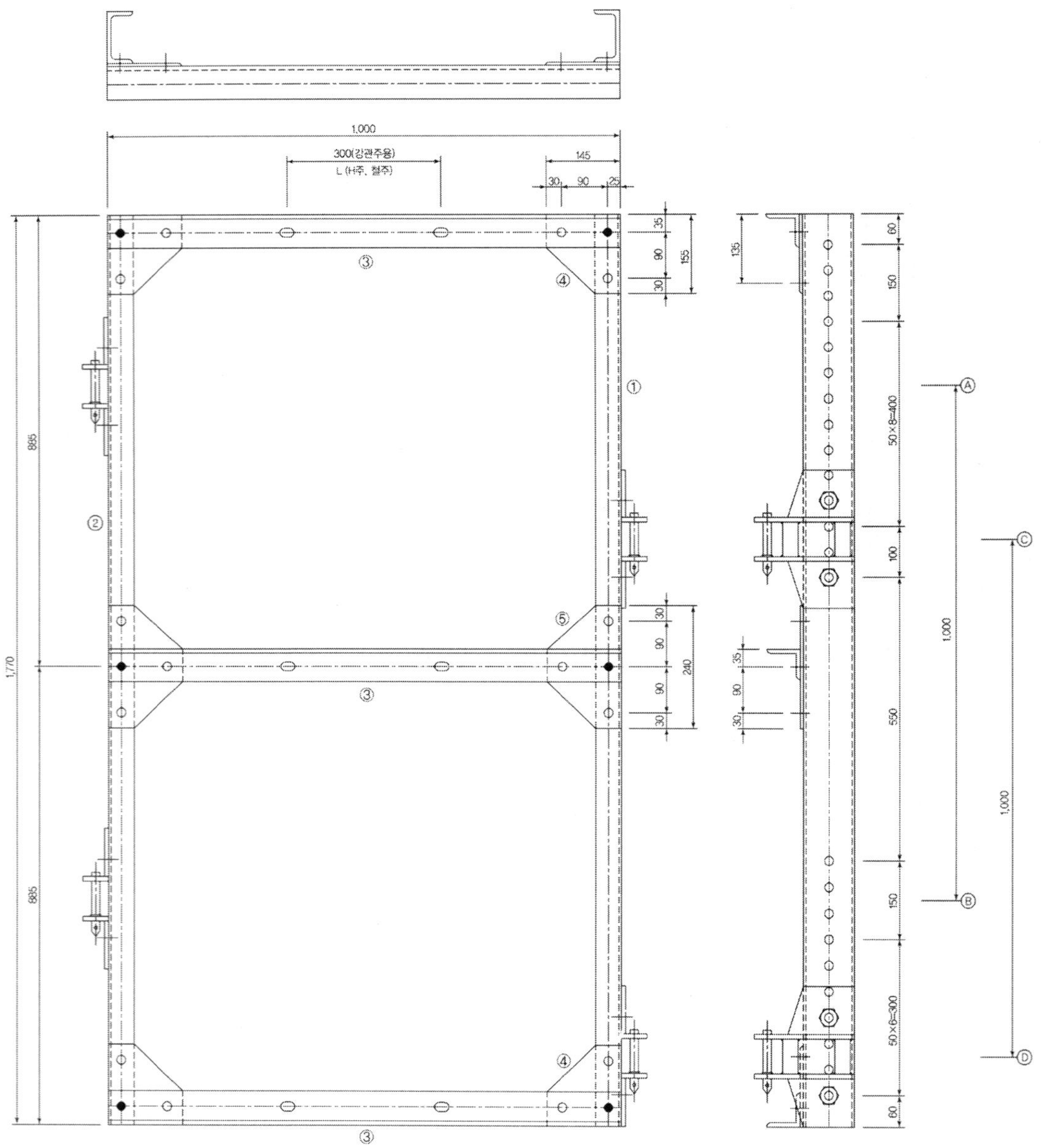


그림 5.50 가동브래킷용 평행틀

# 3 애자 및 전선류

## 3.1 | 애자(碍子)

### (1) 애자의 사용 목적

전차선로에 사용하는 애자는 전선 및 진동방지장치, 곡선당김장치 등의 부속설비를 전주, 빔, 완철등에 지지하는 경우와 전차선을 전기적 또는 기계적(에어조인트)으로 구분하는 경우, 또한 가동브래킷 등에 설치하여 지지물과의 절연을 목적으로 사용한다.

전차선로용 애자는 대기중의 습도, 분진, 매연, 염해 등에 의하여 애자표면이 오손되어 그 표면저항이 저하될 수 있으므로 누설전류가 증가하면 전기적 파괴가 발생할 수 있다. 애자가 파손되면 바로 열차안전운행에 직접적인 영향을 주기 때문에 그 형상은 가능하면 표면 누설거리가 큰 것을 사용하는 것이 좋지만 절연강도가 충분히 확보되도록 애자를 선정할 필요가 있다.

### (2) 애자의 종별과 사용구분

전차선로에 사용하는 애자는 전선의 지지・인류에는 현수애자가 사용되고, 가동브래킷 등에는 장간애자가 사용되며, 과선교 하부등 특수한 개소와 기기의 지지에는 지지애자가 사용되고 있다.

애자의 재질은 자기제, 유리제, 수지제가 사용되며, 사용설비별 애자의 종별은 표 5.15와 같다.

염해 우려지역, 공장지대 등 공해지역에는 내오손용 애자를 사용하거나 현수애자의 경우 그 수량을 늘려 설치한다. 표 5.15에서 괄호 내의 숫자는 2중절연방식의 경우에 추가하여야 하는 애자의 숫자를 나타낸 것이며, 기기배선용 애자는 급전선 및 부급전선(보호선)에 준하여 사용한다.

폴리머 애자는 분자량이 10,000 이상으로 중합된 고분자 화합물을 말하며 플라스틱(plastics), 러버(rubber), 파이버(fiber)와 같은 것들이 있다.

polymer
- plastics : polyethylene, PVC, FRP 등
- rubber : silicone, EPDM, 천연고무 등
- fiber

표 5.15 애자의 표준 사용구분표

| 구 분 애자 종별 / 사용개소 | | 현수애자 | | | 장간애자 | | | 지지애자 | | |
|---|---|---|---|---|---|---|---|---|---|---|
| | | 180mm | 250mm | 고분자 | 고분자 | 항압용 | 인장용 | NSP40 | NSP50 | SP60 |
| 급전선 | 인 류 | | 4 | 1 | 1 | | 1 | | | |
| | 현 수 | | 4 | 1 | 1 | | | 1 | 1 | 1 |
| | 이상구분 | | 5 | 1 | | | | | | |
| | 중오손지구 | | 5(4) | 1 | | | | | | |
| 부급전선 및 보호선 | 인 류 | 1 | | | | | | | | |
| | 현 수 | 1 | | | | | | | | |
| | 흡상변압기 및 단자구분 | 2 | | | | | | | | |
| 가공 전차선 | 인 류 | | 4 | 1 | 1 | | 1 | | | |
| | 현 수 | | 4 | 1 | 1 | | 1 | | | 1 |
| | 곡선당김장치 | | 4 | 1 | 1 | | 1 | | | |
| | 스 팬 선 | | 4 | 1 | 1 | | 1 | | | |
| | 이상구분장치 | | 5 | 1 | | | | | | |
| | 흡상변압기 구 분 장 치 | | 2 | | | | | | | |
| | 중오손지구 | | 5(4) | 1 | 1 | | | | | |
| 가동 브래킷 | 수평파이프 (상부파이프) | | | | 1 | | 1 | | | |
| | 경사파이프 | | | | 1 | 1 | | | | |
| 스팬선 브래킷 | 파이프 | | | | | | 1 | | | |

이 외에도 폴리머와 같은 의미로 사용되는 것으로 콤포지트(composite)가 있는데, 이것은 2개 이상의 종류로 이루어진 화합물이라는 뜻이다. 또, 논-세라믹(Non-ceramic)이라는 용어도 사용하고 있는데, 이것은 세라믹(ceramic : 자기, 유리)가 아니라는 뜻이며 폴리머나 콤포지트와 동일한 의미로 사용된다.

폴리머 애자는 시험결과 세라믹(ceramic : 자기, 유리) 애자에 비하여 20[%] 내외의 경량성으로 보관, 운반, 설치작업이 유리하고 기계적 강도가 자체하중 대비 세라믹(ceramic)에 비하여 2배 정도이고, 충격강도는 5배 이상인 장점이 있어 낙석의 우려가 있는 개소나 과선교 하부에 사용한다.

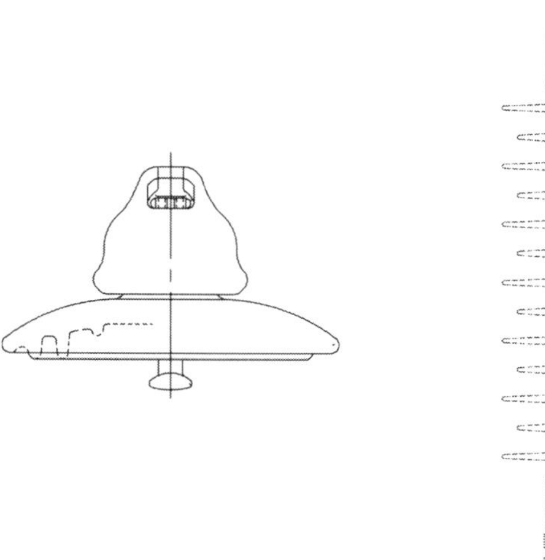

그림 5.51 현수애자 그림 5.52 장간애자

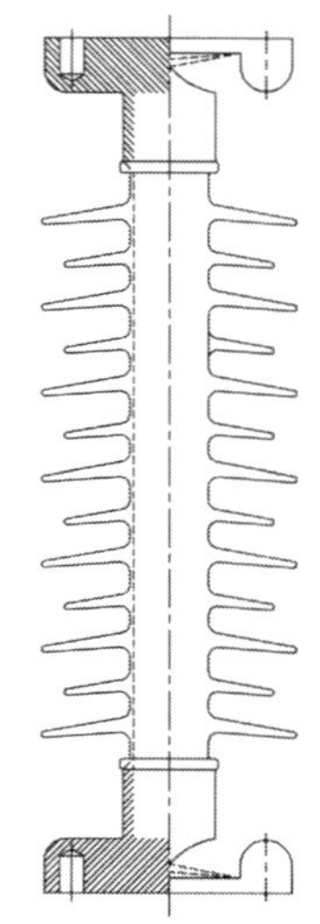

그림 5.53 지지애자

표 5.16 애자의 종별과 사용개소

| 종 별 | | 사 용 개 소 |
|---|---|---|
| 현수애자 | 180mm | 부급전선, AT보호선의 지지 또는 인류용, 2중절연보호방식의 저압부분 |
| | 250mm | 전차선, 급전선의 지지 또는 인류용, 곡선당김장치 인류용, 급전선 구분용 |
| 장간애자 | 항압용 | 가동브래킷 경사파이프용 |
| | 인장용 | 급전선, 가공전차선, 곡선당김장치 인류 및 현수, 가동브래킷 수평파이프용 |
| 오손구간 | 현수애자 | 250mm 5개 또는 내염용 250mm 4개<br>(※ 동등 이상의 성능을 갖는 수지제 애자) |
| 지지애자 | NSP 40 | 급전선 지지용 |
| | NSP 50 | 급전선 지지용 |
| | SP60 | 교량, 터널, 구름다리밑 급전선 지지용 |

1) **지지애자**(Support Insulator)

전차선로의 AT 급전선 및 보호선의 지지・인류를 위해 사용하는 애자를 말한다.

표 5.17 애자의 종류와 규격

| Item No | 기 호 | 규 격[mm] | | | 수 량<br>[개] |
|---|---|---|---|---|---|
| | | 애자부 | 지지금구 | | |
| | | | Base 금구 | 도체 금구 | |
| | SP- 60 | $\phi$95 × 800 | 150 × 240 | 65 × $\phi$150 | |
| | SP- 70 | $\phi$100 × 900 | 150 × 240 | 65 × $\phi$150 | |

① 세라믹(ceramic)애자

애자는 Base 금구, 도체지지 금구를 포함하여 애자의 명칭과 기호로 표기한다. (예 : 지지애자 SP-60, 70)

**표 5.18** 애자의 주요성능

| 항 목 | | 성 능 | | 비 고 |
|---|---|---|---|---|
| | | SP-60 | SP-70 | |
| 상용주파수 내전압[kV] | | 140 | 165 | |
| 충격내전압[kV] | | 350 | 400 | |
| 구부림 파괴하중[N] | | 6,860 | 6,860 | |
| 조임 파괴하중[N · m] | | 4,410 | 4,900 | |
| 인장 파괴하중[N] | | 78,400 | 78,400 | |
| 표면 누설거리[mm] | | 1450 | 1,680 | |
| 냉 열 | | 온도차 70[℃](냉수온도 0~20[℃])에 넣고 침적시간은 각각 15분간으로, 침적회수 3회에서 각부에 이상이 없어야 한다. | | |
| 흡 습 성 | | 자기내부에 습기가 침투하지 않아야 한다. | | |
| 아연도금 | 부착량 | · 캡, Base금구, 도체금구 : 50[mg/cm²]<br>· 볼트, 너트, 스프링와셔 : 35[mg/cm²] | | |
| | 균일성 | 황산동법 4회에서 종지점이 되지 않을 것 | | |

② 폴리머 애자

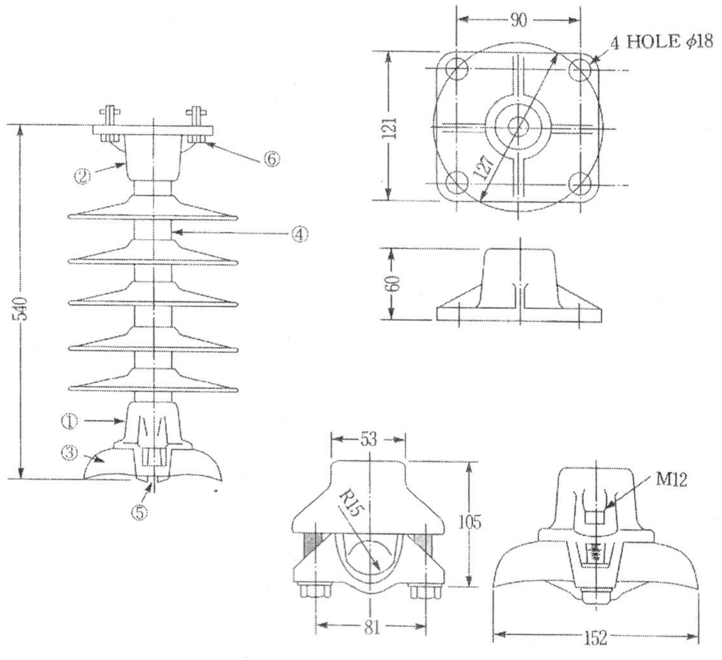

| 6 | Bolt, Nut & Washer M16×50 | Stainless steel | |
|---|---|---|---|
| 5 | Bolt & Washer M12×44 | Stainless steel | |
| 4 | Insulator Body | FRP & Silicon | |
| 3 | Clamp | AL A356T6 | |
| 2 | End Fitting(R) | AL A356T6 | |
| 1 | End Fitting(A) | AL A356T6 | |
| No. | Name of parts | Material | Remark |
| Description : SUPPORT INSULATOR | | Type NSP-50 | |

**그림 5.54** 애자의 구성 및 재질(25[kV] NSP-50)

25[kV] 전차선로에 사용하는 폴리머제 지지애자(support insulator)는 NSP-40, NSP-50가 있으며, 애자의 호칭은 사용전압과 기호로 표시한다.
(예 : 25[kV] 지지애자 NSP-50)

**표 5.19** 애자의 성능

| 항 목 | 성 능 | 비 고 |
|---|---|---|
| 건조섬락전압[kV] | 200 이상 | |
| 주수섬락전압[kV] | 150 이상 | |
| 주수내전압[kV] | 140 이상 | |
| 충격내전압[kV] | 310 이상 | |
| 50[%]충격전압[kV] | 320 이상 | |
| 구부림 파괴하중[N · m] | 6,950 이상 | |
| 인장 내하중[N] 1분간 | 39,200 이상 | |
| 비틀림 하중[N · m] | 490 이상 | |

### 2) 장간애자(Stem Insulator)

장간애자는 압축력과 인장력이 가해지는 개소에 사용되며 애자의 호칭은 종별과 기호로 표시한다(예 : 장간애자, Type – a)

① 세라믹(ceramic)애자

표 5.20 애자의 종류와 규격

| Item No | 기 호 | 규 격 | 수량[개] | 도면 번호 |
|---|---|---|---|---|
| | Type-m | $\phi$80[mm] × L 921[mm] | | OF-02A-201 |
| | Type-a | $\phi$60[mm] × L 960[mm] | | OF-02B-202 |
| | Type-b | $\phi$80[mm] × L 1005[mm] | | OF-02B-203 |
| | Type-c | $\phi$80[mm] × L 960[mm] | | OF-02B-204 |
| | Type-d | $\phi$85[mm] × L 597[mm] | | OF-02B-205 |

표 5.21 애자의 성능

| 항 목 | | 성 능 | | | | | 비 고 |
|---|---|---|---|---|---|---|---|
| | | Type-m | Type-a | Type-b | Type-c | Type-c | |
| 건조섬락전압[kV] | A-B간<br>C-D간 | 230<br>70 | 230<br>70 | 230<br>70 | 230<br>70 | 160 | |
| 주수섬락전압[kV] | A-B간<br>C-D간 | 180<br>50 | 180<br>50 | 180<br>50 | 180<br>50 | 120 | |
| 50[%]충격전압[kV] | A-B간<br>C-D간 | 380<br>100 | 380<br>100 | 380<br>100 | 380<br>100 | 265 | |
| 구부림 파괴하중[N] | | 3,430 | 1,274 | 5,684 | 3,087 | 3,430 | |
| 인장 내하중[N] (1분간) | | 35,280 | 35,280 | 35,280 | 35,280 | 35,280 | |
| 냉 열 | | 온도차 70[℃](냉수온도 0~20[℃]) 이상 침적시간은 각각 15분간 침적회수 3회에서 각부에 이상이 없어야 한다. | | | | | |
| 흡 습 성 | | 자기내부에 습기가 침투하지 않아야 한다. | | | | | |
| 용융아연도금 | 부착량 | · 캡, 핀 : 50[mg/cm$^3$]<br>· 볼트, 너트 : 35[mg/cm$^3$] | | | | | |
| | 균일성 | 황산동법 4회에서 종지점이 되지 않을 것 | | | | | |

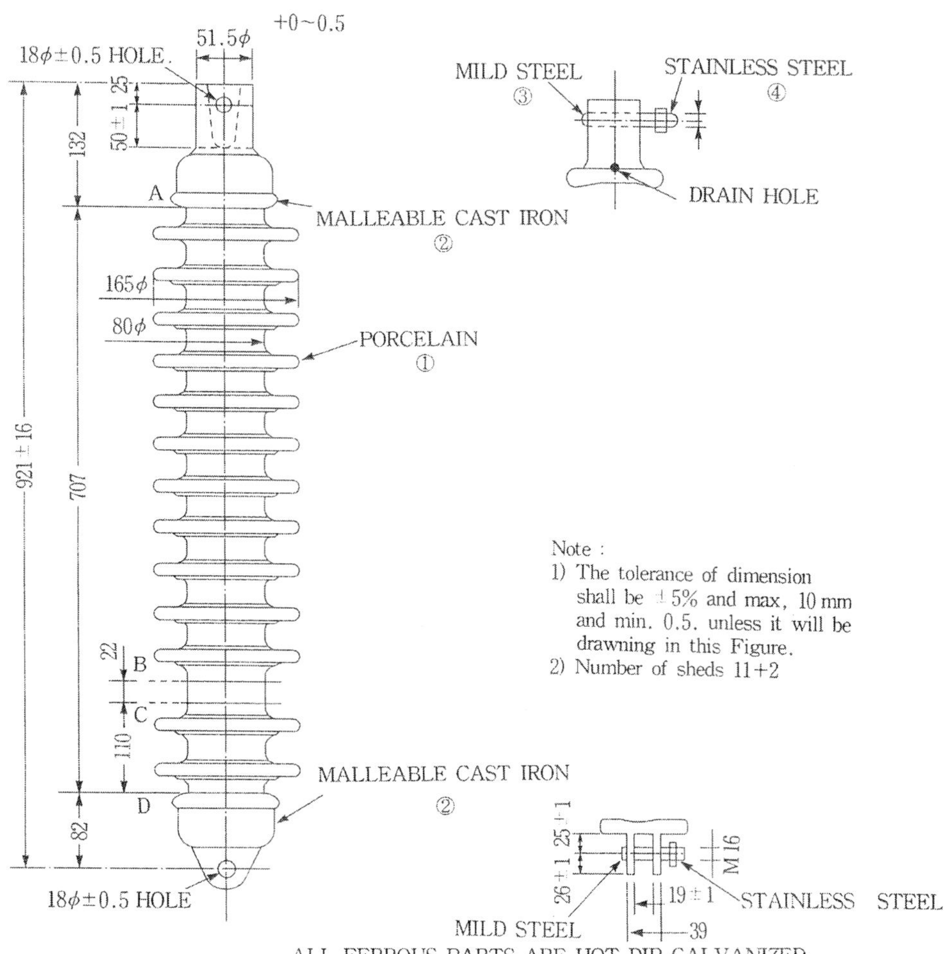


| 4 | Split pin | 1 | Stainless steel | |
|---|---|---|---|---|
| 3 | Cotter | 2 | Rolled steel | Hot dip Galvanized |
| 2 | Cap | 2 | Malleable cast iron or Ductile iron | Hot dip Galvanized |
| 1 | Insulator | 1 | Porcelain | Brown Glazed |
| No. | Name of parts | Q'ty | Material | Remark |
| Description : STEM INSULATOR Type-m | | | | |

그림 5.55 애자의 구조(Type-m)

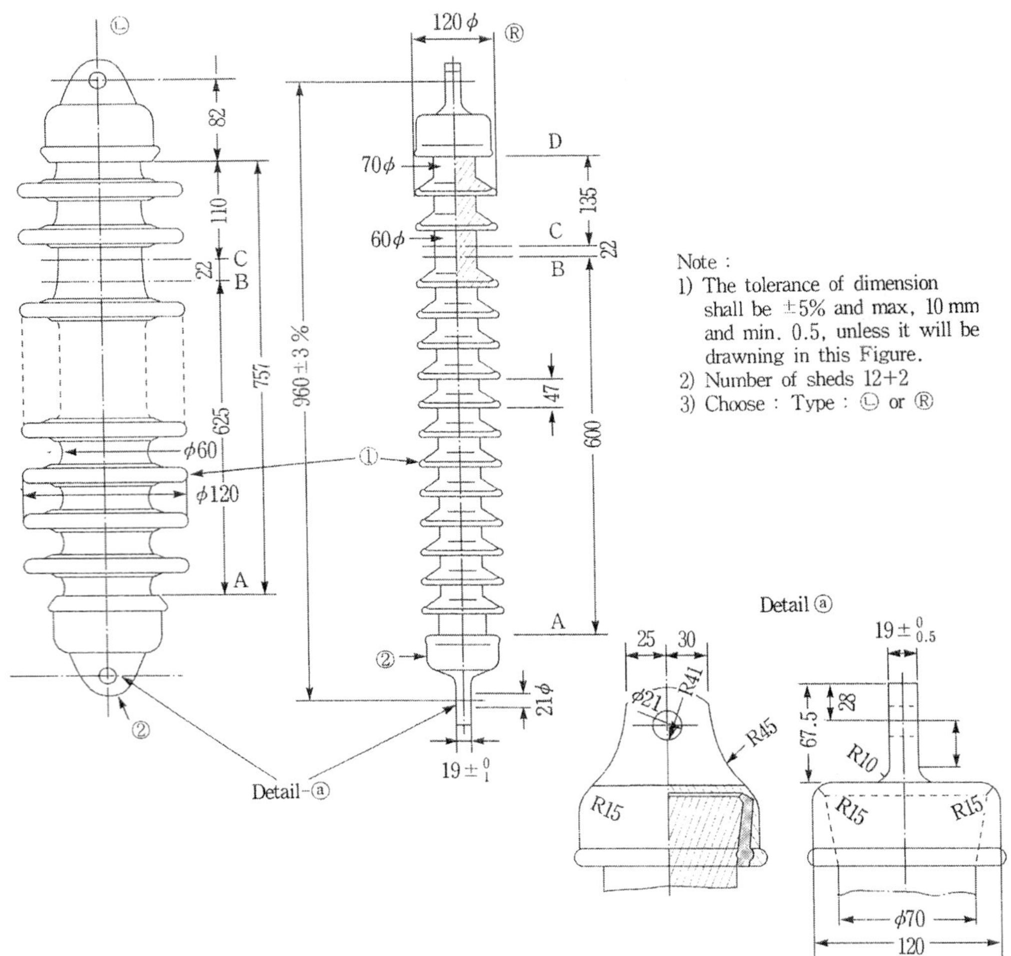


| 2 | Cap | 2 | Malleable cast iron or Ductile iron | Hot dip Galvanized |
|---|---|---|---|---|
| 1 | Insulator | 1 | Porcelain | Brown Glazed |
| No. | Name of parts | Q'ty | Material | Remark |
| | Description : STEM INSULATOR | | Type−a | |

**그림 5.56** 애자의 구조 (Type−a)

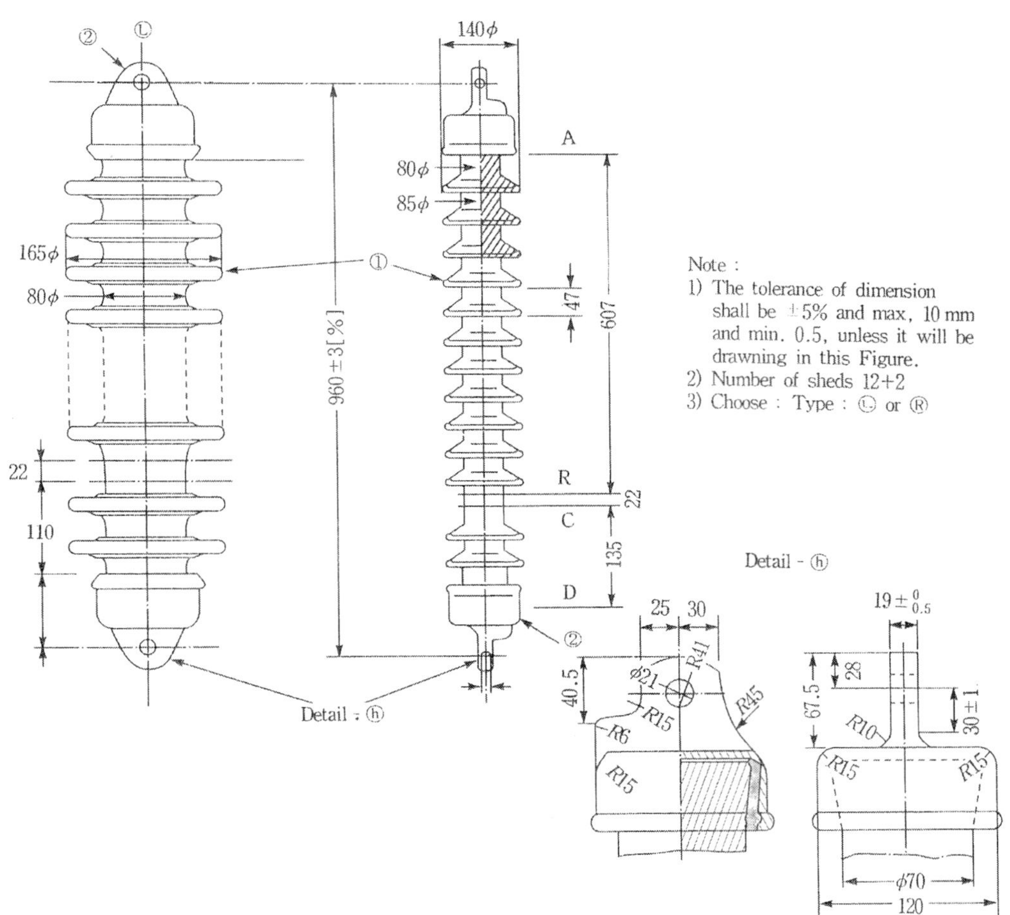


| 2 | Cap | 2 | Malleable cast iron or Ductile iron | Hot dip Galvanized |
|---|---|---|---|---|
| 1 | Insulator | 1 | Porcelain | Brown Glazed |
| No. | Name of parts | Q'ty | Material | Remark |
| Description : STEM INSULATOR Type–c | | | | |

그림 5.57 애자의 구조 (Type–c)

② 폴리머 애자

㉠ 25[kV] 장간애자 (Type N-a)

표 5.22 애자의 성능

| 항 목 | | 성 능 | 비 고 |
|---|---|---|---|
| 건조섬락전압[kV] | A-B간<br>C-D간 | 250<br>80 | |
| 주수섬락전압[kV] | A-B간<br>C-D간 | 200<br>55 | |
| 50[%]충격전압[kV] | A-B간<br>C-D간 | 400<br>110 | |
| 구부림 파괴하중[N] | | 1,862 이상 | |
| 인장 내하중[N] (1분간) | | 54,880 이상 | |

㉡ 25[kV] 장간애자 (Type-m)

표 5.23 애자의 성능

| 특 성 | | 단 위 | 정 격 |
|---|---|---|---|
| 치 수 | 표면 누설거리 | [mm] | A-B : 1,250<br>C-D : 230 |
| 기계적 성 능 | 구부림 파괴하중 | [N · m] | 3,430 |
| | 인장 내하중 | [N · min] | 58,800 |
| 전기적 성 능 | 건조섬락전압 | [kV] | A-B : 230<br>C-D : 70 |
| | 주수섬락전압 | [kV] | A-B : 180<br>C-D : 50 |
| | 50[%]충격섬락전압 | [kV] | A-B : 380<br>C-D : 100 |
| 전파장해전압 | 상용주파 대지간 | [rms kV] | 25 |
| | 최대 전파장해전압 | [μV]at 1000[kHz] | 10 |

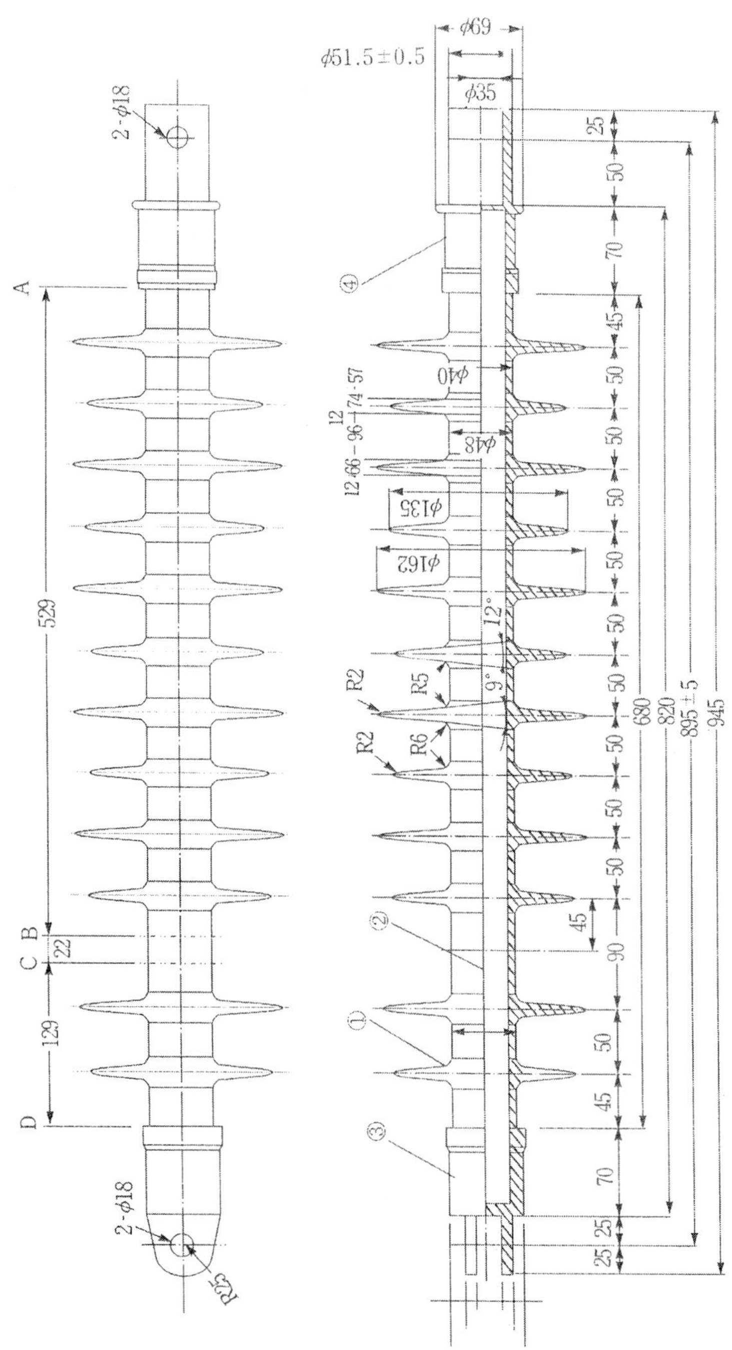

주) 1. 외부표면에 상처, 얼룩등 결함이 없을 것
2. 외부는 사출성형하며, 공형개폐부 자국은 깨끗이 마무리 처리할 것
3. 외부 표면 조도는 6.3S 이하일 것

**그림 5.58** 애자의 형상(Type-m)

### (3) 애자의 오손

1) 애자의 오손

애자가 오손되어 비나 안개에 의하여 습윤(濕潤, 젖어서 축축해짐)을 받으면 애자 절연체 표면의 절연이 저하된다. 이 절연저하 때문에 국부방전이 발생되어 가청 잡음, 라디오, TV장해를 유발시키거나 심한 경우에는 섬락(Flash over)이 발생한다.

전차선로용 애자는 인가에 접근되거나 기관사나 여객의 눈에 띄는 일이 많으므로 오손으로 인하여 방전하여 아크가 발생하면 사람의 마음에 불안감을 주게 되는 경우가 생긴다.

오손물의 종류에 따라 섬락전압에 미치는 영향이 크게 다르므로 애자의 오손섬락 특성은 복잡하게 되어있다. 애자의 오손물은 해염 외에 공장에서 배출되는 여러 가지 화학물질, 매연, 분진, 국부적이긴 하지만 시멘트가루 등이 있다. 이와 같은 오손물 중에서 애자의 절연에 가장 나쁜 영향을 주는 것은 물에 녹아서 강한 도전성을 나타내는 해염 등의 강전해질이다.

애자의 오손을 방지하는 대책으로서는 애자의 증결, 애자의 세척, 실리콘 콤파운드 도포 등이 있다.

① **애자의 오손요인**

애자 오손에 영향을 미치는 주요 원인으로서는 오손 지역과의 거리, 지형, 풍향, 풍속, 천후, 강우량, 애자의 형상, 표면상태, 설치위치, 조가방법, 과전전압, 사용기간 등 여러 가지 요인이 있으며 이와 같은 것의 총합이 애자의 오손실태로서 나타나게 된다.

② **애자표면이 오손되었을 때 일어나는 플래시 오버(flash over) 발생과정**

㉮ 애자의 표면은 사용환경에 따라 해염 등의 오손물이 부착되어 오손된다. 해염 같은 오손물은 건조상태에서는 절연에 대하여 악영향을 미치지는 않으나 안개, 비, 눈 등에 의하여 습해졌을 때 오손물 중의 염분, 그 밖에 가용성분이 물에 용해되어 표면 누설저항이 저하되면서 상당한 누설전류가 표면을 흐르게 된다.

㉯ 이 누설전류의 가열효과에 따라 특히, 전류밀도가 높은곳, 현수애자에서 핀, 캡 주변에 흔하게 건조대를 형성한다. 그 결과 국부적으로 저항이 감소되어 부담전압이 높아진다.

㉰ 오손의 정도가 가볍고 건조대에 걸리는 전압이 낮으면, 그 부분에는 방전이 일어나지 않으며, 누설전류는 점차 감소되어 절연성은 회복된다. 그러나 오손의 정도가 높은 경우에는 최초 흐르는 전류는 크며, 건조작용이 강하므로 건조대

에 걸리는 전압은 높아져서 국부 아크(Arc)가일어나게 된다.

㉣ 국부 아크(Arc)의 발생에 의하여 건조부분은 단락되게 되므로 아크방전의 전류를 제한하는 것은 남은 습윤부분의 저항이므로 아크발생과 동시에 누설전류는 급격하게 증가하게 된다.

㉤ 또한 가열건조 효과도 증대되므로 곧 전류는 감소되고 국부 아크도 소멸된다. 그리고 재차 표면이 습윤하게 된다.

㉥ 이런 현상은 누설전류 서지를 반복하며, 그 결과 애자표면의 전압분포는 점점 불균등하게 되어 전압의 대부분은 건조부분에 걸리게 되어 아크는 방전의 강도를 더하여 마침내 습윤부분의 저항이 전류를 억제할 수 없게 되어 한계치에 도달하면 플래시 오버(Flash over )로 발전하게 된다.

2) 염진오손 구분

① 일반지구

해안에서 떨어진 산간, 평야 등에서 특히 염해에 대하여 고려할 필요가 없는 지역을 말한다.

② 오손지구

해안으로부터의 거리, 지형, 풍향, 태풍 등으로 습래정도 및 송전선의 염해사고 등으로 보아 상당량의 염해가 예상되는 지역을 말한다.

표 5.24 염진오손구분 및 애자의 표준사용 구분

| 종 별 | 교 류 (AC 25kV) | | 비고 |
|---|---|---|---|
| | 일반지구 | 오손지구 | |
| 현수애자 | 250mm 4개 | 250mm 5개 또는 내염용 250mm 4개 | ※ 동등이상의 성능을 갖는 수지제 애자를 사용할 수 있다. |
| 장간애자 | 교류 일반용 | 교류 오손용 | |

③ 화학공장의 매연 등에 의하여 오손을 받는 개소는 실정에 따라 일반지구와 오손지구를 적용한다.

④ 해수의 물보라 거품 등의 영향을 받는 개소 또는 염분을 포함한 눈이 부착되는 개소 등 특히, 오손이 심하며 또 급속하게 오손이 예상되는 개소에 대해서는 필요한 염해방지 대책을 세우는 것이 좋다.

⑤ 급속오손

태풍이나 계절풍에 위하여 바다로부터 해염입자가 날아와 단시간에 애자가 오손되는 현상을 급속오손이라 부르고 있다. 태풍에 의한 것은 바다로부터 수 10[km]까지 미치는 것도 있으며 5[km] 이내에서 많이 발생하고 있다.

### 3) 내오손 기준 적용

이 기준은 염진해 오손등급 B급 이상 지역의 내오손 설계에 적용하는데 오염등급은 설계하고자 하는 지점(이하 "설계점"이라 한다)의 오손등급을 말하며, 아래와 같이 적용한다.

**표 5.25** 오손등급 구분 [단위 : mg/cm$^2$]

| 구 분 | A | B | C | D |
|---|---|---|---|---|
| ESDD | 0.063 이하 | 0.063 초과~0.125 | 0.125 초과~0.25 | 0.25 초과~0.5 |

☞ ESDD : 등가염분부착밀도(Equivalent Salt Deposit Density)

① 염해 오손등급 적용

㉮ 설계지점이 과거 염해로 인한 시설물의 부식 등으로 인한 고장발생 실적이 있는 지역은 기존시설 오손등급을 기준으로 설계지점 오손등급을 조정하여 적용한다.

㉯ 설계지점이 신설인 경우에는 간이 오손분석법 표 5.26를 적용하며, 필요시 오손등급을 조정하여 적용 할 수 있다.

② 간이 오손분석법

오손분석표 적용이 곤란한 경우에는 해안으로부터 설계지점까지의 직선거리에 따라 B~D급의 오손등급을 적용한다.

**표 5.26** 해안거리별 오손등급 구분 [단위 : km]

| 해안별 \ 오손구분 | B급 | C급 | D급 |
|---|---|---|---|
| 동 해 | 2.0 초과 ~ 3.5 | 1.5 초과 ~ 2.0 | 0 ~ 1.5 |
| 서 해 | 5.5 초과 ~ 7.0 | 3.0 초과 ~ 5.5 | 0 ~ 3.0 |
| 남 해 | 1.5 초과 ~ 2.5 | 1.0 초과 ~ 1.5 | 0 ~ 1.0 |
| 제주도 | 8.5 초과 ~ 11.5 | 5.5 초과 ~ 8.5 | 0 ~ 5.5 |

표 5.27 설계점의 오손등급에 따른 내염 기자재 적용

| 구 분 | 오손등급 | 사 용 자 재 | 비 고 |
|---|---|---|---|
| 애 자 | B급 | ◦ 라인포스트 애자<br>◦ 191mm 현수애자×2개<br>◦ 폴리머 현수애자 B호 | |
| | C급 | ◦ 내염형 라인포스트 애자<br>◦ 191mm 현수애자×3개<br>◦ 250mm 현수애자×2개<br>◦ 폴리머 현수애자 A호 | (15,000Lbs, 배전선로용) |
| | D급 | ◦ 내염형 라인포스트 애자<br>◦ 250mm 현수애자×3개<br>◦ 폴리머 현수애자 A호 | (15,000Lbs, 배전선로용) |
| 전 선 | B급 이상 | ◦ 경동선<br>◦ ACSR/AW-OC +<br>바인드부분 보강재 | - ACSR-OC는 Bind 부분 보강재사용<br>(애자좌우 50cm) |
| 선로용 개폐기 | B급 이상 | ◦ 밀폐형 개폐기 | |
| 피뢰기 | B급 이상 | ◦ 피뢰기 + 내오손 보강재<br>◦ 폴리머 피뢰기 | - 내오손용 결합애자 |

## (4) 애자의 오손대책

### 1) 과절연 설계

매연이나 분진, 염분의 오손을 고려하여 미리 애자의 연면 절연을 강화하고, 오손상태에서의 플래시 오버(flash over) 사고를 방지하는 것이 과절연 설계이다.

과절연 설계에는 애자의 증결, 표면누설거리가 긴 특수한 애자의 사용 등이 있으나 오손애자의 플래시 오버 전압은 애자의 표면누설거리에 거의 비례하여 상승하기 때문에 애자의 연결개수를 증가시키는 방법이 일반적으로 적용하고 있다.

#### ① 현수애자의 과절연 설계

표 5.28 교류 25[kV]용 현수애자 250[mm]의 경우

| 오손구분 | 일반지구 | 오손지구 | 중 오손지구 |
|---|---|---|---|
| 설계내전압(kV/개) | 10.3 | 8.9~7.8 | 6.7 |
| 애자의 개수 | 3개 | 3~4개 | 4개 |
| 현재 시설 개수 | 4개 | 4개 | 5개 |

② 장간애자의 과절연설계

표 5.29 교류 25[kV]용 장간애자의 경우

( )는 이중절연방식

| 오손구분 | 일반지구 | 오손지구 | 중 오손지구 |
|---|---|---|---|
| kV당 소요누설거리[mm/kV] | 26 | 30~33.5 | 43.5 |
| 소요누설거리[mm] | 780 | 900~1,005 | 1,305 |
| 현재 시설물 적용 누설거리[mm] | 1,480<br>(1,250) | 1,480<br>(1,250) | 1,480 |
| 적용 오손내전압[kV] | 30 | 30 | 30 |

2) 애자청소

오손된 애자의 플래시 오버(Flash over)로 인한 섬락사고 방지를 위하여 애자는 정기적으로 또는 응급적으로 청소하는 방법이 있다. 그 방법으로는

① 사람이 손으로 하는 청소

② 활선애자 청소기로 하는 청소

③ 활선 청소장치에 의한 청소 등이 있다.

3) 발수성 물질의 도포

애자가 오손되어도 습윤에 의하여 표면의 절연이 저하되지 않도록 애자의 표면에 발수성 물질을 도포하여 절연을 유지하는 방법이다. 이 발수성 물질에는 실리콘 콤파운드(Silicone compound)가 널리 사용되고 있다.

## 3.2 | 전선류

### (1) 급전선(AF)

전차선로의 급전선은 합성전차선에 전기를 공급하는 전선으로써 변전소에서 인출되는 전차선용 TF(Trolly Feeder) 급전선과 주변압기(MT)와 단권변압기(AT) 간을 접속하는 AF(Auto Transformer Feeder)가 있다.

**표 5.30 급전선의 선종**

| 구분 | 강심알루미늄 연선 | 경동연선 |
|---|---|---|
| 형상 | | |
| 규 격 | 240[mm²] | 150[mm²] |
| 연선구성 | Al/St | Cu |
| 장점 | · 가격이 저렴하다.<br>· 중량이 가볍다.<br>· 인장하중이 크다.<br>· 선팽창계수가 작다. | · 도전율이 좋다.<br>· 염해 및 공해에 강하다.<br>· 허용전류가 크다.<br>· 선팽창계수가 작다. |
| 단점 | · 도전율이 작다.<br>· 염해 및 공해에 약하다.<br>· 허용전류가 작다. | · 가격이 비싸다.<br>· 중량이 무겁다.<br>· 인장하중이 작다. |

### (2) 전차선(Trolly Wire)

전차선은 레일면위에 일정한 높이로 가설되어 전기차의 집전판(팬터그래프)과 불완전 접속상태로 전기차의 견인전동기(모터블럭)에 전기를 공급하기 위한 전선으로 전차선로 설비 중에서 가장 핵심적이고 중요한 설비이다. 전차선의 종류에는 형상에 따라 홈붙이 원형, 홈붙이 제형, 홈붙이 이형 전차선 등이 있다.

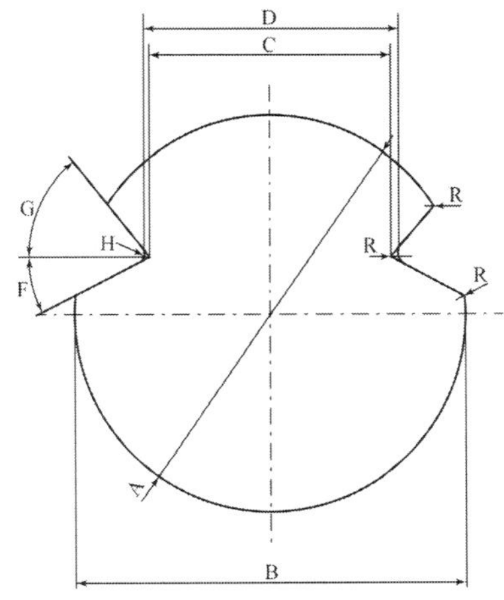


| 규격<br>[mm²] | 치 수[mm] | | | | | 치 수[°] | | 신선의 단면적<br>[mm²] |
|---|---|---|---|---|---|---|---|---|
| | A | B | C | D | F | G | H | |
| 110 | 12.34 | 12.34 | 6.85 | 7.27 | 27° | 51° | 0.38 | 111.1 |
| 170 | 15.49 | 15.49 | 7.32 | 7.74 | 27° | 51° | 0.38 | 170 |

**그림 5.59 홈붙이 원형**

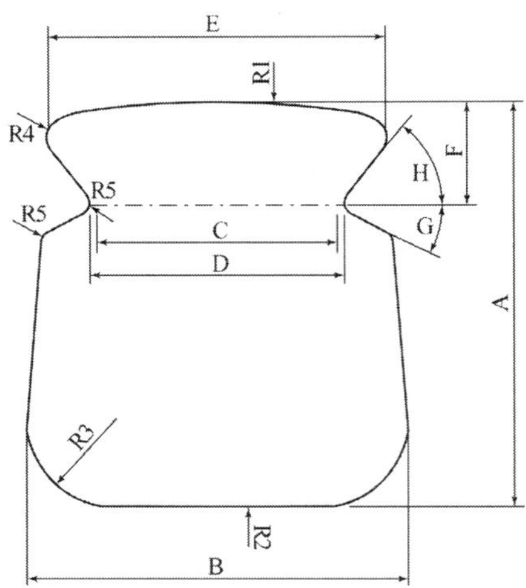


| 규격 [mm²] | A [mm] | B [mm] | C [mm] | D [mm] | E [mm] | F [mm] | R1 [mm] | R2 [mm] | R3 [mm] | R4 [mm] | R5 [mm] | G [°] | H [°] | 단위질량 [kg/m] |
|---|---|---|---|---|---|---|---|---|---|---|---|---|---|---|
| 110 | 11.7 | 10.9 | 6.85 | 7.27 | 9.6 | 3.0 | 30 | 20 | 2.5 | 0.75 | 0.38 | 27 | 51 | 0.987 |
| 170 | 14.8 | 13.0 | 6.85 | 7.27 | 9.6 | 3.0 | 30 | 35 | 2.5 | 0.75 | 0.38 | 27 | 51 | 1.511 |

**그림 5.60** 홈붙이 제형

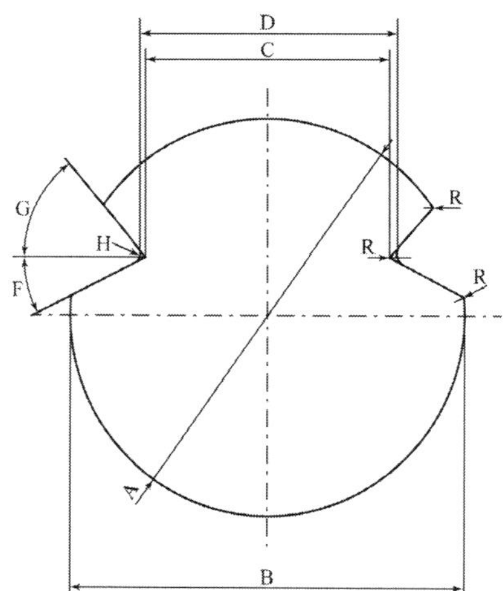


| 규격 [mm²] | 치 수[mm] | | | | | 치 수[°] | | 신선의 단면적 [mm²] |
|---|---|---|---|---|---|---|---|---|
| | A | B | C | D | F | G | H | |
| 110 | 12.34 | 12.34 | 6.85 | 7.27 | 27° | 51° | 0.38 | 111.1 |
| 170 | 15.49 | 15.49 | 7.32 | 7.74 | 27° | 51° | 0.38 | 170 |

**그림 5.61** 홈붙이 이형

표 5.31 홈붙이 원형 전차선의 특성

| 구분 | 홈 경동선 Cu 110[mm$^2$] | 홈 경동선 Cu 170[mm$^2$] | 홈 경동선 Cu 150[mm$^2$] |
|---|---|---|---|
| 외 경(mm) | 12.34 | 15.49 | 13.6 |
| 단위 중량(kg/m) | 0.987 | 1.511 | 1.334 |
| 전기저항(Ω) | 0.1592 | 0.104 | 0.1173 |
| 파괴강도(N) | 38,220 | 57,820 | 51,910 |
| 저항온도계수(20℃) | 0.00383 | 0.00383 | 0.00383 |
| 선팽창계수 | $1.7\times10^{-5}$ | $1.7\times10^{-5}$ | $1.7\times10^{-5}$ |
| 허용하중(N) | 17,372 | 26,281 | 23,595 |
| 도전율(%) | 97.5 | 97.5 | 97.5 |
| 탄성계수(N/cm$^2$) | $1.2\times10^4$ | $1.2\times10^4$ | $1.2\times10^4$ |

### (3) 조가선(Massenger Wire)

조가선은 전차선을 일정한 높이로 수평하게 유지시켜 주기 위하여 전차선 상부에 행어나 드로퍼를 사용하여 조가하여 주는 전선으로 가선장력, 도전율, 허용전류 용량에 적합한 전선을 사용한다.

표 5.32 조가선의 특성

| 구분 | Bz 65[mm$^2$] | Cu-Mg 65[mm$^2$] |
|---|---|---|
| 단면적 | 65.38 | 65.38 |
| 재 질 | Cu : 98.5%<br>Cd : 0.9 ~ 1.3%<br>Sn : 0.4 ~ 0.6%<br>기 타 : 0.03% | Cu : 98.5%<br>Mg : 0.4 ~ 0.5<br>기 타 : 0.03% |
| 단위 중량(kg/m) | 0.605 | 0.590 |
| 파괴강도(N) | 42,198 | 45,500 |
| 도전율(%) | 60 | 60 |
| 전기저항(20℃, Ω/km) | 0.462 | 0.462 |
| 허용전류(A) | 261 | 261 |
| 선팽창계수 | $1.7\times10^{-5}$ | $1.7\times10^{-5}$ |
| 특 징 | · 파괴강도가 크다.<br>· 염해 및 공해물질에 강하다.<br>· 공해를 유발하는 카드뮴이 함유되어 있다. | · 파괴강도가 크다.<br>· 염해 및 공해물질에 강하다.<br>· 카드뮴이 함유되어 있지 않은 친환경 재질이다. |

### (4) 비절연보호선

전차선의 비절연보호선(FPW : Fault Protective Wire)은 단권변압기방식의 지하구간 및 공용접지방식 구간에서 섬락보호를 위하여 철재・지지물을 연접하여 설치되는 가공전선으로 대지에 대하여 절연하지 않고 AT중성점과 레일을 접속하고 또한 AT와 AT의 중간부분에서 보호선용접속선(CPW)으로 레일과 접속되며 비절연보호선과 레일은 병렬로 폐회로를 구성하고 있다.

**표 5.33** 비절연보호선의 특성

| 구분 | 강심알루미늄 연선 | 경동연선 |
|---|---|---|
| 형상 | | |
| 규 격 | 93[mm$^2$] | 75[mm$^2$] |
| 연선구성 | Al/St | Cu |
| 장점 | · 가격이 저렴하다.<br>· 중량이 가볍다.<br>· 인장하중이 크다.<br>· 선팽창계수가 작다. | · 도전율이 좋다.<br>· 염해 및 공해에 강하다.<br>· 허용전류가 크다.<br>· 선팽창계수가 작다. |
| 단점 | · 도전율이 작다.<br>· 염해 및 공해에 약하다.<br>· 허용전류가 작다. | · 가격이 비싸다.<br>· 중량이 무겁다.<br>· 인장하중이 작다. |

## (5) 전차선로에 사용하는 전선의 특성

표 5.34 전차선로 각종 전선의 특성

| 선종 | 공칭 단면적 $mm^2$ | 지름 mm | 단위 무게 kg/m | 전기저항 20℃ Ω/km | 저항 온도 계수 | 파괴강도 | | 파괴강도 | | 허용하중 | |
|---|---|---|---|---|---|---|---|---|---|---|---|
| | | | | | | $N/mm^2$ | [MPa] | kgf | [kN] | kgf | [kN] |
| 전차선 | 170 | 15.49 | 1.511 | 0.1040 | 0.00383 | 340 | 340 | 5,900 | (57.82) | 2,682 | (26.28) |
| | 150 | 14.50 | 1.338 | 72% IACS | | 407.3 | 407.3 | 6,234 | 61.2 | 2,833 | (28.33) |
| | 150 | 14.50 | 1.334 | 70% IACS | | 540.0 | 540.0 | 8,164 | 80.0 | 3,400 | (34.00) |
| | 150 | 14.40 | 1.340 | 0.1173 | 0.00383 | 340 | 340 | 5,240 | (51.35) | 2,382 | (23.34) |
| | 150 | (높이)13.60<br>(가로)15.10 | 1.334 | 0.1173 | | 347 | 347 | 5,316 | (52.10) | 2,739 | (26.85) |
| | 110 | 12.34 | 0.9877 | 0.1592 | 0.00383 | 344 | 344 | 3,900 | (38.22) | 1,773 | (17.38) |
| | 107 | (높이)11.35<br>12.86 | 0.951 | 0.1644 | | | | | (37.20) | | (18.60) |
| 카드뮴 동연선 | 95 | 12.5 | 0.8465 | 0.2342 | 0.00334 | – | – | 5,220 | (51.16) | 2,088 | (20.46) |
| | 80 | 11.5 | 0.7103 | 0.276 | 〃 | – | – | 4,480 | (43.90) | 1,792 | (17.56) |
| | 70 | 10.5 | 0.5974 | 0.3315 | 〃 | – | – | 3,672 | (35.99) | 1,469 | (14.40) |
| | 60 | 10.0 | 0.5370 | 0.365 | 〃 | – | – | 3,490 | (34.20) | 1,396 | (13.68) |
| | 10 | 4.59 | 0.0898 | 2.2141 | | | | 617 | (6.05) | | |
| Mg, Sn 동연선 | 95 | 12.5 | 0.839 | 0.288 | 0.002489 | – | – | 5,374 | (52.68) | 2,442 | (23.93) |
| | 80 | 11.5 | 0.710 | 0.340 | 〃 | – | – | 4,550 | (44.59) | 2,068 | (20.27) |
| | 70 | 10.5 | 0.592 | 0.408 | 〃 | – | – | 3,849 | (37.72) | 1,749 | (17.14) |
| | 10 | 4.57 | 0.089 | 2.703 | | – | – | 607 | (5.95) | | |
| Cu-Mg 동연선 | 116 | 14.0 | 1.07 | 0.216 | – | 576 | 576 | 6,826 | 66.9 | 2,730 | 26,760 |
| 청동연선 | 12 | 5.19 | 0.103 | 2.1 | 0.002358 | – | – | 708 | (6.94) | | |
| | 65 | 10.5 | 0.605 | 0.4474 | 0.002358 | – | – | 4,303 | (42.20) | 1,722 | |
| 강심동연선 (CWSR) | 65 | 10.3 | 0.590 | 0.462 | 0.00383 | – | – | 4,310 | (42.238) | 1,724 | (16.895) |
| 아연도 강연선 (3종) | 180 | 17.5 | 1.450 | | 0.005 | – | – | 11,500 | (112.70) | 4,800 | (47.04) |
| | 135 | 15.0 | 1.090 | 1.057 | 〃 | – | – | 8,820 | (86.44) | 3,540 | (34.69) |
| | 90 | 12.0 | 0.697 | 1.653 | 〃 | – | – | 5,670 | (55.57) | 2,264 | (22.19) |
| | 55 | 9.6 | 0.446 | 2.583 | 〃 | – | – | 3,630 | (35.57) | 1,452 | (14.23) |
| | 38 | 7.8 | 0.294 | | | – | – | 2,400 | (23.52) | 956 | (9.37) |

| 선종 | 공칭 단면적 mm² | 지름 mm | 단위 무게 kg/m | 전기저항 20℃ Ω/㎞ | 저항 온도 계수 | 파괴강도 | | 파괴강도 | | 허용하중 | |
|---|---|---|---|---|---|---|---|---|---|---|---|
| | | | | | | N/mm² | [MPa] | kgf | [kN] | kgf | [kN] |
| 경동연선 (1종)H | 325 | 23.4 | 2.937 | 0.056 | 0.00381 | – | – | 12,900 | (126.51) | 5,864 | (57.66) |
| | 250 | 20.7 | 2.298 | 0.0715 | 〃 | – | – | 10,200 | (100.03) | 4,636 | (45.43) |
| | 200 | 18.2 | 1.776 | 0.092 | 〃 | – | – | 7,830 | (76.79) | 3,559 | (34.88) |
| | 125 | 14.5 | 1.129 | 0.143 | 〃 | – | – | 4,960 | (48.64) | 2,255 | (22.10) |
| | 100 | 13.0 | 0.9076 | 0.178 | 〃 | – | – | 4,020 | (39.42) | 1,827 | (17.91) |
| | 38 | 7.8 | 0.3344 | 0.484 | 〃 | – | – | 1,480 | (14.51) | 673 | (6.60) |
| | 22 | 6.0 | 0.1979 | 0.818 | 〃 | – | – | 888 | (8.71) | 404 | (3.96) |
| 경동연선 (2종)H | 200 | 18.5 | 1.838 | 0.088 | 0.00381 | – | – | 7,900 | (77.47) | 3,591 | (35.19) |
| | 150 | 16.0 | 1.375 | 0.118 | 〃 | – | – | 6,000 | (58.84) | 2,727 | (26.73) |
| | 100 | 12.9 | 0.9145 | 0.177 | 〃 | – | – | 3,880 | (38.05) | 1,764 | (17.29) |
| | 75 | 11.1 | 0.6770 | 0.239 | 〃 | – | – | 2,910 | (28.54) | 1,323 | (12.97) |
| 강 심 알루미늄 연 선 (ACSR) | 330 | 25.3 | 1.320 | 0.0888 | 0.0040 | – | – | 10,930 | (107.11) | 4,372 | (42.85) |
| | 240 | 22.4 | 1.110 | 0.120 | | – | – | 10,210 | (100.06) | 4,084 | (40.02) |
| | 240 (288) | 22.05 | 1.107 | 0.1209 | | – | – | | (96.00) | | |
| | 160 | 18.2 | 0.7328 | 0.182 | 0.0040 | – | – | 6,990 | (68.50) | 2,796 | (27.40) |
| | 95 | 13.5 | 0.3852 | 0.301 | 0.0040 | – | – | 3,180 | (31.16) | 1,272 | (12.47) |
| | 80 | 12.6 | 0.3355 | 0.345 | | – | – | 2,770 | (27.15) | 1,108 | (10.86) |
| | 60 (93) | 12.5 | 0.437 | 0.4799 | | – | – | | (46.10) | | |
| | 58 | 10.5 | 0.2331 | 0.497 | 0.0040 | – | – | 1,980 | (19.40) | 792 | (7.76) |
| | 32 | 7.8 | 0.1286 | 0.899 | 0.0040 | – | – | 1,140 | (11.17) | 456 | (4.47) |
| 경알루미늄 연 선 | 300 | 22.4 | 0.8201 | 0.0969 | 0.0040 | – | – | 4,430 | (43.44) | 1,772 | (17.37) |
| | 200 | 18.5 | 0.5598 | 0.140 | 〃 | – | – | 3,030 | (29.71) | 1,212 | (11.88) |
| | 150 | 16.0 | 0.4187 | 0.188 | 〃 | – | – | 2,270 | (22.26) | 908 | (8.90) |
| | 95 | 12.6 | 0.2649 | 0.295 | 〃 | – | – | 1,410 | (13.83) | 564 | (5.53) |

# 4 안전 및 보호구조물

전기철도 시설의 안전 및 보호구조물은 구조물이 전도되거나 외부로부터의 충격 등으로 설비를 보호하기 위한 방호설비 등으로 되어 있다.

## 4.1 지선(支線)

전차선, 급전선 등의 곡선로 개소에 인류장치를 설치하여 인장력 또는 수평장력이 작용하는 전주에 그 인장력 또는 수평장력에 따른 전주가 경사 또는 만곡(彎曲)되지 않도록 하기 위한 설비를 「지선(支線)」이라 한다.

지선은 한쪽을 전주에 취부하고 다른 쪽은 전주에서 가까운 일정한 지점에 지중에 매설한 기초에 취부하여 인장력 또는 수평장력에 대응하는 구조로 되어 있다.

### (1) 지선의 종류

1) 사용개소별에 의한 분류

전차선로의 지선의 용도는 전차선, 급전선 등의 장력이나 수평장력이 가해지는 불평형 장력에 대응방향으로 설치해서 전주의 강도를 보강하기 위한 것이다. 지선의 사용개소에 따라 분류하면 합성전차선과 급전선 등의 인류를 위한 인류용지선과 곡선당김장치 등이 취부된 전주에 설치하는 곡선당김용 지선, 그리고 스팬선용 지선이 있다.

2) 형상별에 의한 분류

지선을 형상에 따라 분류하면 단지선, V지선, 2단지선, 수평지선과 궁형지선 등이 있다.

① 단지선

보통지선으로도 부르는 것으로 일반적이며 기본적인 지선이다.

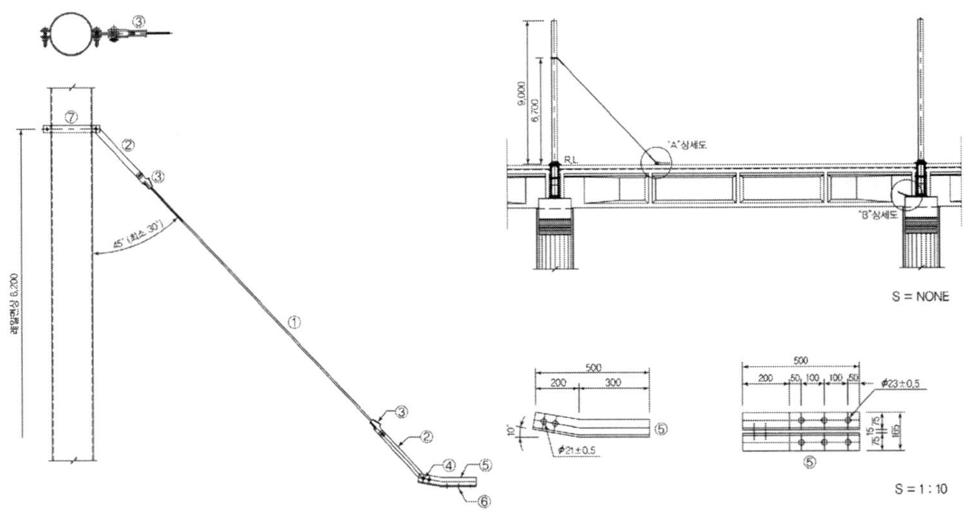


그림 5.62 단지선

② V지선

근가를 1개소로서 상부의 형상을 V형으로 시설한 지선을 말하며, 전차선 인류용으로 많이 사용되고 있으며 전차선로용 지선의 대표적인 것이다.

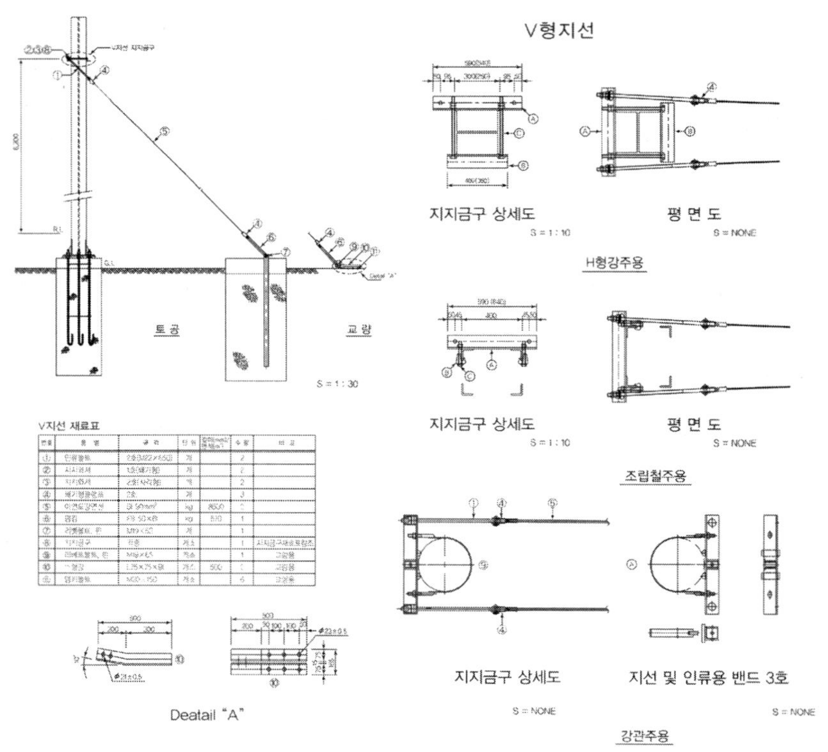


그림 5.63 V지선(일반용)

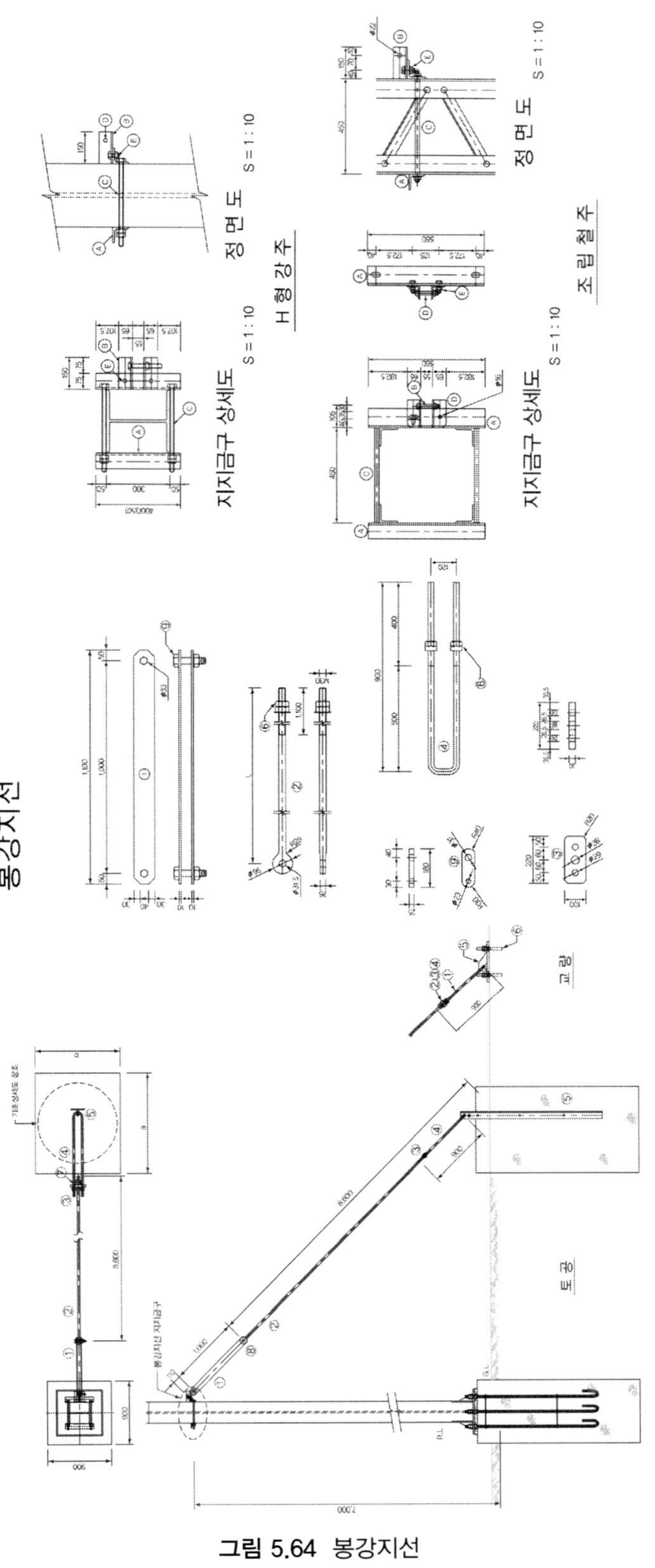
봉강지선
지지금구 상세도
S = 1 : 10
정 면 도
S = 1 : 10
H 형 강 주
지지금구 상세도
S = 1 : 10
정 면 도
S = 1 : 10
조 립 철 주
교 량
토 공

그림 5.64 봉강지선

③ 2단지선

단지선 또는 V지선을 평행(상・하방향)으로 2개 시설하는 지선을 말하며, 큰 장력이나 수평장력이 가해지는 헤비 심플커티너리(heavy simple catenary) 가선방식의 인류용으로 사용되고 있다.

④ 수평지선

직접지선을 시설하기가 불가능한 경우 별도로 적당한 위치에 전용의 지선주를 세우거나 인접전주에 수평으로 전주간에 지선을 가선한 것을 말한다. 교통에 지장이 없도록 도로를 횡단해서 시설하는 경우 또는 건축물의 출입구 등을 피해서 지장이 없도록 시설하는 경우 등에 사용한다.

⑤ 궁형지선

전주의 근원부근에 근가를 시설해서 궁형으로 취부하는 특수한 지선을 말하며, 지선을 취부할 수 없는 경우 등 특별한 경우에만 사용된다. 일명 궁지선이라고도 한다.

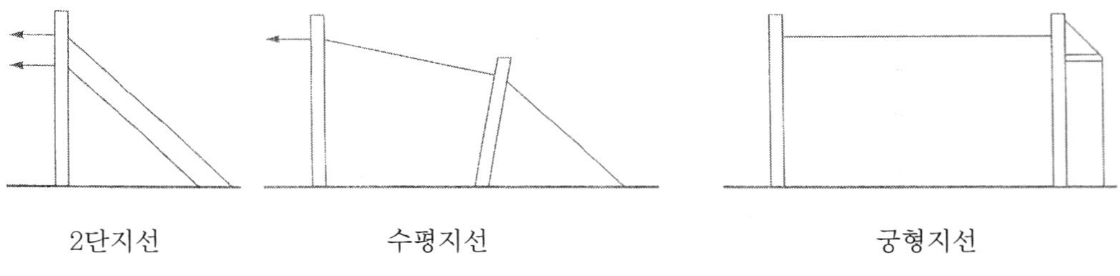


**그림 5.65** 지선의 종류

### (2) 지선의 설치개소

전주에 작용하는 외력(外力)에는 수직력과 수평력의 2 종류가 있다. 수직력은 수직방향으로 힘이 작용하므로 특별한 경우를 제외하고 전주 자체의 내력으로 견딜 수 있으나 수평력은 전주의 횡방향으로 작용하기 때문에 전주 경사, 전도 또는 절손시키기 때문에 전주 자체의 내력이 커야 하고 상당히 강고(强固)한 기초로 하여야 한다. 이 경우에 경제성을 고려해서 수평장력에 대응하는 방향으로 지선을 취부해서 전주 등의 강도를 보강한다.

일반적으로 곡선개소와 진동방지, 곡선당김개소는 하중에 충분히 견디는 전주의 사용과 기초의 강화로 비교적 쉽게 가능하기 때문에 인류주 이외의 전주는 기초의 안전율이 2 이상으로 하여 지선의 생략을 원칙으로 하고 있다.

지선은 가급적 철도운행구간 부지 내에 시설하고 사람이나 자동차가 접촉하기 쉬운

개소는 가능한 피하고 부득이한 경우는 안전표식이나 방호설비를 하여야 한다. 또한, 도로를 횡단하는 지선은 교통에 지장이 없도록 설비하여야 하고 철도를 횡단하여 시설하는 수평지선의 높이는 레일면상 6.5[m] 이상, 도로 등을 횡단하여 시설하는 수평지선의 높이는 도로면상 6[m] 이상으로 시설한다.

### (3) 지선의 설비

지선은 전주에 가해지는 수평력에 대응하도록 설치하는 것이기 때문에 인장력에 충분히 견디는 재료 등을 사용해서 시설한다.

지선은 인장력에 대한 안전율을 2.5 이상으로 하고 허용인장하중의 최저는 4,900[N]으로 한다. 지선은 가공전차선의 장력조정장치, 인류장치 추의 무게(중량)에 따라 아연도강연선(st 90[$mm^2$], 135[$mm^2$]) 또는 원형강봉 $\phi$24~$\phi$28을 주로 사용하고 있다.

지선의 지표부분과 지중에 매설되는 부분은 특히 부식이 쉬운데, 임시로 목주에 시설하는 경우를 제외하고 지중의 부분과 지표 30[cm]까지의 부분에는 아연도금을 한 철봉 또는 이것과 동등 이상의 강도와 내구력을 가진 것을 사용하고 견고한 근가를 사용하여야 한다.

표 5.35 지선에 사용하는 강봉과 아연도강연선

| 구 분 | 지선장력 | 지선종별 | 지선의 항장력 | 비 고 |
|---|---|---|---|---|
| 장력장치 23,520[N] | 83,155[N] | 강봉 $\phi$28 | 102,194[N] | 일반개소 |
| | 60,699[N] | 아연도 강연선 st 135$mm^2$ | 86,730[N] | 교량하부개소 |
| 인류장치 23,520[N] | 79,591[N] | 강봉 $\phi$26 | 83,241[N] | 일반개소 |
| 비절연보호선 인류 (ACSR 95$mm^2$) | 24,115[N] | 강봉 $\phi$24 | 70,932[N] | 일반개소 |

#### 1) 지선의 기초

전차선로에 사용하는 지선기초의 안전율은 지지물 기초의 인상력에 대한 안전율의 고려하여 2 이상으로 한다.

지선에는 특수한 경우를 제외하고는 지선용 콘크리트기초를 사용한다. 다만 임시 가설비 등에 사용하는 경우에는 하중과 토질에 적합한 지선블록에 의한 방식을 사용한다. 지선기초의 블록을 사용할 때에는 지하 2[m] 정도의 깊이에 매설해서 지선의 인장하중에 충분히 견디도록 시설한다. 지선블록을 근접해서 매설하는 경우에는 상호의 지선의 인상력에 저항하는 토양의 유효각도가 교차하지 않도록 하기 위해 간격을 약 3.5[m] 이상 이격해서 매설하도록 한다. 또한, 특수한 경우로는 고가교와 터널 등으로 앵커볼트를 사용해서 인류한다.

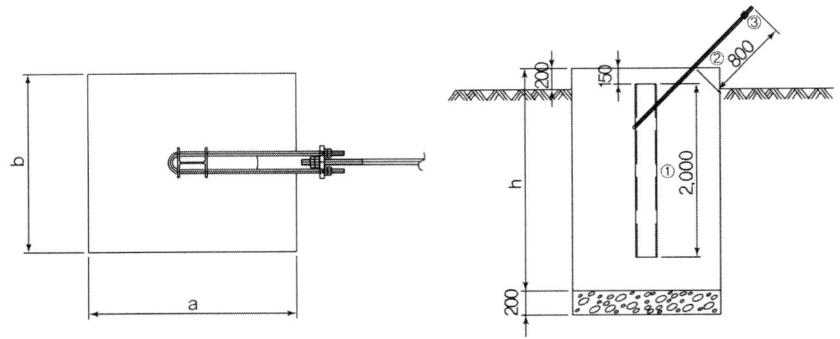


그림 5.66 지선기초도

지선블록의 매설간격의 계산은 식 (5.18)로 구해진다.

$$L = l_1 + l_2 = 2h\tan\phi + l_2 \tag{5.18}$$

여기서, $L$ : 지선블록의 매설간격

$l_1$ : 매설 지선블록의 상호간격

$l_2$ : 지선블록의 폭

$h$ : 지선블록의 매입깊이

$\phi$ : 지선의 인상력에 저항하는 토양의 유효 각도

2) 지선의 절연

지선은 사람, 차량 등에 위험이 미치지 않도록 시설하여야 한다. 지선이 가공전선과 접속해서 지선에 누설되어 발생하는 감전을 방지하기 위해서 지선 상부에 애자를 삽입해서 절연하도록 하고 있다.

직류 전차선로의 지선에는 전주의 취부점에서 약 1.5[m]의 위치에 애자를 삽입한다. 지선의 애자는 인장력에 적합한 것으로 하고 애자 상호간 접촉할 우려가 없도록 시설한다. 직류 전차선로의 콘크리트전주와 목주에 시설하는 지선에는 누설전류가 흐름에 따라 지선의 전식을 방지하기 위해 전주 취부점에서 약 1.5[m]의 위치에 애자를 삽입한다. 철주에는 접지설비가 되어 있기 때문에 필요가 없다.

교류 전차선로의 지선에는 여객이 근접하기 쉬운 승강장이나 일반공중의 안전을 기하기 위해 특히 필요한 경우 이외에는 애자를 설치하지 않는다.

지선용 애자는 인장력에 적합한 것으로 하며 일반적으로 180[mm] 현수애자(전차선로용)를 사용하고 특히 장력이 큰 경우에는 250[mm] 현수애자(전차선로용)를 사용한다.

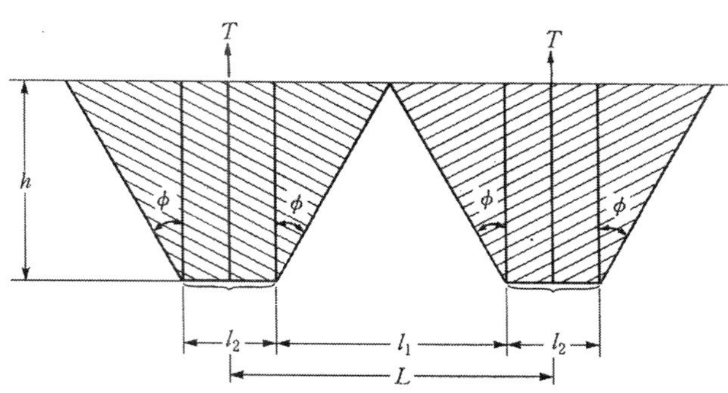


그림 5.67 지선블록의 매설간격

### 3) 지선의 강도

콘크리트전주 또는 철주에 세우는 지선은 콘크리트전주 또는 철주가 갖는 최대풍압하중에 대한 강도의 1/2 이상의 최대 풍압하중에 대한 강도를 부담해야 한다. 콘크리트전주 또는 철주는 지선이 없더라도 그것 자체로 자체의 풍압하중의 1/2에 견딜 필요가 있다. 또한, 지선과 전주에 어느 경우의 하중이 분담되는 것인지 확실하지 않기 때문에 콘크리트전주, 철주에 설치할 때는 지선 전체 하중에 견딜 수 있게 설계하는 것이 바람직하다.

지선은 전주에 작용하는 수평하중의 100[%]를 부담하므로 지선의 강도를 검토할 경우에는 전주의 축력 외의 하중을 부담하지 않는 것으로 하여 검토한다.

철탑은 설계상 어느 정도 강도를 증가시킬 수 있으나 지선을 이용해서 강도의 일부를 분담시키지 않아야 하며, 철탑 그 자체로 충분한 강도를 갖도록 설계를 하기 때문에 원칙적으로 철탑에는 지선을 설치하지 않는다.

#### ① 지선이 부담하는 하중

인류용 지선이 부담하는 하중은 인류된 전선장력의 최대값과 인류주가 받는 풍압하중의 합이며, 진동방지용 지선은 각 가선과 지지주에 받는 풍압하중의 합이고 곡선당김용 지선은 각 가선이 받는 수평장력과 풍압하중과 지지주에 받는 풍압하중의 합이다.

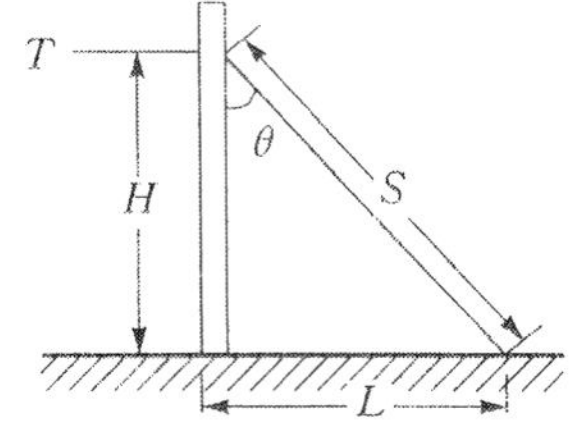


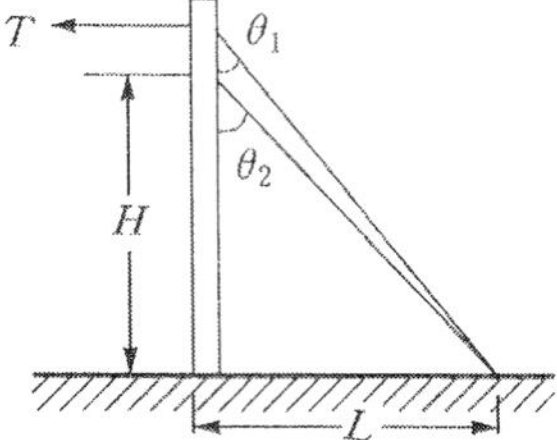


그림 5.68 지선의 취부각도

**표 5.36** 지선의 취부각도, 장력 등의 관계

| 취부각도<br>$\theta$ | 취부높이<br>$H$ | 거리<br>$L$ | 지선길이<br>$S$ | 기울기<br>$L/H$ | 지 선<br>장력비 |
|---|---|---|---|---|---|
| 45.0 | 1 | 1.0 | 1.41 | 1 | 1.00 |
| 36.9 | 1 | 0.75 | 1.25 | 3/4 | 1.18 |
| 33.7 | 1 | 0.67 | 1.20 | 2/3 | 1.28 |
| 26.6 | 1 | 0.5 | 1.12 | 1/2 | 1.59 |
| 18.4 | 1 | 0.33 | 1.06 | 1/3 | 2.24 |
| 14.0 | 1 | 0.25 | 1.03 | 1/4 | 2.92 |

② 지선과 전주와의 표준 취부각도

지선과 전주와의 취부각도는 지지물 자체에서 보면 큰 것이 바람직하다. 그러나 너무 크게 하면 통행에 지장이 되거나 타지지물에 지장되므로 표준을 45°로 하고 있다. 또한, 각도를 작게 하면 할수록 지선의 인장력과 전주의 압축력이 크게 되고 전주의 느슨함이나 지선의 신축 때문에 지선의 효과가 작아지므로 부득이 한 경우 최소 각도는 30°로 한다.

③ 지선의 취부각도와 지선장력과의 관계

지선에 가해지는 장력은 식 (5.18)로 계산한다.

$$P = T \times \frac{S}{L} = T \times cosec\theta \tag{5.19}$$

여기서, $P$ : 지선이 받는 최대장력[N]
$T$ : 전선의 최대장력[N]
$\theta$ : 지선의 취부각도
$S$ : 지선의 길이
$L$ : 지선의 거리

### 4) 지선의 설치

전차선의 인류지선은 전차선과 동일한 방향이 되도록 시설한다. 역구내 등에 있어서 지선의 방향에 제한을 받는 경우는 가능한 지지물에 과대한 수평장력이 가해지지 않는 장소를 선정한다.

전선의 인류용 벤드와 지선용 전주벤드는 개별로 하는 것이 좋다. 인류용 전주벤드와 지선용 전부벤드를 별도로 설치하는 이유는 인류전선과 지선의 방향이 일치하지 않는 경우와 인류전선의 높이를 조정하기 쉽고 콘크리트전주의 노테이퍼에 따른 전주벤드의 미끄러짐을 방지하기 위함이다. 또한, 지선용 전주벤드에는 제곱의 하강력이 움직이고 있기 때문에 콘크리트전주의 경우에는 지선용 전주벤드를 인류용 전주벤드의 상부에 취부하도록 하여 미끄러지더라도 인류용 전주벤드로 방지하도록 한다.

인류개소의 볼트, 너트와 나사에 인장력이 가해지지 않도록 주의가 필요하다. 전차선의 인류용 지선은 V지선 또는 2단지선으로 한다. 그 이유는 지선 1가닥이 절단해도 복구하기까지 1가닥으로 지지할 수 있기 때문에 사고의 파급을 최소한으로 멈추게 할 수 있기 때문이다. 또한, 지선용 블록의 인발력에 대한 지내력(地耐力) 관계로 전차선 인류용 지선에는 V지선 또는 2단지선을 사용하고 있다.

지선을 갖는 방향과 반대의 방향에서 전주를 지지하는 전주를 지주(버팀전주)라 말한다. 지선은 주위의 조건에 따라 부득이한 경우 지선과 동등 이상의 효력이 있는 지주(버팀전주)를 대용할 수 있다.

### (4) 지선의 사용구분

#### 1) 전차선로용 지선의 사용구분

<table>
<tr><th>용 도</th><th>가선 방식</th><th>지선 종별</th><th>전선 규격</th><th>지선 블록</th></tr>
<tr><td rowspan="4">전 차 선<br>인 류 용</td><td>Simple Catenary(2t)</td><td>V 지선</td><td>아연도강연선 90[mm²]</td><td>5호</td></tr>
<tr><td>Heavy<br>Simple Catenary(3t)</td><td>V 지선</td><td>아연도강연선 135[mm²]</td><td>6호</td></tr>
<tr><td>Twin<br>Simple Catenary(4t)</td><td>2단 지선<br>조가선 V지선<br>전차선 단지선</td><td>아연도강연선 90[mm²]<br>아연도강연선 90[mm²]<br>아연도강연선 135[mm²]</td><td>5호<br>5호<br>6호</td></tr>
<tr><td>Compound<br>Simple Catenary(3t)</td><td>V 지선</td><td>아연도강연선 135[mm²]</td><td>6호</td></tr>
<tr><td>진동방지<br>곡선당김용</td><td></td><td>단 지 선</td><td>아연도강연선 90[mm²]</td><td>5호</td></tr>
</table>

[주] 지선블록의 조건

· 인류용 지선은 평지, 취부각도 45°, 흙의 유효각도 30°의 경우

· 진동방지용, 곡선당김용 지선은 취부각도 30°, 흙의 유효각도 10°의 경우

※ 지선은 아연도강연선 135[mm²], 90[mm²] 및 55[mm²] 또는 동등 이상의 아연도강봉 (Φ24 ~ Φ30)을 사용한다.

2) 급전선, 부급전선용 지선의 사용구분

| 급전선, 부급전선의 선종 | 지선종별 | 지선선종 | 지선블록 |
|---|---|---|---|
| 경알루미늄연선 510[$mm^2$] | 단지선 | 아연도강연선 135[$mm^2$] | 6호 |
| 경알루미늄연선 300[$mm^2$] | 단지선 | 아연도강연선 90[$mm^2$] | 5호 |
| 경알루미늄연선 200[$mm^2$] | | | |
| 경알루미늄연선 95[$mm^2$] | 단지선 | 아연도강연선 55[$mm^2$] | 3호 |
| 경 동 연 선 325[$mm^2$] | 단지선 | 아연도강연선 135[$mm^2$] | 6호 |
| 경알루미늄연선 200[$mm^2$] | 단지선 | 아연도강연선 90[$mm^2$] | 5호 |
| 경알루미늄연선 125[$mm^2$] | | | |
| 경알루미늄연선 100[$mm^2$] | | | |
| 경알루미늄연선 60[$mm^2$] | | | |
| 경알루미늄연선 38 | 단지선 | 아연도강연선 55[$mm^2$] | 3호 |

[주] 지선블록의 조건은 취부각도 45°, 흙의 유효각도 30°의 경우
※ 지선은 아연도강연선 135[$mm^2$], 90[$mm^2$] 및 55[$mm^2$] 또는 동등 이상의 아연도강봉 (Φ 24 ~ Φ30)을 사용한다.

터널의 지선은 일단 하수강으로 인류된 전차선과 터널 천정에 매입된 지선 취부금구를 로드로 접속하는 방법을 사용하고 있다.

### (5) 지선재료의 파괴강도

표 5.37 지선재료의 파괴강도

| 종 별 | 규 격 | 파괴강도[N] |
|---|---|---|
| 아연도강연선 | St 135[$mm^2$] | 86,730 |
| 아연도강연선 | St 90[$mm^2$] | 55,468 |
| 강 봉 | $\phi$24 | 70,932 |
| 강 봉 | $\phi$26 | 83,241 |
| 강 봉 | $\phi$28 | 102,194 |
| 강 봉 | $\phi$30 | 110,838 |

### (6) 강봉지선의 항장력 검증

**표 5.38** 강봉지선의 항장력 검증

| 구 분 | 지선장력 | 지선종별 | 지선의 항장력 | 비 고 |
|---|---|---|---|---|
| 장력장치<br>23,520[N] | 83,155[N] | 강봉 $\phi$28 | 102,194[N] | OK<br>(일반개소) |
| | 60,699[N] | 아연도 강연선<br>st 135 mm$^2$ | 86,730[N] | OK<br>(교량하부개소) |
| 인류장치<br>23,520[N] | 79,591[N] | 강봉 $\phi$26 | 83,241[N] | OK |
| 비절연보호선 인류<br>(ACSR 95mm$^2$) | 24,115[N] | 강봉 $\phi$24 | 70,932[N] | OK |

**표 5.39** 지선의 인상력에 저항하는 토양의 유효각도 및 단위중량

| 토양의 등급 | 토양의 구분 | 상인력에 저항하는 유효각도 | 단위중량 [N/m$^2$] | 내압한도 [N/m$^2$] |
|---|---|---|---|---|
| 1 | 산지, 단단한 밭 또는 원야와 같은 적토, 사리 혼입 등으로 용수가 없고 저항력이 큰 개소 | 30° | 15,680 | 588,000 |
| 2 | 연한 밭, 용수가 적은 무논 같은 흑토 등에서 용수가 있으나 저항력이 큰 개소 | 20° | 14,700 | 392,000 |
| 3 | 보통의 무논과 같이 용수가 많고 저항력이 적은 개소 | 10° | 13,720 | 196,000 |
| 4 | 수렁땅, 특히 연약한 무논과 같이 용수가 특히 많고 저항력이 없는 토지 등으로 말뚝박이 등을 합할 필요가 있는 개소 | 0° | 12,740 | 98,000 |

[주] 1. 특히 연약한 무논이라 함은 말(馬), 소(牛)로 경작이 가능하지 않은 무논
2. 허용지지력은 내압한도를 안전율로 나누어 구한 것임.

**표 5.40** 지선용 근가의 인발 저항력

| 종별 | 길이 [cm] | 폭 또는 직경 [cm] | 참 고 중 량 [N] | 토양의 단위중량 [N/m$^3$] | 토양의 인상력에 저항하는 유효각도 | 인 발 저 항 력[N] | | | |
|---|---|---|---|---|---|---|---|---|---|
| | | | | | | 매 입 깊 이 | | | |
| | | | | | | 1.5 | 1.7 | 1.9 | 2.1 |
| 조가 블록 3 호 | 70 | 35 | 431.2 | 13,720 | 10 | 13,132 | 16,268 | 19,894 | 23,912 |
| | | | | 14,700 | 20 | 27,244 | 35,574 | 45,374 | 57,232 |
| | | | | 15,680 | 30 | 51,058 | 68,698 | 89,866 | 114,954 |
| 조가 블록 4 호 | 80 | 40 | 588.0 | 13,720 | 10 | 15,582 | 19,208 | 23,324 | 27,832 |
| | | | | 14,700 | 20 | 30,870 | 39,886 | 50,470 | 62,818 |
| | | | | 15,680 | 30 | 56,056 | 74,774 | 97,118 | 123,578 |

지선의 뽑힘 저항력은 토질에 따라 다른데 지선의 취부각도와 흙의 유효각도(안식각)가 다른 경우 검토가 필요하다.

## 4.2 | 보호 구조물

### (1) 전철주의 방호

자동차 등의 충격에 따라 전주의 손상이나 도괴에 따른 사고를 방지하기 위하여 도로에 근접하는 개소와 정차장 구내의 화물적하장 등에는 전주방호설비를 한다. 전주방호설비는 철재나 콘크리트 등을 이용하여 견고하게 설비하고 주의를 환기시키기 위해 철제에 위험표시를 시설한다.

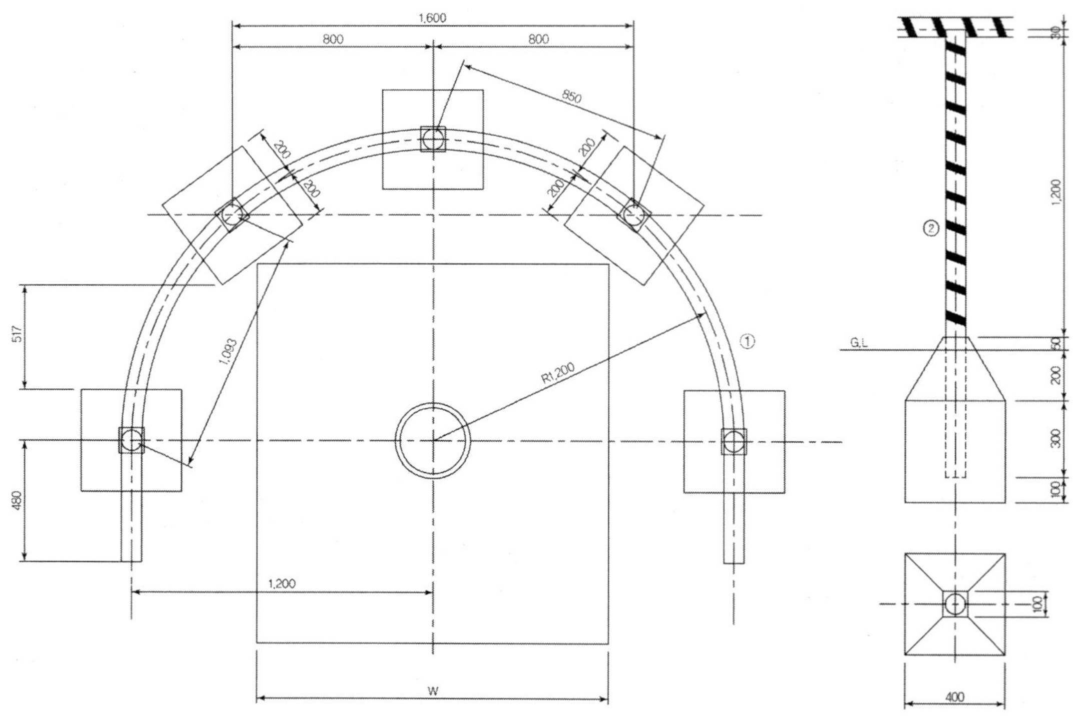


그림 5.69 전주방호설비

### (2) 지선의 방호

도로근접개소와 화물적하장 등의 경우에 자동차 등의 접촉에 따라 지선이 손상, 절단될 우려가 있는 개소에는 지선방호설비를 한다.

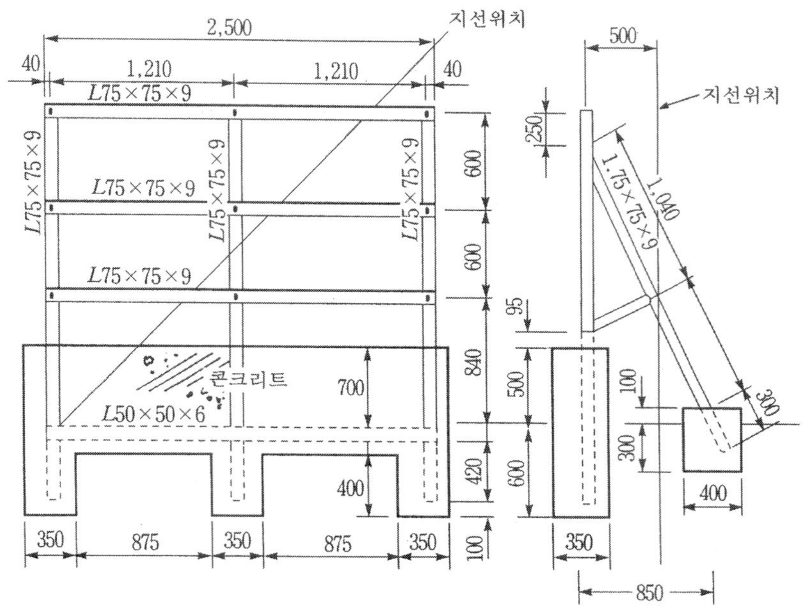


그림 5.70 지선방호설비

## 4.3 | 철재의 용융아연도금

전차선로에 사용하는 모든 철(강) 구조물(철주・빔・문형완철 등)과 철재 금구류 등을 신설할 때에는 특별히 지정하는 것을 제외하고는 용융아연도금 또는 용융알루미늄도금을 시행한다. 다만, 기존 철재 지지물을 도장할 경우는 2회 도장을 시행한다.

### (1) 용융아연도금의 종류

도금의 종류는 표 5.41과 같이 분류하고 부착량 및 황산동 시험 횟수에 따라 표 5.42와 같이 적용한다.

표 5.41 도금의 종류

| 종류 | | 기호 |
|---|---|---|
| 1종 | A | HDZ A |
| | B | HDZ B |
| 2종 | 35 | HDZ 35 |
| | 40 | HDZ 40 |
| | 45 | HDZ 45 |
| | 50 | HDZ 50 |
| | 55 | HDZ 55 |
| | 61 | HDZ 61 |

표 5.42 부착량과 황산동 시험

| 종류 | 기호 | 부착량 ($g/m^2$) | 황산동 시험 횟수 | 적용보기(참고 |
|---|---|---|---|---|
| 1종 | HDZ A | – | 4 회 | 두께 5mm 이하의 강재·강제품·강관류, 지름 12mm 이상의 볼트·너트 및 두께 2.3mm를 초과하는 와셔류 |
| | HDZ B | – | 5 회 | 두께 5mm를 초과하는 강재·강제품·강관류 및 주 단조품류 |
| 2종 | HDZ 35 | 350 이상 | – | 두께 1mm 이상 2mm 이하의 강재·강제품·강관류 및 주 단조품류 |
| | HDZ 40 | 400 이상 | – | 두께 2mm 초과 3mm 이하의 강재·강제품·강관류 및 주 단조품류 |
| | HDZ 45 | 450 이상 | – | 두께 3mm 초과 5mm 이하의 강재·강제품·강관류 및 주 단조품류 |
| | HDZ 50 | 500 이상 | – | 두께 5mm를 초과하는 강재·강제품·강관류 및 주 단조품류 |
| | HDZ 55 | 550 이상 | – | 과혹한 부식 환경하에서 사용되는 강재·강제품 및 주 단조품류 |
| | HDZ 61 | 610 이상 | – | 과혹한 부식 환경하에서 사용되는 두께 5mm 이상의 강재·강제품 및 주 단조품류 |

### (2) 용융아연도금의 특징

19세기 중엽 프랑스와 영국에서부터 시작된 용융아연도금은 뛰어난 방식효과와 경제성이 우수하여 선진국에서는 이미 구조물의 방식대책으로 가장 일반화되어 있는 방식법이다.

특히, 희생적 방식 특성이 있는 아연이 철과 합금층을 이루며 견고히 부착되기 때문에 치밀한 보호피막을 형성하여 대기중, 토양중, 수중 또는 콘크리트 중에서 우수한 내식성을 나타낸다

1) 내식성이 우수하다.

이것은 금속아연 그 자체가 아니라 아연의 표면에 생성되는 생성물의 내식성이 양호하기 때문에 그 성질은 대기중, 토양중, 수중 또는 콘크리트 중에서 발휘된다.

2) 희생적 방식작용이 있다.

아연은 강재보다도 전기화학적으로 표준전위가 낮기 때문에 발생하는 작용으로 손상에 의하여 철재 일부가 노출되어도 주변의 아연이 노출부를 보호하는 작용을 한다. 이 방호작용은 대기중에서 직경 2[mm] 정도이다.

3) 다양한 제품생산이 가능하다.

못과 같은 아주 작은 제품부터 1개에 수십톤에 이르는 제품까지 용융아연도금로에 침적 가능한 제품은 모두 생산이 가능하다.

4) 밀착성이 뛰어나다.

철과 아연의 합금층이 형성되어 그 위에 아연층이 적층하여 잘 밀착되어 있고 충격, 마찰 등에 의하여 박리가 일어나지 않는다.

5) 구석진 곳까지 균일한 도금이 가능하다.

손이 닿지 않는 구석진 곳까지 용융아연의 유출입만 가능하면 균일하게 도금이 가능하다.

6) 물성변화가 없다.

통상적으로 강재에서는 용융아연도금을 한 것과 하지 않은 것 사이에서 기계적 성질은 거의 변화가 없다.

7) 페인트도장에 의한 방식 보강이 가능하다.

용융아연도금 처리 후 주변과의 색채 조화를 이루기 위한 도장이 가능하고, 장기적으로 방식을 기대하는 경우 도금면에 도장을 실시하면 내구성을 배가 시킬 수 있으며 도금면에 부식이 생길 경우 페인트 도장으로 보강이 가능하다.

핵심정리

- 전철주의 종류(콘크리트전주, 철주, 목주) 중에서 현재 우리나라 전기철도 구조물로 가장 많이 사용하는 것은 철주(H형강주, 조립철주, 강관주)이다.
- 콘크리트전주의 호칭방법은 길이[m]-지름[cm]-형별기호와 설계굽힘 모멘트 [N·m]로 한다. EX) 10 - 35 - N 5000
- H형강주의 비틀림현상이란 한쪽 축 방향의 단면2차모멘트가 다른 쪽 방향의 단면2차모멘트에 비해서 작은 부재를 사용하고 있기 때문에 H형강의 단면2차모멘트의 큰 쪽의 축에 대해 하중을 더해 가면 H형강주가 돌연 하중방향과 직각방향으로 꼬이면서 비틀리는 현상을 말한다.
- 강관전주의 호칭방법은 길이 [m]-접속부의 구조-관의 두께로 표기한다.
  EX) 13 C – 9.5
- 우리나라 일반전철구간(운전최대속도 120(km/h), 심플커티너리방식)의 표준경간(전철주의 건식게이지)은 아래와 같다.

| 곡선반지름(R) | 경 간(m) |
|---|---|
| 2,000(m) 초과 | 60 |
| 1,000(m) 초과 ~ 2,000(m)까지 | 50 |
| 700(m) 초과 ~ 1,000(m)까지 | 45 |
| 500(m) 초과 ~ 700(m)까지 | 40 |
| 400(m) 초과 ~ 500(m)까지 | 35 |
| 300(m) 초과 ~ 400(m)까지 | 30 |
| 200(m) 초과 ~ 300(m)까지 | 20 |

- 전차선에 발생하는 기울기는 풍압에 의한 기울기, 곡선로에 의한 기울기, 지지물의 변형에 의한 기울기, 차량동요에 의한 집전장치의 기울기, 온도변화에 의한 가동브래킷의 회전 기울기 등이 있다.
- 차량동요에 의한 집전장치의 기울기는 궤도면상 585[mm]의 점을 차량의 무게중심으로 보고 좌·우 610[mm]의 수평점에 상·하 각각 최대 32[mm](차량동요 최고각도 3°)까지 이동이 되므로 전차선의 높이를 5,200[mm]로 하면 집전장치 면의 기울기는

$$(5{,}200-585)\times\frac{32}{610}\fallingdotseq 242[\text{mm}]$$

  가 된다.
- 전철주기초 중에 우리나라 전기철도 구조물로 가장 많이 사용하는 것은 콘크리트기초, 앵커볼트기초 등이다.
- 가동브래킷은 선로의 곡선조건에 따라 합성전차선을 당기거나 밀어 주어 편위를 조정하는 역할을 하는데, 가동브래킷이 받는 작용력에 따라 인장형(I형 : In Type)과 압축형(O형 : Out Type)으로 구분하여 사용하고 있다. 인장형은 합성전차선을 전주측으로 당기는 개소에 사용되며, 압축형은 합성전차선을 전주 반대측으로 밀어 주는 개소에 사용한다.
- 가동브래킷의 회전 억제저항은 전차선의 수직하중과 횡장력을 받는 상태에서 1개소당 3[kg] 이하로 하고 있다.
- 하수강은 전주의 건식이 곤란한 개소에서 고정빔이나 터널의 천정 아래로 가동브래킷 또는 곡선당김장치 등을 지지하기 위한 구조물이다.

- 평행틀은 전차선 평행개소(over lap) 개소에서 1본의 전주에 2개(고속철도의 경우 3개도 있음)의 가동브래킷을 지지하기 위한 구조물이다.
- 전차선로에 사용하는 애자는 현수애자, 장간애자, 지지애자를 사용한다.
- 지선을 구조, 형상에 따라 분류하면 단지선, V지선, 2단지선, 수평지선, 궁형지선 등이 있다. V지선은 전차선로용 지선의 대표적인 것으로 일반철도 구간에 사용하며, 2단지선은 큰 장력이나 수평장력이 가해지는 헤비 심플커티너리(heavy simple catenary) 가선방식의 일반철도와 고속철도 구간에 사용하고 있다.
- 전차선로에 사용하는 지선의 안전율은 인장력에 대하여 2.5 이상으로 한다.
- 전차선로에 사용하는 지선기초의 안전율은 지지물 기초의 인상력에 대한 안전율을 고려하여 2 이상으로 한다.
- 지선과 전주와의 표준 취부각도는 45°, 부득이한 경우 30°로 한다.
- 전차선로에 사용하는 강구조물의 방청은 용융아연도금 또는 용융알루미늄도금을 한다.
- 도금의 종류와 부착량, 황산동 시험횟수 등은 표 5.41과 표 5.42에 열거하였다.
- 용융아연도금의 특징은 내식성이 우수하고, 희생적 방식작용, 다양한 제품 생산 가능, 밀착성 우수, 손이 닿지 않는 구석진 곳까지 도금 가능, 물성 변화가 없으며 페인트 도장을 통한 색상 표현이 가능하고 도금면의 부식이 발생했을 때 페인트로 보강이 가능하다.

memo

Chapter 6

# 전기철도구조물의 설계

학습목표

- 구조물의 설계 절차에 대하여 알아볼 수 있다.
- 구조물의 설계시 고려해야 할 사항에 대하여 학습할 수 있다.
- 단독지지주의 설계하중을 고려하여 수평집중하중이 작용하는 경우, 수평분포하중이 작용하는 경우, 수직편심하중이 작용하는 경우 지면과의 경계점 모멘트와 전단력 등 응력을 계산할 수 있다.
- 전선의 풍압하중과 수평장력을 계산하므로써 강도계산을 수행할 수 있다.
- 단독주의 강도계산시 설계조건에 대하여 이해할 수 있다.
- 조립철주의 강도계산시 세장비($\lambda$)의 개념과 각 부재의 세장비($\lambda$) 제한값을 살펴보기로 한다.
- 조립철주의 단사재와 복사재의 경사각도를 알아 볼 수 있다.
- 기둥형 전주기초시 기초강도에 필요한 계수(지형계수, 형상계수, 강도계수, 안전율)에 대하여 이해할 수 있다.
- 토질의 종류 8가지에 대하여 간단하게 알아 볼 수 있다.
- 지내력(지지력)의 측정이 필요한 지반의 기초시 페니트로미터 측정방식과 스웨덴사운딩 측정방식에 대하여 이해할 수 있다.
- H형강주 및 I형강주의 강도계산에 대하여 이해할 수 있다.
- 앵커볼트 기초시 앵커볼트의 소요개수와 앵커볼트의 길이를 구하는 공식을 이용하여 직접 산출할 수 있다.
- 앵커볼트 기초시 콘크리트의 허용 부착강도에 대하여 이해할 수 있다.
- 지진 발생 원리와 우리나라의 내진설계기준에 대하여 이해할 수 있다.
- 전기철도구조물에 사용하는 강재의 용접에 사용하는 강재에 대하여 알아 볼 수 있다.
- 강재 용접 이음매의 형식과 허용응력도, 강도계산에 대하여 이해할 수 있다.

## 1 구조물의 설계 절차

구조물의 설계는 일반적으로 다음과 같은 단계를 거쳐 이루어 진다.

### 1.1 | 구조물의 선정

먼저 설계하고자 하는 선구(지역)의 기온, 눈, 바람 등의 기상조건과 선로의 조건(직선, 곡선, 교량, 터널, 건널목 등), 건축한계의 저촉 여부, 그리고 전차선의 가선방식(가공 또는 강체, 제3궤조방식), 해당 선구에서의 운전조건(열차의 최고 운행속도, 전차선의 높이, 편위, 구배), 급전계통상 변전소(SS)와 구분소(SP), 보조구분소(SSP), 병렬급전 구분소(PP)의 위치 등에 따라 구조물의 목적과 기능을 우선적으로 파악하여 내부식성, 안전성, 설비간 호환성, 그리고 경제성, 유지보수 용이성, 미관(美觀) 등을 고려하고 구조물의 종류별 특성과 비교를 통하여 최종적으로 어떠한 구조물을 선정할지를 결정한다.

## 1.2 | 하중의 결정

구조물에 전달되는 하중들은 설계기준에 규정되어 있다. 1.1항 구조물의 선정에서 제시한 여러 가지 조건에 따라 상세적이고 예외적인 사항은 근본적으로 설계자의 재량권도 있지만 설계자의 책무에 속하기 때문에 과다설계를 피하여 하중을 결정하여야 한다.

## 1.3 | 부재의 허용응력 검토

하중이 결정되면 부재의 허용응력 해석에 필요한 항복점 및 인장강도, 허용응력도, 허용좌굴응력도, 유효단면적, 압축재의 좌굴장 L을 취하는 법 및 세장비의 제한, 강제의 정수 등을 파악하여 모든 조건에 따라 각 부재에 일어나는 최대응력을 파악하고 설계를 하여야 한다. 최근에는 컴퓨터의 발달로 각종 응력해석을 할 수 있는 프로그램들이 개발되어 이를 활용하고 있다.

## 1.4 | 부재치수의 결정

부재를 결정하는 과정에서 구조해석의 결과, 부재의 안전성에 따라 부재치수를 선정하되 설계기준에 맞추어 과다설계가 되지 않도록 하여야 한다.

## 1.5 | 시공상세도 및 부속도 도면화

구조물 각부의 부재와 치수가 결정되면 구조물 시공상세도(Shop Drawing) 및 부속도를 도면화하고, 부속상세표, 일위대가표, 개소별명세표, 공사시방서, 공사원가계산서 등 설계에 필요한 내용을 작성한다.

## 2 구조물을 설계할 때 고려사항

구조물은 다음과 같은 조건들이 만족하도록 설계한다.

### 2.1 | 설계 방향

(1) 설비, 기기, 시스템 등이 설계조건 하에서 내구연한(생애주기: Life cycle) 동안 요구된 기능을 적정하게 수행되도록 한다.
(2) 열차운행과 시설물, 사람의 안전을 확보하고 시공성이 우수하며 경제적인 설비가 되도록 한다.
(3) 성능향상 및 기술진보에 따른 호환성을 갖는 설비가 되도록 한다.
(4) 내구성이 양호하고, 유지보수가 용이한 설비가 되도록 한다.
(5) 에너지이용의 효율성 및 환경친화성을 고려한 설비가 되도록 한다.
(6) 공익적 기능 및 국민편익을 고려한 설비가 되도록 한다.

### 2.2 | 안전성

구조물은 외력에 대하여 충분한 강도를 가지고 안전하게 그 기능을 다할 수 있는 안전성(safety)이 확보되어야 한다. 특히 고속(저속)으로 달리는 열차의 안전운행으로 승객의 안전을 최우선으로 하는 전기철도구조물은 안전성에 기반을 두어야 한다.

### 2.3 | 사용성

구조물은 내구연한(耐久年限) 동안 그 기능과 성능을 발휘하는 데 있어서 기상조건과 열차의 진동 등으로 인한 변형(굴곡, 처짐), 균열, 전도, 전철주기초의 침하 등이 일어나지 않도록 사용성(servicebility)이 확보되어야 한다.

위의 두 조건은 구조물을 설계할 때 반드시 고려해야 할 기본 조건이며, 그 밖에 경제성과 미관도 고려해야 한다.

## 3 단독주(전주)의 설계

전기철도 구조물에서 가동브래킷과 고정브래킷, 크로스빔을 지지하는 전주 및 인류주, 스팬선빔 전주 등은 단독주로 취급하여 계산한다.

**표 6.1** 일반철도의 단독주

9(m) 기준

<table>
<tr><th colspan="2" rowspan="2">구 분</th><th rowspan="2">선 로<br>조 건</th><th>토공구간</th><th colspan="2">토공구간 강관주</th><th rowspan="2">교량구간 및 특수개소</th></tr>
<tr><th>H형강주</th><th>고배선 첨가</th><th>고배선 미첨가</th></tr>
<tr><td rowspan="4">일반<br>및<br>평행<br>개소</td><td rowspan="2">헤비<br>심플</td><td>직 선</td><td>H−250</td><td>P−10"</td><td>P−10"</td><td rowspan="4">1. 일반개소 조립철주<br>L75×300×400<br>2. 평행개소 조립철주<br>L90×450×450</td></tr>
<tr><td>곡 선</td><td>H−300</td><td>P−12"</td><td>P−10"</td></tr>
<tr><td rowspan="2">심플</td><td>직 선</td><td>H−250</td><td>P−10"</td><td>P−10"</td></tr>
<tr><td>곡 선</td><td>H−250</td><td>P−12"</td><td>P−10"</td></tr>
<tr><td rowspan="4">인류<br>개소</td><td rowspan="2">헤비<br>심플</td><td>직 선</td><td>H−250</td><td>P−10"</td><td>P−10"</td><td rowspan="4">조립철주<br>L90×450×450</td></tr>
<tr><td>곡 선</td><td>H−300</td><td>P−12"</td><td>P−10"</td></tr>
<tr><td rowspan="2">심플</td><td>직 선</td><td>R=1000m 초과<br>H−250</td><td>P−10"</td><td>P−10"</td></tr>
<tr><td>곡 선</td><td>R=1000m까지<br>H−300</td><td>P−12"</td><td>P−10"</td></tr>
</table>

※ 1. 토공구간의 평행개소에서 평행틀을 사용할 경우 전주의 규격을 한 단계 높여 사용한다.
2. 전주는 9[m]를 기준이며, 9[m] 초과시는 별도의 강도를 계산한다.

**표 6.2** 고속철도의 단독주

① 전주 외곽선

<table>
<tr><th rowspan="2">설 비</th><th colspan="9">반 경[m]</th></tr>
<tr><th>$R\geq$<br>20000</th><th>20000<br>$>R\geq$<br>10000</th><th>10000<br>$>R\geq$<br>7000</th><th>7000<br>$>R\geq$<br>4000</th><th>4000<br>$>R\geq$<br>2000</th><th>2000<br>$>R\geq$<br>1000</th><th>1000<br>$>R\geq$<br>750</th><th>750<br>$>R\geq$<br>500</th><th>500<br>$>R\geq$<br>400</th></tr>
<tr><td>토 공 개 소</td><td colspan="7">250 × 250</td><td colspan="2">250 × 255</td></tr>
<tr><td>흐름방지 인류</td><td colspan="7">250 × 250</td><td colspan="2">250 × 255</td></tr>
<tr><td>흐름방지 중앙</td><td colspan="9">250 × 250</td></tr>
<tr><td>평행개소 인류</td><td colspan="6">250 × 255</td><td colspan="2">300 × 305</td><td>/</td></tr>
<tr><td>평행개소 입・출개소</td><td colspan="5">300 × 305</td><td colspan="3">310 × 305</td><td>/</td></tr>
<tr><td>평행개소 중앙</td><td colspan="5">250 × 255</td><td colspan="3">300 × 305</td><td>/</td></tr>
<tr><td>전기적 평행개소 인류</td><td colspan="5">250 × 255</td><td colspan="4">300 × 305</td></tr>
<tr><td>전기적 평행개소<br>입・출개소</td><td colspan="2">300 × 305</td><td colspan="7">310 × 305</td></tr>
<tr><td>전기적 평행개소 중앙</td><td>250×250</td><td colspan="4">250 × 255</td><td colspan="4">300 × 305</td></tr>
</table>

② 전주 내곡선

<table>
<tr><th rowspan="2">설 비</th><th colspan="9">반 경[m]</th></tr>
<tr><th>$R \geq$ 20000</th><th>20000 $> R \geq$ 10000</th><th>10000 $> R \geq$ 7000</th><th>7000 $> R \geq$ 4000</th><th>4000 $> R \geq$ 2000</th><th>2000 $> R \geq$ 1000</th><th>1000 $> R \geq$ 750</th><th>750 $> R \geq$ 500</th><th>500 $> R \geq$ 400</th></tr>
<tr><td>토 공 개 소</td><td colspan="8">250 × 250</td><td>250×255</td></tr>
<tr><td>흐름방지 인류</td><td colspan="9">250 × 250</td></tr>
<tr><td>흐름방지 중앙</td><td colspan="5">250 × 250</td><td colspan="4">250 × 255</td></tr>
<tr><td>평행개소 인류</td><td colspan="8">250 × 255</td><td>/</td></tr>
<tr><td>평행개소 입·출개소</td><td colspan="5">300 × 305</td><td colspan="3">310 × 305</td><td>/</td></tr>
<tr><td>평행개소 중앙</td><td colspan="3">250 × 250</td><td colspan="5">250 × 255</td><td>/</td></tr>
<tr><td>전기적 평행개소 인류</td><td colspan="9">250 × 255</td></tr>
<tr><td>전기적 평행개소 입·출개소</td><td colspan="4">300 × 305</td><td colspan="5">310 × 305</td></tr>
<tr><td>전기적 평행개소 중앙</td><td colspan="3">250 × 250</td><td colspan="6">250 × 255</td></tr>
</table>

## 3.1 | 단독주의 응력계산

### (1) 설계하중

단독주의 설계하중에 고려하여야 할 하중은 전선의 중량, 브래킷, 빔, 그 외의 중량과 풍압하중, 전선의 수평장력, 온도변화에 따른 가동브래킷이 이동한 경우에 수평하중과 수평하중이 기울어지는 것에 따른 하중, 작업원(2인)의 중량(보통 1인당 60[kg]으로 계산) 등이 있다. 이 외에도 지지물의 특수한 사용조건에 따라 발생되는 모든 하중을 고려하여야 한다.

단독주의 경우 선로평행방향으로 풍압하중을 받는 것은 전주·완철 및 브래킷이 있다. 그러나 이런 것이 받는 하중은 선로직각방향으로 받는 하중에 비교하면 아주 작기 때문에 특별한 경우를 제외하고 계산을 생략한다.

표 6.3 설계하중의 적용 응력

| 설계하중 | 내 용 | 응 력 계 산 종 별 | | |
|---|---|---|---|---|
| | | 수평집중하중 | 수평분포하중 | 수직편심하중 |
| 전선의 중량 | | | | ○ |
| 빔 기타중량 | | | | ○ |
| 풍 압 하 중 | 전 선 | ○ | | |
| | 전 주 | | ○ | |
| 전선의 횡장력 | | ○ | | |
| 가동브래킷의 이동 | 수평하중 | ○ | | |
| | 수직하중의 편위 | ○ | | |
| 작업원의 중량 | 60[kg/인] | | | ○ |
| 지지물의 특수조건에 의한 하중 | | ○ | ○ | ○ |

## (2) 응력계산

단독주의 응력계산은 한쪽 전주에 대해서 적합한 조건만으로 구한다. 이때 기초는 고정되어 있는 것으로 본다.

단독주의 모멘트는 지면과 경계점에서 최대가 되지만 빔 취부점에는 빔에 의한 모멘트가 크게 작용하기 때문에 지면과의 경계점에서 만족되어도 빔 취부점에서 부족한 경우가 있으므로 세심한 검토가 필요하다.

### 1) 수평집중하중이 작용하는 경우

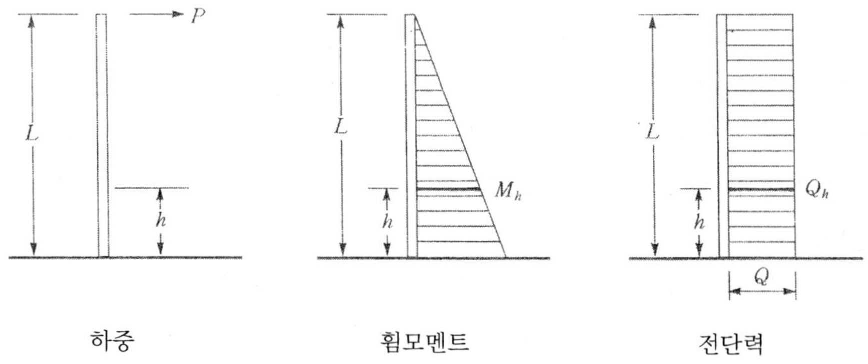


그림 6.1 수평집중하중 작용시 휨모멘트와 전단력

그림 6.1에서 모멘트와 전단력의 계산은 조가선, 전차선, 기타 전선 등의 가선에 작용하는 수평집중하중이 각각의 지지점의 높이에 작용하는 것으로 하여 계산한다.

① 지면과의 경계점 모멘트

$$M = P \cdot L \tag{6.1}$$

② 지면과의 경계점 전단력

$$Q = P \tag{6.2}$$

③ $h$ 점의 모멘트

$$M_h = P(L-h) \tag{6.3}$$

④ $h$ 점의 전단력

$$Q_h = P \tag{6.4}$$

2) 수평분포하중이 작용하는 경우

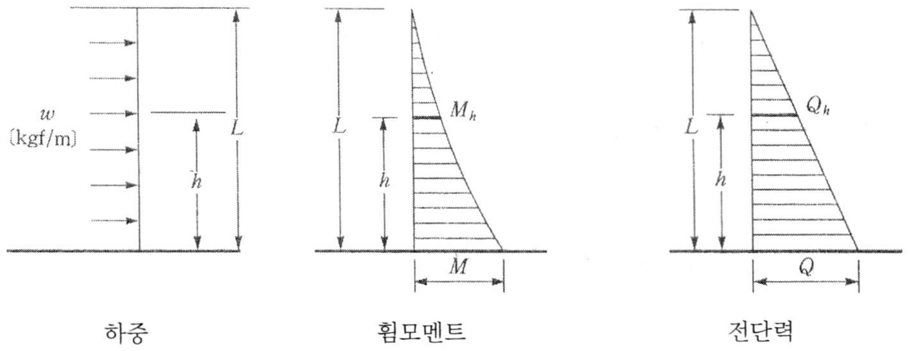


**그림 6.2** 수평분포하중 작용시 휨모멘트와 전단력

① 지면과의 경계점 모멘트

$$M = \frac{w \cdot L^2}{2} \tag{6.5}$$

② 지면과의 경계점 전단력

$$Q = w \cdot L \tag{6.6}$$

③ $h$ 점의 모멘트

$$M_h = \frac{w(L-h)^2}{2} \tag{6.7}$$

④ $h$점의 전단력

$$Q_h = w\,(L-h) \tag{6.8}$$

3) 수직편심하중이 작용하는 경우

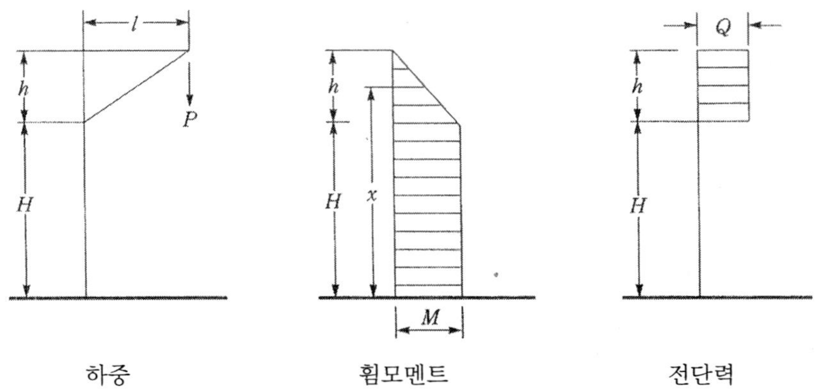


**그림 6.3** 수직편심하중 작용시 휨모멘트와 전단력

① 지면과의 경계점 모멘트

$$M = P \cdot l \tag{6.9}$$

② 지면과의 경계점 전단력

$$Q = 0 \tag{6.10}$$

③ 높이 $h+H > x > H$ 의 모멘트

$$M_x = \frac{P \cdot l}{h}(h+H-x) \tag{6.11}$$

④ 높이 $h+H > x > H$ 의 전단력

$$Q_x = \frac{P \cdot l}{h} \tag{6.12}$$

⑤ 높이 $H \geqq x$ 의 모멘트

$$M_x = P \cdot l \tag{6.13}$$

⑥ 높이 $H \geqq x$ 의 전단력

$$Q_x = 0 \tag{6.14}$$

### (3) 강도계산

단독주의 강도계산을 위해서는 먼저 설계조건이 어떠한지를 알아야 강도계산을 할 수 있다. 설계조건의 내용에 따라 구조물의 크기와 형태가 결정되게 되기 때문이다.

설계조건에는 해당선로의 급전방식과 가선방식, 사용전선의 종류와 굵기, 전선에 가해지는 장력, 전주의 종류와 형태, 전주가 설치되는 위치의 기상조건(기온, 바람, 눈 등), 선로조건(곡선반경, 구배, 터널, 교량), 전주경간 등이 있으며, 이 설계조건에 의하여 시공상세도(Shop Drawing)가 작성되어진다.

우리나라 일반철도 구간의 전주는 이러한 조건별 설계조건을 설계 프로그램에 적용하여 강도 계산을 통하여 시공상세도(Shop Drawing)를 도면화하여 설계하고 있다.

#### 1) 하중계산

① 전선의 풍압하중

선로와 나란한 방향으로 가해지는 풍압하중은 앞에서 설명한 바와 같이 아주 작으므로 생략하고 선로와 직각방향으로 가해지는 풍압하중만 계산한다.

선로와 직각방향으로 가해지는 전선의 풍압하중 $P_w$ [N]은

$$P_w = P_{w0} \times S \tag{6.15}$$

여기서, $P_{w0}$ : 단위풍압하중[N/m]$= d \times P_{wn}$

$d$ : 전선의 지름[m]

$P_{wn}$ : $n$종 풍압하중의 수직투영 면적당 풍압[N/m$^2$]

② 전선의 수평장력

선로와 직각방향으로 받는 수평장력은 풍압하중을 받을 때의 값이므로 전선의 온도 $t$에서의 장력 $T$[N]는 식 (6.16)에서 구해진다.

$$T^3 - \left[T_0 - \frac{8AED_0^2}{3S^2} - AE\alpha(t - t_0)\right]T^2 - \frac{AEW^2S^2}{24} = 0 \tag{6.16}$$

여기서, $T$ : 전선의 온도 $t$에서의 장력[N]

$T_0$ : 전선의 온도 $t_0$에서의 장력[N]

$D_0$ : 장력 $T_0$에서의 이도[m]$= \dfrac{W_0 S^2}{8T_0}$

$A$ : 전선의 단면적[mm$^2$]

$E$ : 전선의 탄성계수[N/mm$^2$]

$\alpha$ : 전선의 선팽창계수

| 선 종 | 탄성계수[N/mm²] | 선팽창계수 |
|---|---|---|
| 경 동 선 | $11.76 \times 10^4$ | $1.7 \times 10^{-5}$ |
| 알루미늄선 | $61.74 \times 10^3$ | $2.3 \times 10^{-5}$ |
| 아연도강선 및 철선 | $19.6 \times 10^4$ | $1.2 \times 10^{-5}$ |

$W$ : 전선의 단위 길이당 합성하중[kg]

$W_0$ : 전선의 단위중량[kg]

$S$ : 경간[m]

식 (6.16)에서 전선에 풍압하중이나 착설하중이 있는 경우의 합성하중은 식 (6.17)과 같이 계산한다.

$$W = \sqrt{(W_o + W_i)^2 + W_w^2} \tag{6.17}$$

여기서, $W$: 전선의 단위 길이당의 합성하중

$W_o$ : 전선의 단위중량

$W_i$ : 전선의 피빙중량

$W_w$ : 전선의 풍압하중

③ 수직하중

수직하중은 대부분 자중(自重)으로 계산한다. 전선의 수직하중은 단위길이당 중량 [kg/m]에 전주경간 [m]를 곱하여 계산하고 애자와 금구류 등은 개당 중량 [kg/개]에 수량을 곱하여 계산한다.

**예제 6-1**

**다음 설계조건에 의하여 단독주의 강도를 계산하여라.**

**【설계조건】** 급전방식 : 교류 25[kV] BT 방식
가선방식 : 심플커티너리 방식
풍압하중 : 갑종 풍압하중
콘크리트주 : 지름 350[mm]
경 간 : $S=50$[m]
곡선반지름 : $R=1200$[m]
전주건식 게이지 : $G=2.6$[m]
가동브래킷 상부벤드 간격 : 1,000[mm]

**【전선 단면적】** 부급전선($NF$) : Al 200[mm$^2$]　　트롤리선($T$) : Gt 110[mm$^2$]
조가선($M$) : St 90[mm$^2$]　　고압배전선($H$) : Cu 30[mm$^2$]

**【표준장력】** 부급전선 : $T_{NF}=250$[kgf]
조 가 선 : $T_M=1000$[kgf] (자동장력 조정)
트롤리선($T$) : $T_T=1000$[kgf](자동장력 조정)
고압배전선($H$) : $T_H=300$[kgf]

---

풀이 (1) 하중계산

① 선로와 직각방향으로 가해지는 전선의 풍압하중 $P_w$[kgf]은

$P_w = P_{w0} \times S$ 에서

| 구 분 | 단위 풍압하중[kgf/m] | 풍압하중[kgf] |
|---|---|---|
| 부급전선 | 0.0185[m]×100[kgf/m$^2$]=1.85 | 1.85[kgf/m]×50[m]=92.5 |
| 조 가 선 | 0.012[m]×100[kgf/m$^2$]=1.2 | 1.2[kgf/m]×50[m]=60 |
| 행 거 | 0.5[kgf/본] | 0.5[kgf/본]×10[본]=5 |
| 트롤리선 | 0.01234[m]×100[kgf/m$^2$]=1.234 | 1.234[kgf/m]×50[m]=61.7 |
| 고압배전선 | 0.0078[m]×100[kgf/m$^2$]×2=1.56 | 1.56[kgf/m]×50[m]=78 |

② 전선의 수평장력

부급전선에 풍압하중을 받을 때의 이도는

$$D_0 = \frac{W_o S^2}{8T_0} \text{ 에서}$$

$$D_0 = \frac{0.5598 \times 50^2}{8 \times 250} = 0.700[\text{m}]$$

전선에 풍압하중이나 착설하중이 있는 경우의 합성하중은

$$W = \sqrt{(W_o + W_i)^2 + W_w^2} \text{ 에서}$$

$$W = \sqrt{0.5598^2 + 1.85^2} = 1.93[\text{kg/m}]$$

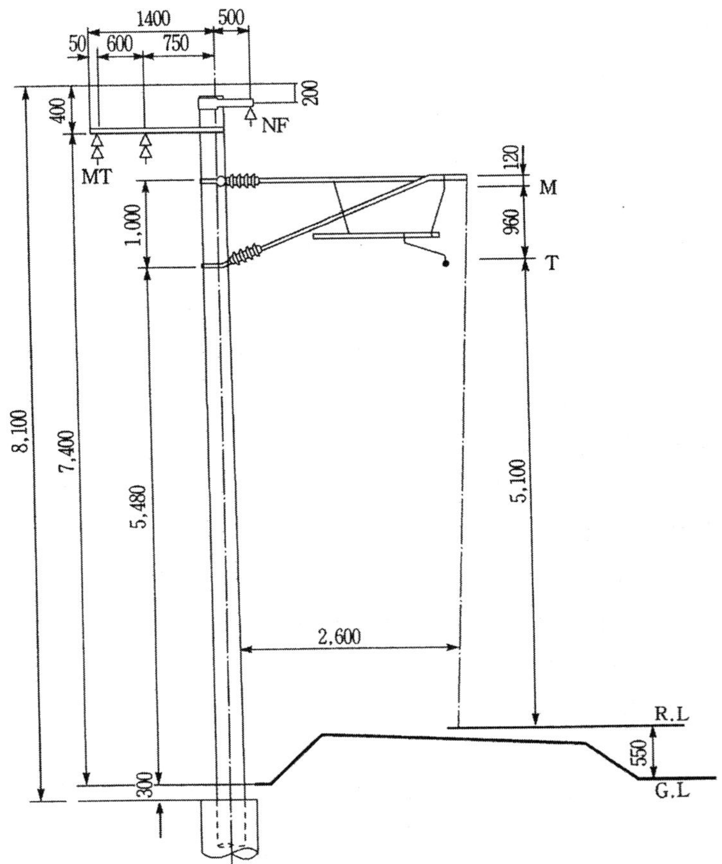


**그림 6.4** 단독주의 장주도(裝柱圖)

선로와 직각방향으로 받는 수평장력은 풍압하중을 받을 때의 값이므로 전선의 온도 $t$에서의 장력 $T$[kgf]는

$$T^3 - \left[ T_0 - \frac{8AED_0^2}{3S^2} - AE_\alpha (t - t_0) \right] T^2 - \frac{AEW^2S^2}{24} = 0$$

$$T^3 - \left[ 250 - \frac{8 \times 204.3 \times 6.3 \times 10^3 \times 0.700^2}{3 \times 50^2} \right] T^2$$

$$- \frac{204.3 \times 6.3 \times 10^3 \times 1.93^2 \times 50^2}{24} = 0$$

$$T^3 + 423\,T^2 - 499404327 = 0$$

$$\therefore\ T \fallingdotseq 670[\text{kgf}]$$

이때 부급전선의 수평장력은

$$P = \frac{50 \times 670}{1200} = 27.9[\text{kgf}]$$

조가선과 트롤리선의 수평장력을 구하면

$$P = \frac{50 \times 1000}{1200} = 41.7[\text{kgf}]$$

고압배전선에 풍압하중을 받는 때의 전선장력을 구하면

$$D_0 = \frac{0.3344 \times 50^2}{8 \times 300} = 0.348[\text{m}]$$

$$W = \sqrt{0.3344^2 + 0.78^2} = 0.85[\text{kgf/m}]$$

$$T^3 - \left[300 - \frac{8 \times 37.16 \times 1.2 \times 10^4 \times 0.348^2}{3 \times 50^2}\right] T^2$$

$$- \frac{37.16 \times 1.2 \times 10^4 \times 0.85^2 \times 50^2}{24} = 0$$

$$T^3 + 242\,T^2 - 33560125 = 0$$

$$\therefore\ T \fallingdotseq 430[\text{kgf}]$$

이때 고압배전선 1가닥의 수평장력은

$$P = \frac{50 \times 430}{1200} = 17.9[\text{kgf}]$$

$$\therefore\ P' = 2P = 2 \times 17.9 = 35.8[\text{kgf}]$$

| 구 분 | 장력[kgf] | 수평장력[kgf] | 비 고 |
|---|---|---|---|
| 부급전선 | 670 | 27.9 | |
| 조 가 선 | 1000 | 41.7 | |
| 트롤리선 | 1000 | 41.7 | |
| 고압배전선 | 430 | 17.9×2=35.8 | 2조분 |

③ 콘크리트주의 풍압하중

단위풍압하중　0.35[m]×80[kg/$m^2$] = 28[kgf/m]

풍압하중　28[kgf/m]×(8.1−0.3)[m] = 28×7.8 = 218[kgf]

④ 수직하중

| 구 분 | 수 직 하 중[kg] | 비 고 |
|---|---|---|
| 부급전선 | 0.5598[kg/m]×50[m] = 28.0<br>28.0+3 = 31.0 | 애자 포함 |
| 전 차 선 | 87.3 | |
| 조 가 선 | 0.697[kg/m]×50[m] = 34.9 | |
| 행 거 | 0.06[kg/m]×50[m] = 3 | |
| 트롤리선 | 0.9877[kg/m]×50[m] = 49.4 | |
| 고압배전선 | 0.3344[kg/m]×50[m] = 16.7<br>16.7+(3×2) = 22.7 | 애자 포함 |
| 가동브래킷 | 60[kg/본] | 애자 포함 |
| NF용 완철 | 7.66[kg/m]×0.8[m] = 6.1 | L 65×65×8 |
| 고배용 완철 | 9.96[kg/m]×1.55[m] = 15.4 | L 75×75×9 |

(2) 휨모멘트 계산

지지물의 벤딩 모멘트는 주로 지면 경계점이나 가동브래킷 취부하부벤드 위치(A점)에서 가장 크므로, 이 부분의 휨모멘트를 계산하여 전주의 종류 및 전주기초 형상을 결정한다.

① 지면과의 경계점에서의 모멘트

지면과의 경계점 모멘트 $M = P \cdot L$이므로 지지물의 높이 또는 길이와 하중을 곱하여 계산한다.

휨모멘트 계산

| 구 분 | | | 높이 또는 길이[m] | 하 중 [kgf] | 지면경계 휨모멘트 [kgf · m] | 비 고 |
|---|---|---|---|---|---|---|
| 수평하중 | 풍압하중 | 부급전선 | 7.90 | 92.5 | 730.75 | |
| | | 전 차 선 | 6.78 | 126.7 | 859.03 | |
| | | 고압배전선 | 7.70 | 78.0 | 600.60 | |
| | | 콘크리트주 | 3.90 | 218 | 850.20 | 7.80[m]/2 = 3.90[m] |
| | | 소 계 | | | 3040.58 | |
| | 횡장력 | 부급전선 | 7.90 | 27.9 | 220.41 | |
| | | 전 차 선 | 6.78 | 83.4 | 565.45 | |
| | | 고압배전선 | 7.70 | 35.8 | 275.66 | |
| | | 소 계 | | | 1061.52 | |
| | 수평하중계 | | | | 4102.10 | |
| 수직하중 | 부급전선 | | 0.5 | 31.0 | 15.50 | |
| | 전 차 선 | | 2.6 | 87.3 | 226.98 | |
| | 고압배전선 | | 0.75 | −22.7 | −17.03 | |
| | | | 1.35 | −22.7 | −30.65 | |
| | 가동브래킷 | | 1.30 | 60 | 78.00 | |
| | NF용 완철 | | 0.25 | 6.1 | 1.53 | |
| | 고배용 완철 | | 0.68 | −15.4 | −10.47 | |
| | 수직하중계 | | | | 263.86 | |
| 합 계 | | | | | 4365.96 | 약 4400[kgf · m] |

② 가동브래킷 취부하부벤드 위치(A점)의 모멘트
설치높이 $h$ 점에서의 휨 모멘트 $M_h = P(L-h)$이므로 가동브래킷 취부하부벤드 위치(A점)의 모멘트를 계산한다.

**표 6.4 가동브래킷 하부벤드 위치(A점)의 휨모멘트**

| 구 분 | | | 높이 또는 길이[m] | 하 중 [kgf] | 휨모멘트 [kgf · m] | 비 고 |
|---|---|---|---|---|---|---|
| 수평하중 | 풍압하중 | 부급전선 | 2.12 | 92.5 | 196.10 | |
| | | 전 차 선 | 1.00 | 126.7 | 126.70 | |
| | | 고압배전선 | 1.92 | 78.0 | 149.76 | |
| | | 콘크리트주 | 1.16 | 65.0 | 75.40 | 2.3[m] / 2 = 1.16[m] |
| | | 소 계 | | | 547.96 | |
| | 횡장력 | 부급전선 | 2.12 | 27.9 | 59.15 | |
| | | 전 차 선 | 1.00 | 83.4 | 83.40 | |
| | | 고압배전선 | 1.92 | 35.8 | 68.74 | |
| | | 소 계 | | | 211.29 | |
| | 수평하중계 | | | | 759.25 | |
| 수직하중 | 부급전선 | | 0.5 | 31.0 | 15.50 | |
| | 전 차 선 | | 2.6 | 87.3 | 226.98 | |
| | 고압배전선 | | 0.75 | −22.7 | −17.03 | |
| | | | 1.35 | −22.7 | −30.65 | |
| | 가동브래킷 | | 1.30 | 60 | 78.00 | |
| | NF용 완철 | | 0.25 | 6.1 | 1.53 | |
| | 고배용 완철 | | 0.68 | −15.4 | −10.47 | |
| | 수직하중 계 | | | | 263.86 | |
| 합 계 | | | | | 1023.11 | 약 1100[kgf · m] |

[주] 콘크리트주의 풍압하중
단위풍압하중 $0.35[m] \times 80[kgf/m^2] = 28[kgf/m] \fallingdotseq 280[N/m]$
풍압하중 $28[kgf/m] \times 2.32[m] = 65.0[kgf/m] \fallingdotseq 650[N/m]$

(3) 착력선도(着力線圖)

착력선도는 지지물에 미치는 하중을 계산하여 그림으로 표시한 것을 말하며, 이것에 의하여 전주의 종류 및 기초의 형상을 결정한다. 프리텐숀 콘크리트주는 설계 휨모멘트의 2/3에서 50[mm], 좌판부 콘크리트주는 100[mm]로 변형량이 주어져 있으므로 변형계산은 생략한다.

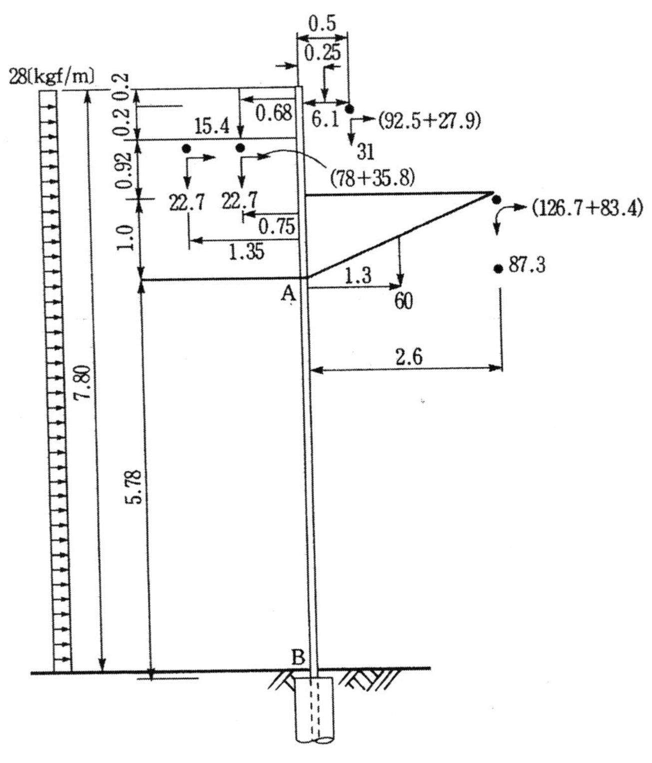


그림 6.5 착력선도

## 4 강(鋼) 구조물의 설계

철주, 빔 및 완철 등과 같이 강재를 부재로 하여 조합하거나 단일재로서 사용한 구조물을 강구조물이라고 한다. 강구조물에 하중이 걸리면 이에 따라 부재에 인장, 압축, 좌굴 등의 응력이 발생한다.

구조물이 하중에 대하여 안전하기 위해서는 이러한 각각의 응력이 각 허용응력 이하이어야 하며, 하중에 의하여 발생하는 응력과 그 부재의 허용응력을 비교 검정하여 강도가 부족하거나 과다설계가 되지 않도록 적합한 구조물을 설계하여야 한다.

## 4.1 | 조립철주

강재를 부재로서 조합한 것을 조립철주(鐵株)라 한다. 부재를 서로 강하게 볼트 등으로 접속시키므로 전체적으로 큰 강도를 가질 수 있다.

조립철주의 단면 및 주재의 형상 치수나 이에 따라 결정되는 단면2차모멘트, 단면계수 등을 총칭하여 단면성능이라 하며 강도와 밀접한 관계가 있다.

각재 단면의 중심을 통과하는 축 $X'$, 축 $Y'$에 관한 단면2차모멘트[$cm^4$]를 $I_x'$, $I_y'$이라 하고 $YY'$축, $XX'$축의 거리[cm]를 $l$, $l_x$, $l_y$이라 하면 조립철주의 단면특성은 다음과 같다.

### (1) 단면특성

#### 1) ㄷ형강 기둥(채널 기둥)

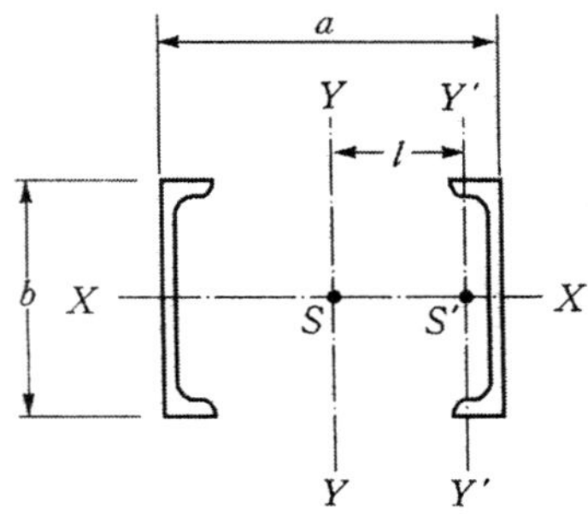


그림 6.6 ㄷ형강의 단면

각 기둥 전체의 $X$축에 관한 단면2차모멘트

$$I_x = 2I_x'[\text{cm}^4] \tag{6.18}$$

각 기둥 전체의 $Y$축에 관한 단면2차모멘트

$$I_y = 2(I_y + Al^2)[\text{cm}^4] \tag{6.19}$$

각 기둥 전체의 $X$ 축에 관한 단면계수

$$Z_x = \frac{\frac{I_x}{b}}{2} = \frac{2I_x}{b}[\text{cm}^3] \tag{6.20}$$

각 기둥 전체의 $Y$ 축에 관한 단면계수

$$Z_y = \frac{\frac{I_y}{a}}{2} = \frac{2I_y}{a}[\text{cm}^3] \quad (6.21)$$

각 기둥 전체의 $X$축에 관한 회전반경 $R_x$

$$R_x = \sqrt{\frac{I_x}{2A}}[\text{cm}] \quad (6.22)$$

각 기둥 전체의 $Y$축에 관한 회전반경 $R_y$

$$R_y = \sqrt{\frac{I_y}{2A}}[\text{cm}] \quad (6.23)$$

**표 6.5** ㄷ형강 철주의 단면특성

| 주재 종류 | 단면적 / 중량 | | | 주재간격($l$)[mm] | | |
|---|---|---|---|---|---|---|
| | [cm²] | [kg/m] | | 300 | 400 | 450 |
| 150×75×6.5 | 47.42 | 37.2 | $I_x$<br>$I_y$<br>$Z_x$<br>$Z_y$<br>$R_x$<br>$R_y$ | 1728<br>7880<br>230<br>518<br>6.0<br>12.8 | 1728<br>15083<br>230<br>754<br>6.0<br>17.8 | – |
| 20×80×7.5 | 62.66 | 49.2 | $I_x$<br>$I_y$<br>$Z_x$<br>$Z_y$<br>$R_x$<br>$R_y$ | 3900<br>10556<br>390<br>704<br>7.9<br>13.0 | 3900<br>20118<br>390<br>1006<br>7.9<br>17.9 | – |

여기서, $I$ : 단면2차모멘트[$\text{cm}^4$], $Z$ : 단면계수[$\text{cm}^3$], $R$ : 회전반경[cm]

2) ㄴ형강 기둥(앵글 기둥)

각 기둥 전체의 $X$축에 관한 단면2차모멘트

$$I_x = 4(I_x' + Al_x^2)[\text{cm}^4] \quad (6.24)$$

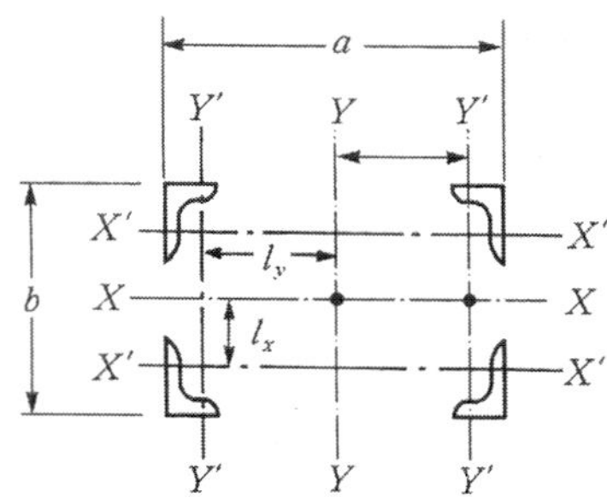


**그림 6.7** ㄴ형강 조립철주의 단면

각 기둥 전체의 $Y$축에 관한 단면2차모멘트

$$I_y = 4(I_y' + Al_y^2)[\text{cm}^4] \tag{6.25}$$

각 기둥 전체의 $X$축에 관한 단면계수

$$Z_x = \frac{\frac{I_x}{b}}{2} = \frac{2Ix}{b}[\text{cm}^3] \tag{6.26}$$

각 기둥 전체의 $Y$ 축에 관한 단면계수

$$Z_y = \frac{\frac{I_y}{a}}{2} = \frac{2I_y}{a}[\text{cm}^3] \tag{6.27}$$

각 기둥 전체의 $X$축에 관한 회전반경 $R_x$

$$R_x = \sqrt{\frac{I_x}{4A}}[\text{cm}] \tag{6.28}$$

각 기둥 전체의 $Y$ 축에 관한 회전반경 $R_y$

$$R_y = \sqrt{\frac{I_y}{4A}}[\text{cm}] \tag{6.29}$$

표 6.6 ㄴ형강 철주의 단면특성

| 주재 종류 | 단면적/중량 | | | 주재간격($l$)[mm] | | |
|---|---|---|---|---|---|---|
| | [cm$^2$] | [kg/m] | | 300 | 400 | 450 |
| 65×65×8 | 39.0 | 30.6 | $I$ | 6868.0 | 12966.7 | 16748.1 |
| | | | $Z$ | 457.9 | 648.3 | 744.4 |
| | | | $R$ | 13.3 | 18.2 | 20.5 |
| 75×75×9 | 50.8 | 39.8 | $I$ | 8613.1 | 16394.7 | 21237.2 |
| | | | $Z$ | 574.2 | 819.7 | 943.9 |
| | | | $R$ | 13.0 | 18.0 | 20.5 |
| 90×90×10 | 68.0 | 53.2 | $I$ | 10989.4 | 21135.0 | 27482.8 |
| | | | $Z$ | 732.6 | 1056.8 | 1221.5 |
| | | | $R$ | 12.7 | 17.6 | 20.1 |

여기서, $I$ : 단면2차모멘트[cm$^4$], $Z$ : 단면계수[cm$^3$], $R$ : 회전반경[cm]

$I$는 $X-X'$에 대한 단면2차모멘트라 한다.

**예제 6-2**

**다음의 설계조건에 대한 조립철주의 단면특성에 대하여 계산하려고 한다.**

【설계조건】 주재(主材) 등변 ㄴ형강 75×75×9
단면적 $A$ 12.69[cm$^2$]
단면2차모멘트 64.4[cm$^4$]
중심위치 2.17[cm]

**(1) 각 기둥 전체의 $X$축, $Y$축에 대한 단면2차모멘트는 몇 [cm$^4$]인가?**
**(2) 각 기둥 전체의 $X$축, $Y$축에 대한 단면계수는 몇 [cm$^3$]인가?**
**(3) 각 기둥 전체의 $X$축, $Y$축에 대한 회전반경은 몇 [cm]인가?**

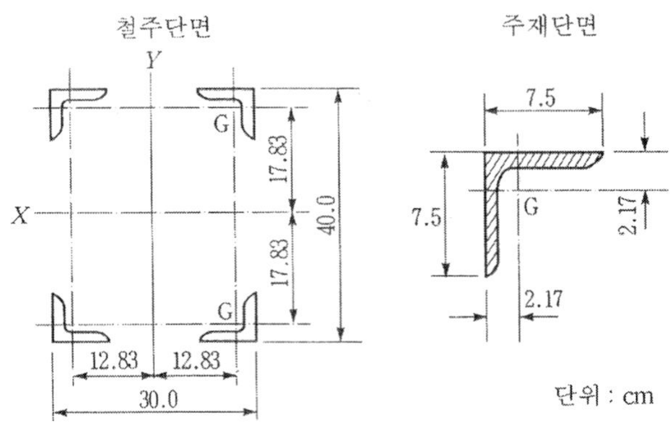


그림 6.8

풀이

(1) $I_X = 4\{64.4 + 12.69 \times (17.83)^2\} = 16395[\text{cm}^4]$

$I_Y = 4\{64.4 + 12.69 \times (12.83)^2\} = 8613[\text{cm}^4]$

(2) $Z_X = \dfrac{2 \times 16395}{40} \fallingdotseq 820[\text{cm}^3]$

$Z_Y = \dfrac{2 \times 8613}{30} \fallingdotseq 574[\text{cm}^3]$

(3) $R_X = \sqrt{\dfrac{16395}{4 \times 12.69}} \fallingdotseq 18[\text{cm}]$

$R_Y = \sqrt{\dfrac{8613}{4 \times 12.69}} \fallingdotseq 13[\text{cm}]$

## (2) 강도계산

조립철주는 철주 전체가 완전하게 일체가 되어 작용하는 것으로 보고 강성 (강하게 연결된 구조)조립철주로써 계산한다.

### 1) 세장비($\lambda$)

압축재의 길이를 $L$, 회전반지름을 $r$이라 하면 세장비 $\lambda = \dfrac{L}{r}$로 나타낼 수 있으며 $\lambda$ 값이 클수록 그 재료는 좌굴되기 쉽다는 것을 나타낸다. 전차선로용 강구조물의 압축재에 대한 세장비의 제한은 주주재에서는 200 이하, 보통 압축재에서는 220 이하, 압축재로서 사용하고 있는 보조재는 250 이하로 제한하고 있다.

복(復)사재로 중앙교점을 볼트로 조인 경우의 좌굴길이 $l$ 을 취하는 방법은 단(單)사재인 경우의 0.7배로 한다.

그림 6.9와 같이 한면만 보조재로 지지하고 한 방향의 변위에 대해서만 구속되는 압축재인 경우, 좌굴길이 $l$ 은 마디 사이 또는 입체적인 지지점 사이의 길이의 전체 길이를 취하고, 회전반경 $r$ 은 지지방향으로 직각인 방향인 것을 취한 경우와 마디점 내지 입체적 지지점과 중간 지지점 사이의 길이를 좌굴길이로 하여 회전반경으로 한 경우의 세장비율을 비교하여 큰 쪽을 선정한다.

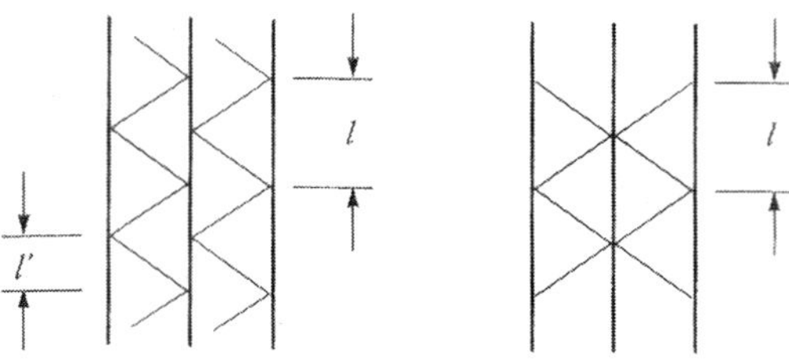


그림 6.9 조립철주의 좌굴길이($l$)

2) 조립 압축재의 유효 세장비

조립 압축재에 관한 좌굴(그림의 $X-X$ 축 주위의 좌굴)에 관한 세장비는 단일 압축재와 같이 계산한다.

충복(充復)이 아닌 축에 관한 좌굴(그림 6.10 (a), (b)에서는 $Y-Y$축, (c)에서는 $X-X$, $Y-Y$축 주위의 좌굴)에 대한 유효 세장비를 계산하고 이에 따라 허용 좌굴 응력도를 구한다.

$$\text{조립 압축재의 유효세장비 } \lambda_{ye} = \sqrt{\lambda + \frac{m}{2}\lambda_1^2 y^2} \tag{6.30}$$

단, $\lambda_1$은 50 이하로 하며 $\lambda_1 \leq 20$일 때는 $\lambda_{ye} = \lambda_y$로 하여도 된다.

여기서, $\lambda_{ye}$ : 조립 압축재의 유효세장비

$\lambda_1$ : 소재의 세장비

$\lambda_y$ : 각 소재가 일체로써 작용한다고 간주했을 때의 충복되지 않는 축에 관한 세장비

$m$ : 묶음재에서 발췌한 소재 또는 소재군의 수

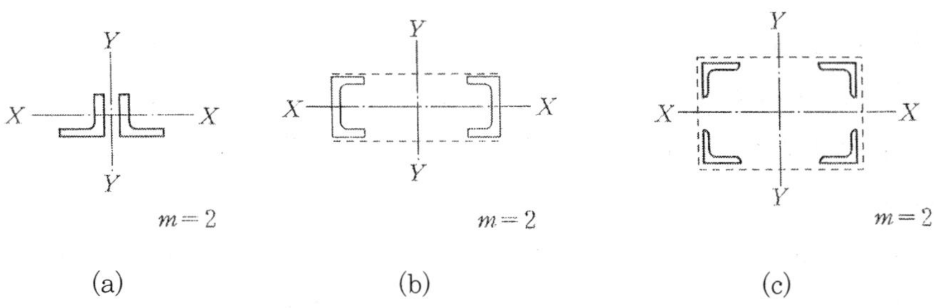


**그림 6.10** 조립 압축재의 단면

과거에 조립철주는 철주 전체가 일체가 되어 작용하는 것이라 생각하여 압축재료로써 사용하는 경우에도 소재간에만 좌굴을 검토하였다. 그러나 철주에 극소 단면인 것을 사용할 경우에는 철주 전체의 좌굴을 검토할 필요가 있다.

철주와 같이 2개 이상의 부재로 조립되어 있는 경우의 충복이 아닌 축(그림의 $Y-Y$축)에 대한 좌굴하중은 조립 압축재로서의 전단변형의 영향으로 양현재(兩弦材)가 일체가 되어 작용하는 경우보다 작아진다. 때문에 조립 압축재가 충복(充腹)되지 않은 축을 검토하는 경우는 그 세장비를 할증(割增)하여 허용좌굴 응력도를 구한다.

3) 조립 압축재의 형식에 의해 결정되는 소재의 세장비

① 끼우는 판, 대판 형식인 것

$$\lambda_1 = \frac{l_1}{r_1} \tag{6.31}$$

여기서, $l_1$ : 좌굴길이[cm]

$r_1$ : 소재의 최소 회전반경[cm]

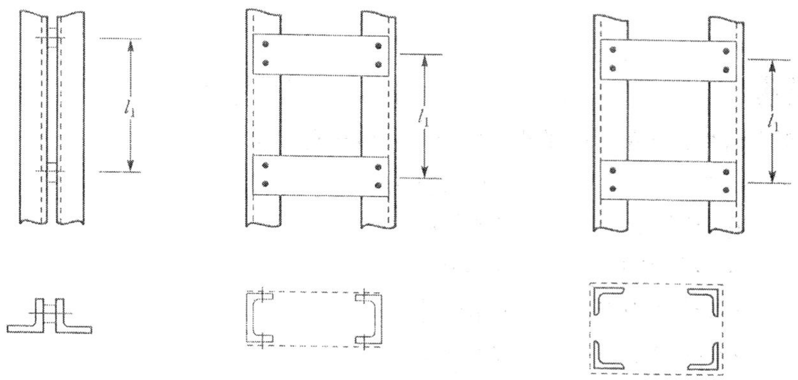


**그림 6.11** 끼음판, 대판형식의 조립압축재

② 격자형식인 경우

$$\lambda_1 = \pi \sqrt{\frac{A}{n A_d} \cdot \frac{{l_d}^3}{l_2 e^2}}$$

여기서, $l_2$ : 격자재의 길이의 축방향의 성분[cm]

$l_d$ : 격자재의 길이[cm]

$e$ : 소재의 중심간 거리[cm]

$A$ : 기둥을 구성하는 소재 단면적의 합[cm$^2$]

$A_d$ : 격자재의 단면적[cm$^2$] (복격자일 때는 양격자재의 단면적의 합)

$n$ : 묶음재의 구면(構面)의 수

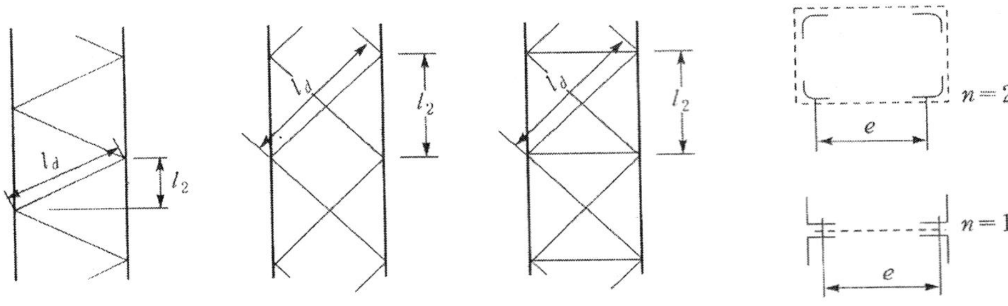


그림 6.12 격자형식의 조립 압축재

**예제 6-3**

**다음의 설계조건에 대한 유효세장비는 몇 [%] 할증되는가?**

**【설계조건】** ㄷ형강 250×90×8
단면적$(A)$ 38.65[cm$^2$]
중심의 위치$(C_y)$ 2.77[cm]
단면2차모멘트$(l_y)$ 286[cm$^4$]
회전반경$(r_y)$ 2.72[cm]

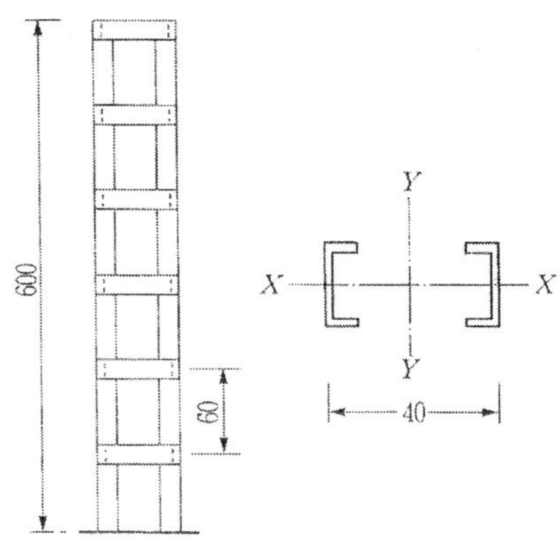


그림 6.13

풀이 (1) 철주의 단면2차모멘트[cm$^4$]

$$l_y = 2(286 + 38.65 \times 17.83^2) = 25146[\mathrm{cm}^4]$$

(2) 철주의 회전반경[cm]

$$R_x = \sqrt{\frac{25146}{2 \times 38.65}} = 18.03$$

$$\therefore \ \lambda_y = \frac{2 \times 600}{18.03} = 66.56$$

$$\therefore\ \lambda_1 = \frac{60}{2.72} = 22.06$$

여기서 압축재에 의해 조립된 소재의 수 $m=2$이므로

$$\therefore\ \lambda_{ye} = \sqrt{66.56^2 + \frac{2}{2} \times 22.06^2} = 70.12$$

유효 세장비는 5.4[%]$(\lambda_{ye}/\lambda_y = 70.12/66.56 = 1.053)$ 할증된다.

### 4) 사재 설치 방법

사재는 세장비의 제한, 발생응력의 크기 및 주재와의 접합부에 작용하는 하중의 크기 등에 따라 설치 방법을 결정한다.

조립기둥의 사재의 수평면에 대한 각도가 너무 커지면 강도(强度)적으로 매우 불리하게 된다. 또, 기초하부 밑이음(근개)이 큰 철주는 평강의 사재를 사용하면 세장비의 제한에 영향이 있다.

#### ① 조립철주의 사재

- 사재의 수평면에 대한 경사각도는 선로에 직각면에서 단사재인 경우는 40°로 하며 복사재인 경우는 45°로 한다.

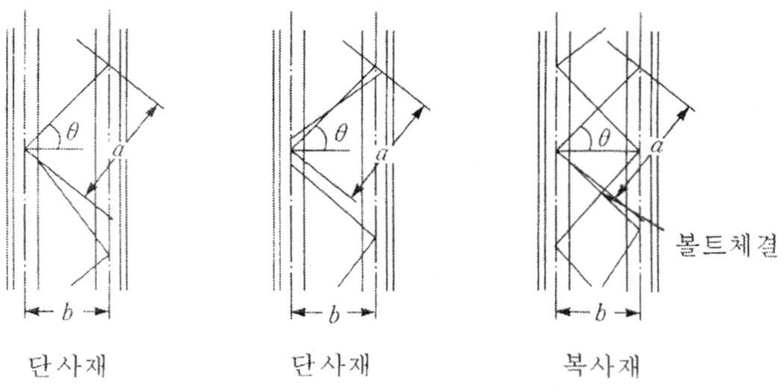


**그림 6.14 조립철주의 사재**

- 조립철주의 주기둥재 끝부분은 필요에 따라 재료 끝 보강용 강판을 설치하며 한쪽에 기울여 설치하여 집중하중을 받는 장소를 보강한다.
- 기초하부 밑이음(근개)이 40[cm] 이상 조립철주는 사재를 ㄴ형강으로 사용한다. 평강을 사용하는 경우는 복사재로 하고 그 교점을 볼트로 체결한다.

5) 주주재의 강도계산

외부의 힘 및 휨모멘트를 받는 주주재의 계산은 단일재의 계산에 준하며 다음 식으로도 계산한다.

$$\text{주주재의 축방향 압축력} : \delta_c = \frac{P}{2A}[\mathrm{N/cm^2}] \quad (6.32)$$

휨모멘트에 의해 주주재에 발생하는 압축응력도

$$\delta_m = \frac{M}{A \cdot g}[\mathrm{N/cm^2}] \quad (6.33)$$

단, $\dfrac{\delta_c + \delta_m}{f_k} \leqq 1$ 이 되어야 한다.

여기서, $P$ : 주주재의 축방향 압축력[N]
$M$ : 조립철주에 작용하는 휨모멘트[N・cm]
$A$ : 주주재의 한쪽(편측) 유효단면적[cm$^2$]
$g$ : 주주재 중심간 거리[cm]
$f_k$ : 허용좌굴응력도[N/cm$^2$]
$\delta_c$ : 주주재의 압축응력도[N/cm$^2$]
$\delta_m$ : 휨모멘트에 의해 주주재에 생기는 압축응력도[N/cm$^2$]

주주재에 생기는 좌굴형식으로는 주주재의 절점간 거리를 좌굴장으로한 단일재의 휨좌굴, 주주재 전체가 반파형이 생기는 전체 휨좌굴, 주주재의 국부 또는 비틀림 좌굴이 있다. 이상의 것 중 어느 것이 우선적으로 생겼는지는 부재단면의 형상 치수 등에 영향을 받지만, 특히 주주재의 절점간 거리를 좌굴장으로한 단일재의 휨좌굴과 주주재 전체가 반파형이 생기는 전체 휨좌굴은 주주재의 휨 강성의 대소에 따라 좌우된다. 예를들면 단일재 좌굴이라 가정해도, 주주재 전체의 휨강성이 작으면, 전체 좌굴이 단일재 좌굴에 우선한다.

트러스 구조인 경우는 $\delta_m = \dfrac{M}{A \cdot g}$가 정확하지만 그 차는 매우 작아 실용적으로 보아 간편하게 하기 위하여 $\delta_m = \dfrac{M}{Z}$을 사용하여도 관계없다. 또, 주주재의 한쪽(편측) 유효단면적 $A$는 단재의 단면적을 $A_1$이라 하면 $A = 2A_1$이 된다.

$Z$와 $A \cdot g$를 비교해 보면

$$I = 4\left\{I_x + A_1\left(\frac{b}{2} - C_x\right)^2\right\}$$

$$\therefore\ Z = \frac{2I}{b} = \frac{8\left\{I_x + A_1\left(\frac{b}{2} - C_x\right)^2\right\}}{b}$$

또는

$$A \cdot g = 4A_1\left(\frac{b}{2} - C_x\right)$$

$Z$ 와 $A \cdot g$와의 차는

$$Z - A \cdot g = \frac{8\left\{I_x + A_1\left(\frac{b}{2} - C_x\right)^2\right\}}{b} - 4A_1\left(\frac{b}{2} - C_x\right)$$

$$= \frac{8I_x + 8A_1\left(\frac{b}{2} - C_x\right)^2 - 4A_1 b\left(\frac{b}{2} - C_x\right)}{b}$$

$$= \frac{8I_x + 4A_1\left(\frac{b}{2} - C_x\right)\left\{2\left(\frac{b}{2} - C_x\right) - b\right\}}{b}$$

$\frac{b}{2} - C_x \fallingdotseq \frac{b}{2}$로 두면

$$Z - A \cdot g = \frac{8I_x + 4A_1\frac{b}{2}\left(2\frac{b}{2} - b\right)}{b}$$

$$\therefore\ Z - A \cdot g \fallingdotseq \frac{8I_x}{b}$$

가 된다.

### 6) 사재의 강도계산

사재의 강도는

$$\frac{Q}{f \cdot n \cdot A\cos\theta} \leqq 1 \qquad (6.34)$$

이 되어야 한다.

여기서, $Q$ : 조립철주에 가해지는 수평력[N]

$\theta$ : 사재의 수평면에 대한 경사각도

$A$ : 사재의 유효단면적[$cm^2$]

$n$ : 사재의 중복수

$f$ : 사재의 허용인장응력도 또는 허용좌굴응력도[$N/cm^2$]

아래 그림에서 사재에 가해지는 힘을 $P$라 하면

$$P = \frac{Q}{\cos\theta}$$

좌력도 $\sigma$는

$$\sigma = \frac{P}{A} = \frac{Q}{A \cdot cos\theta}$$

응력도의 판정

$$\frac{\sigma}{f} = \frac{Q}{f \cdot A \cdot cos\theta} < 1$$

사재의 중복수($n$)는 동일 장소에서 사재가 겹치는 방법을 나타낸 것으로 일반적인 4각철주의 경우는 단사재일 경우 $n = 2$, 복사재일 경우 $n = 4$이다.

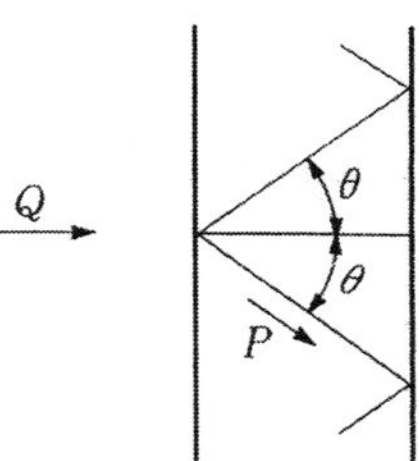


**그림 6.15** 사재의 강도계산

### 7) 주주재와 사재접속용 볼트의 강도계산

주주재와 사재 접속용 볼트의 강도계산은 식 (6.35)의 조건을 만족하도록 하여 사재의 합성응력에 대하여 안전하도록 계산한다.

$$P \leqq F \tag{6.35}$$

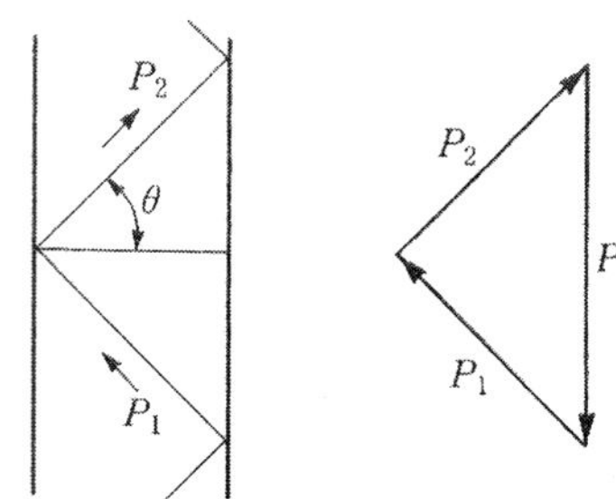


**그림 6.16** 주주재와 사재의 합성응력

여기서, $P$ : $P_1$과 $P_2$의 합성응력

$P_1$, $P_2$ : 사재의 인장응력 또는 압축응력

$F$ : 볼트 1개의 허용응력

① 2개의 사재를 1개의 볼트로 체결하는 경우

$P_1 = P_2$ 라 하면

$$P_1 = P_2 = \frac{Q}{\cos\theta} \tag{6.36}$$

볼트의 합성응력은

$$P_p = 2Pl\sin\theta = \frac{2Q}{\cos\theta}\sin\theta = 2Q \cdot \tan\theta \tag{6.37}$$

사재의 중복수를 $n$ 이라 하면

$$P_p \fallingdotseq \frac{2Q}{n} \cdot \tan\theta \tag{6.38}$$

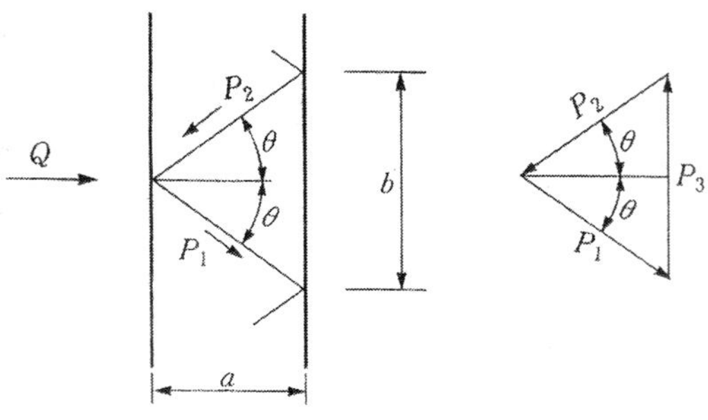


**그림 6.17** 1개의 볼트 체결 합성응력

② 사재가 개별적으로 설치된 경우

$$P_p = \frac{Q}{\cos\theta} \tag{6.39}$$

사재의 중복수를 $n$이라 하면

$$P_p \fallingdotseq \frac{Q}{n \cdot cos\theta} \tag{6.40}$$

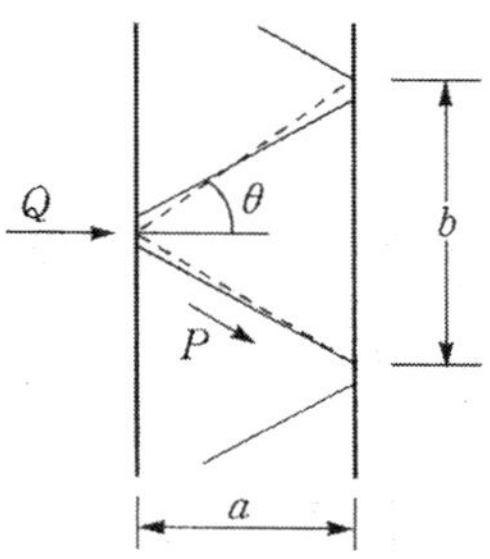


그림 6.18 사재가 개별 설치된 경우 합성응력

**예제 6-4**

**다음의 설계조건에 의하여 철주 상부주재의 응력을 계산하여라.**

【설계조건】 철주의 주주재에는 휨모멘트에 의한 휨응력(하중방향에 대하여 오른쪽의 주재는 압축응력, 왼쪽의 주재는 인장응력)과 수직반력에 의한 압축응력이 동시에 발생한다.

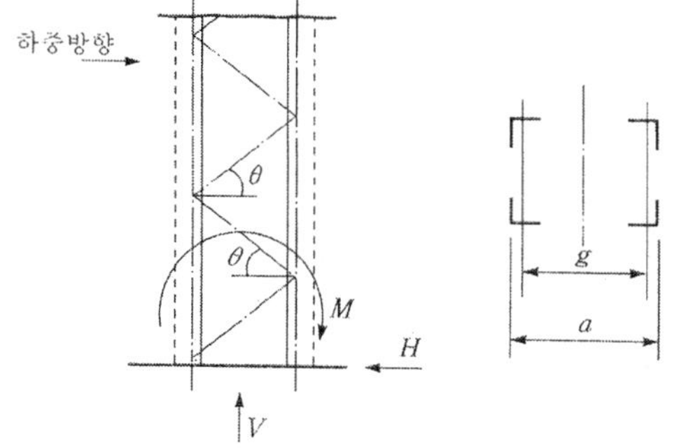


여기서, $M$ : 휨모멘트
$V$ : 수직반력(수직하중)
$H$ : 수평반력(전단력)
$g$ : 주주재 중심간 거리
$a$ : 주주재의 간격

그림 6.19

| | 주 재 | 사 재 |
|---|---|---|
| 등변 ㄴ형강 | 75×75×9 | 50×50×6 |
| 단 면 적 | 12.69[cm$^2$] | 5.644[cm$^2$] |
| 중심위치 | 2.17[cm] | |
| 철주의 폭 | | 45[cm] |
| 주주재 중심간 거리 | | 40.66[cm] |
| 철주 윗부분에 작용하는 휨모멘트 | | 10,360[kgf/m] |
| 철주 땅의 경계부분에 작용하는 휨모멘트 | | 8,710[kgf/m] |

풀이 (1) 압축측

$$\delta_{m1} = \frac{M}{2A \cdot g} = \frac{1{,}036{,}000}{2 \times 12.69 \times (45 - 2.17 \times 2)}$$
$$= 1{,}004[\text{kgf/cm}^2] = 9{,}839.2[\text{N/cm}^2]$$

여기서, $\delta_m$ : 휨모멘트에 의해 주재에 발생하는 압축응력도[N/cm$^2$]
$M$ : 철주에 작용하는 휨모멘트
$A$ : 주주재 1개당 유효단면적[cm$^2$]
$g$ : 주주재 중심간 거리[cm]

주주재의 축방향력을 3,740[kgf](철주 윗부분에서 철주의 중량은 무시한다)라 하면

$$\delta_{c1} = \frac{P}{4A} = \frac{3740}{4 \times 12.69} = 74[\text{kgf/cm}^2] = 725.2[\text{N/cm}^2]$$

여기서, $\delta_{c1}$ : 주주재의 압축응력도[N/cm$^2$]
$P$ : 주주재의 축방향압축력[N]
$A$ : 주주재 1개당 유효단면적[cm$^2$]
$g$ : 주주재 중심간 거리[cm]

(2) 인장측

철주 볼트구멍의 지름을 17.5[mm](사용 볼트의 지름 16[mm])라 하면 인장응력이 작용하는 주재의 유효단면적은

$$A_e = A - d_0 \cdot t = 12.69 - (1.75 \times 0.9) = 11.115[\text{cm}^2]$$

여기서, $A_e$ : 주주재 1개당 등가 단면적[cm$^2$]
$A$ : 주주재 1개당 단면적[cm$^2$]
$d_0$ : 볼트 구멍 지름[cm]
$t$ : 부재 두께[cm]

∴ 압축응력이 작용하는 축의 주재는 볼트 지름은 무시한다.

$$\delta_{m2} = \frac{M}{2A_e \cdot g} = \frac{1036000}{2 \times 11.115 \times 40.66} = 1{,}146[\text{kgf/cm}^2] = 11{,}328.8[\text{N/cm}^2]$$

$$\delta_{c2} = -\frac{P}{4A_e} = -\frac{3740}{4 \times 11.115} = -84[\text{kgf/cm}^2] = -823.2[\text{N/cm}^2]$$

### 예제 6-5

**예제 6-4의 설계조건에 의하여 철주하부(지표면 경계부) 주주재의 응력을 계산하여라.**

풀이

(1) 압축측

$$\delta_{m3} = \frac{871000}{2\times 12.69\times 40.66} = 844[\text{kgf/cm}^2] = 8{,}271.2[\text{N/cm}^2]$$

주재의 축방향력을 4440[kgf](철기둥의 중량을 더한다)라 하면

$$\delta_{c3} = \frac{4440}{4\times 12.69} = 87[\text{kgf/cm}^2] = 852.6[\text{N/cm}^2]$$

(2) 인장측

$$\delta_{m4} = \frac{871000}{2\times 11.115\times 40.66} = 964[\text{kgf/cm}^2] = 9{,}447.2[\text{N/cm}^2]$$

$$\delta_{c4} = -\frac{4440}{4\times 11.115} = -100[\text{kgf/cm}^2] = -980[\text{N/cm}^2]$$

### 예제 6-6

**예제 6-4의 설계조건에 의하여 철주 사재의 응력을 계산하여라.**

풀이

(1) 압축측

철주에 가하는 수평력(전단력)을 2,650[kgf]라 하면

$$\delta_{s1} = \frac{Q}{n\cdot A\cdot cos\theta} = \frac{2{,}650}{2\times 5.644\times cos31°35'}$$
$$= 276[\text{kgf/cm}^2] = 2{,}704.8[\text{N/cm}^2]$$

단, $\theta = \tan^{-1}\frac{25}{40.66} = 31°35'$

여기서, $\delta_{s1}$ : 사재의 응력도[N/cm²]

$Q$ : 철주에 가해지는 수평력(전단력)[kgf]

$n$ : 사재의 중복수

$A$ : 사재의 유효 단면적[cm²]

$\theta$ : 사재의 수평면에 대한 경사각도

(2) 인장측

인장축의 유효단면적은

$$5.644 - (1.75\times 0.6) = 4.594[\text{cm}^2]$$

$$\delta_{s2} = \frac{2650}{2\times 4.594\times cos31°35'} = 339[\text{kgf/cm}^2] = 3{,}322.2[\text{N/cm}^2]$$

볼트의 전단력(사재가 개별적으로 설치된 경우) $P_s$는

$$P_s = \frac{Q}{n\cdot cos\theta} = \frac{2{,}650}{2\times cos31°35'} = 1{,}555[\text{kgf/cm}^2] = 15{,}239[\text{N/cm}^2]$$

### 예제 6-7

**예제 6-4의 설계조건에 의하여 허용좌굴응력도를 계산하여라.**

풀이 (1) 주재

주주재의 유효길이를 500[mm]라 하면 좌굴길이는

$$l = 0.9\,l_0 = 0.9 \times 50 = 45[\text{cm}]$$

$$\therefore \frac{l}{r} = \frac{45}{2.25} = 20 < \lambda\ (=105)$$

여기서, $l$ : 부재의 유효 좌굴길이[cm]

$r$ : 부재단면의 회전반경[cm]

주주재는 편심이 비교적 적은 것으로서 취급하면

$$f_k = K_0 - K_1\left(\frac{1}{100r}\right) - K_2\left(\frac{1}{100r}\right)^2$$

$$= 1{,}550 - 23\left(\frac{20}{100}\right) - 602\left(\frac{20}{100}\right)^2$$

$$= 1{,}521[\text{kgf/cm}^2] = 14{,}905.8[\text{N/cm}^2]$$

(2) 사재

사재의 유효길이를 430[mm]라 하면 좌굴길이는

$$l = 0.8\,l_0 = 0.8 \times 43 = 34.4[\text{cm}]$$

사재는 한쪽 플랜지 접합이 되어 편심이 많은 것으로 취급하면 $l = 34.4$[cm]에서 $r = 0.96$[cm] (최소)인 경우

$$\frac{l}{r} = \frac{34.4}{0.96} = 36 < \lambda\,(=105)$$

이다.

$$\therefore\ f_k = 1550 - 762\left(\frac{36}{100}\right) = 1277 > 1000(\text{상한값})$$

가 되어 상한값을 초과하므로 $f_k = 9{,}800[\text{N/cm}^2]$이 된다.

### 예제 6-8

**예제 6-4의 설계조건에 의하여 볼트의 허용응력을 계산하여라.**

풀이 (1) 허용 전단력

사재의 볼트는 16[mm]로 전단력이 작용하는 부분에 나사부분이 오지 않도록 하면 허용 전단력은 단전단이므로

$$F = f_a\frac{\pi d^2}{4} = 1{,}200 \times \frac{3.14 \times 1.6^2}{4} = 2{,}412[\text{kgf/cm}^2] = 23{,}637.6[\text{N/cm}^2]$$

여기서, $F$ : 볼트 1개의 허용전단력[N]

$f_a$ : 허용전단응력도[kgf/cm$^2$]

$d$ : 볼트의 지름[cm]

(2) 허용지압력

볼트의 지압에 관한 허용지름을 14.7[mm]라 하면

$$F = f_p \cdot d \cdot t = 2{,}750 \times 1.47 \times 0.6 = 2{,}426[\text{kgf}] = 23{,}774.8[\text{N/cm}^2]$$

가 된다.

여기서, $F$ : 볼트 1개의 허용지압력[N]

$f_p$ : 허용지압응력도[kgf/cm$^2$]

$d$ : 볼트의 지름[cm]

$t$ : 판의 두께[cm]

이것을 정리하면 다음과 같다.

철주의 응력도

| 부 재 | | 휨모멘트 [kgf/cm] | 축력 [kgf] | 전단력 [kgf] | 응력의 종 류 | 부재 응력도[kgf/cm$^2$] | | | 허용응력도 [kgf/cm$^2$] |
|---|---|---|---|---|---|---|---|---|---|
| | | | | | | 휨모멘트 | 축력 | 계 | |
| 주재 | 상 부 | 10360 | 3740 | – | 압축 | 1004 | 74 | 1078 | 1521 |
| | | | | | 인장 | 1146 | −84 | 1062 | 1650 |
| | 땅의 경계 | 8710 | 4440 | – | 압축 | 844 | 87 | 931 | 1521 |
| | | | | | 인장 | 964 | −100 | 864 | 1650 |
| 경 사 재 | | – | – | 2650 | 압축 | – | 276 | 276 | 1000 |
| | | | | | 인장 | – | 339 | 339 | 1650 |
| | | – | – | 2650 | 압축 | – | | 1555 | 2412[kg] |
| | | | | | 인장 | – | | 1555 | 2426[kg] |

## 4.2 | H형강주의 강도계산

H형강 또는 I형강의 단일재를 사용하는 철주의 강도계산은 「단일재의 강도계산」을 적용한다.

다만, 비틀림 강성이 적은 단독주나 빔에 $X$축의 단면2차모멘트와 $Y$축의 단면2차모멘트와의 사이에 극단의 차이가 있는 부재를 사용하는 경우에는 식 6.41에 의해 횡도좌굴에 대한 안전을 확인한다.

### (1) 수평하중만이 가해진 경우의 횡도좌굴의 계산

$$P_k = \frac{m\sqrt{(E \cdot I_y)(G \cdot I_p)}}{\ell^2}$$

$$P_a = \frac{P_k}{F} \tag{6.41}$$

$$F = \frac{\delta_r}{\delta_a}$$

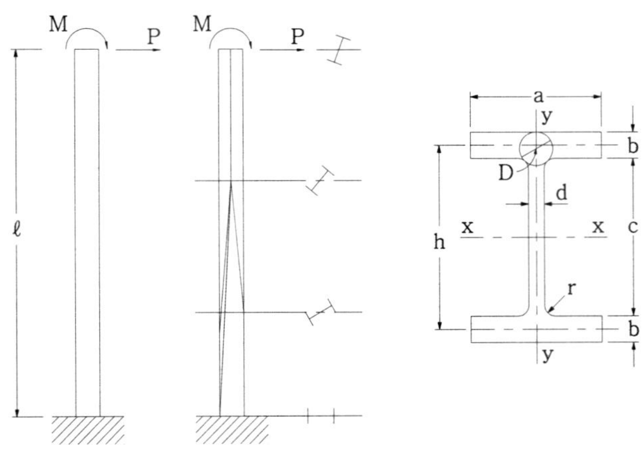


그림 6.20 H형강주의 횡도좌굴

$P_k$ : 횡도를 생기게 하는 한계하중[N]

$P_a$ : 한계하중 $P_k$에 대한 허용하중[N]

$F$ : 안전율

$$m \fallingdotseq 4.01 + 11.7\sqrt{\frac{I_f \cdot E \cdot h^2}{2I_p \cdot G \cdot \ell^2}}$$

$I_y$ : $y$축에 관한 전단면의 단면2차모멘트[cm$^4$]

$I_f$ : $y$축에 관한 편측플렌지 단면2차모멘트[cm$^4$]

$$I_p = 2I_{p_1} + I_{p_2} + 2\alpha \cdot D^4$$

$$I_{p_1} = a \cdot b^3 \frac{1}{3} - 0.21\frac{b}{a}\left(1 - \frac{b^4}{12a^4}\right)$$

$$I_{p_2} = \frac{1}{3}cd^3$$

$$\alpha = \frac{d}{b}\left(0.15 + 0.1\frac{r}{b}\right) \quad \text{다만, } d < b \text{ 로 한다.}$$

$$D = b + \frac{(d+2r)^2}{4(b+2r)}$$

$E$ : 탄성계수

$G$ : 전단탄성계수

$\delta_r$ : 항복점강도[N/cm$^2$]

$\delta_a$ : 허용응력도[N/cm$^2$]

### (2) 휨모멘트만 가해진 경우의 횡도좌굴계산

$$M_k \fallingdotseq \frac{\pi\sqrt{(E \cdot I_y) \cdot (G \cdot I_p)}}{2\ell} \sqrt{1+\pi^2 \frac{I_f \cdot Eh^2}{8I_p \cdot G \cdot \ell^2}}$$

$$M_a = \frac{M_k}{F} \tag{6.42}$$

$M_k$ : 한계 휨모멘트[N · cm]

$M_a$ : 허용 휨모멘트[N · cm]

### (3) 수평하중과 휨모멘트가 동시에 가해진 경우의 횡도좌굴의 계산

$$\frac{M_k}{M_a} + \frac{P_k}{P_a} \leqq 1 \tag{6.43}$$

### (4) 횡도좌굴의 계산 예

H형강 등의 단면2차모멘트가 큰 쪽의 축에 대해 하중이 가해지면, 전주는 돌연하중방향과 직각으로 비틀리면서 변형 또는 전도가 발생한다. 이것을 횡도좌굴 또는 횡좌굴이라 한다.

횡도좌굴은 단독주 외 빔의 경우와 같이 양단이 지지되어 있더라도, 중앙부근에서 횡도좌굴이 생긴다. 따라서 $x$축의 단면2차모멘트와 $y$축의 단면2차모멘트와의 사이에 큰 차이가 있는 경우는 전주, 빔 모두 횡도좌굴을 검토할 필요가 있다.

**계산 예1**

H형강 300×200에 대해, $\ell = 10$m 일때의 허용하중 $P_a$를 구해보자.

$$a = 200[\text{mm}] = 20[\text{cm}]$$

$$b = 12[\text{mm}] = 1.2[\text{cm}]$$

$$c = 294 - 12 \times 2 = 270[\text{mm}] = 27[\text{cm}]$$

$$d = 8[\text{mm}] = 0.8[\text{cm}]$$

$$r = 18[\text{mm}] = 1.8[\text{cm}]$$

$$h = 294 - 12 = 282[\text{mm}] = 28.2$$

$$D = 12 + \frac{(8 + 2 \times 18)^2}{4 \times (12 + 2 \times 18)} = 22[\text{mm}] = 2.2[\text{cm}]$$

$$\therefore\ a = \frac{0.8}{1.2} \times \left(0.15 + 0.1 \times \frac{1.8}{1.2}\right) \fallingdotseq 0.2$$

$$I_{P1} = 20 \times 1.2^3 \times \left\{\frac{1}{3} - 0.21 \times \frac{1.2}{20} \times \left(1 - \frac{1.2^4}{12 \times 20^4}\right)\right\} = 11.085[\text{cm}^4]$$

$$I_{P2} = \frac{1}{3} \times 27 \times 0.8^3 = 4.608[\text{cm}^4]$$

$$\therefore\ I_P = 2 \times 11.085 + 4.608 + 2 \times 0.2 \times 2.2^4 = 36.148[\text{cm}^4]$$

$$I_y = 1,600[\text{cm}^4]$$

$$I_f \fallingdotseq \frac{a^3 b}{12} = \frac{20^3 \times 1.2}{12} = 800[\text{cm}^4]$$

$$m \fallingdotseq 4.01 + 11.7 \times \sqrt{\frac{800 \times 2,100,000 \times 28.2^2}{2 \times 36.148 \times 810,000 \times 1,000^2}} \fallingdotseq 5.777$$

$$P_K = \frac{5.777 \times \sqrt{2,100,000 \times 1,600 \times 810,000 \times 36.148}}{1,000^2} \times 9.8$$

$$= 17,845[\text{N}]$$

$$F = \frac{2,500}{1,650} = 1.515$$

$$\therefore\ P_a = \frac{17,845}{1.515} = 11,778[\text{N}]$$

이것을 「단일재의 강도계산」에 따라 풀면, 이 경우 수직력 $N = 0$ 이다. 그러므로

$$\frac{\sigma_m}{f_m} < 1$$

$$\sigma_m = \frac{M}{Z} = \frac{P_a \cdot \ell}{Z}$$

에서 $P_a$를 구하면

$$P_a = \frac{f_m Z}{\ell}$$

강재의 허용응력도에서 $f_m = 16,170[\text{N/cm}^2]$, $Z = 771[\text{cm}^3]$

$$\therefore\ P_a = 16,170 \times \frac{771}{1,000} = 12,467[\mathrm{N}]$$

이상과 같이 300×200 H형강을 단순히 계산하면 10[m]의 위치에 12.467[kN]의 수평하중이 가해지지만, 횡도좌굴을 고려하면 11.778[kN] 밖에 가해질 수 없다는 것을 알 수 있다. 계산 예에서는 중폭계열의 H형강에 따랐지만, 세폭계열인 것은 이 차이가 다시 커지므로 주의해야 한다.

### 계산 예2

그림 6.20에서 화살표 위치에 하중이 가해지는 것으로서, H형강의 세폭 250×125에 대해 계산해 보자.

$$a = 12.5[\mathrm{cm}]$$

$$b = 0.9[\mathrm{cm}]$$

$$c = 25 - 0.9 \times 2 = 23.2[\mathrm{cm}]$$

$$d = 0.6[\mathrm{cm}]$$

$$r = 1.2[\mathrm{cm}]$$

$$h = 25 - 0.9 = 24.1[\mathrm{cm}]$$

$$I_y = 294[\mathrm{cm}^4]$$

$$\therefore\ a = \frac{0.6}{0.9} \times \left(0.15 + 0.1 \times \frac{1.2}{0.9}\right) \fallingdotseq 0.19$$

$$D = 0.9 + \frac{(0.6 + 2 \times 1.2)^2}{4 \times (0.9 + 2 \times 1.2)} \fallingdotseq 1.6[\mathrm{cm}]$$

$$I_{P1} = 12.5 \times 0.^3 \times \left\{\frac{1}{3} - 0.21 \times \frac{0.9}{12.5} \times \left(1 - \frac{0.9^4}{12 \times 12.5^4}\right)\right\}$$

$$= 2.900[\mathrm{cm}^4]$$

$$I_{P2} = \frac{1}{3} \times 23.2 \times 0.6^3 = 1.670[\mathrm{cm}^4]$$

$$\therefore\ I_P = 2 \times 2.9 + 1.67 + 2 \times 0.19 \times 1.6^4 = 9.960[\mathrm{cm}^4]$$

$$I_f \fallingdotseq \frac{12.5^3 \times 0.9}{12} = 146.484[\mathrm{cm}^4]$$

$$m \fallingdotseq 4.01 + 11.7 \times \sqrt{\frac{146.484 \times 21 \times 10^5 \times 24.1^2}{2 \times 9.96 \times 81 \times 10^4 \times 700^2}} \fallingdotseq 5.769$$

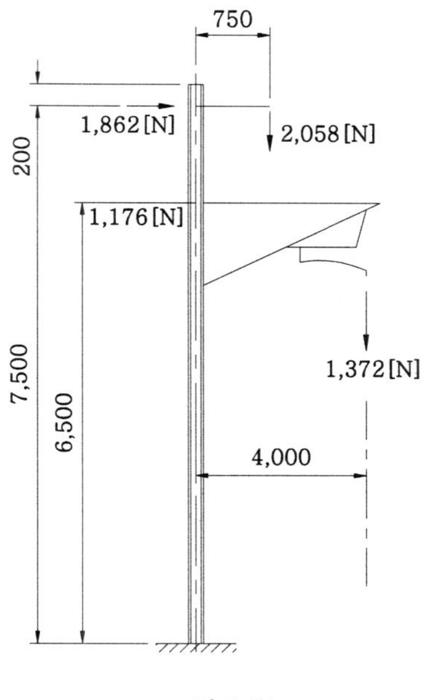


그림 6.21

여기서, $\ell = \dfrac{750+650}{2} = 700[\mathrm{cm}]$로 하면

$$P_K = \frac{5.769 \times \sqrt{(21 \times 10^5 \times 294) \times (81 \times 10^4 \times 9.96)}}{700^2} \times 9.8$$

$$\fallingdotseq 8,143[\mathrm{N}]$$

$$\therefore\ P_a = \frac{8,143}{1.515} \fallingdotseq 5,374[\mathrm{N}]$$

같은 방법으로

$$M_K = 3.1415 \times \frac{\sqrt{(21 \times 10^5 \times 294) \times (81 \times 10^4 \times 9.96)}}{2 \times 700}$$

$$\times \sqrt{1 + 3.1415^2 \times \frac{146.484 \times 21 \times 10^5 \times 24.1^2}{8 \times 9.96 \times 81 \times 10^4 \times 700^2}} \times 9.8$$

$$\fallingdotseq 1,594,675[\mathrm{N \cdot cm}] \fallingdotseq 15,946[\mathrm{N \cdot m}]$$

$$\therefore\ Ma = \frac{15,946}{1.515} = 10,525[\mathrm{N \cdot m}]$$

외력에 의한 휨 모멘트 $M$은

$$M = 2,058 \times 0.75 + 1,372 \times 4 = 7,031[\mathrm{N \cdot m}]$$

$$\therefore \frac{7,031}{10,525} + \frac{1,862 + 1,176}{5,374} \fallingdotseq 1.23 > 1$$

이식에서 좌변의 제1항만으로는

$$\frac{7,031}{10,525} = 0.67 < 1$$

이므로, 외력에 의한 휨모멘트만으로는 충분한 여유가 있다. 또한, 제2항을 보면

$$\frac{1,862 + 1,176}{5,374} = 0.57 < 1$$

역시 여유는 있으나, 양자가 동시에 가해지면 횡도좌굴에 대해서는 허용하중을 넘고 있다. 이것을 인장력과 휨모멘트가 동시에 작용하는 식으로 풀면 다음과 같이 된다.

$$\begin{aligned} \mathrm{M} &= 2,058 \times 0.75 + 1,372 \times 4 + 1,862 \times 7.5 + 1,176 + 6.5 \\ &= 28,640[\mathrm{N \cdot m}] \end{aligned}$$

H형강의 단면적 $A$, 단위중량 $W$, 최소회전반경 $r_y$ 및 하중방향의 단면계수 $Z_x$는

$$A = 37.66[\mathrm{cm}^2]$$

$$W = 290[\mathrm{N/m}]$$

$$r_y = 2.79[\mathrm{cm}]$$

$$Z_x = 324[\mathrm{cm}^3]$$

압축력 $N$은

$$N = 2,058 + 1,372 + 290 \times 7.7 \fallingdotseq 5,663[\mathrm{N}]$$

$$\therefore \frac{M}{Z_x} = \frac{2,864,000}{324} = 8,839[\mathrm{N/cm}^2]$$

$$\frac{N}{A} = \frac{5,663}{37.66} = 150[\mathrm{N/cm}^2]$$

또한, 허용좌굴응력도 $f_K$는

$$\frac{\ell}{r_y} = \frac{750 \times 2}{2.79} = 537.6$$

$$f_K = \frac{9,310}{5.376^2} = 322[\mathrm{N/cm}^2]$$

$$\therefore \frac{\sigma_c}{f_K} + \frac{\sigma_m}{f_m} = \frac{150}{322} + \frac{8,839}{16,170} \fallingdotseq 1.00$$

가 되어 허용한도에 가까운 하중이 되기 때문에, 단일재의 계산식만으로는 안전하지 못하다는 것을 알 수 있다.

### (5) 횡도좌굴 계산상의 문제점

비교적 간단한 계산식을 가지고 횡도좌굴을 계산해 보았지만, 이 계산은 근사계산이므로 다음과 같은 문제점이 있다.

① $M_k$의 계산식은, 양단 단순지지보의 계산식에서 $L=2\ell$로 한 것인데, $L=2\ell$로 했을 경우, 이 식이 어느 정도 맞는지 불명확하다.

② 안전율을 $\frac{\sigma_r}{\sigma_a}$로 하고 있으나, 이것으로 좋은지 어떤지 명확하지 않다.

③ 하중 $M$과 $P$가 동시에 가해질 경우의 계산식이 없어 근사치로 계산하여 안전측의 결과를 산출하였지만, 어느 한계까지 안전한지는 확실하지 않다.

④ 횡도좌굴의 계산에서는, $y$축방향의 하중과 축방향력(수직하중)을 무시하고 있지만, 그 영향에 대해서 확실하지 않다.

### (6) 횡도좌굴 계산의 범위

H형강에서는 중폭, 세폭인 것에 대해서 일단 횡도좌굴의 영향을 검토 할 필요가 있으며, I형강은 모두 횡도좌굴을 검토하는 것이 바람직하다.

광폭의 H형강주에서 길이가 10[m]를 넘는 경우는 횡도좌굴에 대하여 검토할 필요가 있지만, 문형 등의 전주로서 비틀림이 생기지 않는 구조로 사용할 경우는 횡도좌굴을 검토하지 않아도 된다.

## 4.3 | 강관주의 강도계산

### (1) 강관주의 설계(예)

1) 기온

① 최고 : 40[℃]

② 최저 : −25[℃]

③ 표준 : 10[℃]

2) 풍압

① 풍압 : 35[m/s]

② 갑종풍압하중

3) 하중 및 Moment

① 수직하중 : 단위중량[N/m] × 전주경간[m] × 수량[조]=[N]

② 갑종풍압하중 : 전선의 지름[m] × 풍압하중[N/$m^2$] × 전주경간[m] × 수량[조]=[N]

③ 횡장력 : $P = \frac{ST}{R}$[N]

$P$ : 곡선횡장력[N]　　$S$ : 전주경간[m]

$R$ : 곡선반경[m]　　$T$ : 전선의 장력[N]

④ Moment : 수직하중[N] × 거리[m] = [N · m]

수평하중[N] × 높이[m] = [N · m]

## (2) 토공구간의 강관주(단독주) 설계(예)

1) 조건

| 종 별 | 규 격 | 단위중량 [N] | | 단위면적 [$m^2$] | 갑종풍압 [N/$m^2$] | 표준장력 [N] | 설치거리 [m] | 설치높이 [m] |
|---|---|---|---|---|---|---|---|---|
| 급전선 | ACSR 240$mm^2$ | m | 10.87 | 0.02205 | 745 | 8,820 | 1.36 | 7.78 |
| 비절연 보호선 | ACSR 93$mm^2$ | m | 4.28 | 0.0125 | 745 | 3,920 | 0.31 | 6.08 |
| 조가선 | Bz 65$mm^2$ | m | 5.93 | 0.0105 | 745 | 11,760 | 2.8 | 6.83 |
| 전차선 | Cu 110$mm^2$ | m | 9.68 | 0.01234 | 745 | 11,760 | 2.8 | 5.87 |
| 가동브래킷 | G 3.0 | 본 | 588 | – | – | – | $3.13 \times \frac{1}{2}$ | – |
| 현수애자 | 250 Φ | 개 | 56 | 0.0185 | 1,039 | – | 1.36 | 8.76 |
| 급전선 완철 | L75×9×1.65m | 본 | 161 | – | – | – | $1.44 \times \frac{1}{2}$ | – |
| 보수요원 | 2인 | 인 | 1,176 | – | – | – | 2.8 | – |
| 전 주 | 강관주 P267.4×9t×9m | 본 | 5,062 | 0.267 | 588 | – | – | $9 \times \frac{1}{2}$ |
| 전 주 | 강관주 P318.5×9t×9m | 본 | 6,059 | 0.318 | 588 | – | – | $9 \times \frac{1}{2}$ |
| 전 주 | 강관주 P355.6×9t×9m | 본 | 6,782 | 0.355 | 588 | – | – | $9 \times \frac{1}{2}$ |

2) 수직하중

| 종 별 | 전주경간 | 50m R 1000 이상 | | 40m R 500 이상 | | 30m R 300 이상 | | 20m R 200 이상 | | 비고 |
|---|---|---|---|---|---|---|---|---|---|---|
| | 규 격 | 하중 [N] | 모멘트 [N·m] | 하중 [N] | 모멘트 [N·m] | 하중 [N] | 모멘트 [N·m] | 하중 [N] | 모멘트 [N·m] | |
| 급 전 선 | ACSR 240mm$^2$ | 542 | 737 | 433 | 588 | 325 | 442 | 216 | 294 | |
| 비 절 연 보 호 선 | ACSR 93mm$^2$ | 214 | −66 | 171 | −53 | 128 | −39 | 85 | −26 | |
| 조 가 선 | Bz 65mm$^2$ | 296 | 830 | 237 | 664 | 177 | 498 | 118 | 332 | |
| 전 차 선 | Cu 110mm$^2$ | 484 | 1,355 | 387 | 1,084 | 290 | 813 | 193 | 542 | |
| 가동브래킷 | G 3.0 | 588 | 920 | 392 | 920 | 588 | 920 | 588 | 920 | |
| 현수애자 | 250 Φ | 224 | 304 | 224 | 304 | 224 | 304 | 224 | 304 | 4개 |
| 급 전 선 완 철 | L75×9×1.65m | 161 | 115 | 161 | 115 | 161 | 115 | 161 | 115 | |
| 보수요원 | 2인 | 1,176 | 3,292 | 1,176 | 3,292 | 1,176 | 3,292 | 1,176 | 3,292 | |
| 강 관 주 | P267.4×9m | 5,062 | | 5,062 | | 5,062 | | 5,062 | | |
| 계 | | 8,747 | 7,487 | 8,243 | 6,914 | 8,131 | 6,345 | 7,823 | 5,773 | |

3) 수평하중 (갑종풍압하중)

| 종 별 | 전주경간 | 50m R 1000 이상 | | 40m R 500 이상 | | 30m R 300 이상 | | 20m R 200 이상 | | 비 고 |
|---|---|---|---|---|---|---|---|---|---|---|
| | 규 격 | 하중 [N] | 모멘트 [N·m] | 하중 [N] | 모멘트 [N·m] | 하중 [N] | 모멘트 [N·m] | 하중 [N] | 모멘트 [N·m] | |
| 강관주 | P267.4×9m | 1,412 | 6,354 | 1,412 | 6,354 | 1,412 | 6,354 | 1412 | 6,354 | 모멘트는 주장½ |
| 급전선 | ACSR 240mm$^2$ | 821 | 6,390 | 657 | 5,112 | 492 | 3,834 | 328 | 2,556 | |
| 비절연 보호선 | ACSR 93mm$^2$ | 465 | 2,831 | 372 | 2,264 | 279 | 1,698 | 186 | 1,132 | |
| 조가선 | Bz 65mm$^2$ | 391 | 2,671 | 312 | 2,137 | 234 | 1,602 | 156 | 1,068 | |
| 전차선 | Cu 110mm$^2$ | 459 | 2,698 | 367 | 2,158 | 275 | 1,618 | 183 | 1,079 | |
| 현수애자 | 250$\phi$ | 76 | 673 | 76 | 673 | 76 | 673 | 76 | 673 | 4개 |
| 계 | | 3,624 | 21,617 | 3,196 | 18,698 | 2,768 | 15,779 | 2,341 | 12,862 | |

4) 수평하중 (횡장력)

$$P = \frac{ST}{R}$$

| 종 별 | 전주경간 | 50m R 1000 이상 | | 40m R 500 이상 | | 30m R 300 이상 | | 20m R 200 이상 | | 비고 |
|---|---|---|---|---|---|---|---|---|---|---|
| | 규 격 | 하중 [N] | 모멘트 [N·m] | 하중 [N] | 모멘트 [N·m] | 하중 [N] | 모멘트 [N·m] | 하중 [N] | 모멘트 [N·m] | |
| 급전선 | ACSR 240mm$^2$ | 441 | 3,430 | 705 | 5,489 | 882 | 6,861 | 882 | 6,861 | |
| 비절연 보호선 | ACSR 93mm$^2$ | 196 | 1,191 | 313 | 1,906 | 392 | 2,383 | 392 | 2,383 | |
| 조가선 | Bz 65mm$^2$ | 588 | 4,016 | 940 | 6,425 | 1,176 | 8,032 | 1,176 | 8,032 | |
| 전차선 | Cu 110mm$^2$ | 588 | 3,451 | 940 | 5,517 | 1,176 | 6,903 | 1,176 | 6,903 | |
| 계 | | 1,813 | 12,088 | 2,898 | 19,337 | 3,626 | 24,179 | 3,626 | 24,179 | |

5) 인류에 의한 평행개소 횡장력(평행틀 사용시 수평하중)

$P$ : 횡장력[N]

$T$ : 장력[N]

$d$ : 편위[m]

$q$ : 궤도 중심으로부터 인류주 중심까지의 거리[m]

$$P = \frac{(d \pm g)T}{S}$$

$$P_{50} = \frac{(0.2+3.0)23,520}{50} = 1,505[\mathrm{N}]$$

$$M = 1,505 \times 6.35 = 9,556[\mathrm{N} \cdot \mathrm{m}]$$

$$P_{40} = \frac{(0.2+3.0)23,520}{40} = 1,881[\mathrm{N}]$$

$$M = 1,881 \times 6.35 = 11,944[\mathrm{N} \cdot \mathrm{m}]$$

$$P_{30} = \frac{(0.2+3.0)23,520}{30} = 2,508[\mathrm{N}]$$

$$M = 2,508 \times 6.35 = 15,925[\mathrm{N} \cdot \mathrm{m}]$$

$$P_{20} = \frac{(0.2+3.0)23,520}{20} = 3,763[\mathrm{N}]$$

$$M = 3,763 \times 6.35 = 23,895[\mathrm{N} \cdot \mathrm{m}]$$

6) 합성모멘트

| 전주경간 | 일 반 개 소 | | | | | 평 행 개 소 (평행틀 사용) | | | | |
|---|---|---|---|---|---|---|---|---|---|---|
| | 전합성 모멘트 [N · cm] | 수직하중 | | 수평하중 | | 전합성 모멘트 [N · cm] | 수직하중 | | 수평하중 | |
| | | 하중 [N] | 모멘트 [N · m] | 하중 [N] | 모멘트 [N · m] | | 하중 [N] | 모멘트 [N · m] | 하중 [N] | 모멘트 [N · m] |
| 50m R1,000 이상 | 4,119,200 | 8,747 | 7,487 | 5,437 | 33,705 | 5,074,800 | 8,747 | 7,487 | 6,942 | 43,261 |
| 40m R 500 이상 | 4,494,900 | 8,243 | 6,914 | 6,094 | 38,035 | 5,689,300 | 8,243 | 6,914 | 7,975 | 49,979 |
| 30m R 300 이상 | 4,630,300 | 8,131 | 6,345 | 6,394 | 39,958 | 6,222,800 | 8,131 | 6,345 | 8,902 | 55,883 |
| 20m R 200 이상 | 4,281,400 | 7,823 | 5,773 | 5,967 | 37,041 | 6,670,900 | 7,823 | 5,773 | 9,730 | 60,936 |

7) 강재의 단면특성

| 강 재 | 단면적 $A$[cm$^2$] | 강축단면계수 $Z_x$[cm$^3$] | 약축단면계수 $Z_y$[cm$^3$] | 강재의 종류 | 항복강도 $F_y$[N/cm$^2$] |
|---|---|---|---|---|---|
| P267.4×9t | 73.06 | 457 | 457 | SM 490 | 32,340 |
| P318.5×9t | 87.51 | 659 | 659 | SM 490 | 32,340 |
| P355.6×9t | 98.00 | 828 | 828 | SM 490 | 32,340 |
| 강 재 | 단위무게 | 단면2차모멘트 | | 단면2차반지름 | |
| | [kg/m] | $i_x$[cm$^4$] | $i_y$[cm$^4$] | $i_x$[cm] | $i_y$[cm] |
| P267.4×9t | 57.4 | 6,110 | 6,110 | 9.14 | 9.14 |
| P318.5×9t | 68.7 | 10,500 | 10,500 | 10.9 | 10.9 |
| P355.6×9t | 76.9 | 14,700 | 14,700 | 12.3 | 12.3 |

8) 강관주의 강도계산 검증(P267.4×9t×9m)

① 허용응력

㉮ 허용 인장응력($f_t$)

$$f_t = \frac{Fy}{1.5} = \frac{32,340}{1.5} = 21,560[\text{N/cm}^2]$$

㉯ 허용 압축응력($f_c$)

좌굴계수 : $K_x = 2.00 \quad K_y = 2.00 \quad L = 900[\text{cm}]$ 전주주장

세장비 : $\lambda_x = \dfrac{L \cdot K_x}{i_x} = \dfrac{900 \times 2}{9.14} = 196.9$

$$\lambda_y = \frac{L \cdot K_y}{i_y} = \frac{900 \times 2}{9.14} = 196.9$$

∴ 세장비 $\lambda = 196.9$, 한계세장비 $\lambda_p = 102.31$

$$f_c = \frac{0.277 \times F_y}{\left(\frac{\lambda}{\lambda_p}\right)^2} = \frac{0.277 \times 32,340}{\left(\frac{196.9}{102.31}\right)^2} = 2,418[\mathrm{N/cm^2}]$$

㉰ 허용 휨응력($f_b$)

$f_b = f_t = 21,560[\mathrm{N/cm^2}]$

② 강도검증 결과

$M$ : 합성모멘트

$P$ : 압축력(수직하중)

$$\frac{M}{Z \cdot f_b} + \frac{\mathrm{P}}{A \cdot f\mathrm{c}} < 1$$

$$\frac{M}{457 \times 21,560} + \frac{P}{73.06 \times 2,418} < 1$$

| 구분 | 전주경간 | 합성모멘트 (M)[N · cm] | 수직하중 (P)[N] | $\frac{M}{Z \cdot f_b}$ | $\frac{P}{A \cdot f_c}$ | 계 | 적합여부 |
|---|---|---|---|---|---|---|---|
| 일반개소 | 50m R1000 이상 | 4,119,200 | 8,747 | 0.418 | 0.049 | 0.467 | OK |
| | 40m R500 이상 | 4,494,900 | 8,243 | 0.456 | 0.046 | 0.502 | OK |
| | 30m R300 이상 | 4,630,300 | 8,131 | 0.469 | 0.046 | 0.515 | OK |
| | 20m R200 이상 | 4,281,400 | 7,823 | 0.434 | 0.044 | 0.478 | OK |
| 평행개소 | 50m R1000 이상 | 5,074,800 | 8,747 | 0.515 | 0.049 | 0.564 | OK |
| | 40m R500 이상 | 5,689,300 | 8,243 | 0.577 | 0.046 | 0.623 | OK |
| | 30m R300 이상 | 6,222,800 | 8,131 | 0.631 | 0.046 | 0.677 | OK |
| | 20m R200 이상 | 6,670,900 | 7,823 | 0.677 | 0.044 | 0.721 | OK |

## 4.4 | 빔(Beam)

문형지지물은 전주와 평면트러스빔, V트러스빔, V트러스라멘빔,강관빔 및 4각빔으로 구성하며 문형지지물로 계산한다.

크로스빔으로 구성된 것은 전주와 빔의 접합이 핀구조로 되어 있으므로 문형지지물로 칭하지 않는다.

문형지지물은 빔과 전주의 접합상태 및 빔의 압축강도에 따라 「문형트러스빔」과 「문형트러스라멘빔」으로 구분할 수 있다.

「문형트러스빔」이란 빔과 주주재의 접합이 핀구조 또는 핀구조라 간주할 수 있는 정도의 것이며, 「문형트러스라멘빔」이란 그것이 완전한 고정 또는 고정이라 간주할 수 있을 정도의 접합구조로 빔이 라멘 구조에 견딜 수 있는 만큼 강도를 갖춘 것을 말한다.

전주와 빔은 극단의 강도차가 없이 강도협조가 되어 있는 것이 바람직하다. 또한 전주는 제작상, 경제성으로 표준화를 할 필요가 있으나 특수한 하중이 가해진 경우는 반드시 표준전주가 사용될 수 있는 것만은 아니므로, 그 하중조건에 적합한 전주를 설계하도록 하고 있다.

특수한 경우에 큰 하중이 걸리는 경우는 하중조건에 적합한 「철주」를 사용토록 하고 있다.

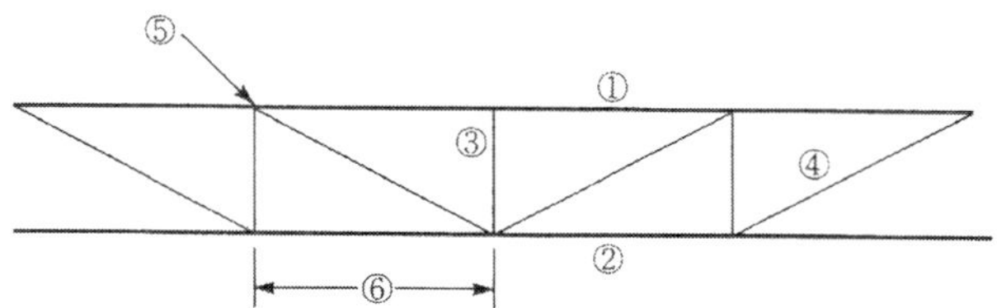


**그림 6.22** 빔의 명칭

| 번 호 | 전기철도에서 사용하는 용어 | 구조역학에서 사용하는 용어 |
|---|---|---|
| ① | 상부주재 | 상 현 재 |
| ② | 하부주재 | 하 현 재 |
| ③ | 입 속 | 연 직 재 |
| ④ | 경 사 재 | 경 사 재 |
| ⑤ | 절 점 | 격점 또는 절점 |
| ⑥ | 부재길이 | 격간길이 |

## (1) 문형 트러스빔

### 1) 응력계산의 적용

문형 트러스빔 구조는 빔과 전주를 별도로 취급하여 빔은 단순 트러스로, 전주는 단독전주로 계산한다.

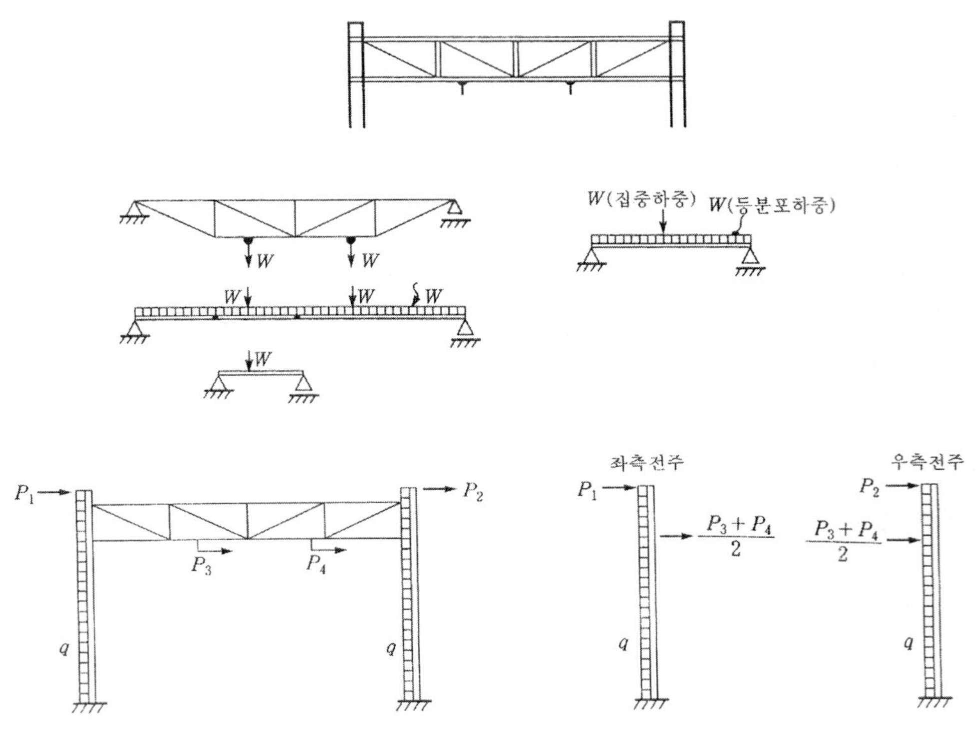


**그림 6.23** 빔과 전주의 하중분담

빔에 작용하는 하중에는 빔의 자체 무게 등의 등분포 수직하중, 전선 등의 집중 수직하중 등이 있다. 하중이 집중하중과 분포하중 동시에 작용하는 경우는 그 각각의 경우의 휨모멘트를 가산한다. 또, 전주에 걸리는 하중은 수평하중의 분담을 오른쪽 기둥과 왼쪽 기둥에 각각 부담하도록 하여 단독전주로 계산한다.

문형 지지물로서 취급되는 빔은 비교적 강도가 크므로 수평하중은 오른쪽 기둥 위에 있든, 왼쪽 기둥 위에 있든, 빔 위에 있든 좌우의 전주가 평등하게 분담하는 것이라 생각해도 되는데, 좌우 기둥의 강도($E_l/h$)가 다를 경우는 강도에 비례하여 분담하게 된다.

양 주기둥의 강도가 다른 경우의 수평하중의 분담은 다음과 같다.

$$P = P_1 + P_2$$

$$\frac{P_1}{P_2} = \frac{E_1 I_1}{E_2 I_2} \tag{6.44}$$

여기서, $P_1$, $P_2$ : 수평하중 $P$를 A 기둥, B 기둥이 각각 분담하는 하중

$E_1$, $E_2$ : A 기둥, B 기둥 각각의 탄성계수

$I_1$, $I_2$ : A 기둥, B 기둥 각각의 단면2차모멘트

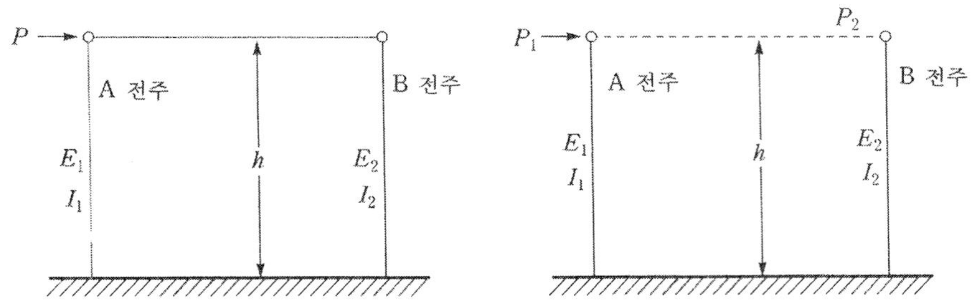


**그림 6.24** 두 전주기둥의 강도가 서로 다른 경우의 수평하중의 분담

2) 부재응력의 검정

빔의 각 부재응력을 계산하여 각 부재가 가지고 있는 응력도를 허용응력 이상으로 한다.

① 집중하중이 작용하는 경우

A~C간

$$\text{전 단 력} \quad Q_X = \frac{W \cdot b}{l} \tag{6.45}$$

$$\text{휨 모멘트} \quad M_X = \frac{W \cdot b \cdot x}{l} \tag{6.46}$$

B~C간

$$\text{전 단 력} \quad Q_X = \frac{W \cdot a}{l} \tag{6.47}$$

$$\text{휨 모멘트} \quad M_X = \frac{w \cdot a}{\ell}(\ell - x) \tag{6.48}$$

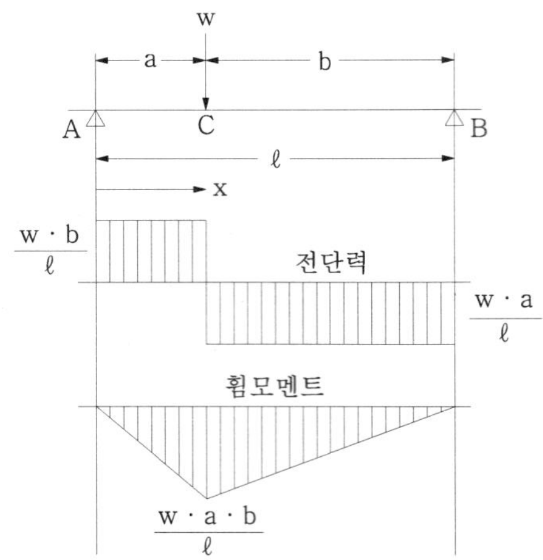


**그림 6.25** 집중하중이 작용하는 경우 전단력과 휨모멘트

② 분포하중이 작용하는 경우

$$\text{전 단 력} \quad Q_X = \frac{W}{2}(\ell - 2x) \tag{6.49}$$

$$\text{휨 모멘트} \quad M_X = \frac{W \cdot x}{2}(\ell - x) \tag{6.50}$$

사재를 평강으로 사용한 경우는 트러스빔 구조로 설계하며 V트러스빔은 일반적으로 비틀리기 쉽기 때문에 높은 망루 등 빔 중앙에 가설하면 풍압 등에 의해 빔이 쓰러져 V트러스로서의 균형을 잃어버리므로 가능한 한 빔 끝에 가설하도록 설치함과 아울러 충분한 강도를 점검한다.

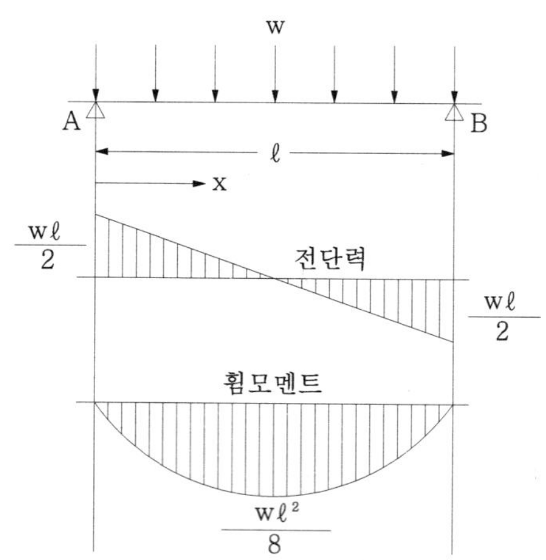


**그림 6.26** 분포하중이 작용하는 경우 전단력과 휨모멘트

## (2) 문형 트러스라멘빔

### 1) 응력계산의 적용

문형 트러스라멘빔이란 빔과 주주재의 접합방법이 고정으로 간주되어야 하며, 동시에 빔이 라멘구조에 견딜 만큼의 강도를 가진 것이어야 한다.

또한, 트러스라멘빔과 콘크리트전주가 접합될 경우 수재의 설치 밴드에 3[t] 이상의 수직력(또는 인상력)이 가해지면, 노테파(no taper)주에서는 밴드가 미끄러질 우려가 있으므로, 상하의 전주 밴드를 ㄴ형강으로 연결하는 등의 조치를 하고 트러스라멘빔을 설치하는 것이 바람직 할 것이다.

콘크리트전주, 강관주와 전주밴드와의 접촉면에 있어서의 정지마찰계수는, 전주표면의 요철, 도장, 용융아연도금의 영향 등에 의해 그 형상이나 표면상태가 일정하지 않고 평균치에서 크게 벗어난다. 밴드의 미끄러짐 시험결과를 얻기 위하여 조임토크에서 전주를 강압하는 수직력을 구하고, 정지마찰계수를 산출하면 표 6.7와 같으며, 콘크리트전주에서는 $\mu_0 = 0.19 \sim 0.33$, 강관주에서는 $\mu_0 = 0.12 \sim 0.23$로 되어 있다.

**표 6.7 전주밴드 미끄러짐 시험결과**

| 주 | 직경 [mm] | 폭 [mm] | 두께 [mm] | 볼트 | 조임토크 [N · cm] | 미끄러짐 하중 [N] | 정지마찰 계수 |
|---|---|---|---|---|---|---|---|
| 콘크리트주 | 200 | 50 | 6 | W5/8 | 7,840 | 12,348 | 0.19 |
| | | 50 | 9 | W3/4 | 7,840 | 13,622 | 0.25 |
| | | 120 | 6 | W5/8×2 | 7,840 | 29,400 | 0.22 |
| | | 150 | 6 | W3/4×2 | 7,840 | 37,240 | 0.33 |
| | 350 | 65 | 9 | M20 | 7,840 | 15,680 | 0.29 |
| | | 125 | 6 | M16×2 | 6,860 | 30,772 | 0.26 |
| 강관주 | 273 | 50 | 6 | W5/8 | 7,840 | 7,840 | 0.12 |
| | | 65 | 9 | W3/4 | 980,000 | 9,800 | 0.14 |
| | | 65 | 12 | W3/4 | 1,176,000 | 19,600 | 0.23 |
| | 267 | 50 | 6 | M16 | 7,840 | 8,134 | 0.12 |

### 2) 응력의 검정

문형트러스라멘빔은 문형구조 전체를 골조구조로 한 변형법에 따라 값을 계산할 때 해법이 복잡해지므로 일반적으로 문형구조는 라멘으로 계산하고 빔의 부재응력은 트러스로 근사 계산하고 있다.

3) 문형라멘의 계산

① 문형 대칭 라멘(다리부분이 고정된 경우)

㉠ 기본도 및 제원

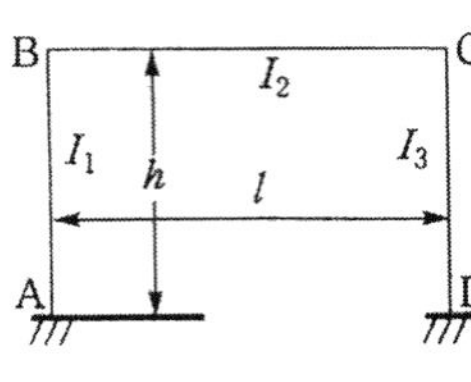


$M$ : 휨모멘트

$V$ : 수직반력

$H$ : 수평반력

$k\,(강비) = \frac{I_2}{I_1} \cdot \frac{h}{l}$

㉡ 하중 및 모멘트 도(圖)와 계산식

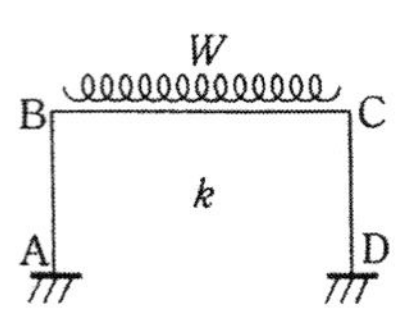


$M_{AB} = - M_{DC} = \frac{W l^2}{12(k+2)}$

$M_{BA} = - M_{BC} = M_{CB}$

$= - M_{CD} = 2M_{AB}$

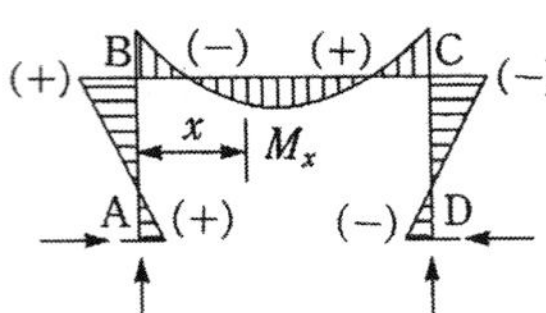


$x$ 점의 휨모멘트

$M_x = M_{BC} + \frac{wx}{2}(1-x)$

$V_A = V_D = \frac{wl}{2}$

$- H_A = H_D = \frac{3M_{AB}}{h}$

$M_{AB} = X_0\{l\,(5k-1) + 2a(k+2)\}$

$M_{DC} = X_0\{l\,(7k+3) - 2a(k+2)\}$

$M_{BA} = - M_{BC} = M_0\{l\,(13k+4) - 2a(k+2)\}$

$M_{CB} = - M_{CD} = X_0\{11\,lk + 2a(k+2)\}$

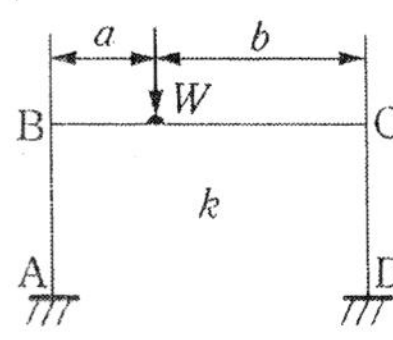


$W$ 점 및 $x$ 점의 휨모멘트

$M_W = M_{BC} + V_A \cdot a$

$M_X = M_{BC} + V_A \cdot x$

$V_A = \frac{Wb}{l} + \frac{Wab(1-2a)}{l^3(6k+1)}$

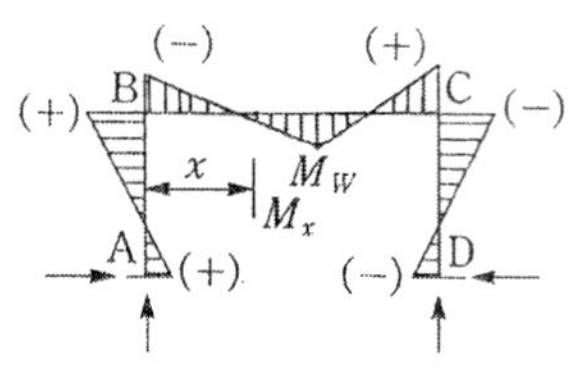


$$V_D = \frac{Wa}{l} - \frac{Wab(1-2a)}{13(6k+1)}$$

$$-H_A = H_D = \frac{3Wab}{2hl(k+2)}$$

여기서, $X_0 = \dfrac{Wab}{2l^2(k+2)(6k+1)}$

$$M_{AB} = M_{DC} = -\frac{Ph}{2} \cdot \frac{3k+1}{6k+1}$$

$$-M_{BA} = M_{BC} = M_{CB}$$

$$= -M_{CD} = \frac{Ph}{2} \cdot \frac{3k}{6k+1}$$

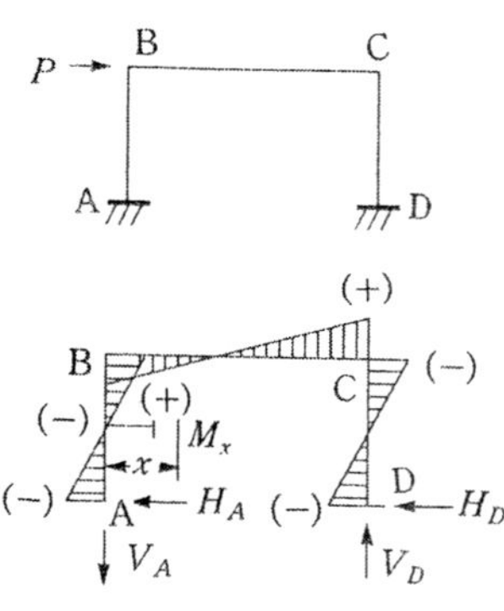


$x$ 점의 휨모멘트

$$M_X = M_{BC}\left(1 - \frac{2x}{l}\right)$$

$$-V_A = V_D = \frac{3Phk}{l(6k+1)}$$

$$H_A = H_D = \frac{P}{2}$$

$$M_{AB} = -\frac{qh^2}{4}\left\{\frac{k+3}{6(k+2)} + \frac{4k+1}{6k+1}\right\}$$

$$M_{DC} = -\frac{qh^2}{4}\left\{-\frac{k+3}{6(k+2)} + \frac{4k+1}{6k+1}\right\}$$

$$-M_{BA} = M_{BC}$$

$$= \frac{qh^2}{4}\left\{-\frac{k}{6(k+2)} + \frac{2k}{6k+1}\right\}$$

$$M_{CB} = -M_{CD}$$

$$= \frac{qh^2}{4}\left\{\frac{k}{6(k+2)} + \frac{2k}{6k+1}\right\}$$

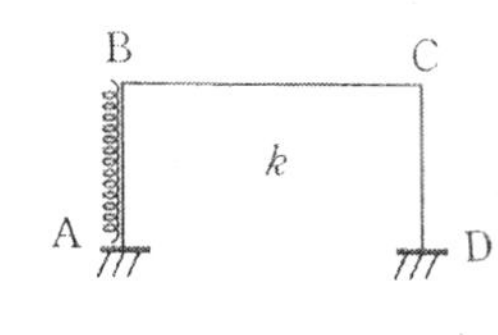


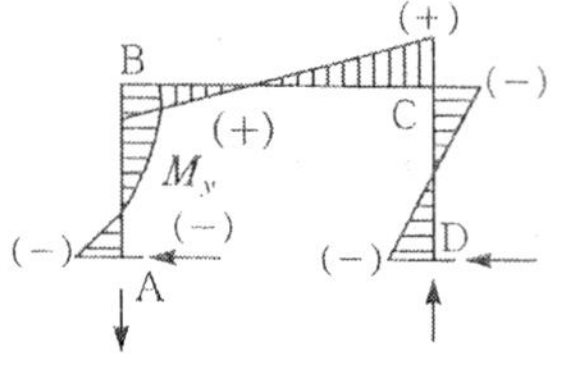


$y$ 점의 휨모멘트

$$M_y = M_{AB} + H_A y - \frac{qy^2}{2}$$

$$-V_A = V_D = \frac{qh^2 k}{l(6k+1)}$$

$$H_A = qh - H_D$$

$$H_D = \frac{qh}{8} \cdot \frac{2k+3}{k+2}$$

$$M_{AB} = -X_1 - \left(\frac{Pa}{2} - X_3\right)$$

$$M_{DC} = X_1 - \left(\frac{Pa}{2} - X_3\right)$$

$$-M_{BA} = M_{BC} = -X_2 + X_3$$

$$M_{CB} = -M_{DC} = X_2 + X_3$$

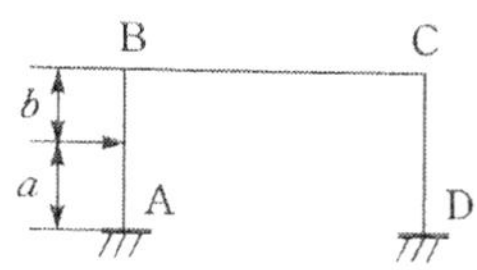


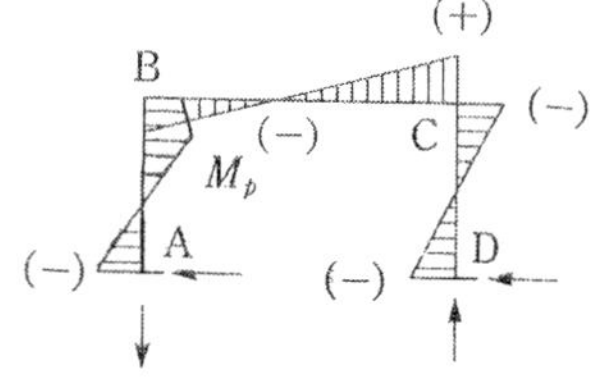


$P$ 점의 휨모멘트

$$M_P = \delta Pb + (1-\delta)M_{AB} - \delta M_{BA}$$

$$-V_A = V_D = \frac{2X_3}{l}$$

$$H_A = P - H_D$$

$$H_D = \frac{\delta P}{2} - \frac{X_1 - X_2}{h}$$

여기서,

$$X_1 = Pb\frac{h + b(k+1)}{2h(k+2)}$$

$$X_2 = \delta Pb\frac{ak}{2h(k+2)}$$

$$X_3 = \delta Pb\frac{3k}{2(6k+1)}$$

$$\delta = \frac{a}{h}$$

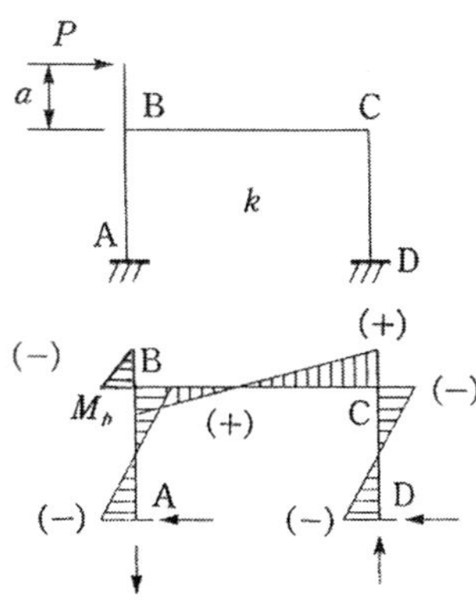


$$M_{AB} = -\frac{P}{2} \cdot \frac{a(1-5k)+h(3k^2+7k+2)}{(k+2)(6k+1)}$$

$$M_{DC} = -\frac{P}{2} \cdot \frac{a(7k+3)+h(3k^2+7k+2)}{(k+2)(6k+1)}$$

$$M_B = -P_a$$

$$M_{BC} = -(M_B + M_{BA})$$

$$M_{BA} = -\frac{Pk}{2} \cdot \frac{a(12k+13)+3h(k+2)}{(k+2)(6k+1)}$$

$$M_{CB} = -M_{CD} = \frac{Pk}{2} \cdot \frac{11a+3h(k+2)}{(k+2)(6k+1)}$$

$$-V_A = V_D = \frac{3Pk}{l} \cdot \frac{h+2a}{6k+1}$$

$$H_A = P - H_D$$

$$H_D = \frac{P}{2}\left\{1+\frac{3a}{h(k+2)}\right\}$$

$$M_{AB} = -X_0(5k-1)$$

$$M_{DC} = X_0(7k+3)$$

$$M_{BA} = -X_0(13k+4)$$

$$M_{BC} = -X_0k(12k+13)$$

$$M_B = Wl_1$$

$$-M_{CB} = M_{CD} = 11X_0k$$

$$V_A = W + \frac{2Wl_1k}{l(6k+1)}$$

$$V_D = -\frac{6Wl_1k}{l(6k+1)}$$

$$H_A = -H_D = \frac{3Wl_1}{2h(k+2)}$$

여기서, $X_0 = -\frac{Wl_1}{2(k+2)(6k+1)}$

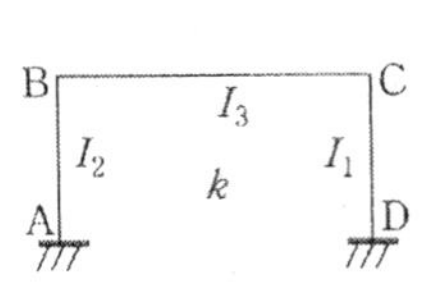


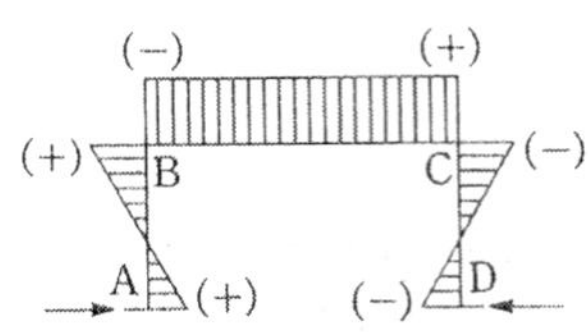


$$M_{AB}=-M_{DC}=\frac{X_t(k+1)}{k}$$

$$M_{BA}=-M_{BC}=M_{CB}=-M_{CD}=X_t$$

$$V_A=V_D=0$$

$$-H_A=H_D=\frac{X_t(2k+1)}{hk}$$

여기서, $X_t=\dfrac{3Eatl}{h(k+2)}$

$E$ : 탄성계수 $a$ : 팽창계수 $t$ : 온도변화

※ 온도가 하강한 경우는 부호가 반대로 된다.

② 문형 비대칭 라멘(다리부분이 고정된 경우)

㉠ 기본도 및 제원

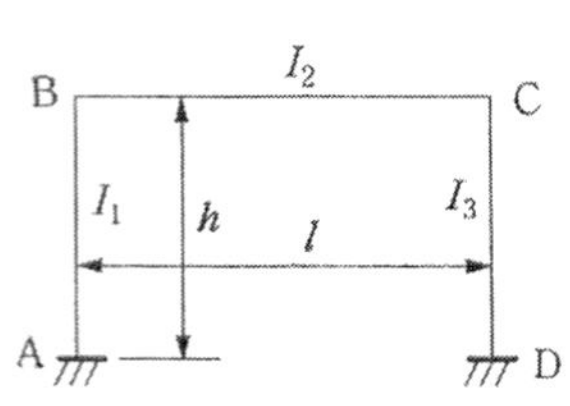


$M$ : 휨모멘트, $V$ : 수직반력

$H$ : 수평반력, $K$ : 강도

$$K_1=\frac{I_1}{h}\qquad K_2=\frac{I_2}{l}\qquad K_3=\frac{I_3}{h}$$

$k$ : 강비

$$k=\frac{K_l}{K_1}\qquad k'=\frac{K_2}{K_3}$$

$$\Delta=2(11kk'+3k^2k'+3kk'^2+k^2+k+k'^2+k')$$

㉡ 하중 및 모멘트 도(圖)와 계산식

$$M_{AB}=\frac{Wl^2}{12\Delta}(15kk'-3k'^2+k+k')$$

$$M_{DC}=-\frac{Wl^2}{12\Delta}(15kk'-3k'^2+k+k')$$

$$M_{BA}=-M_{BC}$$

$$=\frac{Wl^2}{12\Delta}(21kk'+3k'^2+2k+2k')$$

$$M_{CB}=-M_{CD}$$

$$=\frac{Wl^2}{12\Delta}(21kk'+3k'^2+2k+2k')$$

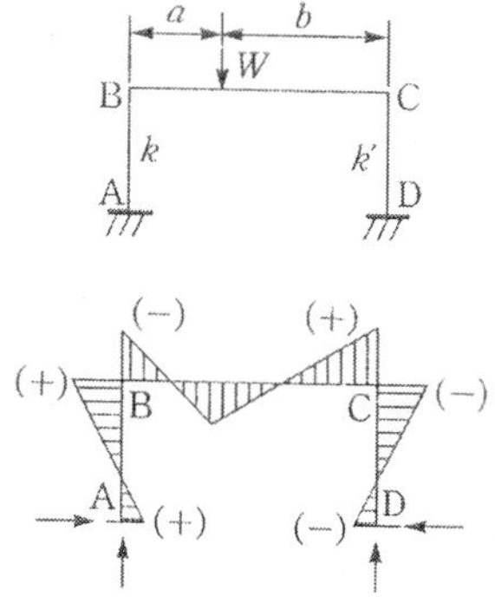


$x$ 점의 휨모멘트

$$M_x = M_{BC} + V_{AX} - \frac{Wx^2}{2}$$

$$V_A = \frac{Wl}{2}\left(1 - \frac{k^2 - k'^2}{2\triangle}\right)$$

$$V_D = \frac{Wl}{2}\left(1 + \frac{k^2 - k'^2}{2\triangle}\right)$$

$$-H_A = H_D = \frac{Wl^2}{4h\triangle}(12kk' + k + k')$$

$$M_{AB} = \frac{Wab}{l^2\triangle}\{(kk'(7l+a) + k'a(3-k')$$

$$-2k'b(k'+1) + kb\}$$

$$M_{DC} = \frac{Wab}{l^2\triangle}\{(kk'(7l+a) + kb(3-k)$$

$$-2ka(k+1) + k'a\}$$

$$M_{BA} = -M_{BC}$$

$$= \frac{Wab}{l^2\triangle}\{kk'(10l+b) + k'^2(l+b) + 2b(k+k')\}$$

$$M_{CB} = -M_{CD}$$

$$= \frac{Wab}{l^2\triangle}\{kk'(10l+a) + k^2(l+a) + 2a(k+k')\}$$

$$V_A = \frac{Wb}{l} - \frac{M_{BC} + M_{CB}}{l}$$

$$V_D = \frac{Wa}{l} + \frac{M_{BC} + M_{CB}}{l}$$

$$-H_A = H_D = \frac{M_{AB} + M_{BA}}{h}$$

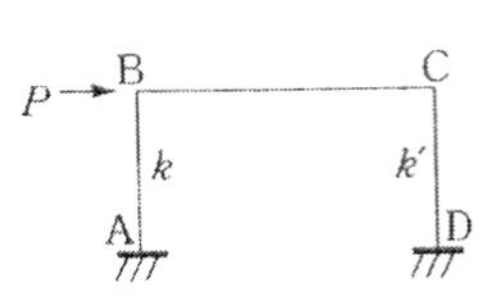


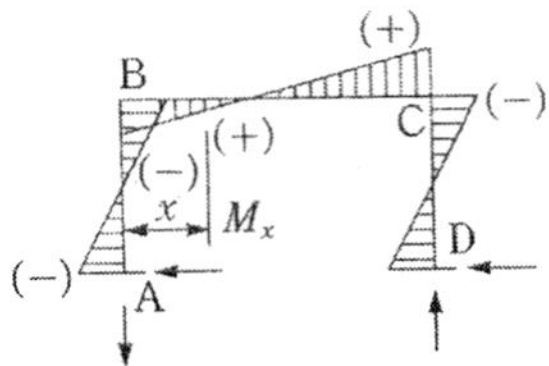


$$M_{AB} = -\frac{Ph}{\triangle}k'(3kk' + 5k + 2k' + 2)$$

$$M_{DC} = -\frac{Ph}{\triangle}k(3kk' + 5k' + 2k + 2)$$

$$-M_{BA} = M_{BC} = \frac{Ph}{\triangle}3kk'(k' + 2)$$

$$M_{CB} = -M_{CD} = \frac{Ph}{\triangle}3kk'(k + 2)$$

$x$ 점의 휨모멘트 $M_X = M_{BC} + V_A \cdot X$

$$-V_A = V_D = \frac{3Ph}{l\triangle}kk'(k + k' + \triangle)$$

$$H_A = \frac{p}{\triangle}(6kk'^2 + 11kk' + 2k'^2 + 2k')$$

$$H_D = \frac{p}{\triangle}(6k^2k' + 11kk' + 2k^2 + 2k)$$

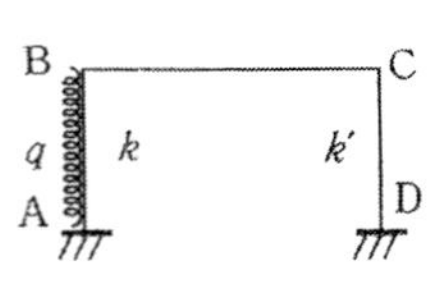


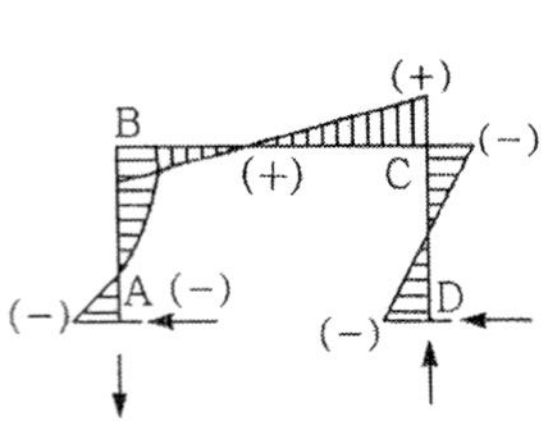


$$M_{AB} = \frac{qh^2}{12\triangle}\{2k'^2(9k + 5) + k'(37k + 10) + k\} - \frac{qh^2}{l^2}$$

$$M_{DC} = -\frac{qh^2}{l^2\triangle}k\{2k'(9k + 11) + 13k + 9\}$$

$$-M_{BA} = M_{BC}$$

$$= \frac{qh^2}{l^2\triangle}k\{k'(12k' + 25) - 2k(3k' + 1)\}$$

$$M_{CB} = -M_{CD}$$

$$= \frac{qh^2}{l^2\triangle}k(18kk' - k + 26k')$$

$$-V_A = V_D = \frac{M_{BC} + M_{CB}}{l}$$

$$H_A = \frac{qh}{2} - \frac{M_{BC} + M_{CB}}{h}$$

$$H_D = -\frac{M_{DC} + M_{CD}}{h}$$

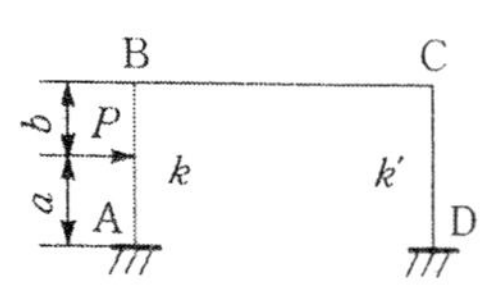


$$M_{AB} = -\frac{Ph}{h^2\triangle}\{k'(3kk' + 2k' + 5k + 2)$$

$$\times(h^2 - a^2) + kab(3k'^2 + 12k' + 1)\} - \frac{pa^2b}{h^2}$$

$$M_{DC} = -\frac{Ph}{h^2\triangle}\{k'(3kk' + 2k + 5k' + 2)$$

$$\times(h^2 - a^2) + ab(3kk' + 3k - 3k' - 1)\}$$

$$-M_{BA} = M_{BC}$$

$$= -\frac{Ph}{h^2\triangle}k\{3k'(k' + 2)(h^2 - a^2)$$

$$+ ab(6kk' + 3k'^2 + 5k' + 2k)\}$$

$$-M_{CB} = M_{CD}$$

$$= -\frac{Ph}{h^2\triangle}k\{3k'(k' + 2)(h^2 - a^2)$$

$$- ab(3kk' - k - 4k')\}$$

$$-V_A = V_D = \frac{M_{BC} + M_{CB}}{l}$$

$$H_A = \frac{Pa}{h} - \frac{M_{AB} + M_{BA}}{h}$$

$$H_D = -\frac{M_{DC} + M_{CD}}{h}$$

③ 문형 비대칭 라멘(다리부분이 핀인 경우)

㉠ 기본도 및 제원

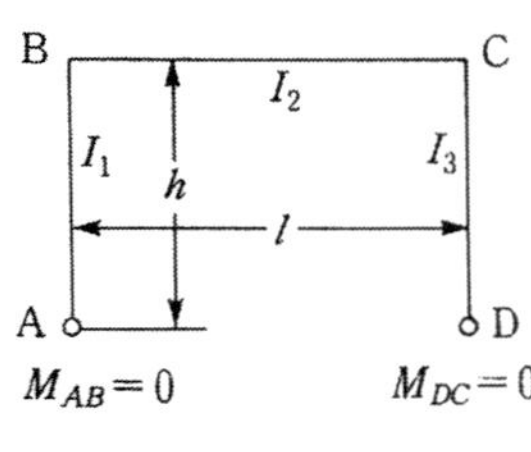


$M$ : 휨모멘트

$V$ : 수직반력

$H$ : 수평반력

$K$ : 강도

$$K_1 = \frac{I_1}{h} \quad K_2 = \frac{I_2}{l} \quad K_3 = \frac{I_3}{h}$$

$k$ : 강비

$$k = \frac{K_2}{K_1} \quad k' = \frac{K_2}{K_3}$$

㉡ 하중 및 모멘트 도(圖)와 계산식

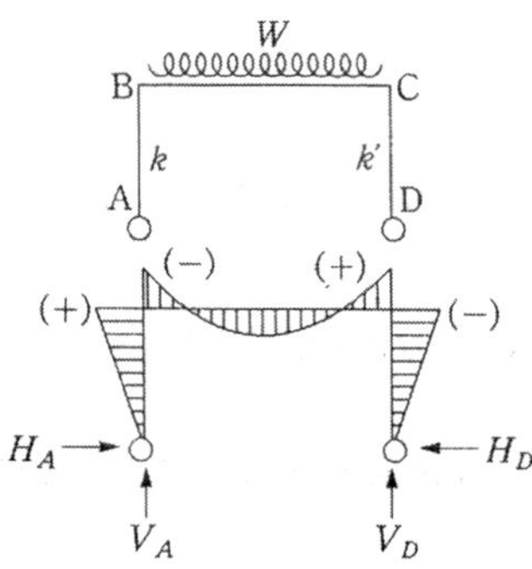


$$M_{BA} = -M_{BC} = M_{CB} = -M_{CD}$$

$$= \frac{1}{4}\left(\frac{Wl^2}{k+k'+3}\right)$$

$$V_A = V_D = \frac{Wl}{2}$$

$$-H_A = H_D = \frac{1}{4h}\left(\frac{Wl^2}{k+k'+3}\right)$$

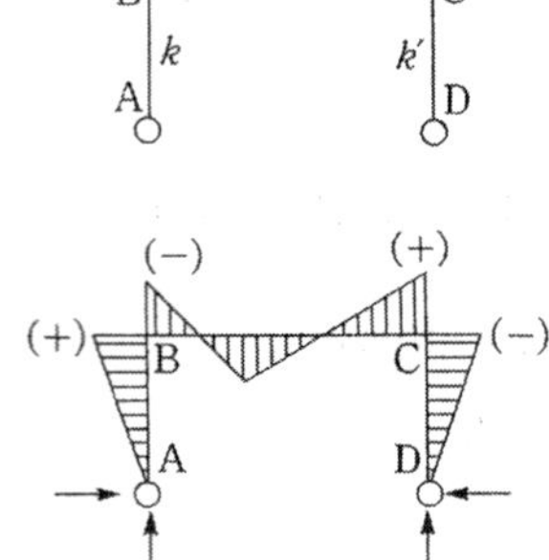


$$M_{BA} = -M_{BC} = M_{CB} = -M_{CD}$$

$$= \frac{3Wab}{21(k+k'+3)}$$

$$V_A = \frac{Wb}{l} \qquad V_A = \frac{Wa}{l}$$

$$-H_A = H_D = \frac{3Wab}{2hl(k+k'+3)}$$

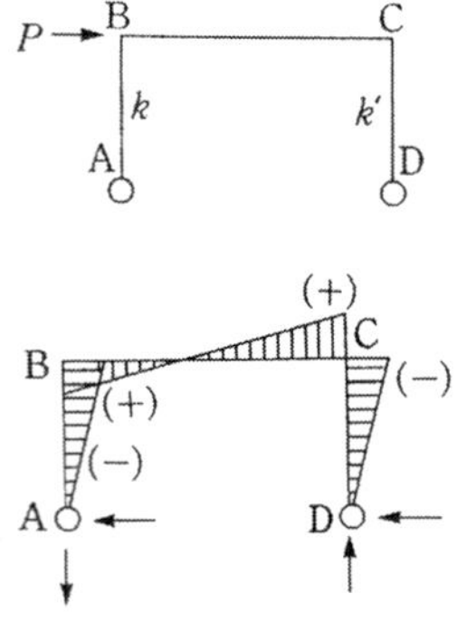


$$-M_{BA} = -M_{BC} = \frac{Ph}{2} \cdot \frac{2k'+3}{k+k'+3}$$

$$M_{CB} = -M_{CD} = \frac{Ph}{2} \cdot \frac{2k+3}{k+k'+3}$$

$$-V_A = -V_D = \frac{Ph}{l}$$

$$H_A = \frac{P}{2} \cdot \frac{2k'+3}{k+k'+3}$$

$$H_D = \frac{P}{2} \cdot \frac{2k+3}{k+k'+3}$$

④ 문형 2연 대칭 라멘(다리 부분이 고정된 경우)

㉠ 기본도 및 제원

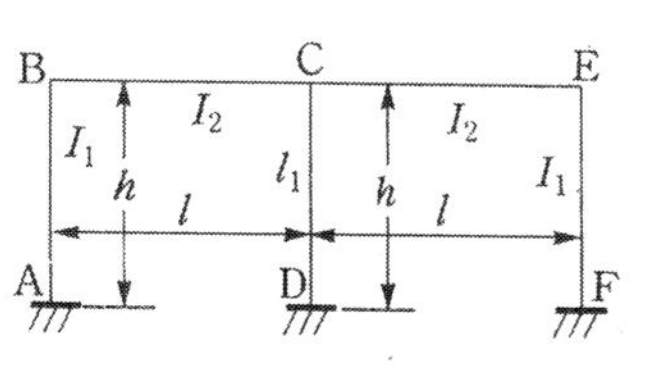


$M$ : 휨모멘트

$V$ : 수직반력

$H$ : 수평반력

$K$ : 강도

$$k = \frac{I_2}{I_1} \cdot \frac{h}{l}$$

㉡ 하중 및 모멘트 도(圖)와 계산식

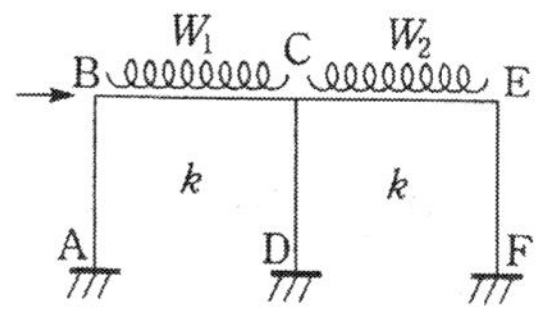


$$M_{AB} = \frac{X_1(6k^2+8k+1)+X_2k}{24(k+1)}$$

$$M_{DC} = \frac{(X_1-X_2)(9k+1)}{24}$$

$$M_{FE} = -\frac{X_2(6k^2+8k+1)+X_1k}{24(k+1)}$$

$$M_{BA} = -M_{BC}$$

$$= \frac{X_1(15k^2+19k+2)-X_2k(3k+1)}{24(k+1)}$$

$$M_{CB} = \frac{X_1(9k^3+27k^2+19k+2)-X_2k(9k^2+12k+1)}{24(k+1)}$$

$$M_{CE} = \frac{X_2(9k^3+27k^2+19k+2)-X_1k(9k^2+12k+1)}{24(k+1)}$$

$$M_{CD} = -\frac{(X_1-X_2)(15k+2)}{24}$$

$$M_{EC} = -M_{EF} = \frac{X_2(15k^2+19k+2)-X_1k(3k+1)}{24(k+1)}$$

$$V_A = \frac{X_1(21k^3+56k^2+40k+4)-X_2k(3k^2+5k+1)}{81(k+1)}$$

$$V_D = \frac{(5k+4)(w_1+w_2)l}{8(k+1)}$$

$$V_F = \frac{X_2(21k^3+56k^2+40k+4)-X_1k(3k^2+5k+1)}{81(k+1)}$$

$$H_A = -\frac{X_1(7k^2+9k+1)-X_2k^2}{8h(k+1)}$$

$$H_D = \frac{(X_1-X_2)(8k+1)}{8h}$$

$$H_F = -\frac{X_2(7k^2+9k+1)-X_1K^2}{8h(k+1)}$$

여기서, $X_1 = \dfrac{w_1l^2}{6k^2+9k+1}$

$X_2 = \dfrac{w_2l^2}{6k^2+9k+1}$

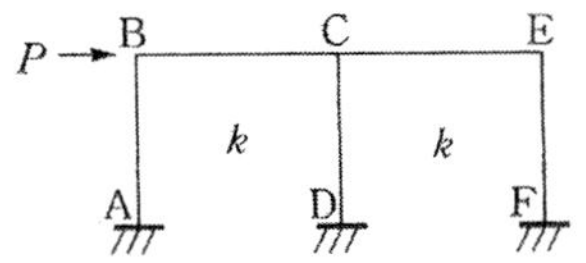

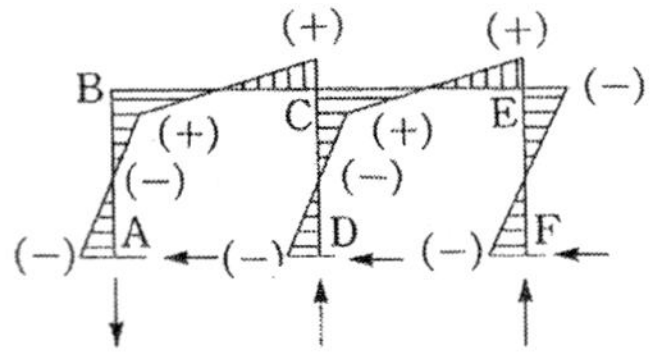

$$M_{AB} = M_{FE} = -X_0\frac{(6k^2+9k+1)}{6}$$

$$M_{DC} = -X_0\frac{3k^2+6k+1}{3}$$

$$-M_{BA} = M_{BC} = M_{EC} = -M_{EF} = X_0k(k+1)$$

$$M_{CB} = M_{CE} = \frac{X_0k(k+2)}{2}$$

$$M_{CD} = -X_0k(k+2)$$

$$-V_A = V_F = \frac{X_0k(3k+4)}{2l}$$

$$V_D = 0$$

$$H_A = H_F = \frac{X_0(12k^2+15k+2)}{6h}$$

$$H_D = \frac{X_0(6k^2+12k+1)}{3h}$$

여기서, $X_0 = \dfrac{Ph}{6k^2+9k+1}$

⑤ 기초고정도와 휨모멘트

전차선 구조물로서의 구조가 수평하중을 받았을 때 라멘 구조의 기초에는 휨모멘트와 수평력이 가해진다. 이 기초에 가해지는 휨모멘트와 수평력의 크기는 기초의 강도에 따라 다르다. 즉, 기초가 충분히 튼튼한 경우 기초는 이동 및 회전하지 않는 것으로 생각할 수 있으므로 라멘 구조를 양끝 고정인 문형 라멘으로 하여 라멘 및 기초에 작용하는 휨모멘트 등을 계산할 수 있다.

또, 기초가 연약한 경우 수평하중에 의하여 기초가 회전하거나 기초의 고정도가 감소하므로 라멘 구조에 가해지는 휨모멘트는 다리부분이 완전하게 고정된 경우에 비하여 커진다.

라멘으로 계산하는 경우 콘크리트 I형기초 또는 T형기초를 사용하면 양끝 지반이 연약한 경우가 아니면 기초부가 고정된 것으로 생각하고 쇄석기초를 사용하면 기초부가 핀구조라 생각하여 계산한다.

⑥ V트러스빔의 단면 특성

㉠ 상하 주재가 같은 경우

$$l_x = A(2l_{x1}^2 + l_{x2}^2) + 3I_x' = \frac{2Al_x^2}{3} + 3I_x' \tag{6.51}$$

여기서, $I_x$ : 트러스빔의 중심($X$축)에 관한 단면2차모멘트[$cm^4$]

$I_x'$ : 각 주재의 $X'$, $X''$축에 관한 단면2차모멘트[$cm^4$]

$l_{x1}$ : 트러스빔의 중심($X$축)에서 상부 주재의 중심까지의 거리[cm]

$l_{x2}$ : 트러스빔의 중심($X$축)에서 하부 주재의 중심까지의 거리[cm]

$l_x$ : 트러스빔의 상하 주재의 중심간의 거리[cm]

$A$ : 주재 1개의 단면적[$cm^2$]

$l$ : 트러스빔의 상하 주재의 볼트 구멍 중심간 거리[cm]

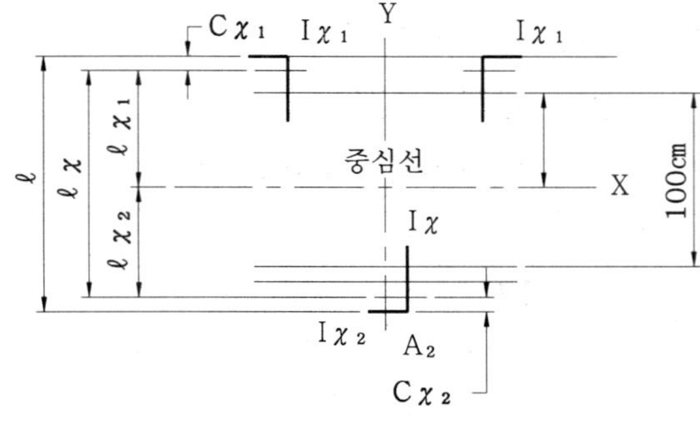


**그림 6.27** V트러스 빔의 단면

표 6.8 V트러스라멘빔의 특성

| 주 재 별 | | | | |
|---|---|---|---|---|
| | 상부 | L65×65×8 | L65×65×8 | L75×75×9 |
| | 하부 | L65×65×8 | L75×75×9 | L75×75×9 |
| 주재단면적[$cm^2$] | $A_1$ | 9.761 | 9.761 | 12.69 |
| | $A_2$ | 9.761 | 12.690 | 12.69 |
| 주재의 중심위치[cm] | $C_{x1}$ | 1.88 | 1.88 | 2.17 |
| | $C_{x2}$ | 1.88 | 2.17 | 2.17 |
| 주재의 단면2차모멘트[$cm^4$] | $I_{x1}$ | 36.8 | 36.8 | 64.4 |
| | $I_{x2}$ | 36.8 | 64.4 | 64.4 |
| 중심간거리[cm] | $\ell_x$ | 103.24 | 103.45 | 103.66 |
| 빔 중심과 주재 중심간 거리[cm] | $\ell_{x1}$ | 34.41 | 40.76 | 34.55 |
| | $\ell_{x2}$ | 68.83 | 62.69 | 69.11 |
| 상하주재, 연단간거리[cm] | $\ell$ | 107. | 107.5 | 108. |
| 빔 단면2차모멘트[$cm^4$] | $I_x$ | 69.469 | 82.444 | 91.099 |

㉡ 상하주재가 다른 경우

$$I_x = 2A_1 \cdot \ell + A_2 \cdot \ell + 2I_{x_1}{}' + I_{x_2}{}' x_2^2 \, x_1^2$$

$$\ell_{x_1} = \frac{A_2 \cdot \ell_x}{2A_1 + A_2}$$

$I_x$ : V트러스빔의 X축에 관한 단면2차모멘트[$cm^4$]

$I_{x_1}{}'$ : 상부주재의 X″축에 관한 단면2차모멘트[$cm^4$]

$I_{x_2}{}'$ : 하부주재의 X″축에 관한 단면2차모멘트[$cm^4$]

$\ell_x$ : 상하주재중심거리[cm]

$\ell_{x_1}$ : V트러스빔의 X축(중심)에서 상부주재중심까지의 거리[cm]

$\ell_{x_2}$ : V트러스빔의 X축(중심)에서 하부주재중심까지의 거리[cm]

$A_1$ : 상부주재 ㄴ형강 1본의 단면적[$cm^2$]

$A_2$ : 하부주재 ㄴ형강 1본의 단면적[$cm^2$]

표 6.9 V트러스라멘빔의 단면특성

| 주 재 구 성 | | $\ell$ | $\ell_1$ | $\ell_1$ | $I_x$ |
|---|---|---|---|---|---|
| 상부주재 | 하부주재 | [cm] | [cm] | [cm] | [$cm^4$] |
| L65×65×8 | L65×65×8 | 107 | 36.3 | 70.7 | 69,470 |
| L65×65×8 | L75×75×9 | 107.5 | 36.4 | 71.1 | 82,440 |
| L75×75×9 | L75×75×9 | 108 | 36.7 | 71.3 | 91,100 |

**예제 6-9**

**다음의 주재 제원에 의하여 상하 주재가 같은 V트러스빔의 상부 주재 및 하부 주재의 단면계수 $Z_{x1}$, $Z_{x2}$를 구하여라.**

**【주재의 제원】** **주 재** 등변ㄴ형강 65×65×8
**단면적** 9.761[cm²]
**단면2차모멘트** 36.8[cm⁴]
**중심위치** 1.88[cm]

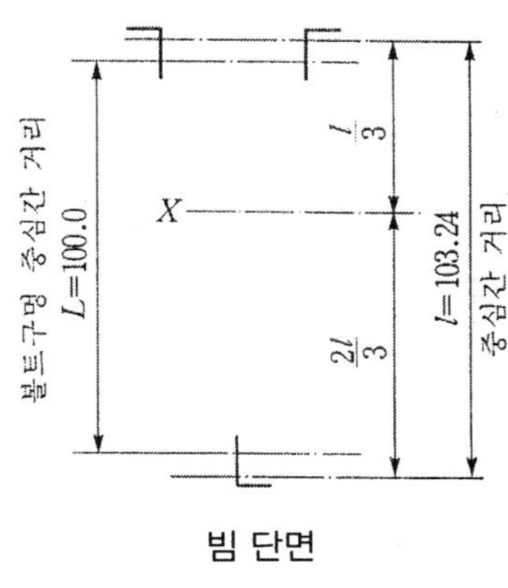


빔 단면

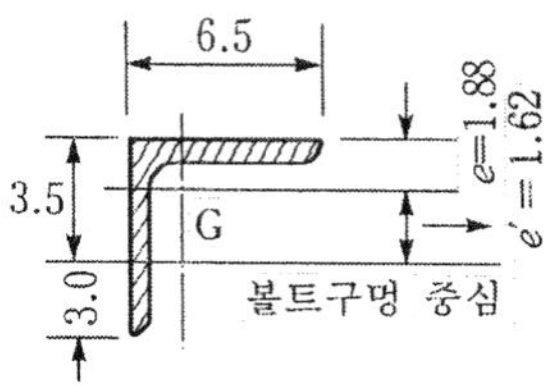


주재단면

**그림 6.28**

---

풀이 (1) 빔의 단면2차모멘트($X$축)

$$I_x = \frac{2 \times 9.761 \times \{100.0 + (3.5 - 1.88 \times 2)\}^2}{3} + 3 \times 36.8$$
$$= 64735.4 + 110.4 \fallingdotseq 64846[\text{cm}^4]$$

(2) 빔의 단면계수($X$축)

상부 주재 및 하부 주재의 단면계수를 $Z_{x1}$, $Z_{x2}$라 하면

$$Z_{x1} = \frac{l_x}{l_{x1} + e} = \frac{64846}{103.24/3 + 1.88} = 1787[\text{cm}^3]$$

$$Z_{x2} = \frac{l_x}{l_{x2} + e} = \frac{64846}{103.24 \times 2/3 + 1.88} = 917[\text{cm}^3]$$

여기서, $e$ : 주재의 중심위치[cm]

V트러스빔의 중심은 상부 및 하부 주재의 중심위치에서 각각 $l/3$, $2l/3$ 위치가 된다.

(3) 상하 주재가 다른 경우

$$I_x = 2A_1 l_{x1}^2 + A_2 l_{x2}^2 + 2I_{x1}' + I_{x2}'$$

$$l_{x1} = \frac{A_2\, l_x}{2A_1 + A_2}$$

여기서, $I_x$ : 트러스빔의 중심에 관한 단면2차모멘트[cm⁴]

$I_{x1}'$ : 상부 주재의 단면2차모멘트[cm$^4$]
$I_{x2}'$ : 하부 주재의 단면2차모멘트[cm$^4$]
$l_{x1}$ : 트러스빔의 중심에서 상부 주재의 중심까지의 거리[cm]
$l_{x2}$ : 트러스빔의 중심에서 하부 주재의 중심까지의 거리[cm]
$l_x$ : 트러스빔의 상하 주재의 중심간 거리[cm]
$A_1$ : 상부 주재 1개의 단면적[cm$^2$]
$A_2$ : 하부 주재 단면적[cm$^2$]
$l$ : 트러스빔 상하 주재의 볼트 구멍 중심간 거리[cm]

**예제 6-10**

**다음의 주재 제원에 의하여 상하 주재가 다른 V트러스빔의 상부 주재 및 하부 주재의 단면계수 $Z_{x1}$, $Z_{x2}$를 구하여라.**

| 【주재의 제원】 | | |
|---|---|---|
| | 상부주재 등변 ㄴ형강 | 65×65×8 |
| | 하부주재 등변 ㄴ형강 | 75×75×9 |
| | 상부 주재 1개의 단면적 | 9.761[cm$^2$] |
| | 상부 주재 1개의 단면2차모멘트 | 36.8[cm$^4$] |
| | 상부 주재 1개의 중심위치 | 1.88[cm] |
| | 하부 주재의 단면적 | 12.69[cm$^2$] |
| | 하부 주재의 단면2차모멘트 | 64.4[cm$^4$] |
| | 하부 주재의 중심위치 | 2.17[cm] |

풀이

(1) 빔의 중심간 거리

$$l_x = 100.0 + (3.5 - 1.88) + (4.0 - 2.17) = 103.45[\text{cm}]$$

$$l_{x1} = \frac{12.69 \times 103.45}{2 \times 9.761 + 12.69} \fallingdotseq 40.8[\text{cm}]$$

$$l_{x2} = 103.45 - 40.8 = 62.65[\text{cm}]$$

(2) 빔의 단면2차모멘트

$$I_x = 2 \times 9.761 \times (40.8)^2 + 12.69 \times (62.65)^2 + 2 \times 36.8 + 64.4$$
$$= 32497.1 + 49808.5 + 73.6 + 64.4 = 82444[\text{cm}^4]$$

(3) 빔의 단면계수

$$Z_{x1} = \frac{82444}{40.8 + 1.88} = 1931.7[\text{cm}^3]$$

$$Z_{x2} = \frac{82444}{62.65 + 2.17} = 1271.9[\text{cm}^3]$$

⑦ **콘크리트 기둥의 단면 특성**

콘크리트 기둥의 단면 특성은 제조회사에 따라 차이가 있으므로 배근 등이 명확하지 않아 제조회사 등에 직접 문의하는 편이 확실하나, 강도계산에 사용하는 경우는 다음 식으로 구하여도 거의 영향은 없다.

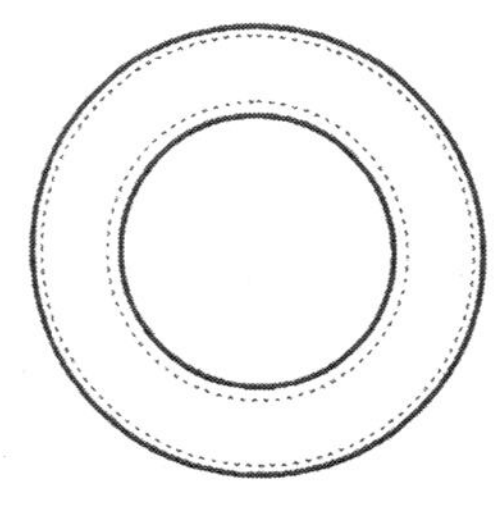

**그림 6.29**

$$I = I_c + 5I_s \quad (6.52)$$

$$I_c = \frac{\pi}{4}(C_{ro}^4 - C_{ri}^4) \quad (6.53)$$

$$I_s = \frac{S_{ao}}{2}S_{ro}^2 + \frac{S_{ai}}{2}S_{ri}^2 \quad (6.54)$$

여기서, $I$ : 콘크리트 기둥의 단면2차모멘트[cm$^4$]

$I_c$ : 콘크리트의 단면2차모멘트[cm$^4$]

$I_s$ : 철근의 단면2차모멘트[cm$^4$]

$C_{ro}$ : 콘크리트 기둥의 바깥쪽 반지름[cm]

$C_{ri}$ : 콘크리트 기둥의 안쪽 반지름[cm]

$S_{ao}$ : 바깥쪽 철근군의 총단면적[cm$^2$]

$S_{ai}$ : 안쪽 철근군의 총단면적[cm$^2$]

$S_{ro}$ : 바깥쪽 철근군의 반지름[cm]

$S_{ri}$ : 안쪽 철근군의 반지름[cm]

⑧ **단면2차모멘트 환산**

콘크리트 기둥과 형강 빔은 탄성계수의 비율에 따라 단면2차모멘트를 환산한다.

$$n = \frac{E_s}{E_c} \fallingdotseq 6 \quad (6.55)$$

여기서, $E_s$ : 강의 탄성계수(20,580[kN/cm$^2$])

$E_c$ : 콘크리트 기둥의 탄성계수(3,263[kN/cm$^2$])

$$I_s' = 6\,I_s \quad (6.56)$$

여기서, $I_s$ : 형강빔의 단면2차모멘트[$cm^4$]

$I_s'$ : 형강빔을 콘크리트 기둥으로 환산한 단면2차모멘트[$cm^4$]

라멘 계산에는 탄성계수와 단면2차모멘트의 곱 $El$ 이 관계된다. 각 부재의 탄성계수가 같은 경우에는 단면2차모멘트만 관계되고, 각 부재의 탄성계수가 다르면 계산이 매우 복잡하게 되므로, 편의상 강철과 콘크리트의 탄성계수 비에 따라 강철 또는 콘크리트로 환산하여 계산을 간단하게 한다.

콘크리트 기둥의 단면2차모멘트를 강재로 환산할 때는 콘크리트 기둥의 단면2차모멘트에 탄성계수비 1/6을 곱하여 계산한다. 또, $n$의 값은 일반 철근 콘크리트에서는 10~15가 사용되고 있으나, 콘크리트 기둥은 공장에서 원심기로 충분히 고정하여 제조되므로 $n ≒ 6$으로 하고 있다.

⑨ **부재응력 계산**

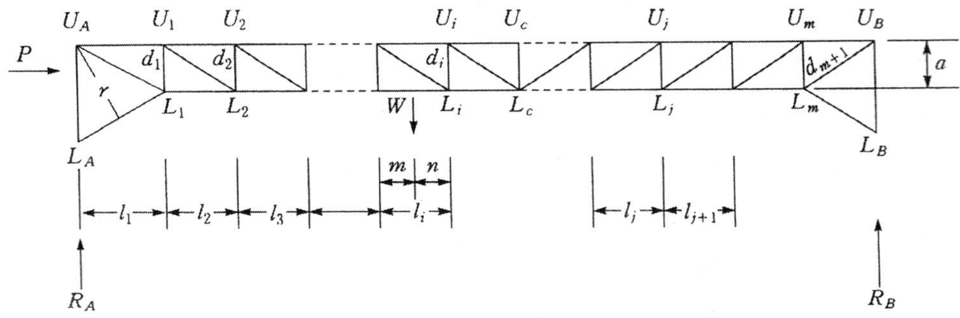


**그림 6.30**

여기서, $P$ : 빔에 가하는 축력(수평반력 $H$)[N]

$R_A$ : 빔 왼쪽의 수직반력($V_A$)[N]

$R_B$ : 빔 오른쪽의 수직반력($V_B$)[N]

$Q_{Ui}$ : 입속위치 $U_i$ 의 전단력[N]

$F_{ui}$ : 상부 주재 $U_{i-1}$, $U_i$ 간의 응력[N]

$F_{Li}$ : 하부 주재 $U_{i-1}$, $U_i$ 간의 응력[N]

$F_{di}$ : $l$ 번째 사재의 응력[N]

$F_{ji}$ : $l$ 번째 입속의 응력[N]

$M_{Ui}$ : $U_i$ 의 위치의 휨모멘트[N/m]

$M_{Li}$ : $L_i$ 의 위치의 휨모멘트[N/m]

$W$ : 입속간 집중하중[N]

$q$ : 빔의 단위길이당 중량[N/cm]

$r$ : $U$ 에서 방장(方杖)으로 내린 수직선의 길이[cm]

$l_i$ : $U_{f-1}$, $U_f$ 간의 길이[cm]

$d$ : $i$ 번째의 사재의 길이[cm]

$m$ : 하중위치에서 왼쪽 입속까지의 거리[cm]

$n$ : 하중위치에서 오른쪽 입속까지의 거리[cm]

$U_i$ : 상부 주재의 $i$ 번째의 입속위치[cm]

$L_i$ : 하부 주재의 $i$ 번째의 입속위치[cm]

$a$ : 상하 주재의 중심간격[cm]

㉠ 전단력

양 단 $$Q_{UA} = R_A - \frac{l_i}{2} q \tag{6.57}$$

$$Q_{UB} = - R_B \tag{6.58}$$

중간 입속간에 하중이 있는 경우

$$Q_{ui-1} = Q_{ui-2} - \frac{l_{i-1} + l_i}{2} q - \frac{n}{l_i} W$$

$$Q_{ui} = Q_{ui-2} - \frac{l_i + l_{i+1}}{2} q - \frac{m}{l_i} W \tag{6.59}$$

입속간에 하중이 없는 경우

$$Q_{ui} = Q_{ui-1} \frac{l_i + l_{i+1}}{2} q \tag{6.60}$$

㉡ 부재응력

• 상부 주재

중앙에서 왼 쪽 $$F_{ui} = \frac{M_{Li}}{2a} + \frac{P}{3} \tag{6.61}$$

중앙에서 오른쪽 $$F_{Uj} = \frac{M_{Lj-1}}{2a} + \frac{P}{3} \tag{6.62}$$

• 하부 주재

중앙에서부터 왼쪽의 하부 주재 $F_{Li} = -\frac{M_{Ui-1}}{a} + \frac{P}{3}$ (6.63)

중앙에서부터 오른쪽의 하부 주재 $F_{Lj} = -\frac{M_{Uj-1}}{a} + \frac{P}{3}$ (6.64)

왼쪽 지지재 $F_{LA} = -\frac{M_{UA} \cdot d_1}{4a \cdot l_1} + \frac{P \cdot a}{6r}$ (6.65)

오른쪽 지지재 $F_{LB} = -\frac{M_{UB} \cdot d_{m+1}}{4a \cdot l_{m+1}} + \frac{P \cdot a}{6r}$ (6.66)

• 사재

왼 쪽 $F_{dl} = -\frac{Q_{UA} \cdot d_1}{2a} - \frac{M_{UA} \cdot d_1}{4a \cdot l_1} + \frac{P \cdot a}{6r}$ (6.67)

오른쪽 $F_{dm+1} = -\frac{Q_{Um} \cdot d_{m+1}}{2a} - \frac{M_{UB} \cdot d_{m+1}}{4a \cdot l_{m+1}} + \frac{P \cdot a}{6r}$ (6.68)

중간(중앙에서 왼쪽) $F_{di} = -\frac{QU_{i-1} \cdot d_i}{2a}$ (6.69)

중간(중앙에서 오른쪽) $F_{dj} = \frac{QU_{j-1} \cdot d_j}{2a}$ (6.70)

• 입속

중앙에서 왼 쪽 $F_{ii} = \frac{Q_{Ui}}{2}$ (6.71)

중 앙 $F_{cc} = \frac{Q_{Uc-1} - Q_{uc}}{2}$ (6.72)

중앙에서 오른쪽 $F_{jj} = \frac{Q_{Uj}}{2}$ (6.73)

⑩ 응력검정

㉠ 부재응력이 인장인 경우

$$\frac{F_t}{A'} < f_t \quad (6.74)$$

㉡ 부재응력이 압축인 경우

$$\frac{F_c}{a} < f_k \quad (6.75)$$

여기서, $F_t$ : 부재의 인장응력[N], $F_c$ : 부재의 압축응력[N]

$A$ : 부재의 단면적[$cm^2$],　　$A'$ : 부재의 인장유효 단면적[$cm^2$]
$f_t$ : 허용인장 응력도[$N/cm^2$],　$f_k$ : 허용좌굴 응력도[$N/cm^2$]

**예제 6-11**

**다음 설계조건에 의하여 V트러스라멘빔의 강도계산을 하여라.**

**【설계조건】**

| | |
|---|---|
| 풍압하중 | 갑종 풍압하중 |
| 온도지구 구분 | A지구(표준온도 : $t=15$[℃], 적용온도 : $t=15$[℃]) |
| 경　간 | $S=40$[m] |
| 곡선 반지름 | $R=1,000$[m] |
| 전기방식 | 직류방식 |
| 급전선(F) | Al 510[$mm^2$]×2가닥×2회선 |
| 조가방식 | 심플커티너리 방식 |
| 조 가 선 | St 90[$mm^2$] |
| 전 차 선 | GT 110[$mm^2$] |
| 고압 배전선(HT) | Cu 38[$mm^2$]×3가닥×2회선 |
| 콘크리트 기둥 | 12-35-N6500 |
| 고정 빔 | V트러스라멘빔 $L75\times75\times9$ |
| 전주기초 | I형 콘크리트기초 |

**【표준장력】**

| | |
|---|---|
| 급전선 | $T_F=700$[kgf] |
| 조가선 | $T_M=1000$[kgf] (자동장력조정장치붙이) |
| 전차선 | $T_T=1000$[kgf] (자동장력조정장치붙이) |
| 고압 배전선 | $T_{HT}=300$ [kgf] |

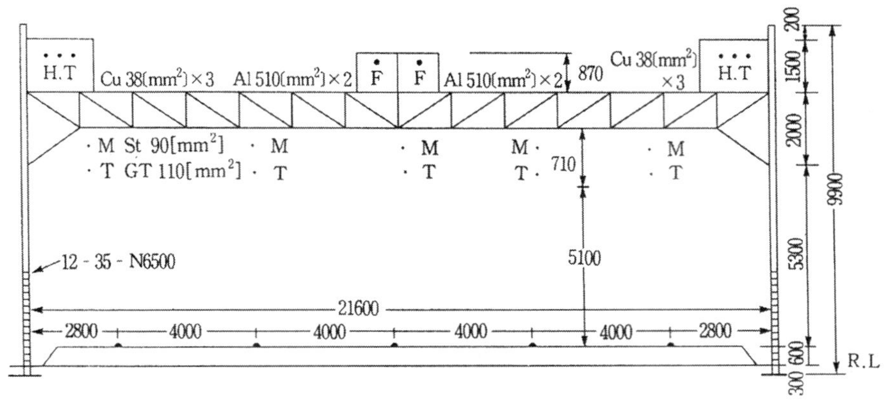


그림 6.31

풀이

(1) 하중계산($P_1$, $P_2$)

1) 수평 집중하중(선로 직각방향의 풍압하중)

전선에 걸리는 풍압하중[kgf] = 단위 풍압하중[kgf/m]×경간[m]

| | 단위 풍압하중[kgf/m] | 풍압하중[kgf] |
|---|---|---|
| 급전선($P_3$, $P_4$) | 0.0294[m]×120[kgf/m$^2$]=3.53 | 3053[kgf/m$^2$]×40[m] = 141.2 |
| 전차선($P_5$, …, $P_9$) | | |
| 조가선 | 0.012[m]×100[kgf/m$^2$]=1.2 | 1.2[kgf/m$^2$]×40[m] = 48 |
| 전차선 | 0.01234[m]×100[kgf/m$^3$]=1.234 | 1.234[kgf/m$^2$]×40[m]=49.4 |
| 고압 배전선($P_1$, $P_2$) | 0.0078[m]×100[kgf/m$^2$]×3=2.34 | 2.34[kgf/m$^2$]×40[m]=93.6 |

2) 수평 집중하중(선로 직각방향의 수평장력)

수평장력을 계산할 때의 장력은 풍압하중을 받았을 때의 값이다.

① 급전선의 수평장력

- 단 면 적 $A = 512.5[\text{mm}^2]$
- 단위중량 $W = 1.413[\text{kg/m}]$
- 탄성계수 $E = 6.3 \times 10^3[\text{kgf/mm}^2]$
- 선팽창계수 $a = 2.3 \times 10^{-5}$

$$D_0 = \frac{1.413 \times 40^2}{8 \times 700} = 0.404[\text{m}]$$

$$W = \sqrt{1.413^2 + 2.94^2} = 3.26\ [\text{kgf/m}]$$

$$T^3 - \left\{700 - \frac{8 \times 512.5 \times 6.3 \times 10^3 \times 0.404^2}{3 \times 40^2}\right\} T^2 - \frac{512.5 \times 6.3 \times 10^3 \times 3.26^2 \times 40^2}{24} = 0$$

$$T^3 + 178\,T^2 - 2287590900 = 0$$

$\therefore$ 전선장력 $T \fallingdotseq 1{,}300[\text{kgf}] = 12{,}740[\text{N} \cdot \text{m}]$

급전선의 수평장력은 $P = \dfrac{40 \times 1300}{1000} = 52[\text{kgf}]$

$\therefore\ P' = 2P = 2 \times 52 = 104\ [\text{kgf}] = 1{,}019.2[\text{N} \cdot \text{m}]$

② 조가선 및 전차선의 수평장력

표준장력 $T = 1{,}000[\text{kgf}]$

경 간 $S = 40[\text{m}]$

곡선반지름 $R = 1{,}000[\text{m}]$

$$P = \frac{40 \times 1{,}000}{1{,}000} = 40[\text{kgf} \cdot \text{m}] = 392[\text{N} \cdot \text{m}]$$

③ 고압 배전선의 수평장력

고압배전선 Cu 38

표준장력 $T = 300[\text{kgf}]$

단 면 적 $A = 37.16[\text{mm}^2]$

단위중량 $W = 0.3344[\text{kg/m}]$

탄성계수 $E = 1.2 \times 10^4[\text{kgf/mm}^2]$

선팽창계수 $A = 1.7 \times 10^{-5}$

경 간 $S = 40[\text{m}]$

곡선반지름 $R = 1{,}000[\text{m}]$

표준온도 $t=15[℃]$
적용온도 $t=15[℃]$

$$D_0=\frac{0.3344\times 40^2}{8\times 300}=0.223[\mathrm{m}]$$

$$W=\sqrt{0.3344^2+0.78^2}=0.85[\mathrm{kgf/m}]$$

$$T^3-\left\{300-\frac{8\times 37.16\times 1.2\times 10^4\times 0.223^2}{3\times 40^2}\right\}T^2$$

$$-\frac{37.16\times 1.2\times 10^4\times 0.85^2\times 40^2}{24}=0$$

$$T^3-263T^2-21478480=0$$

∴ 전선장력 $T \fallingdotseq 400[\mathrm{kgf}]$

이 때의 고압 배전선의 수평장력은

$$P=\frac{40\times 400}{1000}=16[\mathrm{kgf}]$$

$$\therefore\ P'=3P=3\times 16=48[\mathrm{kgf}]$$

| | 장력[kgf] | 수평장력[kgf] | 비 고 |
|---|---|---|---|
| 급 전 선 | 1300 | 52×2=104 | 2가닥($P_3$, $P_4$) |
| 조 가 선 | 1000 | 40 | ($P_5$, ⋯, $P_9$) |
| 전 차 선 | 1000 | 40 | |
| 고압 배전선 | 400 | 16×3=48 | 3가닥($P_1$, $P_2$) |

3) 수평 분포하중(콘크리트 기둥의 풍압하중 : $q$)

단위 풍압하중 0.35[m]×80[kgf/m$^2$] = 28[kgf/m]

4) 수직하중

급 전 선 Al 510[mm$^2$] 1.413[kg/m]
조 가 선 St 90[mm$^2$] 0.697[kg/m]
전 차 선 GT 110[mm$^2$] 0.9877[kg/m]
고압 배전선 Cu 38[mm$^2$] 0.3344[kg/m]
현수애자 180[mm] 3[kg/개]

| | 수직하중[kg] | 비 고 |
|---|---|---|
| 급전선 | 1.413[kg/m]×40[m] = 56.5<br>56.5+(3×2) = 62.5 | 애자포함($W_3$, $W_4$) |
| 합성전차선 | 75.8 | ($W_5$, ⋯, $W_9$) |
| 조가선 | 0.697[kg/m]×40[m] = 27.9<br>27.9+(3×2) = 33.9 | |
| 행 거 | 0.06[kg/m]×40[m] = 2.4 | |
| 전차선 | 0.9877[kg/m]×40[m] = 39.5 | |
| 고압배전선 | 0.3344[kg/m]×40[m] = 13.4<br>13.4+(3×2) = 19.4 | 애자포함<br>($W_1$, $W_2$) |

| | 수직하중[kg] | 비 고 |
|---|---|---|
| 전주대용물(급전용) | 115 | ($W_{12}$) |
| 전주대용물(고배용) | 77 | ($W_{10}$, $W_{11}$) |
| V형 트러스빔 | 1300 | ($W$) |
| 콘크리트 기둥 | 1500 | |

(2) 착력선도

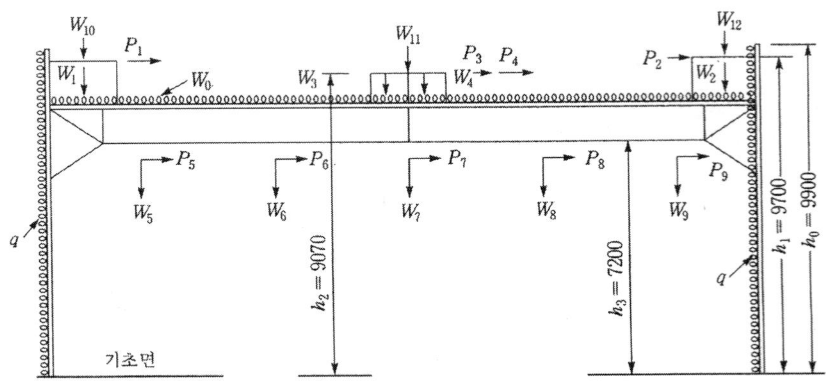


그림 6.32

(3) 환산 하중계산

계산을 쉽게 하기 위하여 하중을 수평 집중하중과 수직 등분포하중의 2종류로 환산하여 계산한다. 즉, 풍압에 의한 수평하중을 빔의 중심축선의 위치에 작용하는 수평 집중하중에 빔 및 그 부속품 등의 중량을 빔을 전체 길이에 등분포한 것으로서 계산한다.

1) 수평 집중하중

$$P=\frac{1}{h}\left\{(P_1+P_2)h_1+(P_3+P_4)h_2+(P_5+P_6+\cdots+P_9)h_3+q\times h_0\times\frac{h_0}{2}\times 2\right\}$$

$$=\frac{1}{7.9}\{(93.6\times 2+48\times 2)\times 9.7+(141.2\times 2+104\times 2)\times 9.07$$

$$+(97.4\times 5+80\times 5)\times 7.2+(28\times 9.9\times 9.9)\}$$

$$=\frac{1}{7.9}(2747.0+2586.8+6386.4+2744.3)\fallingdotseq 1831[\text{kgf}]$$

2) 수직 등분포하중

$$w_0=\frac{(w+\sum W)}{L}$$

$$=\frac{1300+(58.2\times 2)+(125\times 2)+(75.8\times 5)+(77\times 2)+115}{21.6}$$

$$=\frac{2314.4}{21.6}=107[\text{kg/m}]$$

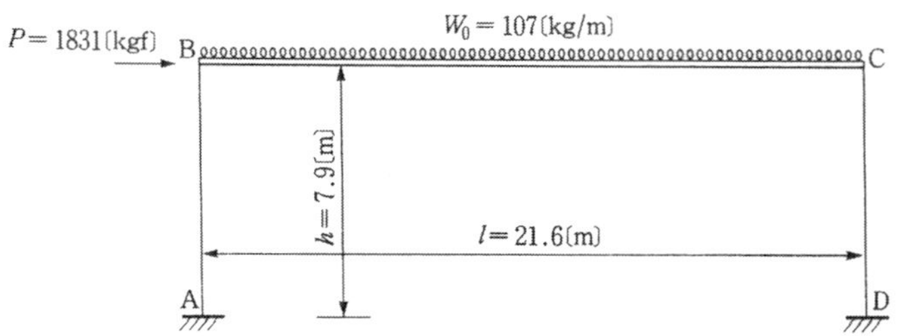


그림 6.33

(4) 각부 끝 모멘트 및 반력계산

1) 콘크리트 기둥 및 V형 트러스 라멘빔의 단면2차모맨트

콘크리트 기둥(12−35−N 6500)의 단면2차모멘트($I_p$)

$$I_p = 61174[\mathrm{cm}^4]$$

콘크리트 기둥을 형강빔으로 환산한 단면2차모멘트($I_1$)는 탄성계수비를 $n=6$으로 하면

$$I_1 = \frac{I_p}{n} = \frac{61174}{6} = 10{,}196[\mathrm{cm}^4]$$

V트러스빔의 단면2차모멘트($I_2$)는

$$I_2 = 2\times 12.69\times(34.55)^2 + 12.69\times(69.11)^2 + 3\times 64.4$$
$$= 30{,}296 + 60{,}610 + 193 = 91{,}099[\mathrm{cm}^4]$$

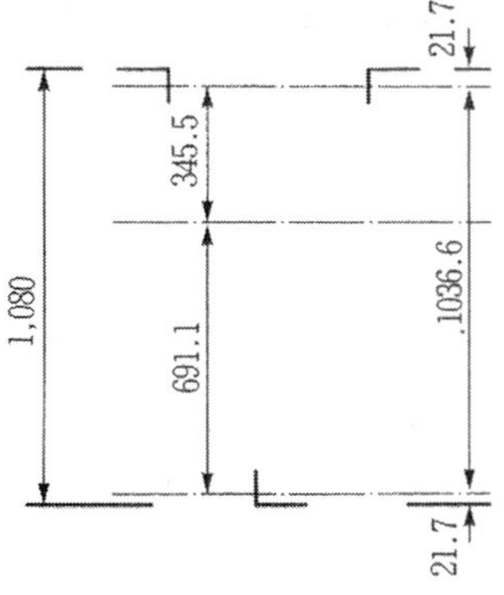


그림 6.34

$$\therefore \text{강비 } k = \frac{I_2}{I_1}\cdot\frac{h}{l} = \frac{91099\times 7.9}{10196\times 21.6} = 3.27$$

2) 각부 끝 모멘트 및 반력

① 수평하중에 의한 경우

$$M_{AB}=M_{DC}=-\frac{Ph}{2}\cdot\frac{3k+1}{6k+1}$$

$$=-\frac{1831\times 7.9}{2}\cdot\frac{3\times 3.27+1}{6\times 3.27+1}=-3792[\text{kgf}\cdot\text{m}]$$

$$M_{BC}=M_{CB}=\frac{Ph}{2}\cdot\frac{3k}{6k+1}$$

$$=-\frac{1831\times 7.9}{2}\cdot\frac{3\times 3.27}{6\times 3.27+1}=-3441[\text{kgf}\cdot\text{m}]$$

$$-V_A=V_D=\frac{3Phk}{l\,(6k+1)}=\frac{3\times 1831\times 7.9\times 3.27}{21.6(6\times 3.27+1)}=319[\text{kgf}]$$

$$H_A=H_D=\frac{P}{2}=\frac{1831}{2}=916[\text{kgf}]$$

② 수직하중에 의한 경우

$$M_{AB}=-M_{DC}=\frac{w_o l^2}{12(k+2)}=\frac{107\times 21.6^2}{12(3.27+2)}=789[\text{kgf}\cdot\text{m}]$$

$$M_{BC}=M_{CB}=2M_{AB}=2\times 789=1578[\text{kgf}\cdot\text{m}]$$

$$V_A=V_D=\frac{w_o\,l}{2}=\frac{107\times 21.6}{2}=1156[\text{kgf}]$$

$$-H_A=H_D=\frac{w_o\,l^2}{4h(k+2)}=\frac{107\times 21.6^2}{4\times 7.9(3.27+2)}=300[\text{kgf}]$$

| 모멘트 · 반력 | 수평하중 | 수직하중 | 종 합 |
|---|---|---|---|
| $M_{AB}$[kgf · m] | −3792 | 789 | −3003 |
| $M_{BC}$[kgf · m] | 3441 | −1578 | 1863 |
| $M_{CB}$[kgf · m] | 3441 | 1578 | 5019 |
| $M_{DC}$[kgf · m] | −3792 | −789 | −4581 |
| $V_A$[kgf] | −319 | 1156 | 837 |
| $V_D$[kgf] | 319 | 1156 | 1475 |
| $H_A$[kgf] | 916 | −300 | 616 |
| $H_D$[kgf] | 916 | 300 | 1216 |

• 빔 중간에 있어서 최대 휨모멘트

수평하중 $M_x=M_{BC}-\frac{2M_{BC}}{l}x=3441-\frac{2\times 3441}{21.6}x=-319x+3441$

수직하중 $M_x=\frac{w_0 x}{2}(l-x)+M_{BC}$

$$=\frac{107x}{2}(21.6-x)+3441=1156x-54x^2+3441$$

• 최대 휨모멘트 발생위치 $x$는

$$
\begin{array}{rl}
 & -54x^2+1156x+3441 \\
+ & \qquad\quad -319x+3441 \\
\hline
y = & -54x^2 + 837x+6882 \\
= & -54(x^2-15.5x-127.4) \\
= & -54\{(x-7.75)^2-133.7\}
\end{array}
$$

즉, $x=7.75$[m]인 곳에 $-54\times(-133.7)=7220$[kgf/m] ≒ 72.20[kN]의 휨모멘트가 발생한다.

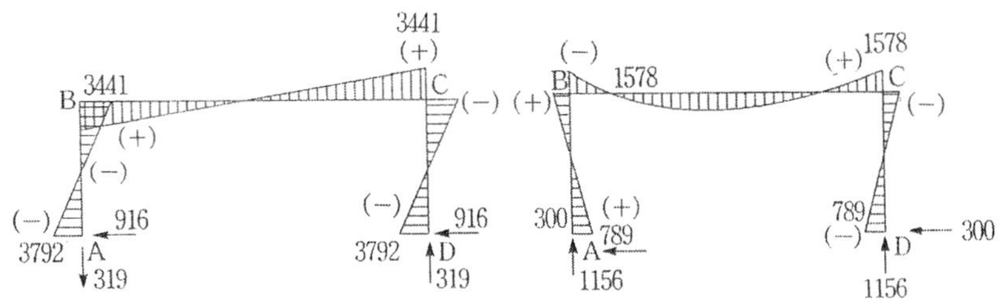


(a) 수평하중 (b) 수직하중

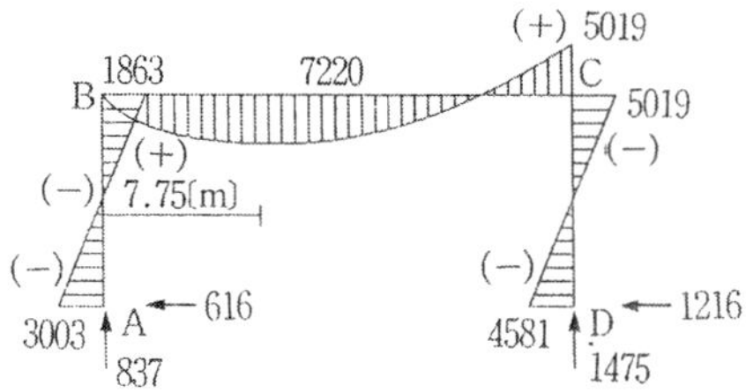


(c) 합성 휨모멘트

**그림 6.35**

3) 전단력 계산(BC부재)

① 수평하중에 대하여

$$Q_{BC}=Q_{CB}=\frac{-(M_{BC}+M_{CB})}{l}=-\frac{(3441+3441)}{21.6}=-319\text{[kgf]}$$

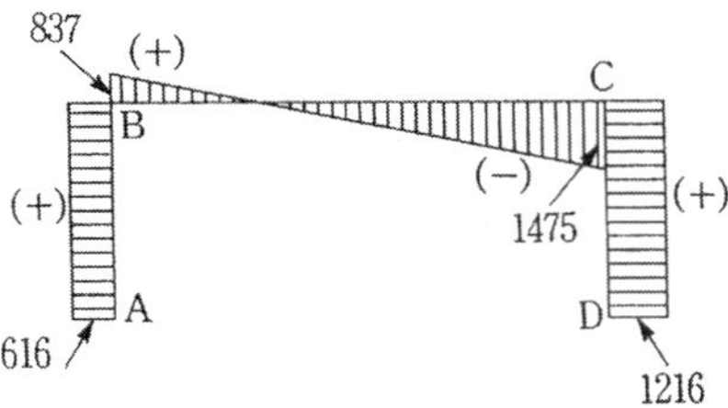


**그림 6.36**

② 수직하중에 대하여

$M_{BC} = -M_{CB}$

$$Q_{BC} = Q_{CB} = \pm \frac{w_o l}{2} = \pm \frac{107 \times 21.6}{2} = \pm 1156[\mathrm{kgf}]$$

(5) 강도검정

1) 전주

지면과 경계 부분의 휨모멘트 4581[kgf/m] < 6,500[kgf/m] (OK)

빔 설치부 휨모멘트 5019[kgf/m] < 6,500[kgf/m] (OK)

모두 콘크리트주의 허용 휨모멘트보다 작으므로 안전하다.

2) 빔

빔 설치부의 휨모멘트 5019[kgf/m]

빔 중간의 최대 휨모멘트 7220[kgf/m]

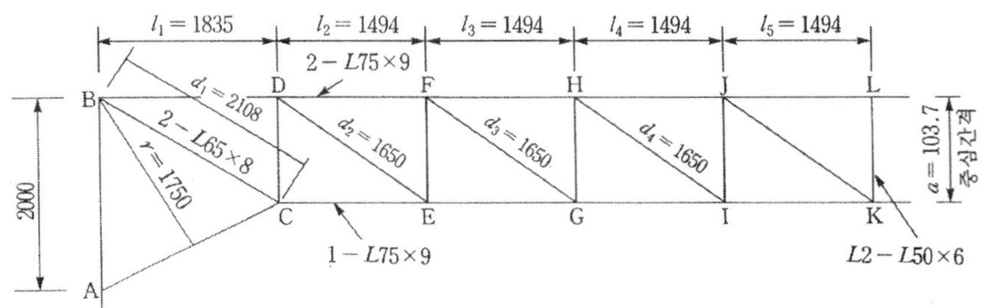


**그림 6.37**

① 상부 주재의 응력도

상부 주재의 압축력 최대 장소는 H~J간 응력도는

$$\text{응 력} = \frac{M_{HJ}}{2a} + \frac{P}{3} = \frac{722000}{2 \times 103.7} + \frac{1216}{3} = 3481 + 405 = 3886[\mathrm{kgf}]$$

$$\text{응력도} = \frac{3886}{12.69} = 306[\mathrm{kgf/cm^2}]$$

$$\text{세장비} = \frac{l}{r} = \frac{149.4 \times 0.9}{2.25} = 60$$

부재의 압축력에 대한 허용좌굴 응력도 $f_k = 1000[\mathrm{kgf/cm^2}]$ (편심이 많은 것) 이므로, 306[kgf/cm²] < 1,000[kgf/cm²]로 안전하다. 또, 상부 주재의 인장력 최대 장소는 B~D간 응력도는

$$\text{응 력} = \frac{M_c}{2a} + \frac{P}{3} = \frac{-501900}{2 \times 103.7} + \frac{1216}{3} = -2420 + 405 = 2825[\mathrm{kgf}]$$

$$\text{응력도} = \frac{-2825}{12.69 - 1.75 \times 0.9} = \frac{-2825}{11.12} = -254[\mathrm{kgf/cm^2}]$$

② 하부 주재의 응력도

• 지지재의 응력도

$$응\ \ 력 = -\frac{M_c \cdot d_1}{4a \cdot l_1} + \frac{P \cdot a}{6r} = \frac{-501900 \times 210.8}{4 \times 103.7 \times 183.5} + \frac{1{,}216 \times 103.7}{6 \times 175.0}$$

$$= 1390 + 120 = 1510[\text{kgf}]$$

$$응력도 = \frac{1510}{12.69} = 119[\text{kgf/cm}^2]$$

$$세장비 = \frac{l}{r} = \frac{210.8 \times 0.9}{1.45} = 130$$

부재의 허용좌굴 응력도 $f_k = 559[\text{kgf/cm}^2]$ (편심이 많은 것)

$\therefore$ 119[kgf/cm$^2$] < 559[kgf/cm$^2$]

로 안전하다. 또, 최대 압축력이 발생하는 부재 C~E간의 응력도는

$$응\ \ 력 = \frac{M_D}{a} + \frac{P}{3}[\text{kgf}] = \frac{497300}{103.7} + \frac{1216}{3} = 4796 + 405 = 5201$$

$$응력도 = \frac{5201}{12.69} = 410[\text{kgf/cm}^2]$$

$$세장비 = \frac{l}{r} = \frac{149.4 \times 0.9}{1.45} = 93$$

부재의 허용좌굴 응력도 $f_k = 841[\text{kgf/cm}^2]$ (편심이 많은 것)

$\therefore$ 410[kgf/cm$^2$] < 841[kgf/cm$^2$]

로 안전하다.

③ 사재의 응력도

• 제 1 사재

$$응\ \ 력 = \frac{Q_c \cdot d_1}{2a} - \frac{M_c \cdot d_1}{4a \cdot l_1} + \frac{P \cdot a}{6r}$$

$$= \frac{-1{,}670 \times 210.8}{2 \times 103.7} - \frac{-501900 \times 210.8}{4 \times 103.7 \times 183.5} + \frac{1216 \times 103.7}{6 \times 175.0}$$

$$= -1697 + 1390 + 120 = 187[\text{kgf}]$$

$$응력도 = \frac{187}{9.761 - 1.75 \times 0.8} = 22[\text{kgf/cm}^2]$$

$$세장비 = \frac{l}{r} = \frac{210.8 \times 0.8}{1.25} = 135$$

부재의 허용좌굴 응력도 $f_k = 567[\text{kgf/cm}^2]$ (편심이 많은 것)

$\therefore$ 22[kgf/cm$^2$] < 567[kgf/cm$^2$]

로 안전하다.

• 중간 사재

사재(D~E간 해당부분)의 전단력은

$$Q_D = -1670 + \frac{1.835 \times (1300/21.6)}{2} = -1670 + 55 = -1615[\text{kgf}]$$

$$응\ \ 력 = \frac{Q_D \cdot d_2}{2a} = \frac{-1615 \times 165}{2 \times 103.7} = -1285[\text{kgf}]$$

$$응력도 = \frac{-1285}{5.644} = -228[\text{kgf/cm}^2]$$

④ 입속의 응력도(D～C간 해당부분)

$$응력도 = -\frac{Q_D}{2A} = \frac{-1615}{2 \times 5.644} = 143[\text{kgf/cm}^2]$$

$$세장비 = \frac{l}{r} = \frac{103.7}{0.96} = 108$$

부재의 허용좌굴 응력도 $f_k = 727[\text{kgf/cm}^2]$ (편심이 많은 것)

$\therefore\ 143[\text{kgf/cm}^2] < 727[\text{kgf/cm}^2]$

로 안전하다.

(6) V트러스빔의 2차응력

빔의 주재에는 주응력 이외에 상부 주재에는 전주대용물에 설치된 금전선과 보호선 등의 하중, 하부 주재에는 전차선이 입속중간에 설치된 경우의 하중 등이 떨어져 있는 점 사이에 가해지므로 이 부재 또는 그 부재의 극 주변에만 영향을 끼치는 응력이 있는데 이것을 「2차응력」이라 한다.

이 응력이 작은 경우에는 무시해도 되지만 커다란 경우에는 당연히 주응력에 가하여 응력을 검정해야 한다.

V트러스빔은 4각 빔보다 떨어져 있는 간격이 길므로 격점간 하중에 대하여 특히, 2차 응력을 검토해야 하는 경우가 있다. 또, V트러스빔은 그 단면형상이 V형이므로 사재・입속・방장 등 각 부재의 변형에 의한 2차응력도 발생하므로 허용응력에 대하여 어느 정도의 여유를 갖도록 해야 한다.

또, 주응력이 큰 부분의 지점간에서 중앙부근에 하중이 걸리는 구조로 하면 2차응력이 커지며, 주재에 나쁜 영향을 끼치는 경우가 있으므로 특히 급전선 등의 전주대용물을 설치할 때는 주의해야 한다.

**예제 6-12**

다음 설계조건에 의하여 4각빔의 강도계산을 하여라.

| | | | |
|---|---|---|---|
| **【설계조건】** | 풍압하중 | 갑종풍압하중 | |
| | 온도지구 구분 | A지구 | |
| | 경　간 | $S=40$[m] | |
| | 곡선 반지름 | 직선 | |
| | 전기방식 | 직류방식 | |
| | 급전선($F$) | Al 510[mm$^2$] × 2가닥× 2회선 | |
| | 조가방식 | 심플커티너리 방식 | |
| | 조가선($M$) | St 90[mm$^2$] | |
| | 전차선($T$) | GT 110[mm$^2$] | |
| | 고압 배전선($HT$) | Cu 38[mm$^2$]×3가닥×2회선 | |
| | 철　주 | $L75\times75\times9$ | $450\times450$ |
| | 고 정 빔 | 4각빔 $L75\times75\times9$ | $450\times1,000$ |
| | 전주기초 | 우물통기초 | |

| | | |
|---|---|---|
| **【표준장력】** | 급전선 | $T_F=700$[kgf] |
| | 조가선 | $T_M=1,000$[kgf] (자동장력조정장치붙이) |
| | 전차선 | $T_T=1,000$[kgf] (자동장력조정장치붙이) |
| | 고압 배전선 | $T_{HT}=300$[kgf] |

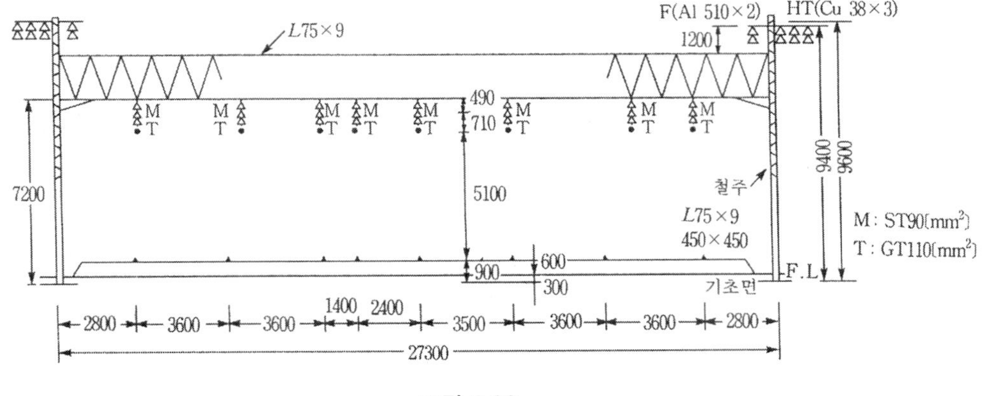


그림 6.38

풀이 (1) 하중계산

1) 수평집중하중(선로 직각방향의 풍압하중)

| | 단위 풍압하중[kgf/m] | 풍압하중[kgf] |
|---|---|---|
| 급전선($P_3$, $P_4$) | 0.0294[m]×120[kgf/m$^2$] = 3.53 | 3053[kgf/m$^2$]×40[m] = 141.2 |
| 합성전차선($P_5$, …, $P_9$) | | 97.4 |
| 조가선 | 0.012[m]×100[kgf/m$^2$] = 1.2 | 1.2[kgf/m$^2$]×40[m] = 48 |
| 전차선 | 0.01234[m]×100[kgf/m$^2$] = 1.234 | 1.234[kgf/m$^2$]×40[m] = 49.4 |
| 고압 배전선($P_1$, $P_2$) | 0.0087[m]×100[kgf/m$^2$]×3 = 2.34 | 2.34[kgf/m$^2$]×40[m] = 93.6 |

수평집중하중(철주의 풍압하중 : $q$)

단위풍압하중 : $(0.075\times 2+0.050\times \sqrt{2})[\text{m}]\times 240$

$=0.22\times 240=53[\text{kgf/m}]=519.4[\text{N/m}]$

2) 수직하중

| | 수직하중[kgf] | 비 고 |
|---|---|---|
| 급전선 | 1.413[kg/m]×40[m] = 56.5<br>56.5+(3×2) = 62.5 | 애자포함($W_3$, $W_4$) |
| 합성전차선 | 75.8 | ($W_5$, …, $W_{12}$) |
| 조가선 | 0.697[kg/m]×40[m] = 27.9<br>27.9+(3×2) = 33.9 | |
| 행 거 | 0.06[kg/m]×40[m] = 2.4 | |
| 전차선 | 0.9877[kg/m]×40[m] = 39.5 | |
| 고압 배전선 | 0.3344[kg/m]×40[m] = 13.4<br>13.4+(3×2) = 19.4 | 애자포함($W_1$, $W_2$) |
| 완 철 | 40 | F·HT용 |
| 4각빔 | 2200 | |
| 철 주 | 86[kg/m]×9.6[m] = 826 | ($W$) $W_0=81$[kg/m] |

3) 착력선도

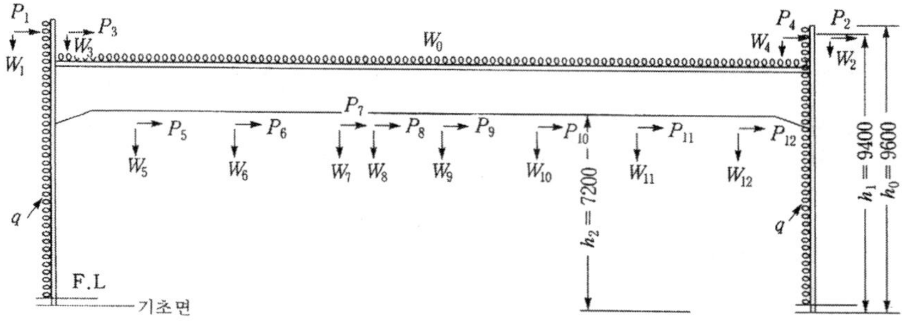


그림 6.39

4) 환산 하중계산

수평하중을 빔의 중심축선의 위치에 작용하는 수평집중하중으로 하고 수직하중을 빔에 가하는 등분포하중으로 환산한다.

① 수평집중하중

$$P = \frac{1}{h}\left\{(P_1 + P_2 + P_3 + P_4)h_1 + (P_5 + P_6 + \cdots + P_{12})h_2 + q \times h_0 \times \frac{h_0}{2} \times 2\right\}$$
$$= \frac{1}{7.7}\{(93.6 \times 2 + 141.2 \times 2) \times 9.4 + (97.4 \times 8) \times 7.2 + (53 \times 9.6 \times 9.6)\}$$
$$= \frac{1}{7.7}(4414.2 + 5610.2 + 4884.5) \fallingdotseq 1936[\text{kgf}]$$

② 수직등분포하중

$$W_0 = \frac{(w + \sum W)}{L} = \frac{2200 + (75.8 \times 8)}{27.3} = \frac{2806.4}{27.3} = 103[\text{kg/m}]$$

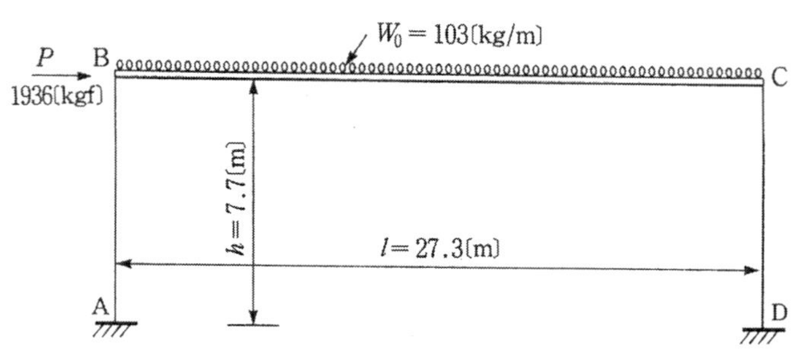


그림 6.40

(2) 각부 끝 모멘트 및 반력계산

1) 철주 및 4각빔의 단면2차모멘트

$$I = 4 \times \left\{I' + A \times \left(\frac{b}{2} - C_x\right)^2\right\}[\text{cm}^4] \tag{6.76}$$

여기서, $I'$ : 주재의 단면2차모멘트[$\text{cm}^4$]

$A$ : 주재의 단면적[$\text{cm}^2$]

$C_x$ : 주재의 중심위치[cm]

$b$ : 철주 또는 빔의 폭[cm]

철주의 단면2차모멘트($I_P$)

| | |
|---|---|
| 주재 등변 ㄴ형강 | 75×75×9 |
| 주재의 단면적 | 12.69[$\text{cm}^2$] |
| 주재의 단면2차모멘트 | 64.4[$\text{cm}^4$] |
| 주재의 중심위치 | 2.17[cm] |
| 철주의 폭 | 45[cm] |

$$I_P = 4\left\{64.4 + 12.69 \times \left(\frac{45}{2} - 2.17\right)^2\right\} = 21237[\text{cm}^4]$$

4각빔의 단면2차모멘트($I_B$)는

| | |
|---|---|
| 주재 등변 ㄴ형강 | 75×75×9 |
| 빔의 폭 | 100[cm] |

$$I_B = 4\left\{64.4 + 12.69 \times \left(\frac{100}{2} - 2.17\right)^2\right\} = 116,382[\text{cm}^4]$$

강비 $k = \frac{l_B}{l_P} \cdot \frac{h}{l} = \frac{116,382}{21,237} \times \frac{7.7}{27.3} = 1.55$

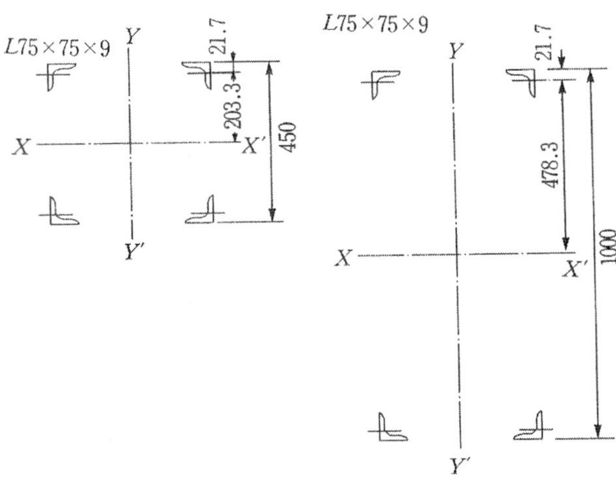


철주의 단면 4각 빔의 단면

**그림 6.41**

2) 각부 끝 모멘트 및 반력

① 수평하중에 의한 경우

$$M_{AB} = M_{DC} = -\frac{Ph}{2} \cdot \frac{3k+1}{6k+1} = -\frac{1936 \times 7.7}{2} \cdot \frac{3 \times 1.55 + 1}{6 \times 1.55 + 1} = -4089 \text{ [kgf·m]}$$

$$M_{BC} = M_{CB} = \frac{Ph}{2} \cdot \frac{3k}{6k+1} = \frac{1939 \times 7.7}{2} \cdot \frac{3 \times 1.55}{6 \times 1.55 + 1} = 3370 \text{ [kgf·m]}$$

$$-V_A = V_D = \frac{3Phk}{l(6k+1)} = \frac{3 \times 1939 \times 7.7 \times 1.55}{27.3(6 \times 1.55 + 1)} = 247 \text{ [kgf]}$$

$$H_A = H_D = \frac{P}{2} = \frac{1936}{2} = 968 \text{ [kgf]}$$

② 수직하중에 의한 경우

$$M_{AB} = -M_{DC} = -\frac{w_o l^2}{12(k+2)} = \frac{103 \times 27.3^2}{12(1.55+2)} = 1,802 \text{[kgf·m]}$$

$$M_{BC} = M_{CB} = 2M_{AB} = 2 \times 1802 = 3604 \text{[kgf·m]}$$

$$V_A = V_D = \frac{w_o l}{2} = \frac{103 \times 27.3}{2} = 1406 \text{[kgf]}$$

$$-H_A = H_D = \frac{w_o l^2}{4h(k+2)} = \frac{103 \times 27.3^2}{4 \times 7.7(1.55+2)} = 702 \text{[kgf]}$$

| 모멘트 · 반력 | 수평하중 | 수직하중 | 합계 |
|---|---|---|---|
| $M_{AB}$[kgf · m] | −4089 | 1802 | −2287 |
| $M_{BC}$[kgf · m] | 3370 | 3604 | 6974 |
| $M_{CB}$[kgf · m] | 3370 | 3604 | 6974 |
| $M_{DC}$[kgf · m] | −4089 | −1802 | −5891 |
| $V_A$[kgf] | −247 | 1406 | 1159 |
| $V_D$[kgf] | 247 | 1406 | 1653 |
| $H_A$[kgf] | 968 | −702 | 266 |
| $H_D$[kgf] | 968 | 702 | 1670 |

③ 빔 중간에서의 최대 휨모멘트

- 수평하중 $M_x = M_{BC} - \dfrac{2M_{BC}}{l}x = 3370 - \dfrac{2\times 3370}{27.3}x = -247x + 3370$
- 수직하중 $M_x = \dfrac{w_0 x}{2}(l-x) + M_{BC} = \dfrac{103x}{2}(27.3-x) - 3,604$

  $= 1406x - 52x^2 - 3604$
- 최대 휨모멘트의 발생위치 $x$는

$$
\begin{array}{rl}
 & -52x^2 + 1406x - 3604 \\
+ & \qquad\quad -247x + 3370 \\
\hline
y = & -52x^2 + 1159x - 234
\end{array}
$$

$= -52(x^2 - 22.3x + 4.6)$

$= -52\{(x-11.2)^2 - 125.4 + 4.6\}$

$= -52\{(x-11.2)^2 - 120.8\}$

즉, $x = 11.2$[m]인 곳에 $-52 \times (-120.8) = 6282$[kgf/m]의 휨모멘트가 발생한다.

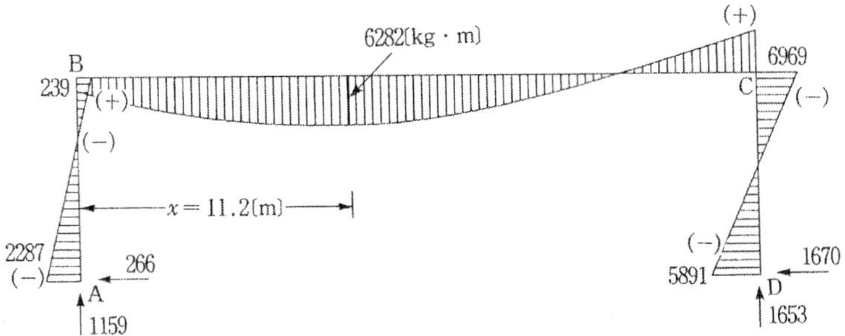


(a) 휨모멘트

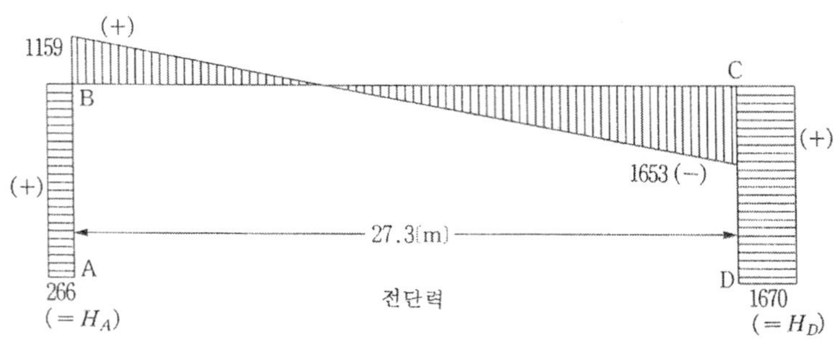


(b) 전단력

**그림 6.42**

(3) 강도검정

1) 철주

빔 설치부의 휨모멘트 6,974[kgf/m]

지면과 경계 부분의 휨모멘트 5,891[kgf/m]

① 주재의 응력도

$$\text{응력도} = \frac{M}{2A \cdot g} + \frac{P}{4A}$$

여기서, $g$ : 주기둥재 근개의 중심간 거리

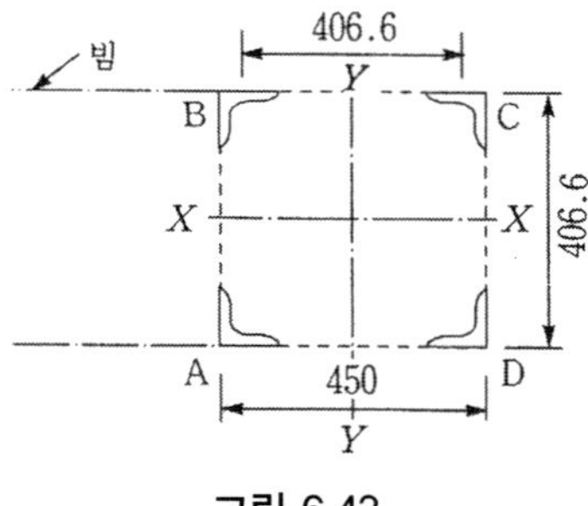


**그림 6.43**

• 빔 설치부의 응력도

$$\text{압축측 응력도} = \frac{697400}{2 \times 12.69 \times 40.66} + \frac{1653}{4 \times 12.69} = 675 + 33 = 708[\text{kgf/cm}^2]$$

$$\text{인장측 응력도} = \frac{697400}{2 \times 11.12 \times 40.66} - \frac{1653}{4 \times 12.69} = 771 - 33 = 738[\text{kgf/cm}^2]$$

• 지면과 경계부분의 응력도

$$\text{압축측 응력도} = \frac{589100}{2 \times 12.69 \times 40.66} + \frac{1653 + 826}{4 \times 12.69} = 571 + 49 = 620[\text{kgf/cm}^2]$$

$$\text{인장측 응력도} = \frac{589100}{2 \times 11.12 \times 40.66} - \frac{2479}{4 \times 12.69} = 651 - 49 = 602[\text{kgf/cm}^2]$$

• 주재의 좌굴응력도

$$세장비 = \frac{l}{r} = \frac{50 \times 0.9}{2.25} = 20$$

부재의 허용좌굴 응력도 $f_k = 1{,}521[\text{kgf/cm}^2]$ (편심이 적은 것)

∴ 빔 설치부 $708[\text{kgf/cm}^2] < 1{,}521[\text{kgf/cm}^2]$

땅의 경계부 $620[\text{kgf/cm}^2] < 1{,}521[\text{kgf/cm}^2]$

로 안전하다.

② 사재의 응력도

$$압축측\ 응력도 = \frac{Q}{2A\cos\theta} = \frac{1670 \times 44}{2 \times 5.644 \times 36.2} = 180[\text{kgf/cm}^2]$$

$$세장비 = \frac{l}{r} = \frac{44 \times 0.8}{0.96} = 37$$

• 부재의 허용좌굴 응력도

$f_k = 1{,}000[\text{kgf/cm}^2]$ (편심이 많을 것)

∴ $180[\text{kgf/cm}^2] < 1{,}000[\text{kgf/cm}^2]$

로 안전하다.

$$인장측\ 응력도 = \frac{Q}{2A}\cos\theta = \frac{1{,}670 \times 44}{2 \times 36.2} = 1{,}015[\text{kgf}]$$

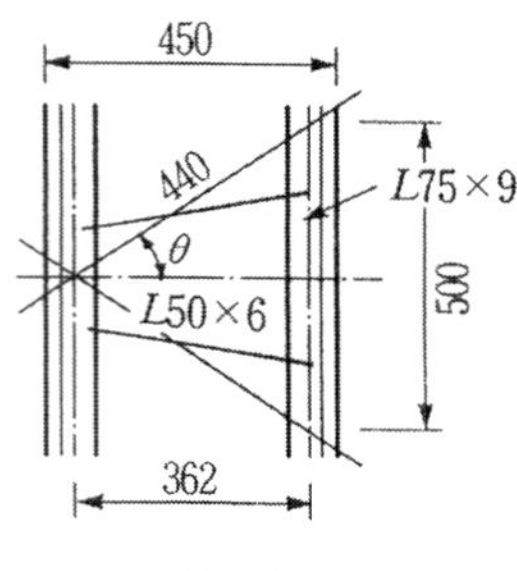


그림 6.44

• 사재의 볼트

$$볼트의\ 전단력 = \frac{Q}{2A}\cos\theta = \frac{1670 \times 44}{2 \times 36.2} = 1{,}015[\text{kgf}]$$

볼트의 허용전단력 $= 2{,}410[\text{kgf}]$($\phi = 16[\text{mm}]$ 축 지름의 단전단)

∴ $1{,}015[\text{kgf}] < 2{,}410[\text{kgf}]$

로 안전하다.

③ 철주의 이음볼트 개수

$$볼트의\ 개수 = \frac{철기둥의\ 응력도 \times 부재\ 1개당\ 유효\ 단면적}{볼트의\ 허용지압응력\ 또는\ 전단력}$$

$$압축측\quad \frac{620 \times 12.69}{2426} = 3.24 \rightarrow 4[개]$$

$$인장측\quad \frac{620 \times 11.12}{1670} = 4.13 \rightarrow 6[개]$$

따라서, 철기둥의 이음 볼트는 앵글 1면에서 3개로 한다.

2) 빔

$$상부\ 주재의\ 응력도\quad \sigma_U = \frac{M_x^2}{2(a_2 - 2C)A} + \frac{P}{4A}$$

$$하부\ 주재의\ 응력도\quad \sigma_x = \frac{M_{U1} \cdot l_2}{2A(a_1 - 2C)L_3} + \frac{P \cdot a_2}{4r \cdot A}$$

$$사재의\ 응력도\quad \sigma_b = \frac{M_{U1} \cdot b_1}{2a_2 \cdot A} + \frac{P(a_1 - a_2)b_1}{4r \cdot l_1 \cdot A}$$

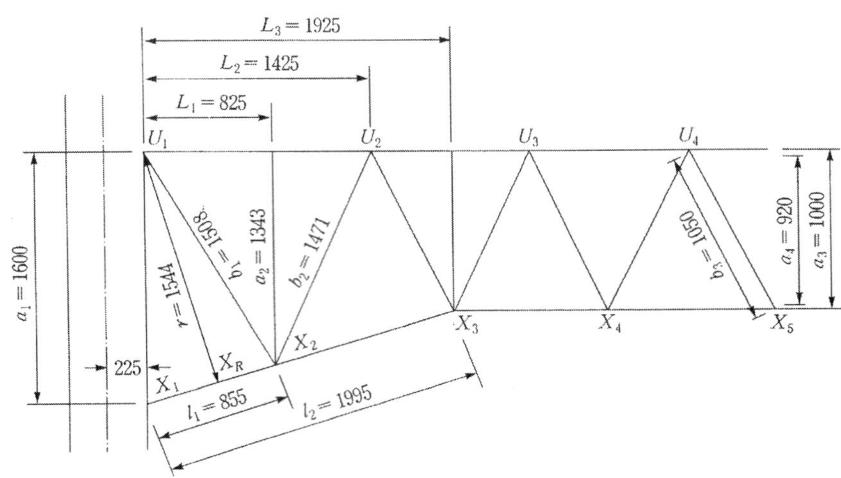


그림 6.45

여기서, $M_{X2}$ : $X_2$ 점의 휨모멘트[kgf/cm]
$M_{U1}$ : $U_1$점의 휨모멘트[kgf/cm]
$Q_{U1}$ : $U_1$점의 전단력[kgf]
$P$ : 빔의 축력[kgf]
$A$ : 부재 1개당 유효 단면적[cm$^2$]
$C$ : 산형강의 뒷면에서 중심까지의 거리[cm]

① 상부 주재의 응력도

$x_2$ 점의 모멘트는 식 $y = -52x^2 + 1,159x - 239$ 에서

$$x = \{27.3 - (0.825 + 0.225)\} = (27.3 + 1.05) = 26.25$$

를 대입하여 $y$ 의 값을 구한다.

$$y = -52 \times 26.25^2 + 1159 \times 26.25 - 239 = -35831 + 30424 - 239 = -5646$$

$$\therefore M_{x2} = -5646[\text{kgf} \cdot \text{m}]$$

$$응력도(\sigma_U) = \frac{-564600}{2(134.3 - 2 \times 2.17) \times 11.12} + \frac{1670}{4 \times 11.12}$$
$$= \frac{-564600}{2890} + \frac{1670}{45} = -195 + 37 = -158[\text{kgf/cm}^2]$$

또, 11.2 [m]인 곳에 최대 모멘트가 발생하므로 이 부분을 $U_i$라 하면

$$응력도(\sigma_{Ui}) = \frac{628200}{2(100.0 - 2 \times 2.17) \times 12.69} + \frac{1670}{4 \times 12.69}$$
$$= \frac{628200}{2428} + \frac{1670}{51} = 259 + 33 = 292[\text{kgf/cm}^2]$$

② 하부 주재의 응력도

$$응력도(\sigma_x) = \frac{-696900 \times 199.5}{2 \times 12.69(160.0 - 2 \times 2.17) \times 192.5} + \frac{1670 \times 134.3}{4 \times 154.4 \times 12.69}$$

$$= \frac{-139031550}{760500} + \frac{224281}{7837} = 183 + 29 = 212[\text{kgf/cm}^2]$$

③ 사재의 응력도

- 제 1 사재

$$\text{응력도}(\sigma_b) = \frac{-1{,}653 \times 150.8}{2 \times 134.3 \times 11.12} + \frac{1{,}670(160-134.3) \times 150.8}{4 \times 154.4 \times 85.5 \times 11.12}$$

$$= -83 + 11 = -72[\text{kgf/cm}^2]$$

- 중간사재

$X_3$ 해당 부분의 전단력은

$$Q = \{103 \times (27.3 - 1.925)\} - 1159$$

$$= (103 \times 25.375) - 1159 = 1455[\text{kgf}]$$

$$\text{응력도}(\sigma_{bi}) = \frac{-1455}{2 \times 5.644} \cdot \frac{105.0}{92.0} = -147[\text{kgf/cm}^2]$$

사재에 가하는 힘은 $147 \times 5.644 = 830[\text{kgf}]$

따라서, 볼트($\phi = 16$[mm]) 1개로 전단, 지압 모두 안전하다.

④ 각 부재의 좌굴응력도

4각빔은 축면과 상하면에 대한 사재의 설치방법이 다르며, 1측면의 격점에 상하면의 격점이 2점 이상 있는 경우는 측면과 상하면의 세장비를 비교하여 큰 쪽을 선정한다.

- 하부주재

$$\text{세장비} = \frac{l}{r} = \frac{85.5 \times 0.9}{2.25} = 34$$

또, 아래면의 사재 설치간격은 70[cm]이므로 이 세장비는

$$\text{세장비} = \frac{l}{r} = \frac{70}{1.45} = 48$$

가 되며, 이것을 채용하면 부재의 압축력에 대한 허용좌굴응력도는 $f_k = 1{,}000$ [kgf/cm$^2$] (편심이 많은 것)이 된다. 11.2[m](최대 모멘트 발생 장소) 위치의 상부주재 측면이 100[cm]이므로

$$\text{세장비} = \frac{l}{r} = \frac{100 \times 0.9}{2.25} = 40$$

또, 윗면은 80[cm]이므로

$$\text{세장비} = \frac{l}{r} = \frac{80}{1.45} = 55$$

가 되며, 이것을 채용하면 부재의 허용좌굴응력도는 $f_k = 1{,}000$[kgf/cm$^2$](편심이 많은 것)이 된다. 모든 압축부재는 좌굴에 대하여 안전하다.

⑤ 빔 설치부의 볼트

- 설치부 Ⓐ

$$\text{응력} = \frac{M}{2q_1} + \frac{Q_D}{4} = \frac{696900}{2 \times 40.66} + \frac{1653}{4} = 8570 + 413 = 8{,}983[\text{kgf}]$$

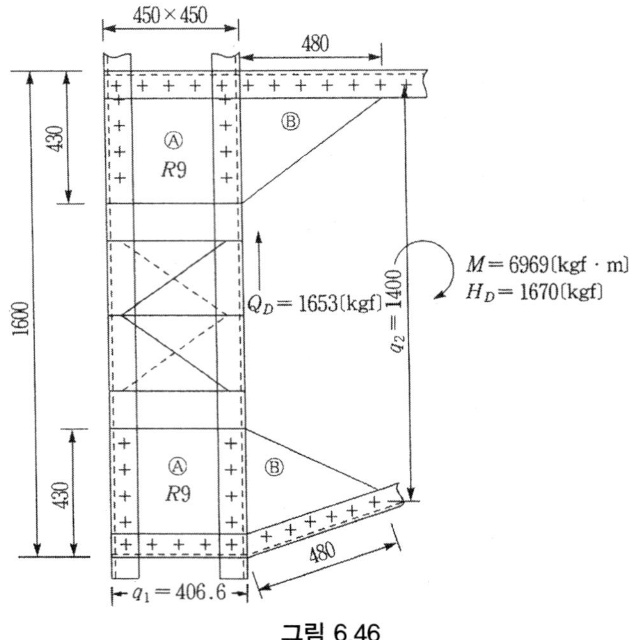


그림 6.46

16[mm] 볼트 1개의 허용절단력 = 1,670[kgf/개] (최소 곡경 단절단)

$\therefore$ 8983 ÷ 1670 = 5.1 → 6[개]

또, 볼트의 허용 지압응력 = 3,638[kgf]($\phi = 16$[mm], 강재의 두께 9[mm]) 이므로 안전하다.

- 설치부 Ⓑ

$$응력 = \frac{M}{2q_2} + \frac{H_D}{4} = \frac{696{,}900}{2 \times 140} + \frac{1{,}670}{4} = 2{,}489 + 418 = 2{,}907[\text{kgf}]$$

16[mm] 볼트 1개의 허용절단력 = 1,670[kgf/개] (최소 곡경 절단)

$\therefore$ 2,907 ÷ 1,670 = 1.7 → 2[개]

또, 볼트의 허용 지압응력 = 3,638[kgf]($\phi = 16$[mm], 강재의 두께 9[mm])이므로 안전하다.

# 5 전주기초의 설계

전주기초는 부담하는 하중, 지형, 토질 등을 고려해서 형상 및 크기를 정한다. 지반이 비교적 불안정한 경우나 연약지반, 모래땅 그밖에 붕괴되기 쉬운 지반 또는 부담하는 하중이 특히 큰 경우에는 토질, 지내력(지지력) 등을 충분히 조사해서 적정한 설계, 시공을 할 필요가 있다.

전철주기초의 설계조건은 기초주변 흙의 항복파괴에 따라 전주가 도괴되지 않아야 하며, 주어진 외부 힘(외력)에 대해 기초가 충분한 저항을 갖고 주축의 경사가 허용한도를 넘지 않아야 한다. 또한, 라멘주는 설계하중의 범위 내 기초의 고정도가 충분하고 흙의 항복에 의해 감소하지 않아야 한다.

또한 지반의 흙을 포함한 기초의 구성재료는 내구적이고, 부식, 동해, 건습,기타 열화작용을 받지 않고, 항상 전철주기초의 설계조건을 만족하는 상태에서 지표부근의 흙은 계절적 건습이나 동토 등의 자연적 영향외에, 선로작업 기타 인위적인 영향도 고려하여야 한다.

그래서, 기초에 관련하는 전차선의 편위 50[mm]를 전제로, 주축의 경사 7/1,000[rad]를 허용한도로 하여 실제 심플커티너리 가선방식의 장주상태에 대해 전주의 지면에 작용하는 전도모멘트의 크기, 지형의 영향, 현장시공 등을 고려하여 전철주기초의 적용범위를 표준화 하였다.

## 5.1 노반 강도의 결정

전철주기초를 설치한 후 지반조사를 수행시에는 평판재하시험, 콘관입시험, 동적 콘관입시험, LFWD(소형 충격재하시험기) 등의 지반조사를 실시하여 기초 주변 지반의 강도를 평가하여 전철주기초를 설계하여야 하며 지반조사를 수행하지 않은 경우에는 신설철도와 기존철도의 지형분류, 흙의 종류 등을 적용하여 적절한 노반 강도를 결정한다.

표 6.11 신설 철도노반 (토사)

| 노반 분류 | 지형 분류 | 흙 종류 | 내부마찰각(°) | 단위중량 (tf/$m^3$) |
|---|---|---|---|---|
| 신설철도 | 쌓기 | A군,<br>안정처리한 B군 | 32 | 1.9 |
| | | B군 | 30 | 1.8 |
| | 깎기 | 양질 | 32 | 1.9 |
| | | 세립토 함량이 12%<br>이상인 경우 | 28 | 1.7 |

표 6.12 기존철도 노반(2004년 이전 건설) (토사)

| 철도 분류 | 지반 분류 | 흙 종류 | 내부마찰각(°) | 단위중량 (tf/$m^3$) |
|---|---|---|---|---|
| 기존철도 | 쌓기 | A군 | 30 | 1.8 |
| | | B군 | 28 | 1.7 |
| | 깎기 | 양질의 토사 | 30 | 1.8 |
| | | 세립토 함량이 12%<br>이상인 경우 | 28 | 1.7 |

## 5.2 | 전철주기초에 적용하는 토압

### (1) 토압분포

전철주기초에 작용하는 토압을 산정할 때에는 기초의 단면형상에 따라 연직응력분포와 마찰응력분포를 검토하여 설계한다.

1) 각형기초

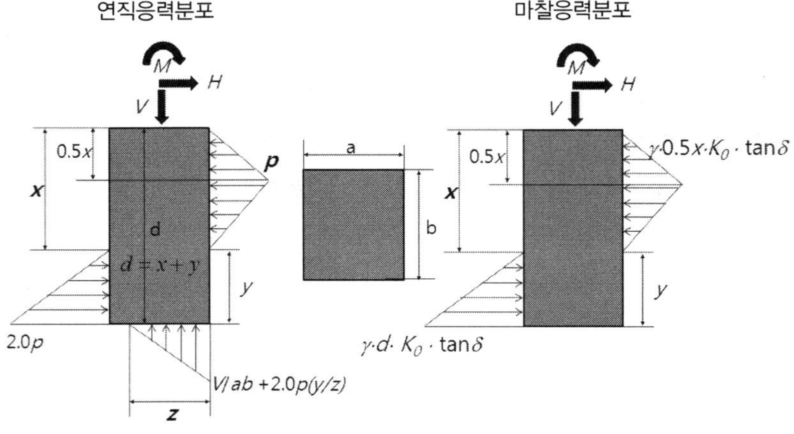


그림 6.47 각형기초의 응력분포

여기서, $M$ : 기초에 작용하는 모멘트
$V$ : 기초에 작용하는 수직하중
$H$ : 기초에 작용하는 수평하중
$a$ : 기초의 하중 방향 폭
$b$ : 기초의 하중 직각방향 폭
$d$ : 노반에 근입된 기초 깊이
$x$ : 기초의 회전 깊이 $(y = d - x)$
$\gamma$ : 노반의 단위중량
$\delta$ : 기초와 지반사이의 마찰각
$z$ : 하중 재하시 기초 저면부와 지반의 접촉 폭

각형기초 전면부에 발생하는 연직토압은 회전 깊이의 1/2 되는 지점에서 최대 크기로 발생하며, 후면부 연직토압은 전면부 최대토압의 2.0배 크기로 발생한다.

### 2) 원형기초

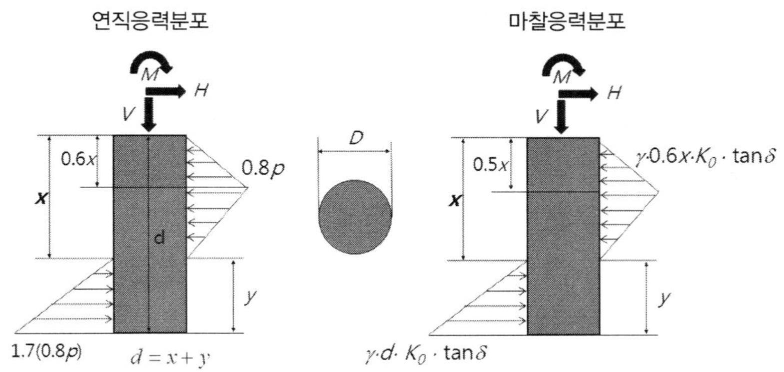


그림 6.48 원형기초의 응력분포

여기서, $D$ : 원형기초의 직경

원형기초 전면부에 발생하는 연직토압은 회전 깊이의 0.6배 되는 지점에서 최대 크기로 발생한다. 이때 원형기초의 전면부는 곡면이므로 전면부에 작용하는 평균 연직토압은 최대토압 $p$의 0.8배로 가정한다.

## 5.3 | 전철주기초의 강도계산

### (1) 강도계산 일반

전차선로의 헤비심플커티너리 가선방식이 보편화함에 따라 전차선의 중가선화로 지지물에 가해지는 하중이 증대하여, 전주 및 기초의 강도는 큰 것이 요구되고 있다. 또한 기계화 시공이 주된 시공방법으로 정착되고 있으며, 기초에 대해서 과거에 적용하고 있었던 전주기초 강도계산식은 실험식을 통하여 기초형상, 치수를 확대하여 적용하는 데에는 많은 어려움이 있었다

지지력의 측정법으로서 페니트로미터와 스웨덴식 사운딩법을 사용하여 왔으나 연약지반, 경질지반, 자갈을 혼입한 지반에서는 사용할 수 없다.

그래서 전주기초 강도계산식은 케이슨(Caisson) 기초의 계산식을 전차선로용 전주기초에 적용하였다.

#### 1) 포터블 콘 페니트로미터(Portable cone penetrometer)

$$\text{콘 지지력} = \frac{\text{페니트로미터 관입저항치[N]}}{\text{선단 콘의 전면적}[\mathrm{cm}^2]}$$

#### 2) 충격식 페니트로미터

무게 5[kg]의 낙하추를 50[cm]의 높이에서 낙하시켜서, 선단 콘의 관입량 10[cm]당 타격수로 나타낸다.

#### 3) 스웨덴식 사운딩 법

전재하중(全載荷重) $W_{SW}$ · 980[N]과 관입량 1[m]당 회수 $N_{SW}$(반회전수/m)에 의해 환산 qc, N의 값을 구한다.

### (2) 지지력의 측정을 요하는 지반에 있어서 주상기초의 저항모멘트 계산

지반이 불명확한 경우는 스웨덴식 사운딩 또는 콘 페니트로미터에 의해 지지력을 측정하고 보통지반에서는 기초재의 저항모멘트는 페니트로미터(Penetrometer)의 관입저항치에 거의 비례한다.

#### 1) 보통지반의 경우

$$M_a = \frac{0.086d \cdot q_c \cdot \ell^2 \cdot K \cdot f}{F_s\left(1 + \frac{\ell}{h}\right)} \tag{6.77}$$

2) 점토지반의 경우

$$M_a = \frac{0.163d \cdot q_c \cdot \ell^2 \cdot K \cdot f}{F_s\left(1+\dfrac{\ell}{h}\right)} \tag{6.78}$$

여기서, 근입길이 $\ell$과 수평하중 작용점의 지상높이 $h$를 $\dfrac{\ell}{h}=\dfrac{2}{7}=0.286$로 계산하면

$$M_a = \frac{0.067d \cdot q_c \cdot \ell^2 \cdot K \cdot f}{F_s}[\mathrm{kN \cdot m}] \tag{6.79}$$

$M_a$ : 허용저항모멘트[kN · m]「기초상단면의 중심점의 것」

$d$ : 수평하중에 직각방향의 기초폭[m]

$q_c$ : 콘 지지력[kN · m²]

스웨덴식 사운딩 측정치에서는 다음 식으로 환산한다.

$$q_c = 0.6W_{sw} + 2.0N_{sw}[\mathrm{kN \cdot m^2}]$$

$W_{sw}$ : 중량[N]

$N_{sw}$ : 관입량 1[m]당의 반회전수

$\ell$ : 기초의 근입깊이[m]

$K$ : 지형계수, $f$ : 형상계수, $F_s$ : 안전율

## 5.4 | 기둥형기초

### (1) 기초강도에 필요한 계수

기초의 강도를 계산하는 경우 기초부의 지형, 형상, 토질과 안전율 등 각종조건을 고려하여 지형계수($K$), 형상계수($f$), 강도계수($S_0$), 안전율($F_s$)등을 기초 강도계산시 반영한다.

1) 지형계수($K$)

지형을 평지 또는 깍기개소와 쌓기개소로 구분하며 이런 지형에 대해서 하중방향을 고려해야 할 조건의 계수를 지형계수라 한다.

표 6.13 지형계수($K$)의 값

| 지형 | 하 중 방 향 | $K$값 | 비 고 |
|---|---|---|---|
| 평지 · 깍기 | ℓ" ℓ' + L d | 1.0 | 측구가 약한 구조로 $L<d$의 경우 $\ell' = \ell''$로 한다. |
| | + | 1.2 | |
| 쌓기 | + | 0.6 | |
| | + | 1.0 | |

2) 형상계수($f$)

기초에는 각종형태가 있고, 또 기초 터파기를 할 때 토질 등에 따라 흙막이 틀을 사용하는 공법과 사용하지 않는 공법이 있다. 이 경우 토양과 기초재의 접촉면에서 강도의 차가 발생하기 때문에 강도차를 보정하여야 하는데 이 계수를 형상계수라 한다.

표 6.14 형상계수($f$)의 값

| 종 별 | 쇄 석 | | 원형 콘크리트 | | 각형 콘크리트 | | T 부 |
|---|---|---|---|---|---|---|---|
| 형 상 | 흙막이 없 음 | 흙막이 있 음 | 흙막이 없 음 | 흙막이 있 음 | 흙막이 없 음 | 흙막이 있 음 | 콘크리트 |
| 계 수 | 0.6 | 0.75 | 1.0 | 0.9 | 1.1 | 1.0 | 1.4 |

3) 강도계수($S_0$)

지반에는 기설지반과 같은 안정한 지반과 신설 쌓기와 같은 불안정한 지반이 있어 기초 강도에 영향을 미치므로 이것을 보정할 필요가 있다. 이 보정계수를 강도계수라 한다.

**표 6.15** 강도계수($S_0$)의 값

| 폭풍시 최대하중에 대해서 | 운전시 최대하중에 대해서 | |
|---|---|---|
| | 안정된 기설지반 | 변형이 쉬운 불안정한 지반 |
| 1.2 | 1.0 | 0.75 |

4) 안전율($F_s$)

페니트로미터(penetrometer) 등으로 측정한 값을 기초로 하여 계산하는 경우 다음의 안전율을 고려한다.

**표 6.16** 안전율($F_s$)의 값

| 폭풍시 최대하중에 대해서 | 운전시 최대하중에 대해서 | |
|---|---|---|
| | 안정된 기설지반 | 변형이 쉬운 불안정한 지반 |
| 2.0 | 3.0 | 4.0 |

### (2) 토질의 종류

① 자갈 : 알돌, 자갈을 포함한 것을 말한다.
② 모래자갈 : 모래와 자갈이 혼합된 것을 말한다.
③ 보통 모래 : 하천에 있으며, 보통 콘크리트 골재로 사용한다.
④ 고운 모래 : 매우 가는 알맹이로 된 모래(해변가 모래)를 말한다.
⑤ 롬 : 모래, 점토 등이 포함되지 않은 것(보통 흙)을 말한다.
⑥ 점토 : 매끄러운 감촉을 갖고 있으며, 건조하면 벽돌처럼 굳는다.
⑦ 실드 : 점토와 비슷, 아래로 늘어 뜨리면 끊어지고, 건조하면 쉽게 파쇄된다.
⑧ 니탄[泥炭] : 유기물(풀, 수목의 뿌리 등이 썩은 것)을 함유하고 있어 매우 연하고 가볍다.

### (3) 지내력(지지력)의 측정을 필요로 하지 않는 양호한 지반의 기초

지반이 양호하여 잘 무너지기 않는 경우의 기초저항모멘트의 계산은 다음 식으로 계산한다.

$$M_a = K \cdot f \cdot S_0 \cdot L^2 \sqrt[3]{d^2\left(1+0.57\frac{b^2}{L^2}+0.45\frac{b}{d}\right)^2} \text{ [kN · m]} \quad (6.80)$$

여기서, $M_a$ : 허용저항모멘트(지표면에 대하여)[kN · m]

$K$ : 지형계수

$f$ : 형상계수

$S_0$ : 강도계수 운전시 최대하중에 대해서 $S_0 = 0.75$

폭풍시 최대하중에 대해서 $S_0 = 1.2$

$L$ : 지표면에서 기초하부(低部)까지의 두께[m]

$d$ : 기초의 하중방향에 직각의 폭[m]

$b$ : 기초의 하중방향의 폭[m]

단, 표상(상토)의 깊이 $l' > 0.1L$의 경우에는

$$M_a' = \left(1.12 - 1.2\frac{l'}{L}\right)M_a \quad (6.81)$$

로 한다.

지반이 양호하고 모래나 그밖에 무너지기 쉬운 흙이 아닌 경우에 한하며 기둥형 기초의 허용모멘트를 구하는 실용적인 계산공식이다. 건식하는 전주의 기초는 지내력을 측정하여 기초의 크기를 정해야 하지만 이미 전주가 건식되어 있고 지반이 양호하다고 판단되는 개소는 지내력의 측정을 생략하고 위 식에 따라 허용저항모멘트를 구할 수 있다.

**예제 6-13**

**지반이 양호하고 평탄하며 배수로가 없는 개소에 대하여 지내력의 측정을 생략하고 아래의 설계조건을 가진 I형 콘크리트기초 강도를 계산하여라.**

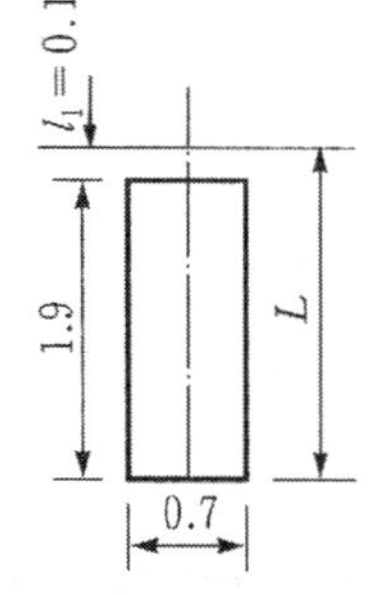


**【설계조건】** 갑종 풍압하중

| | |
|---|---|
| 지면 경계 모멘트 (선로 반대측의 모멘트) | 4,860[kgf · m] |
| 콘크리트기초의 지름 | 700[mm] |
| 기초의 표토 | 100[mm] |

풀이

(1) 기초 강도계산에 필요한 계수 선정

설계조건에 따라 기초강도의 계산에 필요한 계수를 선정한다.

- 지형계수(평지, 선로와 반대측의 모멘트) $K=1.0$
- 형상계수(원형주, 토류수 없음) $f=1.0$
- 강도계수(폭풍시 최대하중) $S_0=1.2$

(2) 콘크리트기초의 허용저항모멘트 계산

콘크리트기초의 폭은 설계조건에 주어져 있으므로

- 기초의 폭 : $d=b=0.7$[m]

콘크리트기초의 길이($l$)를 1.6[m]로 가정하면

- 콘크리트기초 매설깊이

$$L=l+0.1(\text{기초의 표토})=1.6+0.1=1.7[\text{m}]$$

콘크리트기초의 허용저항모멘트를 계산해 보면

$$M_a=K\cdot f\cdot S_0\cdot L^2\sqrt[3]{d^2\left(1+0.57\frac{b^2}{L^2}+0.45\frac{b}{d}\right)^2}\ [\text{tf}\cdot\text{m}]$$

$$=1.0\times1.0\times1.2\times1.7^2\times\sqrt[3]{0.7^2\times\left(1+0.57\times\frac{0.7^2}{1.7^2}+0.45\times\frac{0.7}{0.7}\right)^2}$$

$$=3.66[\text{tf}\cdot\text{m}]=35.868[\text{kN}\cdot\text{m}]$$

여기서 계산된 콘크리트기초의 허용저항모멘트($M_a$)와 설계조건에 주어진 지면경계모멘트를 비교해 보면 3.66[tf · m] < 4.86[tf · m]이 되므로 콘크리트기초의 길이($l$)를 1.6[m]로 하면 불안전하다.

그러면 이번에는 콘크리트기초의 길이($l$)를 1.9[m]로 해 보자.

콘크리트기초 매설깊이 : $L=l+0.1(\text{기초의 표토})=1.9+0.1=2.0[\text{m}]$

콘크리트기초의 허용저항모멘트를 계산해 보면

$$M_a=K\cdot f\cdot S_0\cdot L^2\sqrt[3]{d^2\left(1+0.57\frac{b^2}{L^2}+0.45\frac{b}{d}\right)^2}\ [\text{kN}\cdot\text{m}]$$

$$=1.0\times1.0\times1.2\times2.0^2\times\sqrt[3]{0.7^2\times\left(1+0.57\times\frac{0.7^2}{2.0^2}+0.45\times\frac{0.7}{0.7}\right)^2}$$

$$=5.0[\text{tf}\cdot\text{m}]=49[\text{kN}\cdot\text{m}]$$

여기서 계산된 콘크리트기초의 허용저항모멘트($M_a$)와 설계조건에 주어진 지면경계모멘트를 비교해 보면 49.0[kN · m] > 47,628[kN · m] 되므로 콘크리트기초의 길이($l$)를 1.9[m]로 하면 안전하다.

**예제 6-14**

**연약지반이나 쌓기개소 등에서 침하(수직하중)하거나 도괴(수평하중)되는 것에 대처하기 위하여 사용한 T형 콘크리트기초에서 지내력의 측정을 생략하고 아래의 설계조건을 가진 T형 콘크리트기초 강도를 계산하여라.**

**【설계조건】** 갑종 풍압하중
쌓기개소 4,860[kgf · m]
(선로 반대측의 모멘트)
콘크리트기초의 지름 700[mm]
기초의 표토 500[mm]

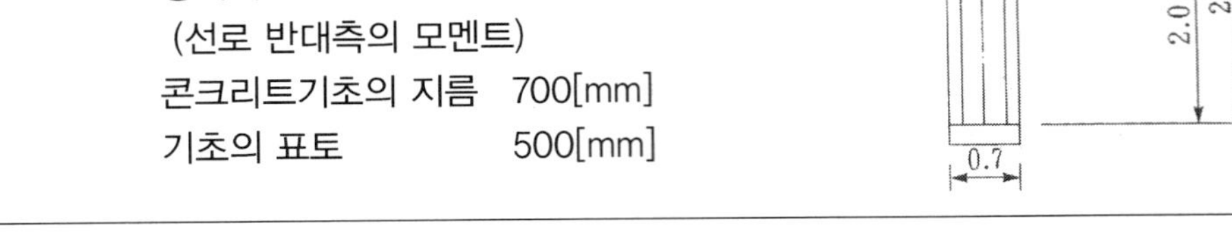


**풀이** (1) 기초강도 계산에 필요한 계수 선정

설계조건에 따라 기초강도의 계산에 필요한 계수를 선정하면,

- 지형계수(성토, 선로와 반대측의 모멘트) : $K=0.6$
- 형상계수(T형) : $f=1.4$
- 강도계수(폭풍시 최대하중) : $S_0=1.2$

(2) 콘크리트기초의 허용저항모멘트 계산

콘크리트기초의 폭은 설계조건에 주어져 있으므로

- 기초의 폭 : $d=b=0.7$[m]

콘크리트기초의 길이($l$)를 2.0[m]로 가정하면

- 콘크리트기초 매설깊이(지표면에서 기초하부까지의 길이)

$$L=l+0.5(\text{기초의 표토})=2.0+0.5=2.5[\text{m}]$$

$l'=0.5>0.1L=0.25$이므로 콘크리트기초의 허용저항모멘트를 계산해 보면

$$M_a'=K\cdot f\cdot S_0\cdot L^2\sqrt[3]{d^2\left(1+0.57\frac{b^2}{L^2}+0.45\frac{b}{d}\right)^2}\left(1.12-1.2\frac{l'}{L}\right)[\text{kN}\cdot\text{m}]$$

$$=0.6\times1.4\times1.2\times2.5^2\times\sqrt[3]{0.7^2\times\left(1+0.57\times\frac{0.7^2}{2.5^2}+0.45\times\frac{0.7}{0.7}\right)^2}$$

$$\times\left(1.12-1.2\times\frac{0.5}{2.5}\right)=5.71[\text{kN}\cdot\text{m}]$$

## (4) 지내력(지지력)의 측정이 필요한 지반의 기초

지반이 분명하지 않은 경우는 지내력을 측정하여 그 결과를 가지고 기초의 허용저항모멘트를 계산한다. 지내력의 측정방법에는 콘 페니트로미터, 충격식 콘 페니트로미터와 스웨덴식 사운딩 등에 의한 방법이 있지만 전차선로에는 일반적으로 콘 페니트로미터 방법이 사용되고 있다.

콘 페니트로미터는 경량으로 휴대하기가 편리한 포터블(potable)로 된 것이 있으며, 측정이 편리하여 많이 사용되고 있다. 관입 방법은 인력에 의한 정적 연속압입방식으로 관입저항을 깊이 10[cm]마다로 측정한다. 이 때 관입속도는 1[cm/s]을 표준으로 하며 이렇게 해서 구한 관입저항을 콘크리트 바닥면적으로 나눈값을 콘크리트 지지력(콘 지지력)이라 한다.

$$\text{콘 지지력} = \frac{\text{페니트로미터 관입저항값[N]}}{\text{콘크리트의 바닥면적}[\mathrm{cm}^2]} \tag{6.82}$$

모래 등 무너지기 쉬운 지반에서는 충격식 콘 페니트로미터를 사용하며 무게 5[kg]의 낙하추를 50[cm] 높이에서 낙하시키고 선단 콘크리트 관입량 10[cm]당 타격수를 기초로 하여 허용저항모멘트를 구하는 방식이다.

스웨덴식 사운딩은 흙의 관입저항을 측정하여 단단함과 부드러움 또는 혼합된 흙층의 구성을 판정하는 시험방법이다. 이것은 전재하중(全載荷重) WSW・980[N]과 관입량 1[m] 당 회수 NSW(반회전수/m)에 의해 환산 $q_c$, N의 값을 구한다.

1) 보통지반

보통지반이란 점토, 모래 등을 제외한 일반적인 토질의 지반을 말한다.

**① 페니트로미터(penetrometer)의 측정값을 이용하는 경우**

$$M_a = \frac{0.067d \cdot q_c \cdot l^2 \cdot K \cdot f}{F_s} [\mathrm{kN \cdot m}] \tag{6.83}$$

여기서, $M_a$ : 허용모멘트[kN・m](기초상단면의 중심점에 있는 것)

$K$ : 지형계수

$f$ : 형상계수

$d$ : 수평하중에 직각한 방향의 기초폭[m]

$q_c$ : 콘 지지력[kN/m²]

$l$ : 기초에 근입한 길이[m]

$F_s$ : 안전율

**② 스웨덴식 사운딩에 따른 측정값을 이용하는 경우**

$$q_c = 0.6 W_{sw} + 2.0 N_{sw} [\mathrm{kN/m^2}] \tag{6.84}$$

여기서, $W_{sw}$ : 중량[N]

$N_{sw}$ : 관입량 1[m]당 반회전수

2) 점토지반

① 페니트로미터의 측정값을 이용하는 경우

$$M_a = \frac{0.137d \cdot q_c \cdot l^2 \cdot K \cdot f}{F_s} [\mathrm{kN \cdot m}] \tag{6.85}$$

여기서, $M_a$ : 허용모멘트[kN · m](기초상단면의 중심점에 있는 것)

$K$ : 지형계수

$f$ : 형상계수

$d$ : 수평하중에 직각한 방향의 기초폭[m]

$q_c$ : 콘크리트 지지력[kN/m$^2$]

$l$ : 기초에 근입한 길이[m]

$F_s$ : 안전율

② 스웨덴식 사운딩에 따른 측정값을 이용하는 경우

$$q_c = 0.225 W_{sw} + 0.375 N_{sw} [\mathrm{kN/m^2}] \tag{6.86}$$

여기서, $W_{sw}$ : 중량[N]

$N_{sw}$ : 관입량 1[m]당 반회전수

3) 모래 또는 무너지기 쉬운 지반

모래 등은 모멘트를 가하면 무너지기 쉽고 경우에 따라서는 페니트로미터로는 측정이 되지 않을 수 있다. 그래서 모래 등의 지반에는 타격에 따라 관입하는 충격식 페니트로미터에 의한 측정결과를 이용하고 계산한다.

① 페니트로미터의 측정값을 이용하는 경우

$$M_a = \frac{0.5N \cdot d \cdot l^2 (l - d/2) K' \cdot f}{F_s} [\mathrm{kN \cdot m}] \tag{6.87}$$

여기서, $M_a$ : 허용모멘트[kN · m](기초상단면의 중심점에 있는 것)

$N$ : 충격식 페니트로미터의 관입량 10[cm] 당의 타격수
(기초 위 끝에서 아래 30~80[cm] 깊이의 평균값)

$K'$ : 모래의 지형계수

$f$ : 형상계수

$d$ : 수평하중에 직각한 방향의 기초폭[m]

$q_c$ : 콘크리트 지지력[kN/m$^2$]

$l$ : 기초에 근입한 길이[m]

$F_s$ : 안전율

**표 6.17** 모래의 지형계수($K'$)의 값

| 하중의 방향 | 조 건 | $K'$의 값 |
|---|---|---|
| ($L_1$, +, $l$, $d$) | $\frac{L_1}{l} > 1$ 일 때 | 1.0 |
| | $1 \geq \frac{L_1}{l} \geq 0.2$ 일 때 | $0.5+0.5\frac{L_1}{l}$ |
| | $\frac{L_1}{l} < 0.2$ 일 때 | $0.45+0.75\frac{L_1}{l}$ |
| ($L_1$, +, $l$, $d$) | $\frac{L_1}{l} \geq 0.6$ 일 때 | $-1.0$ |
| | $\frac{L_1}{l} < 0.6$ 일 때 | $0.6+0.667\frac{L_1}{l}$ |

② 스웨덴식 사운딩에 따른 측정값을 이용하는 경우

$$q_c = 0.04\,W_{sw} + 0.134 N_{sw}\ [\mathrm{kN/m^2}] \tag{6.88}$$

여기서, $W_{sw}$ : 중량[N]

$N_{sw}$ : 관입량 1[m]당 반회전수

**예제 6-15**

**보통지반에서의 아래의 설계조건을 가진 I형 콘크리트 기초의 허용저항모멘트 $M_a$[kN · m]는 얼마인가?**

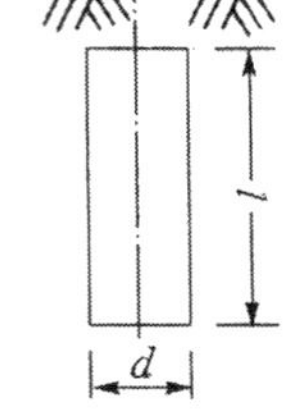


**【설계조건】** 갑종풍압하중

평탄개소

콘크리트기초의 지름 700[mm]

기초길이 2.0[m]

콘크리트 지지력 60[tf/m$^2$]

풀이 (1) 기초 강도계산에 필요한 계수 선정

설계조건에 따라 기초강도의 계산에 필요한 계수를 선정한다.

- 지형계수(평지, 선로와 반대측의 모멘트) : $K=1.0$
- 형상계수(원형주, 흙막이 없음) : $f=1.0$
- 안전율(폭풍시 최대하중) : $F_s=2.0$

(2) 콘크리트기초의 허용저항모멘트 계산

콘크리트기초의 폭은 설계조건에 주어져 있으므로

- 기초의 폭 : $d=b=0.7$[m]
- 콘크리트기초 길이 : $l=2.0$[m]

$$M_a=\frac{0.067d\cdot q_c\cdot l^2\cdot K\cdot f}{F_s}[\text{kN}\cdot\text{m}]$$

$$=\frac{0.067\times0.7\times60\times2.0^2\times1.0\times1.0}{2.0}$$

$$=5.63[\text{tf}\cdot\text{m}]=55.174[\text{kN}\cdot\text{m}]$$

**예제 6-16**

**보통지반에서의 아래의 설계조건을 가진 T형 콘크리트기초의 허용저항모멘트 $M_a$[kN · m]는 얼마인가?**

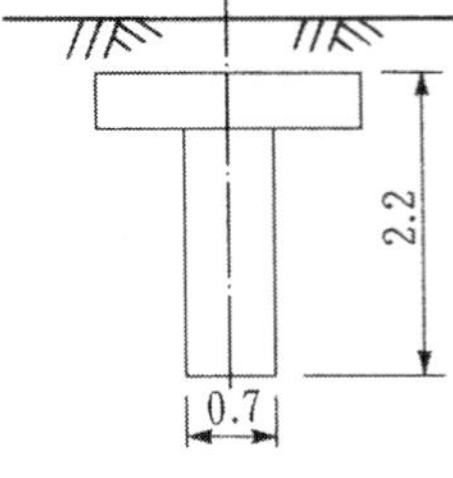


【설계조건】 갑종풍압하중
평탄개소
콘크리트기초의 지름 700[mm]
기초길이 2.2[m]
콘크리트 지지력 20[tf/m²]

풀이 (1) 기초 강도계산에 필요한 계수 선정

설계조건에 따라 기초강도의 계산에 필요한 계수를 선정한다.

- 지형계수(평지, 선로측의 모멘트) : $K=1.2$
- 형상계수(T형) : $f=1.4$
- 안전율(폭풍시 최대하중) : $F_s=2.0$

(2) 콘크리트기초의 허용저항모멘트 계산

콘크리트기초의 폭은 설계조건에 주어져 있으므로

- 기초의 폭 : $d=b=0.7$[m]
- 콘크리트기초 길이 : $l=2.2$[m]

$$M_a=\frac{0.067d\cdot q_c\cdot l^2\cdot K\cdot f}{F_s}$$

$$=\frac{0.067\times0.7\times20\times2.2^2\times1.2\times1.4}{2.0}$$

$$=3.81[\text{tf}\cdot\text{m}]=37.338[\text{kN}\cdot\text{m}]$$

**예제 6-17**

**점토지반에서의 아래의 설계조건을 가진 I형 콘크리트 기초의 허용저항모멘트 $M_a$[kN · m]는 얼마인가?**

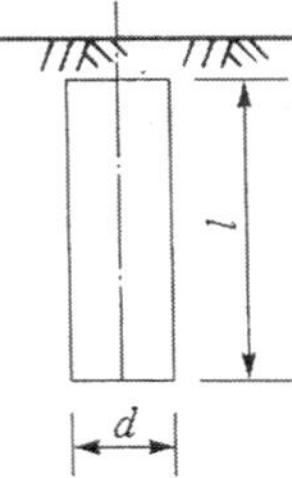


**【설계조건】** 갑종풍압하중
평탄개소
콘크리트기초의 지름 700[mm]
기초길이 2.0[m]
콘크리트 지지력 60[tf/m$^2$]

---

**풀이** (1) 기초 강도계산에 필요한 계수 선정

설계조건에 따라 기초강도의 계산에 필요한 계수를 선정한다.

- 지형계수(평지, 선로와 반대측의 모멘트) : $K=1.0$
- 형상계수(원형주, 흙막이 없음) : $f=1.0$
- 안전율(폭풍시 최대하중) : $F_s=2.0$

(2) 콘크리트기초의 허용저항모멘트 계산

콘크리트기초의 폭은 설계조건에 주어져 있으므로

- 기초의 폭 : $d=b=0.7$[m]
- 콘크리트기초 길이 : $l=2.0$[m]

$$M_a=\frac{0.137d\cdot q_c\cdot l^2\cdot K\cdot f}{F_s}$$

$$=\frac{0.137\times 0.7\times 60\times 2.0^2\times 1.0\times 1.0}{2.0}$$

$$=11.51[\mathrm{tf\cdot m}]=112.798\ [\mathrm{kN\cdot m}]$$

**예제 6-18**

**모래 또는 무너지기 쉬운 지반에서 아래의 설계조건을 가진 I형 콘크리트기초의 허용저항모멘트 $M_a$[kN · m]는 얼마인가?**

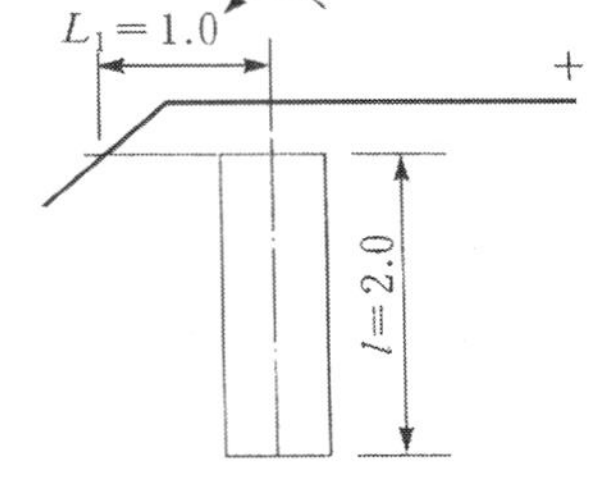


**【설계조건】** 갑종풍압하중
선로의 반대쪽 모멘트
콘크리트기초의 지름 700[mm]
기초길이 2.0[m]
관입량의 타격수 7회
$L_1=1.0$[m]

---

**풀이** (1) 기초 강도계산에 필요한 계수 선정

설계조건에 따라 기초강도의 계산에 필요한 계수를 선정한다.

- 모래의 지형계수(선로와 반대측의 모멘트)

$$K' = 0.5 + 0.5\frac{L_1}{l} = 0.5 + 0.5 \times 0.5 = 0.75$$

- 형상계수(원형주, 흙막이 없음) : $f = 1.0$
- 안전율(폭풍시 최대하중) : $F_s = 2.0$
- 콘크리트기초의 지름이 0.7[m]이므로 $d = 0.7$[m]

(2) 콘크리트기초의 허용저항모멘트 계산

$$M_a = \frac{0.5N \cdot d \cdot l^2(l - d/2)K' \cdot f}{F_s}$$

$$= \frac{0.5 \times 7 \times 0.7 \times 2.0^2 \times (2.0 - 0.7/2) \times 0.75 \times 1.0}{2.0}$$

$$= 6.06[\text{tf} \cdot \text{m}] = 59.388[\text{kN} \cdot \text{m}]$$

## 5.5 | 우물통형기초

우물통형기초란 콘크리트제 우물통 같이 생긴 통을 사용한 기초로 하중이 크게 가해지고 용수로 인한 기초 터파기가 곤란한 경우에 적용되며 주로 가공송전선로의 철탑기초에 사용되고 있다.

### (1) 기초 바닥면의 저항모멘트

$$M_b = \sigma_1 \cdot Z[\text{N} \cdot \text{m}] \tag{6.89}$$

$$\sigma_1 = \frac{q}{F} - \frac{W}{A} \tag{6.90}$$

여기서, $\sigma_1$ : 기초바닥면의 유효지지력[N/cm$^2$]

$W$ : 기초바닥면에 가해지는 전 수직하중[kg]

$A$ : 기초의 바닥면적[m$^2$]

$q$ : 지내력(또는 지지력)[N/m$^2$]

$Z$ : 기초 바닥면의 단면계수[m$^3$]

$F$ : 안전율

## (2) 발생하는 측압

### 1) 최대측압

$$\sigma_m = \frac{t_m}{l+t^3}(12M_E + H \cdot t) \tag{6.91}$$

$$M_E = M - M_3 \tag{6.92}$$

$$t_m = \frac{t}{3} + \frac{H \cdot t^2}{36M_E} \tag{6.93}$$

여기서, $M$ : 기초상부에 발생하는 전 모멘트[N · m]

$l$ : 하중방향 기초의 평균 폭[m]

$t$ : 근입의 깊이[m]

$t_m$ : 최대측압 발생 깊이[m]

$H$ : 수평력[N]

### 2) 밑부분의 측압

$$\sigma_b = \frac{12M_E - 2H \cdot t}{l+t^2} \tag{6.94}$$

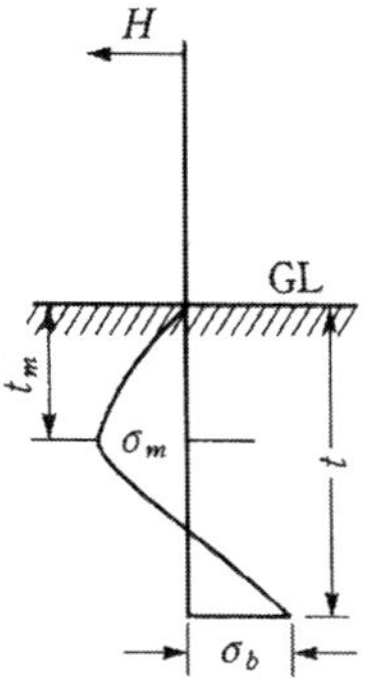


그림 6.49

### 3) 수동토압

① 최대측압이 발생하는 깊이에서의 수동토압

$$P_m = W_E \cdot t_m \frac{1+\sin\phi}{1-\sin\phi} \tag{6.95}$$

여기서, $W_E$ : 기초상부에서의 단위중량[kg/m$^2$]

$\phi$ : 흙의 안식각

② 기초 바닥부분에서의 수동토압

$$P_b = W_E \cdot t\frac{1+\sin\phi}{1-\sin\phi} \tag{6.96}$$

4) 응력의 검정

최대측압 발생점

$$\frac{P_m}{\sigma_m} > 1$$

기초 바닥부분

$$\frac{P_b}{\sigma_b} > 1$$

**예제 6-19**

**그림 6.48과 같은 우물통형기초의 강도를 계산하여라.**

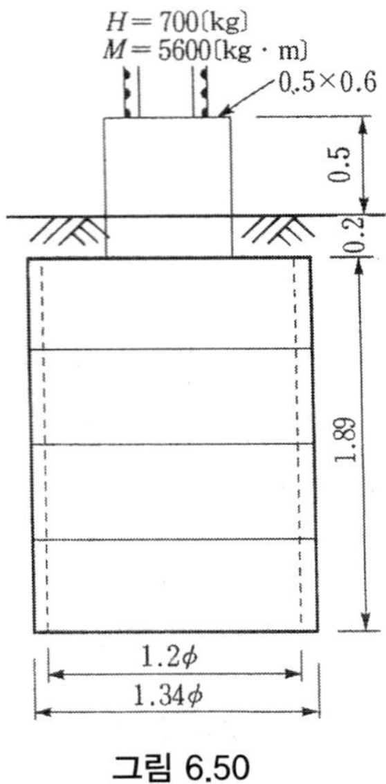


그림 6.50

풀이 (1) 기초 바닥부분의 저항모멘트

- 철주, 빔, 가선 등의 중량 1100[kg]
- 콘크리트의 용적

$V_c = (0.7\times0.5\times0.6)+(3.14\times0.67^2\times1.89) = 0.21+2.664 = 2.874[\mathrm{m}^3]$

콘크리트의 단위중량을 2400[kg/m$^3$]로 하면 콘크리트의 단위중량

$W_c = 2.874\times2400 = 6{,}897[\mathrm{kg}]$

- 흙의 용적

$V_G = (3.14 \times 0.67^2 \times 0.2) - (0.5 \times 0.6 \times 0.2) = 0.282 - 0.06 = 0.222[\mathrm{m}^3]$

흙의 단위중량을 1600[kg]으로 하면 흙의 중량은

$0.222 \times 1600 = 355[\mathrm{kg}]$

- 기초 바닥부분에 가해지는 전 수직하중

$W = 1100 + 6897 + 355 = 8352[\mathrm{kg}]$

- 기초 바닥부분의 단위면적당 중량

$$\frac{W}{A} = \frac{8{,}352}{3.14 \times 0.67^2} = 5{,}925[\mathrm{kg/m^2}]$$

- 지내력을 30,000[kgf/m$^2$], 안전율을 2로 하면

$$\frac{q}{F} = \frac{30{,}000}{2} = 15{,}000[\mathrm{kg/m^2}]$$

- 기초바닥면의 유효 지지력

$$\sigma_1 = \frac{q}{F} - \frac{W}{A} = 15{,}000 - 5{,}925 = 9{,}075[\mathrm{kgf/m^2}]$$

- 기초바닥면의 단면계수

$$Z = \frac{\pi}{32} d^3 = \frac{3.14}{32} \times 1.34^3 = 0.236[\mathrm{m}^3]$$

- 기초 바닥면의 저항모멘트

$M_B = 9{,}075 \times 0.236 = 2{,}142[\mathrm{kgf \cdot m}]$

(2) 발생하는 측압(側壓)

- 흙의 측면에 지지하는 모멘트

$M_E = M - M_B = 5{,}600 - 2{,}142 = 3{,}458[\mathrm{kgf \cdot m}]$

- 최대 측압 발생 깊이

$$t_m = \frac{1.89}{3} + \frac{700 \times 1.89^2}{36 \times 3{,}458} = 0.65[\mathrm{m}]$$

- 최대측압

$$\sigma_m = \frac{0.65}{1.34 \times 1.89^3} \times (12 \times 3458 + 700 \times 1.89) = 3083[\mathrm{kgf/m^2}]$$

- 밑부분의 측압

$$\sigma_b = \frac{12 \times 3{,}458 - 2 \times 700 \times 1.89}{1.34 \times 1.89^2} = 8{,}116[\mathrm{kgf/m^2}]$$

(3) 수동측압

- 흙의 단위중량 $W_E = 1{,}600[\mathrm{kg/m^2}]$
- 안식각 $\phi = 30°$
- 최대측압이 발생하는 깊이에서 수동토압

$P_m = 1{,}600 \times 0.65 \times 3 = 3{,}120[\mathrm{kg/m^2}]$

- 기초바닥에서의 수동토압

$P_b = 1{,}600 \times 1.89 \times 3 = 9{,}072[\mathrm{kg/m^2}]$

(4) 응력의 검정

최대측압 발생점 $= \dfrac{P_m}{\sigma_m} = \dfrac{3{,}120}{3{,}083} = 1.01 > 1$

$$기초\ 바닥부분 = \frac{P_b}{\sigma_b} = \frac{9,072}{8,116} = 1.11 > 1$$

따라서 이 기초는 측면, 바닥면에 가해진 측압에 대해서 1 이상이 되어 안전하다.

## 5.6 중력형블럭기초

중력형블럭기초란 측면토압이 연약하여 기초 바닥면의 지지력만으로 하중을 받도록 만들어지는 기초를 말한다. 중력형블럭기초는 그 중량에 의해 외력에 의한 모멘트에 저항시키는 것으로, 그림 6.51은 그 원리를 나타낸 것이다.

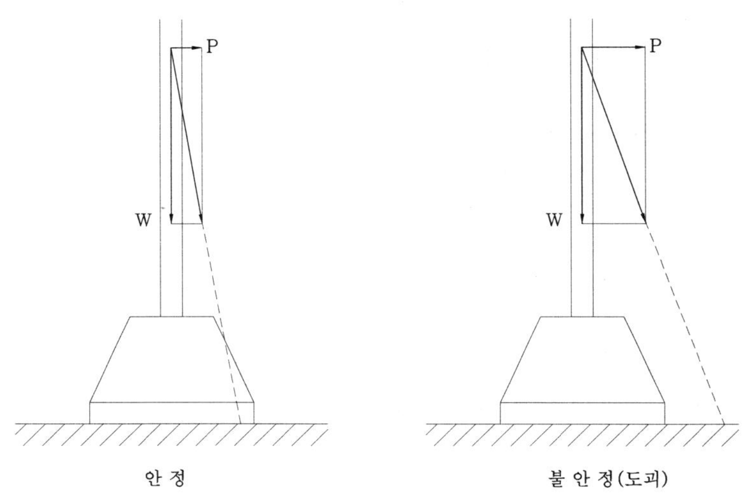


**그림 6.51** 중력형블럭기초의 안정과 불안정

그림 6.51에서 지지력이 기초 저면의 압축응력보다 클 때, 수평하중 $H$와 수직하중 $W$를 합성한 힘의 연장선이 기초 저면속에 있으면 그 구조물은 안정되어 있다. 이 경우, $H$는 수평력의 합계로 높이는 하중의 중심으로 한다. 또한 $W$는 기초중량까지 포함한 전 수직하중이다.

중력형블럭기초는 수직하중이 클수록 안정되어 있고, 수평하중의 하중점이 낮을수록 안정되어 있지만, 실제 설계에 있어서는 하중점의 위치는 변경할 수 없는 경우가 많으므로 기초의 저면과 중량으로 안정을 찾게 된다.

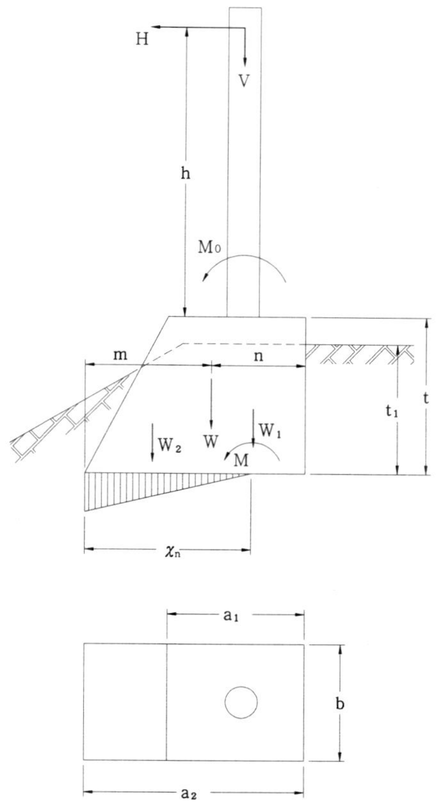


그림 6.52 중력형블록기초의 하중

수직하중 $W$는,

$$W = V + W_o$$

여기서, $V$ : 기초상부에 가해지는 수직하중(전주를 포함)

$W$ : 기초중량 = $W_1 + W_2$

$$W_1 = a_1 \cdot b \cdot t \cdot w_c$$

$$W_2 = \frac{a_1 - a_2}{2} \cdot b \cdot t \cdot w_c$$

$W_c$ : 기초 콘크리트의 단위중량

수직하중의 중심위치 $n$ 및 압축응력이 작용하는 범위 $\chi_n$은

$$n = \frac{1}{W}\left\{\frac{a_1(W_1+V)}{2} + W_2\left(a_1 + \frac{a_2 - a_1}{3}\right)\right\}$$

$$\chi_n = \frac{a_2\left\{\left(m - \frac{M}{W}\right) - \frac{2}{3}a_2\right\}}{2\left(m - \frac{M}{W}\right)}$$

$$M = \frac{M_o}{h}(h+t) = H(h+t)$$

$$m = a_2 - n$$

$M_o$ : 기초상면에 가해지는 모멘트

기초저면에 작용하는 압축응력 $\sigma_c$는

$$\sigma_c = \frac{2W\chi_n}{a_2 b(2\chi_n - a_2)}$$

그림 6.51과 같이 편측에 토압을 받을 경우, 토압에 의한 모멘트를 $M_1$이라 하면

$$M_1 = \frac{1}{6}W_E \cdot t^3 \cdot b \cdot \frac{1-\sin\phi}{1+\sin\phi}$$

여기서, $W_E$ : 흙의 단위중량

$t_1$ : 지표면에서 기초저면까지의 깊이

$b$ : 수평하중과 직각면의 기초저면의 폭

$\phi$ : 흙의 안식각

기초를 회전시키도록 하는 모멘트 $M_k$는

$$M_k = M + M_1$$

수직하중에 의한 저항모멘트 $M_s$는,

$$M_s = m \cdot W$$

$$\therefore \frac{M_s}{M_k} > 1$$

**예제 6-20**

**아래 중력형블럭기초 그림을 보고 바닥면의 허용저항모멘트를 구하여라.**

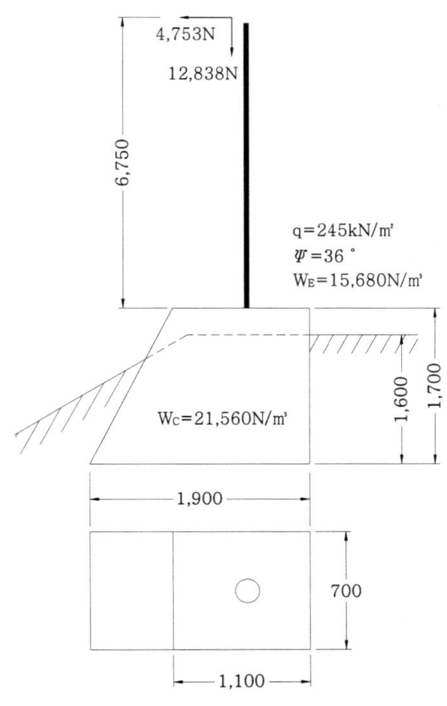


풀이

$$W_1 = 1.1 \times 0.7 \times 1.7 \times 21{,}560 = 28{,}222[\text{N}]$$

$$W_2 = \frac{1.9-1.1}{2} \times 0.7 \times 1.7 \times 21{,}560 = 10{,}262[\text{N}]$$

$$\therefore W_o = 28{,}222 + 10{,}262 = 38{,}484[\text{N}]$$

$$W = 12{,}838 + 38{,}484 = 51{,}322[\text{N}]$$

$$n = \frac{1}{51{,}322} \times \left\{ \frac{1.1 \times (28{,}222 + 12{,}838)}{2} + 10{,}262 \times (1.1 + \frac{1.9-1.1}{3}) \right\} = 0.713[\text{m}]$$

$$m = 1.9 - 0.713 = 1.187[\text{m}]$$

$$M = 4{,}753 \times (6.75 + 1.7) \fallingdotseq 40{,}162[\text{N} \cdot \text{m}]$$

$$\chi_n = \frac{1.9 \times \left\{ \left(1.187 - \frac{40{,}162}{51{,}322}\right) - \frac{2}{3} \times 1.9 \right\}}{2 \times \left(1.187 - \frac{40{,}162}{51{,}322}\right) - 1.9} = 1.501[\text{m}]$$

$$\sigma_c = \frac{2 \times 51{,}322 \times 1.501}{1.9 \times 0.7 \times (2 \times 1.501 - 1.9)} = 105{,}118[\text{N/m}^2] < \frac{q}{2}$$

$$M_o = \frac{1}{6} \times 15{,}680 \times 1.6^3 \times 0.7 \times \frac{1 - \sin 36°}{1 + \sin 36°} = 1{,}945[\text{N} \cdot \text{m}]$$

$$M_K = 40{,}162 + 1{,}945 = 42{,}107[\text{N} \cdot \text{m}]$$

$$M_s = 1.187 \times 51{,}322 = 60{,}919[\text{N} \cdot \text{m}]$$

$$\therefore \ \frac{M_s}{M_K} = \frac{60,919}{42,107} = 1.446 > 1$$

## 5.7 | 푸팅(Footing)기초

푸팅기초란 하중의 일부를 측면 흙의 압력으로 지지하도록 한 것으로 구내 장경간 빔용 철주, 장경간 스팬선용 철주 등 표준기초 치수 이상의 기초를 필요로 할 때 인류주에 지선을 설치하지 않기 위하여 사용하는 기초를 말한다.

### (1) 기초 바닥면의 저항모멘트

$$M_b = \sigma_1 \cdot Z[\mathrm{N \cdot m}] \tag{6.97}$$

$$\sigma_1 = \frac{q}{F} - \frac{W}{A} \tag{6.98}$$

여기서, $\sigma_1$ : 기초바닥면의 유효지지력[N/m$^2$]

$W$ : 기초바닥면에 가해지는 전 수직하중[N]

$A$ : 기초의 바닥면적[m$^2$]

$q$ : 지내력(지지력 ; 支持力)[N/cm$^2$]

$Z$ : 기초바닥면의 단면계수[m$^3$]

$F$ : 안전율 = 2

### (2) 발생하는 측압

1) 최대측압

$$\begin{aligned}\sigma_m &= -\frac{2t_m}{\ell \cdot t^2}\left(H + \frac{12M_E}{t} - \frac{18M_E}{t^2}t_m\right)\\ &= -\frac{2t_m}{\ell \cdot t^2}\left\{H + \frac{12M_E}{t} - \frac{18M_E}{t^2}\left(\frac{t}{3} + \frac{H\ t^2}{36}\right)\right\}\\ &= \frac{t_m}{\ell \cdot t^3} \cdot (12M_\epsilon + H \cdot t)\end{aligned} \tag{6.99}$$

$$M_\epsilon = M - M_B[\mathrm{N \cdot m}] \tag{6.100}$$

$$t_m = \frac{t}{3} + \frac{H \cdot t^2}{36M_\epsilon}[\mathrm{m}] \tag{6.101}$$

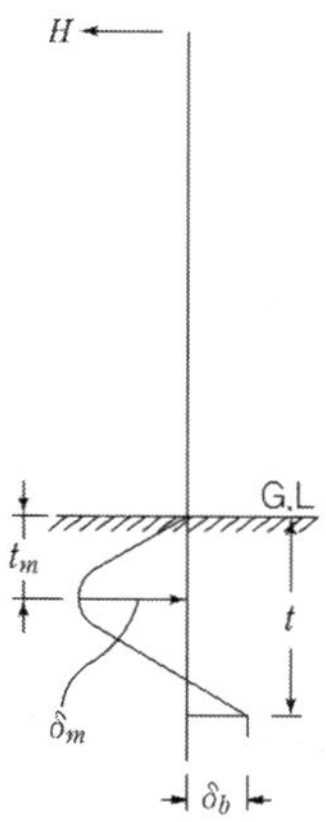


**그림 6.53** 푸팅기초의 최대측압

여기서, $\ell$ : 하중방향의 기초 평균폭[m]

$t$ : 근입깊이[m]

$t_m$ : 최대측압발생 깊이[m]

$H$ : 수평력[N]

$M$ : 기초위에 발생하는 전 모멘트[N · m]

2) 밑부분의 측압

$$\sigma_b = \sigma_{1t} + \sigma_{2t} = -\frac{2 \cdot H}{\ell \cdot t} + \frac{12M_E}{\ell \cdot t^2} = \frac{(12M_E - 2H \cdot t)}{\ell \cdot t^2} \tag{6.102}$$

3) 수동토압

① 최대측압이 발생하는 깊이에서의 수동토압

$$P_m = W_E \cdot t_m \frac{1+\sin\phi}{1-\sin\phi} \tag{6.103}$$

여기서, $W_E$ : 기초상부에서 흙의 단위중량[N/m$^2$]

$\phi$ : 흙의 안식각

② 기초 바닥부분에서의 수동토압

$$P_m = W_E \cdot t_m \left(\frac{1+\sin\phi}{1-\sin\phi}\right) \tag{6.104}$$

4) 응력의 검정

최대측압 발생점 기초 바닥부분

$$\frac{P_m}{\sigma_m} > 1 \qquad \frac{P_b}{\sigma_b} > 1$$

**예제 6-21**

**다음 설계조건에 의하여 푸팅기초의 강도를 계산하여라.**

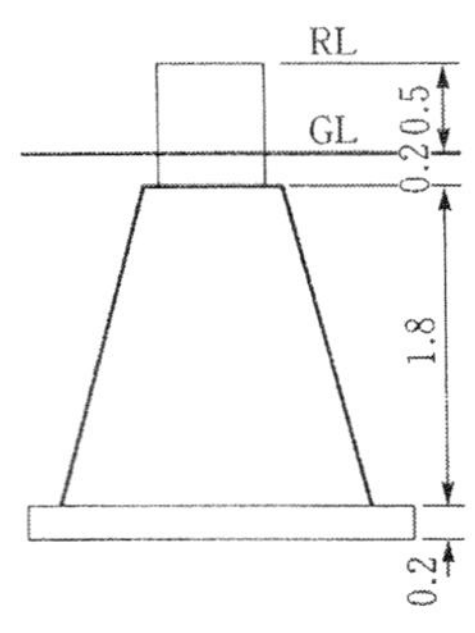


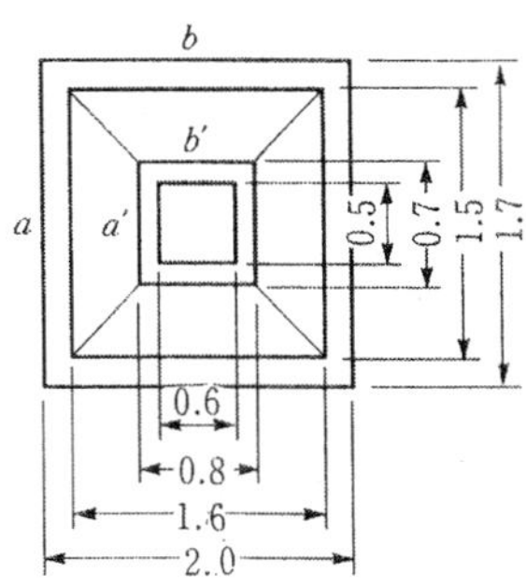


**그림 6.54**

**【설계조건】** 수직하중 1,500[kgf]
수평하중 1,500[kgf]
기초지면에 작용하는 모멘트 13,500[kgf・m]
흙의 지내력 30,000[kgf/m$^2$]
흙의 안식각 30°

---

풀이 (1) 기초 바닥부분의 저항모멘트

- 철주, 빔, 가선 등의 중량 1,500[kg]
- 콘크리트 용적

바닥부분 $2.0 \times 1.7 \times 0.2 = 0.68[\text{m}^3]$

본 체 $\frac{1.8}{6}\{(2 \times 1.6 + 0.8) \times 1.5 + (2 \times 0.8 + 1.6) \times 0.7\}$

$$= \frac{1.8}{6}(6 + 2.24) = 2.472[\text{m}^3]$$

상 부 $0.6 \times 0.5 \times 0.7 = 0.21[\text{m}^3]$

합 계 $0.68 + 2.472 + 0.21 = 3.362[\text{m}^3]$

- 콘크리트의 단위중량을 2,400[kg/m$^3$]로 하면

콘크리트의 단위중량 $W_c = 3.362 \times 2400 = 8069[\text{kg}]$

- 흙의 용적

$$V_G = (2.0 \times 1.7 \times 2.0) - \{2.4717 + (0.6 \times 0.5 \times 0.2)\}$$

$= 6.8 - (2.4717 + 0.06) = 4.2683[m^3]$

- 흙의 단위중량을 1,600[kg]으로 하면 흙의 중량은

  $4.2683 \times 1600 = 6829[kg]$

- 기초 바닥부분에 가해지는 전 수직하중

  $W = 1500 + 8069 + 6829 = 16398[kg]$

- 기초 바닥부분의 단위면적당 수직하중

  $\frac{W}{A} = \frac{16398}{2 \times 1.7} = 4{,}822[kg/m^2]$

- 지내력을 30,000[kgf/m²], 안전율을 2로 하면

  $\frac{q}{F} = \frac{30{,}000}{2} = 15{,}000[kg/m^2]$

- 기초 바닥면의 유효 지지력

  $\sigma_1 = \frac{q}{F} - \frac{W}{A} = 15{,}000 - 4{,}822 = 10{,}178[kgf/m^2]$

- 기초 바닥면의 단면계수

  $Z = \frac{ab^2}{6} = \frac{1.7 \times 2.0^2}{6} = 1.133[m^3]$

  기초 바닥면의 저항모멘트

  $M_B = 10{,}178 \times 1.133 = 11{,}532[kgf \cdot m]$

(2) 발생하는 측압(側壓)

- 흙의 측면에 지지하는 모멘트

  $M_E = M - M_B = 13{,}500 - 11{,}532 = 1{,}968[kgf \cdot m]$

- 최대측압 발생 깊이

  $t_m = \frac{1.8}{3} + \frac{1{,}500 \times 1.8^2}{36 \times 1{,}968} = 0.668[m]$

- 최대측압

  $\sigma_m = \frac{0.668}{1.1 \times 1.83^3} \times (12 \times 1{,}968 + 1{,}500 \times 1.8) = 2{,}740[kgf/m^2]$

- 밑부분의 측압

  $\sigma_b = \frac{12 \times 1968 - 2 \times 1500 \times 1.8}{1.1 \times 1.8^2} = 5111[kgf/m^2]$

(3) 수동측압

- 흙의 단위중량 $W_E = 1{,}600[kg/m^2]$
- 안식각 $\phi = 30°$
- 최대측압이 발생하는 깊이에서 수동토압

  $P_m = 1{,}600 \times 0.668 \times 3 = 3{,}206[kg/m^2]$

- 기초바닥에서의 수동토압

  $P_b = 1{,}600 \times 1.8 \times 3 = 8{,}640[kg/m^2]$

(4) 응력의 검정

최대 측압발생점$=\frac{P_m}{\sigma_m}=\frac{3206}{2740}=1.17>1$

기초 바닥부분$=\frac{P_b}{\sigma_b}=\frac{8640}{5111}=1.69>1$

따라서 이 기초는 측면, 바닥면에 가해진 측압에 대해서 1 이상이 되어 안전하다.

## 5.8 | 앵커볼트기초

앵커볼트기초의 강도는 철주, 콘크리트주의 최대응력을 기초로 완전히 전달되도록 설계한다. 앵커볼트는 매입되는 볼트의 앞단을 구부려서 시공할 경우 그 구부려진 부분이 전체하중의 1/3 정도를 부담한다고 보고 있다. 나사부분을 절삭 가공한 볼트를 앵커볼트로서 사용하는 경우에는 볼트의 유효단면적에 대한 인장강도의 저하에 주의를 하지 않으면 안 된다. 볼트에 대한 인장력이 큰 기초는 콘크리트에 대한 압축력도 크게 되므로 콘크리트 응력검토가 필요하다. 아연도금을 한 철근은 콘크리트와 부착강도가 나쁘게 되므로 아연도금은 기초 콘크리트에서 노출된 부분만 한다. 볼트를 나중에 매설할 때는 모르타르의 양생에 대하여 충분한 관리가 필요하다.

강관주 및 고가, 교량 등의 앵커볼트기초는 지름이 작은 앵커볼트보다 지름이 큰 앵커볼트를 사용하여 수량을 감소하는 방법이 현장작업에 용이하다. 콘크리트와 기초저판의 중간에 너트를 삽입하여 빗물에 의한 부식방지와 강관주의 수직 조정이 가능하도록 하며, 교량개소의 앵커볼트기초는 토목공사시 시공토록 하여야 별도로 콘크리트를 천공하여 기초를 하지 않도록 하는 것이 품질관리면에서 유리하다.

### (1) 앵커볼트의 길이

$$l \geq \frac{M}{\mu \cdot \pi \cdot d \cdot n \cdot L} \tag{6.105}$$

여기서, $n$ : 인장측 소요볼트 개수(H형강 300×300의 경우 3개)

$M$ : 지면과의 경계면에서 전주의 휨모멘트(77,000[N/m])

$d$ : 볼트의 유효지름[cm] (3.6)

$L$ : 상대할 볼트의 간격[cm] (강관 : 40, 교량강관 : 40)

$\mu$ : 앵커볼트와 콘크리트의 허용부착강도[N/cm$^2$](강관주 : 49, 교량 : 78)

$l$ : 앵커볼트 매입길이[cm] (166)

기초 볼트와 콘크리트 부착력만으로 응력을 부담할 경우 볼트지름의 약 40~50배를 콘크리트에 매입하여야 응력에 충분히 견딜 수 있다.

국내 전철주기초의 시공에는 작은 모멘트나 콘크리트 압축강도에 상관없이 그림 6.55와 같이 매립 깊이 141[cm]의 앵커볼트를 주로 사용하고 있다.

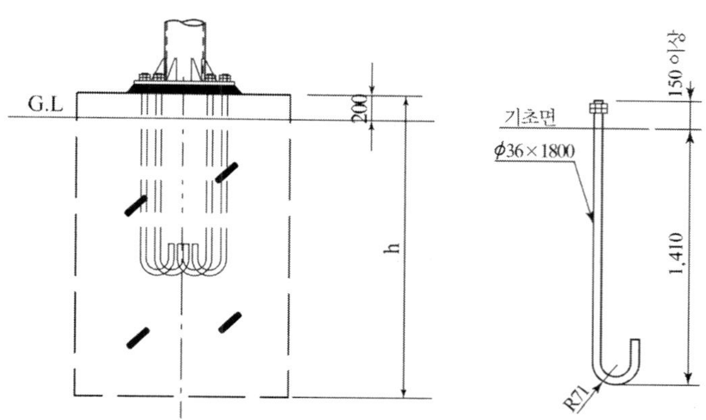


**그림 6.55** 국내의 일반적인 전철주기초 앵커볼트

## (2) 앵커볼트의 소요개수

$$n \geqq \frac{M}{f_t \cdot \frac{\pi}{4} d^2 \cdot L} \tag{6.106}$$

여기서, $M$ : 지면과의 경계면에서 전주의 휨모멘트(77,000[N/m])

$f_t$ : 볼트의 허용인장 응력도[N/cm$^2$]

$d$ : 볼트의 유효지름[cm]

$L$ : 상대하는 볼트의 간격[cm]

$n$ : 인장측 소요 볼트 개수

소요볼트 개수를 구하는 계산식(6.106)은 회전중심을 양 볼트간의 중앙에 있는 것으로 하여 볼트의 개수를 구하고 있다.

$$M = P \cdot L = n \cdot A \cdot f_t \cdot L = n \cdot \frac{\pi}{4} d^2 \cdot f_t \cdot L \tag{6.107}$$

$$n \geqq \frac{M}{f_t \cdot \frac{\pi}{4} d^2 \cdot L} \tag{6.108}$$

여기서, $A$ : 볼트의 유효 단면적[$cm^2$]

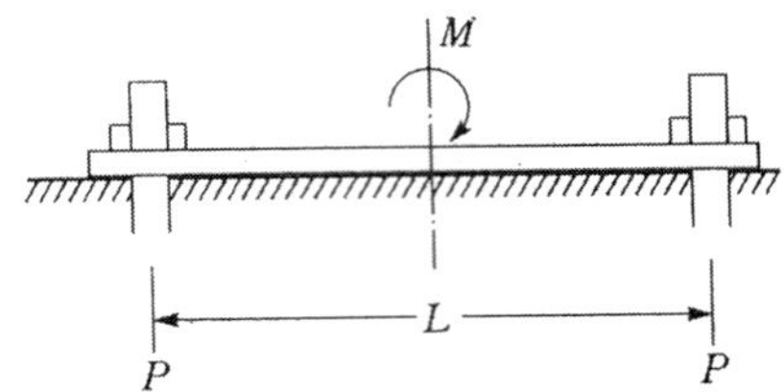


**그림 6.56** 앵커볼트의 모멘트 전달

### (3) 토공구간의 강관주 앵커볼트 허용모멘트

$M = \ell \cdot \mu \cdot \pi \cdot d \cdot n \cdot L$

$M = 166 \times 49 \times 3.14 \times 3.6 \times 3 \times 40$

$= 11{,}033{,}608[N/cm] = 110{,}336[N/m] > 77{,}000[N/m]$

### (4) 콘크리트의 허용부착강도

토목 구조물 공사에 의뢰하여 콘크리트 구조물과 같이 시공하는 경우 허용부착강도를 80[$N/cm^2$]로 하고 이미 만들어진 구조물에 앵커볼트를 매입하는 경우는 50 [$N/cm^2$]로 하고 있다.

**표 6.18** 철근 콘크리트와 철근의 부착강도[$N/cm^2$]

| 콘크리트의 압축강도($F_c$) | | 180 | 240 | 300 | 400 |
|---|---|---|---|---|---|
| 허용압축강도 | 철근 있음 | 700 | 900 | 1,100 | 1,400 |
| | 철근 없음 | 콘크리트 압축강도×1/4 가 550 이하 | | | |
| 콘크리트 철근의 부착강도 | 환 강 | 70 | 80 | 90 | 100 |
| | 이형철근 | 140 | 160 | 180 | 200 |

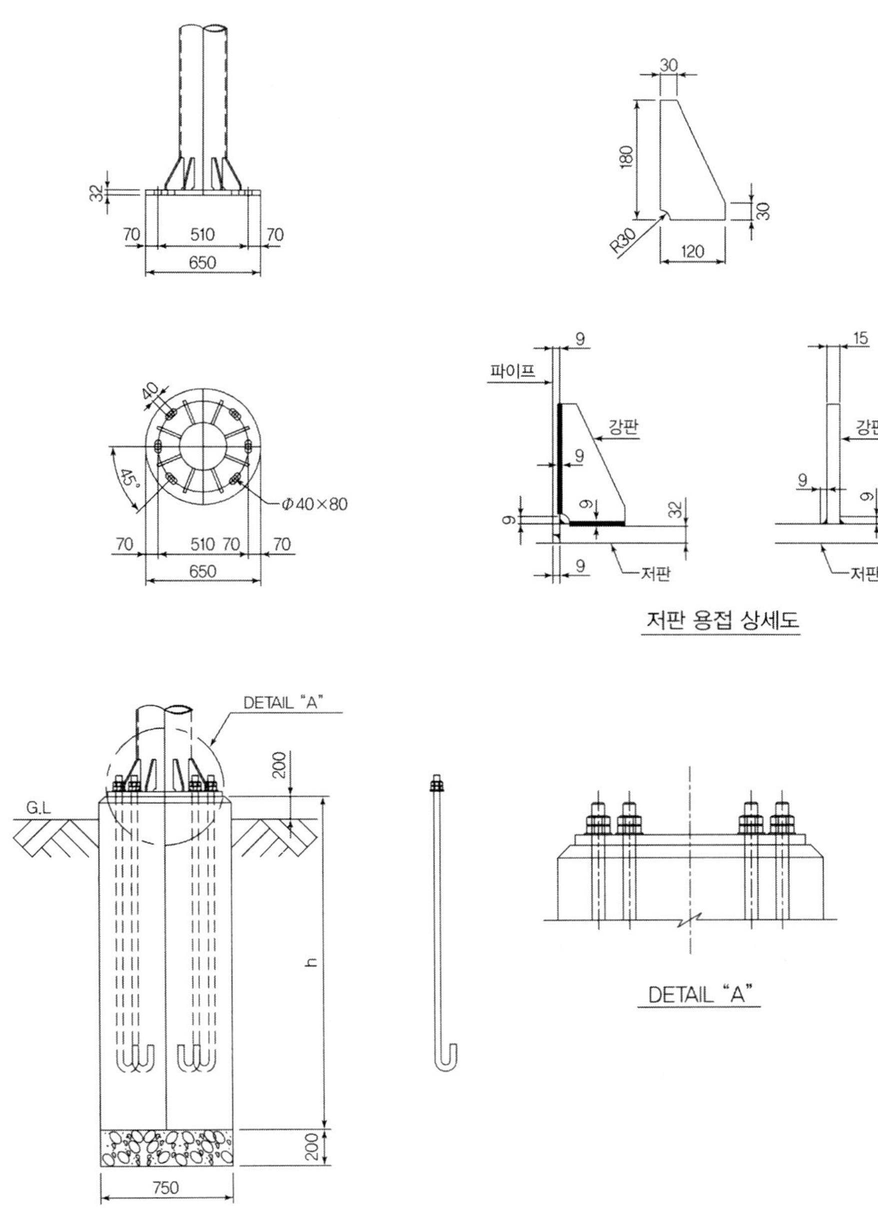


그림 6.57 강관주기초도(원통형)

**예제 6-22**

**다음 설계조건에 의하여 콘크리트전주기초의 인장측에 앵커볼트 개수와 매입길이를 계산하시오.**

**【설계조건】** 앵커볼트 SS 400(구SS41 M22)
볼트의 허용인장응력도 16,170[N/cm$^2$]
지면경계의 굽힘모멘트 11,760,000[N・m]
상대하는 볼트의 간격 60[cm]
앵커볼트와 콘크리트의 허용부착 강도 50[N/cm$^2$]

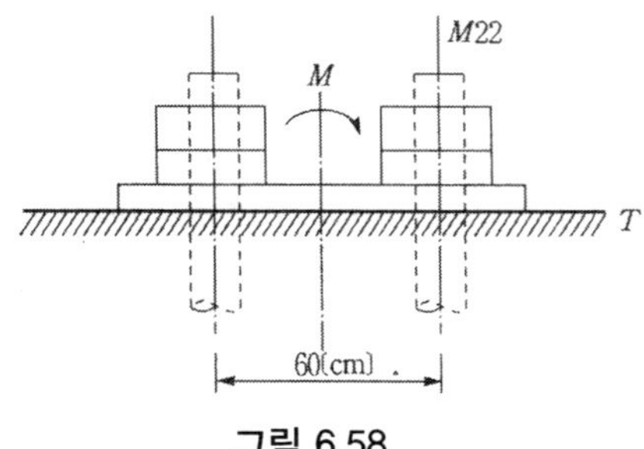


**그림 6.58**

---

풀이 (1) 볼트의 개수

$$n \geq \frac{M}{ft \cdot \frac{\pi}{4}d^2 \cdot L} \geq \frac{11,760,000}{16,170 \times \frac{\pi}{4} \times 2.2^2 \times 60} \geq 3.190 \fallingdotseq 4$$

가 되어 인장측 볼트 개수는 4개로 된다.

(2) 앵커볼트의 소요 매입길이

$$l \geq \frac{M}{\mu \cdot \pi \cdot d \cdot n \cdot L} \geq \frac{11,760,000}{50 \times \pi \times 2.2 \times 4 \times 60} \geq 142[\text{cm}]$$

즉, 142[cm]의 매입길이가 필요하다.

## 6 지선(支線)의 설계

### 6.1 | 지선의 설계하중

지선의 하중은 전주에 작용하는 수평하중의 100[%]를 분담하게 되므로 지선의 강도를 검토하는 경우에는 전주는 축력(軸力) 이외의 하중을 부담하지 않는 것으로 해서 검토한다.

### (1) 인류용 지선

인류되는 전선장력의 최대값과 인류주가 받는 풍압하중의 합을 인류용 지선이 받게 된다. 풍압은 전선위치의 하중으로 환산할 필요가 있다.

전주가 받는 풍압하중에 대한 지면의 경계모멘트는

$$P = \frac{WH^2}{2} \tag{6.109}$$

이다.

이것을 인류점 높이의 하중에 환산한 값을 $P'$ 라 하면

$$P'h = \frac{WH^2}{2}$$

$$\therefore\ P' = \frac{WH^2}{2h} \tag{6.110}$$

따라서 지선의 강도를 검토하는 경우 $h$점의 하중은

$$P + P' = P + \frac{WH^2}{2h} \tag{6.111}$$

가 된다.

여기서, $P$ : 전선장력

$W$ : 단위길이당 풍압

$H$ : 전주의 지표 높이

$h$ : 인류점 높이

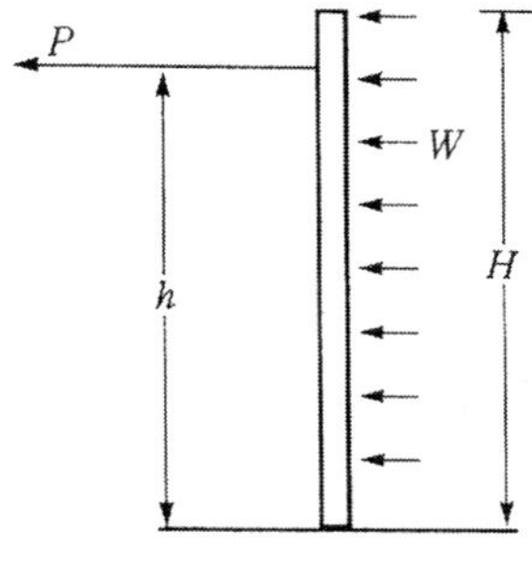


**그림 6.59** 인류용 지선

### (2) 진동방지용 지선

가선된 각 전선과 지지주에 받는 풍압하중의 합을 진동방지용 지선이 받게 된다.

$$\text{전선이 풍압을 받는 길이} \quad \frac{S_1 + S_2}{2} \tag{6.112}$$

$$\text{전선 1가닥의 풍압} \quad \frac{S_1 + S_2}{2} \times W \tag{6.113}$$

$$\text{전선 } n \text{ 가닥의 풍압} \quad \frac{S_1 + S_2}{2} \times W \cdot n \tag{6.114}$$

여기서, $S$ : 지지물 경간

$W$ : 단위길이당 풍압

$n$ : 전선 가닥수

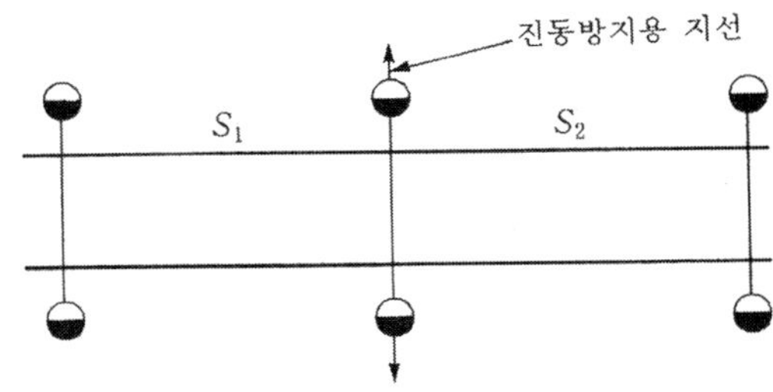


그림 6.60 진동방지용 지선

### (3) 곡선당김용 지선

가선된 각 전선에 받는 수평장력 및 풍압하중과 전주가 받는 풍압하중의 합을 곡선당김용 지선이 받게 된다. 가선된 각 전선에 받는 수평장력은 선로곡선에 의한 수평장력과 인류에 의한 수평장력이 있다.

### (4) 스팬선용 지선

스팬선용 지선은 스팬선용장력의 최대치를 적용하여야 하며 지선 각각에 대해 그 때의 풍압에 의한 하중을 가산하여 큰쪽을 고려하여 설계에 반영한다. 전주의 풍압하중은 각 지지선으로 등분하는데 스팬선 양측의 지선으로 등분한다는 것은 아니며 풍상측(風上側)에 있는 지선이 복수인 경우 그들의 지선으로 하중을 등분한다는 것이다.

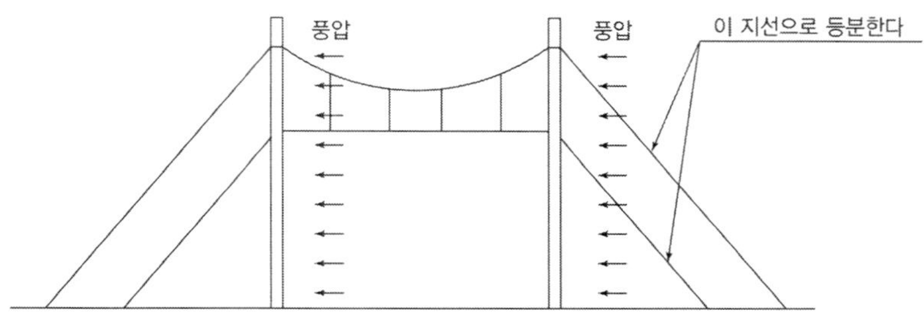


그림 6.61 스팬선용 지선

## 6.2 | 지선의 강도계산

### (1) 단지선

$$T_1 = \frac{T}{\sin\theta} \tag{6.115}$$

$$P \geqq 2.5T_1 = 2.5 \cdot \frac{T}{\sin\theta} \tag{6.116}$$

$$P \geqq 2.5T \cdot \frac{1}{\sin\theta} \tag{6.117}$$

여기서, $T$ : 수평외력[kN]

$T_1$ : 지선에 작용하는 장력[kN]

$P$ : 지선용 재료의 항장력[kN]

$\theta$ : 지선과 전주의 각도[°]

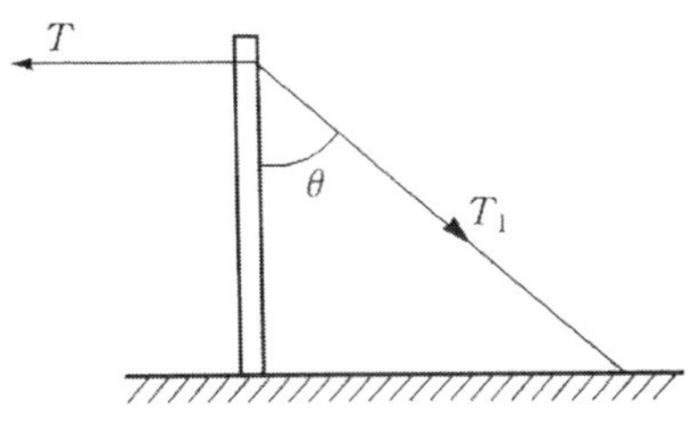


그림 6.62 단지선

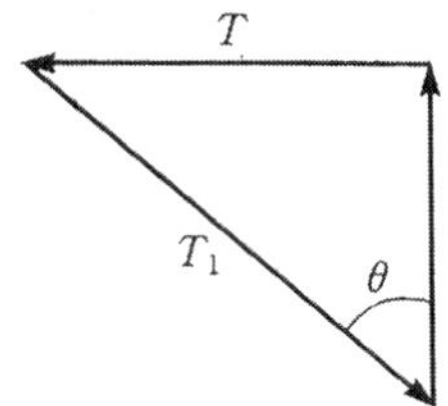


그림 6.63 단지선의 벡터도

### (2) 2조 일괄 단지선의 경우

지선 설치점에서 수평방향의 합성 인장력을 $T$라 하면

$$T \cdot h_1 = T_1 \cdot h_1 + T_2 \cdot h_2$$

$$\therefore\ T = T_1 + T_2 \cdot \frac{h_2}{h_1} \tag{6.118}$$

그러므로 $T_1{}' = \dfrac{T}{\sin\theta} = \left(T_1 + T_2 \cdot \dfrac{h_2}{h_1}\right)\dfrac{1}{\sin\theta}$

$$P \geq 2.5\,T_1{}'$$

$$\therefore\ P \geqq 2.5\left(T_1 + T_2 \cdot \frac{h_2}{h_1}\right)\frac{1}{\sin\theta} \tag{6.119}$$

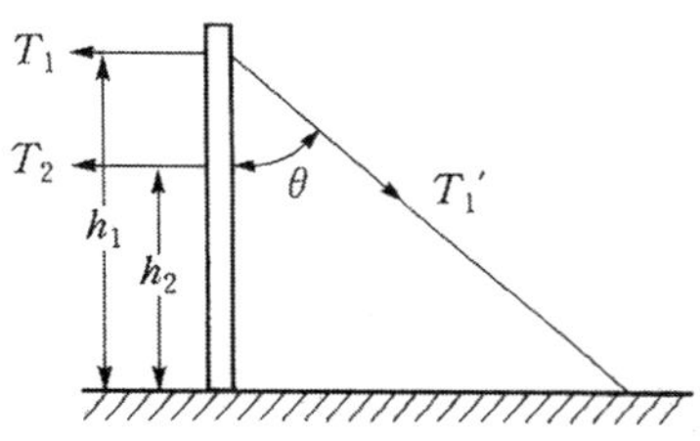


**그림 6.64** 2조 일괄 단지선

### (3) V지선의 경우

$$P_1 \geq 2.5\,T_1 \cdot \frac{1}{\sin\theta_1} \tag{6.120}$$

$$P_2 \geq 2.5\,T_2 \cdot \frac{1}{\sin\theta_2} \tag{6.121}$$

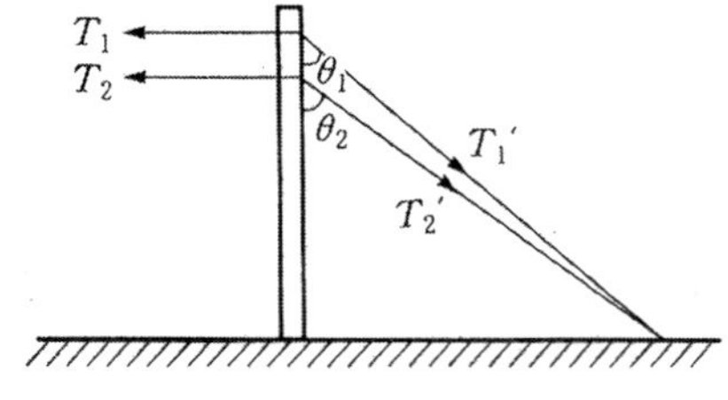


**그림 6.65** V지선

### (4) 2조 일괄 V지선의 경우

$$P_1 \geq 2.5\,T_1 \cdot \frac{1}{\sin\theta_1} \tag{6.122}$$

$$P_2 \geq 2.5\left(T_2 + T_3 \cdot \frac{h_3}{h_2}\right) \cdot \frac{1}{\sin\theta_2} \tag{6.123}$$

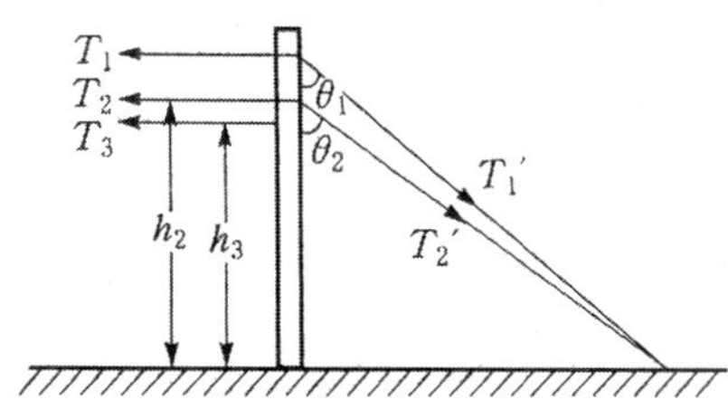


**그림 6.66** 2조 일괄 V지선

### (5) 수평지선의 경우

$$P_1 \geq 2.5\,T \cdot \frac{1}{\sin\theta} \tag{6.124}$$

$$T_1 = \frac{T}{\sin\theta} \tag{6.125}$$

그러므로 $\dfrac{T_0}{\sin\alpha} = \dfrac{T_1}{\sin\beta}$ 관계가 있으므로

$$T_0 = \frac{\sin\alpha}{\sin\beta} \cdot T_1 = \frac{\sin\alpha}{\sin\beta} \cdot \frac{T}{\sin\theta}$$

따라서 $P_1 \geq 2.5\,T \cdot \dfrac{1}{\sin\theta}$

$$\therefore\ P_0 \geqq 2.5\,T \cdot \frac{\sin\alpha}{\sin\theta \cdot \sin\beta} \tag{6.126}$$

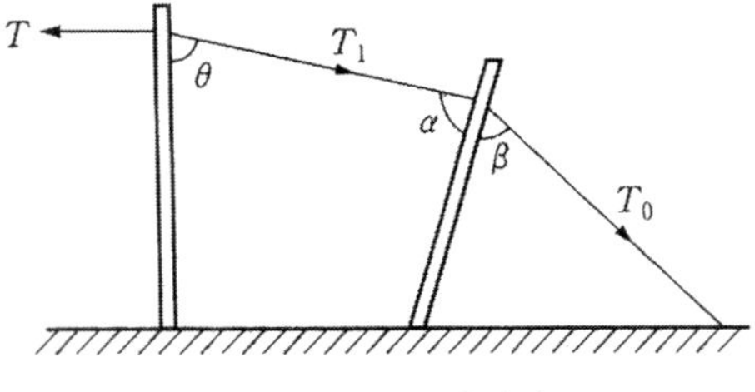


**그림 6.67** 수평지선

### (6) 고가구조물에 설치하는 지선의 경우

고가구조에 설치된 지선은 일반 토양개소에 설치된 지선에 비하여 양 지지점 개소에서 유연성이 약하게 고정되므로 온도변화, 풍압 등에 따른 지선의 장력 증가분을 고려할 필요가 있다.

1) 온도변화에 의한 영향

온도가 낮아지면 지선의 장력이 증가하게 된다. 이러한 지선의 장력증가에 따라 전주에 휨이 생기는데, 지선의 장력증가는 휨량만큼 줄어들게 된다.

$(T_2 - T_1) \cdot n = \Delta T \cdot n$로 하면 온도저하에 따라 지선 수축길이 $\Delta l$는 전선의 선팽창계수와 탄성계수에 따라

$$\Delta l = \alpha \cdot t \cdot \frac{S}{\cos\theta} - \frac{\Delta T \cdot n}{E \cdot A \cdot n} \cdot \frac{S}{\cos\theta}$$

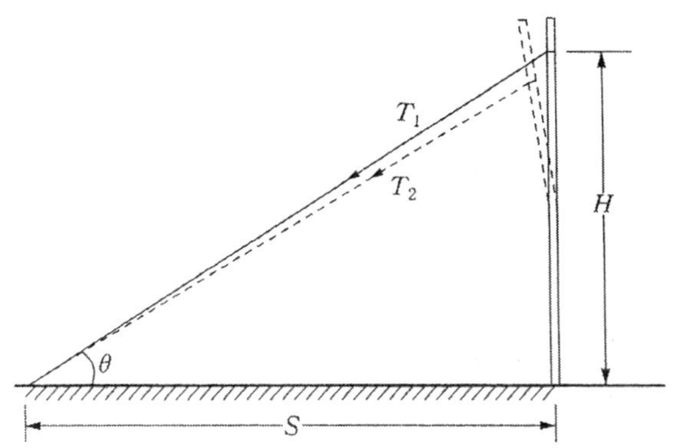


그림 6.68 온도변화에 의한 전주의 휨

지선의 장력증가에 따라 전주의 휨량 $\delta$는

$$\delta = \frac{\Delta T \cdot n \cdot cos\theta \cdot H^3}{3E_p \cdot I_p}$$

온도저하에 따라 수축한 지선길이 $l$는 전주에 휨 $\delta$를 가하는 것으로 하면

$$\Delta l \fallingdotseq \delta$$

$$\therefore \ \alpha \cdot t \cdot \frac{S}{\cos\theta} - \frac{\Delta T \cdot n}{E \cdot A \cdot n} \cdot \frac{S}{\cos\theta} = \frac{\Delta T \cdot n \cdot cos\theta \cdot H^3}{3E_p \cdot I_p}$$

양변에 $\cos\theta$를 곱하여 $\Delta T$에 대하여 정리하면

$$\alpha \cdot t \cdot S - \frac{S}{E \cdot A \cdot n} \cdot \Delta T \cdot n = \frac{H^3 \cdot \cos^2\theta}{3E_p \cdot I_p} \cdot \Delta T \cdot n$$

$$\Delta T = \frac{\alpha \cdot t \cdot S}{\dfrac{H^3\cos^2\theta}{3E_p \cdot I_p} + \dfrac{S}{E \cdot A \cdot n}} \cdot \frac{1}{n}$$

$$\therefore \ \Delta T = T_2 - T_1 = \frac{\alpha \cdot t \cdot S}{\dfrac{H^3\cos^2\theta}{3E_p \cdot I_p} + \dfrac{S}{E \cdot A \cdot n}} \cdot \frac{1}{n} \qquad (6.127)$$

여기서, $\Delta T$ : 지선의 장력변화량 (1조당)[N/본]

$T_1$ : 변화 전의 장력 (1조당)[N/본]

$T_2$ : 변화 후의 장력 (1조당)[N/본]

$\alpha$ : 지선의 선팽창계수

$t$ : 온도의 변화량[℃]

$S$ : 지선의 스팬[cm]

$H$ : 지선의 취부높이[cm]

$E_p$ : 지지물의 영률[N/cm$^2$]

$I_p$ : 지지물의 관성모멘트[cm$^4$]

$E$ : 지선의 영률[N/cm$^2$]

$A$ : 지선의 단면적[cm$^2$]

$n$ : 지선의 가닥수[가닥]

$\theta$ : 지선의 지표면의 취부각도[°]

### 2) 인류주의 풍압하중에 대한 영향

인류주에 지선과 평행방향의 풍압을 받으면 인류주는 풍압하중에 의하여 휨이 발생하며 지선에 인장력이 작용하여 지선장력이 증가하게 된다.

$$(T_2 - T_1) \cdot n = \Delta T \cdot n$$

로 하면 인류주가 풍압하중에 의하여 $H$점에서 발생하는 휨량을 $\delta_p$라 하고 지선의 장력증가에 따라 발생하는 $H$점의 휨량을 $\delta_r$이라 하면 인류주 $H$점의 휨은 풍압하중에 의하여 발생하는 휨에서 장력증가에 따라 발생하는 휨 $\delta_r$을 뺀 것이 된다. 따라서 $H$점의 휨의 양은 식 (6.128)와 같다.

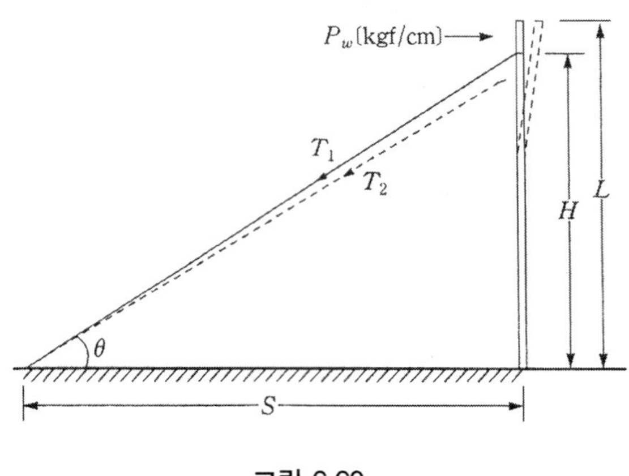


그림 6.69

$$\delta = \delta_p - \delta_r$$
$$= \frac{P_w}{2E_p \cdot I_p}\left(\frac{L^2 \cdot H^2}{2} - \frac{L \cdot H^3}{3} + \frac{H^4}{12}\right) - \frac{\Delta T \cdot n \cdot \cos\theta \cdot H^3}{3E_p \cdot I_p} \quad (6.128)$$

또한, 지선의 장력이 증가함에 따라 지선은 탄성적 신장 $\Delta l$ 가 발생하게 된다.

$$\Delta l = \frac{\Delta T \cdot n}{E \cdot A \cdot n} \cdot \frac{S}{\cos\theta} \quad (6.129)$$

전주의 휨량 $\delta$는 지선이 늘어난 $\Delta l$ 만이라고 하면 $\delta \fallingdotseq \Delta l$ 이 되므로

$$\frac{P_w}{2E_p \cdot I_p}\left(\frac{L^2 \cdot H^2}{2} - \frac{L \cdot H^3}{3} + \frac{H^4}{12}\right) - \frac{\Delta T \cdot n \cdot \cos\theta \cdot H^3}{3E_p \cdot l_p}$$
$$= \frac{\Delta T \cdot n}{E \cdot A \cdot n} \cdot \frac{S}{\cos\theta}$$

가 된다.

$$\Delta T \cdot \frac{n}{\cos\theta}\left(\frac{H^3 \cdot \cos\theta}{3E_p \cdot I_p} + \frac{S}{E \cdot A \cdot n}\right)$$
$$= \frac{P_w}{2E_p \cdot I_p}\left(\frac{L^2 \cdot H^2}{2} - \frac{L \cdot H^3}{3} + \frac{H^4}{12}\right)$$

$$\Delta T = \frac{\frac{P_W}{2E_p I_p}\left(\frac{L^2 H^2}{2} - \frac{LH^3}{3} + \frac{H^4}{12}\right)}{\frac{H^3 \cos^2\theta}{3E_p I_p} + \frac{S}{E \cdot A \cdot n}} \cdot \frac{\cos\theta}{n}$$

$$\therefore \Delta T = T_2 - T_1 = \frac{\frac{P_W}{2E_p I_p}\left(\frac{L^2H^2}{2} - \frac{LH^3}{3} + \frac{H^4}{12}\right)}{\frac{H^3\cos^2\theta}{3E_p I_p} + \frac{S}{E \cdot A \cdot n}} \cdot \frac{\cos\theta}{n} \quad (6.130)$$

여기서, $L$ : 지지물의 길이[cm]

$P_w$ : 지지물의 풍압하중[N/cm]

3) 지선의 풍압하중에 의한 영향

지선에 풍압을 받으면 풍압하중에 의한 지선의 장력이 증가하게 된다. 그러나 지선의 장력이 증가하면 전주에 휨이 발생하므로 지선의 장력증가는 휨량만큼 감소하게 된다.

변화하기 전 지선의 길이를 $l_1$ 이라 하고 변화 후의 지선의 길이를 $l_2$ 로 하면 지선의 길이 $l_1$, $l_2$는

$$l_1 = \frac{S}{\cos\theta} + \frac{W_1^2\left(\frac{S}{\cos\theta}\right)^2}{24T_1^2} \quad (6.131)$$

$$l_2 = \left(\frac{S}{\cos\theta} - \delta\right) + \frac{W_2^2\left(\frac{S}{\cos\theta} - \delta\right)^2}{24T_2^2} \quad (6.132)$$

여기서, $\left(\frac{S}{\cos\theta} - \delta\right) \fallingdotseq \frac{S}{\cos\theta}$이라 하면

$$l_2 = \frac{S}{\cos\theta} - \delta + \frac{W_2^2\left(\frac{S}{\cos\theta}\right)^2}{24T_2^2} \quad (6.133)$$

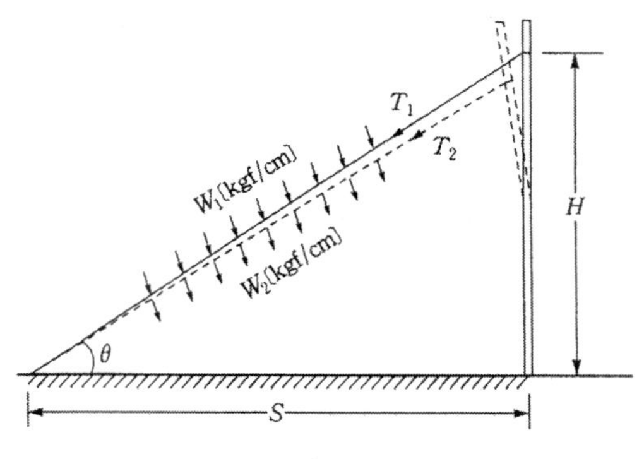


그림 6.70

전주의 휨량 $\delta = \dfrac{H^3 \cdot n \cdot (T_2 - T_1) \cdot cos\theta}{3E_p \cdot I_p}$ 이므로

$$\therefore\ l_2 = \frac{S}{\cos\theta} - \frac{H^3 \cdot n \cdot (T_2 - T_1) \cdot cos\theta}{3E_p \cdot I_p} + \frac{W_2^2\left(\dfrac{S}{\cos\theta}\right)^2}{24T_2^2} \quad (6.134)$$

지선의 장력이 증가하면 전선이 탄성적으로 늘어난다.

$$\Delta l = \frac{n(T_2' - T_1)}{E \cdot A \cdot n} \cdot \frac{S}{\cos\theta} \quad (6.135)$$

전선의 탄성적 늘어나는 양 $\Delta l = l_2 - l_1$

$$\frac{n(T_2 - T_1)}{E \cdot A \cdot n} \cdot \frac{S}{\cos\theta} = \left\{\frac{S}{\cos\theta} - \frac{H^3 \cdot (T_2 - T_1) \cdot cos\theta}{3E_p \cdot I_p} + \frac{w_2^2\left(\dfrac{S}{\cos\theta}\right)^3}{24{T_2}^2}\right\} - \left\{\frac{S}{\cos\theta} + \frac{w_1^2\left(\dfrac{S}{\cos\theta}\right)^3}{24{T_1}^2}\right\}$$

$$n(T_2 - T_1)\frac{S}{E \cdot A \cdot n} = -n(T_2 - T_1)\frac{H^3 \cdot \cos^2\theta}{3E_p \cdot l_p} + \frac{S^3}{24\cos^2\theta} \cdot \frac{{W_2}^2}{{T_2}^2} + \frac{S^3}{24\cos^2\theta} \cdot \frac{{W_1}^2}{{T_1}^2}$$

양변에 $\cos\theta$를 곱하여 정리하면

$$\therefore\ n(T_2 - T_1)\left(\frac{H^3\cos^2\theta}{3E_p I_p} + \frac{S}{E \cdot A \cdot n}\right) = \frac{S^3}{24\cos^2\theta}\left(\frac{{w_2}^2}{{T_2}^2} - \frac{{w_1}^2}{{T_1}^2}\right) \quad (6.136)$$

여기서, $W_1$ : 변화 전 지선의 단위중량(풍압포함)[N/cm]

$W_2$ : 변화 후 지선의 단위중량(풍압포함)[N/cm]

## 6.3 | 지선용 근가

지선을 뽑아 내려고 하는 힘에 저항하는 근가의 내력은 근가를 흙 중에 수평으로 설치했을 때의 근가 자체중량과 유효각도를 고려한 흙 중량의 합으로 나타낸다. 그러므로 지선근가의 허용내력이 지선에 작용하는 장력보다 크거나 같게 하면 안전하다.

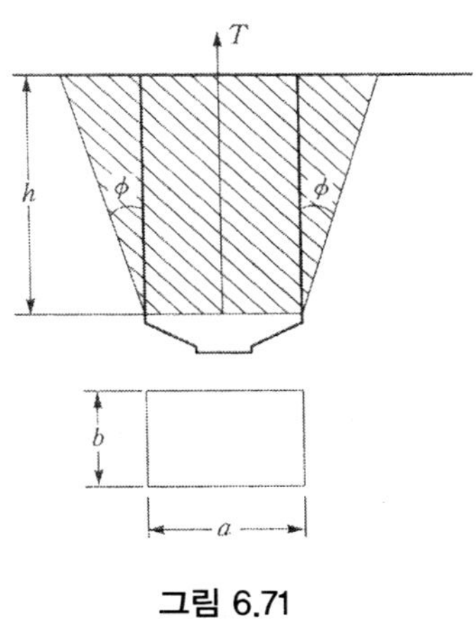


그림 6.71

지선을 뽑아 내려고 하는 힘에 저항하는 흙의 체적 $V[\mathrm{m}^3]$는

$$V = a \cdot b \cdot h + (a+b)h^2 \cdot \tan\phi + \frac{4}{3} \cdot h^3 \cdot \tan^2\phi \tag{6.137}$$

$$= h\{a \cdot b + (a+b)h \cdot tan\phi + \frac{4}{3} \cdot h^2 \cdot \tan^2\phi\}$$

지선근가의 인발 저항력 $T[\mathrm{N}]$는

$$T = W + w \cdot h \cdot V \tag{6.138}$$

$$\therefore\ T = W + w \cdot h\left\{a \cdot b + (a+b)h \cdot tan\phi + \frac{4}{3} \cdot h^2 \cdot \tan^2\phi\right\} \tag{6.139}$$

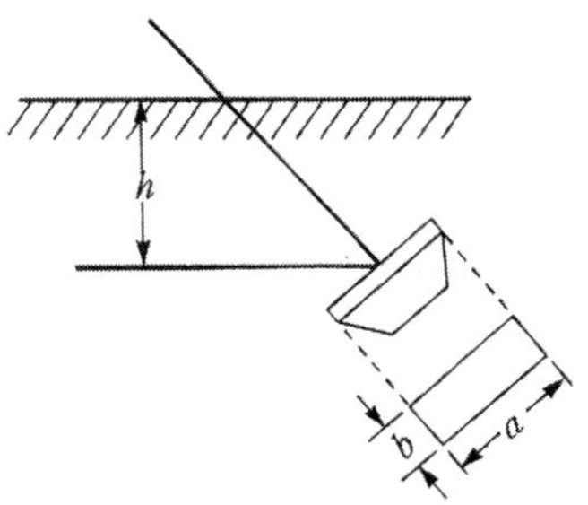


그림 6.72

여기서, $T$ : 지선근가의 내력(인발 저항력)[N]

$W$ : 근가의 중량[kg]

$w$ : 흙의 단위중량[kg/m$^3$]

$a$ : 근가의 길이[m]

$b$ : 근가의 폭[m]

$\phi$ : 지선의 인상력을 저항하는 토양의 유효각도[°]

$h$ : 근가 매입각도

$T_m$ : 지선에 작용하는 장력[N]

$F$ : 안전율(=2)

따라서, 지선에 작용하는 장력 $T_m \leq \dfrac{T}{F}$이 되어야 한다.

표 6.19 지선재료의 파과강도

| 종 별 | 규 격 | 파괴강도[N] |
|---|---|---|
| 아연도강연선 | St 135 mm$^2$ | 86,730 |
| 아연도강연선 | St 90 mm$^2$ | 55,468 |
| 강 봉 | $\phi$24 | 70,932 |
| 강 봉 | $\phi$26 | 83,241 |
| 강 봉 | $\phi$28 | 102,194 |
| 강 봉 | $\phi$30 | 110,838 |

## 6.4 | 지선 설치용 볼트의 강도계산

지선용 취부볼트의 종류에는 강볼트와 코타볼트 등이 있고 볼트류에는 굽힘하중 이외에 전단하중이 작용한다. 이 계산식은 지선뿐만 아니라 전선의 연결금구와 애자의 코타볼트 등에도 적용된다.

### (1) 굽힘 강도

그림 6.72에서 두 점의 반력의 관계는

$$R_A = R_B = \frac{T}{2} \tag{6.140}$$

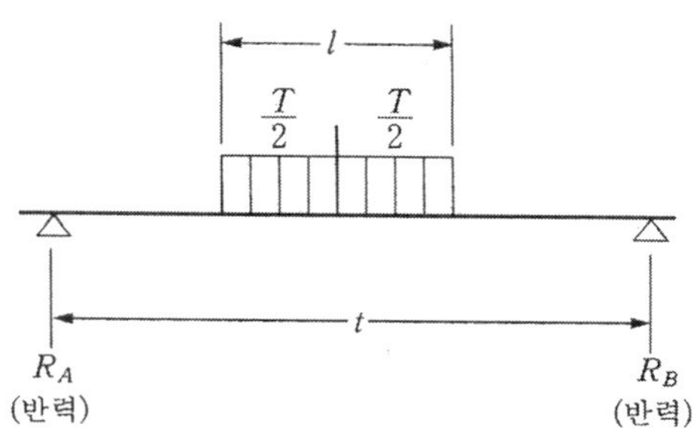


**그림 6.73**

발생하는 최대모멘트는 $t/2$ 지점에 있기 때문에

$$M_{\max} = \frac{t}{2} \cdot \frac{T}{2} - \frac{l}{4} \cdot \frac{T}{2} = \frac{T}{4}\left(t - \frac{l}{2}\right) \tag{6.141}$$

볼트의 허용굽힘모멘트 = 볼트의 단면계수 × 굽힘 응력도

$$= \frac{\pi}{32} \cdot d^3 \cdot f_m \tag{6.142}$$

볼트의 허용굽힘모멘트는 발생하는 최대모멘트보다 같거나 커야 하므로

$$\frac{\pi}{32} \cdot d^3 \cdot f_m \geqq \frac{T}{4}\left(t - \frac{l}{2}\right)$$

가 된다.

그러므로 볼트에 허용되는 지선장력 $T_m$은 식 (6.143)과 같이 되며, 인류봉(환봉)을 삽입된 경우는 볼트와의 접촉면은 점접촉이 되므로 이 경우 계산식(6.143)에 $l = 0$을 대입하면 된다.

$$T_m = \frac{\pi \cdot d^3}{8\left(t - \frac{l}{2}\right)} \cdot f_m [\mathrm{N}] \tag{6.143}$$

$$T \leqq T_m$$

여기서, $T_m$ : 볼트에 허용되는 지선장력[N]
$T$ : 지선에 가한 장력[N]
$d$ : 볼트의 유효직경[cm]
$t$ : 간격[cm]
$f_m$ : 볼트의 굽힘응력[N/cm$^2$]
$l$ : 볼트에 가해진 폭[cm]

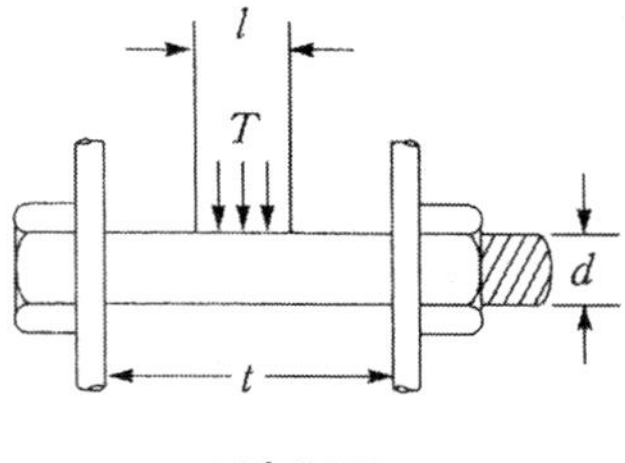


**그림 6.74**

### (2) 전단 강도

볼트의 허용 전단력은 하중점이 클레비스 간격($t$) 중심에 있는 경우에는 복전단으로 계산해도 좋지만 중심을 벗어난 경우는 단전단으로 계산하는 것이 보다 안전한 값을 얻을 수 있다.

식 (6.144)은 단전단의 경우이며 복전단으로 하는 경우는 $T_s$를 2배로 한다.

$$T_s = \frac{\pi \cdot d^2}{4} \cdot f_s \tag{6.144}$$

$$T \leqq T_s$$

여기서, $T_s$ : 볼트에 허용되는 전단력[N]

$f_s$ : 볼트의 허용 전단응력[N/cm$^2$]

**표 6.20** 철재의 허용응력도 [단위 : N/cm$^2$]

| 종 별 | 두 께[mm] | 인장 응력 | 압축 응력 | 굽힘 응력 | 전단응력 | | 지압 응력 |
|---|---|---|---|---|---|---|---|
| | | | | | 일반 | 볼트 | |
| SS400 (SS41) | 16 이하 | 16,170 | 16,170 | 16,170 | 9,310 | 11,760 | 26,950 |
| | 16 이상 40 이하 | 15,680 | 15,680 | 15,680 | 8,820 | 11,270 | 25,480 |
| SS490 (SS50) | 16 이하 | 18,620 | 18,620 | 18,620 | 10,780 | 13,230 | 30,870 |
| | 16 이상 40 이하 | 18,130 | 18,130 | 18,130 | 10,290 | 12,740 | 29,890 |

**표 6.21** 지선용 근가블록

| 종별 | 근가 표준장력 [N] | 참고중량[kg] | | 로드 바깥지름 [mm] | 로드 길이 [mm] | 로드의 허용인장강도[N] |
|---|---|---|---|---|---|---|
| | | 근 가 | 로 트 | | | |
| 3호 | 32,340 | 44 | 5.9 | 19 | 2300 | 44,100 |
| 4호 | 47,040 | 60 | 6.4 | 19 | 2500 | 44,100 |
| 5호 | 60,760 | 86 | 9.5 | 22 | 2700 | 58,800 |
| 6호 | 117,600 | 150 | 13.7 | 25 | 3000 | 76,440 |

[참고사항]

- 지선과 전주의 각도를 구하는 식 $\sin\theta = \frac{l}{t}$
- 지선의 길이를 구하는 식 $t = \sqrt{h^2 - l^2}$

여기서, $\theta$ : 지선과 전주와의 각도

$l$ : 지선의 근개

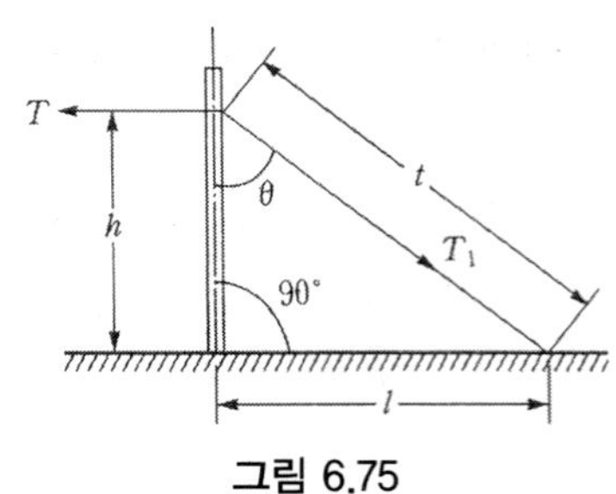


그림 6.75

$t$ : 지선의 길이

$h$ : 지선취부점 지표상 높이

**예제 6-24**

**다음 설계조건에 의하여 급전선용 인류지선의 강도계산을 하여라.**

**【설계조건】**

| | |
|---|---|
| 풍압하중 | 갑종풍압하중 |
| 온도구분 | A지구 |
| 경　간 | 40[m] |
| 급 전 선 | Cu 325[mm²] 1조<br>(표준장력 1200[N]) |
| 지선용 조건 | St 90[mm²] (3종) |
| 취부각도 | 45° |
| 근　가 | 3호 |
| 토양등급 | 2 |
| 매설깊이 | 1.9[m] |
| 매입깊이 | 1.9[m] |

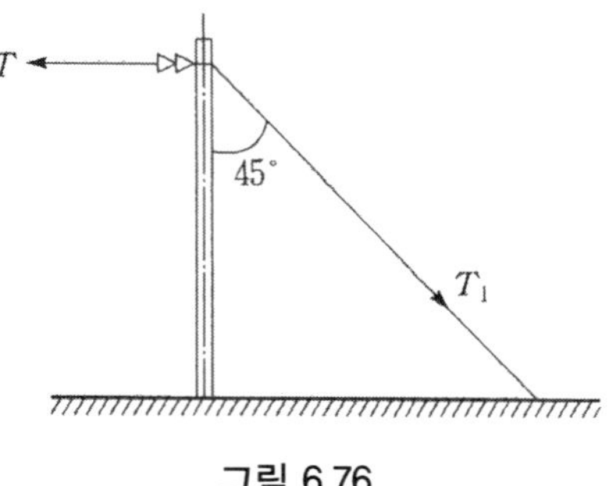

그림 6.76

풀이 (1) 지선용 선조의 강도계산

급전선의 최대장력　$T = 1{,}970[\text{kgf}]$

지선의 항장력　$P = 5{,}660[\text{kgf}]$ (파괴강도)

$\sin\theta = \sin 45 = 0.7071$

식 (6.124)에서

$$P \geq 2.5T \cdot \frac{1}{\sin\theta}$$

을 적용하면

$$2.5T \cdot \frac{1}{\sin\theta} = 2.5 \times 1{,}970 \times \frac{1}{0.7071} = 6{,}965[\text{kgf}] > 5{,}660[\text{kgf}] \text{ (NO)}$$

즉, 지선의 항장력이 계산값보다 작으므로 이 재료는 강도부족이다.

(2) 지선용 근가의 강도계산

근가의 중량　$W = 44[\text{kg}]$

흙의 중량　$w = 1500[\text{kg/cm}^3]$

근가의 길이　$a = 0.7[\text{m}]$

근가의 폭　$b = 0.35[\text{m}]$

근가의 매입깊이　$h = 1.9[\text{m}]$

$\tan\phi = \tan 20° = 0.3640$

지선이 작용하는 장력 $T_m = 1{,}970 \times \dfrac{1}{0.7071} = 2786[\text{kgf}]$

근가의 인발(引拔) 저항력

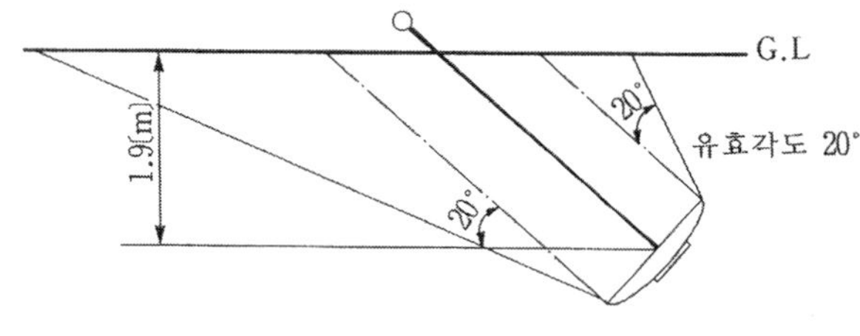


그림 6.77

$$T = W + w \cdot h\left\{a \cdot b + (a+b)h \cdot tan\phi + \frac{4}{3} \cdot h^2 \cdot \tan^2\phi\right\}$$

$$= 44 + 1500 \times 1.9\{0.7 \times 0.35 + (0.7+0.35) \times 1.9 \times 0.3640 + \frac{4}{3} \times 1.9^2 \times 0.3640^2\}$$

$$= 44 + 2850 \times (0.245 + 0.7261 + 0.63775)$$

$$= 4{,}630[\text{kgf}]$$

안전율을 2 이상으로 하면 허용인발 저항력은

$$\frac{T}{F} = \frac{4{,}630}{2} = 2{,}315[\text{kgf}] < 2{,}786[\text{kgf}] \quad (\text{NO})$$

즉, 근가의 내력이 지선에 작용하는 장력보다 작으므로 이 재료는 강도부족이다.

(3) 지선 취부용 볼트의 강도계산

강볼트 SS400 (SS41) 20[mm]

환강 인류봉 삽입

| | |
|---|---|
| ∴ 지선장력 | 1485[kgf] |
| 볼트의 유효지름 | $d = 1.67$[cm] (최소곡경) |
| 볼트의 허용굽힘모멘트 | $f_m = 1{,}600[\text{kgf} \cdot \text{cm}^2]$ |
| 볼트의 허용전단응력도 | $f_s = 1{,}150[\text{kgf/cm}^2]$ |
| 볼트에 가한 힘의 폭 | $l = 0$[cm] |
| 간 격 | $t = 2.5$[cm] |

$$\therefore \frac{\pi \cdot d^3}{8(t - l/2)} \times f_m = \frac{3.14 \times 1.67^3}{8 \times 2.5} \times 1{,}600$$

$$= 1{,}170[\text{kgf}] < 1{,}485[\text{kgf}] \ (\text{NO})$$

즉, 볼트에 허용되는 장력 이상으로 되어 이 재료는 강도부족이다. 또한,

$$\frac{\pi \cdot d^2}{4} \cdot f_s = \frac{3.14 \times 1.67^2}{4} \times 1{,}150 = 2{,}518[\text{kgf}]$$

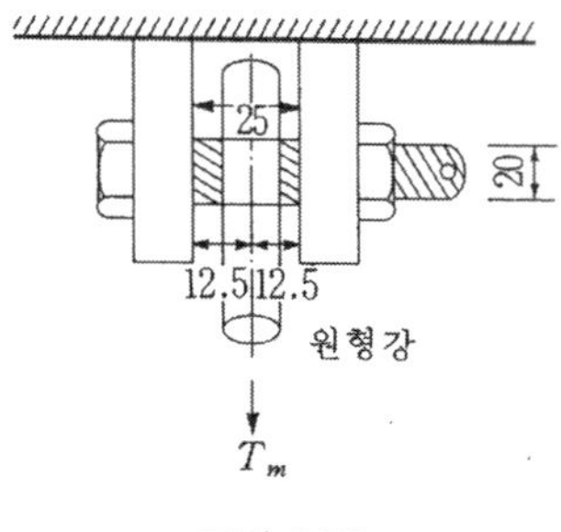


그림 6.78

복전단으로 하여 2배 하면

$$2{,}518 \times 2 = 5{,}036[\text{kgf}] > 1{,}485[\text{kgf}] \text{ (OK)}$$

즉, 볼트에 허용되는 지선장력 이하로 되고 전단력에 대해서도 안전하다. 이번에는 코타볼트를 계산해 보면, 볼트의 유효지름 $d = 2.0[\text{cm}]$(축경)

$$\therefore \frac{3.14 \times 2.0^3}{8 \times 2.5} \times 1{,}600 = 2{,}010[\text{kgf}] \text{ (OK)}$$

즉, 볼트에 허용되는 지선장력 이하로 되고 강도는 충분하다. 또,

$$\frac{3.14 \times (2.0)^2}{4} \times 1{,}150 = 3{,}611[\text{kgf}]$$

$$\therefore 3{,}611 \times 2 = 7{,}222[\text{kgf}] > 1{,}485[\text{kgf}] \text{ (OK)}$$

즉, 전단력도 안전하다.

# 7 완철(腕鐵)의 설계

## 7.1 일반용 완철

완철재에 구형강, ㄴ형강을 사용하는 경우 그 재료의 구조상 $X-X$축, $Y-Y$축의 2개의 축이 있는데 각각의 단면계수가 다르다. 이렇게 다른 단면계수를 갖는 재료를 사용할 때에는 힘을 가한 축을 다르게 하지 않도록 해야 한다. 구형강(構型鋼), ㄴ형강을 배로 합한 조합은 그 합성단면의 축과 각 부재의 중심이 일치하는 경우에는 그 단면계수는 2배로 한다.

전단응력도의 계산은 실정에 따라 다르게 적용하여야 할 것이다. 일반적으로 굽힘응력도에 대해서 안전하다면 전단응력도에 대해서도 안전하다고 볼 수 있다.

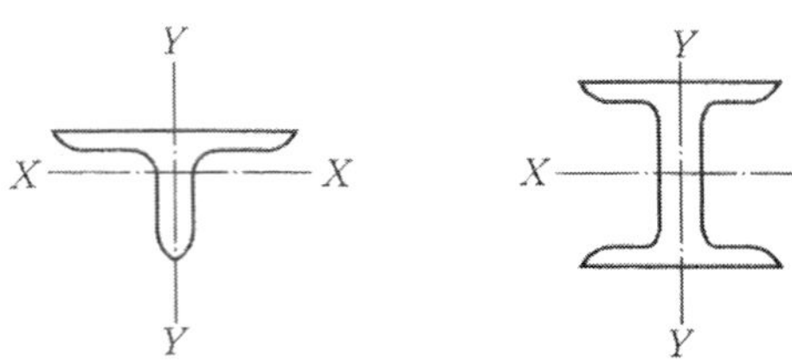


그림 6.79

### (1) A점에 생기는 최대굽힘응력

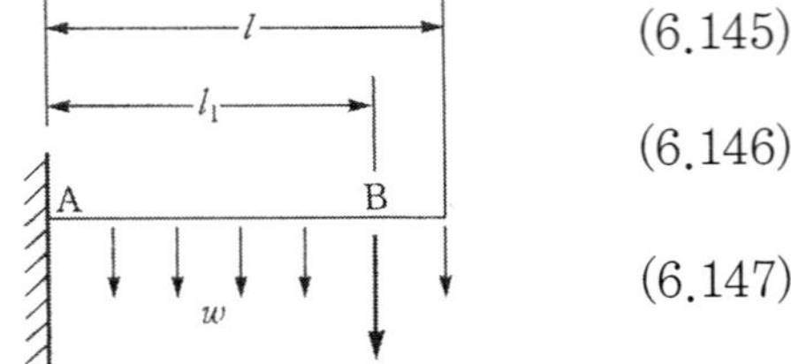


그림 6.80

$$M_m = W \cdot l_1 + \frac{w\,l^2}{2} \tag{6.145}$$

$$W = w_1 \cdot S \cdot n + w_2 \tag{6.146}$$

$$\sigma_m = \frac{M_m}{Z} \tag{6.147}$$

$$\sigma_m \leqq f_m \tag{6.148}$$

(SS400 허용휨응력도 16,170[N/cm$^2$])

### (2) A점에 생기는 최대전단응력

$$F_s = W + w\,l \tag{6.149}$$

$$\sigma_s = \frac{F_s}{A} \tag{6.150}$$

$\sigma_s \leqq f_s$ (SS400 허용전단응력도 9,310[N/cm$^2$]) (6.151)

여기서, $M_m$ : 최대굽힘모멘트[N · m]

$\sigma_m$ : 완철재의 굽힘응력도[N/cm$^2$]

$Z$ : 완철재의 단면계수[cm$^3$]

$f_m$ : 완철재의 허용굽힘응력도[N/cm$^2$]

$F_s$ : 최대전단응력[N]

$\sigma_s$ : 완철재의 전단응력도[N/cm$^2$]

$A$ : 완철재의 단면적[cm$^2$]

$f_s$ : 완철재의 허용전단응력도[N/cm$^2$]

$W$ : 전선, 애자 등에 따라 수직하중[N]

$S$ : 경간 길이[m]

$n$ : 전선 가닥수[가닥]

$w$ : 완철재의 단위중량[N/m]

$w_1$ : 전선의 단위중량[N/m]

$w_2$ : 애자 및 각종 금구중량[N]

$l$ : A점에서 부재 끝단까지 거리[m] : 1.28[m]

$l_1$ : A점에서 B점(전선 지지점)까지 거리[m] : 1.2[m]

**예제 6-25**

**다음 설계조건에 의해서 일반용 완철의 강도를 계산하여라.**

**【설계조건】** 풍압하중 　을종풍압하중
경 　간 　45[m]
급 전 선 　Al 510[mm²] 2조
완 철 재 　ㄴ형강 65×65×8 (SS400)
현수애자 　180[mm] 2개연 [3 kg/개]
금 　구 　6[mm] (0.57[kg])
조가금구 　U자 금구 Al용 2선용(0.6[kg])

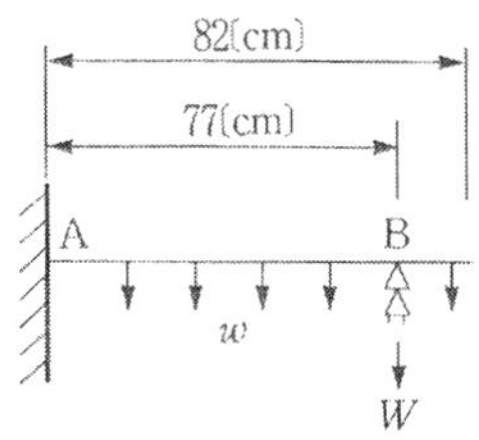


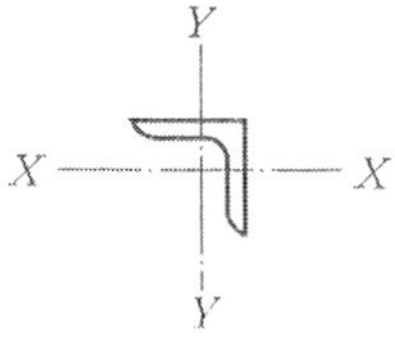


**그림 6.81**

---

풀이 (1) 강도계산

$w_1 = 2.01[\text{kg/m}]$ (피빙 수직하중)

$w_2$ : $3 \times 2 + 0.57 + 0.6 = 7.17[\text{kg}]$

$w = 7.66[\text{kg/m}]$

$l = 0.82[\text{m}]$, $l_1 = 0.77[\text{m}]$, $Z = 7.97[\text{cm}^3]$, $A = 9.761[\text{cm}^2]$

$\therefore W = 2.01 \times 45 \times 2 + 7 = 188[\text{kg}]$

$$M_m = 188 \times 0.77 + \frac{7.66 \times 0.82^2}{2} = 147.349[\text{kgf} \cdot \text{m}] = 14734[\text{kgf} \cdot \text{cm}]$$

$$\sigma_m = \frac{14734}{7.97} = 1849[\text{kgf/cm}^2] > f = 1{,}650[\text{kgf/cm}^2] \text{ (NO)}$$

$F_s = 188 + 7.66 \times 0.82 = 194[\text{kgf}]$

$$\sigma_s = \frac{194}{9.761} = 20[\text{kgf/cm}^2] < f = 950[\text{kgf/cm}^2] \text{ (OK)}$$

∴ 완철재를 ㄴ형강 75×75×9로 변경하면

$w = 9.96[\text{kg/m}]$, $Z = 12.1[\text{cm}^3]$, $A = 12.69[\text{cm}^2]$

$W = 2.01 \times 45 \times 2 + 7 = 188[\text{kg}]$

$$\therefore M_m = 188 \times 0.77 + \frac{9.96 \times 0.82^2}{2} = 148.109[\text{kgf} \cdot \text{m}] = 14{,}811[\text{kgf} \cdot \text{cm}]$$

$$\sigma_m = \frac{14{,}811}{12.1} = 1{,}224[\text{kgf/cm}^2] > f_m = 1650[\text{kgf/cm}^2] \text{ (OK)}$$

$F_s = 188 + 9.96 \times 0.82 = 196[\text{kgf}]$

$$\sigma_s = \frac{196}{12.69} = 15[\text{kgf/cm}^2] < f_s = 950[\text{kgf/cm}^2] \text{ (OK)}$$

## 7.2 | 전주대용물

### (1) 수직하중

$$W = w_1 \cdot S \cdot n + w_2 \tag{6.152}$$

여기서, $W$ : 전선 등에 의한 수직하중[kg]

$w_1$ : 전선의 단위중량[kg/m]

$w_2$ : 애자의 탄형금구 및 적가금구의 중량[kg]

$S$ : 경간[m]

$n$ : 전선 가닥수[가닥]

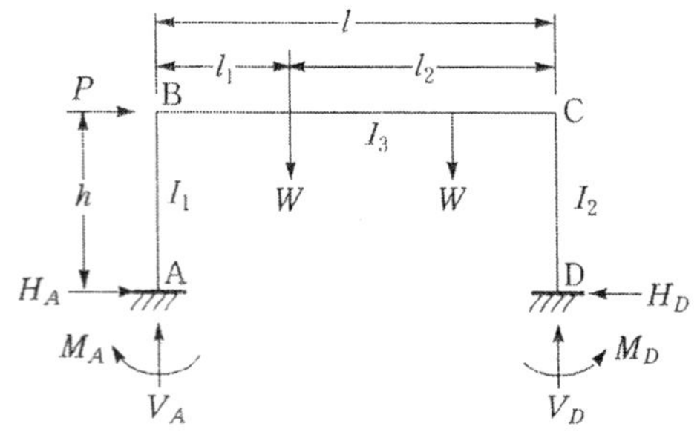


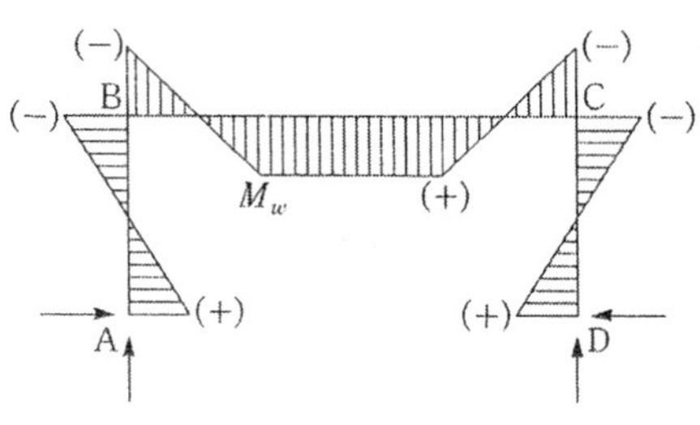


그림 6.82

### (2) 수평하중

- 전선, 애자의 풍압하중

$$P_W = (p \cdot S \cdot n_0 + p_1 \cdot n_1) \cdot m \tag{6.153}$$

- 곡선로의 횡장력에 따른 하중

$$P = \frac{ST}{R} \cdot n \tag{6.154}$$

여기서, $P_W$ : 전선 등에 의한 수평하중[kg]
$P$ : 횡장력에 의한 수평하중[kg]
$p$ : 전선의 풍압하중[kg/m]
$p_1$ : 애자의 풍압하중[kg/개]
$S$ : 경간[m]
$n$ : 전선 가닥수[가닥]
$n_0$ : 전선풍압 가닥수(2 가닥인 경우는 1.2로 한다)[가닥]
$n_1$ : 애자의 수량[개]
$m$ : 지지점(W)의 개소 수[개소]
$T$ : 전선장력[N]
$R$ : 곡선 반지름[m]

### (3) 강의 비

$$k = \frac{I_2 h}{I_1 l} \tag{6.155}$$

여기서, $k$ : BC를 기준 한 AB, CD와의 강 비
$I_1$ : AB, CD의 단면2차모멘트[$cm^4$]
$I_2$ : BC의 단면2차모멘트[$cm^4$]
$l$ : B~C간의 거리[cm]
$h$ : A~B, C~D간의 거리[cm]

### (4) 수직하중에 따른 각부의 굽힘모멘트와 반력

$$V_{A1} = V_{D1} = W \tag{6.156}$$

$$H_{A1} = H_{D1} = \frac{3W \cdot l_1 \cdot l_2}{H \cdot l(k+2)} \tag{6.157}$$

$$M_{A1} = M_{D1} = \frac{W \cdot l_1 \cdot l_2}{l(k+2)} \tag{6.158}$$

$$M_{B1} = M_{C1} = -2M_{A1} \tag{6.159}$$

$$M_W = W \cdot l_1 + M_{B1} \tag{6.160}$$

여기서, $V_{A1}$ : A점의 수직반력[N]

$V_{D1}$ : D점의 수직반력[N]

$H_{A1}$ : A점의 수평반력[N]

$H_{D1}$ : D점의 수평반력[N]

$M_{A1}$ : A점의 굽힘모멘트[N · cm]

$M_{D1}$ : D점의 굽힘모멘트[N · cm]

$M_{B1}$ : D점의 굽힘모멘트[N · cm]

$M_{C1}$ : C점 굽힘모멘트[N · cm]

$M_W$ : W점 굽힘모멘트[N · cm]

### (5) 수평하중에 따른 각부의 굽힘모멘트와 반력

$$V_{A2} = -V_{D2} = \frac{3(P+P_W)h \cdot k}{l \cdot (6k+1)} \tag{6.161}$$

$$H_{A2} = -H_{D2} = \frac{P+P_W}{2} \tag{6.162}$$

$$M_{A2} = -M_{D2} = -\frac{(P+P_W)h}{2} \cdot \frac{3k+1}{6k+1} \tag{6.163}$$

$$M_{B2} = -M_{C2} = -\frac{(P+P_W)h}{2} \cdot \frac{3k}{6k+1} \tag{6.164}$$

### (6) 각부의 전 굽힘모멘트와 전 반력

$$V_A = V_{A2} + V_{A1} \tag{6.165}$$

$$V_D = V_{D2} + V_{D1} \tag{6.166}$$

$$H_A = H_{A2} + H_{A1} \tag{6.167}$$

$$H_D = H_{D2} + H_{D1} \tag{6.168}$$

$$M_A = M_{A2} + M_{A1} \tag{6.169}$$

$$M_D = M_{D2} + M_{D1} \tag{6.170}$$

$$M_B = M_{B2} + M_{B1} \tag{6.171}$$

$$M_C = M_{C2} + M_{C1} \tag{6.172}$$

여기서, $V_A$, $V_D$ : A점, D점의 전 수직반력[N]

$H_A$, $H_D$ : A점, D점의 전 수평반력[N]

$M_A$, $M_D$ : A점, D점의 전 굽힘모멘트[N · cm]

$M_B$, $M_C$ : B점, C점의 전 굽힘모멘트[N · cm]

### (7) 응력도

$$\sigma_{m1} = \frac{M_{m1}}{Z_1} \tag{6.173}$$

$$\sigma_{m2} = \frac{M_{m2}}{Z_2} \tag{6.174}$$

여기서, $\sigma_{m1}$ : 수직부재의 굽힘응력도[N/cm$^2$]

$\sigma_{m2}$ : 수평부재의 굽힘응력도[N/cm$^2$]

$Z_1$ : 수직부재의 단면계수[cm$^3$]

$Z_2$ : 수평부재의 단면계수[cm$^3$]

$M_{m1}$ : 수직부재의 최대굽힘모멘트[N · cm]

($M_A$, $M_D$, $M_B$, $M_C$를 비교 큰쪽의 값을 취한다.)

$M_{m2}$ : 수평부재 취부점의 최대굽힘모멘트[N · cm]

($M_B$, $M_C$를 비교 큰쪽의 값을 취한다.)

### (8) 부재의 검정

$$\text{수직부재} \quad \sigma_{m1} \leqq f_{m1} \tag{6.175}$$

$$\text{수평부재} \quad \sigma_{m2} \leqq f_{m2} \tag{6.176}$$

여기서, $\sigma_{m1}$ : 수직부재의 허용굽힘응력도[N/cm$^2$]

$\sigma_{m2}$ : 수평부재의 허용굽힘응력도[N/cm$^2$]

**예제 6-26**

**다음 설계조건에 의해서 전주대용물의 강도를 계산하여라.**

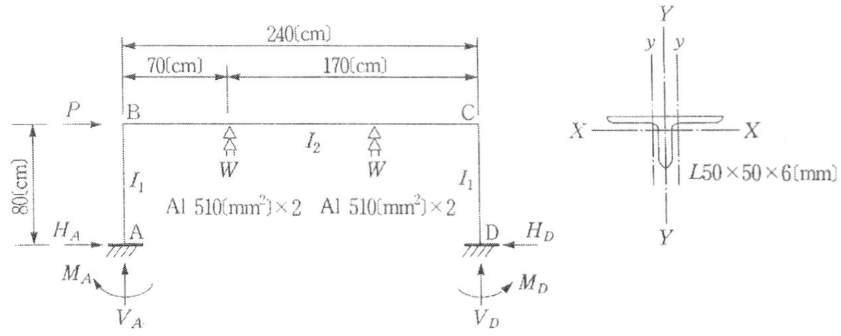


그림 6.83

| **【설계조건】** | 풍압하중 | 을종풍압하중 |
|---|---|---|
| | 온도구분 | A지구 |
| | 경　간 | 50[m] |
| | 곡선반지름 | 1,000[m] |
| | 급 전 선 | Al 510[mm$^2$] 2조×2 |
| | 완 철 재 | ㄴ형강 50×50×6(포) (SS400) |
| | 현수애자 | 180[mm] 2개연 (3[kg/개]) |
| | 탄형금구 | 6[mm] (0.57[kg]) |
| | 조가금구 | U자금구 Al 2선용 (0.6[kg]) |

---

**풀이** (1) 강도계산

$w_1 = 2.01[\text{kg/m}]$ (피빙수직하중), $w_2 = 3\times2+0.57+0.6 = 7[\text{kg}]$

$n = 2$조, $p = 2.07[\text{kg/m}]$, $p_1 = 1.5[\text{kg/개}]$, $n_0 = 1.2$

$n_1 = 2$개, $T = 1730[\text{kgf}]$, $m = 2$ 개소

$I_1 = I_2 = 12.6\times2 = 25.2[\text{cm}^4]$

$l = 240[\text{cm}]$, $l_1 = 70[\text{cm}]$, $l_2 = 170[\text{cm}]$, $h = 80[\text{cm}]$

$Z_1 = Z_2 = 3.55\times2 = 7.1[\text{cm}^3]$

$\therefore\ W = 2.01\times50\times2+7 = 208[\text{kg}]$

$P_W = (2.07\times50\times1.2+1.5\times2)\times2 = 254[\text{kgf}]$

$$P = \frac{50\times1730}{1000}\times4 = 346[\text{kgf}]$$

$$k = \frac{25.2\times80}{25.2\times240} = 0.3333$$

$V_{A1} = V_{D1} = 208[\text{kgf}]$

$$H_{A1} = H_{D1} = \frac{3\times208\times70\times170}{80\times240\times(0.3333+2)} = 166[\text{kgf}]$$

$$M_{A1} = H_{D1} = \frac{208 \times 70 \times 170}{240 \times (0.3333 + 2)} = 4420[\text{kgf} \cdot \text{cm}]$$

$$M_{B1} = M_{C1} = -2 \times 4420 = -8840[\text{kgf} \cdot \text{cm}]$$

$$M_W = 208 \times 70 - 8,840 = 5,720[\text{kgf} \cdot \text{cm}]$$

$$V_{A2} = -V_{D2} = -\frac{3 \times (346 + 254) \times 80 \times 0.3333}{240 \times (6 \times 0.3333 + 1)} = -67[\text{kgf}]$$

$$H_{A2} = -H_{D2} = -\frac{346 + 254}{2} = -300[\text{kgf}]$$

$$M_{A2} = -M_{D2} = -\frac{(346 + 254) \times 80}{2} \times \frac{3 \times 0.3333 + 1}{6 \times 0.3333 + 1} = -15,998[\text{kgf} \cdot \text{cm}]$$

$$M_{B2} = -M_{C2} = \frac{(346 + 254) \times 80}{2} \times \frac{3 \times 0.3333}{6 \times 0.3333 + 1} = 7999[\text{kgf} \cdot \text{cm}]$$

$$V_A = -67 + 208 = 141[\text{kgf}]$$

$$V_D = 67 + 208 = 275[\text{kgf}]$$

$$H_A = -300 + 166 = -134[\text{kgf}]$$

$$H_D = 300 + 166 = 466[\text{kgf}]$$

$$M_A = -15988 + 4420 = -11578[\text{kgf} \cdot \text{cm}]$$

$$M_D = 15998 + 4420 = 20418[\text{kgf} \cdot \text{cm}]$$

$$M_B = 7999 - 8840 = -841[\text{kgf} \cdot \text{cm}]$$

$$M_C = -7999 - 8840 = -16839[\text{kgf} \cdot \text{cm}]$$

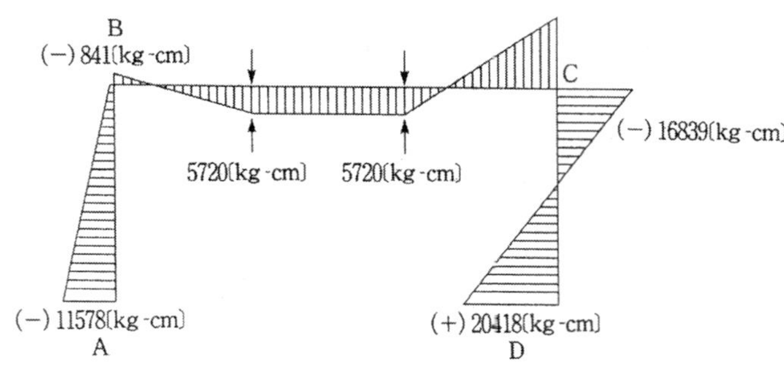


그림 6.84

$$\therefore\ \sigma_{m1} = \frac{20,418}{7.1} = 2,876[\text{kgf/cm}^2] > f_{m1} = 1,650[\text{kgf/cm}^2]\ \text{(NO)}$$

$$\sigma_{m2} = \frac{16,839}{7.1} = 2,372[\text{kgf/cm}^2] > f_{m2} = 1,650[\text{kgf/cm}^2]\ \text{(NO)}$$

(2) 완철재를 ㄴ형강(65×65×8)로 변경하면

$$I_1 = I_2 = 36.8 \times 2 = 73.6[\text{cm}^4]$$

$$Z_1 = Z_2 = 7.97 \times 2 = 15.94[\text{cm}^3]$$

$$\therefore\ W = 208[\text{kg}]$$

$$P_w = 254[\text{kgf}]$$

$$P = 346[\text{kg}]$$

$$k=\frac{73.6\times 80}{73.6\times 240}=0.3333$$

$$V_{A1}=V_{D1}=208[\text{kgf}]$$

$$H_{A1}=H_{D1}=\frac{3\times 208\times 70\times 170}{80\times 240\times(0.3333+2)}=166[\text{kgf}]$$

$$M_{A1}=M_{D1}=\frac{208\times 70\times 170}{240\times(0.3333k+2)}=4420[\text{kgf}\cdot\text{cm}]$$

$$M_{B1}=M_{C1}=-2\times 4420=-8840[\text{kgf}\cdot\text{cm}]$$

$$M_W=208\times 70-8,840=5,720[\text{kgf}\cdot\text{cm}]$$

$$V_{A2}=-V_{D2}=\frac{3\times(346+254)\times 80\times 0.3333}{240\times(6\times 0.3333+1)}=-67[\text{kgf}]$$

$$H_{A2}=-H_{D2}=\frac{346+254}{2}=-300[\text{kgf}]$$

$$M_{A2}=-M_{D2}=-\frac{(346+254)\times 80}{2}\cdot\frac{3\times 0.3333+1}{6\times 0.3333+1}=-15998[\text{kgf}\cdot\text{cm}]$$

$$M_{B2}=-M_{C2}=\frac{(346+254)\times 80}{2}\cdot\frac{3\times 0.3333}{6\times 0.3333+1}=7999[\text{kgf}\cdot\text{cm}]$$

$$V_A=-67+208=141[\text{kgf}]$$

$$V_D=67+208=275[\text{kgf}]$$

$$H_A=-300+166=-134[\text{kgf}]$$

$$H_D=300+166=466[\text{kgf}]$$

$$M_A=-15,988+4,420=-11,578[\text{kgf}\cdot\text{cm}]$$

$$M_D=15,998+4,420=20,418[\text{kgf}\cdot\text{cm}]$$

$$M_B=7,999-8,840=-841[\text{kgf}\cdot\text{cm}]$$

$$M_C=-7999-8840=-16839[\text{kgf}\cdot\text{cm}]$$

$$\therefore\ \sigma_{m1}=\frac{20,418}{15.94}=1,281[\text{kgf/cm}^2]<f_{m1}=1650[\text{kgf/cm}^2]\quad(\text{OK})$$

$$\sigma_{m2}=\frac{16,839}{15.94}=1,056[\text{kgf/cm}^2]<f_{m2}=1,650[\text{kgf/cm}^2]\quad(\text{OK})$$

※ 2본의 자재를 서로 맞추어 결합한 경우의 단면계수는 2배 한다.

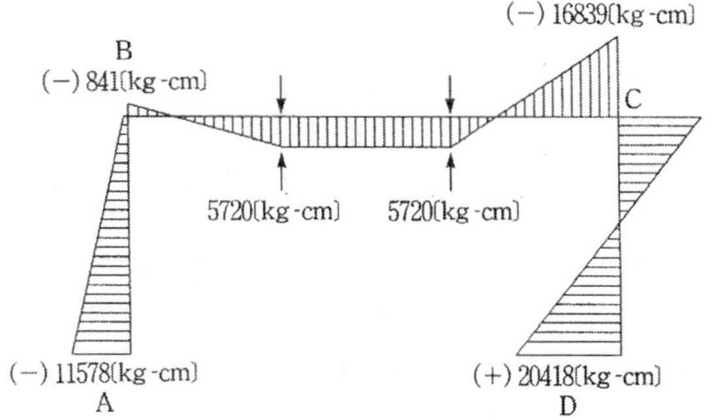


그림 6.85

## 7.3 | 인류용 완철

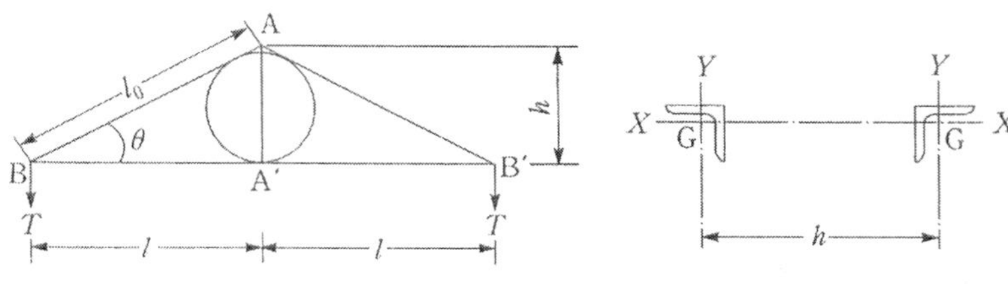


그림 6.86

### (1) 완철 부재에 가한 하중

1) 부재 A~B에 작용하는 인장력

$$P_{AB} = T\frac{1}{\sin\theta} \tag{6.177}$$

$$\sin\theta = \frac{h}{l_0} \tag{6.178}$$

$$l_0 = \sqrt{l^2 + h^2} \tag{6.179}$$

2) 부재 A'~B에 작용하는 압축력

$$P_{AB}{}' = T\frac{l}{h} \tag{6.180}$$

여기서, $P_{AB}$ : 완철부재 A~B에 작용하는 인장력[N]

$P_{AB}{}'$ : 완철부재 A'~B에 작용하는 압축력[N]

$T$ : 전선장력[N]

$l$ : 취부점에서 지지점까지의 거리[cm]

$h$ : 완철 취부점까지의 간격[cm]

$l_0$ : 완철부재 A~B의 길이[cm]

$\theta$ : 완철부재 A~B, B~A'와의 각도[°]

### (2) 부재 A~B의 인장 응력도

$$\sigma_t = \frac{P_{AB}}{A_0{}'} \tag{6.181}$$

$$A_0' = A_0 - (d \cdot t) \tag{6.182}$$

여기서, $\sigma_t$ : 인장재의 인장응력도[N/cm$^2$]

$A_0'$ : 인장재의 유효단면적[cm$^2$]

$A_0$ : 인장재 단면적[cm$^2$]

$d$ : 볼트구멍의 지름[cm]

$t$ : 부재의 두께 [cm]

### (3) 부재 A'~B의 좌굴 응력도

$$\sigma_c = \frac{P_{AB}'}{A_0} \tag{6.183}$$

$$\lambda_0 = \frac{l}{r} \tag{6.184}$$

여기서, $\sigma_c$ : 압축재의 압축응력도[N/cm$^2$]

$A_0$ : 압축재의 응력도[cm$^2$]

$\lambda_0$ : 세장비

$r$ : 부재의 회전반경[cm]

### (4) 부재의 검정

$$\text{부재 A}\sim\text{B} \quad \sigma_t \leqq f_t \tag{6.185}$$

$$\text{부재 A'}\sim\text{B} \quad \sigma_C \leqq f_k \tag{6.186}$$

여기서, $f_t$ : 완철부재의 허용인장응력도[N/cm$^2$]

$f_k$ : 완철부재의 허용좌굴응력도[N/cm$^2$]

조합완철재로 ㄴ형강을 사용한 경우의 회전반경은 최소폭의 값으로 하며, 수직하중의 계산은 실정에 따라 고려한다. 일반적으로 수직하중에 의한 값은 작아서 계산을 생략해도 실용상에는 지장이 없다.

### (5) 볼트

$$n = \frac{P_{AB}}{f_{SB}} \tag{6.187}$$

$$P_{AB} \leqq f_{SB} \cdot n \tag{6.188}$$

여기서, $n$ : 소요볼트 수량[개]

$f_{SB}$ : 볼트의 허용전단력[N]

볼트의 허용전단력은 단(單)전단으로 한다. 볼트에는 전단력과 지압력(支壓力)이 작용하는데, 양자를 비교하여 안전한 쪽을 택한다. 소요 볼트 수량이 구조상 취부하기 어려운 경우에는 볼트의 지름을 크게 하든지 또는 강판(가젯 플레이트)으로 보강 접합 등의 방법을 고려한다.

**예제 6-27**

**다음 설계조건에 의해서 인류용 완철의 강도를 계산하여라.**

| 【설계조건】 | 풍압하중 | 병종풍압하중 |
|---|---|---|
| | 온도구분 | A지구 −10[℃] |
| | 경　간 | 40[m] |
| | 곡선 반지름 | 1000[m] |
| | 급 전 선 | Al 510[mm²]×1가닥×2 |
| | 완 철 재 | ㄴ형강 50×50×6(SS400) |
| | 취부볼트 | 16[mm] (SS400) 2개 |

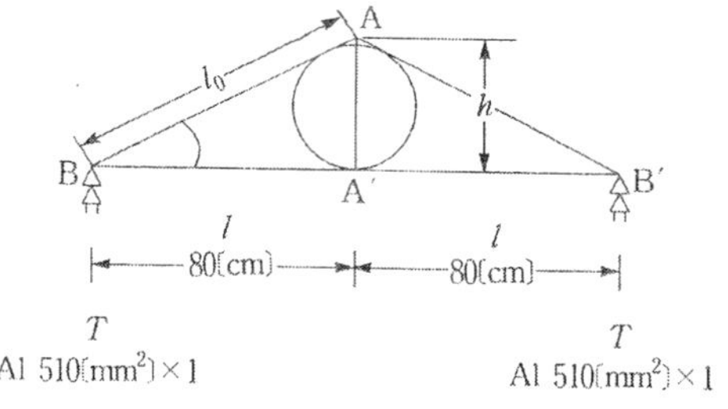


그림 6.87

**풀이** 설계조건에 따라

$T = 1{,}930[\text{kgf}]$, $l = 80[\text{cm}]$, $h = 40.2[\text{cm}]$, $r = 0.96[\text{cm}]$

$A_0 = 5.644[\text{cm}^2]$, $f_{SB} = 2{,}410[\text{kgf}]$, $t = 0.6[\text{cm}]$, $d' = 1.75[\text{cm}]$

$\therefore\ l_0 = \sqrt{80^2 + 40^2} = 89.5[\text{cm}]$

$$\sin\theta = \frac{40.2}{89.5} = 0.4492$$

$$P_{AB} = 1{,}930 \times \frac{1}{0.4492} = 4{,}297[\text{kgf}]$$

$$P_{AB}' = 1{,}930 \times \frac{80}{40.2} = 3{,}841[\text{kgf}]$$

$A_0' = 5.644 - (1.75 \times 0.6) = 4.594[\text{cm}^2]$

$$\lambda_0 = \frac{80}{0.96} = 83 \qquad \therefore\ f_k = 1{,}116[\text{kgf/cm}^2]$$

$$\sigma_t = \frac{4{,}297}{4.594} = 935[\text{kgf/cm}^2] < f_t = 1{,}650[\text{kgf/cm}^2] \quad (\text{OK})$$

$$\sigma_c = \frac{3{,}841}{5.644} = 681[\text{kgf/cm}^2] < f_k = 1{,}116[\text{kgf/cm}^2] \quad (\text{OK})$$

$$n = \frac{4{,}297}{2{,}410} = 1.783 = 2\text{개}$$

볼트의 검정 $2{,}410 \times 2 = 4{,}820[\text{kgf}]$

$\therefore$ 4,297[kgf] < 4,820[kgf] (OK)

# 8 내진설계

## 8.1 | 개요

지진으로 인한 지반의 불규칙한 운동으로 구조물은 진동하게 되며, 지진력은 구조물의 기반에 작용하게 된다.

구조물의 상층에 작용하는 전단력은 구조물의 동적 거동의 결과에 따라 다르게 되고, 어느 특정지역에서 예상할 수 있는 지반운동의 크기와 특성을 알아내는 데는 한계가 있고, 구조물이 지진에 대하여 잘 견딜수 있는 능력은 탄성한계를 넘어  비탄성 범위내에서 견딜 수 있기 때문에 파괴를 일으키지 않고 비선형적으로 에너지를 소산(消散)시킬 수 있도록 구조물이 연성을 갖도록 하는 것을 권장한다.

## 8.2 | 지진발생의 원리

지진이 일어나는 원동력은 판지각 변동(Plate tectonics)에 의해 발생할 것이라고 추측을 하고 있는데 예를들어 태평양상에서는 해령(海嶺)이라고 불리는 해저(海底) 대산맥이 존재한다. 해령이 지구의 갈라진 틈으로 지구내부에서 고온의 물질이 용출하고 있는 곳으로 추측한다. 이 용출된 물질이 다시 냉각되어 새로운 Plate로 되어 mantle(지각과 중심핵과의 중심부)의 느린 대류에 따라서 1년간에 수 [cm] 정도의 속도로 좌우로 이동해 간다.

태평양에서는 동태평양에서 발생하여 서쪽으로 향하는 Plate는 태평양을 횡단하여 일본 열도에 부딪쳐 아랫방향으로 밀리면서 일본열도의 아래로 파고 든다. 이렇게 밀려든 Plate에 의해서 일본열도는 압축되는 것과 동시에 아래로 끌어당기고 밀치는 힘을 받는다.

경계부근의 암석은 큰 힘을 받아서 암석의 강도 이상이 되었을 때 암석은 파괴되어 지진이 일어난다. 결국 단층이 되어 그 주변에 견디기 힘든 압력에서 해방되어 진동을 일으켜 지각변동을 일으키는 것이 지진이다.

## 8.3 | 지지물의 지진에 대한 구조해석

(1) 철구조물은 자중, 눈하중 등의 수직하중과 지진하중, 횡장력 등의 수평하중이 작용되는데 일반적으로 철주구조물은 무게 1톤(ton) 내외의 경량구조물로서 지진으로 인한 수평하중은 최대 지진하중 FACTOR를 고려할 경우 0.14정도 이므로 수평력

$$H = 0.14 \times W = 0.14 \times 1000 = 140[\text{kg}]$$

정도이며, 풍하중은 부재 단위면적당 166[kg/m$^2$]의 힘이 작용하므로 전체 구조물의 투영면적이 5[m$^2$] 정도로 예상하면 $H = 5 \times 166 = 830[\text{kg}]$ 이므로 지지하중의 4~5배에 해당한다.

따라서 철구조물 해석시 풍하중에 대한 고려만 하고, 지진하중에 대한 하중은 일반적으로 반영하지 않는다.

(2) 옥외 전철변전소에 설치하는 주변압기(MT), 단권변압기(AT) 및 가스절연개폐장치(GIS)기초는 하나로 된 통기초가 지중에 매설되어 있어 지진에 대한 영향을 고려하지 않고, 옥내전철변전소인 경우는 지진에 대한 구조해석을 건축구조물 설계시 반영하고 있으며 철주기초는 철주 구조물 계산시의 FACTOR가 고려되어 설계하고 있다.

(3) 전차선로의 내진 설계는 "철도의 건설기준에 관한 규정"에 따라 수평방향으로 구조물 질량의 6[%], 수직방향으로 구조물 질량의 3[%]를 구조물에 가해지는 합성모멘트 값을 설계시 반영한다.

## 8.4 | 우리나라 내진설계기준

**표 6.22** 내진설계기준

| 관계법 | 지진구역 | 구역계수 (가속도계수) | 비고 |
|---|---|---|---|
| 건축법 | I | 0.22 | 서울특별시, 부산광역시, 인천광역시, 대구광역시, 대전광역시, 광주광역시, 울산광역시 |
| | | | 경기도, 강원도 남부(강릉시, 동해시, 삼척시, 원주시, 태백시, 영월군, 정선군), 충청북도, 충청남 |

| 관계법 | 지진구역 | 구역계수 (가속도계수) | 비고 |
|---|---|---|---|
| | | | 도, 전라북도, 전라남도 북동부(광양시, 나주시, 순천시, 여수시, 곡성군, 구례군, 담양군, 보성군, 장성군, 장흥군, 화순군), 경상북도, 경상남도 |
| | II | 0.14 | 강원도 북부(속초시, 춘천시, 고성군, 양구군, 양양군, 인제군, 철원군, 평창군, 화천군, 홍천군, 횡성군), 전라남도 남서부(목포시, 강진군, 고흥군, 무안군, 신안군, 영광군, 영암군, 완도군, 진도군, 함평군, 해남군), 제주도 |
| 도로교 표준시방서 | I | 0.07 | 강원도, 전라남도, 제주도 |
| | II | 0.14 | 기타지역 |
| 터널공사 표준시방서 | | | 터널의 피토 두께, 지형, 지질 등에 의해 필요에 따라 고려 |
| 댐시설 | I | 0.22 | 상기 건축법의 구역구분 참조 |
| | II | 0.14 | 상기 건축법의 구역구분 참조 |
| 고속철도 콘크리트 구조물 표준시방서 | 암반깊이 3m 이하 | 0.06 | $E = Kh \times D$<br>$E$ : 등가정적 지진력<br>$D$ : 구조물의 자중<br>$Kh$ : 지진계수 |
| | 암반깊이 3m 초과 | 0.09 | |

# 9 용접

## 9.1 | 용접의 사용범위

전차선로용 강구조물의 용접은 주재와 복재와의 접속만으로 사용하고 주재의 접속 또는 철주와 빔의 접속에는 사용하지 않는다.

강재의 용접에는 가열냉각에 의한 용접부의 잔류응력, 취화현상이 발생하는데 취성파괴에 있어서는 허용응력 이하에서 사용하고 있을 때 용접부의 일부에 빠르게 취성균열이 생기고, 매우 빠른 속도로 다른 부분으로 전파되어 순식간에 구조물이 파괴되어 대형사고를 일으킬 수도 있다.

취성균열을 발생시키지 않도록 하기 위하여 응력집중이 적도록 설계하고, 용접을 할 때 결함이 생기지 않게 하는 것이 중요이지만 결함이 발생하였을 때를 가정하여 비파괴검사(가능한 전수검사)를 할 것을 권장하고 있다.

결론적으로 주응력을 전달하는 부재를 접속할 때는 용접을 하지 않는 것으로 한다.

## 9.2 | 용접에 사용하는 강재

용접에 사용하는 강재는「일반구조용 압연강재(SS400)」 및 일반강구조용 탄소강관(STK400 또는 STK490)」을 사용하고, 주철은 용접구조에 사용하지 않는다.

### (1) 강재의 용접성

강재에는 여러 가지 불순물이 포함되어 있는데 이것에 따라 강재의 성질이 결정된다. 용접구조에 사용하는 강재의 용접성능을 향상시키기 위하여 용접시 열영향에 의한 경화(취화)가 적어야 하며, 용접이음매에 발생하는 결함이 생기지 않게 하는 것이 중요하다.

불순물은 C(탄소)의 영향이 가장 크고, Mn(망간), Si(규소)의 순이다.

또한 S(유황)은 아크 발생시의 기포 발생과 모재측에서 용착금속에 유황균열을 생기게 한다.

### (2) 용접구조용 압연강재(SM)

용접구조용 압연강재(SM)는 특히 용접성이 우수한 강재이며 C, Mn, Si, P, S의 모든 성분은 한국산업표준규격(KS)에 정해져 있고, 용접구조로 가장 적합한 강재이다.

### (3) 일반구조용 압연강재(SS)

SS400은 P, S 외에 함유량이 정해져 있지 않지만 C, Mn, Si 등이 포함되어 있어도 용접하는데 큰 문제가 없으며, 저탄소강에 속하기 때문에 판두께가 25[mm] 정도까지는 용접에 특별한 주의가 필요하지 않고, 탄소량이 많고〈C ≧ 0.25[%]〉 판두께가 두꺼운 경우〈$t \geqq 25$[mm]〉에는 용접에 특별한 주의가 필요하다.

SS490은 C의 함유량이 많기 때문에 용접부의 재질로는 담금질 효과에 의해 단단해지지만, 반대로 매우 부서지기 쉬워지므로 용접용 강재로는 적당하지 않다.

### (4) 일반구조용 탄소강 강관(STK)

강관구조는 주로 용접조립되어 있으므로 용접구조용 압연강재(SM)와 같이 C, Mn, Si, P, S의 모든 성분은 한국산업표준규격(KS)에 정해져 있기 때문에 용접성은 우수하다.

다만, STK500은 발판 및 가설용 강관으로서 C의 함유량이 많기 때문에 용접을 하지 않는 것이 좋다.

### (5) 배관용 탄소강 강관(SGP)

배관용 탄소강 강관은 P, S의 함유량에 대해서만 정하고 있는데, 저탄소강 강관이므로 용접성은 문제가 없다. 그러나 관자체의 강도는 일반 구조용 탄소강 강관(STK)에 비해

상당히 작고, 허용응력도 등에 대하여 따로 정해진 것이 없으므로 구조물에 사용하는 것은 바람직하지 않다.

### (6) 주철

주철은 고탄소 합금으로 딱딱하고 부스러지기 쉽기 때문에 용접을 하기에는 쉽지 않으며 신뢰성도 떨어진다. 또한, 주철의 입자는 거칠고 입자간에는 다량의 산소가 포함되어 있어 용접부에 큰 결함을 생기게 하므로 용접구조에는 사용하지 않는 것이 좋다.

## 9.3 | 용접이음매의 형식

응력을 전달할 수 있는 용접이음매의 형식은 맞대기와 필릿 두 종류가 있으며, 모재간의 각도가 60° 이하 또는 120° 이상일 경우에 모서리 이음매에는 응력을 부담시키지 않고 아크용접으로 이음매를 만들때에는 맞대기, 필릿, 점용접(홈용접), 비드 및 살돋움 등을 사용한다.

### (1) 맞대기 이음매

### (2) 필릿 이음매

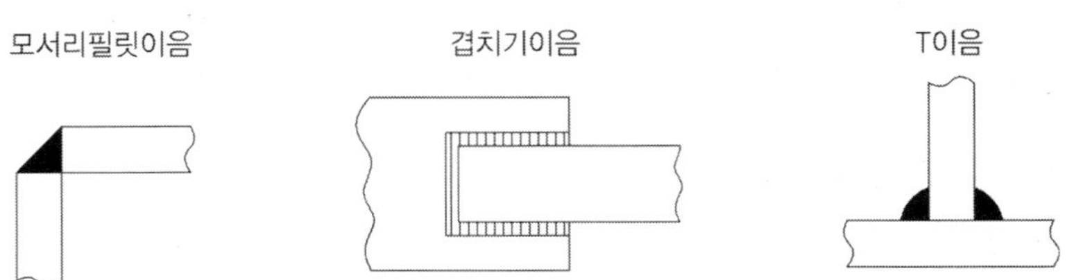


### (3) 전용접, 비드(bead) 또는 살돋움

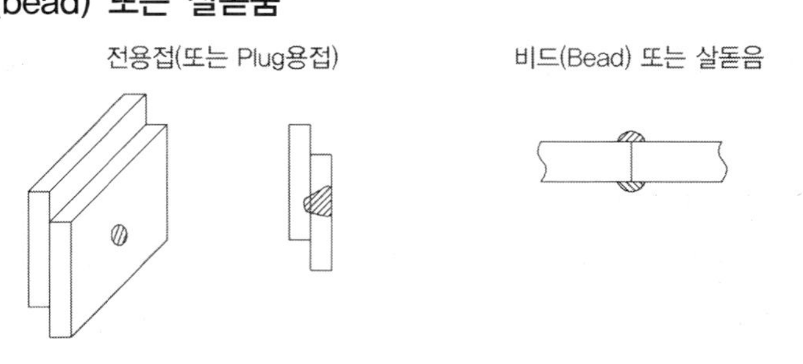

## 9.4 | 용접의 허용응력도

아크용접이음매의 용접부위단면에 대한 허용응력도는 표 6.22와 같다.

**표 6.23** 용접의 허용응력도 [단위 : N/cm$^2$]

| 재료 \ 응력 계수 \ 이음매 형식 | 맞대기 이음매 | | | | 필릿(Fillet) |
|---|---|---|---|---|---|
| | 인장 | 압축 | 휨 | 전단 | |
| SS400 | 13,720 | 13,720 | 13,720 | 7,840 | 7,840 |

**표 6.24** 구조용 강재 및 용착부에 대한 기본응력도 [단위 : N/cm$^2$]

| 응력종류 \ 재료 | | | SS400 SM400 SMA400 | SM490 |
|---|---|---|---|---|
| 구조용강재 | 인장응력도 (순단면에 대하여) | 축방향응력도 | 14,700 | 19,600 |
| | | 휨응력도 | | |
| | 압축응력도 (총단면에 대하여) | 축방향응력도 | | |
| | | 휨응력도 | | |
| | 전단응력도 | 총단면에대하여 | 8,330 | 11,270 |
| | 지압응력도 | 강판과 강판 | 20,580 | 27,440 |
| 용착부 | 공장용접 개선용접 | 인장응력도 | 14,700 | 19,600 |
| | | 압축응력도 | 8,330 | 11,270 |
| | | 전단응력도 | 14,700 | 19,600 |
| | 공장용접 필릿용접 | 인장압축응력도 | 8,330 | 11,270 |
| | | 목두께에 관한 인장・압축・전단응력도 | 14,700 | 19,600 |
| | 현장용접 | 상기 90%를 원칙으로 한다. | | |

※ 비드(bead) 방향의 인장・압축의 경우는 100[%]로 한다.
위표에서는 용접부의 허용응력도는 모재와 같다. (모재의 허용응력도는 안전율 1.6으로 한다.) 이와같이 용접부의 허용응력도는 모재와 같게하는 것이 오늘날의 추세이므로, 용접공작기준에 따라 충분한 품질을 확보할 수 있는 공장에서 행할 경우는 1.1배정도 할증을 하여도 된다.

## 9.5 | 용접의 강도계산

인장력, 압축력은 전단력을 받는 용접 이음매에서 각각의 응력도 $\delta$는 허용응력도 이하로 한다.

$$\delta = \frac{P}{\Sigma\ (a \cdot \ell)}[\mathrm{N/cm^2}] \tag{6.189}$$

$P$ : 용접이음매부를 통해 전달되는 힘[N]

$\ell$ : 용접이음매의 유효장[cm]

$a$ : 용접이음매부의 목의 두께[cm]

## 9.6 강관의 용접

강관의 용접은 일반 형강의 용접과는 다르기 때문에 STK400의 용접부 허용응력도는 SS400와 같고, 주관의 표면에 지관을 붙여 용접할 경우에는 지관의 두께는 주관의 두께보다 작아야 하며, 지관의 외경은 주관외경의 1/4 이상으로 한다.

강관의 용접은 전체를 돌려서 맞대기 용접을 원칙적으로 하는데 반복하중이 작용하지 않는 경우는

지관(支管)외경 ≦ $\frac{1}{3}$ 주관(主管)외경

– 전주(全周)필릿 용접

지관외경 > $\frac{1}{3}$ 주관외경

– 일부 맞대기 용접으로 하고, 연속적으로 필릿 용접으로 작업한다.

필릿용접을 할 경우 필릿용접의 사이즈는 얇은 쪽의 관(지관) 두께의 1.5배 이상 2배 이하로 하고, 용접부의 허용력은 $\varphi \times$(지관의 전 허용력)으로 계산하는데 이 때 리브(rib) 등으로 보강할 때는 내력을 가산할 수도 있다.

$\varphi$ : 지관과 주관의 교각에 의해 결정되는 계수

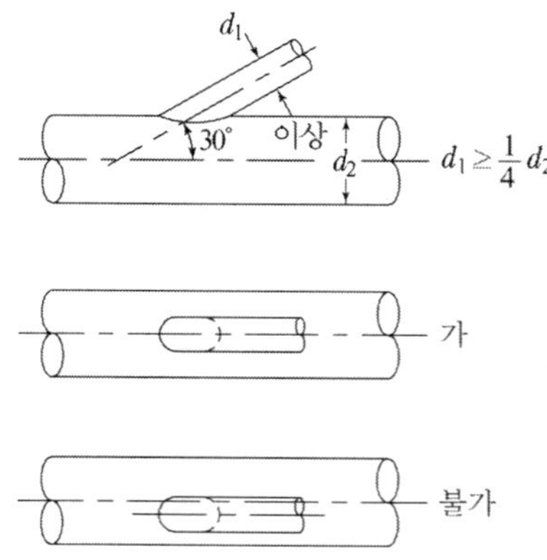

표 6.25 $\varphi$의 값

| 용접의 종류 / 교각 $\theta°$ | 필릿 또는 일부 맞대기 일부 필릿 | 맞대기 | 비 고 |
|---|---|---|---|
| 90 | 0.70 | 0.90 | [일부맞대기, 일부필릿]이란, 일부분을 맞대기 용접으로 하고, 용접선에 따라 연속적으로 필릿용접으로 이행하는 용접을 말한다. |
| 85 | 0.70 | 0.90 | |
| 80 | 0.71 | 0.91 | |
| 75 | 0.72 | 0.92 | |
| 70 | 0.73 | 0.93 | |
| 65 | 0.74 | 0.95 | |
| 60 | 0.76 | 0.97 | |
| 55 | 0.78 | 1.00 | |
| 50 | 0.82 | 1.00 | |
| 45 | 0.87 | 1.00 | |
| 40 | 0.93 | 1.00 | |
| 35 | 1.00 | 1.00 | |
| 30 | 1.00 | 1.00 | |

### 핵심정리

- 단독주의 설계하중을 고려하여 수평집중하중이 작용하는 경우
  1) 지면과의 경계점 모멘트 $M = P \cdot L$
  2) 지면과의 경계점 전단력 $Q = P$
  3) $h$점의 모멘트 $M_h = P(L-h)$
  4) $h$점의 전단력 $Q_h = P$
- 단독주의 설계하중을 고려하여 수평분포하중이 작용하는 경우
  1) 지면과의 경계점 모멘트 $M = \dfrac{w \cdot L^2}{2}$
  2) 지면과의 경계점 전단력 $Q = w \cdot L$
  3) $h$ 점의 모멘트 $M_h = \dfrac{w\,(L-h)^2}{2}$
  4) $h$점의 전단력 $Q_h = w\,(L-h)$
- 단독주의 설계하중을 고려하여 수직편심하중이 작용하는 경우
  1) 지면과의 경계점 모멘트 $M = P \cdot l$
  2) 지면과의 경계점 전단력 $Q = 0$
  3) 높이 $h+H > x > H$의 모멘트 $M_x = \dfrac{P \cdot l}{h}(h-H-x)$
  4) 높이 $h+H > x > H$의 전단력 $Q_x = \dfrac{P \cdot l}{h}$
  5) 높이 $H \geq x$의 모멘트 $M_x = P \cdot l$
  6) 높이 $H \geq x$의 전단력 $Q_x = 0$
- 단독주의 강도계산시 설계조건에는 해당선로의 급전방식과 가선방식, 사용전선의 종류와 굵기, 전선에 가해지는 장력, 전주의 종류와 형태, 전주가 설치되어지는 위치의 기상조건, 선로조건(곡선반지름), 전주경간 등이 있다.
- 조립철주의 강도계산시 세장비($\lambda$)는 항압재의 길이를 $L$, 회전 반지름을 $r$이라 하면 세장비 $\lambda = \dfrac{L}{r}$로 나타낼 수 있으며 $\lambda$값이 클수록 그 재료는 좌굴되기 쉽다는 것을 나타낸다. 전차선로용 강구조물의 세장비의 제한은 주기둥재에서는 200 이하, 보통 압축재에서는 220 이하, 압축재료 사용되는 보조재는 250 이하로 제한하고 있다.
- 조립철주 사재의 수평면에 대한 경사각도는 선로에 직각으로서, 단사재의 경우 40°, 복사재의 경우 45°로 한다.
- 기둥형 전주기초시 기초강도에 필요한 계수에는 지형계수($K$), 형상계수($f$), 강도계수($S_0$), 안전율($F_s$) 등이 있다.
  1) 지형계수($K$)
     지형을 평지 또는 절취개소와 성토개소로 구분하며 이런 지형에 대해서 하중방향을 고려해야 할 조건의 계수
  2) 형상계수($f$)
     기초를 터파기할 때 흙막이틀을 사용하는 경우 토질과 기초재의 접촉면에서 발생하는 강도차를 보정해 주는 계수

3) 강도계수($S_0$)

안정된 지반과 불안정한 지반은 기초에 영향을 미치므로 이를 보정하는 계수

▸ 토질의 종류

1) 자갈 ⇒ 알돌, 자갈 포함
2) 모래자갈 ⇒ 모래와 자갈 혼합
3) 보통 모래 ⇒ 하천에 있으며, Conc 골재 사용
4) 고운 모래 ⇒ 해변, 매우 가는 알맹이
5) 롬 ⇒ 모래, 점토 등이 포함되지 않은 것(보통 흙)
6) 점토 ⇒ 매끄러운 감촉, 건조하면 벽돌처럼 굳는다.
7) 실드 ⇒ 점토와 비슷, 아래로 늘어 뜨리면 끊어지고, 건조하면 쉽게 파쇄
8) 니탄[泥炭] ⇒ 유기물[풀, 수목의 뿌리 등이 썩은 것]을 함유, 매우 연하고 가볍다.

▸ 지내력(지지력)의 측정방법에는 콘 페니트로미터, 충격식 콘 페니트로미터와 스웨덴식 사운딩 등에 의한 방법이 있지만 전차선로에는 일반적으로 콘 페니트로미터 방법이 사용되고 있다. 콘 페니트로미터는 경량으로 휴대하기가 편리한 포터블(potable)로 된 것이 있으며, 측정이 편리하여 많이 사용되고 있다. 관입 방법은 인력에 의한 정적 연속압입방식으로 관입저항을 깊이 10[cm]마다로 측정한다. 이 때 관입속도는 1[cm/s]을 표준으로 하며 이렇게 해서 구한 관입저항을 콘크리트 바닥면적으로 나눈값을 콘크리트 지지력(콘 지지력)이라 한다.

$$\text{콘크리트 지지력} = \frac{\text{페니트로미터 관입저항값[N]}}{\text{콘크리트의 바닥면적[cm}^2\text{]}}$$

모래 등 무너지기 쉬운 지반에서는 충격식 콘 페니트로미터를 사용하며 무게 5[kg]의 낙하추를 50[cm] 높이에서 낙하시키고 선단 콘크리트 관입량 10[cm]당 타격수를 기초로 하여 허용저항모멘트를 구하는 방식이다.

스웨덴식 사운딩은 흙의 관입저항을 측정하여 단단함과 부드러움 또는 혼합된 흙층의 구성을 판정하는 시험방법이다. 이것은 전재하중(全載荷重) $W_{sw} = 980$[N], 관입량 1[m] 당 반회전수 $N_{sw}$에 의해 허용저항모멘트를 구하는 방식이다.

▸ 앵커볼트기초시 앵커볼트의 소요개수 구하는 식

$$n \geq \frac{M}{ft \cdot \frac{\pi}{4} d^2 \cdot L}$$

여기서, $M$ : 지면 경계에서 전주의 굽힘모멘트[N · cm]
$ft$ : 볼트의 허용인장응력도[N/cm²]
$d$ : 볼트의 유효지름[cm]
$L$ : 상대하는 볼트의 간격[cm]
$n$ : 인장측 소요 볼트 개수

▸ 앵커볼트기초시 앵커볼트의 길이를 구하는 식

$$l \geq \frac{M}{\mu \cdot \pi \cdot d \cdot n \cdot L}$$

여기서, $\mu$ : 앵커볼트와 콘크리트와의 허용부착강도(=50)[N/cm²]
$l$ : 앵커볼트의 매입길이[cm]

- 앵커볼트기초시 콘크리트의 허용부착강도
  토목 구조물 공사에 위탁하여 콘크리트 구조물과 같이 시공하는 경우 허용부착강도를 80[N/cm$^2$]로 하고 이미 만들어진 구조물에 앵커볼트를 매입하는 경우는 50[N/cm$^2$]로 하고 있다.
- 옥외 전철변전소에 설치하는 주변압기(Main Transformer), 단권변압기(AT) 및 가스절연개폐장치(GIS)기초는 하나로 된 통기초가 지중에 매설되어 있어 지진에 대한 영향을 고려하지 않고, 옥내전철변전소인 경우는 지진에 대한 구조해석을 건축구조물 설계시 반영하고 있다.
- 전차선로의 내진 설계는 "철도의 건설기준에 관한 규정"에 따라 수평방향으로 구조물 질량의 6[%], 수직방향으로 구조물 질량의 3[%]를 구조물에 가해지는 합성모멘트 값을 설계시 반영한다.
- 용접에 사용하는 강재는 「일반구조용 압연강재(SS400)」 및 일반강구조용 탄소강관(STK400 또는 STK490)」을 사용하고, 주철은 용접구조에 사용하지 않는다.
- 응력을 전달할 수 있는 용접이음매의 형식은 맞대기와 필릿 두 종류가 있다.
- 용접이음매의 형식에서 맞대기이음에는 맞대기이음, 모서리이음, 변두리이음, T이음 등의 방법이 있다.
- 용접이음매의 형식에서 필릿이음에는 모서리필릿이음, 겹치기이음, T이음 등의 방법이 있다.

부록 1

# 전기철도 약어 및 명칭

| 약어 | 원어 | 명칭 |
|---|---|---|
| CW | Contact Wire | 전차선 |
| ACSR | Aluminum Conductor steel Reinforced | 강심알루미늄연선 |
| CdCu | Cadmium Copper | 카드뮴동연선 |
| IV | Indoor Vinyl | 비닐절연전선 |
| CV | Crosslinked polyethylene | 가교폴리에칠렌절연 비닐외장케이블 |
| OW | Outdoor Weather proof | 옥외용 비닐전선 |
| Fe | Ferrous Wire | 철선 |
| St | Steel Wire | 강선 |
| Cu | Copper Wire | 동선 |
| MW | Messenger Wire | 조가선 |
| AF | Auto-Transformer Feeder | 급전선(AT구간) |
| TF | Trolley Feeder | 전차선용 급전선 |
| PF | Positive Feeder | 급전선(BT구간 ) |
| NF | Negative Feeder | 부급전선 |
| PW | Protective Wire | 보호선 |
| CPW | Connector of Protective Wire | 보호선용 접속선 |
| GW | Ground Wire | 가공지선 |
| NW | Neutral Wire | 중성선 |
| T/L | Transmission Line | 송전선로 |
| D/L | Distribution Line | 배전선로 |
| FPW | Fault Protective Wire | 비절연보호선 |
| FPGW | Fault Protective Ground Wire | 섬락보호지선 |
| HS | Hard drawn copper Stranded wire | 경동연선 |
| AS | Annealed copper Stranded wire | 연동연선 |
| BGW | Buried Ground Wire | 매설접지선 |
| AT | Auto-Transformer | 단권변압기 |
| BT | Booster-Transformer | 흡상변압기 |
| FRP | Fiberglass Reinforced Plastics | 합성수지 |
| LS | Line Switch | 선로개폐기 |

| 약어 | 원어 | 명칭 |
|---|---|---|
| DS | Disconnecting Switch | 단로기 |
| CB | Circuit Breaker | 차단기 |
| SS | Sub-station | 변전소 |
| SP | Sectioning post | 급전구분소 |
| SSP | Sub-Sectioning Post | 보조급전구분소 |
| ATP | Auto-Transformer Post | 급전단말구분소 |
| PP | Parallel Post | 병렬급전소 |
| CC | Control Center | 집중제어소 |
| R | Rail | 궤조 |
| RL | Rail Level | 궤조면 |
| GL | Ground Level | 지면 |
| TL | Tangent Length | 탄젠트 길이 |
| RC | Railway Crossing | 건널목 |
| CL 또는 L | Center Line | 중심선 |
| BC | Beginning of Curve | 곡선시점 |
| EC | End of Curve | 곡선종점 |
| R | Radius | 반경 |
| BM | Bench Mark | 수준기표(水準基標) |
| SP | Straight Parabola | 완화곡선 시점 |
| PS | Parabola straight | 완화곡선 종점 |
| PC | Parabola Curve | 원곡선 시점 |
| CP | Curve Parabola | 원곡선 종점 |
| G | Gage = Gauge | 전주 건식위치 |
| L | Length | 길이, 거리, 가고 |
| FL | Formation Level banking | 시공기면 |
| LBS | Load Break Switch | 부하개폐기 |
| PDS | Power Disconnecting Switch | 동력단로기 |
| HDS | Handle Disconnecting Switch | 수동단로기 |
| RTU | Remote Terminal Unit | 원격소제어장치(단말장치) |

부록 2

# 전철설비 표준도 기호(Symbol)

## 2.1 일반 기호

| 번호 | 명 칭 | 도면기호 | 참고내용 |
|---|---|---|---|
| 1-1 | 직 류 | | |
| 1-2 | 교 류 | | |
| 1-3 | 도선의 분기 | | |
| 1-4 | 도선의 교차 | | 접속하는 경우 |
| 1-5 | 도선의 교차 | | 접속하지 않는 경우 |
| 1-6 | 접 지 | | |
| 1-7 | 저항 또는 저항기 | (a) (b) | 1. 필요한 경우 산의 수를 바꿀 수 있다.<br>2. (b)는 무유도를 나타낼 때 사용한다. |
| 1-8 | 정전 용량 또는 콘 덴 서 | | |
| 1-9 | 전지 또는 직류 전원 | | 1. 다수 연결의 경우는 ⊣█ ⊣□⊢로 표시해도 좋다.<br>2. 극성은 장선을 양극, 단선을 음극으로 한다. |
| 1-10 | 교류 전원 | | |
| 1-11 | 피 뢰 기 | | 접지할 경우 |
| 1-12 | 방 전 갭 (gap) | | |
| 1-13 | 개 폐 기 (단로기) | | 1. lever 단로기 : L, HOOK 단로기 : H 표기 |
| 1-14 | 변 압 기 | | 몰드형 : M표기 |

## 2.2 | 전선로 지지물 및 부속설비

| 번 호 | 명 칭 | 도면기호 | 참고내용 |
|---|---|---|---|
| 2-1 | 지지물(일반) | ○ | 목주의 경우 또는 구별할 필요가 없을 때 |
| 2-2 | 철탑(일반) | ⊠ | 필요시 형, 높이 표기 |
| 2-3 | 강관주 | ◉ | 필요시 형, 높이 표기 ◉ |
| 2-4 | 콘크리트주 | ◒ | 길이(m)-지름(cm)-형별기호, 굽힘모멘트표기<br>(예) 〈2-10 심볼이동〉<br>10-35-N5,000 |
| 2-5 | 철 주<br>(4각) | □ | 1. 주주재 종별 및 높이 표시(예)<br>300 × 400 × 9 (끝 숫자는 주장[m])<br>450 × 450 × 9 (끝 숫자는 주장[m]) |
| 2-6 | 철 주<br>(삼각) | △ | |
| 2-7 | 철 주<br>(인류) | ⊏⊐ | |
| 2-8 | 철 주<br>(I 형) | I | |
| 2-9 | 철 주<br>(H형) | [H] | H형강 복합주의 경우 : [HH] (2본 복주) |
| 2-10 | 철 주<br>(스팬선) | ■ | 1. 스팬선빔용 4각철주<br>2. 종별 표시(예)<br>1000×1250-H-400×400 (H는 주장[m]) |
| 2-11 | A 주 | ○○ | 필요시 주종류 및 기초 종별, 주장 표시<br>(이하 같음) |
| 2-12 | 인형주 | ○○○ | 〃 |
| 2-13 | H 주 | ○-○ | 〃 |
| 2-14 | 계 주 | ○○ | 〃 |
| 2-15 | 찬넬 기초주 | ⌶○ | 〃 |
| 2-16 | 지 주 | ◌—┤ | 필요시 주종 및 기초 종별, 주장 표시 |
| 2-17 | 전주방호 | [◌] | 필요시 재질, 규격 표시 |

| 번 호 | 명 칭 | 도면기호 | 참고내용 |
|---|---|---|---|
| 2-18 | 보통지선 | | 1. 일반적인 표시의 경우에도 적용<br>2. 필요시 선종, 기초 종별 표시(이하 같음) |
| 2-19 | 다단지선<br>(이단지선) | (a)<br>(b) | 1. 2단을 표시, 3단의 경우 :<br>2. (b)는 전차선로에 사용한다. |
| 2-20 | 지 선<br>(V) | | 전차선로에 사용한다. |
| 2-21 | 수평지선 | | 필요시 수평의 길이, 선종 및 지주의 주종, 주장 표시 |
| 2-22 | 지 선<br>(궁형) | | 필요시 선종·길이 표시 |
| 2-23 | 지 선<br>(로드식) | | 필요시 선종·길이 표시 |
| 2-24 | 지선방호 | | 필요시 재질·규격 표시 |
| 2-25 | 빔<br>(크로스 단빔) | | 1. 특히 강관의 경우 P, H형강은 H, 찬넬은 C를 표기<br>2. 필요시 주재 종별, 길이 표시(이하 같음) |
| 2-26 | 크로스 빔<br>(복재) | | |
| 2-27 | 빔<br>(스팬선) | | 1. 고속용 : HP(헤드스팬선빔) 표기<br>2. 빔하스팬선이 2선인 경우 D-2W 표기 |
| 2-28 | 빔<br>(V 스팬선) | | 상동 |
| 2-29 | 강관빔 | | |
| 2-30 | 강관빔<br>(복재) | | |
| 2-31 | 빔<br>(평면 트러스) | | 1. 특히 라멘을 명시할 경우 R을 표기(이하 같음)<br>2. 필요시 주주재 종별, 길이 표시 |
| 2-32 | 빔<br>(V 트러스) | | 1. 2. 상동 |
| 2-33 | 빔<br>(4각형) | | 1. 특히 라멘을 명시할 경우는 R을 표기<br>2. 주주재의 종별, 길이 표시 (예 : 26.5) |
| 2-34 | 스팬선<br>(고정빔 하) | | 필요시 선종·길이 표시(빔하스팬선) |

| 번 호 | 명 칭 | 도면기호 | 참고내용 |
|---|---|---|---|
| 2-35 | 빔(V 트러스 외팔빔) | 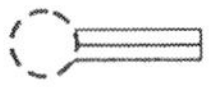 | 주주재의 종별·길이 표시 |
| 2-36 | 빔(가압) |  | 필요시 주주재의 종별·길이 표시 |
| 2-37 | 고정브래킷 | 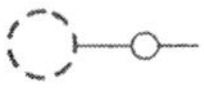 | 일반 고정형 |
| 2-38 | 가동브래킷 | 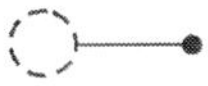 | 1. 표준형(3.0 [m]) 및 3.5 [m] 이상 : İȮḞ<br>2. L =2.1 [m]형 : İȮḞ<br>3. 표준길이(3, 2, 1[m]) 이외의 것은 길이 표시 (예 : 3.5)<br>4. R-Bar 브래킷 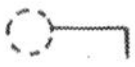 : |
| 2-39 | 저가고 가동브래킷 |  | 1. 표준형(3.0 [m], 710 [m])<br>2. L =2.1[m]형 : İȮḞ<br>3. 표준 길이(3, 2, 1[m]) 이외의 것은 길이 표시 (예 : 3.5) |
| 2-40 | 끝굽힘 브래킷 | 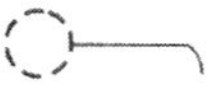 | 끝굽힘 평면 트러스빔의 경우 :  |
| 2-41 | 절연 가동 브래킷 | 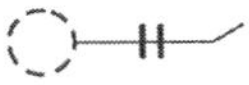 | 브래킷 길이 표시 (예 : 4.0) |
| 2-42 | 가동브래킷 (고정빔하) |  | 하수강에 취부하는 가동브래킷 |
| 2-43 | 완철(일반) |  | 필요에 따라 몇선용인지 표기 |
| 2-44 | 완철(인류용) |  | 필요에 따라 몇선용인지 표기 |
| 2-45 | 전주대용물 |  | 문형 완철 : 2선용 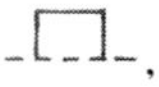 , 4선용 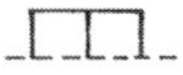 |
| 2-46 | 하수강 | 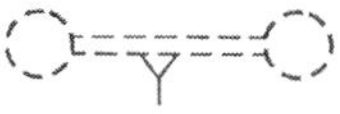 | 표준길이 이외의 것은 길이 표시 (예 : 4.0) |
| 2-47 | 하수 브래킷 | 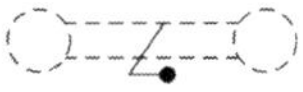 | 헤드스팬선 아래에 취부하는 브래킷 |

## 2.3 | 전차선

| 번 호 | 명 칭 | 도 면 기 호 | 참 고 내 용 |
|---|---|---|---|
| 3-1 | 비가선 구간 | — — — — — — | |
| 3-2 | 합성 전차선<br>(전차선) | | 1. 필요한 경우 섹숀 중앙 또는 시·종점에 선종 표시 (예)<br>Bz65 [$mm^2$] – Cu 170 [$mm^2$]<br>Bz65 [$mm^2$] – Cu 110 [$mm^2$]<br>2. 지하 강체방식의 경우 시 · 종점 또는 필요 개소에 R–Bar, T–Bar표시 |
| 3-3 | 가선 방식별 | (예) HS | S : 심플커티너리<br>HS : 헤비심플커티너리<br>Y : 변Y형심플커티너리<br>T : Twin 심플커티너리식<br>RB : R–Bar<br>TB : T–Bar |
| 3-4 | 구분장치<br>(에어섹션) | | |
| 3-5 | 구분장치<br>(비상용섹션) | | |
| 3-6 | 구분장치<br>(에어조인트) | | |
| 3-7 | 구분장치<br>(동상섹션) | (예) F | 1. S형, 현수애자제(수도권)<br>2. A형, B형, C형, D형 : 장간애자제(산업선)<br>3. F형 : F·R·P제(2 [m]) (수도권) |
| 3-8 | 절연구분장치<br>(교–교용) | | |
| 3-9 | 절연구분장치<br>(교–직용) | | |
| 3-10 | 자동장력<br>조정장치<br>(MT) | | 1. M · T 일괄 조정(활차식)<br>2. 수치는 장력(ton)을 표시<br>다만, 2 [ton]의 경우 생략할 수 있다. |
| 3-11 | 자동장력<br>조정장치<br>(M 또는 T) | | 1. 전차선 또는 조가선만의 경우(활차식)<br>2. T·M 표기 |
| 3-12 | 자동장력<br>조정장치 | | spring식 |

| 번호 | 명 칭 | 도면기호 | 참고내용 |
|---|---|---|---|
| 3-13 | 인류장치 (MT) | 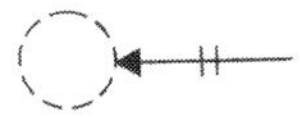 | 1. M·T 동시<br>2. 턴버클 사용시 $T_2$, $T_4$ 등 표시 |
| 3-14 | 인류장치 (M 또는 T) | 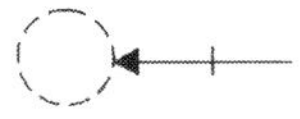 | 1. 전차선 또는 조가선만<br>2. T·M 표기 |
| 3-15 | 흐름방지장치 | 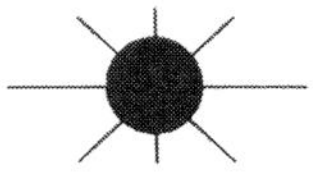 | |
| 3-16 | 교차개소 (유효부분) |  | |
| 3-17 | 교차개소 (무효부분) |  | |
| 3-18 | 교차개소 |  | 시서스 포인트(Scissors Point) |
| 3-19 | 균압장치 |  | |
| 3-20 | 보조조가장치 | 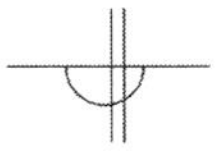 | 빔하스팬선 가선방식에서 조가선에 보조조가선을 설치하는 개소 |
| 3-21 | 애 자 삽 입 |  | 빔하스팬선에 삽입하는 경우 등 |
| 3-22 | 전 차 선 접 속 (무효 부분) |  | 1. 장력장치, 인류장치 등의 무효 부분<br>2. 무효 부분에 조가선 사용시 선종 표시 |
| 3-23 | 전 차 선 접 속 (유효 부분) | 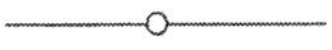 | 필요시 접속 자재 표기 |
| 3-24 | 조 가 선 접 속 |  | |
| 3-25 | 곡선당김장치 | 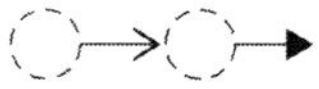 | T : 전차선만 당김<br>M : 조가선만 당김 |
| 3-26 | 건넘선장치 |  | 1. A형 또는 B형 기입<br>2. 필요한 경우 분기기 번호 기입 |

## 2.4 | 급전선 기타

| 번호 | 명칭 | 도면기호 | 참고내용 |
|---|---|---|---|
| 4-1 | 급 전 선 | — — — | 1. 조수를 기입할 경우는(… 〃 …) 등으로 표시<br>2. 필요에 따라 선종별을 기입 |
| 4-2 | 부급전선<br>(보호선) | —— - —— | 1. 필요에 따라 선종을 표시 |
| 4-3 | 비절연보호선<br>(차폐선) | ——---—— | 1. FPW(fault protection wire)<br>2. 필요에 따라 선종 표시 |
| 4-4 | 가공공동지선 | ——--—— | 필요에 따라 선종 표시 |
| 4-5 | 매설지선 | ——--—— | |
| 4-6 | 흡 상 선 | NF<br>R | |
| 4-7 | 보호선용접속선 | FPW<br>R | AT 개소에서는 중성선 |
| 4-8 | 급전분기장치 | | |
| 4-9 | 보 안 기 | NF<br>PW<br>R | |
| 4-10 | 흡상변압기 | B | BT(Booster Transformer) |
| 4-11 | 단권변압기 | AT | AT(Auto-Transformer) |
| 4-12 | 타이템퍼<br>보호금구 | | |

## 2.5 | 변전소 · 급전구분소 등

| 번 호 | 명 칭 | 도면기호 | 참고내 용 |
|---|---|---|---|
| 5-1 | 변전소 | SS | |
| 5-2 | 전철용 교류변전소 | | |
| 5-3 | 전철용 직류변전소<br>(일 반) | | |
| 5-4 | 급전구분소 | SP | 필요시 △내에 SP 표시 SP |
| 5-5 | 보조급전구분소 | S SSP | 1. 급전 Tie-post인 경우 표시<br>2. 필요시 △내에 SSP 표시 SSP<br>3. ATP의 경우 ATP 표기 |
| 5-6 | 병렬급전구분소 | P P | 고속철도 급전계통에 사용 |
| 5-7 | 급전 사령실 | | 1. 전철 급전사령실<br>2. 배전사령실의 경우 PCR로 표기 |

## 2.6 | 경계 및 표지류

| 번 호 | 명 칭 | 도면기호 | 참고내 용 |
|---|---|---|---|
| 6-1 | 지역본부 경계 | | 필요에 따라 사용 |
| 6-2 | 신 호 기(일반) | | |
| 6-3 | 완목식 신호기 | | 필요한 경우 전구의 와트수 표기 |
| 6-4 | 가선종단표지 | | |
| 6-5 | 가선절연구간표지<br>(교류용) | | |
| 6-6 | 가선절연구간표지<br>(교직용) | | |
| 6-8 | 절연구간예고표지 | | |
| 6-9 | 구분표 | | |

| 번 호 | 명 칭 | 도면기호 | 참고내용 |
|---|---|---|---|
| 6-10 | 역행표<br>(동력운전) | ㉮ | 전기기관차용 |
| | | 동 | 전기동차용 |
| | | 고 | 고속철도용 |
| 6-11 | 타행표<br>(무동력운전) | | |
| 6-12 | 전 용 전 화 box | TB | |

## 2.7 토목구조물 등 기타

| 번 호 | 명 칭 | 도면기호 | 참고내용 |
|---|---|---|---|
| 7-1 | 교량 | | |
| 7-2 | 건널목 | | |
| 7-3 | 터널 | | |
| 7-4 | 승강장 및 화물하역장 | | |
| 7-5 | 개폐기 조작대 | | |
| 7-6 | 건널목주의표<br>(스팬선식) | | |
| 7-7 | 건널목주의표<br>(입찰식) | | |
| 7-8 | 보호장치<br>(보호망) | | |
| 7-9 | 과선교<br>(구름다리) | | |
| 7-10 | 가공전선로<br>(고배용) | | |
| 7-11 | 지중케이블 | | |

| 번 호 | 명 칭 | 도면기호 | 참고내 용 |
| --- | --- | --- | --- |
| 7-12 | 가공케이블 | | |
| 7-13 | 단로기 | | |
| 7-14 | 교류차단기 | | |
| 7-15 | 맨홀 | M | |
| 7-16 | 핸드홀 | H | |
| 7-17 | 접지단자함 | E | |
| 7-18 | 케이블 입상 | | |

# 부표제

## 부표제 1. 전선특성표

| | 공칭단면적 [mm²] | 계산단면적 [mm²] | 구성 [가닥/mm] | 외부지름 [mm] | 단위 중량 [kg/m] | 전기저항 [Ω/km] | 저항온도 계 수 | 파괴강도 [kgf] | 허용하중 [kgf] |
|---|---|---|---|---|---|---|---|---|---|
| 전차선 (홈경동선) | 170 | 170.0 | – | 15.49 | 1.511 | 0.1040 | 0.00383 | 5900 | 2682 |
| | 110 | 111.1 | – | 12.34 | 0.9877 | 0.1592 | 〃 | 3900 | 1773 |
| | 85 | 87.09 | – | 11.00 | 0.7742 | 0.2030 | 〃 | 3090 | 1405 |
| 아연도강 연 선 (St) | 240 | 239.0 | 19/4.0 | 20.0 | 1.90 | 0.913 | 0.005 | 15050 | 6020 |
| | 180 | 183.0 | 19/3.5 | 17.5 | 1.450 | 1.07 | 〃 | 11500 | 4800 |
| | 135 | 137.5 | 7/5.0 | 15.0 | 1.090 | 1.057 | 〃 | 11400 | 4560 |
| | 90 | 88.0 | 7/4.0 | 12.0 | 0.670 | 1.653 | 〃 | 7280 | 2912 |
| | 55 | 56.3 | 7/3.2 | 9.6 | 0.446 | 2.583 | 〃 | 4660 | 1864 |
| 경동연선 (Cu) | 325 | 323.8 | 61/2.6 | 23.4 | 2.937 | 0.056 | 0.00381 | 12900 | 5864 |
| | 200 | 196.4 | 37/2.6 | 18.2 | 1.776 | 0.092 | 〃 | 7820 | 3555 |
| | 38 | 37.16 | 7/2.6 | 7.8 | 0.3344 | 0.484 | 〃 | 1480 | 673 |
| | 150 | 152.8 | 19/3.2 | 16.0 | 1.375 | 0.118 | 〃 | 5990 | 2723 |
| 경알루미늄 연 선 (HAl) | 510 | 512.5 | 37/4.2 | 29.4 | 1.413 | 0.0563 | 0.0040 | 7460 | 2984 |
| | 300 | 297.6 | 37/3.2 | 22.4 | 0.8201 | 0.0969 | 〃 | 4430 | 1772 |
| | 200 | 204.3 | 19/3.7 | 18.5 | 0.5598 | 0.140 | 〃 | 3040 | 1216 |
| | 150 | 152.8 | 19/3.2 | 16.0 | 0.4187 | 0.188 | 〃 | 2270 | 908 |
| | 95 | 96.96 | 7/4.2 | 12.6 | 0.2649 | 0.295 | 〃 | 1410 | 564 |
| 강 심 알루미늄 연 선 (ACSR) | 520 | 519.5<br>67.35 | AL54/3.5<br>St7/3.5 | 31.5 | 1.969 | 0.0559 | 0.0040 | 15600 | 6240 |
| | 330 | 326.8<br>52.84 | AL26/4.0<br>St7/3.1 | 25.3 | 1.395 | 0.0888 | 〃 | 10930 | 4372 |
| | 160 | 159.3<br>37.16 | AL30/2.6<br>St7/2.6 | 18.2 | 0.775 | 0.182 | 〃 | 6980 | 2796 |
| | 95 | 95.40<br>15.90 | AL6/4.5<br>St1/4.5 | 13.5 | 0.3852 | 0.301 | 〃 | 3180 | 1272 |
| | 58 | 57.73<br>9.621 | AL6/3.5<br>St1/3.5 | 10.5 | 0.2331 | 0.497 | 〃 | 1980 | 792 |
| | 40 | 39.63<br>6.605 | AL6/2.9<br>St1/2.9 | 8.7 | 0.160 | 0.723 | 〃 | 1400 | 560 |
| 카드뮴동 연선(CDCu) | 80 | 78.95 | 19/2.3 | 11.5 | 0.7103 | 0.276 | 0.00334 | 4480 | 1792 |
| | 60 | 59.70 | 19/2.0 | 10.0 | 0.5370 | 0.365 | 〃 | 3490 | 1396 |

| 선팽창 계 수 | 탄성계수 [kgf/mm²] | 풍압하중 [kgf/m] | | | 착빙피해 수직하중 [kgf/m] | 합성하중 [kgf/m] | | | 비 고 |
|---|---|---|---|---|---|---|---|---|---|
| | | 갑종 | 을종 | 병종 | | 갑종 | 을종 | 병종 | |
| 1.7 × | 1.2 × | 1.55<br>1.23<br>1.10 | 1.38<br>1.22<br>1.10 | 0.78<br>0.62<br>0.55 | 1.88<br>1.30<br>1.06 | 2.16<br>1.58<br>1.35 | 2.33<br>1.78<br>1.56 | 1.70<br>1.17<br>0.95 | |
| 1.2 × | 2.0 × | 2.00<br>1.75<br>1.50<br>1.20<br>0.96 | 1.60<br>1.48<br>1.35<br>1.20<br>1.08 | 1.00<br>0.88<br>0.75<br>0.60<br>0.48 | 2.34<br>1.85<br>1.45<br>1.00<br>0.71 | 2.76<br>2.27<br>1.85<br>1.39<br>1.06 | 2.84<br>2.37<br>1.98<br>1.56<br>1.29 | 2.15<br>1.69<br>1.32<br>0.92<br>0.66 | 3종<br>〃<br>2종<br>〃<br>〃 |
| 1.7 × | 1.2 × | 2.34<br>1.82<br>0.78<br>1.60 | 1.77<br>1.51<br>0.99<br>1.40 | 1.17<br>0.91<br>0.39<br>0.80 | 3.44<br>2.19<br>0.57<br>1.75 | 3.76<br>2.54<br>0.85<br>2.11 | 3.67<br>2.66<br>1.14<br>2.24 | 3.16<br>2.00<br>0.51<br>1.59 | 제 1 종<br>〃<br>〃<br>제 2 종 |
| 2.3 × | 6.3 × | 2.94<br>2.24<br>1.85<br>1.60<br>1.26 | 2.07<br>1.72<br>1.53<br>1.40<br>1.23 | 1.47<br>1.12<br>0.93<br>0.80<br>0.63 | 2.01<br>1.30<br>0.98<br>0.79<br>0.58 | 3.26<br>2.39<br>1.93<br>1.65<br>1.29 | 2.89<br>2.16<br>1.82<br>1.61<br>1.36 | 2.04<br>1.39<br>1.09<br>0.90<br>0.68 | |
| 2.0 ×<br>1.9 ×<br>1.8 ×<br>1.9 ×<br>1.9 ×<br>1.9 × | 8.0 ×<br>8.4 ×<br>9.1 ×<br>8.4 ×<br>8.4 ×<br>8.4 × | 3.15<br>2.53<br>1.82<br>1.35<br>1.05<br>0.87 | 2.18<br>1.87<br>1.51<br>1.28<br>0.53<br>0.44 | 1.58<br>1.27<br>0.91<br>0.68<br>0.53<br>0.44 | 2.60<br>1.93<br>1.19<br>0.72<br>0.51<br>0.41 | 3.71<br>2.98<br>1.98<br>1.40<br>1.08<br>0.88 | 3.39<br>2.68<br>1.92<br>1.47<br>1.24<br>1.12 | 2.52<br>1.89<br>1.20<br>0.78<br>0.58<br>0.47 | |
| 1.7 × | 1.25 × | 1.15<br>1.00 | 1.18<br>1.10 | 0.58<br>0.50 | 1.01<br>0.81 | 1.35<br>1.14 | 1.55<br>1.37 | 0.92<br>0.73 | |

## 부표제 2. 현수애자 연결특성

(1) 250 [mm] 현수애자  254 [mm]×146 [mm]

| 연 결<br>개 수 | 상용주파주수<br>내전압 [kV] | 상용주파<br>전 압 | 전임퍼스 내전압 [kV] | |
|---|---|---|---|---|
| | | | 정 파 | 부 파 |
| 2 | 70 | | 215 | 215 |
| 3 | 100 | | 300 | 295 |
| 4 | 130 | | 375 | 355 |
| 5 | 160 | | 445 | 420 |

(2) 180 [mm] 현수애자  180 [mm]×140 [mm]

| 연 결<br>개 수 | 상용주파주수<br>내전압 [kV] | 상용주파<br>전 압 | 전임퍼스 내전압 | |
|---|---|---|---|---|
| | | | 정 파 | 부 파 |
| 2 | 45 | | 160 | 155 |
| 3 | 65 | | 230 | 225 |
| 4 | 85 | | 290 | 280 |
| 5 | 105 | | 345 | 330 |

(3) 100 [mm] 현수애자  102 [mm]×146 [mm]

| 연 결<br>개 수 | 상용주파주수<br>내전압 [kV] | 상용주파<br>전 압 | 전임퍼스 내전압 | |
|---|---|---|---|---|
| | | | 정 파 | 부 파 |
| 2 | 19 | | 70 | 70 |
| 3 | 27 | | 105 | 105 |
| 4 | 35 | | 140 | 140 |
| 5 | 43 | | 175 | 175 |

## 부표제 3. 강재표

(1) 원형강

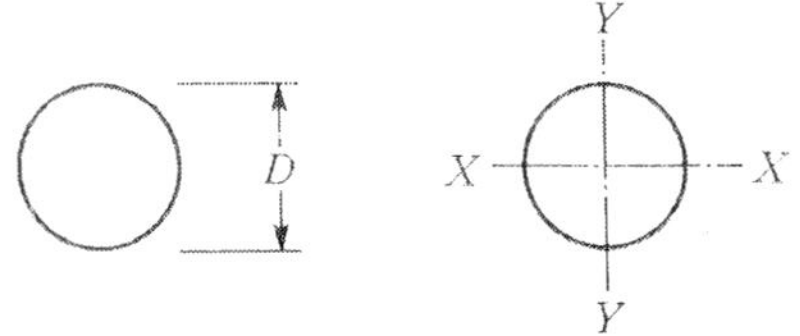

| 지 름<br>$D$[mm] | 단면적<br>[cm²] | 단위중량<br>[kgf/m] | 단면2차모멘트<br>[$cm^4$] | 회전반지름 | 단면계수<br>[$cm^3$] | 비 고 |
|---|---|---|---|---|---|---|
| | | | $I_x = I_y$ | $\gamma_x = \gamma_y$ | $Z_x = Z_y$ | |
| 6 | 0.2827 | 0.222 | 0.01 | 0.15 | 0.02 | |
| 7 | 0.3848 | 0.302 | 0.01 | 0.18 | 0.03 | |
| 8 | 0.5027 | 0.395 | 0.02 | 0.20 | 0.05 | |
| * 9 | 0.6362 | 0.499 | 0.03 | 0.23 | 0.07 | |
| 11 | 0.9503 | 0.746 | 0.07 | 0.28 | 0.13 | |
| 12 | 1.131 | 0.888 | 0.10 | 0.30 | 0.17 | |
| * 13 | 1.327 | 1.04 | 0.14 | 0.33 | 0.22 | |
| 14 | 1.539 | 1.21 | 0.19 | 0.35 | 0.27 | |
| 15 | 1.767 | 1.39 | 0.25 | 0.38 | 0.33 | |
| * 16 | 2.011 | 1.58 | 0.32 | 0.40 | 0.40 | |
| 17 | 2.270 | 1.78 | 0.41 | 0.43 | 0.48 | |
| * 19 | 2.835 | 2.23 | 0.64 | 0.48 | 0.67 | |
| 20 | 3.142 | 2.47 | 0.79 | 0.50 | 0.79 | |
| 21 | 3.464 | 2.72 | 0.95 | 0.53 | 0.91 | |
| * 22 | 3.801 | 2.98 | 1.15 | 0.55 | 1.05 | |
| * 25 | 4.909 | 3.85 | 1.92 | 0.63 | 1.53 | |
| * 28 | 6.158 | 4.83 | 3.02 | 0.70 | 2.16 | |
| * 32 | 8.042 | 6.31 | 5.15 | 0.80 | 3.22 | |
| 34 | 9.079 | 7.13 | 6.56 | 0.85 | 3.86 | |
| * 36 | 10.18 | 7.99 | 8.24 | 0.90 | 4.58 | |
| * 38 | 11.34 | 8.90 | 10.2 | 0.95 | 5.39 | |
| * 42 | 13.85 | 10.9 | 15.3 | 1.05 | 7.27 | |
| * 44 | 15.21 | 11.9 | 18.4 | 1.10 | 8.36 | |
| * 48 | 18.10 | 14.2 | 26.1 | 1.20 | 10.9 | |
| * 50 | 19.64 | 15.4 | 30.7 | 1.25 | 12.3 | |
| * 55 | 23.76 | 18.7 | 44.9 | 1.38 | 16.3 | |
| * 60 | 28.27 | 22.2 | 63.6 | 1.50 | 21.2 | |
| * 65 | 33.18 | 26.0 | 87.6 | 1.63 | 27.0 | |
| * 70 | 38.48 | 30.2 | 118 | 1.75 | 33.7 | |
| * 75 | 44.18 | 34.7 | 155 | 1.88 | 41.4 | |
| * 80 | 50.27 | 39.5 | 201 | 2.00 | 50.3 | |
| * 85 | 56.75 | 44.5 | 256 | 2.13 | 60.3 | |
| * 90 | 63.62 | 49.9 | 322 | 2.25 | 71.6 | |
| * 95 | 70.88 | 55.6 | 400 | 2.38 | 84.2 | |
| * 100 | 78.54 | 61.7 | 491 | 2.50 | 98.2 | |
| 105 | 86.59 | 68.0 | 597 | 2.63 | 114 | |
| 110 | 95.03 | 74.6 | 719 | 2.75 | 131 | |
| 120 | 113.1 | 88.8 | 1020 | 3.00 | 170 | |
| 130 | 132.7 | 104 | 1400 | 3.25 | 216 | |

(2) 평강

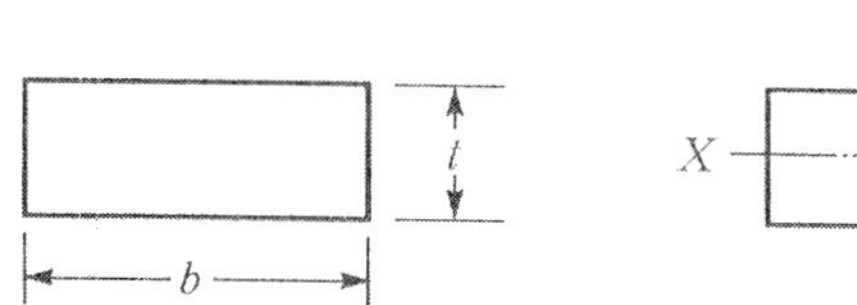


| 규 격 [mm] | | 단면적 [$cm^2$] | 단위 중량 [kgf/m] | 단면2차모멘트 [$cm^4$] | | 회전반지름 [cm] | | 단면계수 [$cm^3$] | |
|---|---|---|---|---|---|---|---|---|---|
| 폭 $b$ | 두께 $t$ | | | $I_x$ | $I_y$ | $\gamma_x$ | $\gamma_y$ | $Z_x$ | $Z_y$ |
| 50 | 6 | 3.000 | 2.36 | 0.09 | 6.25 | 0.17 | 1.44 | 0.30 | 2.50 |
| 50 | 9 | 4.500 | 3.53 | 0.30 | 9.38 | 0.26 | 1.44 | 0.68 | 3.75 |
| 50 | 12 | 6.000 | 4.71 | 0.72 | 12.5 | 0.35 | 1.44 | 1.20 | 5.00 |
| 50 | 16 | 8.000 | 6.28 | 1.71 | 16.7 | 0.46 | 1.44 | 2.13 | 6.67 |
| 65 | 6 | 3.900 | 3.06 | 0.12 | 13.7 | 0.17 | 1.88 | 0.39 | 4.23 |
| 65 | 9 | 5.850 | 4.59 | 0.39 | 20.6 | 0.26 | 1.88 | 0.88 | 6.34 |
| 65 | 12 | 7.800 | 6.12 | 0.94 | 27.5 | 0.35 | 1.88 | 1.56 | 8.45 |
| 65 | 16 | 10.40 | 8.16 | 2.22 | 36.6 | 0.46 | 1.88 | 2.77 | 11.3 |
| 65 | 19 | 12.35 | 9.69 | 3.72 | 43.5 | 0.55 | 1.88 | 3.91 | 13.4 |
| 75 | 6 | 4.500 | 3.53 | 0.14 | 21.1 | 0.17 | 2.17 | 0.45 | 5.63 |
| 75 | 9 | 6.750 | 5.30 | 0.46 | 31.6 | 0.26 | 2.17 | 1.01 | 8.44 |
| 75 | 12 | 9.000 | 7.06 | 1.08 | 42.2 | 0.35 | 2.17 | 1.80 | 11.3 |
| 75 | 16 | 12.00 | 9.42 | 2.56 | 56.3 | 0.46 | 2.17 | 3.20 | 15.0 |
| 75 | 19 | 14.25 | 11.2 | 4.29 | 66.8 | 0.55 | 2.17 | 4.51 | 17.8 |
| 90 | 9 | 8.100 | 6.36 | 0.55 | 54.7 | 0.26 | 2.60 | 1.22 | 12.2 |
| 90 | 12 | 10.80 | 8.48 | 1.30 | 72.9 | 0.35 | 2.60 | 2.16 | 16.2 |
| 90 | 16 | 14.40 | 11.3 | 3.07 | 97.2 | 0.46 | 2.60 | 3.84 | 21.6 |
| 90 | 19 | 17.10 | 13.4 | 5.14 | 115 | 0.55 | 2.60 | 5.42 | 25.7 |
| 100 | 9 | 9.000 | 7.06 | 0.61 | 75.0 | 0.26 | 2.89 | 1.35 | 15.0 |
| 100 | 12 | 12.00 | 9.42 | 1.44 | 100 | 0.35 | 2.89 | 2.40 | 20.0 |
| 100 | 16 | 16.00 | 12.6 | 3.41 | 133 | 0.46 | 2.89 | 4.27 | 26.7 |
| 100 | 19 | 19.00 | 14.9 | 5.72 | 158 | 0.55 | 2.89 | 6.02 | 31.7 |
| 125 | 9 | 11.25 | 8.83 | 0.76 | 146 | 0.26 | 3.61 | 1.69 | 23.4 |
| 125 | 12 | 15.00 | 11.8 | 1.80 | 195 | 0.35 | 3.61 | 3.00 | 31.3 |
| 125 | 16 | 20.00 | 15.7 | 4.27 | 260 | 0.46 | 3.61 | 5.33 | 41.7 |
| 125 | 19 | 23.75 | 18.6 | 7.14 | 309 | 0.55 | 3.61 | 7.52 | 49.5 |

## (3) 등변 ㄴ형강

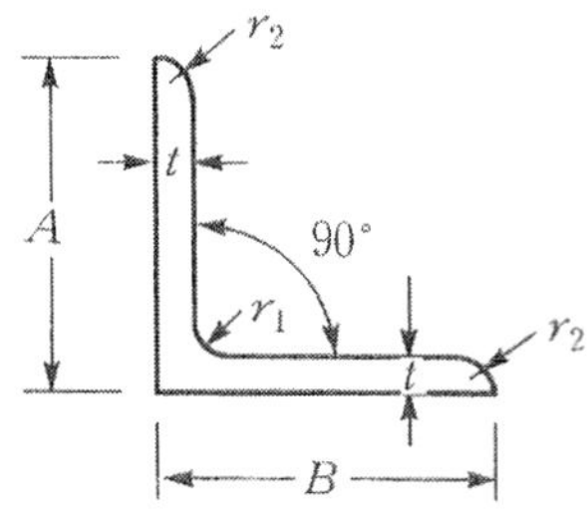


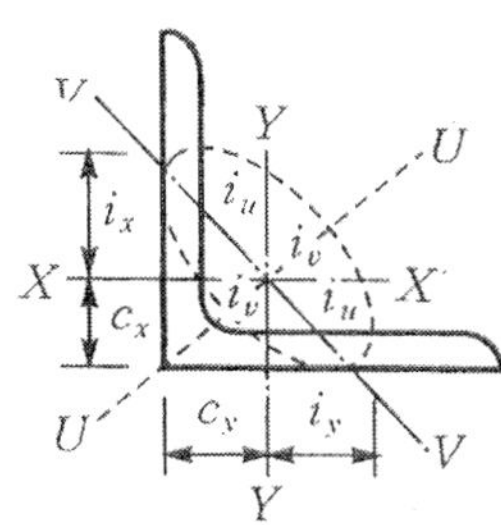


| 규격[mm] | | | | | 단면적 | 단위 중량 | 중심의 위치[cm] | 단면2차모멘트 [cm⁴] | | | 회전반지름 [cm] | | | 단면계수[cm³] |
|---|---|---|---|---|---|---|---|---|---|---|---|---|---|---|
| $A \times B \times t_1$ | ($A$=$B$) | $t$ | $r_1$ | $r_2$ | [cm²] | [kgf/m] | $C_x = C_y$ | $I_x = I_y$ | 최대 $I_u$ | 최소 $I_v$ | $\gamma_x = \gamma_y$ | 최대 $\gamma_u$ | 최소 $\gamma_v$ | $Z_x = Z_y$ |
| 25×25×3 | 25 | 3 | 4 | 2 | 1.427 | 1.12 | 0.72 | 0.80 | 1.26 | 0.33 | 0.75 | 0.94 | 0.48 | 0.45 |
| 30×30×3 | 30 | 3 | 4 | 2 | 1.727 | 1.36 | 0.85 | 1.42 | 2.26 | 0.59 | 0.91 | 1.14 | 0.58 | 0.66 |
| 40×40×3 | 40 | 3 | 4.5 | 2 | 2.336 | 1.83 | 1.09 | 3.53 | 5.60 | 1.45 | 1.23 | 1.55 | 0.79 | 1.21 |
| 40×40×5 | 40 | 5 | 4.5 | 3 | 3.755 | 2.95 | 1.17 | 5.42 | 8.59 | 2.25 | 1.20 | 1.51 | 0.77 | 1.91 |
| 45×45×4 | 45 | 4 | 6.5 | 3 | 3.492 | 2.74 | 1.24 | 6.50 | 10.3 | 2.69 | 1.36 | 1.72 | 0.88 | 2.00 |
| 50×50×4 | 50 | 4 | 6.5 | 3 | 3.892 | 3.06 | 1.37 | 9.06 | 14.4 | 3.74 | 1.53 | 1.92 | 0.98 | 2.49 |
| * 50×50×6 | 50 | 6 | 6.5 | 4.5 | 5.644 | 4.43 | 1.44 | 12.6 | 20.0 | 5.24 | 1.50 | 1.88 | 0.96 | 3.55 |
| 60×60×5 | 60 | 5 | 6.5 | 3 | 5.802 | 4.55 | 1.66 | 19.6 | 31.2 | 8.06 | 1.84 | 2.32 | 1.18 | 4.52 |
| * 65×65×6 | 65 | 6 | 8.5 | 4 | 7.527 | 5.91 | 1.81 | 29.4 | 46.6 | 12.1 | 1.98 | 2.49 | 1.27 | 6.27 |
| 65×65×8 | 65 | 8 | 8.5 | 6 | 9.761 | 7.66 | 1.88 | 36.8 | 58.3 | 15.3 | 1.94 | 2.44 | 1.25 | 7.97 |
| 70×70×6 | 70 | 6 | 8.5 | 4 | 8.127 | 6.38 | 1.94 | 37.1 | 58.9 | 15.3 | 2.14 | 2.69 | 1.37 | 7.33 |
| * 75×75×6 | 75 | 6 | 8.5 | 4 | 8.727 | 6.85 | 2.06 | 46.1 | 73.2 | 19.0 | 2.30 | 2.90 | 1.47 | 8.47 |
| * 75×75×9 | 75 | 9 | 8.5 | 6 | 12.69 | 9.96 | 2.17 | 64.4 | 102 | 26.7 | 2.25 | 2.84 | 1.45 | 12.1 |
| 75×75×12 | 75 | 12 | 8.5 | 6 | 16.56 | 13.0 | 2.29 | 81.9 | 129 | 34.5 | 2.22 | 2.79 | 1.44 | 15.7 |
| 80×80×6 | 80 | 6 | 8.5 | 4 | 9.327 | 7.32 | 2.19 | 56.4 | 89.6 | 23.2 | 2.46 | 3.10 | 1.58 | 9.70 |
| * 90×90×7 | 90 | 7 | 10 | 5 | 12.22 | 9.59 | 2.46 | 93.0 | 148 | 38.3 | 2.76 | 3.48 | 1.77 | 14.2 |
| * 90×90×10 | 90 | 10 | 10 | 7 | 17.00 | 13.3 | 2.58 | 125 | 199 | 51.6 | 2.71 | 3.42 | 1.74 | 19.5 |
| 90×90×13 | 90 | 13 | 10 | 7 | 21.71 | 17.0 | 2.69 | 156 | 248 | 65.3 | 2.68 | 3.38 | 1.73 | 24.8 |
| * 100×100×7 | 100 | 7 | 10 | 5 | 13.62 | 10.7 | 2.71 | 129 | 205 | 53.1 | 3.08 | 3.88 | 1.97 | 17.7 |
| * 100×100×10 | 100 | 10 | 10 | 7 | 19.00 | 14.9 | 2.83 | 175 | 278 | 71.9 | 3.03 | 3.83 | 1.95 | 24.4 |
| 100×100×13 | 100 | 13 | 10 | 7 | 24.31 | 19.1 | 2.94 | 220 | 348 | 91.0 | 3.00 | 3.78 | 1.93 | 31.1 |
| * 130×130×9 | 130 | 9 | 12 | 6 | 22.74 | 17.9 | 3.53 | 366 | 583 | 150 | 4.01 | 5.06 | 2.57 | 38.7 |
| 130×130×12 | 130 | 12 | 12 | 8.5 | 29.76 | 23.4 | 3.64 | 467 | 743 | 192 | 3.96 | 5.00 | 2.54 | 49.9 |
| 130×130×15 | 130 | 15 | 12 | 8.5 | 36.75 | 28.8 | 3.76 | 568 | 902 | 234 | 3.93 | 4.95 | 2.53 | 61.5 |
| * 150×150×12 | 150 | 12 | 14 | 7 | 34.77 | 27.3 | 4.14 | 740 | 1176 | 304 | 4.61 | 5.82 | 2.96 | 68.2 |
| 150×150×15 | 150 | 15 | 14 | 10 | 42.74 | 33.6 | 4.24 | 888 | 1410 | 365 | 4.56 | 5.75 | 2.92 | 82.6 |
| 150×150×19 | 150 | 19 | 14 | 10 | 53.38 | 41.9 | 4.40 | 1090 | 1730 | 451 | 4.52 | 5.69 | 2.91 | 103 |
| 200×200×15 | 200 | 15 | 17 | 12 | 57.75 | 45.3 | 5.47 | 2180 | 3470 | 891 | 6.14 | 7.75 | 3.93 | 150 |
| 200×200×20 | 200 | 20 | 17 | 12 | 76.00 | 59.7 | 5.67 | 2820 | 4490 | 1160 | 6.09 | 7.68 | 3.90 | 197 |
| 200×200×25 | 200 | 25 | 17 | 12 | 93.75 | 73.6 | 5.87 | 3420 | 5420 | 1410 | 6.04 | 7.61 | 3.88 | 242 |
| 200×200×29 | 200 | 29 | 17 | 12 | 107.6 | 84.5 | 6.01 | 3870 | 6130 | 1610 | 5.99 | 7.55 | 3.87 | 276 |

비고 : * 은 시장성이 있는 것을 표시

## (4) 부등변 ㄴ형강

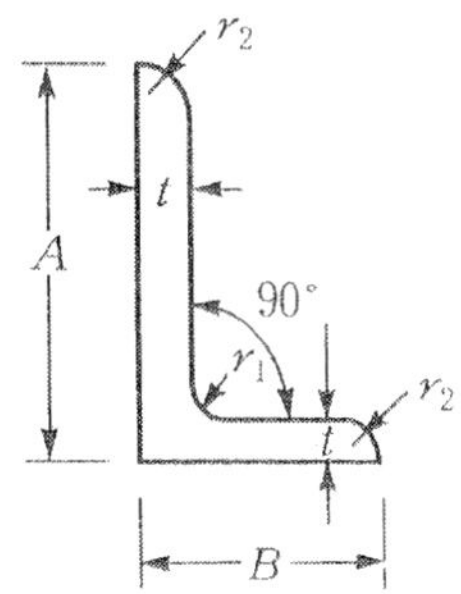


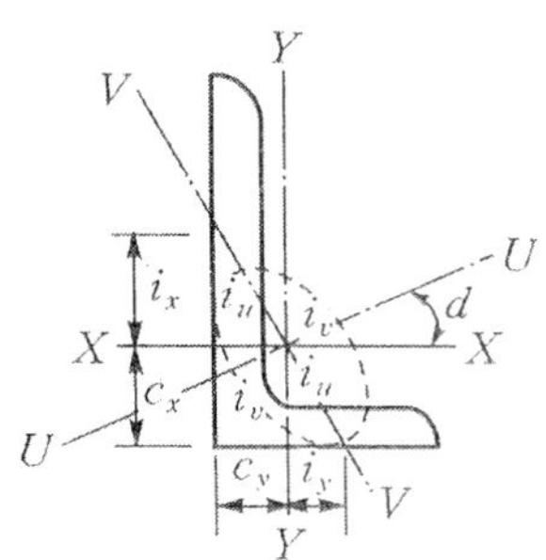


| 규격[m] | | | 단면적 | 단위 중량 | 중심의 위치 [cm] | | 단면2차모멘트 [cm⁴] | | | | 회전반지름 [cm] | | | | tan | 단면계수 [cm³] | | 비고 |
|---|---|---|---|---|---|---|---|---|---|---|---|---|---|---|---|---|---|---|
| $A\times B\times t$ | $r_1$ | $r_2$ | [cm²] | [kgf/m] | $C_x$ | $C_y$ | $I_x$ | $I_y$ | 최대$I_u$ | 최소$I_v$ | $\gamma_x$ | $\gamma_y$ | 최대$\gamma_u$ | 최소$\gamma_v$ | $\alpha$ | $Z_x$ | $Z_y$ | |
| 90×75×9 | 8.5 | 6 | 14.04 | 11.0 | 2.75 | 2.01 | 109 | 68.1 | 143 | 34.1 | 2.78 | 2.20 | 3.19 | 1.56 | 0.676 | 17.4 | 12.4 | |
| 100×75×7 | 10 | 5 | 11.87 | 9.32 | 3.06 | 1.84 | 118 | 57.0 | 144 | 30.7 | 3.15 | 2.19 | 3.49 | 1.61 | 0.548 | 17.0 | 10.1 | |
| 100×75×10 | 10 | 7 | 16.50 | 13.0 | 3.18 | 1.94 | 159 | 76.1 | 194 | 41.3 | 3.11 | 2.15 | 3.43 | 1.58 | 0.543 | 23.3 | 13.7 | |
| 125×75×7 | 10 | 5 | 13.62 | 10.7 | 4.10 | 1.64 | 219 | 60.4 | 243 | 36.4 | 4.01 | 2.11 | 4.23 | 1.63 | 0.362 | 26.1 | 10.3 | |
| 125×75×10 | 10 | 7 | 19.00 | 14.9 | 4.23 | 1.75 | 298 | 80.9 | 330 | 49.0 | 3.96 | 2.06 | 4.17 | 1.61 | 0.357 | 36.1 | 14.1 | |
| 125×75×13 | 10 | 7 | 24.31 | 19.1 | 4.35 | 1.87 | 376 | 101 | 414 | 61.9 | 3.93 | 2.04 | 4.13 | 1.60 | 0.352 | 46.1 | 17.9 | |
| 125×90×10 | 10 | 7 | 20.50 | 16.1 | 3.95 | 2.22 | 318 | 138 | 380 | 76.1 | 3.94 | 2.59 | 4.30 | 1.93 | 0.506 | 37.2 | 20.4 | |
| 150×90×9 | 12 | 6 | 20.94 | 16.4 | 4.96 | 2.00 | 484 | 133 | 537 | 80.2 | 4.81 | 2.52 | 5.06 | 1.96 | 0.362 | 48.2 | 19.0 | |
| 150×90×12 | 12 | 8.5 | 27.36 | 21.5 | 5.07 | 2.10 | 619 | 168 | 684 | 102 | 4.75 | 2.47 | 5.00 | 1.93 | 0.357 | 62.3 | 24.3 | |
| 150×90×15 | 12 | 8.5 | 33.75 | 26.5 | 5.20 | 2.22 | 753 | 202 | 831 | 124 | 4.72 | 2.45 | 5.96 | 1.92 | 0.353 | 76.8 | 29.9 | |
| 150×100×9 | 12 | 6 | 21.84 | 17.1 | 4.77 | 2.32 | 502 | 179 | 580 | 101 | 4.79 | 2.86 | 5.15 | 2.15 | 0.441 | 49.0 | 23.3 | |
| 150×100×12 | 12 | 8.5 | 28.56 | 22.4 | 4.88 | 2.41 | 642 | 229 | 738 | 133 | 4.74 | 2.83 | 5.08 | 2.15 | 0.435 | 63.4 | 30.2 | |
| 150×100×15 | 12 | 8.5 | 35.25 | 27.7 | 5.01 | 2.53 | 781 | 276 | 897 | 161 | 4.71 | 2.80 | 5.04 | 2.14 | 0.432 | 78.2 | 37.0 | |

## (5) H형강

### ① 광폭

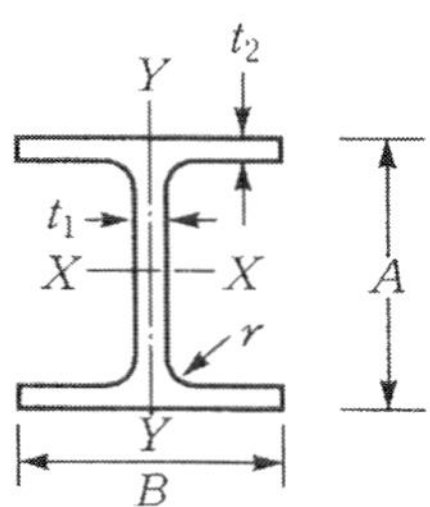


| $H$[mm] $A \times B$ | 규격[mm] | | | | | 단면적 [cm²] | 단위 중량 [kgf/m] | 단면2차모멘트 [cm⁴] | | 회전반지름 [cm] | | 단면계수 [cm³] | | $t_1$과 $t_2$의 관계 |
|---|---|---|---|---|---|---|---|---|---|---|---|---|---|---|
| | $A$ | $B$ | $t_1$ | $t_2$ | $r$ | | | $I_x$ | $I_y$ | $\gamma_x$ | $\gamma_y$ | $Z_x$ | $Z_y$ | |
| 100×100 * | 100 | 100 | 6 | 8 | 10 | 21.90 | 17.2 | 383 | 134 | 4.18 | 2.47 | 76.5 | 26.7 | $t_1 < t_2$ |
| 125×125 * | 125 | 125 | 6.5 | 9 | 10 | 30.31 | 23.8 | 847 | 293 | 5.29 | 3.11 | 136 | 47.0 | $t_1 < t_2$ |
| 150×150 * | 150 | 150 | 7 | 10 | 11 | 40.14 | 31.5 | 1640 | 563 | 6.39 | 3.75 | 219 | 75.1 | $t_1 < t_2$ |
| 175×175 * | 171 | 174 | 6 | 9 | 12 | 41.74 | 32.8 | 2300 | 791 | 7.43 | 4.35 | 269 | 90.9 | $t_1 < t_2$ |
| | 175 | 175 | 7.5 | 11 | 12 | 51.21 | 4.02 | 2880 | 984 | 7.50 | 4.38 | 330 | 112 | |
| 200×200 * | 196 | 199 | 6.5 | 10 | 13 | 52.69 | 41.4 | 3850 | 1310 | 8.54 | 4.99 | 392 | 132 | $t_1 < t_2$ |
| | 200 | 200 | 8 | 12 | 13 | 63.53 | 49.9 | 4720 | 1600 | 8.62 | 5.02 | 472 | 160 | |
| | 200 | 204 | 12 | 12 | 13 | 71.53 | 56.2 | 4980 | 1700 | 8.35 | 4.88 | 498 | 167 | $t_1 = t_2$ |
| 250×250 * | 248 | 249 | 8 | 13 | 16 | 84.70 | 66.5 | 9930 | 3350 | 10.8 | 6.29 | 801 | 269 | $t_1 < t_2$ |
| | 250 | 250 | 9 | 14 | 16 | 92.18 | 72.4 | 10800 | 3650 | 10.8 | 6.29 | 867 | 292 | |
| | 250 | 255 | 14 | 14 | 16 | 104.7 | 82.2 | 11500 | 3880 | 10.5 | 6.09 | 919 | 304 | $t_1 = t_2$ |
| 300×300 * | 298 | 299 | 9 | 14 | 18 | 110.8 | 87.0 | 18800 | 6240 | 13.0 | 7.51 | 1270 | 417 | $t_1 < t_2$ |
| | 300 | 300 | 10 | 15 | 18 | 119.8 | 94.0 | 20400 | 6750 | 13.1 | 7.51 | 1360 | 450 | |
| | 294 | 302 | 12 | 12 | 18 | 107.7 | 84.5 | 16900 | 5520 | 12.5 | 7.16 | 1150 | 365 | $t_1 = t_2$ |
| | 300 | 305 | 15 | 15 | 18 | 134.8 | 106 | 21500 | 7100 | 12.6 | 7.26 | 1440 | 466 | |
| 350×350 * | 344 | 348 | 10 | 16 | 20 | 146.0 | 115 | 33300 | 11200 | 15.1 | 8.78 | 1940 | 646 | $t_1 < t_2$ |
| | 350 | 350 | 12 | 19 | 20 | 173.9 | 137 | 40300 | 13600 | 15.2 | 8.84 | 2300 | 776 | |
| 400×400 * | 394 | 398 | 11 | 18 | 22 | 186.8 | 147 | 56100 | 18900 | 17.3 | 10.1 | 2850 | 951 | $t_1 < t_2$ |
| | 400 | 400 | 13 | 21 | 22 | 218.7 | 172 | 66600 | 22400 | 17.5 | 10.1 | 3330 | 1120 | |

비고 : *는 시장성이 있는 것을 표시

② 중폭

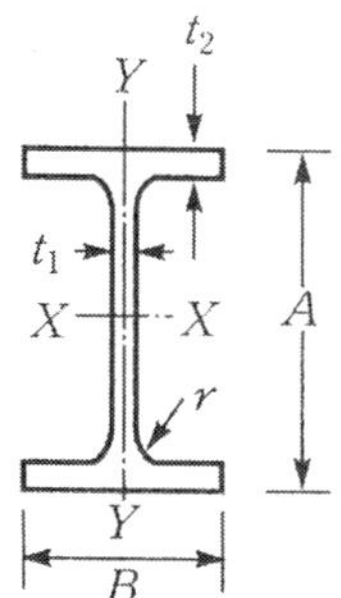


| $H$ [mm] $A \times B$ | 규격[m] | | | | | 단면적 [cm²] | 단 위 중 량 [kgf/m] | 단면2차모멘트 [cm⁴] | | 회전반지름 [cm] | | 단면계수 [cm³] | | 비 고 |
|---|---|---|---|---|---|---|---|---|---|---|---|---|---|---|
| | $A$ | $B$ | $t_1$ | $t_2$ | $r$ | | | $I_x$ | $I_y$ | $\gamma_x$ | $\gamma_y$ | $Z_x$ | $Z_y$ | |
| 150×160 | 146 | 99 | 5 | 8 | 11 | 23.38 | 18.4 | 887 | 130 | 6.16 | 2.36 | 122 | 26.2 | |
| * | 148 | 100 | 6 | 9 | 11 | 26.84 | 21.1 | 1020 | 151 | 6.17 | 2.37 | 138 | 30.1 | |
| 175×125 | 167 | 124 | 4.5 | 7 | 12 | 25.48 | 20.0 | 1310 | 223 | 7.18 | 2.96 | 157 | 36.0 | |
| | 169 | 125 | 5.5 | 8 | 12 | 29.65 | 23.3 | 1530 | 261 | 7.18 | 2.97 | 181 | 41.8 | |
| 200×150 | 192 | 149 | 5 | 8 | 13 | 34.09 | 26.8 | 2350 | 442 | 8.31 | 3.60 | 245 | 59.3 | |
| * | 194 | 150 | 6 | 9 | 13 | 39.01 | 30.6 | 2690 | 507 | 8.30 | 3.61 | 277 | 67.6 | |
| 250×175 | 240 | 174 | 6 | 9 | 16 | 46.84 | 36.8 | 4980 | 792 | 10.3 | 4.11 | 415 | 91.0 | |
| * | 244 | 175 | 7 | 11 | 16 | 56.24 | 44.1 | 6120 | 984 | 10.4 | 4.18 | 502 | 113 | |
| 300×200* | 290 | 199 | 7 | 10 | 18 | 61.48 | 48.3 | 9430 | 1320 | 12.4 | 4.63 | 650 | 132 | |
| | 294 | 200 | 8 | 12 | 18 | 72.38 | 56.8 | 11300 | 1600 | 12.5 | 4.71 | 771 | 160 | |
| | 298 | 201 | 9 | 14 | 18 | 83.36 | 65.4 | 13300 | 1900 | 12.6 | 4.77 | 893 | 189 | |
| 350×250 | 336 | 249 | 8 | 12 | 20 | 88.15 | 69.2 | 18500 | 2090 | 14.5 | 5.99 | 1100 | 248 | |
| * | 340 | 250 | 9 | 14 | 20 | 101.5 | 79.7 | 21700 | 3650 | 14.6 | 6.00 | 1280 | 292 | |
| 400×300 | 386 | 299 | 9 | 14 | 22 | 120.1 | 94.3 | 33700 | 6240 | 16.7 | 7.21 | 1740 | 418 | |
| | 390 | 300 | 10 | 16 | 22 | 136.0 | 107 | 38700 | 7210 | 16.9 | 7.28 | 1980 | 481 | |
| 450×300 | 434 | 299 | 10 | 15 | 24 | 135.0 | 106 | 46800 | 6690 | 18.6 | 7.04 | 2160 | 448 | |
| * | 440 | 300 | 11 | 18 | 24 | 157.4 | 124 | 56100 | 8110 | 18.9 | 7.18 | 2550 | 541 | |
| 500×300 * | 482 | 300 | 11 | 15 | 26 | 145.5 | 114 | 60400 | 6760 | 20.4 | 6.82 | 2500 | 451 | |
| * | 488 | 300 | 11 | 18 | 26 | 163.5 | 128 | 71000 | 8110 | 20.8 | 7.04 | 2910 | 541 | |
| 600×300 * | 582 | 300 | 12 | 17 | 28 | 174.5 | 137 | 103000 | 7670 | 24.3 | 6.63 | 3530 | 511 | |
| * | 588 | 300 | 12 | 20 | 28 | 192.5 | 151 | 118000 | 9020 | 24.8 | 6.85 | 4020 | 601 | |

③ 세폭

| $H$[mm] $A\times B$ | 규 격 [mm] | | | | | 단면적 [$cm^2$] | 단 위 중 량 [kgf/m] | 단면2차모멘트 [$cm^4$] | | 회전반지름 [cm] | | 단면계수 [$cm^3$] | | 비고 |
|---|---|---|---|---|---|---|---|---|---|---|---|---|---|---|
| | $A$ | $B$ | $t_1$ | $t_2$ | $r$ | | | $I_x$ | $I_y$ | $\gamma_x$ | $\gamma_y$ | $Z_x$ | $Z_y$ | |
| 100×50 | 100 | 50 | 4 | 6 | 7 | 9.94 | 7.80 | 163 | 12.6 | 4.05 | 1.13 | 32.6 | 5.04 | |
| * | 100 | 50 | 5 | 7 | 8 | 11.85 | 9.30 | 187 | 14.8 | 3.98 | 1.12 | 37.5 | 5.41 | |
| 125×60 | 125 | 60 | 4.5 | 6.5 | 8 | 13.39 | 10.5 | 343 | 23.6 | 5.06 | 1.33 | 54.9 | 7.86 | |
| * | 125 | 60 | 6 | 8 | 9 | 16.84 | 13.2 | 413 | 29.2 | 4.95 | 1.32 | 66.1 | 9.73 | |
| 150×75 | 148 | 74 | 5 | 8 | 9 | 19.14 | 15.0 | 705 | 54.3 | 6.07 | 1.68 | 95.3 | 14.7 | |
| * | 150 | 75 | 6 | 9 | 9 | 22.12 | 17.4 | 815 | 63.7 | 6.07 | 1.70 | 109 | 17.0 | |
| 175×90 | 173 | 89 | 5 | 8 | 9 | 22.79 | 17.9 | 1170 | 94.3 | 7.17 | 2.03 | 135 | 21.2 | |
| * | 175 | 90 | 6 | 9 | 9 | 26.32 | 20.7 | 1350 | 110 | 7.17 | 2.04 | 154 | 24.4 | |
| 200×100* | 198 | 99 | 4.5 | 7 | 11 | 23.18 | 18.2 | 1580 | 114 | 8.26 | 2.21 | 160 | 23.0 | |
| | 200 | 100 | 5.5 | 8 | 11 | 27.16 | 21.3 | 1840 | 134 | 8.24 | 2.22 | 184 | 26.8 | |
| * | 248 | 124 | 5 | 8 | 12 | 32.68 | 25.7 | 3540 | 255 | 10.4 | 2.79 | 285 | 41.1 | |
| 250×125* | 250 | 125 | 6 | 9 | 12 | 37.66 | 29.6 | 4050 | 294 | 10.4 | 2.79 | 324 | 47.0 | |
| | 254 | 126 | 7 | 11 | 12 | 45.20 | 35.5 | 4980 | 368 | 10.5 | 2.85 | 392 | 58.4 | |
| 300×150* | 298 | 149 | 5.5 | 8 | 13 | 40.80 | 32.0 | 6320 | 442 | 12.4 | 3.29 | 424 | 59.3 | |
| * | 300 | 150 | 6.5 | 9 | 13 | 46.78 | 36.7 | 7210 | 508 | 12.4 | 3.29 | 481 | 67.7 | |
| 350×175* | 346 | 174 | 6 | 9 | 14 | 52.68 | 41.4 | 11100 | 792 | 14.5 | 3.88 | 641 | 91.0 | |
| * | 350 | 175 | 7 | 11 | 14 | 63.14 | 49.6 | 13600 | 984 | 14.7 | 3.95 | 775 | 112 | |
| 400×200* | 396 | 199 | 7 | 11 | 16 | 72.16 | 56.6 | 20000 | 1450 | 16.7 | 4.48 | 1010 | 145 | |
| * | 400 | 200 | 8 | 13 | 16 | 84.12 | 66.0 | 23700 | 1740 | 16.8 | 4.54 | 1190 | 174 | |
| 450×200* | 446 | 199 | 8 | 12 | 18 | 84.30 | 66.2 | 28700 | 1580 | 18.5 | 4.33 | 1290 | 159 | |
| * | 450 | 200 | 9 | 14 | 18 | 96.76 | 76.2 | 33500 | 1870 | 18.6 | 4.40 | 1490 | 187 | |
| 500×200* | 496 | 199 | 9 | 14 | 20 | 101.3 | 79.5 | 41900 | 1840 | 20.3 | 4.27 | 1690 | 185 | |
| * | 500 | 200 | 10 | 16 | 20 | 114.2 | 89.6 | 47800 | 2140 | 20.5 | 4.33 | 1910 | 214 | |
| 600×200* | 596 | 199 | 10 | 15 | 22 | 120.5 | 94.6 | 68700 | 1980 | 23.9 | 4.05 | 2310 | 199 | |
| * | 600 | 200 | 11 | 17 | 22 | 134.4 | 106 | 77600 | 2280 | 24.0 | 4.12 | 2590 | 228 | |

## (6) I형강

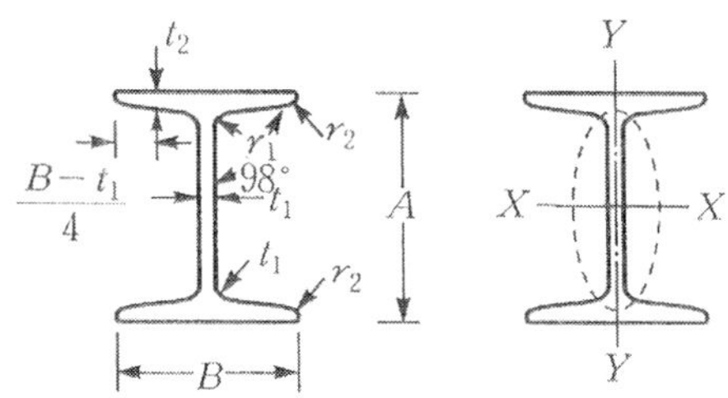


| 규 격[mm] | | | | 단면적 [cm²] | 단위 중량 [kgf/m] | 단면2차모멘트 [cm⁴] | | 회전반지름 [cm] | | 단면계수 [cm³] | | 비고 |
|---|---|---|---|---|---|---|---|---|---|---|---|---|
| $A \times B \times t_1$ | $t_2$ | $r_1$ | $r_2$ | | | $I_x$ | $I_y$ | $\gamma_x$ | $\gamma_y$ | $Z_x$ | $Z_y$ | |
| 100×75×5 | 8 | 7 | 3.5 | 16.43 | 12.9 | 283 | 48.3 | 4.15 | 1.72 | 56.5 | 12.9 | |
| 125×75×5.5 | 9.5 | 9 | 4.5 | 20.45 | 16.1 | 540 | 59.0 | 5.14 | 1.70 | 86.4 | 15.7 | |
| 150×75×5.5 | 9.5 | 9 | 4.5 | 21.83 | 17.1 | 820 | 59.1 | 6.13 | 1.65 | 109 | 15.8 | |
| * 200×100×7 | 10 | 10 | 5 | 33.06 | 26.0 | 2180 | 142 | 8.11 | 2.07 | 218 | 28.4 | |
| * 200×150×9 | 16 | 15 | 7.5 | 64.16 | 50.4 | 4490 | 771 | 8.37 | 3.47 | 449 | 103 | |
| 250×125×7.5 | 12.5 | 12 | 6 | 48.97 | 38.3 | 5190 | 345 | 10.3 | 2.66 | 415 | 55.2 | |
| * 250×125×10 | 19 | 21 | 10.5 | 70.73 | 55.5 | 7340 | 560 | 10.2 | 2.81 | 587 | 89.6 | |
| * 300×150×8 | 13 | 12 | 6 | 61.58 | 48.3 | 9500 | 600 | 12.4 | 3.12 | 633 | 80.0 | |
| * 300×150×10 | 18.5 | 19 | 9.5 | 83.47 | 65.5 | 12700 | 886 | 12.4 | 3.26 | 849 | 118 | |
| * 300×150×11.5 | 22 | 23 | 11.5 | 97.88 | 76.8 | 14700 | 1120 | 12.3 | 3.38 | 981 | 149 | |
| * 350×150×9 | 15 | 13 | 6.5 | 74.58 | 58.5 | 15200 | 715 | 14.3 | 3.10 | 871 | 95.4 | |
| * 350×150×12 | 24 | 25 | 12.5 | 111.1 | 87.2 | 22500 | 1230 | 14.2 | 3.33 | 1280 | 164 | |
| * 400×150×10 | 18 | 17 | 8.5 | 91.73 | 72.0 | 24000 | 887 | 16.2 | 3.11 | 1200 | 118 | |
| 400×150×12.5 | 25 | 27 | 13.5 | 122.1 | 95.8 | 31700 | 1290 | 16.1 | 3.25 | 1580 | 172 | |
| 450×175×11 | 20 | 19 | 9.5 | 116.8 | 91.7 | 39200 | 1550 | 18.3 | 3.64 | 1740 | 177 | |
| 450×175×13 | 26 | 27 | 13.5 | 146.1 | 115 | 48800 | 2100 | 18.3 | 3.79 | 2170 | 240 | |
| 600×190×13 | 25 | 25 | 12.5 | 169.4 | 133 | 98200 | 2540 | 24.1 | 3.87 | 3270 | 267 | |
| 600×190×16 | 35 | 38 | 19 | 224.5 | 176 | 130000 | 3700 | 24.0 | 4.06 | 4330 | 390 | |

## (7) ㄷ 형강

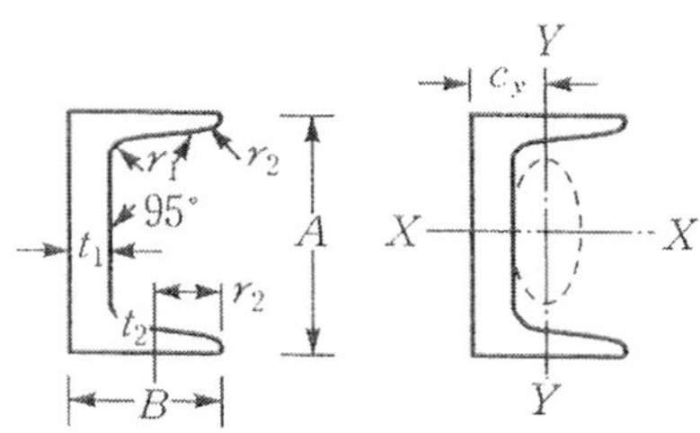


| 규 격[mm] | | | | 단면적 [cm²] | 단위 중량 [kgf/m] | 중심의 위치[cm] | 단면2차모멘트 [cm⁴] | | 회전반지름 [cm] | | 단면계수 [cm³] | | 비고 |
|---|---|---|---|---|---|---|---|---|---|---|---|---|---|
| $A \times B \times t_1$ | $t_2$ | $r_1$ | $r_2$ | | | $C_y$ | $I_x$ | $I_y$ | $\gamma_x$ | $\gamma_y$ | $Z_x$ | $Z_y$ | |
| 70×40×5 | 7 | 8 | 4 | 8.818 | 6.92 | 1.27 | 75.9 | 12.4 | 2.93 | 1.19 | 20.2 | 4.54 | |
| * 100×50×5 | 7.5 | 8 | 4 | 11.92 | 9.36 | 1.55 | 189 | 26.9 | 3.98 | 1.50 | 37.8 | 7.82 | |
| 125×65×6 | 8 | 8 | 4 | 17.11 | 13.4 | 1.94 | 425 | 65.5 | 4.99 | 1.96 | 68.0 | 14.4 | |
| 150×75×6.5 | 10 | 10 | 5 | 23.71 | 18.6 | 2.31 | 864 | 122 | 6.04 | 2.27 | 115 | 23.6 | |
| 150×75×9 | 12.5 | 15 | 7.5 | 30.59 | 24.0 | 2.31 | 1050 | 147 | 5.86 | 2.19 | 140 | 28.3 | |
| * 180×75×7 | 10.5 | 11 | 5.5 | 27.20 | 21.4 | 2.15 | 1380 | 137 | 7.13 | 2.24 | 154 | 25.5 | |
| * 200×80×7.5 | 11 | 12 | 6 | 31.33 | 24.6 | 2.24 | 1950 | 177 | 7.89 | 2.38 | 195 | 30.8 | |
| * 200×90×8 | 13.5 | 14 | 7 | 38.65 | 30.3 | 2.77 | 2490 | 286 | 8.03 | 2.72 | 249 | 45.9 | |
| 230×90×8.5 | 13.5 | 15 | 7 | 42.14 | 33.1 | 2.58 | 3490 | 303 | 9.10 | 2.68 | 304 | 47.3 | |
| * 250×90×9 | 13 | 14 | 7 | 44.07 | 34.6 | 2.42 | 4180 | 306 | 9.74 | 2.64 | 335 | 46.5 | |
| * 250×90×11 | 14.5 | 17 | 8.5 | 51.17 | 40.2 | 2.39 | 4690 | 342 | 9.57 | 2.58 | 375 | 51.7 | |
| * 300×90×9 | 13 | 14 | 7 | 48.57 | 38.1 | 2.23 | 6440 | 325 | 11.5 | 2.59 | 429 | 48.0 | |
| * 300×90×10 | 15.5 | 19 | 9.5 | 55.74 | 43.8 | 2.33 | 7400 | 373 | 11.5 | 2.59 | 494 | 56.0 | |
| * 300×90×12 | 16 | 19 | 9.5 | 61.90 | 48.6 | 2.25 | 7870 | 391 | 11.3 | 2.51 | 525 | 57.9 | |
| * 380×100×10.5 | 16 | 18 | 9 | 69.39 | 54.5 | 2.41 | 14500 | 557 | 14.5 | 2.83 | 762 | 73.3 | |
| * 380×100×13 | 20 | 24 | 12 | 85.71 | 67.3 | 2.50 | 17600 | 671 | 14.3 | 2.80 | 924 | 89.5 | |

### (8) 강판

[단위 : kgf]

| 두 께 [mm] | 단위 중량 [kgf/m$^2$] | 폭 × 길이 [mm] | | | |
|---|---|---|---|---|---|
| | | 914×1829 | 1219×2438 | 1524×3048 | 1524×6096 |
| 3.2 | 25.12 | 42.0 | 74.7 | 117 | – |
| 3.5 | 27.48 | 46.0 | 81.7 | 128 | – |
| 4.0 | 31.40 | 52.5 | 93.3 | 146 | – |
| 4.5 | 35.33 | 59.1 | 105 | 164 | 328 |
| 5.0 | 39.25 | 65.6 | 117 | 182 | 363 |
| 5.5 | 43.18 | 72.2 | 128 | 201 | 401 |
| 6.5 | 47.10 | 78.8 | 140 | 219 | 438 |
| 6.5 | 51.03 | 85.3 | 152 | 237 | 474 |
| 7.0 | 54.95 | 91.9 | 163 | 255 | 510 |
| 8.0 | 62.80 | 105 | 187 | 292 | 583 |
| 9.0 | 70.65 | 118 | 210 | 328 | 656 |
| 10.0 | 78.50 | 131 | 233 | 368 | 729 |
| 11.0 | 86.35 | 144 | 257 | 401 | 802 |
| 12.0 | 94.20 | 158 | 280 | 438 | 875 |

## (9) 강관

| 바깥지름 [mm] | 두께 [mm] | 중량 [kgf/m] | 단면적 [$cm^2$] | 단면2차모멘트 [$cm^4$] | 단면계수 [$cm^3$] | 회전반지름 [cm] |
|---|---|---|---|---|---|---|
| 21.7 | 2.0 | 0.972 | 1.238 | 0.607 | 0.560 | 0.700 |
| 27.2 | 2.0 | 1.24 | 1.538 | 1.26 | 0.930 | 0.890 |
| | 2.3 | 1.41 | 1.799 | 1.41 | 1.03 | 0.880 |
| 34.0 | 2.3 | 1.80 | 2.291 | 2.89 | 1.70 | 1.12 |
| 42.7 | 2.3 | 2.29 | 2.919 | 5.97 | 2.80 | 1.43 |
| | 2.8 | 2.76 | 3.510 | 7.02 | 3.29 | 1.41 |
| 48.6 | 2.3 | 2.63 | 3.345 | 8.99 | 3.70 | 1.64 |
| | 2.8 | 3.16 | 4.029 | 10.6 | 4.36 | 1.62 |
| | 3.2 | 3.58 | 4.564 | 11.8 | 4.86 | 1.61 |
| 60.5 | 2.3 | 3.30 | 4.205 | 17.8 | 5.90 | 2.06 |
| | 3.2 | 4.52 | 5.760 | 23.7 | 7.84 | 2.03 |
| | 4.0 | 5.57 | 7.100 | 28.5 | 9.41 | 2.00 |
| 76.3 | 2.8 | 5.08 | 6.465 | 43.7 | 11.5 | 2.60 |
| | 3.2 | 5.77 | 7.349 | 49.2 | 12.9 | 2.59 |
| | 4.0 | 7.13 | 9.085 | 59.5 | 15.6 | 2.56 |
| 89.1 | 2.8 | 5.96 | 7.591 | 70.7 | 15.9 | 3.05 |
| | 3.2 | 6.78 | 8.636 | 79.8 | 17.9 | 3.04 |
| | 4.0 | 8.39 | 10.69 | 97.0 | 21.8 | 3.01 |
| 101.6 | 3.2 | 7.76 | 9.892 | 120 | 23.6 | 3.48 |
| | 4.0 | 9.63 | 12.26 | 146 | 28.8 | 3.45 |
| | 5.0 | 11.9 | 15.17 | 177 | 34.9 | 3.42 |
| 114.3 | 3.2 | 8.77 | 11.17 | 172 | 30.2 | 3.93 |
| | 3.6 | 9.83 | 12.52 | 192 | 33.6 | 3.92 |
| | 4.5 | 12.2 | 15.52 | 234 | 41.0 | 3.89 |
| | 5.6 | 15.0 | 19.12 | 283 | 49.6 | 3.85 |
| 139.8 | 3.6 | 12.1 | 15.40 | 357 | 51.1 | 4.82 |
| | 4.0 | 13.4 | 17.07 | 394 | 56.3 | 4.80 |
| | 4.5 | 15.0 | 19.13 | 438 | 62.7 | 4.79 |
| | 6.0 | 19.8 | 25.22 | 566 | 80.9 | 4.74 |
| 165.2 | 4.5 | 17.8 | 22.72 | 734 | 88.9 | 5.68 |
| | 5.0 | 19.8 | 25.16 | 808 | 97.8 | 5.67 |
| | 6.0 | 23.6 | 30.01 | 952 | 115 | 5.63 |
| | 7.0 | 27.3 | 34.79 | $109\times10$ | 132 | 5.60 |
| 190.7 | 4.5 | 20.7 | 26.32 | $114\times10$ | 120 | 6.59 |
| | 5.0 | 22.9 | 29.17 | $126\times10$ | 132 | 6.57 |
| | 6.0 | 27.3 | 34.82 | $149\times10$ | 156 | 6.53 |
| | 7.0 | 31.7 | 40.40 | $171\times10$ | 179 | 6.50 |
| 216.3 | 4.5 | 23.5 | 29.94 | $168\times10$ | 155 | 7.49 |
| | 6.0 | 31.1 | 39.61 | $219\times10$ | 203 | 7.44 |
| | 7.0 | 36.1 | 46.03 | $252\times10$ | 233 | 7.40 |
| | 8.0 | 41.1 | 52.35 | $284\times10$ | 263 | 7.37 |
| 267.4 | 6.0 | 38.7 | 49.27 | $421\times10$ | 315 | 9.24 |
| | 7.0 | 45.0 | 57.27 | $486\times10$ | 363 | 9.21 |
| | 8.0 | 51.2 | 65.19 | $549\times10$ | 411 | 9.18 |
| | 9.0 | 57.4 | 73.06 | $611\times10$ | 457 | 9.14 |
| 318.5 | 6.0 | 46.2 | 58.91 | $719\times10$ | 452 | 11.1 |
| | 7.0 | 53.8 | 68.50 | $831\times10$ | 552 | 11.0 |
| | 8.0 | 61.3 | 78.04 | $941\times10$ | 591 | 11.0 |
| | 9.0 | 68.7 | 87.51 | $105\times10^2$ | 659 | 10.9 |
| 355.6 | 6.3 | 54.3 | 69.13 | $105\times10^2$ | 593 | 12.4 |
| | 8.0 | 68.6 | 87.36 | $132\times10^2$ | 742 | 12.3 |
| | 9.0 | 76.9 | 98.00 | $147\times10^2$ | 828 | 12.3 |
| | 12.0 | 102 | 129.5 | $191\times10^2$ | $108\times10$ | 12.2 |

| 바깥지름 [mm] | 두께 [mm] | 중량 [kgf/m] | 단면적 [cm$^2$] | 단면2차모멘트 [cm$^4$] | 단면계수 [cm$^3$] | 회전반지름 [cm] |
|---|---|---|---|---|---|---|
| 406.4 | 9.0 | 88.2 | 112.4 | $222 \times 10^2$ | $109 \times 10$ | 14.1 |
| | 12.0 | 117 | 148.7 | $289 \times 10^2$ | $142 \times 10$ | 14.0 |
| | 16.0 | 154 | 196.2 | $374 \times 10^2$ | $184 \times 10$ | 13.8 |
| | 19.0 | 182 | 231.2 | $435 \times 10^2$ | $214 \times 10$ | 13.7 |
| 457.2 | 9.0 | 99.5 | 126.7 | $318 \times 10^2$ | $140 \times 10$ | 15.8 |
| | 12.0 | 132 | 167.8 | $416 \times 10^2$ | $182 \times 10$ | 15.7 |
| | 16.0 | 174 | 221.8 | $540 \times 10^2$ | $236 \times 10$ | 15.6 |
| | 19.0 | 205 | 261.6 | $629 \times 10^2$ | $275 \times 10$ | 15.5 |
| 500 | 9.0 | 109 | 138.8 | $418 \times 10^2$ | $167 \times 10$ | 17.4 |
| | 12.0 | 144 | 184.0 | $548 \times 10^2$ | $219 \times 10$ | 17.3 |
| | 14.0 | 168 | 213.8 | $632 \times 10^2$ | $253 \times 10$ | 17.2 |
| 508.0 | 9.0 | 111 | 141.1 | $439 \times 10^2$ | $173 \times 10$ | 17.6 |
| | 12.0 | 147 | 187.0 | $575 \times 10^2$ | $226 \times 10$ | 17.5 |
| | 14.0 | 171 | 217.3 | $663 \times 10^2$ | $261 \times 10$ | 17.5 |
| | 16.0 | 194 | 247.3 | $749 \times 10^2$ | $295 \times 10$ | 17.4 |
| | 19.0 | 229 | 291.9 | $874 \times 10^2$ | $344 \times 10$ | 17.3 |
| | 22.0 | 264 | 335.9 | $994 \times 10^2$ | $391 \times 10$ | 17.2 |
| 558.8 | 9.0 | 122 | 155.5 | $588 \times 10^2$ | $210 \times 10$ | 19.4 |
| | 12.0 | 162 | 206.1 | $771 \times 10^2$ | $276 \times 10$ | 19.3 |
| | 16.0 | 214 | 272.8 | $101 \times 10^2$ | $360 \times 10$ | 19.2 |
| | 19.0 | 253 | 322.2 | $118 \times 10^2$ | $421 \times 10$ | 19.1 |
| | 22.0 | 291 | 371.0 | $134 \times 10^2$ | $479 \times 10$ | 19.0 |
| 600 | 9.0 | 131 | 167.1 | $730 \times 10^2$ | $243 \times 10$ | 20.9 |
| | 12.0 | 174 | 221.7 | $958 \times 10^2$ | $320 \times 10$ | 20.8 |
| | 14.0 | 202 | 257.7 | $111 \times 10^3$ | $369 \times 10$ | 20.7 |
| | 16.0 | 230 | 293.6 | $125 \times 10^3$ | $418 \times 10$ | 20.7 |
| 609.6 | 9.0 | 133 | 169.8 | $766 \times 10^3$ | $251 \times 10$ | 21.2 |
| | 12.0 | 177 | 225.3 | $101 \times 10^3$ | $330 \times 10$ | 21.1 |
| | 14.0 | 206 | 262.0 | $116 \times 10^3$ | $381 \times 10$ | 21.1 |
| | 16.0 | 234 | 298.4 | $132 \times 10^3$ | $432 \times 10$ | 21.0 |
| | 19.0 | 277 | 352.5 | $154 \times 10^3$ | $505 \times 10$ | 20.9 |
| | 22.0 | 319 | 406.1 | $176 \times 10^3$ | $576 \times 10$ | 20.8 |
| 700 | 9.0 | 153 | 195.4 | $117 \times 10^3$ | $333 \times 10$ | 24.4 |
| | 12.0 | 204 | 259.4 | $154 \times 10^3$ | $439 \times 10$ | 24.3 |
| | 14.0 | 237 | 301.7 | $178 \times 10^3$ | $507 \times 10$ | 24.3 |
| | 16.0 | 270 | 343.8 | $201 \times 10^3$ | $575 \times 10$ | 24.2 |
| 711.2 | 9.0 | 156 | 198.5 | $122 \times 10^3$ | $344 \times 10$ | 24.8 |
| | 12.0 | 207 | 263.6 | $161 \times 10^3$ | $453 \times 10$ | 24.7 |
| | 14.0 | 241 | 306.6 | $186 \times 10^3$ | $524 \times 10$ | 24.7 |
| | 16.0 | 274 | 349.4 | $212 \times 10^3$ | $594 \times 10$ | 24.6 |
| | 19.0 | 324 | 413.2 | $248 \times 10^3$ | $696 \times 10$ | 24.5 |
| | 22.0 | 374 | 476.3 | $283 \times 10^3$ | $796 \times 10$ | 24.4 |
| 812.8 | 9.0 | 178 | 227.3 | $184 \times 10^3$ | $452 \times 10$ | 28.4 |
| | 12.0 | 237 | 301.9 | $242 \times 10^3$ | $596 \times 10$ | 28.3 |
| | 14.0 | 276 | 351.3 | $280 \times 10^3$ | $690 \times 10$ | 28.2 |
| | 16.0 | 314 | 400.5 | $318 \times 10^3$ | $782 \times 10$ | 28.2 |
| | 19.0 | 372 | 473.8 | $373 \times 10^3$ | $919 \times 10$ | 28.1 |
| | 22.0 | 429 | 546.6 | $428 \times 10^3$ | $105 \times 10^2$ | 28.0 |
| 914.4 | 12.0 | 267 | 340.2 | $346 \times 10^3$ | $758 \times 10$ | 31.9 |
| | 14.0 | 311 | 396.0 | $401 \times 10^3$ | $878 \times 10$ | 31.8 |
| | 16.0 | 354 | 451.6 | $456 \times 10^3$ | $997 \times 10$ | 31.8 |
| | 19.0 | 420 | 534.5 | $536 \times 10^3$ | $117 \times 10^2$ | 31.7 |
| | 22.0 | 484 | 616.5 | $614 \times 10^3$ | $134 \times 10^2$ | 31.5 |
| 1016.0 | 12.0 | 297 | 378.5 | $477 \times 10^3$ | $939 \times 10^2$ | 35.5 |
| | 14.0 | 346 | 440.7 | $553 \times 10^3$ | $109 \times 10^2$ | 35.4 |
| | 16.0 | 395 | 502.7 | $628 \times 10^3$ | $124 \times 10^2$ | 35.4 |
| | 19.0 | 467 | 595.1 | $740 \times 10^3$ | $146 \times 10^2$ | 35.2 |
| | 22.0 | 539 | 687.0 | $849 \times 10^3$ | $167 \times 10^2$ | 3.52 |

## 부표제 4. 부재좌굴강도표(SS41 16 [mm] 이하 편심이 작은 것)

| $l/r$ | $fk$ [kgf/cm$^2$] | $l/r$ | $fk$ [kgf/cm$^2$] | $l/r$ | $fk$ [kgf/cm$^2$] | $l/r$ | $fk$ [kgf/cm$^2$] | $l/r$ | $fk$ [kgf/cm$^2$] | $l/r$ | $fk$ [kgf/cm$^2$] |
|---|---|---|---|---|---|---|---|---|---|---|---|
| 1 | 1,550 | 41 | 1,439 | 81 | 1,136 | 121 | 649 | 161 | 366 | 201 | 235 |
| 2 | 1,549 | 42 | 1,434 | 82 | 1,126 | 122 | 638 | 162 | 362 | 202 | 233 |
| 3 | 1,549 | 43 | 1,429 | 83 | 1,116 | 123 | 628 | 163 | 358 | 203 | 231 |
| 4 | 1,548 | 44 | 1,423 | 84 | 1,106 | 124 | 618 | 164 | 353 | 204 | 228 |
| 5 | 1,547 | 45 | 1,418 | 85 | 1,096 | 125 | 608 | 165 | 349 | 205 | 226 |
| 6 | 1,546 | 46 | 1,412 | 86 | 1,085 | 126 | 598 | 166 | 345 | 206 | 224 |
| 7 | 1,545 | 47 | 1,406 | 87 | 1,074 | 127 | 589 | 167 | 341 | 207 | 222 |
| 8 | 1,544 | 48 | 1,400 | 88 | 1,063 | 128 | 580 | 168 | 337 | 208 | 220 |
| 9 | 1,543 | 49 | 1,394 | 89 | 1,053 | 129 | 571 | 169 | 333 | 209 | 217 |
| 10 | 1,542 | 50 | 1,388 | 90 | 1,042 | 130 | 562 | 170 | 329 | 210 | 215 |
| 11 | 1,540 | 51 | 1,382 | 91 | 1,031 | 131 | 554 | 171 | 325 | 211 | 213 |
| 12 | 1,539 | 52 | 1,375 | 92 | 1,019 | 132 | 545 | 172 | 321 | 212 | 211 |
| 13 | 1,537 | 53 | 1,369 | 93 | 1,008 | 133 | 537 | 173 | 317 | 213 | 209 |
| 14 | 1,535 | 54 | 1,362 | 94 | 996 | 134 | 529 | 174 | 314 | 214 | 207 |
| 15 | 1,533 | 55 | 1,355 | 95 | 985 | 135 | 521 | 175 | 310 | 215 | 206 |
| 16 | 1,531 | 56 | 1,348 | 96 | 973 | 136 | 514 | 176 | 307 | 216 | 204 |
| 17 | 1,529 | 57 | 1,341 | 97 | 961 | 137 | 506 | 177 | 303 | 217 | 202 |
| 18 | 1,526 | 58 | 1,334 | 98 | 949 | 138 | 499 | 178 | 300 | 218 | 200 |
| 19 | 1,524 | 59 | 1,327 | 99 | 937 | 139 | 492 | 179 | 296 | 219 | 198 |
| 20 | 1,521 | 60 | 1,319 | 100 | 925 | 140 | 485 | 180 | 293 | 220 | 196 |
| 21 | 1,519 | 61 | 1,312 | 101 | 913 | 141 | 478 | 181 | 290 | | |
| 22 | 1,516 | 62 | 1,304 | 102 | 900 | 142 | 471 | 182 | 287 | | |
| 23 | 1,513 | 63 | 1,297 | 103 | 888 | 143 | 465 | 183 | 284 | | |
| 24 | 1,510 | 64 | 1,289 | 104 | 875 | 144 | 458 | 184 | 281 | | |
| 25 | 1,507 | 65 | 1,281 | 105 | 862 | 145 | 452 | 185 | 278 | | |
| 26 | 1,503 | 66 | 1,273 | 106 | 845 | 146 | 446 | 186 | 275 | | |
| 27 | 1,500 | 67 | 1,264 | 107 | 830 | 147 | 440 | 187 | 272 | | |
| 28 | 1,496 | 68 | 1,256 | 108 | 814 | 148 | 434 | 188 | 269 | | |
| 29 | 1,493 | 69 | 1,248 | 109 | 800 | 149 | 428 | 189 | 266 | | |
| 30 | 1,489 | 70 | 1,239 | 110 | 785 | 150 | 422 | 190 | 263 | | |
| 31 | 1,485 | 71 | 1,230 | 111 | 771 | 151 | 417 | 191 | 260 | | |
| 32 | 1,481 | 72 | 1,221 | 112 | 757 | 152 | 411 | 192 | 258 | | |
| 33 | 1,477 | 73 | 1,212 | 113 | 744 | 153 | 406 | 193 | 255 | | |
| 34 | 1,473 | 74 | 1,203 | 114 | 731 | 154 | 401 | 194 | 252 | | |
| 35 | 1,468 | 75 | 1,194 | 115 | 718 | 155 | 395 | 195 | 250 | | |
| 36 | 1,464 | 76 | 1,185 | 116 | 706 | 156 | 390 | 196 | 247 | | |
| 37 | 1,459 | 77 | 1,175 | 117 | 694 | 157 | 385 | 197 | 245 | | |
| 38 | 1,454 | 78 | 1,166 | 118 | 682 | 158 | 381 | 198 | 242 | | |
| 39 | 1,449 | 79 | 1,156 | 119 | 671 | 159 | 376 | 199 | 240 | | |
| 40 | 1,444 | 80 | 1,146 | 120 | 660 | 160 | 371 | 200 | 238 | | |

## 부표제 5. 부재좌굴강도표(SS41 16~40 [mm] 이하 편심이 작은 것)

| $l/r$ | $fk$ [kgf/cm$^2$] | $l/r$ | $fk$ [kgf/cm$^2$] | $l/r$ | $fk$ [kgf/cm$^2$] | $l/r$ | $fk$ [kgf/cm$^2$] | $l/r$ | $fk$ [kgf/cm$^2$] | $l/r$ | $fk$ [kgf/cm$^2$] |
|---|---|---|---|---|---|---|---|---|---|---|---|
| 1 | 1,500 | 41 | 1,395 | 81 | 1,108 | 121 | 649 | 161 | 366 | 201 | 235 |
| 2 | 1,499 | 42 | 1,390 | 82 | 1,098 | 122 | 638 | 162 | 362 | 202 | 233 |
| 3 | 1,499 | 43 | 1,385 | 83 | 1,089 | 123 | 628 | 163 | 358 | 203 | 231 |
| 4 | 1,498 | 44 | 1,380 | 84 | 1,079 | 124 | 618 | 164 | 353 | 204 | 228 |
| 5 | 1,498 | 45 | 1,375 | 85 | 1,069 | 125 | 608 | 165 | 349 | 205 | 226 |
| 6 | 1,497 | 46 | 1,369 | 86 | 1,059 | 126 | 598 | 166 | 345 | 206 | 224 |
| 7 | 1,496 | 47 | 1,364 | 87 | 1,049 | 127 | 589 | 167 | 341 | 207 | 222 |
| 8 | 1,495 | 48 | 1,358 | 88 | 1,039 | 128 | 580 | 168 | 337 | 208 | 220 |
| 9 | 1,454 | 49 | 1,352 | 89 | 1,028 | 129 | 571 | 169 | 333 | 209 | 217 |
| 10 | 1,452 | 50 | 1,347 | 90 | 1,018 | 130 | 562 | 170 | 329 | 210 | 215 |
| 11 | 1,451 | 51 | 1,341 | 91 | 1,007 | 131 | 554 | 171 | 325 | 211 | 213 |
| 12 | 1,489 | 52 | 1,334 | 92 | 997 | 132 | 545 | 172 | 321 | 212 | 211 |
| 13 | 1,488 | 53 | 1,328 | 93 | 986 | 133 | 537 | 173 | 317 | 213 | 209 |
| 14 | 1,486 | 54 | 1,322 | 94 | 975 | 134 | 529 | 174 | 314 | 214 | 207 |
| 15 | 1,484 | 55 | 1,315 | 95 | 964 | 135 | 521 | 175 | 310 | 215 | 206 |
| 16 | 1,482 | 56 | 1,309 | 96 | 953 | 136 | 514 | 176 | 307 | 216 | 204 |
| 17 | 1,480 | 57 | 1,302 | 97 | 941 | 137 | 506 | 177 | 303 | 217 | 202 |
| 18 | 1,478 | 58 | 1,295 | 98 | 930 | 138 | 499 | 178 | 300 | 218 | 200 |
| 19 | 1,475 | 59 | 1,289 | 99 | 919 | 139 | 492 | 179 | 296 | 219 | 198 |
| 20 | 1,473 | 60 | 1,282 | 100 | 907 | 140 | 485 | 180 | 293 | 220 | 196 |
| 21 | 1,470 | 61 | 1,274 | 101 | 895 | 141 | 478 | 181 | 290 | | |
| 22 | 1,468 | 62 | 1,267 | 102 | 884 | 142 | 471 | 182 | 287 | | |
| 23 | 1,465 | 63 | 1,260 | 103 | 872 | 143 | 465 | 183 | 284 | | |
| 24 | 1,462 | 64 | 1,252 | 104 | 860 | 144 | 458 | 184 | 281 | | |
| 25 | 1,459 | 65 | 1,245 | 105 | 847 | 145 | 452 | 185 | 278 | | |
| 26 | 1,456 | 66 | 1,237 | 106 | 835 | 146 | 446 | 186 | 275 | | |
| 27 | 1,453 | 67 | 1,229 | 107 | 823 | 147 | 440 | 187 | 272 | | |
| 28 | 1,449 | 68 | 1,221 | 108 | 810 | 148 | 434 | 188 | 269 | | |
| 29 | 1,446 | 69 | 1,213 | 109 | 798 | 149 | 428 | 189 | 266 | | |
| 30 | 1,442 | 70 | 1,205 | 110 | 785 | 150 | 422 | 190 | 263 | | |
| 31 | 1,439 | 71 | 1,197 | 111 | 771 | 151 | 417 | 191 | 260 | | |
| 32 | 1,435 | 72 | 1,188 | 112 | 757 | 152 | 411 | 192 | 258 | | |
| 33 | 1,431 | 73 | 1,180 | 113 | 744 | 153 | 406 | 193 | 255 | | |
| 34 | 1,427 | 74 | 1,171 | 114 | 731 | 154 | 401 | 194 | 252 | | |
| 35 | 1,423 | 75 | 1,163 | 115 | 718 | 155 | 395 | 195 | 250 | | |
| 36 | 1,418 | 76 | 1,154 | 116 | 706 | 156 | 390 | 196 | 247 | | |
| 37 | 1,414 | 77 | 1,145 | 117 | 694 | 157 | 385 | 197 | 245 | | |
| 38 | 1,409 | 78 | 1,136 | 118 | 682 | 158 | 380 | 198 | 242 | | |
| 39 | 1,405 | 79 | 1,126 | 119 | 671 | 159 | 376 | 199 | 240 | | |
| 40 | 1,400 | 80 | 1,117 | 120 | 660 | 160 | 371 | 200 | 238 | | |

## 부표제 6. 부재좌굴강도표(SS41 16 [mm] 이하 편심이 많은 것)

| $l/r$ | $fk$ [kgf/cm$^2$] | $l/r$ | $fk$ [kgf/cm$^2$] | $l/r$ | $fk$ [kgf/cm$^2$] | $l/r$ | $fk$ [kgf/cm$^2$] | $l/r$ | $fk$ [kgf/cm$^2$] | $l/r$ | $fk$ [kgf/cm$^2$] |
|---|---|---|---|---|---|---|---|---|---|---|---|
| 1 | 1,000 | 41 | 1,000 | 81 | 933 | 121 | 628 | 161 | 366 | 201 | 235 |
| 2 | ″ | 42 | ″ | 82 | 925 | 122 | 620 | 162 | 362 | 202 | 233 |
| 3 | ″ | 43 | ″ | 83 | 918 | 123 | 613 | 163 | 358 | 203 | 231 |
| 4 | ″ | 44 | ″ | 84 | 910 | 124 | 605 | 164 | 353 | 204 | 228 |
| 5 | ″ | 45 | ″ | 85 | 902 | 125 | 598 | 165 | 349 | 205 | 226 |
| 6 | ″ | 46 | ″ | 86 | 895 | 126 | 590 | 166 | 345 | 206 | 224 |
| 7 | ″ | 47 | ″ | 87 | 887 | 127 | 582 | 167 | 341 | 207 | 222 |
| 8 | ″ | 48 | ″ | 88 | 879 | 128 | 575 | 168 | 337 | 208 | 220 |
| 9 | ″ | 49 | ″ | 89 | 872 | 129 | 567 | 169 | 332 | 209 | 217 |
| 10 | ″ | 50 | ″ | 90 | 864 | 130 | 559 | 170 | 329 | 210 | 215 |
| 11 | ″ | 51 | ″ | 91 | 857 | 131 | 552 | 171 | 325 | 211 | 213 |
| 12 | ″ | 52 | ″ | 92 | 849 | 132 | 544 | 172 | 321 | 212 | 211 |
| 13 | ″ | 53 | ″ | 93 | 841 | 133 | 537 | 173 | 318 | 213 | 209 |
| 14 | ″ | 54 | ″ | 94 | 834 | 134 | 529 | 174 | 314 | 214 | 207 |
| 15 | ″ | 55 | ″ | 95 | 826 | 135 | 521 | 175 | 311 | 215 | 206 |
| 16 | ″ | 56 | ″ | 96 | 818 | 136 | 514 | 176 | 307 | 216 | 204 |
| 17 | ″ | 57 | ″ | 97 | 811 | 137 | 506 | 177 | 304 | 217 | 202 |
| 18 | ″ | 58 | ″ | 98 | 803 | 138 | 499 | 178 | 300 | 218 | 200 |
| 19 | ″ | 59 | ″ | 99 | 796 | 139 | 492 | 179 | 296 | 219 | 198 |
| 20 | ″ | 60 | ″ | 100 | 788 | 140 | 485 | 180 | 293 | 220 | 196 |
| 21 | ″ | 61 | ″ | 101 | 780 | 141 | 477 | 181 | 290 | | |
| 22 | ″ | 62 | ″ | 102 | 773 | 142 | 470 | 182 | 287 | | |
| 23 | ″ | 63 | ″ | 103 | 765 | 143 | 466 | 183 | 284 | | |
| 24 | ″ | 64 | ″ | 104 | 758 | 144 | 459 | 184 | 280 | | |
| 25 | ″ | 65 | ″ | 105 | 750 | 145 | 452 | 185 | 278 | | |
| 26 | ″ | 66 | ″ | 106 | 742 | 146 | 446 | 186 | 275 | | |
| 27 | ″ | 67 | ″ | 107 | 735 | 147 | 440 | 187 | 271 | | |
| 28 | ″ | 68 | ″ | 108 | 727 | 148 | 434 | 188 | 269 | | |
| 29 | ″ | 69 | ″ | 109 | 719 | 149 | 428 | 189 | 266 | | |
| 30 | ″ | 70 | ″ | 110 | 712 | 150 | 422 | 190 | 263 | | |
| 31 | ″ | 71 | ″ | 111 | 704 | 151 | 417 | 191 | 260 | | |
| 32 | ″ | 72 | ″ | 112 | 697 | 152 | 411 | 192 | 258 | | |
| 33 | ″ | 73 | 994 | 113 | 689 | 153 | 406 | 193 | 255 | | |
| 34 | ″ | 74 | 986 | 114 | 681 | 154 | 401 | 194 | 253 | | |
| 35 | ″ | 75 | 979 | 115 | 674 | 155 | 396 | 195 | 250 | | |
| 36 | ″ | 76 | 971 | 116 | 666 | 156 | 391 | 196 | 247 | | |
| 37 | ″ | 77 | 963 | 117 | 658 | 157 | 386 | 197 | 245 | | |
| 38 | ″ | 78 | 956 | 118 | 651 | 158 | 380 | 198 | 242 | | |
| 39 | ″ | 79 | 948 | 119 | 643 | 159 | 376 | 199 | 240 | | |
| 40 | ″ | 80 | 940 | 120 | 636 | 160 | 371 | 200 | 238 | | |

## 부표제 7. 부재좌굴강도표(SS41 16~40 [mm] 이하 편심이 많은 것)

| $l/r$ | $fk$ [kgf/cm²] | $l/r$ | $fk$ [kgf/cm²] | $l/r$ | $fk$ [kgf/cm²] | $l/r$ | $fk$ [kgf/cm²] | $l/r$ | $fk$ [kgf/cm²] | $l/r$ | $fk$ [kgf/cm²] |
|---|---|---|---|---|---|---|---|---|---|---|---|
| 1 | 960 | 41 | 960 | 81 | 913 | 121 | 623 | 161 | 366 | 201 | 235 |
| 2 | 〃 | 42 | 〃 | 82 | 905 | 122 | 615 | 162 | 362 | 202 | 233 |
| 3 | 〃 | 43 | 〃 | 83 | 898 | 123 | 608 | 163 | 358 | 203 | 231 |
| 4 | 〃 | 44 | 〃 | 84 | 891 | 124 | 601 | 164 | 353 | 204 | 228 |
| 5 | 〃 | 45 | 〃 | 85 | 884 | 125 | 594 | 165 | 349 | 205 | 226 |
| 6 | 〃 | 46 | 〃 | 86 | 876 | 126 | 587 | 166 | 345 | 206 | 224 |
| 7 | 〃 | 47 | 〃 | 87 | 869 | 127 | 579 | 167 | 341 | 207 | 222 |
| 8 | 〃 | 48 | 〃 | 88 | 862 | 128 | 572 | 168 | 337 | 208 | 220 |
| 9 | 〃 | 49 | 〃 | 89 | 855 | 129 | 565 | 169 | 332 | 209 | 217 |
| 10 | 〃 | 50 | 〃 | 90 | 848 | 130 | 557 | 170 | 329 | 210 | 215 |
| 11 | 〃 | 51 | 〃 | 91 | 840 | 131 | 550 | 171 | 325 | 211 | 213 |
| 12 | 〃 | 52 | 〃 | 92 | 833 | 132 | 543 | 172 | 321 | 212 | 211 |
| 13 | 〃 | 53 | 〃 | 93 | 826 | 133 | 536 | 173 | 318 | 213 | 209 |
| 14 | 〃 | 54 | 〃 | 94 | 819 | 134 | 529 | 174 | 314 | 214 | 207 |
| 15 | 〃 | 55 | 〃 | 95 | 811 | 135 | 521 | 175 | 310 | 215 | 206 |
| 16 | 〃 | 56 | 〃 | 96 | 804 | 136 | 514 | 176 | 307 | 216 | 204 |
| 17 | 〃 | 57 | 〃 | 97 | 797 | 137 | 507 | 177 | 304 | 217 | 202 |
| 18 | 〃 | 58 | 〃 | 98 | 790 | 138 | 500 | 178 | 300 | 218 | 200 |
| 19 | 〃 | 59 | 〃 | 99 | 782 | 139 | 492 | 179 | 296 | 219 | 198 |
| 20 | 〃 | 60 | 〃 | 100 | 775 | 140 | 485 | 180 | 293 | 220 | 196 |
| 21 | 〃 | 61 | 〃 | 101 | 768 | 141 | 478 | 181 | 290 | | |
| 22 | 〃 | 62 | 〃 | 102 | 761 | 142 | 471 | 182 | 287 | | |
| 23 | 〃 | 63 | 〃 | 103 | 753 | 143 | 465 | 183 | 284 | | |
| 24 | 〃 | 64 | 〃 | 104 | 746 | 144 | 458 | 184 | 280 | | |
| 25 | 〃 | 65 | 〃 | 105 | 739 | 145 | 452 | 185 | 278 | | |
| 26 | 〃 | 66 | 〃 | 106 | 731 | 146 | 446 | 186 | 275 | | |
| 27 | 〃 | 67 | 〃 | 107 | 724 | 147 | 440 | 187 | 271 | | |
| 28 | 〃 | 68 | 〃 | 108 | 717 | 148 | 434 | 188 | 269 | | |
| 29 | 〃 | 69 | 〃 | 109 | 710 | 149 | 428 | 189 | 266 | | |
| 30 | 〃 | 70 | 〃 | 110 | 702 | 150 | 422 | 190 | 263 | | |
| 31 | 〃 | 71 | 〃 | 111 | 695 | 151 | 417 | 191 | 260 | | |
| 32 | 〃 | 72 | 〃 | 112 | 688 | 152 | 411 | 192 | 268 | | |
| 33 | 〃 | 73 | 〃 | 113 | 681 | 153 | 406 | 193 | 255 | | |
| 34 | 〃 | 74 | 〃 | 114 | 673 | 154 | 401 | 194 | 253 | | |
| 35 | 〃 | 75 | 956 | 115 | 666 | 155 | 395 | 195 | 250 | | |
| 36 | 〃 | 76 | 949 | 116 | 659 | 156 | 390 | 196 | 247 | | |
| 37 | 〃 | 77 | 942 | 117 | 652 | 157 | 385 | 197 | 245 | | |
| 38 | 〃 | 78 | 934 | 118 | 645 | 158 | 381 | 198 | 242 | | |
| 39 | 〃 | 79 | 927 | 119 | 637 | 159 | 376 | 199 | 240 | | |
| 40 | 〃 | 80 | 920 | 120 | 630 | 160 | 371 | 200 | 238 | | |

## 부표제 8. 부재좌굴강도표(SS50 16 [mm] 이하 편심이 작은 것)

| $l/r$ | $fk$ [kgf/cm$^2$] | $l/r$ | $fk$ [kgf/cm$^2$] | $l/r$ | $fk$ [kgf/cm$^2$] | $l/r$ | $fk$ [kgf/cm$^2$] | $l/r$ | $fk$ [kgf/cm$^2$] | $l/r$ | $fk$ [kgf/cm$^2$] |
|---|---|---|---|---|---|---|---|---|---|---|---|
| 1 | 1,800 | 41 | 1,650 | 81 | 1,238 | 121 | 649 | 161 | 366 | 201 | 235 |
| 2 | 1,799 | 42 | 1,643 | 82 | 1,224 | 122 | 638 | 162 | 362 | 202 | 233 |
| 3 | 1,798 | 43 | 1,636 | 83 | 1,210 | 123 | 628 | 163 | 358 | 203 | 231 |
| 4 | 1,798 | 44 | 1,629 | 84 | 1,196 | 124 | 618 | 164 | 353 | 204 | 228 |
| 5 | 1,797 | 45 | 1,621 | 85 | 1,182 | 125 | 608 | 165 | 349 | 205 | 226 |
| 6 | 1,795 | 46 | 1,613 | 86 | 1,168 | 126 | 598 | 166 | 345 | 206 | 224 |
| 7 | 1,794 | 47 | 1,605 | 87 | 1,154 | 127 | 589 | 167 | 341 | 207 | 222 |
| 8 | 1,792 | 48 | 1,597 | 88 | 1,139 | 128 | 580 | 168 | 337 | 208 | 220 |
| 9 | 1,791 | 49 | 1,589 | 89 | 1,124 | 129 | 571 | 169 | 333 | 209 | 217 |
| 10 | 1,789 | 50 | 1,581 | 90 | 1,109 | 130 | 562 | 170 | 329 | 210 | 215 |
| 11 | 1,787 | 51 | 1,572 | 91 | 1,094 | 131 | 554 | 171 | 325 | 211 | 213 |
| 12 | 1,785 | 52 | 1,563 | 92 | 1,078 | 132 | 545 | 172 | 321 | 212 | 211 |
| 13 | 1,782 | 53 | 1,554 | 93 | 1,063 | 133 | 537 | 173 | 317 | 213 | 209 |
| 14 | 1,780 | 54 | 1,545 | 94 | 1,047 | 134 | 529 | 174 | 314 | 214 | 207 |
| 15 | 1,777 | 55 | 1,536 | 95 | 1,032 | 135 | 521 | 175 | 310 | 215 | 206 |
| 16 | 1,774 | 56 | 1,527 | 96 | 1,016 | 136 | 514 | 176 | 307 | 216 | 204 |
| 17 | 1,771 | 57 | 1,517 | 97 | 999 | 137 | 506 | 177 | 303 | 217 | 202 |
| 18 | 1,768 | 58 | 1,507 | 98 | 983 | 138 | 499 | 178 | 300 | 218 | 200 |
| 19 | 1,765 | 59 | 1,497 | 99 | 967 | 139 | 492 | 179 | 296 | 219 | 198 |
| 20 | 1,762 | 60 | 1,487 | 100 | 950 | 140 | 485 | 180 | 293 | 220 | 196 |
| 21 | 1,758 | 61 | 1,477 | 101 | 931 | 141 | 478 | 181 | 290 | | |
| 22 | 1,754 | 62 | 1,467 | 102 | 913 | 142 | 471 | 182 | 287 | | |
| 23 | 1,750 | 63 | 1,456 | 103 | 895 | 143 | 465 | 183 | 284 | | |
| 24 | 1,746 | 64 | 1,445 | 104 | 878 | 144 | 458 | 184 | 281 | | |
| 25 | 1,742 | 65 | 1,435 | 105 | 862 | 145 | 452 | 185 | 278 | | |
| 26 | 1,737 | 66 | 1,423 | 106 | 845 | 146 | 446 | 186 | 275 | | |
| 27 | 1,733 | 67 | 1,412 | 107 | 830 | 147 | 440 | 187 | 272 | | |
| 28 | 1,728 | 68 | 1,401 | 108 | 815 | 148 | 434 | 188 | 269 | | |
| 29 | 1,723 | 69 | 1,389 | 109 | 800 | 149 | 428 | 189 | 266 | | |
| 30 | 1,718 | 70 | 1,378 | 110 | 785 | 150 | 422 | 190 | 263 | | |
| 31 | 1,712 | 71 | 1,366 | 111 | 771 | 151 | 417 | 191 | 260 | | |
| 32 | 1,707 | 72 | 1,354 | 112 | 757 | 152 | 411 | 192 | 258 | | |
| 33 | 1,701 | 73 | 1,342 | 113 | 744 | 153 | 406 | 193 | 255 | | |
| 34 | 1,695 | 74 | 1,329 | 114 | 731 | 154 | 401 | 194 | 252 | | |
| 35 | 1,690 | 75 | 1,317 | 115 | 718 | 155 | 395 | 195 | 250 | | |
| 36 | 1,683 | 76 | 1,304 | 116 | 706 | 156 | 390 | 196 | 247 | | |
| 37 | 1,677 | 77 | 1,291 | 117 | 694 | 157 | 385 | 197 | 245 | | |
| 38 | 1,671 | 78 | 1,278 | 118 | 682 | 158 | 381 | 198 | 242 | | |
| 39 | 1,664 | 79 | 1,265 | 119 | 671 | 159 | 376 | 199 | 240 | | |
| 40 | 1,657 | 80 | 1,252 | 120 | 660 | 160 | 371 | 200 | 248 | | |

## 부표제 9. 부재좌굴강도표(SS50 16~40 [mm] 이하 편심이 작은 것)

| $l/r$ | $fk$ [kgf/cm$^2$] | $l/r$ | $fk$ [kgf/cm$^2$] | $l/r$ | $fk$ [kgf/cm$^2$] | $l/r$ | $fk$ [kgf/cm$^2$] | $l/r$ | $fk$ [kgf/cm$^2$] | $l/r$ | $fk$ [kgf/cm$^2$] |
|---|---|---|---|---|---|---|---|---|---|---|---|
| 1 | 1,750 | 41 | 1,609 | 81 | 1,221 | 121 | 649 | 161 | 366 | 201 | 235 |
| 2 | 1,749 | 42 | 1,602 | 82 | 1,208 | 122 | 638 | 162 | 362 | 202 | 233 |
| 3 | 1,749 | 43 | 1,596 | 83 | 1,195 | 123 | 628 | 163 | 358 | 203 | 231 |
| 4 | 1,748 | 44 | 1,589 | 84 | 1,182 | 124 | 618 | 164 | 353 | 204 | 228 |
| 5 | 1,747 | 45 | 1,581 | 85 | 1,169 | 125 | 608 | 165 | 349 | 205 | 226 |
| 6 | 1,746 | 46 | 1,574 | 86 | 1,155 | 126 | 598 | 166 | 345 | 206 | 224 |
| 7 | 1,744 | 47 | 1,567 | 87 | 1,141 | 127 | 589 | 167 | 341 | 207 | 222 |
| 8 | 1,743 | 48 | 1,559 | 88 | 1,128 | 128 | 580 | 168 | 337 | 208 | 220 |
| 9 | 1,741 | 49 | 1,551 | 89 | 1,114 | 129 | 571 | 169 | 333 | 209 | 217 |
| 10 | 1,740 | 50 | 1,543 | 90 | 1,100 | 130 | 562 | 170 | 329 | 210 | 215 |
| 11 | 1,738 | 51 | 1,535 | 91 | 1,085 | 131 | 554 | 171 | 325 | 211 | 213 |
| 12 | 1,736 | 52 | 1,527 | 92 | 1,071 | 132 | 545 | 172 | 321 | 212 | 211 |
| 13 | 1,733 | 53 | 1,519 | 93 | 1,056 | 133 | 537 | 173 | 317 | 213 | 209 |
| 14 | 1,731 | 54 | 1,510 | 94 | 1,042 | 134 | 529 | 174 | 314 | 214 | 207 |
| 15 | 1,729 | 55 | 1,501 | 95 | 1,027 | 135 | 521 | 175 | 310 | 215 | 206 |
| 16 | 1,726 | 56 | 1,493 | 96 | 1,012 | 136 | 514 | 176 | 307 | 216 | 204 |
| 17 | 1,723 | 57 | 1,484 | 97 | 997 | 137 | 506 | 177 | 303 | 217 | 202 |
| 18 | 1,720 | 58 | 1,474 | 98 | 981 | 138 | 499 | 178 | 300 | 218 | 200 |
| 19 | 1,717 | 59 | 1,465 | 99 | 966 | 139 | 492 | 179 | 296 | 219 | 198 |
| 20 | 1,714 | 60 | 1,456 | 100 | 950 | 140 | 485 | 180 | 293 | 220 | 196 |
| 21 | 1,710 | 61 | 1,446 | 101 | 931 | 141 | 478 | 181 | 290 | | |
| 22 | 1,707 | 62 | 1,436 | 102 | 913 | 142 | 471 | 182 | 287 | | |
| 23 | 1,703 | 63 | 1,426 | 103 | 895 | 143 | 465 | 183 | 284 | | |
| 24 | 1,699 | 64 | 1,416 | 104 | 878 | 144 | 458 | 184 | 281 | | |
| 25 | 1,695 | 65 | 1,406 | 105 | 862 | 145 | 452 | 185 | 278 | | |
| 26 | 1,691 | 66 | 1,396 | 106 | 845 | 146 | 446 | 186 | 275 | | |
| 27 | 1,686 | 67 | 1,385 | 107 | 830 | 147 | 440 | 187 | 272 | | |
| 28 | 1,682 | 68 | 1,374 | 108 | 814 | 148 | 434 | 188 | 269 | | |
| 29 | 1,677 | 69 | 1,363 | 109 | 800 | 149 | 428 | 189 | 266 | | |
| 30 | 1,672 | 70 | 1,352 | 110 | 785 | 150 | 422 | 190 | 263 | | |
| 31 | 1,667 | 71 | 1,341 | 111 | 771 | 151 | 417 | 191 | 260 | | |
| 32 | 1,662 | 72 | 1,330 | 112 | 757 | 152 | 411 | 192 | 258 | | |
| 33 | 1,657 | 73 | 1,318 | 113 | 744 | 153 | 406 | 193 | 255 | | |
| 34 | 1,652 | 74 | 1,307 | 114 | 731 | 154 | 401 | 194 | 252 | | |
| 35 | 1,646 | 75 | 1,295 | 115 | 718 | 155 | 395 | 195 | 250 | | |
| 36 | 1,640 | 76 | 1,283 | 116 | 706 | 156 | 390 | 196 | 247 | | |
| 37 | 1,634 | 77 | 1,271 | 117 | 694 | 157 | 385 | 197 | 245 | | |
| 38 | 1,628 | 78 | 1,259 | 118 | 682 | 158 | 381 | 198 | 242 | | |
| 39 | 1,622 | 79 | 1,246 | 119 | 671 | 159 | 376 | 199 | 240 | | |
| 40 | 1,616 | 80 | 1,234 | 120 | 660 | 160 | 371 | 200 | 238 | | |

### 부표제 10. 부재좌굴강도표(SS50 16 [mm] 이하 편심이 많은 것)

| $l/r$ | $fk$ [kgf/cm$^2$] | $l/r$ | $fk$ [kgf/cm$^2$] | $l/r$ | $fk$ [kgf/cm$^2$] | $l/r$ | $fk$ [kgf/cm$^2$] | $l/r$ | $fk$ [kgf/cm$^2$] | $l/r$ | $fk$ [kgf/cm$^2$] |
|---|---|---|---|---|---|---|---|---|---|---|---|
| 1 | 1,160 | 41 | 1,160 | 81 | 1,029 | 121 | 648 | 161 | 366 | 201 | 235 |
| 2 | ″ | 42 | ″ | 82 | 1,019 | 122 | 639 | 162 | 362 | 202 | 233 |
| 3 | ″ | 43 | ″ | 83 | 1,010 | 123 | 629 | 163 | 358 | 203 | 231 |
| 4 | ″ | 44 | ″ | 84 | 1,000 | 124 | 620 | 164 | 353 | 204 | 228 |
| 5 | ″ | 45 | ″ | 85 | 991 | 125 | 610 | 165 | 349 | 205 | 226 |
| 6 | ″ | 46 | ″ | 86 | 981 | 126 | 600 | 166 | 345 | 206 | 224 |
| 7 | ″ | 47 | ″ | 87 | 972 | 127 | 591 | 167 | 341 | 207 | 222 |
| 8 | ″ | 48 | ″ | 88 | 962 | 128 | 581 | 168 | 337 | 208 | 220 |
| 9 | ″ | 49 | ″ | 89 | 953 | 129 | 572 | 169 | 333 | 209 | 217 |
| 10 | ″ | 50 | ″ | 90 | 943 | 130 | 562 | 170 | 329 | 210 | 215 |
| 11 | ″ | 51 | ″ | 91 | 934 | 131 | 554 | 171 | 325 | 211 | 213 |
| 12 | ″ | 52 | ″ | 92 | 924 | 132 | 545 | 172 | 321 | 212 | 211 |
| 13 | ″ | 53 | ″ | 93 | 915 | 133 | 537 | 173 | 317 | 213 | 209 |
| 14 | ″ | 54 | ″ | 94 | 905 | 134 | 529 | 174 | 314 | 214 | 207 |
| 15 | ″ | 55 | ″ | 95 | 896 | 135 | 521 | 175 | 310 | 215 | 206 |
| 16 | ″ | 56 | ″ | 96 | 886 | 136 | 514 | 176 | 307 | 216 | 204 |
| 17 | ″ | 57 | ″ | 97 | 877 | 137 | 506 | 177 | 303 | 217 | 202 |
| 18 | ″ | 58 | ″ | 98 | 867 | 138 | 499 | 178 | 300 | 218 | 200 |
| 19 | ″ | 59 | ″ | 99 | 858 | 139 | 492 | 179 | 296 | 219 | 198 |
| 20 | ″ | 60 | ″ | 100 | 848 | 140 | 485 | 180 | 293 | 220 | 196 |
| 21 | ″ | 61 | ″ | 101 | 838 | 141 | 478 | 181 | 290 | | |
| 22 | ″ | 62 | ″ | 102 | 829 | 142 | 471 | 182 | 287 | | |
| 23 | ″ | 63 | ″ | 103 | 819 | 143 | 465 | 183 | 284 | | |
| 24 | ″ | 64 | ″ | 104 | 810 | 144 | 458 | 184 | 281 | | |
| 25 | ″ | 65 | ″ | 105 | 800 | 145 | 452 | 185 | 278 | | |
| 26 | ″ | 66 | ″ | 106 | 791 | 146 | 446 | 186 | 275 | | |
| 27 | ″ | 67 | 1,160 | 107 | 781 | 147 | 440 | 187 | 272 | | |
| 28 | ″ | 68 | 1,153 | 108 | 772 | 148 | 434 | 188 | 269 | | |
| 29 | ″ | 69 | 1,143 | 109 | 762 | 149 | 428 | 189 | 266 | | |
| 30 | ″ | 70 | 1,134 | 110 | 753 | 150 | 422 | 190 | 263 | | |
| 31 | ″ | 71 | 1,124 | 111 | 743 | 151 | 417 | 191 | 260 | | |
| 32 | ″ | 72 | 1,115 | 112 | 734 | 152 | 411 | 192 | 258 | | |
| 33 | ″ | 73 | 1,105 | 113 | 724 | 153 | 406 | 193 | 255 | | |
| 34 | ″ | 74 | 1,096 | 114 | 715 | 154 | 401 | 194 | 253 | | |
| 35 | ″ | 75 | 1,086 | 115 | 705 | 155 | 395 | 195 | 250 | | |
| 36 | ″ | 76 | 1,076 | 116 | 696 | 156 | 390 | 196 | 247 | | |
| 37 | ″ | 77 | 1,067 | 117 | 686 | 157 | 385 | 197 | 245 | | |
| 38 | ″ | 78 | 1,057 | 118 | 677 | 158 | 381 | 198 | 242 | | |
| 39 | ″ | 79 | 1,048 | 119 | 667 | 159 | 376 | 199 | 240 | | |
| 40 | ″ | 80 | 1,038 | 120 | 658 | 160 | 371 | 200 | 238 | | |

## 부표제 11. 부재좌굴강도표(SS50 16~40 [mm] 이하 편심이 많은 것)

| $l/r$ | $fk$ [kgf/cm$^2$] | $l/r$ | $fk$ [kgf/cm$^2$] | $l/r$ | $fk$ [kgf/cm$^2$] | $l/r$ | $fk$ [kgf/cm$^2$] | $l/r$ | $fk$ [kgf/cm$^2$] | $l/r$ | $fk$ [kgf/cm$^2$] |
|---|---|---|---|---|---|---|---|---|---|---|---|
| 1 | 1,120 | 41 | 1,120 | 81 | 1,010 | 121 | 644 | 161 | 366 | 201 | 235 |
| 2 | ″ | 42 | ″ | 82 | 1,000 | 122 | 635 | 162 | 362 | 202 | 233 |
| 3 | ″ | 43 | ″ | 83 | 991 | 123 | 626 | 163 | 358 | 203 | 231 |
| 4 | ″ | 44 | ″ | 84 | 982 | 124 | 617 | 164 | 353 | 204 | 228 |
| 5 | ″ | 45 | ″ | 85 | 973 | 125 | 608 | 165 | 349 | 205 | 226 |
| 6 | ″ | 46 | ″ | 86 | 964 | 126 | 598 | 166 | 345 | 206 | 224 |
| 7 | ″ | 47 | ″ | 87 | 955 | 127 | 589 | 167 | 341 | 207 | 222 |
| 8 | ″ | 48 | ″ | 88 | 946 | 128 | 580 | 168 | 337 | 208 | 220 |
| 9 | ″ | 49 | ″ | 89 | 936 | 129 | 571 | 169 | 332 | 209 | 217 |
| 10 | ″ | 50 | ″ | 90 | 927 | 130 | 562 | 170 | 329 | 210 | 215 |
| 11 | ″ | 51 | ″ | 91 | 918 | 131 | 554 | 171 | 325 | 211 | 213 |
| 12 | ″ | 52 | ″ | 92 | 909 | 132 | 545 | 172 | 321 | 212 | 211 |
| 13 | ″ | 53 | ″ | 93 | 900 | 133 | 537 | 173 | 318 | 213 | 209 |
| 14 | ″ | 54 | ″ | 94 | 891 | 134 | 529 | 174 | 314 | 214 | 207 |
| 15 | ″ | 55 | ″ | 95 | 882 | 135 | 521 | 175 | 311 | 215 | 206 |
| 16 | ″ | 56 | ″ | 96 | 873 | 136 | 514 | 176 | 307 | 216 | 204 |
| 17 | ″ | 57 | ″ | 97 | 863 | 137 | 506 | 177 | 304 | 217 | 202 |
| 18 | ″ | 58 | ″ | 98 | 853 | 138 | 499 | 178 | 300 | 218 | 200 |
| 19 | ″ | 59 | ″ | 99 | 845 | 139 | 492 | 179 | 296 | 219 | 198 |
| 20 | ″ | 60 | ″ | 100 | 836 | 140 | 485 | 180 | 293 | 220 | 196 |
| 21 | ″ | 61 | ″ | 101 | 827 | 141 | 478 | 181 | 290 | | |
| 22 | ″ | 62 | ″ | 102 | 818 | 142 | 471 | 182 | 287 | | |
| 23 | ″ | 63 | ″ | 103 | 809 | 143 | 465 | 183 | 284 | | |
| 24 | ″ | 64 | ″ | 104 | 799 | 144 | 458 | 184 | 280 | | |
| 25 | ″ | 65 | ″ | 105 | 790 | 145 | 452 | 185 | 278 | | |
| 26 | ″ | 66 | ″ | 106 | 781 | 146 | 446 | 186 | 275 | | |
| 27 | ″ | 67 | ″ | 107 | 772 | 147 | 440 | 187 | 271 | | |
| 28 | ″ | 68 | ″ | 108 | 763 | 148 | 434 | 188 | 269 | | |
| 29 | ″ | 69 | 1,119 | 109 | 754 | 149 | 428 | 189 | 266 | | |
| 30 | ″ | 70 | 1,110 | 110 | 745 | 150 | 422 | 190 | 263 | | |
| 31 | ″ | 71 | 1,101 | 111 | 736 | 151 | 417 | 191 | 260 | | |
| 32 | ″ | 72 | 1,092 | 112 | 726 | 152 | 411 | 192 | 258 | | |
| 33 | ″ | 73 | 1,083 | 113 | 717 | 153 | 406 | 193 | 255 | | |
| 34 | ″ | 74 | 1,074 | 114 | 708 | 154 | 401 | 194 | 253 | | |
| 35 | ″ | 75 | 1,064 | 115 | 699 | 155 | 395 | 195 | 250 | | |
| 36 | ″ | 76 | 1,055 | 116 | 690 | 156 | 390 | 196 | 247 | | |
| 37 | ″ | 77 | 1,046 | 117 | 681 | 157 | 385 | 197 | 245 | | |
| 38 | ″ | 78 | 1,037 | 118 | 672 | 158 | 381 | 198 | 242 | | |
| 39 | ″ | 79 | 1,028 | 119 | 662 | 159 | 376 | 199 | 240 | | |
| 40 | ″ | 80 | 1,019 | 120 | 653 | 160 | 371 | 200 | 238 | | |

## 부표제 12. 볼트의 허용전단력표

【SS41】

| 명칭 지름 | 축부전단의 경우 | | | 허용전단력[kgf] | | | | 비 고 |
|---|---|---|---|---|---|---|---|---|
| | 축지름 [mm] | 축부 단면적 [cm$^2$] | 최소 단면적 [cm$^2$] | 단전단 | | 복전단 | | |
| | | | | 축지름 | 최소안지름 | 축지름 | 최소안지름 | |
| 14 | 14 | 1.54 | 1.00 | 1,850 | 1,200 | 3,700 | 2,400 | 1,200 [kgf/cm$^2$] |
| 16 | 16 | 2.01 | 1.39 | 2,410 | 1,670 | 4,820 | 3,340 | |
| 18 | 18 | 2.54 | 1.67 | 2,920 | 1,920 | 5,840 | 3,840 | 1,300 [kgf/cm$^2$] |
| 20 | 20 | 3.14 | 2.16 | 3,610 | 2,480 | 7,220 | 4,970 | |
| 22 | 22 | 3.80 | 2.71 | 4,370 | 3,120 | 8,740 | 6,230 | |
| 24 | 24 | 4.52 | 3.10 | 5,200 | 3,570 | 10,400 | 7,130 | |
| 27 | 27 | 5.73 | 4.10 | 6,590 | 4,720 | 13,180 | 9,430 | |

【SS50】

| 명칭 지름 | 축부전단의 경우 | | | 허용전단력[kgf] | | | | 비 고 |
|---|---|---|---|---|---|---|---|---|
| | 축지름 [mm] | 축부 단면적 [cm$^2$] | 최소 단면적 [cm$^2$] | 단전단 | | 복전단 | | |
| | | | | 축지름 | 최소안지름 | 축지름 | 최소안지름 | |
| 14 | 14 | 1.54 | 1.00 | 2,080 | 1,350 | 4,160 | 2,700 | 1,350 [kgf/cm$^2$] |
| 16 | 16 | 2.01 | 1.39 | 2,710 | 1,880 | 5,420 | 3,750 | |
| 18 | 18 | 2.54 | 1.67 | 3,300 | 2,170 | 6,600 | 4,340 | 1,300 [kgf/cm$^2$] |
| 20 | 20 | 3.14 | 2.16 | 4,080 | 2,810 | 8,160 | 5,620 | |
| 22 | 22 | 3.80 | 2.71 | 4,940 | 3,520 | 9,880 | 7,040 | |
| 24 | 24 | 4.52 | 3.10 | 5,880 | 4,030 | 11,750 | 8,060 | |
| 27 | 27 | 5.73 | 4.10 | 7,450 | 5,330 | 14,900 | 10,660 | |

## 부표제 13. 볼트의 허용지압내력표

(1) 부재 SS41의 경우

| 명칭 지름 | 지름 [mm] | | 허용지압응력표 [kgf] | | | | | | | | | | | | | | | | | 비 고 |
|---|---|---|---|---|---|---|---|---|---|---|---|---|---|---|---|---|---|---|---|---|
| | 공통 지름 | 지압유효 지름 | 강판형강 및 평강의 두께 [mm] | | | | | | | | | | | | | | | | | |
| | | | 3 | 3.2 | 4 | 4.5 | 5 | 6 | 7 | 8 | 9 | 10 | 11 | 12 | 13 | 15 | 17 | 19 | 20 | |
| 14 | 14 | 12.701 | 1,048 | 1,118 | 1,397 | 1,572 | 1,746 | 2,096 | 2,445 | 2,794 | 3,143 | 3,493 | 3,842 | 4,191 | 4,541 | 5,239 | 5,938 | 6,636 | 6,986 | 허용지압응력 2,750 [kgf/cm$^2$] |
| 16 | 16 | 14.701 | 1,213 | 1,294 | 1,617 | 1,819 | 2,021 | 2,426 | 2,830 | 3,234 | 3,638 | 4,043 | 4,447 | 4,851 | 5,256 | 6,064 | 6,873 | 7,681 | 8,086 | |
| 18 | 18 | 16.376 | 1,277 | 1,362 | 1,703 | 1,916 | 2,129 | 2,555 | 2,980 | 3,406 | 3,832 | 4,258 | 4,684 | 5,109 | 5,535 | 6,387 | 7,238 | 8,090 | 8,516 | 허용지압응력 2,600 [kgf/cm$^2$] |
| 20 | 20 | 18.376 | 1,433 | 1,529 | 1,911 | 2,150 | 2,389 | 2,867 | 3,344 | 3,822 | 4,300 | 4,778 | 5,256 | 5,733 | 6,211 | 7,167 | 8,122 | 9,078 | 9,556 | |
| 22 | 22 | 20.376 | 1,589 | 1,695 | 2,119 | 2,384 | 2,649 | 3,179 | 3,708 | 4,238 | 4,768 | 5,298 | 5,828 | 6,357 | 6,887 | 7,947 | 9,006 | 10,066 | 10,596 | |
| 24 | 24 | 22.051 | 1,720 | 1,835 | 2,293 | 2,580 | 2,867 | 3,440 | 4,013 | 4,587 | 5,160 | 5,733 | 6,307 | 6,880 | 7,453 | 8,600 | 9,747 | 10,893 | 11,467 | |
| 27 | 27 | 25.051 | 1,954 | 2,084 | 2,605 | 2,931 | 3,257 | 3,908 | 4,559 | 5,211 | 5,862 | 6,513 | 7,165 | 7,816 | 8,467 | 9,770 | 11,073 | 12,375 | 13,027 | |

(2) 부재 SS50의 경우

| 명칭 지름 | 지름 [mm] | | 허용지압응력표 [kgf] | | | | | | | | | | | | | | | | | 비 고 |
|---|---|---|---|---|---|---|---|---|---|---|---|---|---|---|---|---|---|---|---|---|
| | 공통 지름 | 지압유효 지름 | 강판형강 및 평강의 두께 [mm] | | | | | | | | | | | | | | | | | |
| | | | 3 | 3.2 | 4 | 4.5 | 5 | 6 | 7 | 8 | 9 | 10 | 11 | 12 | 13 | 15 | 17 | 19 | 20 | |
| 14 | 14 | 12.701 | 1,200 | 1,280 | 1,600 | 1,800 | 2,000 | 2,400 | 2,801 | 3,201 | 3,601 | 4,001 | 4,401 | 4,801 | 5,201 | 6,001 | 6,801 | 7,602 | 8,002 | 허용지압내력 3,150 [kgf/cm$^2$] |
| 16 | 16 | 14.701 | 1,389 | 1,482 | 1,852 | 2,084 | 2,315 | 2,778 | 3,242 | 3,705 | 4,168 | 4,631 | 5,094 | 5,557 | 6,020 | 6,946 | 7,872 | 8,799 | 9,262 | |
| 18 | 18 | 16.376 | 1,498 | 1,598 | 1,998 | 2,248 | 2,497 | 2,997 | 3,496 | 3,996 | 4,495 | 4,995 | 5,494 | 5,994 | 6,493 | 7,492 | 8,491 | 9,490 | 9,989 | 허용지압내력 3,050 [kgf/cm$^2$] |
| 20 | 20 | 18.376 | 1,681 | 1,793 | 2,242 | 2,522 | 2,802 | 3,363 | 3,923 | 4,484 | 5,044 | 5,605 | 6,165 | 6,726 | 7,286 | 8,407 | 9,528 | 10,649 | 11,209 | |
| 22 | 22 | 20.376 | 1,864 | 1,989 | 2,486 | 2,797 | 3,107 | 3,729 | 4,350 | 4,972 | 5,593 | 6,215 | 6,836 | 7,458 | 8,079 | 9,322 | 10,565 | 11,808 | 12,429 | |
| 24 | 24 | 22.051 | 2,018 | 2,152 | 2,690 | 3,026 | 3,363 | 4,035 | 4,708 | 5,380 | 6,053 | 6,726 | 7,398 | 8,071 | 8,743 | 10,088 | 11,433 | 12,779 | 13,451 | |
| 27 | 27 | 25.051 | 2,292 | 2,445 | 3,056 | 3,438 | 3,820 | 4,584 | 5,348 | 6,112 | 6,876 | 7,641 | 8,405 | 9,169 | 9,933 | 11,461 | 12,989 | 14,517 | 15,281 | |

## 부표제 14. 강재류 단면특성

| 단 면 | 단 면 적<br>$A$ [cm²] | 중심의 위치<br>$y$ 또는 $y_1 \cdot y_2$ [cm] | 단면2차모멘트<br>$I_x$ [cm⁴] | 회 전 반 경<br>$\gamma_x = \sqrt{\frac{I_x}{A}}$ [cm] | 단 면 계 수<br>$Z_x = \frac{I_x}{y}$ [cm³] |
|---|---|---|---|---|---|
|  | $a^2$ | $y = \frac{a}{2}$ | $\frac{a^4}{12}$ | $\frac{a}{\sqrt{12}} = 0.289a$ | $\frac{a^3}{6}$ |
|  | $a^2$ | $y_1 = \frac{a}{2} + e$<br>$y_2 = \frac{a}{2} - e$ | $\frac{a^2}{12}(a^2 + 12e^2)$ | $\sqrt{\frac{a^2 + 12e^2}{12}}$<br>$= 0.289\sqrt{a^2 + 12e^2}$ | $Z_{x1} = \frac{I_x}{y_1} = \frac{a^2(a^2 + 12e^2)}{6(a+e)}$<br>$Z_{x2} = \frac{I_x}{y_2} = \frac{a^2(a^2 + 12e^2)}{6(a-e)}$ |
|  | $a^2 - a_1^2$ | $y = \frac{a}{2}$ | $\frac{a^4 - a_1^4}{12}$ | $\sqrt{\frac{a^2 + a_1^2}{12}}$<br>$= 0.1289\sqrt{a^2 + a_1^2}$ | $\frac{a^4 - a_1^4}{6a}$ |

| 단 면 | 단 면 적 $A$ [cm²] | 중심의 위치 $y$ 또는 $y_1 \cdot y_2$ [cm] | 단면2차모멘트 $I_x$ [cm⁴] | 회 전 반 경 $\gamma_x = \sqrt{\frac{I_x}{A}}$ [cm] | 단 면 계 수 $Z_x = \frac{I_x}{y}$ [cm³] |
|---|---|---|---|---|---|
| 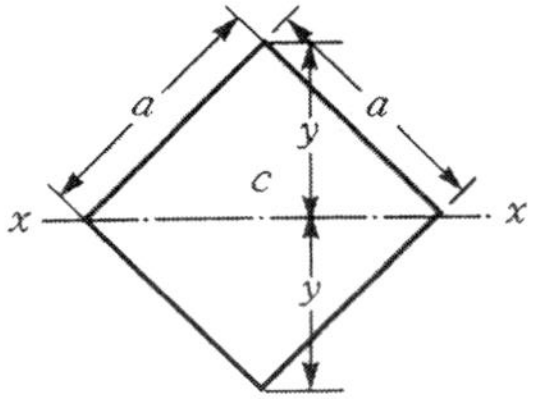  | $a^2$ | $y = \frac{a}{\sqrt{2}} = 0.707a$ | $\frac{a^4}{12}$ | $\frac{a}{\sqrt{12}} = 0.289a$ | $\frac{a^3}{6\sqrt{2}} = 0.118a^3$ |
| 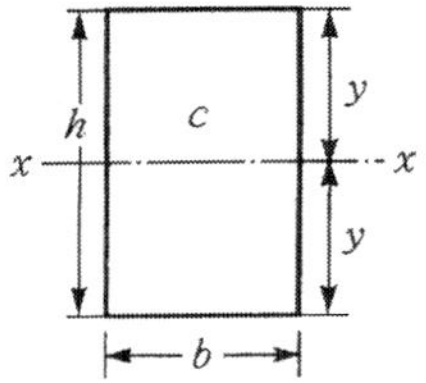  | $bh$ | $y = \frac{h}{2}$ | $\frac{bh^3}{12}$ | $\frac{h}{\sqrt{12}} = 0.289h$ | $\frac{bh^2}{6}$ |
| 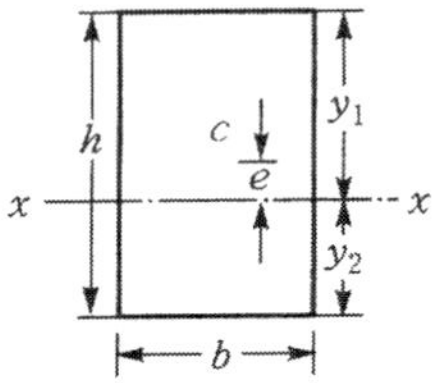  | $bh$ | $y_1 = \frac{h}{2} + e$<br>$y_2 = \frac{h}{2} - e$ | $\frac{bh}{12}(h^2 + 12e^2)$ | $\sqrt{\frac{h^2 + 12e^2}{12}}$<br>$= 0.289\sqrt{h^2 + 12e^2}$ | $Z_{x1} = \frac{I_x}{y_1} = \frac{bh(h^2 + 12e^2)}{6(h + 2e)}$<br>$Z_{x2} = \frac{I_x}{y_2} = \frac{bh(h^2 + 12e^2)}{6(h - 2e)}$ |

| 단 면 | 단 면 적<br>$A$ [cm²] | 중심의 위치<br>$y$ 또는 $y_1 \cdot y_2$ [cm] | 단면2차모멘트<br>$I_x$ [cm⁴] | 회 전 반 경<br>$\gamma_x = \sqrt{\frac{I_x}{A}}$ [cm] | 단 면 계 수<br>$Z_x = \frac{I_x}{y}$ [cm³] |
|---|---|---|---|---|---|
| 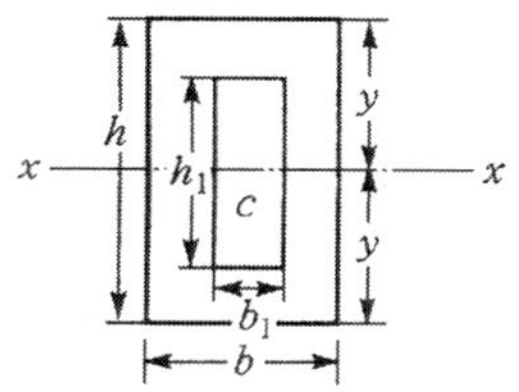 | $bh - b_1 h_1$ | $y = \frac{h}{2}$ | $\frac{bh^3 - b_1 h_1^3}{12}$ | $\sqrt{\frac{bh^3 - b_1 h_1^3}{12(bh - b_1 h_1)}}$ | $\frac{bh^3 - b_1 h_1^3}{6h}$ |
| 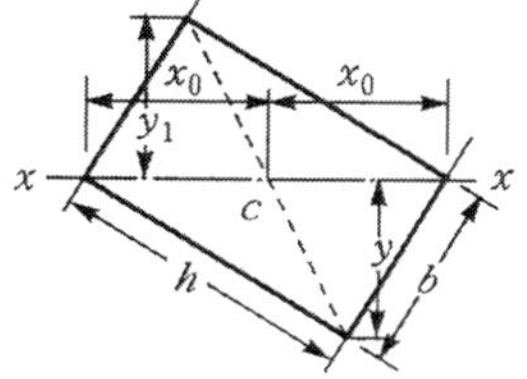 | $bh$ | $y = \frac{bh}{\sqrt{b^2 + h^2}}$<br>$x_0 = \frac{1}{2}\sqrt{b^2 + h^2}$ | $\frac{b^3 h^3}{6(b^2 + h^2)}$ | $\frac{bh}{\sqrt{6(b^2 + h^2)}}$ | $\frac{b^2 h^2}{6\sqrt{b^2 + h^2}}$ |
| 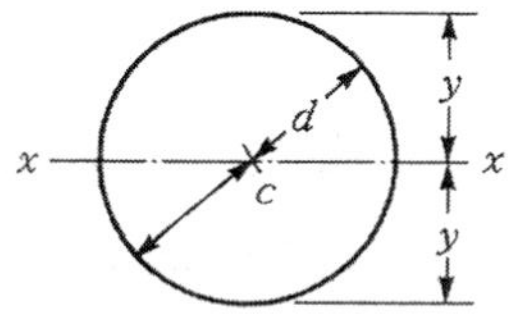 | $\frac{\pi}{4} d^2 = 0.785 d^2$ | $y = \frac{d}{2}$ | $\frac{\pi}{64} d^4 = 0.049 d^4$ | $\frac{d}{4}$ | $\frac{\pi}{32} d^3 = 0.098 d^3$ |

| 단　면 | 단 면 적<br>$A$ [cm²] | 중심의 위치<br>$y$ 또는 $y_1 \cdot y_2$ [cm] | 단면2차모멘트<br>$I_x$ [cm⁴] | 회 전 반 경<br>$\gamma_x = \sqrt{\frac{I_x}{A}}$ [cm] | 단 면 계 수<br>$Z_x = \frac{I_x}{y}$ [cm³] |
|---|---|---|---|---|---|
| 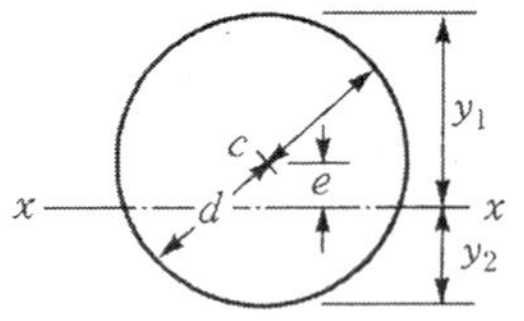  | $\frac{\pi}{4}d^2 = 0.785d^2$ | $y_1 = \frac{d}{2}+e$<br>$y_2 = \frac{d}{2}-e$ | $\frac{\pi}{64}d^2(d^2+16e^2)$ | $\frac{1}{4}\sqrt{d^2+16e^2}$ | $Z_{x1} = \frac{I_x}{y_1} = \frac{\pi}{32}\frac{d^2(d+16e^2)}{d+2e}$<br>$Z_{x2} = \frac{I_x}{y_2} = \frac{\pi}{32}\frac{d^2(d^2+16e^2)}{d-2e}$ |
| 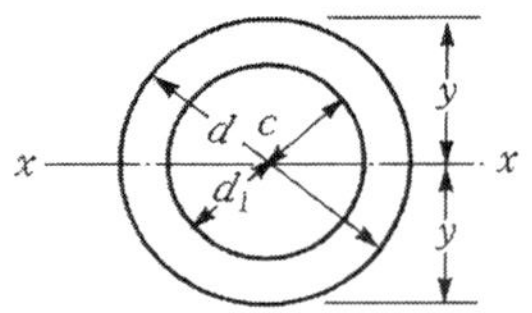  | $\frac{\pi}{4}(d^2-d_1^2)$<br>$=0.785(d^2-d_1^2)$ | $y = \frac{d}{2}$ | $\frac{\pi}{64}(d^4-d_1^4)$<br>$=0.049(d^4-d_1^4)$ | $\frac{\sqrt{d^2+d_1^2}}{4}$ | $\frac{\pi}{32}\cdot\frac{d^4-d_1^4}{d}$<br>$=0.098\frac{d^4-d_1^4}{d}$ |
| 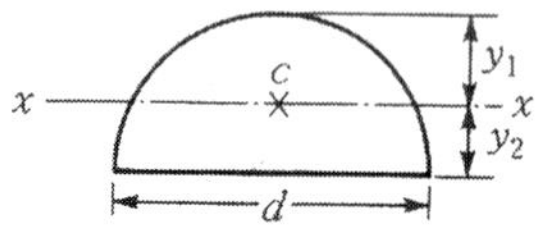  | $\frac{\pi}{8}d^2 = 0.393d^2$ | $y_1 = \frac{(3\pi-4)d}{6\pi}$<br>$=0.288d$<br>$y_2 = \frac{2}{3\pi}d = 0.212d$ | $\frac{9\pi^2-64}{1152\pi}d^4$<br>$=0.007d^4$ | $\frac{\sqrt{9\pi^2-64}}{12\pi}d = 0.312d$ | $Z_{x1} = \frac{9\pi^2-64}{192(3\pi-4)}d^2$<br>$=0.024d^3$<br>$Z_{x2} = \frac{9\pi^2-64}{768}d^3$<br>$=0.033d^2$ |

| 단 면 | 단 면 적<br>$A$ [cm²] | 중심의 위치<br>$y$ 또는 $y_1 \cdot y_2$ [cm] | 단면2차모멘트<br>$I_x$ [cm⁴] | 회 전 반 경<br>$\gamma_x = \sqrt{\frac{I_x}{A}}$ [cm] | 단 면 계 수<br>$Z_x = \frac{I_x}{y}$ [cm³] |
|---|---|---|---|---|---|
| 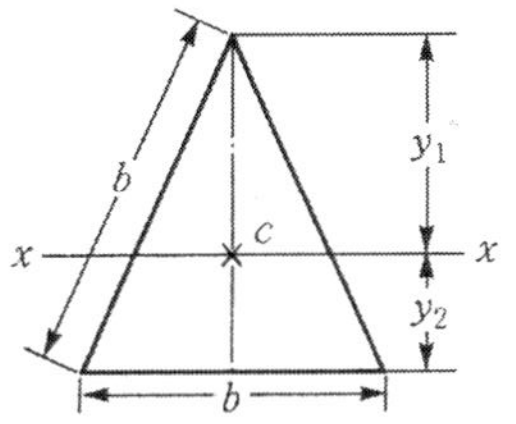  | $\frac{\sqrt{3}}{4}b^2 = 0.433b^2$ | $y_1 = \frac{1}{\sqrt{3}}b = 0.577b$<br>$y_2 = \frac{1}{2\sqrt{3}\,b} = 0.289b$ | $\frac{1}{32\sqrt{3}}b^4$<br>$= 0.0185b^4$ | $\frac{1}{\sqrt{24}}b = 0.204b$ | $Z_{x1} = \frac{I_x}{y_1} = \frac{b^3}{32}$<br>$Z_{x2} = \frac{I_x}{y_2} = \frac{b^3}{16}$ |
| 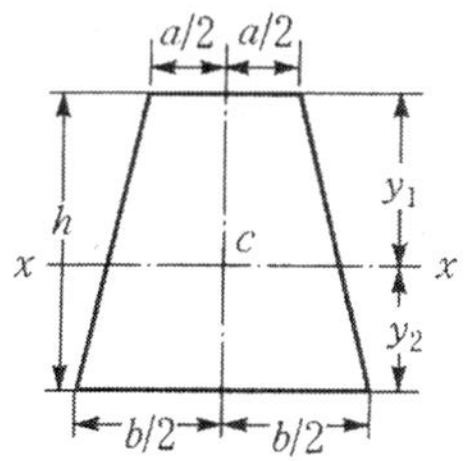  | $\frac{1}{2}(a+b)h$ | $y_1 = \frac{a+2b}{a+b} \cdot \frac{h}{3}$<br>$y_2 = \frac{2a+b}{a+b} \cdot \frac{h}{3}$ | $\frac{a^2+4ab+h^2}{36(a+b)}h^3$ | $\sqrt{2(a^2+4ab+b^2)}$<br>$\frac{h}{6(a+b)}$ | $Z_{x1} = \frac{I_x}{y_1} = \frac{a^2+4ab+b^2}{12(a+2b)}h^2$<br>$Z_{x2} = \frac{I_x}{y_2} = \frac{a^2+4ab+b^2}{12(2a+b)}h^2$ |
| 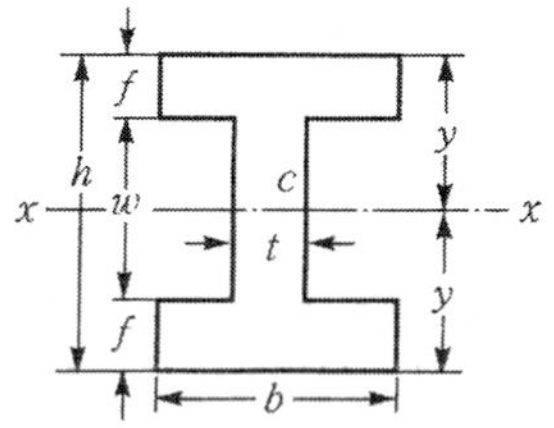  | $bh - w(b-t)$ | $y = \frac{h}{2}$ | $\frac{bh^3 - w^3(b-t)}{12}$ | $\sqrt{\frac{bh^3 - w^3(b-t)}{12(bh - w(b-t)}}$ | $\frac{bh^3 - w^3(b-t)}{6h}$ |

| 단　면 | 단 면 적<br>$A$ [cm²] | 중심의 위치<br>$y$ 또는 $y_1 \cdot y_2$ [cm] | 단면2차모멘트<br>$I_x$ [cm⁴] | 회 전 반 경<br>$\gamma_x = \sqrt{\frac{I_x}{A}}$ [cm] | 단 면 계 수<br>$Z_x = \frac{I_x}{y}$ [cm³] |
|---|---|---|---|---|---|
| 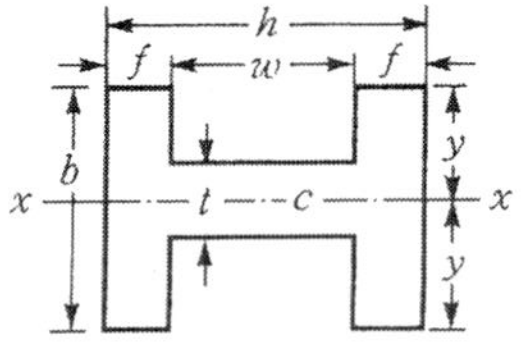 | $bh-w(b-t)$ | $y=\frac{b}{2}$ | $\frac{2fb^3+wt^3}{12}$ | $\sqrt{\frac{2fb^3+wt^3}{12\{bh-w(d-t)\}}}$ | $\frac{2fb^3+wt^3}{6b}$ |
| 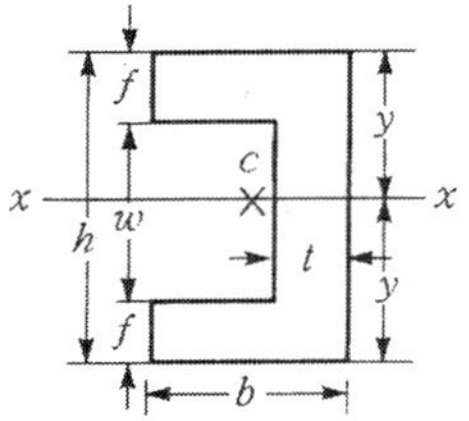 | $bh-w(b-t)$ | $y=\frac{h}{2}$ | $\frac{bh^3-w^3(b-t)}{12}$ | $\sqrt{\frac{bh^3-w^3(b-t)}{12(bh-w(b-t)}}$ | $\frac{bh^3-w^3(b-t)}{6h}$ |
| 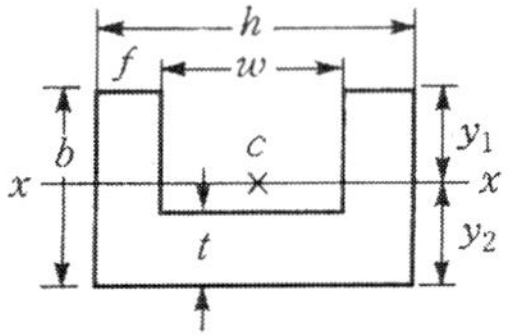 | $bh-w(b-t)$ | $y_1=\frac{b^2h-w(b-t)^2}{2\{bh-w(b-t)\}}$<br>$y_2=b-y_1$ | $\frac{2fb^3+wt^3}{12}-Ay_2^2$ | $\sqrt{\frac{I_x}{A}}$ | $Z_{x1}=\frac{I_x}{y_1}$<br>$Z_{x2}=\frac{I_x}{y_2}$ |

| 단 면 | 단 면 적<br>$A$ [cm²] | 중심의 위치<br>$y$ 또는 $y_1 \cdot y_2$ [cm] | 단면2차모멘트<br>$I_x$ [cm⁴] | 회 전 반 경<br>$\gamma_x = \sqrt{\frac{I_x}{A}}$ [cm] | 단 면 계 수<br>$Z_x = \frac{I_x}{y}$ [cm³] |
|---|---|---|---|---|---|
| 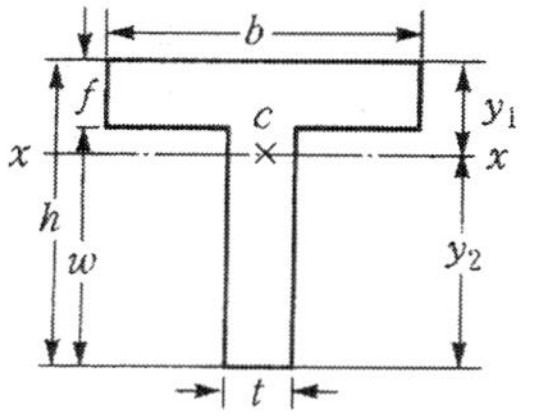 | $bf + wt$ | $y_1 = \frac{th^2 + f^2(b-t)}{2(bf+wt)}$<br>$y_2 = h - y_1$ | $ty_2^3 + by_1^3 - (b-t)(y_1 - f)^3/3$ | $\sqrt{\frac{I_x}{A}}$ | $Z_{x1} = \frac{I_x}{y_1}$<br>$Z_{x2} = \frac{I_x}{y_2}$ |
| 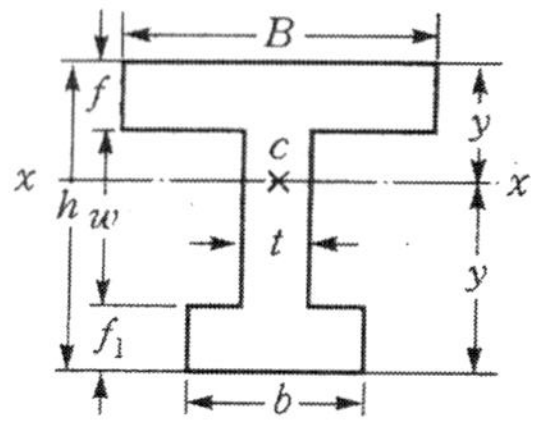 | $bf + wt + bf_1$ | $y_1 = \frac{1}{2A}\left\{\begin{matrix} th^2 + (b-t)f_1^2 \\ +(b-t)(2h-f)f \end{matrix}\right\}$<br>$y_2 = h - y_1$ | $\frac{1}{3}\left\{\begin{matrix} by_1^3 + by_2^3 \\ -(B-t)(y_1-f)^3 \\ -(b-t)(y_2-f_1)^3 \end{matrix}\right\}$ | $\sqrt{\frac{I_x}{A}}$ | $Z_{x1} = \frac{I_x}{y_1}$<br>$Z_{x2} = \frac{I_x}{y_2}$ |
| 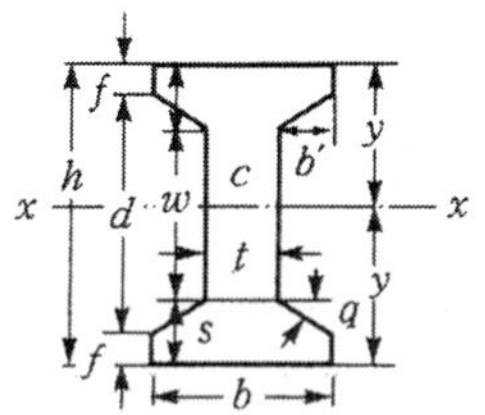 | $th + 2b'(f+s)$ | $y = \frac{h}{2}$ | $\frac{1}{12}\left\{bh^2 - \frac{1}{4i}(d^4 - w^4)\right\}$<br>$i = \tan\theta = \frac{s-f}{b'} = \frac{d-w}{b-t}$ | $\sqrt{\frac{I_x}{A}}$ | $\frac{I_x}{y}$ |

| 단 면 | 단 면 적<br>$A$ [cm²] | 중심의 위치<br>$y$ 또는 $y_1 \cdot y_2$ [cm] | 단면2차모멘트<br>$I_x$ [cm⁴] | 회 전 반 경<br>$\gamma_x = \sqrt{\frac{I_x}{A}}$ [cm] | 단 면 계 수<br>$Z_x = \frac{I_x}{y}$ [cm³] |
|---|---|---|---|---|---|
| 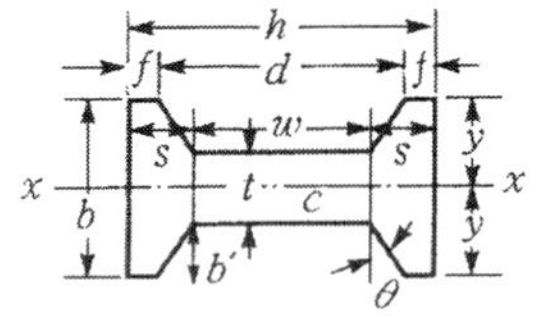  | $th+2b'(f+s)$ | $y=\frac{b}{2}$ | $\frac{1}{12}\left\{\begin{matrix} b^2(h-d)+wt^3 \\ +\frac{i}{4}(b^4-t^4) \end{matrix}\right\}$<br>$i=\tan\theta=\frac{s-f}{b'}=\frac{d-w}{b-t}$ | $\sqrt{\frac{I_x}{A}}$ | $\frac{I_x}{y}$ |
| 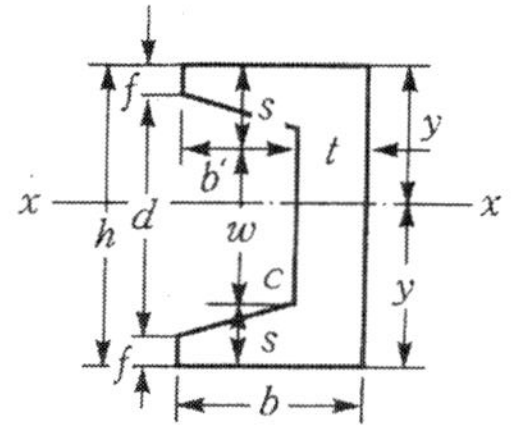  | $th+b'(f+s)$ | $y=\frac{h}{2}$ | $\frac{1}{12}\left\{bn^3-\frac{1}{8i}(d^4-w^4)\right\}$<br>$i=\tan\theta=\frac{s-f}{b'}=\frac{d-w}{2(b-t)}$ | $\sqrt{\frac{I_x}{A}}$ | $\frac{I_x}{y}$ |
| 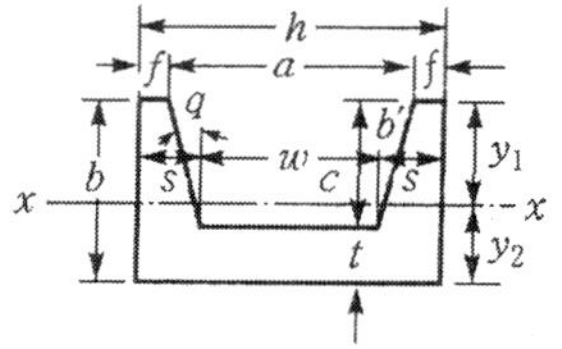  | $th+b'(f+s)$ | $y_2=\frac{1}{A}\left\{\begin{matrix} fb^2+\frac{dt^2}{2} \\ +\frac{1}{3}(b-t)^2(b+2t) \end{matrix}\right\}$<br>$y_1=b-y_2$ | $\frac{1}{3}\left\{\begin{matrix} 2fb^3+wt^3+ \\ \frac{i}{2}(b^4-t^4) \end{matrix}\right\}-Ay_2^2$<br>$i=\tan\theta=\frac{s-f}{b'}=\frac{d-w}{2(b-t)}$ | $\sqrt{\frac{I_x}{A}}$ | $Z_{x1}=\frac{I_x}{y_1}$<br>$Z_{x2}=\frac{I_x}{y_2}$ |

## 부표제 15. L형강 단면적 및 중량

| 주재종별 | 단면적 | 중 량 | l | 300 | 350 | 400 | 450 | 500 | 550 | 600 | 650 | 700 | 750 |
|---|---|---|---|---|---|---|---|---|---|---|---|---|---|
| [mm] | [cm²] | [kgf/m] | | | | | | | | | | | |
| 65×65×6 | 30.1 | 23.6 | I | 5355.7 | 7529.5 | 10079.6 | 13006.1 | 16309.0 | 19988.2 | 24043.7 | 28475.6 | 33283.9 | 38468.5 |
| | | | Z | 357.0 | 430.3 | 504.0 | 578.0 | 652.4 | 726.8 | 801.5 | 876.2 | 951.0 | 1025.8 |
| | | | R | 13.3 | 15.8 | 18.3 | 20.0 | 23.3 | 25.8 | 28.3 | 30.8 | 33.2 | 35.7 |
| 65×65×8 | 39.0 | 30.6 | I | 6868.0 | 9673.3 | 12966.7 | 16748.1 | 21017.6 | 25775.1 | 31020.6 | 36754.2 | 42975.9 | 49685.6 |
| | | | Z | 457.9 | 552.8 | 648.3 | 744.4 | 840.7 | 937.3 | 1034.0 | 1130.9 | 1227.9 | 1324.9 |
| | | | R | 13.3 | 15.7 | 18.2 | 20.7 | 23.2 | 25.7 | 28.2 | 30.7 | 33.2 | 35.7 |
| 75×75×6 | 34.9 | 27.4 | I | 6029.5 | 8506.2 | 11419.3 | 14768.7 | 18554.5 | 22776.6 | 27435.1 | 32529.9 | 38061.1 | 44028.6 |
| | | | Z | 402.0 | 486.1 | 571.0 | 656.4 | 742.2 | 828.2 | 914.5 | 1000.9 | 1087.5 | 1174.1 |
| | | | R | 13.1 | 15.6 | 18.1 | 20.6 | 23.1 | 25.5 | 28.0 | 30.5 | 33.0 | 35.5 |
| 75×75×9 | 50.8 | 39.8 | I | 8613.1 | 12186.7 | 16394.7 | 21237.2 | 26714.2 | 32825.7 | 39571.7 | 46952.2 | 54967.2 | 63616.7 |
| | | | Z | 574.2 | 696.4 | 819.7 | 943.9 | 1068.6 | 1193.7 | 1319.1 | 1444.7 | 1570.5 | 1696.4 |
| | | | R | 13.0 | 15.5 | 18.0 | 20.5 | 22.9 | 25.4 | 27.9 | 30.4 | 32.9 | 35.4 |
| 75×75×12 | 66.2 | 52.0 | I | 11028.3 | 15651.8 | 21103.4 | 27382.9 | 34490.5 | 42426.0 | 51189.6 | 60781.1 | 71200.7 | 82448.2 |
| | | | Z | 735.2 | 894.4 | 1055.2 | 1217.0 | 1379.6 | 1542.8 | 1706.3 | 1870.2 | 2034.3 | 2198.6 |
| | | | R | 12.9 | 15.4 | 17.8 | 20.3 | 22.8 | 25.3 | 27.8 | 30.3 | 32.8 | 35.3 |
| 90×90×7 | 48.9 | 38.4 | I | 8058.5 | 11428.7 | 15410.0 | 20002.3 | 25205.6 | 31019.8 | 37445.1 | 44481.4 | 52128.7 | 60386.9 |
| | | | Z | 537.2 | 653.1 | 770.5 | 889.0 | 1008.2 | 1128.0 | 1248.2 | 1368.7 | 1489.4 | 1610.3 |
| | | | R | 12.8 | 15.3 | 17.8 | 20.2 | 22.7 | 25.2 | 27.7 | 30.2 | 32.7 | 35.1 |
| 90×90×10 | 68.0 | 53.2 | I | 10989.4 | 15637.2 | 21135.0 | 27482.2 | 34680.6 | 42728.4 | 51626.2 | 61374.0 | 71971.8 | 83419.6 |
| | | | Z | 732.6 | 893.6 | 1056.8 | 1221.5 | 1387.2 | 1553.8 | 1720.9 | 1888.4 | 2056.3 | 2224.5 |
| | | | R | 12.7 | 15.2 | 17.6 | 20.1 | 22.6 | 25.1 | 27.6 | 30.3 | 32.5 | 35.0 |
| 90×90×13 | 86.8 | 68.0 | I | 13783.4 | 19671.1 | 26644.4 | 34703.2 | 43847.4 | 54077.2 | 65392.4 | 77793.2 | 91279.4 | 105851.2 |
| | | | Z | 918.9 | 1124.1 | 1332.2 | 1514.4 | 1753.9 | 1966.4 | 2179.7 | 2393.6 | 2608.0 | 2822.7 |
| | | | R | 12.6 | 15.1 | 17.5 | 20.1 | 22.5 | 25.0 | 27.4 | 29.9 | 32.4 | 34.9 |
| 100×100×7 | 54.5 | 42.8 | I | 8744.6 | 12433.2 | 16802.5 | 21852.8 | 27584.1 | 33996.4 | 41089.7 | 48864.0 | 57319.3 | 66455.5 |
| | | | Z | 583.0 | 710.5 | 840.1 | 971.2 | 1103.4 | 1236.2 | 1369.7 | 1503.5 | 1637.7 | 1772.1 |
| | | | R | 12.7 | 15.1 | 17.6 | 20.0 | 22.5 | 25.0 | 27.5 | 29.9 | 32.4 | 34.9 |
| 100×100×10 | 76.0 | 59.6 | I | 11956.3 | 17055.9 | 23105.5 | 30105.1 | 38054.7 | 46954.3 | 56803.9 | 67603.5 | 79353.1 | 92052.7 |
| | | | Z | 797.1 | 974.6 | 1155.3 | 1338.0 | 1522.2 | 1707.4 | 1893.5 | 2080.1 | 2267.2 | 2454.7 |
| | | | R | 12.5 | 15.0 | 17.4 | 19.9 | 22.4 | 24.9 | 27.3 | 29.8 | 32.3 | 34.8 |
| 100×100×13 | 97.2 | 76.4 | I | 15022.9 | 21494.3 | 29181.1 | 38083.4 | 48201.2 | 59534.5 | 72083.4 | 85847.7 | 100827.5 | 117022.8 |
| | | | Z | 1001.5 | 1228.2 | 1459.1 | 1692.6 | 1928.0 | 2164.9 | 2402.8 | 2641.5 | 2880.8 | 3120.6 |
| | | | R | 12.4 | 14.9 | 17.3 | 19.8 | 22.3 | 24.7 | 27.2 | 29.7 | 32.2 | 34.7 |
| 130×130×9 | 91.0 | 71.6 | I | 13430.8 | 19215.8 | 26137.9 | 34196.9 | 43393.0 | 53726.1 | 65196.1 | 77803.2 | 91547.2 | 106428.3 |
| | | | Z | 895.4 | 1098.0 | 1306.9 | 1519.9 | 1735.7 | 1953.7 | 2173.2 | 2393.9 | 2615.6 | 2938.1 |
| | | | R | 12.2 | 14.5 | 17.0 | 19.4 | 21.8 | 24.3 | 26.8 | 29.2 | 31.7 | 34.2 |
| 130×130×12 | 119.0 | 93.6 | I | 17230.1 | 24735.5 | 33729.0 | 44210.5 | 56180.0 | 69637.4 | 84582.9 | 101016.4 | 118937.8 | 138347.3 |
| | | | Z | 1148.7 | 1413.5 | 1686.5 | 1964.9 | 2247.2 | 2532.3 | 2819.4 | 3108.2 | 3398.2 | 3689.3 |
| | | | R | 12.0 | 14.4 | 16.8 | 19.3 | 21.7 | 24.2 | 26.7 | 29.1 | 31.6 | 34.1 |
| 130×130×15 | 147.0 | 115.2 | I | 20843.6 | 30023.8 | 41041.4 | 53896.6 | 68589.2 | 85119.4 | 103487.0 | 123692.2 | 145734.8 | 169615.0 |
| | | | Z | 1389.6 | 1715.6 | 2052.1 | 2395.4 | 2743.6 | 3095.3 | 3449.6 | 3805.9 | 4163.9 | 4523.1 |
| | | | R | 11.9 | 14.3 | 16.7 | 19.1 | 21.6 | 24.1 | 26.5 | 29.0 | 31.5 | 34.0 |
| 150×150×12 | 139.1 | 109.2 | I | 19363.0 | 27784.3 | 37944.1 | 49842.4 | 63479.2 | 78854.5 | 95968.3 | 114820.6 | 135411.4 | 157740.7 |
| | | | Z | 1290.9 | 1587.7 | 1897.2 | 2215.2 | 2539.2 | 2867.4 | 3198.9 | 3532.9 | 3868.9 | 4206.4 |
| | | | R | 11.8 | 14.1 | 16.5 | 18.9 | 21.4 | 23.8 | 26.3 | 28.7 | 31.2 | 33.7 |
| 150×150×15 | 171.0 | 134.4 | I | 23345.3 | 33611.5 | 46014.6 | 60554.8 | 77231.9 | 96046.1 | 116997.2 | 140085.4 | 165310.5 | 192672.7 |
| | | | Z | 1556.4 | 1920.7 | 2300.7 | 2691.3 | 3089.3 | 3492.6 | 3899.9 | 4310.3 | 4723.2 | 5137.9 |
| | | | R | 11.7 | 14.0 | 16.4 | 18.8 | 21.3 | 23.7 | 26.2 | 28.6 | 31.1 | 33.6 |
| 150×150×19 | 213.5 | 167.6 | I | 28351.1 | 41002.2 | 56322.2 | 74311.3 | 94969.3 | 118296.4 | 144292.5 | 172957.5 | 204291.6 | 238294.6 |
| | | | Z | 1890.1 | 2343.0 | 2816.1 | 3302.7 | 3798.8 | 4301.7 | 4809.7 | 5321.8 | 5836.9 | 6354.5 |
| | | | R | 11.5 | 13.9 | 16.2 | 18.7 | 21.1 | 23.5 | 26.0 | 28.5 | 30.9 | 33.4 |

| 주재종별 [mm] | 단면적 [cm²] | 중량 [kgf/m] | $l$ | 800 | 850 | 900 | 950 | 1000 | 1100 | 1200 | 1300 | 1400 | 1500 |
|---|---|---|---|---|---|---|---|---|---|---|---|---|---|
| 65×65×6 | 30.1 | 23.6 | I | 44029.4 | 49966.7 | 56280.3 | 62970.3 | 70036.7 | 85298.4 | 102065.6 | 120338.1 | 140116.1 | 161399.4 |
| | | | Z | 1100.7 | 1175.7 | 1250.7 | 1325.7 | 1400.7 | 1550.9 | 1701.1 | 1851.4 | 2001.7 | 2152.0 |
| | | | R | 38.2 | 40.7 | 43.2 | 45.7 | 48.2 | 53.2 | 58.2 | 63.2 | 68.2 | 73.2 |
| 65×65×8 | 39.0 | 30.6 | I | 56883.4 | 64569.2 | 72743.1 | 81405.0 | 90554.9 | 110319.0 | 132035.3 | 155703.7 | 181324.4 | 208897.3 |
| | | | Z | 1422.1 | 1519.3 | 1616.5 | 1713.8 | 1811.1 | 2005.8 | 2200.6 | 2395.4 | 2590.3 | 2785.3 |
| | | | R | 38.2 | 40.7 | 43.2 | 45.7 | 48.2 | 53.2 | 58.2 | 63.1 | 68.1 | 73.1 |
| 75×75×6 | 34.9 | 27.4 | I | 50432.2 | 57272.7 | 64549.3 | 72262.2 | 80411.5 | 98019.1 | 117372.1 | 138470.5 | 161314.3 | 185903.5 |
| | | | Z | 1260.8 | 1347.6 | 1434.4 | 1521.3 | 1608.2 | 1782.2 | 1956.2 | 2130.3 | 2304.5 | 2478.7 |
| | | | R | 38.0 | 40.5 | 43.0 | 45.5 | 48.0 | 53.0 | 58.0 | 63.0 | 68.0 | 73.0 |
| 75×75×9 | 50.8 | 39.8 | I | 72900.7 | 82819.2 | 93372.2 | 104559.7 | 116381.7 | 141929.2 | 170014.7 | 200638.2 | 233799.7 | 269499.2 |
| | | | Z | 1822.5 | 1948.7 | 2074.9 | 2201.3 | 2327.6 | 2580.5 | 2833.6 | 3086.7 | 3340.0 | 3593.3 |
| | | | R | 37.9 | 40.4 | 42.9 | 45.4 | 47.9 | 52.9 | 57.9 | 62.9 | 67.9 | 72.9 |
| 75×75×12 | 66.2 | 52.0 | I | 94523.8 | 107427.4 | 121158.9 | 135718.5 | 151106.0 | 184365.1 | 220936.2 | 260819.3 | 304014.4 | 350521.5 |
| | | | Z | 2363.1 | 2527.7 | 2692.4 | 2857.2 | 3022.1 | 3352.1 | 3682.3 | 4012.6 | 4343.1 | 4673.6 |
| | | | R | 37.8 | 40.3 | 42.8 | 45.3 | 47.8 | 52.8 | 57.8 | 62.7 | 67.7 | 72.7 |
| 90×90×7 | 48.9 | 38.4 | I | 69256.2 | 78736.5 | 88827.8 | 99530.0 | 110843.3 | 135302.9 | 162206.4 | 191554.0 | 223345.5 | 257581.1 |
| | | | Z | 1731.4 | 1852.6 | 1974.0 | 2095.4 | 2216.9 | 2460.1 | 2703.4 | 2947.0 | 3190.7 | 3434.4 |
| | | | R | 37.6 | 40.1 | 42.6 | 45.1 | 47.6 | 52.6 | 57.6 | 62.6 | 67.6 | 72.6 |
| 90×90×10 | 68.0 | 53.2 | I | 95717.4 | 108865.2 | 122863.0 | 137710.8 | 153408.6 | 187354.2 | 224699.8 | 265445.4 | 309591.0 | 357136.6 |
| | | | Z | 2392.9 | 2561.5 | 2730.3 | 2899.2 | 3068.2 | 3406.4 | 3745.0 | 4083.8 | 4422.7 | 4761.8 |
| | | | R | 37.5 | 40.0 | 42.5 | 45.0 | 47.5 | 52.5 | 57.5 | 62.5 | 67.5 | 72.5 |
| 90×90×13 | 86.8 | 68.0 | I | 121508.4 | 138251.2 | 156079.4 | 174993.2 | 194992.4 | 238247.4 | 285844.4 | 337783.4 | 394064.4 | 454687.4 |
| | | | Z | 3037.4 | 3253.0 | 3468.4 | 3684.1 | 3899.8 | 4331.8 | 4764.1 | 5196.7 | 5629.5 | 6062.5 |
| | | | R | 37.4 | 39.9 | 42.4 | 44.9 | 47.4 | 52.4 | 57.4 | 62.4 | 67.4 | 72.4 |
| 100×100×7 | 54.5 | 42.8 | I | 76272.8 | 86771.1 | 97950.4 | 109810.7 | 122352.0 | 149477.6 | 179327.2 | 211900.8 | 247198.4 | 285220.0 |
| | | | Z | 1906.8 | 2041.7 | 2176.7 | 2311.8 | 2447.0 | 2717.8 | 2988.8 | 3260.0 | 3531.4 | 3802.9 |
| | | | R | 37.4 | 39.9 | 42.4 | 44.9 | 47.4 | 52.4 | 57.4 | 62.4 | 67.4 | 72.4 |
| 100×100×10 | 76.0 | 59.6 | I | 105702.3 | 120301.9 | 135851.5 | 132351.1 | 169800.7 | 207549.9 | 249099.1 | 294448.3 | 343597.5 | 396546.7 |
| | | | Z | 2642.6 | 2830.6 | 3018.9 | 3207.4 | 3396.0 | 3773.6 | 4151.7 | 4530.0 | 4908.5 | 5287.3 |
| | | | R | 37.3 | 39.8 | 42.3 | 44.8 | 47.3 | 52.3 | 57.3 | 62.2 | 67.2 | 72.2 |
| 100×100×13 | 97.2 | 76.4 | I | 134433.7 | 153060.0 | 172901.8 | 193959.1 | 216231.9 | 264424.1 | 317478.2 | 375394.4 | 438172.5 | 505812.7 |
| | | | Z | 3360.8 | 3601.4 | 3842.3 | 4083.3 | 4324.6 | 4807.7 | 5291.3 | 5775.3 | 6259.6 | 6744.2 |
| | | | R | 37.2 | 39.7 | 42.2 | 44.7 | 47.2 | 52.1 | 57.1 | 62.1 | 67.1 | 72.1 |
| 130×130×9 | 91.0 | 71.6 | I | 122446.3 | 139601.4 | 157893.5 | 177322.5 | 197888.6 | 242431.7 | 291522.8 | 345161.9 | 403349.0 | 466084.1 |
| | | | Z | 3061.2 | 3284.7 | 3508.7 | 3733.1 | 3957.8 | 4407.8 | 4858.7 | 5310.2 | 5762.1 | 6214.5 |
| | | | R | 36.7 | 39.2 | 41.7 | 44.2 | 46.6 | 51.6 | 56.6 | 61.6 | 66.6 | 71.6 |
| 130×130×12 | 119.0 | 93.6 | I | 159244.8 | 181630.3 | 205503.7 | 230865.2 | 257714.7 | 315877.6 | 379992.6 | 450059.5 | 526078.4 | 608049.4 |
| | | | Z | 3981.1 | 4273.7 | 4566.7 | 4860.3 | 5154.3 | 5743.2 | 6333.2 | 6924.0 | 7515.4 | 8107.3 |
| | | | R | 36.6 | 39.1 | 41.5 | 44.0 | 46.5 | 51.5 | 56.5 | 61.5 | 66.5 | 71.5 |
| 130×130×15 | 147.0 | 115.2 | I | 195332.6 | 222887.8 | 252280.4 | 283510.6 | 316578.2 | 388226.0 | 467223.8 | 553571.6 | 647269.4 | 748317.2 |
| | | | Z | 4883.3 | 5244.4 | 5606.2 | 5968.6 | 6331.6 | 7058.7 | 7787.1 | 8516.5 | 9246.7 | 9977.6 |
| | | | R | 36.5 | 38.9 | 41.4 | 43.9 | 46.4 | 51.4 | 56.4 | 61.4 | 66.4 | 71.3 |
| 150×150×12 | 139.1 | 109.2 | I | 181808.5 | 207614.8 | 235159.6 | 264442.9 | 295464.7 | 362723.7 | 436936.8 | 518103.9 | 606225.0 | 701300.1 |
| | | | Z | 4545.2 | 4885.1 | 5225.8 | 5567.2 | 5909.3 | 6595.0 | 7278.3 | 7970.8 | 8660.4 | 9350.7 |
| | | | R | 36.2 | 38.6 | 41.1 | 43.6 | 46.1 | 51.1 | 56.1 | 61.0 | 66.0 | 71.0 |
| 150×150×15 | 171.0 | 134.4 | I | 222171.8 | 253808.0 | 287581.1 | 323491.3 | 361538.4 | 444043.7 | 535097.0 | 634698.3 | 742847.6 | 859544.9 |
| | | | Z | 5554.3 | 5972.0 | 6390.7 | 6810.3 | 7230.8 | 8073.5 | 8918.3 | 9764.6 | 10612.1 | 11460.6 |
| | | | R | 36.0 | 38.5 | 41.0 | 43.5 | 46.0 | 51.0 | 55.9 | 60.9 | 65.9 | 70.9 |
| 150×150×19 | 213.5 | 167.6 | I | 274966.7 | 314307.8 | 356317.8 | 400996.9 | 448344.9 | 551048.1 | 664427.2 | 788482.3 | 923213.4 | 1068620.5 |
| | | | Z | 6874.2 | 7395.5 | 7918.2 | 8442.0 | 8966.9 | 10019.1 | 11073.8 | 12130.5 | 13188.8 | 14248.3 |
| | | | R | 35.9 | 38.4 | 40.9 | 43.3 | 45.8 | 50.8 | 55.8 | 60.8 | 65.8 | 70.8 |

## 부표제 16. 전주 기초 적용기준표

| 경 간(M) | | 60 | | | | | | 50 | | | 40 | | | 30 | | |
|---|---|---|---|---|---|---|---|---|---|---|---|---|---|---|---|---|
| 곡 선 반 경(M) | | 직선 | | | 1600 | | | 800 | | | 500 | | | 300 | | |
| 지 질 계 수 | | 0.6 | 1.0 | 1.2 | 0.6 | 1.0 | 1.2 | 0.6 | 1.0 | 1.2 | 0.6 | 1.0 | 1.2 | 0.6 | 1.0 | 1.2 |
| 일반개소 | 헤비 심플커티너리 방식 | $B_0$ | $B_0$ | $B_0$ | $B_0$ | $B_0$ | $B_0$ | $B_2$ | $B_1$ | $B_0$ | $B_4$ | $B_2$ | $B_0$ | $B_5$ | $B_3$ | $B_1$ |
| | 심플커티너리 방식 | $B_0$ | $B_0$ | $B_0$ | $B_0$ | $B_0$ | $B_0$ | $B_2$ | $B_0$ | $B_0$ | $B_3$ | $B_0$ | $B_0$ | $B_4$ | $B_1$ | $B_0$ |
| 평행개소 | 헤비 심플커티너리 방식 | $B_0$ | $B_0$ | $B_0$ | $B_0$ | $B_0$ | $B_0$ | $B_2$ | $B_0$ | $B_0$ | $B_5$ | $B_1$ | $B_0$ | $B_5$ | $B_2$ | $B_1$ |
| | 심플커티너리 방식 | $B_0$ | $B_0$ | $B_0$ | $B_0$ | $B_0$ | $B_0$ | $B_1$ | $B_0$ | $B_0$ | $B_2$ | $B_0$ | $B_0$ | $B_4$ | $B_0$ | $B_0$ |
| 인류개소 | 헤비 심플커티너리 방식 | $B_0$ | $B_0$ | $B_0$ | $B_2$ | $B_1$ | $B_0$ | $B_4$ | $B_2$ | $B_0$ | $B_5$ | $B_2$ | $B_1$ | $B_5$ | $B_4$ | $B_2$ |
| | 심플커티너리 방식 | $B_0$ | $B_0$ | $B_0$ | $B_1$ | $B_0$ | $B_0$ | $B_3$ | $B_0$ | $B_0$ | $B_4$ | $B_1$ | $B_0$ | $B_5$ | $B_2$ | $B_0$ |

※ 평행개소 기초는 복주방식에 적용

# 부록 4 부속도

## 전기철도구조물(표준도) 목차

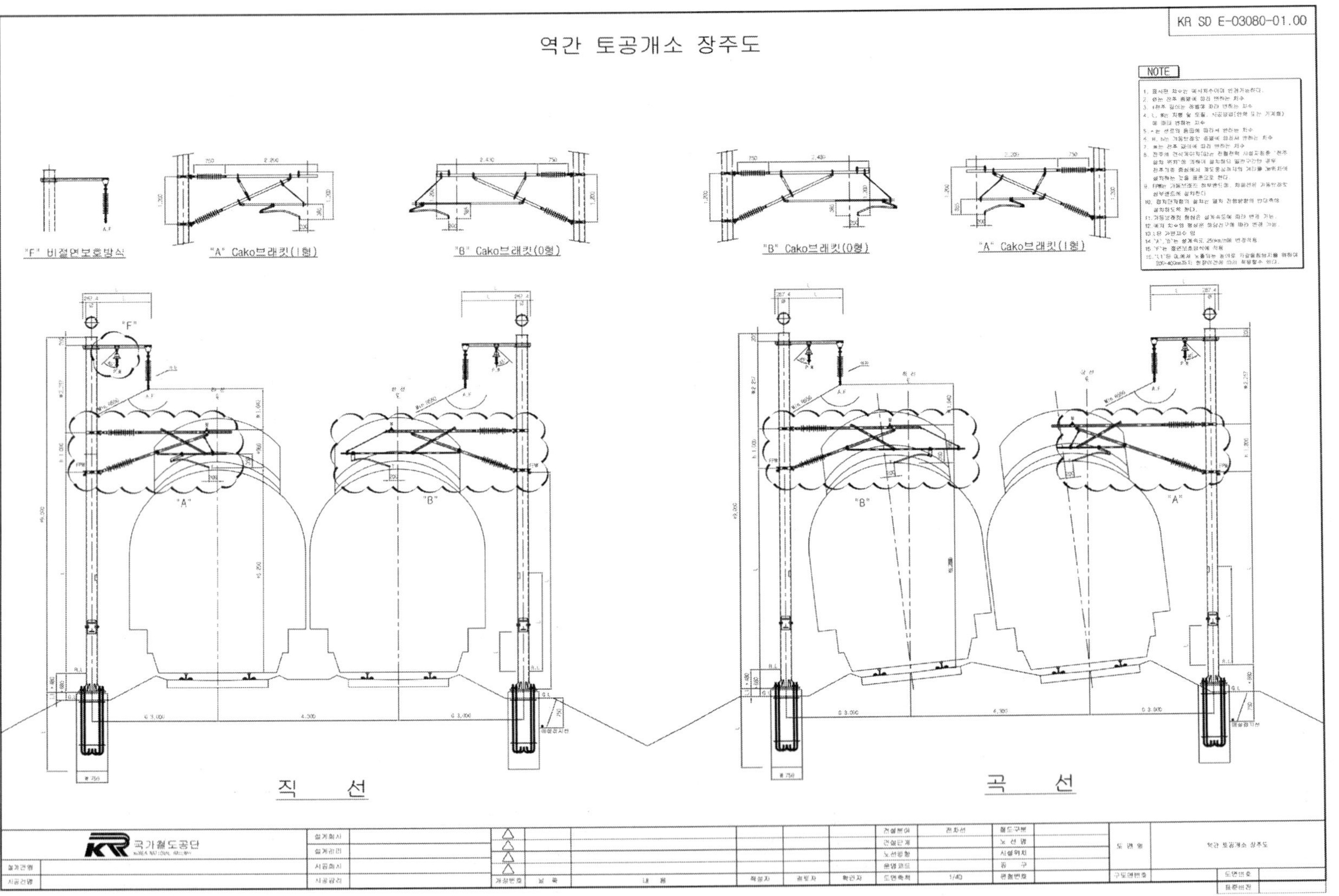

KR SD E-03080-01.00
역간 토공개소 장주도
NOTE
"F" 비절연보호방식
"A" Cako브래킷(I형)
"B" Cako브래킷(O형)
"B" Cako브래킷(O형)
"A" Cako브래킷(I형)
직 선
곡 선
국가철도공단

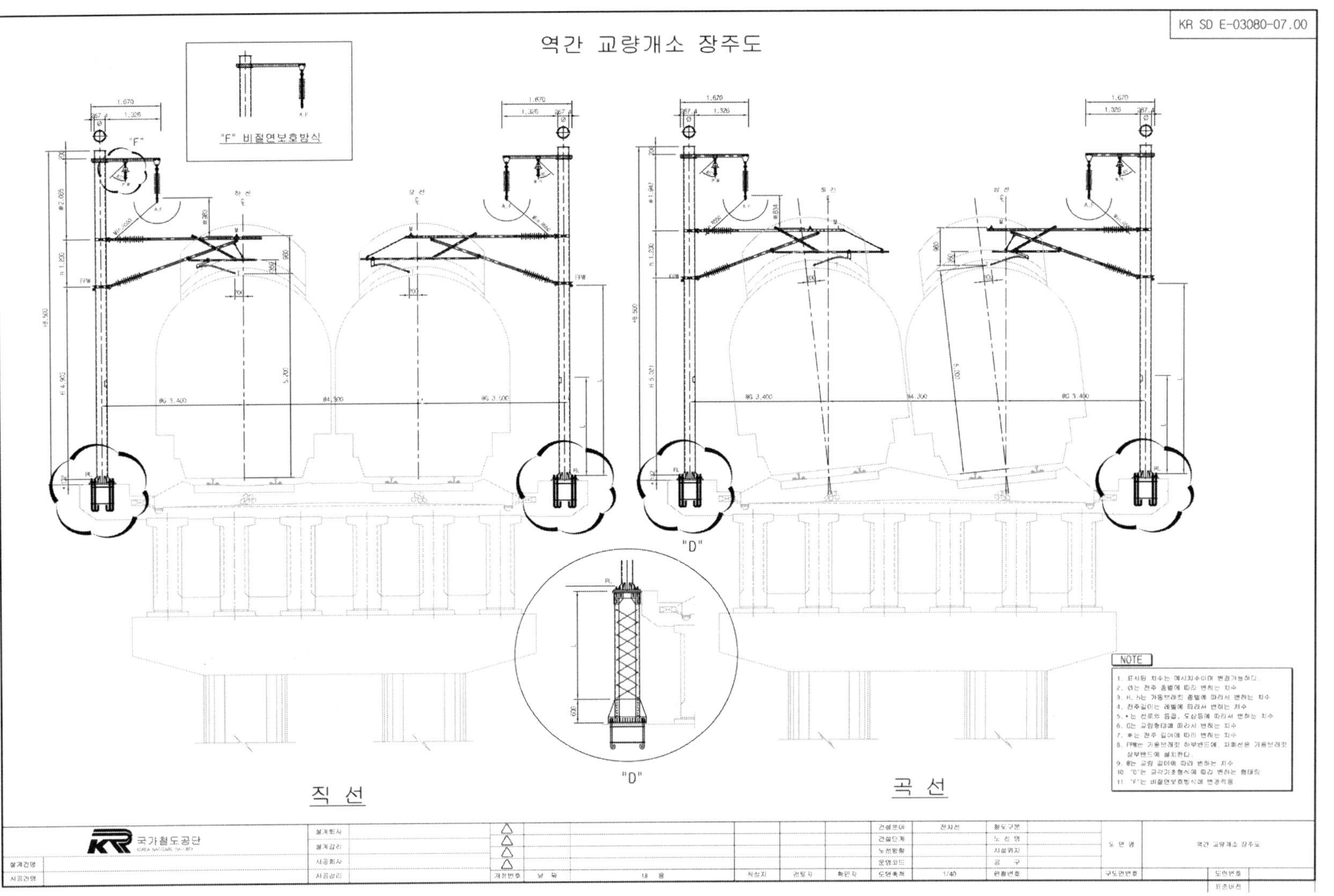
KR SD E-03080-07.00
역간 교량개소 장주도
"F" 비절연보호방식
"F"
"D"
직 선
곡 선
NOTE
국가철도공단

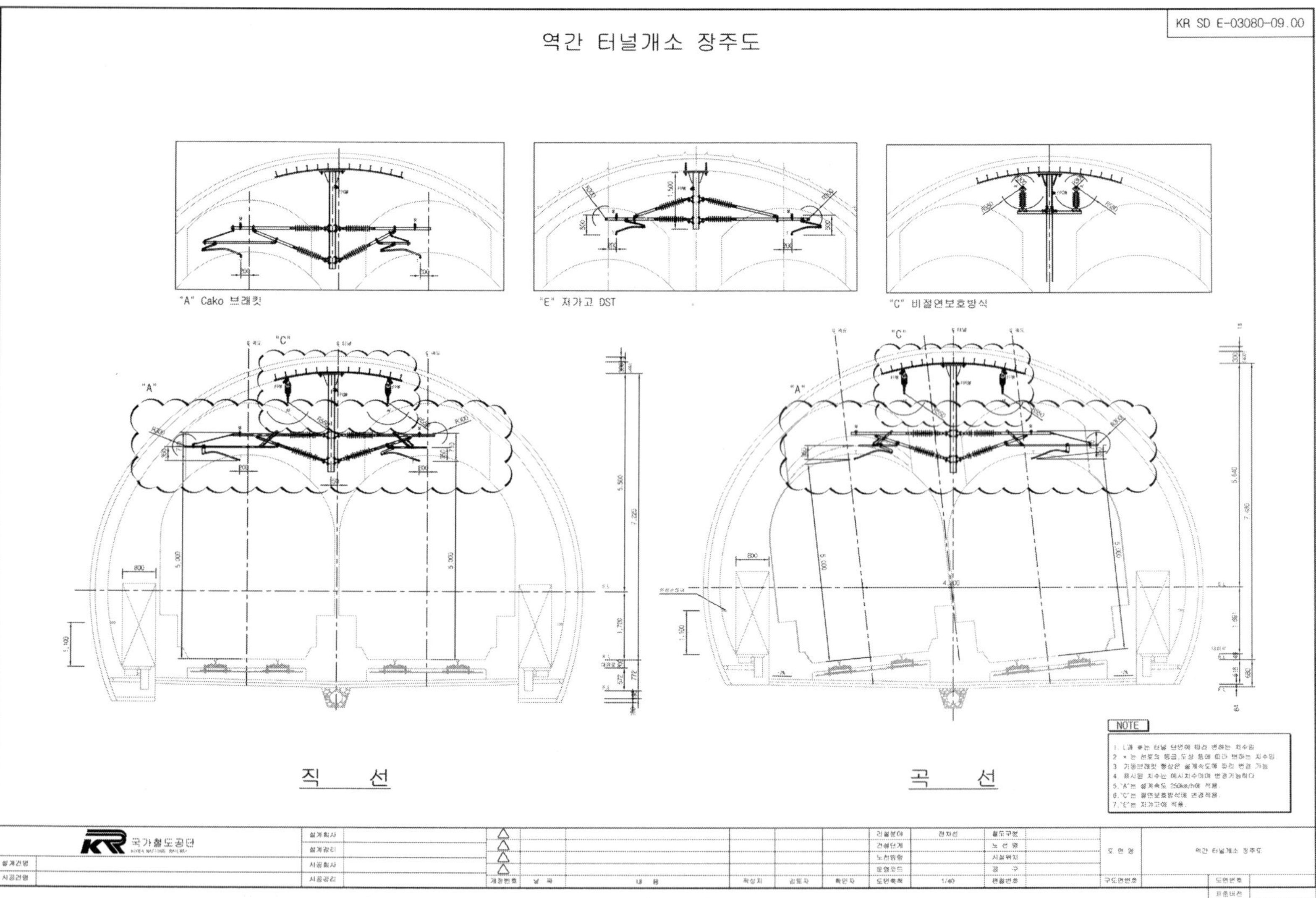

KR SD E-03080-09.00
역간 터널개소 장주도
"A" Cako 브래킷
"E" 저가고 DST
"C" 비절연보호방식
"A"
"C"
직 선
곡 선
NOTE
1. L과 *는 터널 단면에 따라 변하는 치수임
2. *는 선로의 등급,도상 등에 따라 변하는 치수임.
3. 기둥브래킷 형상은 설계속도에 따라 변경 가능
4. 표시된 치수는 예시치수이며 변경가능하다
5."A"는 설계속도 250km/h에 적용.
6."C"는 절연보호방식에 변경적용.
7."E"는 저가고에 적용.
국가철도공단
도 면 명
역간 터널개소 장주도
1/40

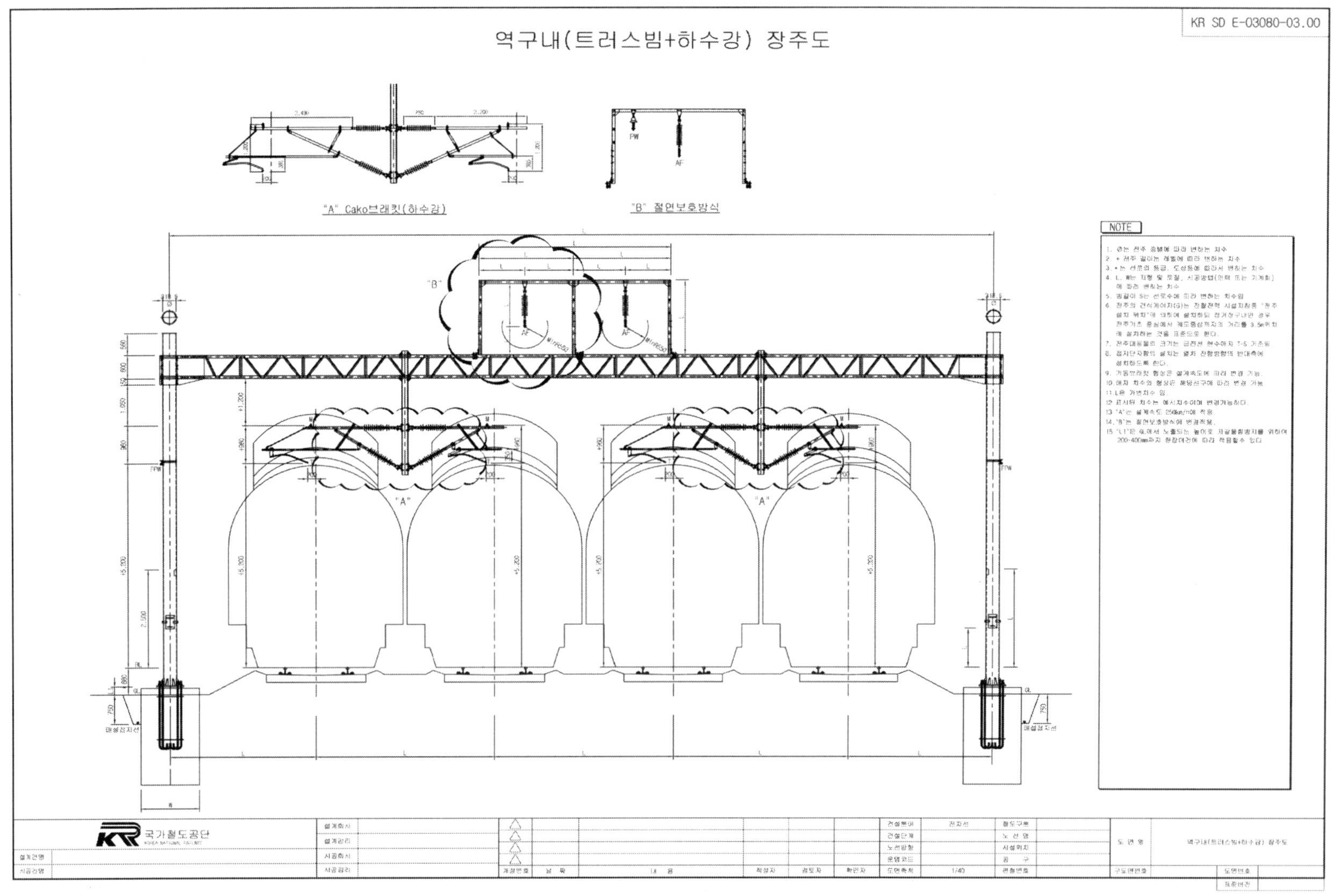
KR SD E-03080-03.00
역구내(트러스빔+하수강) 장주도
"A" Cako브래킷(하수강)
"B" 절연보호방식
"A"
"B"
PW
AF
+5,200
2,500
매설접지선
NOTE
1. Ø는 전주 종류에 따라 변하는 치수
2. * 전주 길이는 레벨에 따라 변하는 치수
3. *는 선로의 등급, 도상등에 따라서 변하는 치수
4. L, W는 지형 및 토질, 시공방법(인력 또는 기계화)에 따라 변하는 치수
5. 빔길이 S는 선로수에 따라 변하는 치수임
6. 전주의 건식게이지(G)는 전철전력 시설지침중 "전주 설치 위치"에 의하여 설치하되 정거장구내인 경우 전주기초 중심에서 궤도중심까지의 거리를 3.5m위치에 설치하는 것을 표준으로 한다.
7. 전주매동물의 크기는 급전선 현수애자 1-5 기준임.
8. 접지단자함의 설치는 열차 진행방향의 반대측에 설치하도록 한다.
9. 가동브래킷 형상은 설계속도에 따라 변경 가능.
10. 애자 치수와 형상은 해당선구에 따라 변경 가능.
11. L은 가변치수 임.
12. 표시된 치수는 예시치수이며 변경가능하다.
13. "A"는 설계속도 250km/h에 적용.
14. "B"는 절연보호방식에 변경적용.
15. "L1"은 GL에서 노출되는 높이로 자갈물림방지를 위하여 200~400mm까지 현장여건에 따라 적용할수 있다.
국가철도공단
1/40
역구내(트러스빔+하수강) 장주도

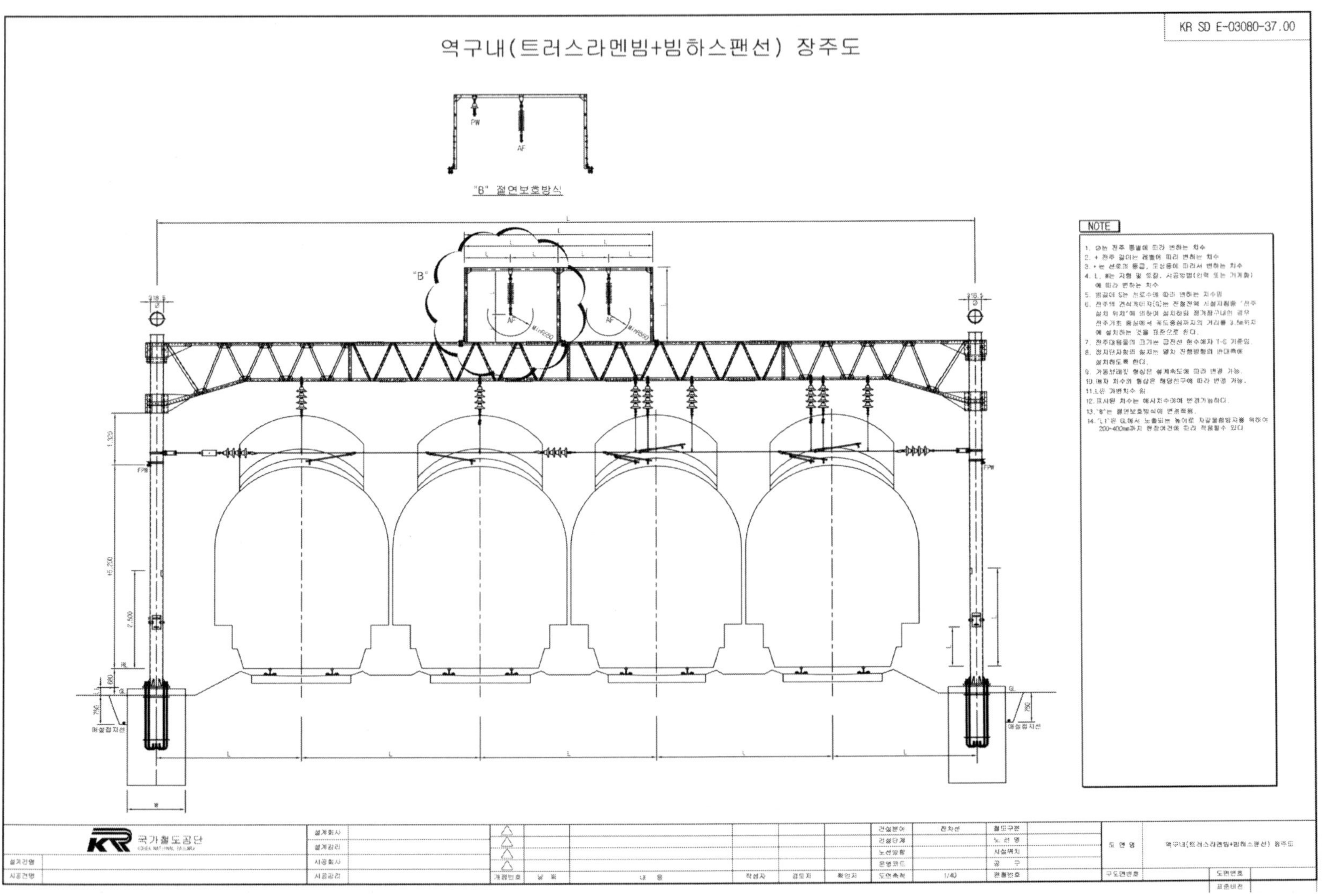
KR SD E-03080-37.00
역구내(트러스라멘빔+빔하스팬선) 장주도
"B" 절연보호방식
NOTE
국가철도공단

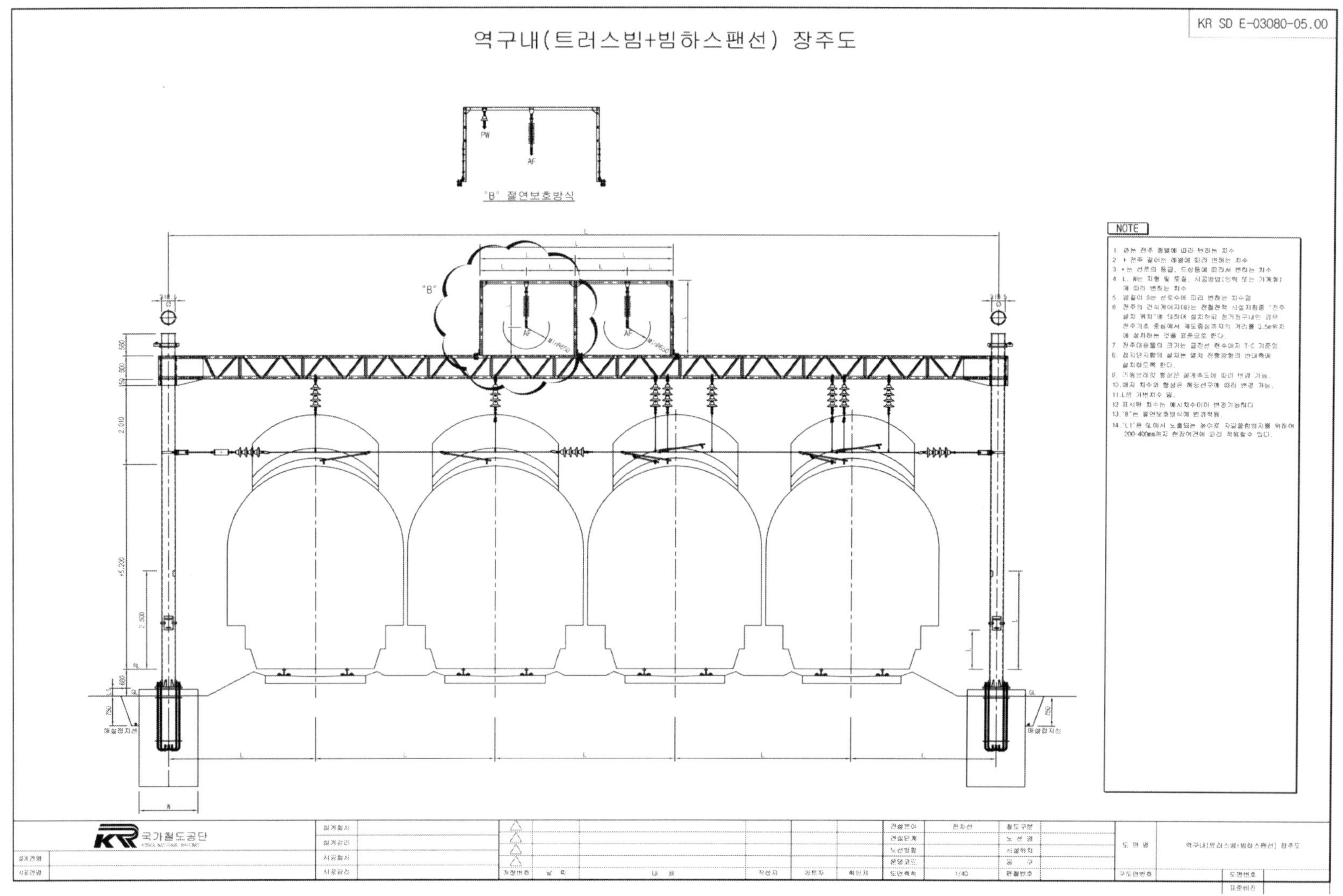
KR SD E-03080-05.00
역구내(트러스빔+빔하스팬선) 장주도
"B" 절연보호방식
PW
AF
"B"
NOTE
국가철도공단

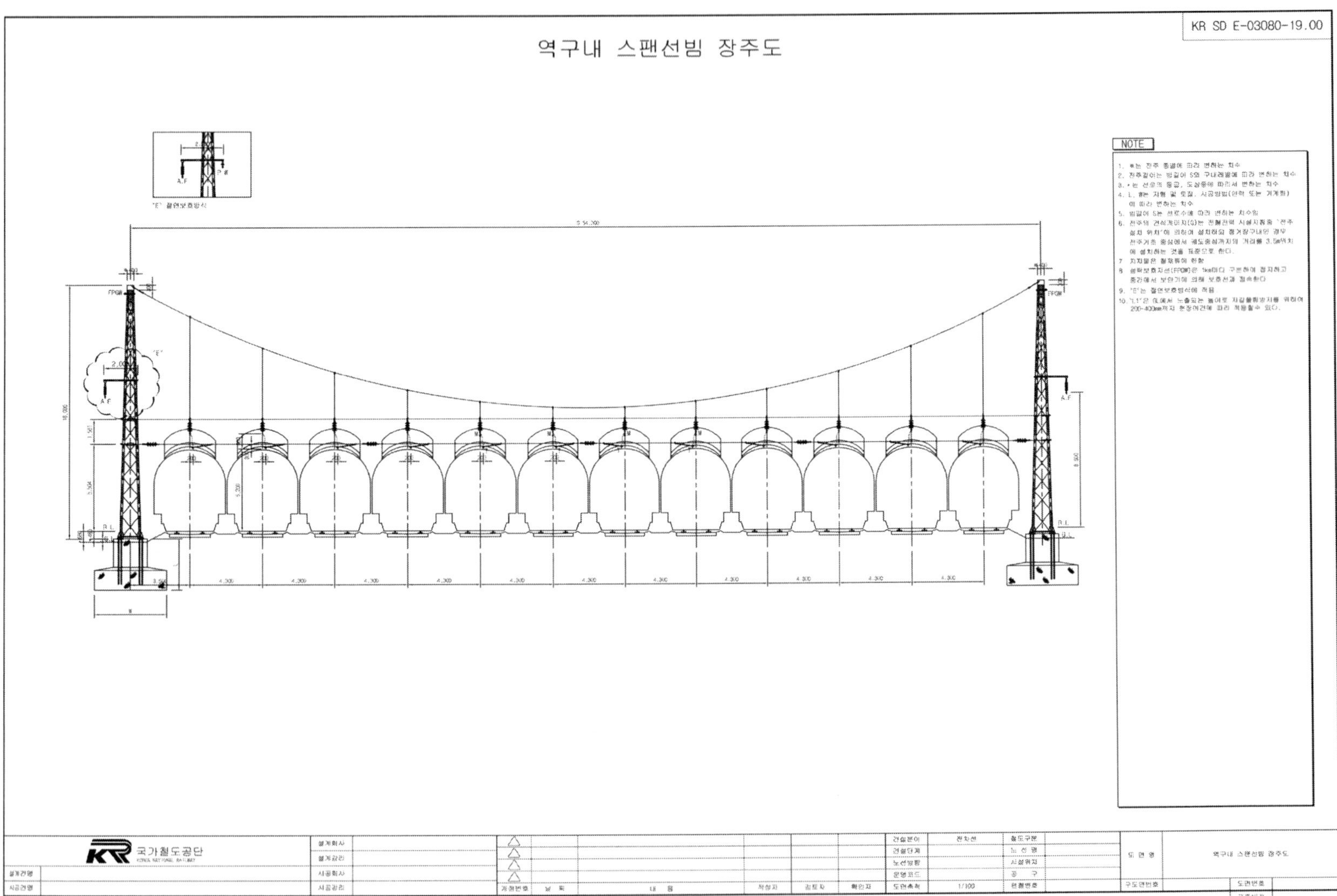
KR SD E-03080-19.00
역구내 스팬선빔 장주도
NOTE
국가철도공단

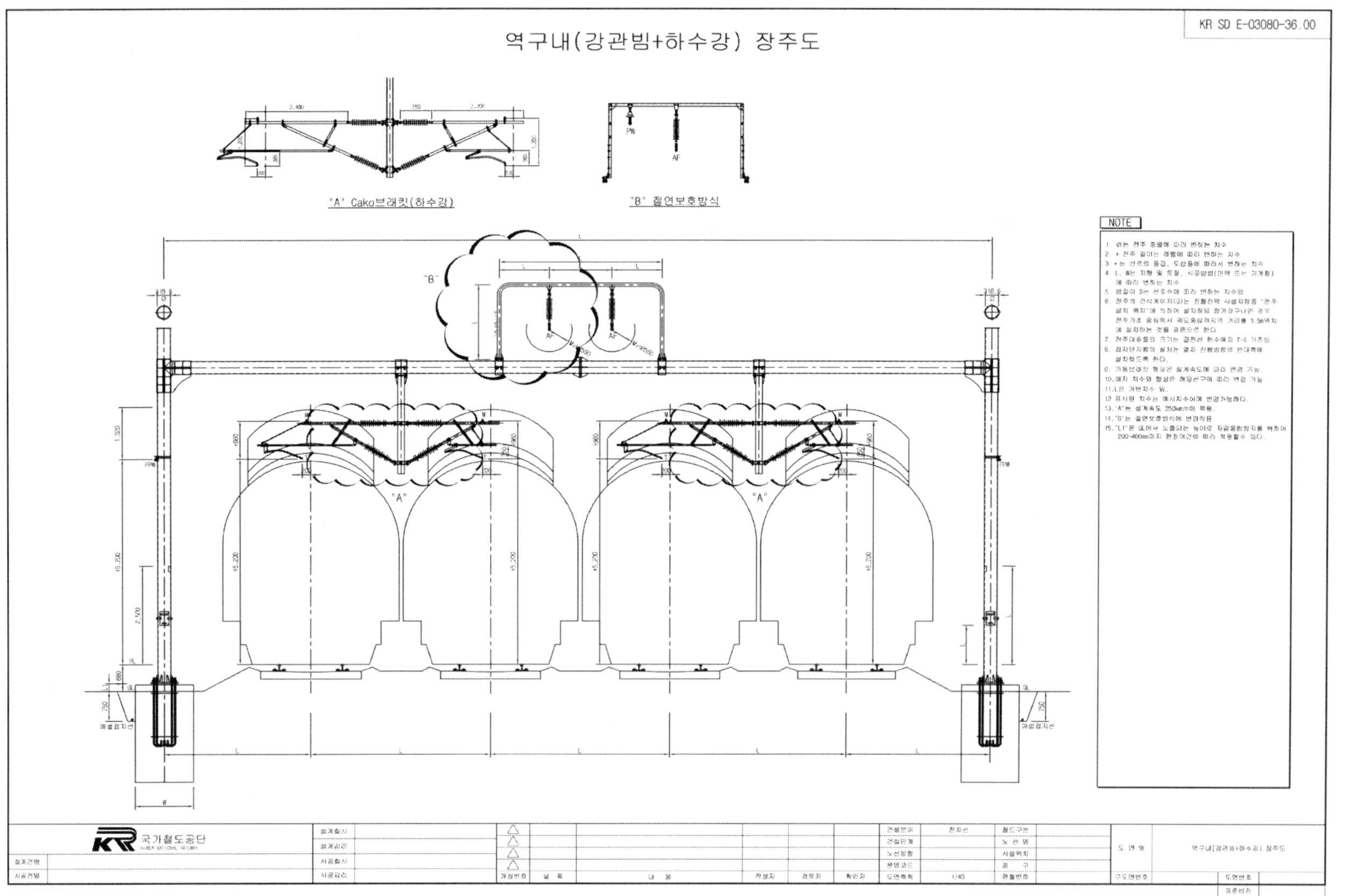
KR SD E-03080-36.00
역구내(강관빔+하수강) 장주도
"A" Cako브래킷(하수강)
"B" 절연보호방식
NOTE
"A"
"B"
국가철도공단

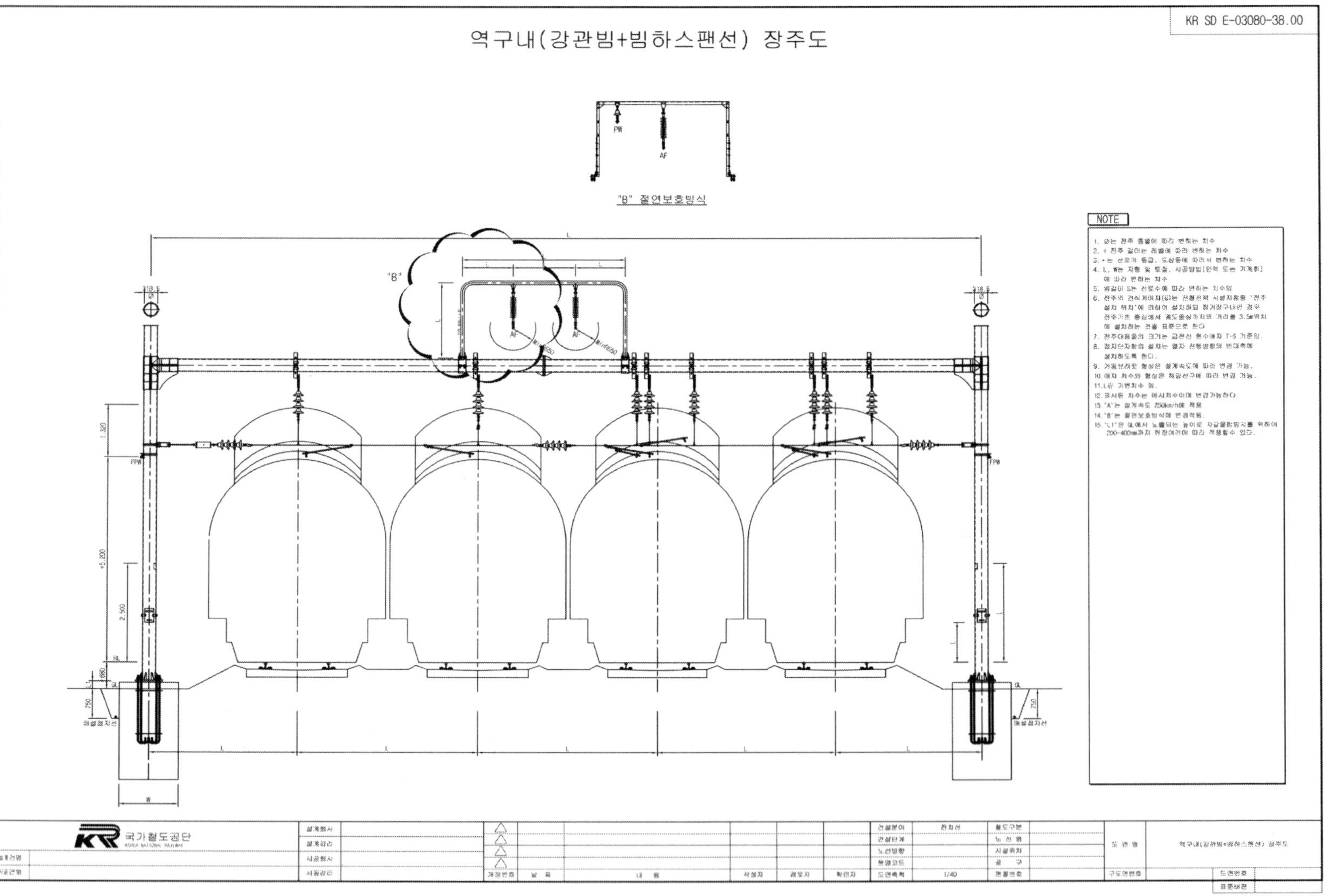
KR SD E-03080-38.00
역구내(강관빔+빔하스팬선) 장주도
PW
AF
"B" 절연보호방식
"B"
FPW
1,320
+5,200
2,500
680
750
매설접지선
GL
L
W
NOTE
1. ⓐ는 전주 종별에 따라 변하는 치수
2. + 전주 길이는 종별에 따라 변하는 치수
3. *는 선로의 등급, 도상등에 따라서 변하는 치수
4. L, W는 지형 및 토질, 시공방법(인력 또는 기계화)에 따라 변하는 치수
5. 빔길이 또는 선로수에 따라 변하는 치수임
6. 전주의 건식게이지(G)는 전철전력 시설지침등 "전주 설치 위치"에 의하여 설치하되 정거장구내인 경우 전주기초 중심에서 궤도중심까지의 거리를 3.5m위치에 설치하는 것을 표준으로 한다
7. 전주대용물의 크기는 급전선 횡수에지 T-S 기준임.
8. 접지단자함의 설치는 열차 진행방향의 반대측에 설치하도록 한다.
9. 가동브래킷 형상은 설계속도에 따라 변경 가능.
10. 애자 치수와 형상은 해당선구에 따라 변경 가능.
11. L은 가변치수 임.
12. 표시된 치수는 예시치수이며 변경가능하다.
13. 'A'는 설계속도 250km/h에 적용
14. 'B'는 절연보호방식에 변경적용.
15. "L1"은 GL에서 노출되는 높이로 자갈혼입방지를 위하여 200~400mm까지 현장여건에 따라 적용할수 있다.
국가철도공단
KOREA NATIONAL RAILWAY
설계회사
설계감리
시공회사
시공감리
개정번호
날짜
내용
작성자
검토자
확인자
건설분야
건설단계
노선명칭
용량코드
도면축척
전차선
1/40
철도구분
노선명
시설위치
공구
계통번호
도면명
역구내(강관빔+빔하스팬선) 장주도
구도면번호
도면번호
표준버전

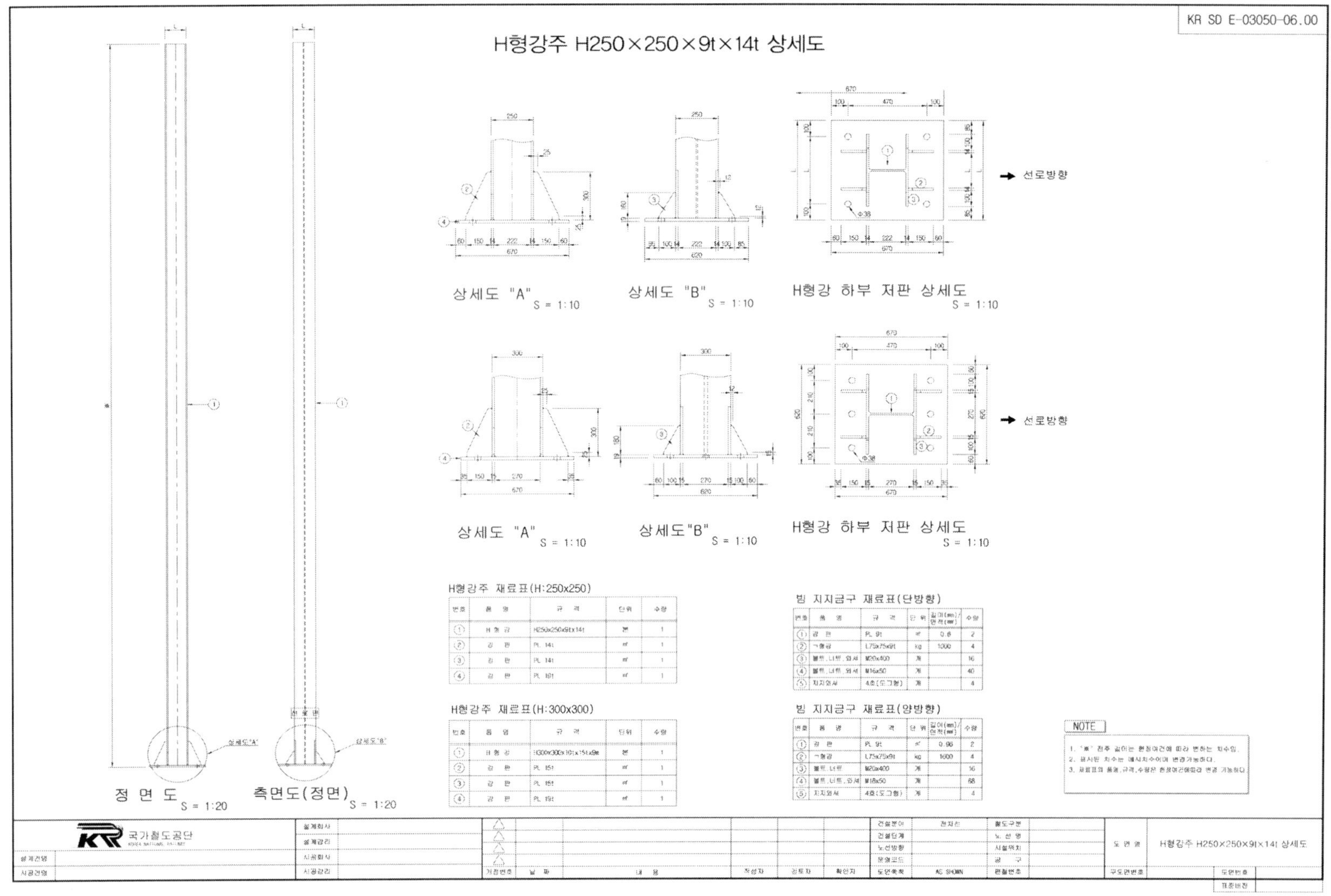


H형강주 재료표(H:250x250)

| 번호 | 품 명 | 규 격 | 단위 | 수량 |
|---|---|---|---|---|
| ① | H 형 강 | H250x250x9tx14t | 본 | 1 |
| ② | 강 판 | PL 14t | ㎡ | 1 |
| ③ | 강 판 | PL 14t | ㎡ | 1 |
| ④ | 강 판 | PL 19t | ㎡ | 1 |

H형강주 재료표(H:300x300)

| 번호 | 품 명 | 규 격 | 단위 | 수량 |
|---|---|---|---|---|
| ① | H 형 강 | H300x300x10tx15tx9m | 본 | 1 |
| ② | 강 판 | PL 15t | ㎡ | 1 |
| ③ | 강 판 | PL 15t | ㎡ | 1 |
| ④ | 강 판 | PL 19t | ㎡ | 1 |

빔 지지금구 재료표(단방향)

| 번호 | 품 명 | 규 격 | 단 위 | 길이(mm)/면적(㎡) | 수량 |
|---|---|---|---|---|---|
| ① | 강 판 | PL 9t | ㎡ | 0.6 | 2 |
| ② | ㄱ형강 | L75x75x9t | kg | 1000 | 4 |
| ③ | 볼트, 너트, 와셔 | M20x400 | 개 | | 16 |
| ④ | 볼트, 너트, 와셔 | M16x50 | 개 | | 40 |
| ⑤ | 지지와셔 | 4호(도그형) | 개 | | 4 |

빔 지지금구 재료표(양방향)

| 번호 | 품 명 | 규 격 | 단 위 | 길이(mm)/면적(㎡) | 수량 |
|---|---|---|---|---|---|
| ① | 강 판 | PL 9t | ㎡ | 0.96 | 2 |
| ② | ㄱ형강 | L75x75x9t | kg | 1600 | 4 |
| ③ | 볼트, 너트 | M20x400 | 개 | | 16 |
| ④ | 볼트, 너트, 와셔 | M16x50 | 개 | | 68 |
| ⑤ | 지지와셔 | 4호(도그형) | 개 | | 4 |

NOTE
1. "*" 전주 길이는 현장여건에 따라 변하는 치수임.
2. 표시된 치수는 예시치수이며 변경가능하다.
3. 재료표의 품명, 규격, 수량은 현장여건에 따라 변경 가능하다.

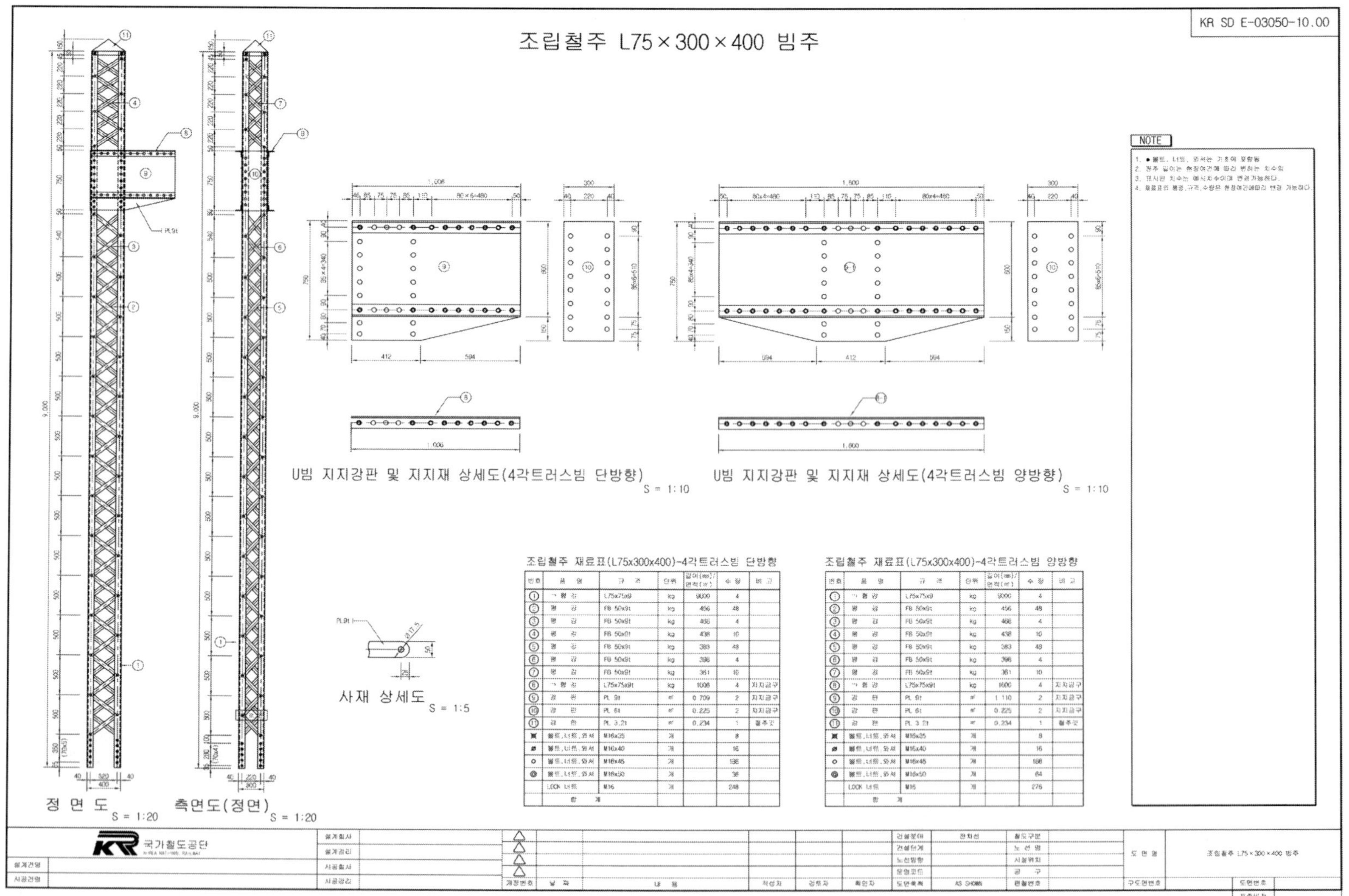


조립철주 재료표(L75x300x400)-4각트러스빔 단방향

| 번호 | 품명 | 규격 | 단위 | 길이(mm)/면적(㎡) | 수량 | 비고 |
|---|---|---|---|---|---|---|
| ① | ㄱ형강 | L75x75x9 | kg | 9000 | 4 | |
| ② | 평강 | FB 50x9t | kg | 456 | 48 | |
| ③ | 평강 | FB 50x9t | kg | 466 | 4 | |
| ④ | 평강 | FB 50x9t | kg | 438 | 10 | |
| ⑤ | 평강 | FB 50x9t | kg | 383 | 48 | |
| ⑥ | 평강 | FB 50x9t | kg | 398 | 4 | |
| ⑦ | 평강 | FB 50x9t | kg | 361 | 10 | |
| ⑧ | ㄱ형강 | L75x75x9t | kg | 1006 | 4 | 지지금구 |
| ⑨ | 강판 | PL 9t | ㎡ | 0.709 | 2 | 지지금구 |
| ⑩ | 강판 | PL 6t | ㎡ | 0.225 | 2 | 지지금구 |
| ⑪ | 강판 | PL 3.2t | ㎡ | 0.234 | 1 | 철주갓 |
| ■ | 볼트,너트,와셔 | M16x35 | 개 | | 8 | |
| ø | 볼트,너트,와셔 | M16x40 | 개 | | 16 | |
| ○ | 볼트,너트,와셔 | M16x45 | 개 | | 188 | |
| ◎ | 볼트,너트,와셔 | M16x50 | 개 | | 36 | |
| | LOCK 너트 | M16 | 개 | | 248 | |
| | 합계 | | | | | |

조립철주 재료표(L75x300x400)-4각트러스빔 양방향

| 번호 | 품명 | 규격 | 단위 | 길이(mm)/면적(㎡) | 수량 | 비고 |
|---|---|---|---|---|---|---|
| ① | ㄱ형강 | L75x75x9 | kg | 9000 | 4 | |
| ② | 평강 | FB 50x9t | kg | 456 | 48 | |
| ③ | 평강 | FB 50x9t | kg | 468 | 4 | |
| ④ | 평강 | FB 50x9t | kg | 438 | 10 | |
| ⑤ | 평강 | FB 50x9t | kg | 383 | 48 | |
| ⑥ | 평강 | FB 50x9t | kg | 396 | 4 | |
| ⑦ | 평강 | FB 50x9t | kg | 361 | 10 | |
| ⑧ | ㄱ형강 | L75x75x9t | kg | 1600 | 4 | 지지금구 |
| ⑨ | 강판 | PL 9t | ㎡ | 1.110 | 2 | 지지금구 |
| ⑩ | 강판 | PL 6t | ㎡ | 0.225 | 2 | 지지금구 |
| ⑪ | 강판 | PL 3.2t | ㎡ | 0.234 | 1 | 철주갓 |
| ■ | 볼트,너트,와셔 | M16x35 | 개 | | 8 | |
| ø | 볼트,너트,와셔 | M16x40 | 개 | | 16 | |
| ○ | 볼트,너트,와셔 | M16x45 | 개 | | 188 | |
| ◎ | 볼트,너트,와셔 | M16x50 | 개 | | 64 | |
| | LOCK 너트 | M16 | 개 | | 276 | |
| | 합계 | | | | | |

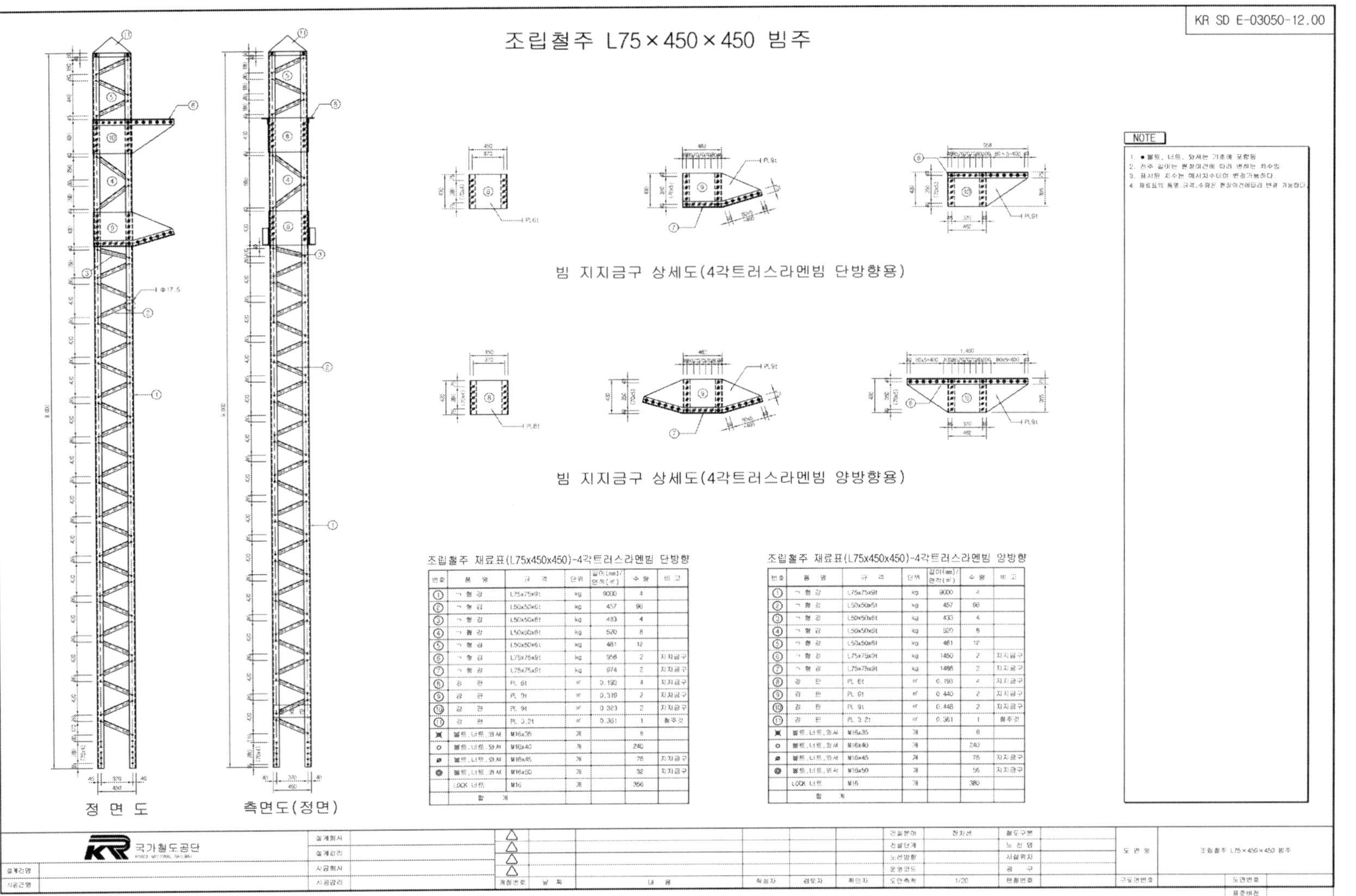


조립철주 재료표(L75x450x450)-4각트러스라멘빔 단방향

| 번호 | 품 명 | 규 격 | 단위 | 길이(㎜)/면적(㎡) | 수 량 | 비 고 |
|---|---|---|---|---|---|---|
| ① | ㄱ 형 강 | L75x75x9t | kg | 9000 | 4 | |
| ② | ㄱ 형 강 | L50x50x6t | kg | 457 | 96 | |
| ③ | ㄱ 형 강 | L50x50x6t | kg | 433 | 4 | |
| ④ | ㄱ 형 강 | L50x50x6t | kg | 520 | 8 | |
| ⑤ | ㄱ 형 강 | L50x50x6t | kg | 461 | 12 | |
| ⑥ | ㄱ 형 강 | L75x75x9t | kg | 956 | 2 | 지지금구 |
| ⑦ | ㄱ 형 강 | L75x75x9t | kg | 974 | 2 | 지지금구 |
| ⑧ | 강 판 | PL 6t | ㎡ | 0.193 | 4 | 지지금구 |
| ⑨ | 강 판 | PL 9t | ㎡ | 0.319 | 2 | 지지금구 |
| ⑩ | 강 판 | PL 9t | ㎡ | 0.323 | 2 | 지지금구 |
| ⑪ | 강 판 | PL 3.2t | ㎡ | 0.361 | 1 | 철주갓 |
| ✖ | 볼트,너트,와셔 | M16x35 | 개 | | 8 | |
| ○ | 볼트,너트,와셔 | M16x40 | 개 | | 240 | |
| ø | 볼트,너트,와셔 | M16x45 | 개 | | 76 | 지지금구 |
| ◎ | 볼트,너트,와셔 | M16x50 | 개 | | 32 | 지지금구 |
| | LOCK 너트 | M16 | 개 | | 356 | |
| | 합 계 | | | | | |

조립철주 재료표(L75x450x450)-4각트러스라멘빔 양방향

| 번호 | 품 명 | 규 격 | 단위 | 길이(㎜)/면적(㎡) | 수 량 | 비 고 |
|---|---|---|---|---|---|---|
| ① | ㄱ 형 강 | L75x75x9t | kg | 9000 | 4 | |
| ② | ㄱ 형 강 | L50x50x6t | kg | 457 | 96 | |
| ③ | ㄱ 형 강 | L50x50x6t | kg | 433 | 4 | |
| ④ | ㄱ 형 강 | L50x50x6t | kg | 520 | 8 | |
| ⑤ | ㄱ 형 강 | L50x50x6t | kg | 461 | 12 | |
| ⑥ | ㄱ 형 강 | L75x75x9t | kg | 1450 | 2 | 지지금구 |
| ⑦ | ㄱ 형 강 | L75x75x9t | kg | 1488 | 2 | 지지금구 |
| ⑧ | 강 판 | PL 6t | ㎡ | 0.193 | 4 | 지지금구 |
| ⑨ | 강 판 | PL 9t | ㎡ | 0.440 | 2 | 지지금구 |
| ⑩ | 강 판 | PL 9t | ㎡ | 0.448 | 2 | 지지금구 |
| ⑪ | 강 판 | PL 3.2t | ㎡ | 0.361 | 1 | 철주갓 |
| ✖ | 볼트,너트,와셔 | M16x35 | 개 | | 8 | |
| ○ | 볼트,너트,와셔 | M16x40 | 개 | | 240 | |
| ø | 볼트,너트,와셔 | M16x45 | 개 | | 76 | 지지금구 |
| ◎ | 볼트,너트,와셔 | M16x50 | 개 | | 56 | 지지금구 |
| | LOCK 너트 | M16 | 개 | | 380 | |
| | 합 계 | | | | | |

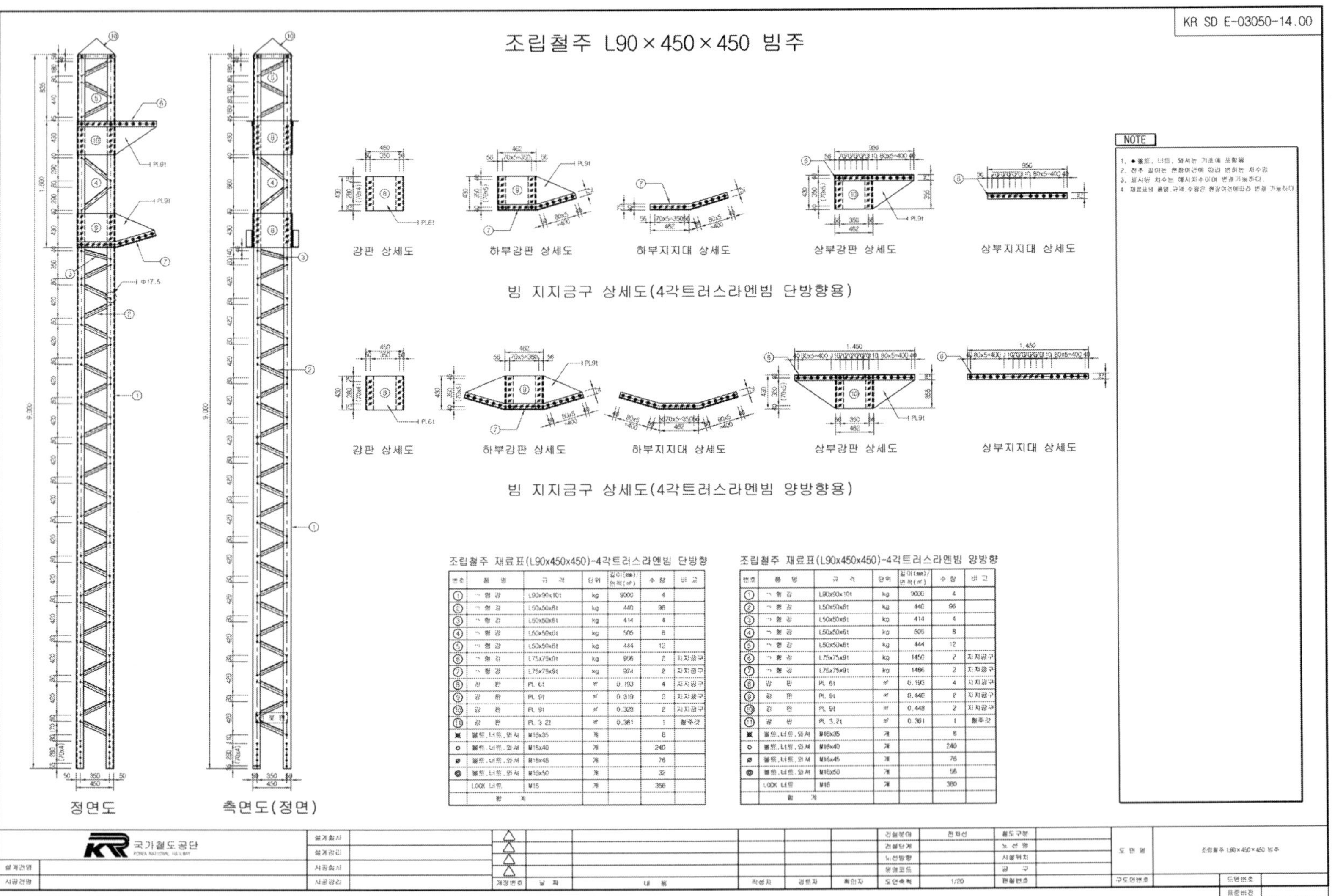


조립철주 재료표(L90x450x450)-4각트러스라멘빔 단방향

| 번호 | 품 명 | 규 격 | 단위 | 길이(mm)/면적(㎡) | 수 량 | 비 고 |
|---|---|---|---|---|---|---|
| ① | ㄱ 형 강 | L90x90x10t | kg | 9000 | 4 | |
| ② | ㄱ 형 강 | L50x50x6t | kg | 440 | 96 | |
| ③ | ㄱ 형 강 | L50x50x6t | kg | 414 | 4 | |
| ④ | ㄱ 형 강 | L50x50x6t | kg | 506 | 8 | |
| ⑤ | ㄱ 형 강 | L50x50x6t | kg | 444 | 12 | |
| ⑥ | ㄱ 형 강 | L75x75x9t | kg | 956 | 2 | 지지금구 |
| ⑦ | ㄱ 형 강 | L75x75x9t | kg | 974 | 2 | 지지금구 |
| ⑧ | 강 판 | PL 6t | ㎡ | 0.193 | 4 | 지지금구 |
| ⑨ | 강 판 | PL 9t | ㎡ | 0.319 | 2 | 지지금구 |
| ⑩ | 강 판 | PL 9t | ㎡ | 0.328 | 2 | 지지금구 |
| ⑪ | 강 판 | PL 3.2t | ㎡ | 0.361 | 1 | 철주갓 |
| ✖ | 볼트,너트,와셔 | M16x35 | 개 | | 8 | |
| ○ | 볼트,너트,와셔 | M16x40 | 개 | | 240 | |
| ● | 볼트,너트,와셔 | M16x45 | 개 | | 76 | |
| ◉ | 볼트,너트,와셔 | M16x50 | 개 | | 32 | |
| | LOCK 너트 | M16 | 개 | | 356 | |
| | 합 계 | | | | | |

조립철주 재료표(L90x450x450)-4각트러스라멘빔 양방향

| 번호 | 품 명 | 규 격 | 단위 | 길이(mm)/면적(㎡) | 수 량 | 비 고 |
|---|---|---|---|---|---|---|
| ① | ㄱ 형 강 | L90x90x10t | kg | 9000 | 4 | |
| ② | ㄱ 형 강 | L50x50x6t | kg | 440 | 96 | |
| ③ | ㄱ 형 강 | L50x50x6t | kg | 414 | 4 | |
| ④ | ㄱ 형 강 | L50x50x6t | kg | 506 | 8 | |
| ⑤ | ㄱ 형 강 | L50x50x6t | kg | 444 | 12 | |
| ⑥ | ㄱ 형 강 | L75x75x9t | kg | 1450 | 2 | 지지금구 |
| ⑦ | ㄱ 형 강 | L75x75x9t | kg | 1486 | 2 | 지지금구 |
| ⑧ | 강 판 | PL 6t | ㎡ | 0.193 | 4 | 지지금구 |
| ⑨ | 강 판 | PL 9t | ㎡ | 0.440 | 2 | 지지금구 |
| ⑩ | 강 판 | PL 9t | ㎡ | 0.448 | 2 | 지지금구 |
| ⑪ | 강 판 | PL 3.2t | ㎡ | 0.361 | 1 | 철주갓 |
| ✖ | 볼트,너트,와셔 | M16x35 | 개 | | 8 | |
| ○ | 볼트,너트,와셔 | M16x40 | 개 | | 240 | |
| ● | 볼트,너트,와셔 | M16x45 | 개 | | 76 | |
| ◉ | 볼트,너트,와셔 | M16x50 | 개 | | 56 | |
| | LOCK 너트 | M16 | 개 | | 380 | |
| | 합 계 | | | | | |

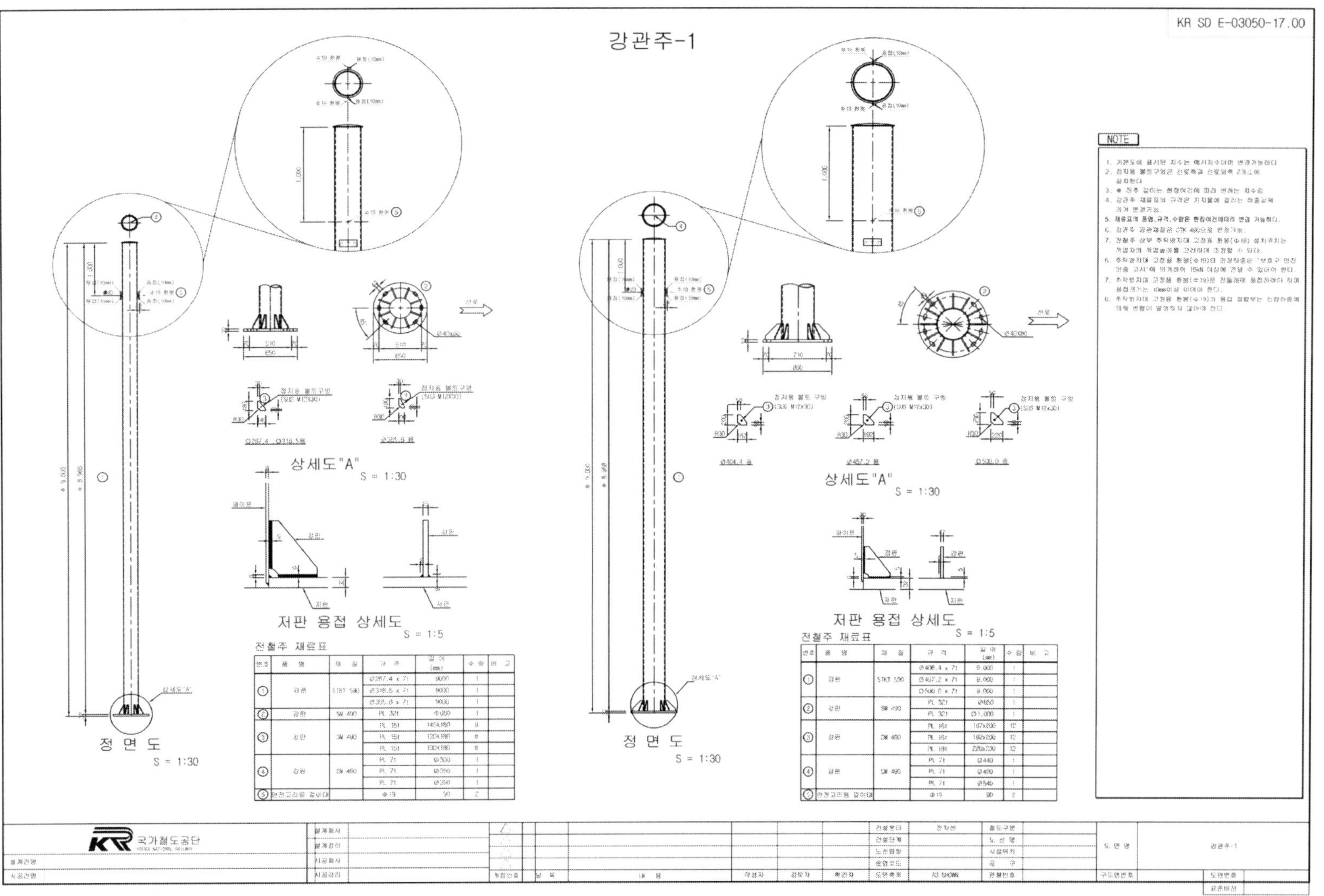
KR SD E-03050-17.00
강관주-1
NOTE
상세도 "A" S = 1:30
저판 용접 상세도 S = 1:5
전철주 재료표
정 면 도 S = 1:30
상세도 "A" S = 1:30
저판 용접 상세도 S = 1:5
전철주 재료표
정 면 도 S = 1:30
국가철도공단

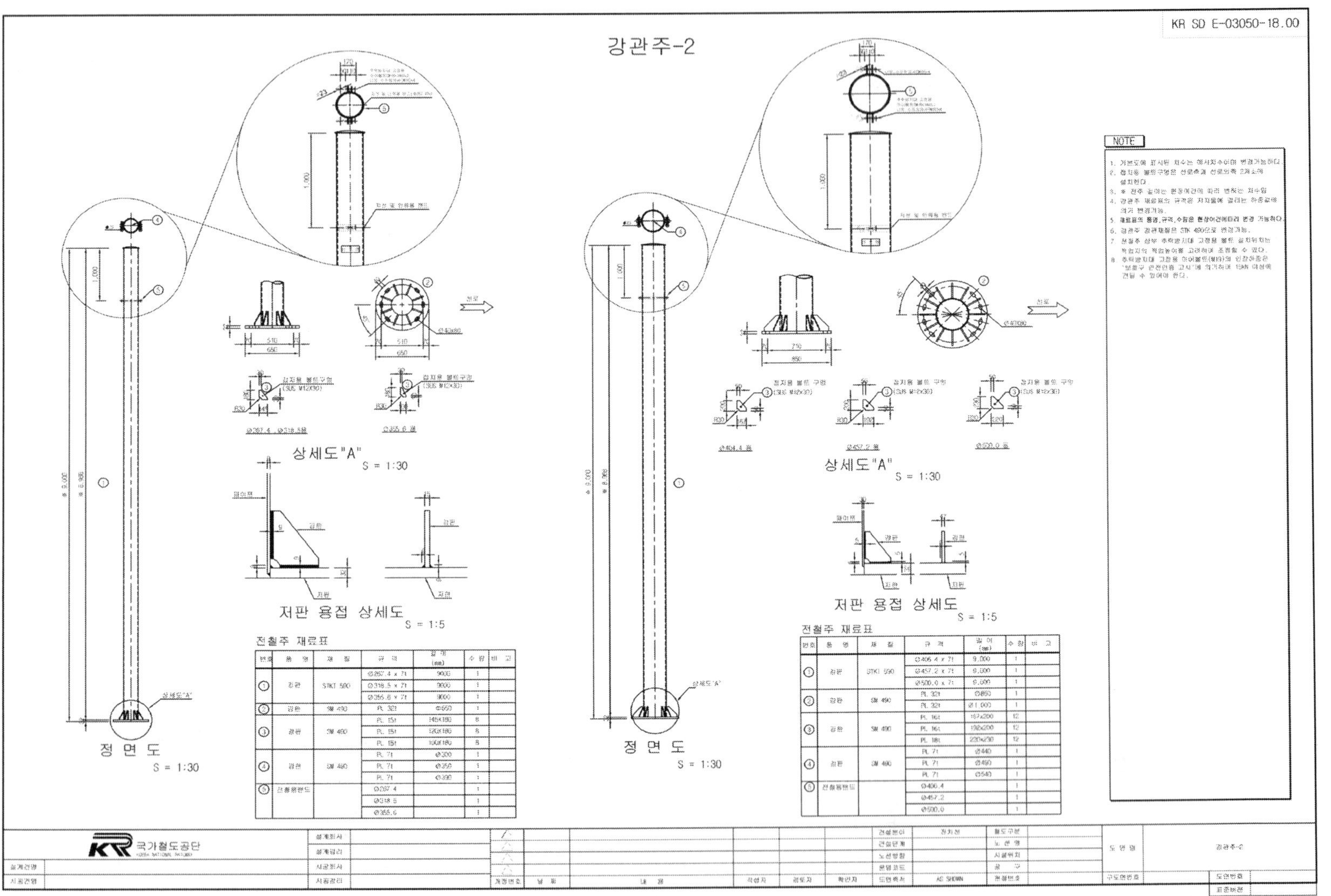


전철주 재료표

| 번호 | 품 명 | 재 질 | 규 격 | 길 이 (mm) | 수 량 | 비 고 |
|---|---|---|---|---|---|---|
| ① | 강관 | STKT 590 | Ø267.4 x 7t | 9000 | 1 | |
| | | | Ø318.5 x 7t | 9000 | 1 | |
| | | | Ø355.6 x 7t | 9000 | 1 | |
| ② | 강판 | SM 490 | PL 32t | Ø650 | 1 | |
| ③ | 강판 | SM 400 | PL 15t | 145X180 | 8 | |
| | | | PL 15t | 120X180 | 8 | |
| | | | PL 15t | 100X180 | 8 | |
| ④ | 강판 | SM 400 | PL 7t | Ø300 | 1 | |
| | | | PL 7t | Ø350 | 1 | |
| | | | PL 7t | Ø390 | 1 | |
| ⑤ | 전철용밴드 | | Ø267.4 | | 1 | |
| | | | Ø318.5 | | 1 | |
| | | | Ø355.6 | | 1 | |

전철주 재료표

| 번호 | 품 명 | 재 질 | 규 격 | 길 이 (mm) | 수 량 | 비 고 |
|---|---|---|---|---|---|---|
| ① | 강관 | STKT 590 | Ø406.4 x 7t | 9,000 | 1 | |
| | | | Ø457.2 x 7t | 9,000 | 1 | |
| | | | Ø500.0 x 7t | 9,000 | 1 | |
| ② | 강판 | SM 490 | PL 32t | Ø850 | 1 | |
| | | | PL 32t | Ø1,000 | 1 | |
| ③ | 강판 | SM 490 | PL 16t | 167x200 | 12 | |
| | | | PL 16t | 192x200 | 12 | |
| | | | PL 18t | 220x230 | 12 | |
| ④ | 강판 | SM 400 | PL 7t | Ø440 | 1 | |
| | | | PL 7t | Ø490 | 1 | |
| | | | PL 7t | Ø540 | 1 | |
| ⑤ | 전철용밴드 | | Ø406.4 | | 1 | |
| | | | Ø457.2 | | 1 | |
| | | | Ø500.0 | | 1 | |

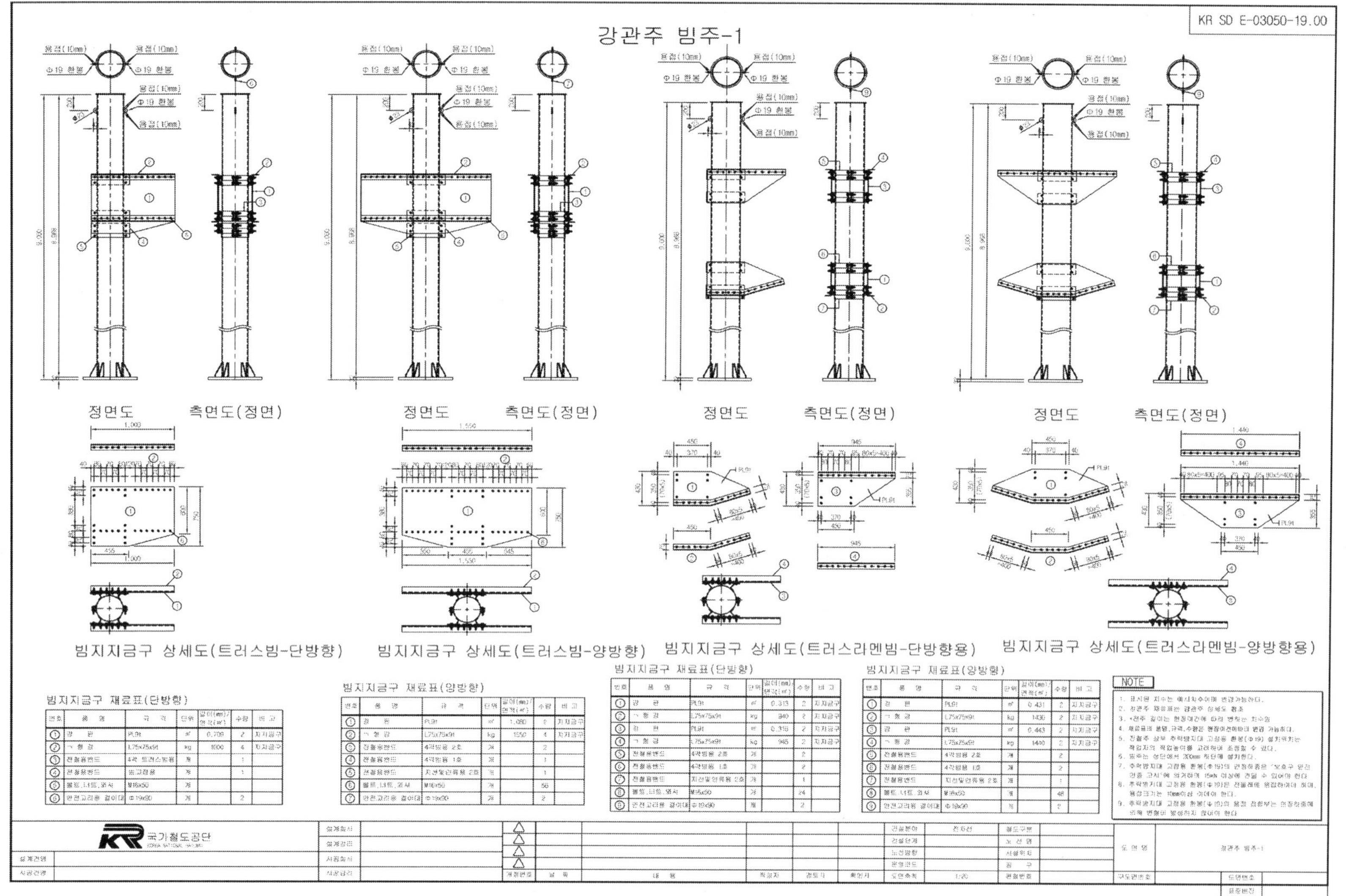
KR SD E-03050-19.00
강관주 빔주-1
정면도
측면도(정면)
빔지지금구 상세도(트러스빔-단방향)
빔지지금구 상세도(트러스빔-양방향)
빔지지금구 상세도(트러스라멘빔-단방향용)
빔지지금구 상세도(트러스라멘빔-양방향용)
빔지지금구 재료표(단방향)
빔지지금구 재료표(양방향)
NOTE
국가철도공단

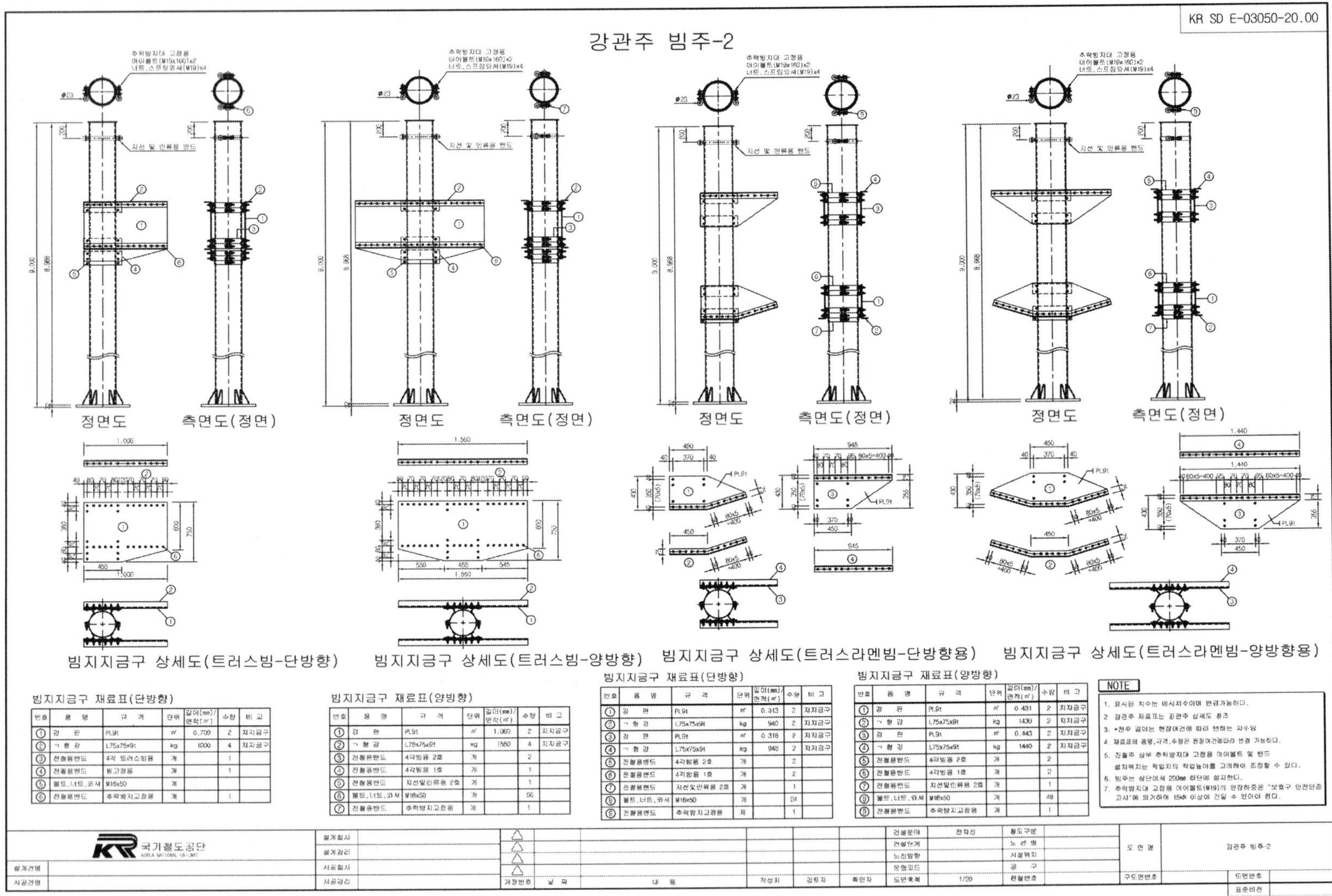


빔지지금구 재료표(단방향)

| 번호 | 품명 | 규격 | 단위 | 길이(mm)/면적(㎡) | 수량 | 비고 |
|---|---|---|---|---|---|---|
| ① | 강판 | PL9t | ㎡ | 0.709 | 2 | 지지금구 |
| ② | ㄱ 형강 | L75x75x9t | kg | 1000 | 4 | 지지금구 |
| ③ | 전철용밴드 | 4각 트러스빔용 | 개 | | 1 | |
| ④ | 전철용밴드 | 빔고정용 | 개 | | 1 | |
| ⑤ | 볼트,너트,와셔 | M16x50 | 개 | | | |
| ⑥ | 전철용밴드 | 추락방지고정용 | 개 | | 1 | |

빔지지금구 재료표(양방향)

| 번호 | 품명 | 규격 | 단위 | 길이(mm)/면적(㎡) | 수량 | 비고 |
|---|---|---|---|---|---|---|
| ① | 강판 | PL9t | ㎡ | 1.060 | 2 | 지지금구 |
| ② | ㄱ 형강 | L75x75x9t | kg | 1560 | 4 | 지지금구 |
| ③ | 전철용밴드 | 4각빔용 2호 | 개 | | 2 | |
| ④ | 전철용밴드 | 4각빔용 1호 | 개 | | 1 | |
| ⑤ | 전철용밴드 | 지선및인류용 2호 | 개 | | 1 | |
| ⑥ | 볼트,너트,와셔 | M16x50 | 개 | | 56 | |
| ⑦ | 전철용밴드 | 추락방지고정용 | 개 | | 1 | |

빔지지금구 재료표(단방향)

| 번호 | 품명 | 규격 | 단위 | 길이(mm)/면적(㎡) | 수량 | 비고 |
|---|---|---|---|---|---|---|
| ① | 강판 | PL9t | ㎡ | 0.313 | 2 | 지지금구 |
| ② | ㄱ 형강 | L75x75x9t | kg | 940 | 2 | 지지금구 |
| ③ | 강판 | PL9t | ㎡ | 0.318 | 2 | 지지금구 |
| ④ | ㄱ 형강 | L75x75x9t | kg | 948 | 2 | 지지금구 |
| ⑤ | 전철용밴드 | 4각빔용 2호 | 개 | | 2 | |
| ⑥ | 전철용밴드 | 4각빔용 1호 | 개 | | 2 | |
| ⑦ | 전철용밴드 | 지선및인류용 2호 | 개 | | 1 | |
| ⑧ | 볼트,너트,와셔 | M16x50 | 개 | | 24 | |
| ⑨ | 전철용밴드 | 추락방지고정용 | 개 | | 1 | |

빔지지금구 재료표(양방향)

| 번호 | 품명 | 규격 | 단위 | 길이(mm)/면적(㎡) | 수량 | 비고 |
|---|---|---|---|---|---|---|
| ① | 강판 | PL9t | ㎡ | 0.431 | 2 | 지지금구 |
| ② | ㄱ 형강 | L75x75x9t | kg | 1430 | 2 | 지지금구 |
| ③ | 강판 | PL9t | ㎡ | 0.443 | 2 | 지지금구 |
| ④ | ㄱ 형강 | L75x75x9t | kg | 1440 | 2 | 지지금구 |
| ⑤ | 전철용밴드 | 4각빔용 2호 | 개 | | 2 | |
| ⑥ | 전철용밴드 | 4각빔용 1호 | 개 | | 2 | |
| ⑦ | 전철용밴드 | 지선및인류용 2호 | 개 | | 1 | |
| ⑧ | 볼트,너트,와셔 | M16x50 | 개 | | 48 | |
| ⑨ | 전철용밴드 | 추락방지고정용 | 개 | | 1 | |

NOTE

1. 표시된 치수는 예시치수이며 변경가능하다.
2. 강관주 제원표는 강관주 상세도 참조
3. *전주 길이는 현장여건에 따라 변하는 치수임
4. 재료표의 품명,규격,수량은 현장여건에따라 변경 가능하다.
5. 전철주 상부 추락방지대 고정용 아이볼트 및 밴드 설치위치는 작업자의 작업높이를 고려하여 조정할 수 있다.
6. 빔주는 상단에서 200mm 하단에 설치한다.
7. 추락방지대 고정용 아이볼트(M19)의 인장하중은 "보호구 안전인증 고시"에 의거하여 15kN 이상에 견딜 수 있어야 한다.

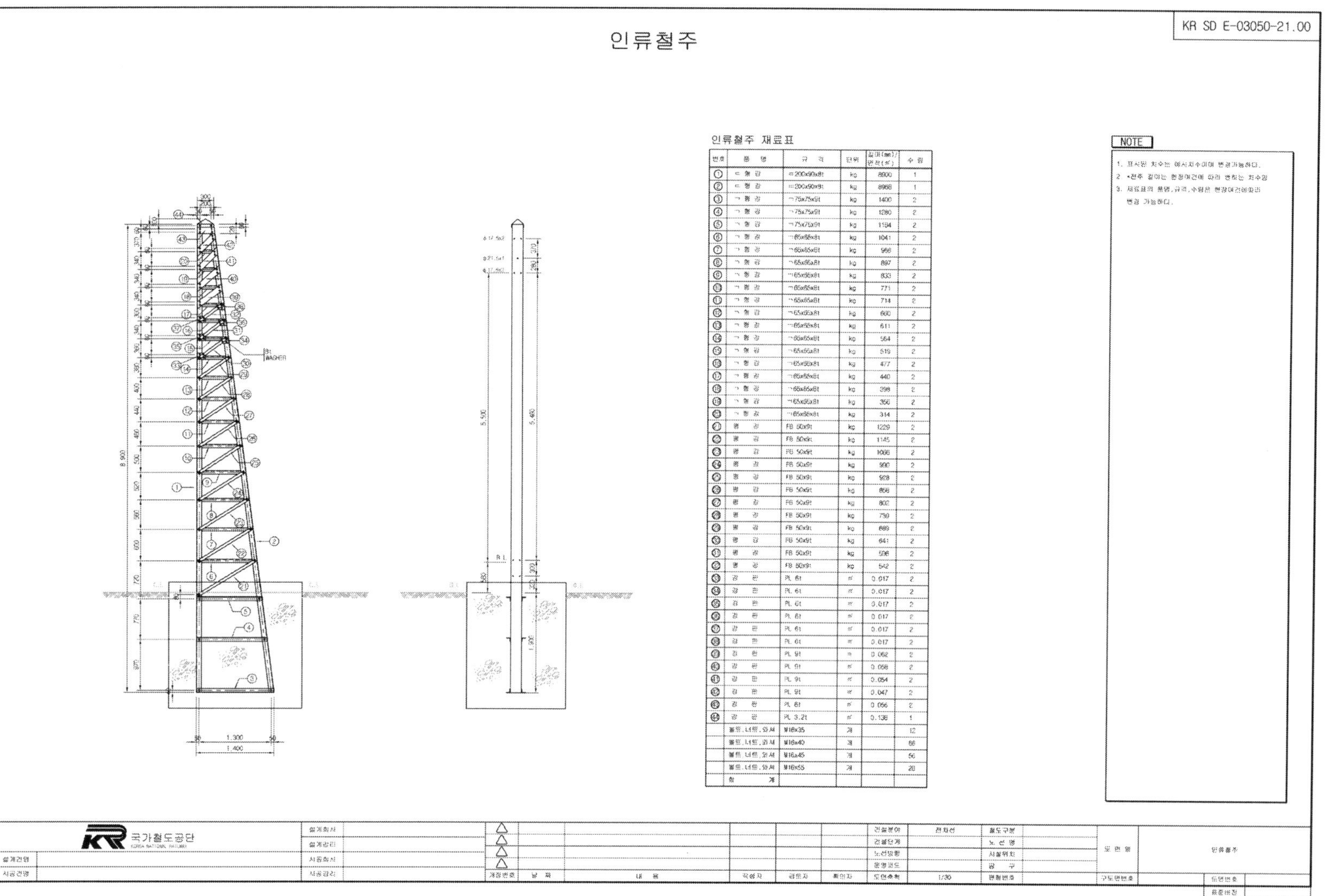


# 인류철주

**인류철주 재료표**

| 번호 | 품 명 | 규 격 | 단위 | 길이(mm)/면적(㎡) | 수 량 |
|---|---|---|---|---|---|
| ① | ㄷ 형 강 | ㄷ200x90x8t | kg | 8900 | 1 |
| ② | ㄷ 형 강 | ㄷ200x90x8t | kg | 8968 | 1 |
| ③ | ㄱ 형 강 | ㄱ75x75x9t | kg | 1400 | 2 |
| ④ | ㄱ 형 강 | ㄱ75x75x9t | kg | 1280 | 2 |
| ⑤ | ㄱ 형 강 | ㄱ75x75x9t | kg | 1194 | 2 |
| ⑥ | ㄱ 형 강 | ㄱ65x65x8t | kg | 1041 | 2 |
| ⑦ | ㄱ 형 강 | ㄱ65x65x8t | kg | 966 | 2 |
| ⑧ | ㄱ 형 강 | ㄱ65x65x8t | kg | 897 | 2 |
| ⑨ | ㄱ 형 강 | ㄱ65x65x8t | kg | 833 | 2 |
| ⑩ | ㄱ 형 강 | ㄱ65x65x8t | kg | 771 | 2 |
| ⑪ | ㄱ 형 강 | ㄱ65x65x8t | kg | 714 | 2 |
| ⑫ | ㄱ 형 강 | ㄱ65x65x8t | kg | 660 | 2 |
| ⑬ | ㄱ 형 강 | ㄱ65x65x8t | kg | 611 | 2 |
| ⑭ | ㄱ 형 강 | ㄱ65x65x8t | kg | 564 | 2 |
| ⑮ | ㄱ 형 강 | ㄱ65x65x8t | kg | 519 | 2 |
| ⑯ | ㄱ 형 강 | ㄱ65x65x8t | kg | 477 | 2 |
| ⑰ | ㄱ 형 강 | ㄱ65x65x8t | kg | 440 | 2 |
| ⑱ | ㄱ 형 강 | ㄱ65x65x8t | kg | 398 | 2 |
| ⑲ | ㄱ 형 강 | ㄱ65x65x8t | kg | 356 | 2 |
| ⑳ | ㄱ 형 강 | ㄱ65x65x8t | kg | 314 | 2 |
| ㉑ | 평 강 | FB 50x9t | kg | 1229 | 2 |
| ㉒ | 평 강 | FB 50x9t | kg | 1145 | 2 |
| ㉓ | 평 강 | FB 50x9t | kg | 1066 | 2 |
| ㉔ | 평 강 | FB 50x9t | kg | 990 | 2 |
| ㉕ | 평 강 | FB 50x9t | kg | 928 | 2 |
| ㉖ | 평 강 | FB 50x9t | kg | 866 | 2 |
| ㉗ | 평 강 | FB 50x9t | kg | 802 | 2 |
| ㉘ | 평 강 | FB 50x9t | kg | 759 | 2 |
| ㉙ | 평 강 | FB 50x9t | kg | 689 | 2 |
| ㉚ | 평 강 | FB 50x9t | kg | 641 | 2 |
| ㉛ | 평 강 | FB 50x9t | kg | 598 | 2 |
| ㉜ | 평 강 | FB 50x9t | kg | 542 | 2 |
| ㉝ | 강 판 | PL 6t | ㎡ | 0.017 | 2 |
| ㉞ | 강 판 | PL 6t | ㎡ | 0.017 | 2 |
| ㉟ | 강 판 | PL 6t | ㎡ | 0.017 | 2 |
| ㊱ | 강 판 | PL 6t | ㎡ | 0.017 | 2 |
| ㊲ | 강 판 | PL 6t | ㎡ | 0.017 | 2 |
| ㊳ | 강 판 | PL 6t | ㎡ | 0.017 | 2 |
| ㊴ | 강 판 | PL 9t | ㎡ | 0.062 | 2 |
| ㊵ | 강 판 | PL 9t | ㎡ | 0.058 | 2 |
| ㊶ | 강 판 | PL 9t | ㎡ | 0.054 | 2 |
| ㊷ | 강 판 | PL 9t | ㎡ | 0.047 | 2 |
| ㊸ | 강 판 | PL 6t | ㎡ | 0.056 | 2 |
| ㊹ | 강 판 | PL 3.2t | ㎡ | 0.138 | 1 |
|  | 볼트, 너트, 와셔 | M16x35 | 개 |  | 12 |
|  | 볼트, 너트, 와셔 | M16x40 | 개 |  | 66 |
|  | 볼트, 너트, 와셔 | M16x45 | 개 |  | 56 |
|  | 볼트, 너트, 와셔 | M16x55 | 개 |  | 28 |
|  | 합 계 |  |  |  |  |

**NOTE**

1. 표시된 치수는 예시치수이며 변경가능하다.
2. *전주 길이는 현장여건에 따라 변하는 치수임
3. 재료표의 품명, 규격, 수량은 현장여건에따라 변경 가능하다.

KR SD E-03050-22.00

# 스팬선철주

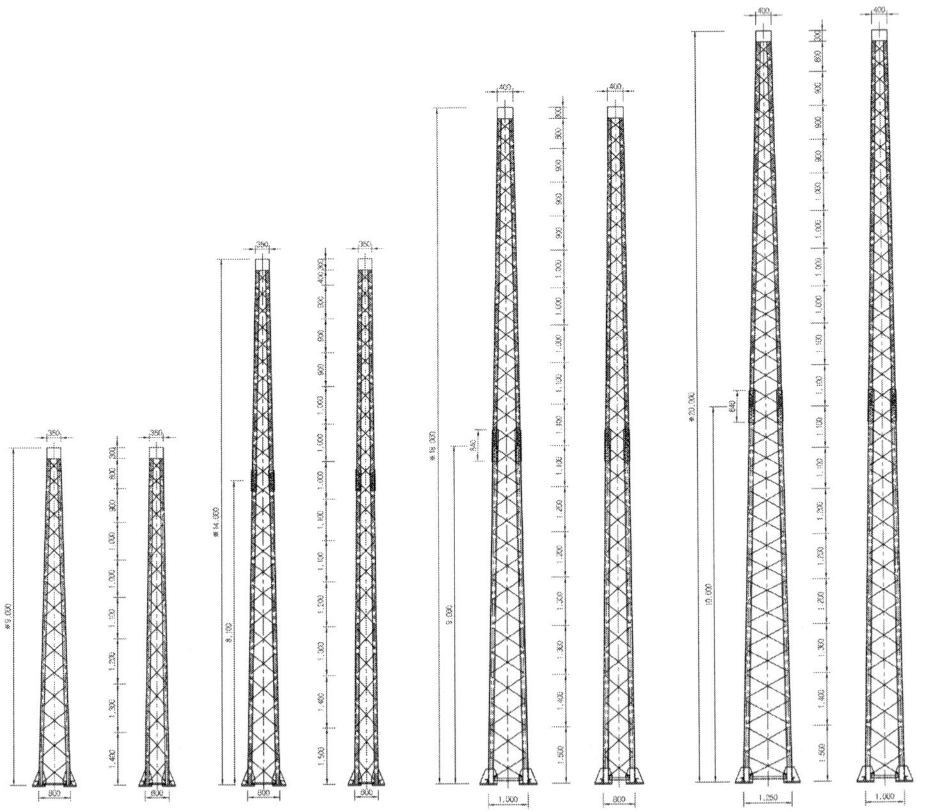

NOTE

1. ※전주 길이는 현장여건에 따라 변하는 치수임
2. 표시된 치수는 예시치수이며 변경가능하다.
3. 자재들의 종류,규격,수량은 현장여건에 따라 변경가능하다.

## 스팬선철주 재료표

| 철주길이 (m) | 주 재 (Profiles of the stubs) | | | | | | | |
|---|---|---|---|---|---|---|---|---|
| | L75x75x9 | | L90x90x9 | | L100x100x10 | | L100x100x12 | |
| | 사 재 | 볼 트 | 사 재 | 볼 트 | 사 재 | 볼 트 | 사 재 | 볼 트 |
| 9.0 | L40x40x6 | 1xM12 | L40x40x6 | 1xM12 | L40x40x6 | 1xM12 | L40x40x6 | 1xM12 |
| 14.0 | | | L40x40x6 | 1xM12 | L40x40x6 | 1xM12 | L40x40x6 | 1xM12 |

| 철주길이 (m) | | 주 재 (Profiles of the stubs) | | | | | |
|---|---|---|---|---|---|---|---|
| | | L130 x 130 x 12 | | L130 x 130 x 12 | | L140 x 140 x 13 | |
| | | 사 재 | 볼 트 | 사 재 | 볼 트 | 사 재 | 볼 트 |
| 18.0 | 상 단 | L100 x 100 x 10 | | L100 x 100 x 12 | | | |
| | | L40 x 40 x 6 | 2 x M12 | L40 x 40 x 6 | 2 x M12 | | |
| | 하 단 | L130 x 130 x 12 | | L130 x 130 x 12 | | | |
| | | L40 x 40 x 6 | 2 x M12 | L40 x 40 x 6 | 2 x M12 | | |
| 20.0 | 상 단 | | | L100 x 100 x 12 | | L130 x 130 x 12 | |
| | | | | L40 x 40 x 6 | 2 x M12 | L65 x 65 x 6 | 2 x M16 |
| | 하 단 | | | L130 x 130 x 12 | | L140 x 140 x 13 | |
| | | | | L65 x 65 x 6 | 2 x M16 | L65 x 65 x 6 | 2 x M16 |

국가철도공단 KOREA NATIONAL RAILWAY

도면명: 스팬선철주

축척: 1/50

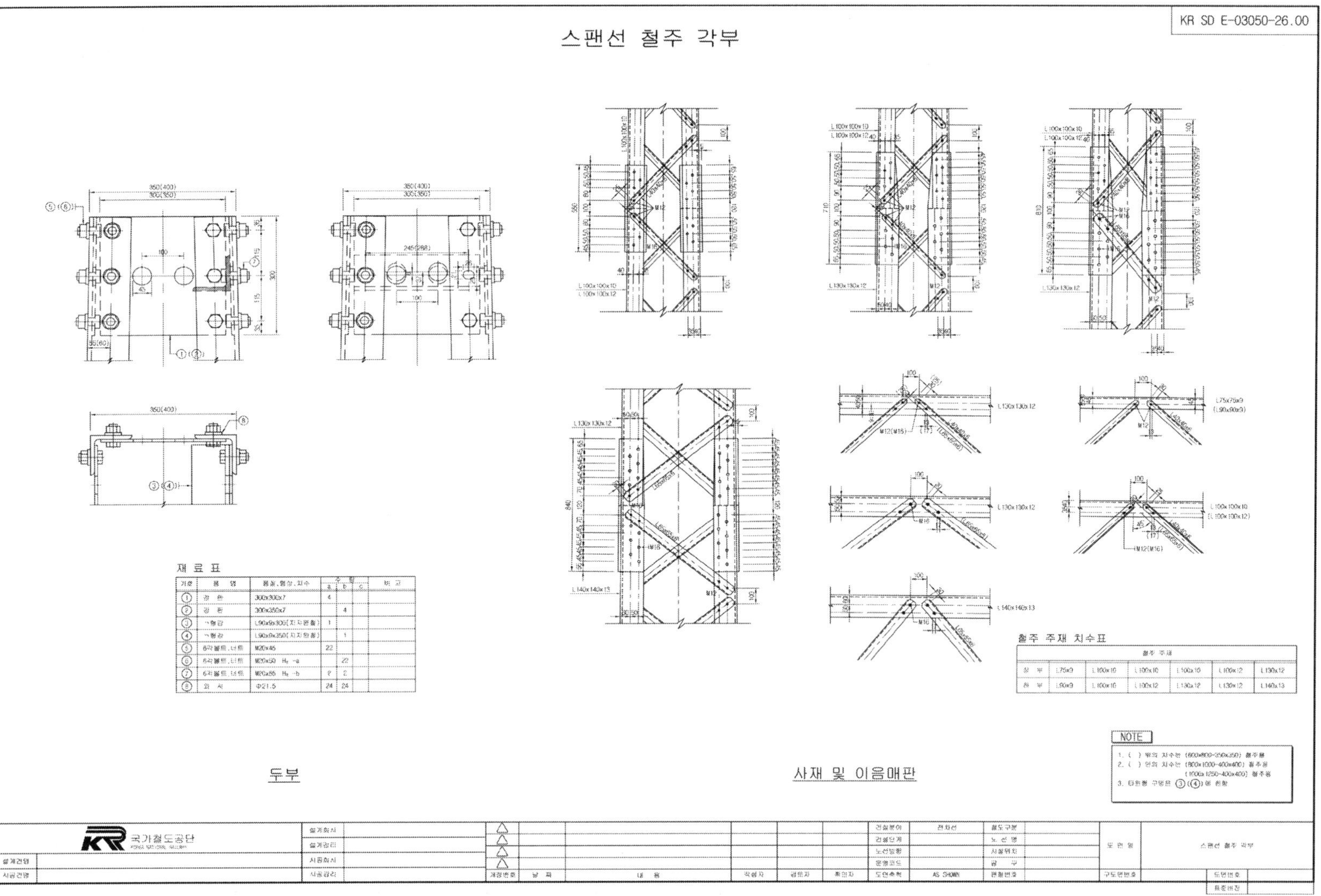


재료표

| 기호 | 품명 | 품질,형상,치수 | 수량 a | 수량 b | 수량 c | 비고 |
|---|---|---|---|---|---|---|
| ① | 강판 | 300x300x7 | 4 | | | |
| ② | 강판 | 300x350x7 | | 4 | | |
| ③ | ㄱ형강 | L90x9x300(지지완철) | 1 | | | |
| ④ | ㄱ형강 | L90x9x350(지지완철) | | 1 | | |
| ⑤ | 6각볼트,너트 | M20x45 | 22 | | | |
| ⑥ | 6각볼트,너트 | M20x50 H₂-a | | 22 | | |
| ⑦ | 6각볼트,너트 | M20x55 H₂-b | 2 | 2 | | |
| ⑧ | 와셔 | Φ21.5 | 24 | 24 | | |

철주 주재 치수표

| | 철주 주재 | | | | | |
|---|---|---|---|---|---|---|
| 상부 | L75x9 | L100x10 | L100x10 | L100x10 | L100x12 | L130x12 |
| 하부 | L90x9 | L100x10 | L100x12 | L130x12 | L130x12 | L140x13 |

KR SD E-03050-27.00

# 스팬선철주 기초하부

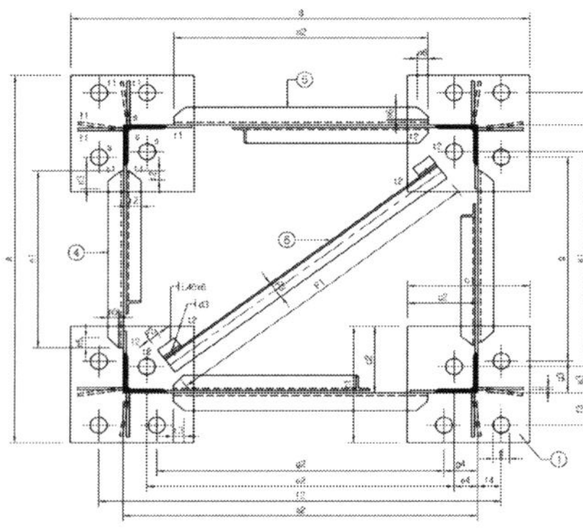

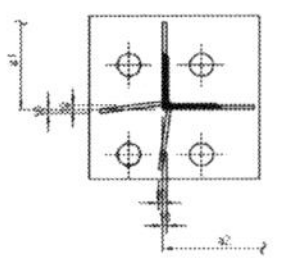

* 1000x1250인 철주규격에만 이 치수가 적용된다.

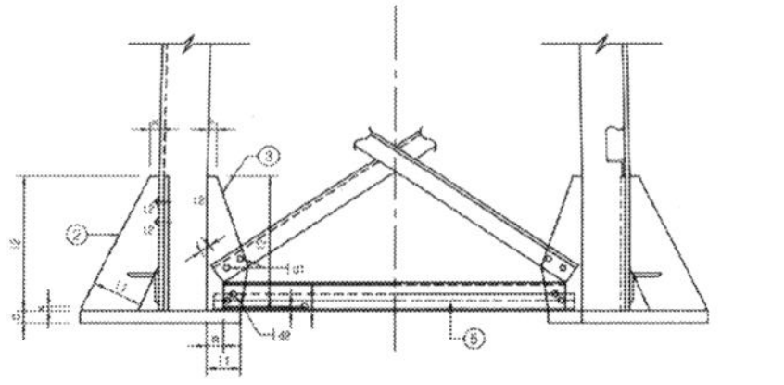

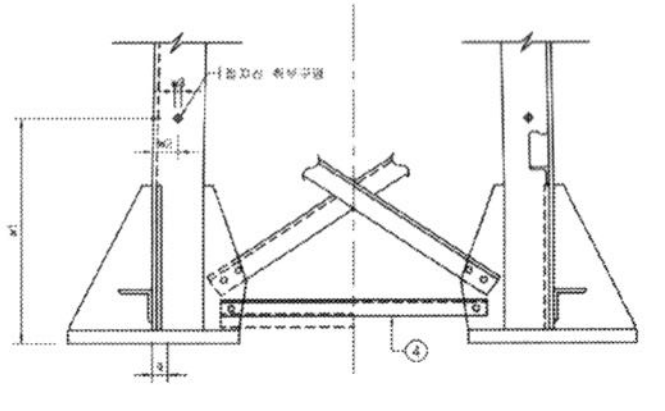

NOTE

각부 치수표

| 철주규격 | | 600 x 800 | | 800 x 1000 | | 1000 x 1250 | |
|---|---|---|---|---|---|---|---|
| 주재의 형상 | | 75x9 | 100x10 | 100x10 | 130x12 | 130x12 | 140x13 |
| | | 90x9 | 100x12 | 100x12 | 130x12 | 130x12 | 150x14 |
| 하부주사재 | | 40x6 | 40x6 | 40x6 | 40x6, 55x6 | 55x6 | 65x6 |
| 기초 | | 40x6 | 40x6 | 40x6 | 40x6 | 55x6 | 65x6 |
| ① 밑판 | a1 | 600 ± 2 | | 800 ± 2 | | 1000 ± 2 | |
| | a2 | 800 ± 2 | | 1000 ± 2 | | 1250 ± 2 | |
| | b | 22 | 25 | 25 | 29 | 28 | 35 |
| | | 25 | 28 | 28 | 32 | 32 | 35 |
| | c1 | 320 | 320 | 320 | 365 | 365 | 435 |
| | c2 | 180 | 180 | 180 | 210 | 210 | 250 |
| | d | 48±1 | 54±1 | 54±1 | 60±1 | 60±1 | 70±1 |
| | e1 | 460±2 | 460±2 | 660±2 | 660±2 | 800±2 | 760±2 |
| | e2 | 660±2 | 660±2 | 860±2 | 860±2 | 1100±2 | 1060±2 |
| | e3 | 70±1 | 70±1 | 70±1 | 70±1 | 100±1 | 120±1 |
| | e4 | 70±1 | 70±1 | 70±1 | 70±1 | 75±1 | 85±1 |
| | f1 | 750±2 | 750±2 | 950±2 | 950±2 | 1200±2 | 1240±2 |
| | f2 | 950±2 | 950±2 | 1150±2 | 1150±2 | 1400±2 | 142±2 |
| | f3 | 75±1 | 75±1 | 75±1 | 75±1 | 100±1 | 120±1 |
| | f4 | 75±1 | 75±1 | 75±1 | 75±1 | 75±1 | 85±1 |
| | g1 | 420±2 | 420±2 | 620±2 | 620±2 | 800±2 | 760±2 |
| | g2 | 620±2 | 620±2 | 820±2 | 820±2 | 1100±2 | 1060±2 |
| | g3 | 90±1 | 90±1 | 90±1 | 90±1 | 100±1 | 120±1 |
| | g4 | 90±1 | 90±1 | 90±1 | 90±1 | 75±1 | 85±1 |
| ② 외부받침판 | h | 8 | 10 | 10 | 11 | 11 | 13 |
| | i1 | 90 | 90 | 90 | 100 | 100 | 120 |
| | i2 | 310 | 310 | 310 | 335 | 335 | 385 |
| | k | 10 | 10 | 10 | 10 | 10 | 12 |
| ③ 내부받침판 | l1 | 90 | 70 | 70 | 80 | 80 | 100 |
| | | 60 | 70 | 70 | 80 | 80 | 90 |
| | l2 | 310 | 310 | 310 | 335 | 335 | 385 |
| | m | 20 | 20 | 20 | 20 | 20 | 20 |
| ④ 근계지지대(A) (빗댄것) | n1 | 370 | 370 | 570 | 510 | 740 | 660 |
| | n3 | 55 | 55 | 55 | 55 | 70 | 70 |
| | n5 | 33 | 33 | 33 | 0 | 46 | 46 |
| ⑤ 근계지지대(B) (긴것) | n2 | 570 | 570 | 770 | 710 | 990 | 910 |
| | n4 | 50 | 50 | 50 | 50 | 60 | 60 |
| | n6 | 33 | 33 | 33 | 0 | 0 | 0 |
| | o | 30 | 30 | 30 | 30 | 30 | 30 |
| | d1 | M12 | M12 | M12 | M12 | M16 | M16 |
| ⑥ 근계대각지지대 | p1 | 730 | 730 | 1002 | 925 | 1291 | 1189 |
| | p2 | 30 | 30 | 30 | 30 | 40 | 40 |
| | p3 | 20 | 20 | 20 | 20 | 30 | 30 |
| | d3 | M12 | M12 | M12 | M12 | M16 | M16 |
| 하부주사재 | q | 30 | 30 | 30 | 30 | 30 | 40 |
| | r1 | 0 | 45 | 45 | 45, 60 | 60 | 60 |
| | r2 | 33 | 33 | 33 | 33, 46 | 46 | 46 |
| | r3 | 33 | 33 | 33 | 33, 46 | 46 | 46 |
| | r4 | 30 | 30 | 30 | 30, 40 | 40 | 40 |
| | d2 | 1×M12 | 2×M12 | 2×M12 | 2×M12<br>2×M16 | 2×M16 | 2×M16 |
| 용접개소 | t1 | 5 | 6 | 6 | 6 | 6 | 7 |
| | t2 | 4 | 4 | 4 | 4 | 4 | 5 |
| | s | 5 | 6 | 6 | 6 | 6 | 7 |
| | | 6 | 7 | 7 | 7 | 7 | 8 |
| 접지선취부구멍 | w1 | 600 | 600 | 600 | 600 | 600 | 600 |
| | w2 | 50 | 50 | 50 | 50 | 50 | 60 |
| | w3 | 17 | 17 | 17 | 17 | 17 | 17 |
| 근계최대치수 | A | 880 | | 1080 | 1110 | 1310 | 1370 |
| | B | 1080 | | 1280 | 1310 | 1560 | 1620 |

| 국가철도공단 KOREA NATIONAL RAILWAY | 설계회사 | | 건설분야 | 전차선 | 철도구분 | | 도면명 | 스팬선철주 기초하부 |
|---|---|---|---|---|---|---|---|---|
| | 설계관리 | | 건설단계 | | 노선명 | | | |
| 설계건명 | 시공회사 | | 노선방향 | | 시설위치 | | | |
| 시공건명 | 시공관리 | | 운영코드 | | 공구 | | 구도면번호 | 도면번호 / 표준버전 |
| 개정번호 | 날짜 | 내용 | 작성자 / 검토자 / 확인자 | 도면축척 | 1/10 | 관리번호 | | |

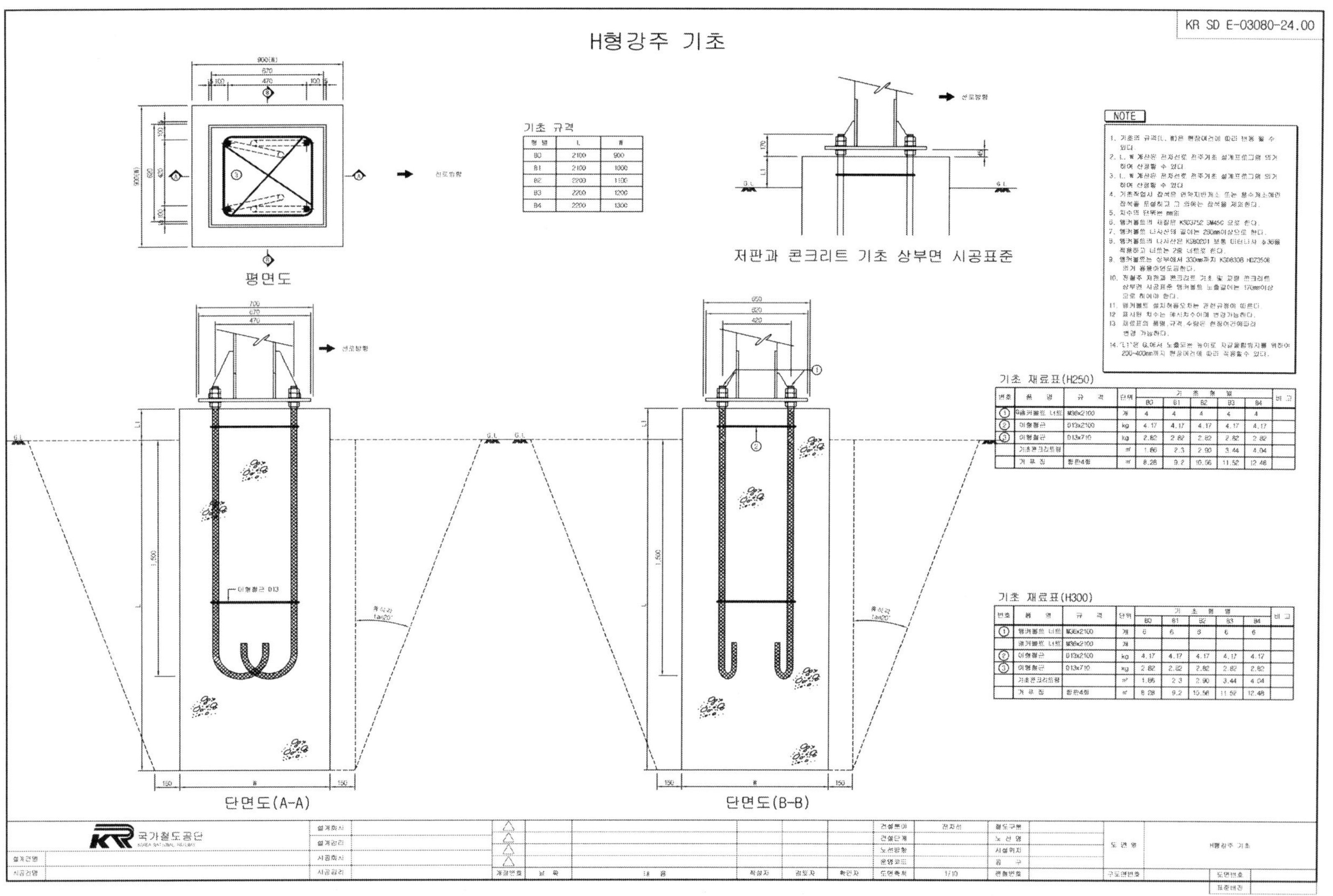


기초 규격

| 형 별 | L | W |
|---|---|---|
| B0 | 2100 | 900 |
| B1 | 2100 | 1000 |
| B2 | 2200 | 1100 |
| B3 | 2200 | 1200 |
| B4 | 2200 | 1300 |

NOTE

1. 기초의 규격(L, W)은 현장여건에 따라 변동 될 수 있다.
2. L, W 계산은 전차선로 전주기초 설계표준도를 의거하여 산정할 수 있다.
3. L, W 계산은 전차선로 전주기초 설계표준도를 의거하여 산정할 수 있다.
4. 기초작업시 잡석은 연약지반개소 또는 용수개소에만 잡석을 포설하고 그 외에는 잡석을 제외한다.
5. 치수의 단위는 mm임
6. 앵커볼트의 재질은 KSD3752 SM45C 으로 한다.
7. 앵커볼트 나사산의 길이는 230mm이상으로 한다.
8. 앵커볼트의 나사산은 KSB0201 보통 미터나사 M36을 적용하고 너트는 2중 너트로 한다.
9. 앵커볼트는 상부에서 330mm까지 KSD8308 HDZ350의 용융아연도금한다.
10. 전철주 저판과 콘크리트 기초 및 교량 콘크리트 상부면 시공표준 앵커볼트 노출길이는 170mm이상으로 하여야 한다.
11. 앵커볼트 설치허용오차는 관련규정에 따른다.
12. 표시된 치수는 예시치수이며 변경가능하다.
13. 재료표의 품명, 규격, 수량은 현장여건에따라 변경 가능하다.
14. "L1"은 GL에서 노출되는 높이로 자갈흘림방지를 위하여 200~400mm까지 현장여건에 따라 적용할 수 있다.

기초 재료표(H250)

| 번호 | 품 명 | 규 격 | 단위 | 기초 형별 B0 | B1 | B2 | B3 | B4 | 비 고 |
|---|---|---|---|---|---|---|---|---|---|
| ① | 앵커볼트 너트 | M36x2100 | 개 | 4 | 4 | 4 | 4 | 4 | |
| ② | 이형철근 | D13x2100 | kg | 4.17 | 4.17 | 4.17 | 4.17 | 4.17 | |
| ③ | 이형철근 | D13x710 | kg | 2.82 | 2.82 | 2.82 | 2.82 | 2.82 | |
| | 기초콘크리트량 | | ㎥ | 1.86 | 2.3 | 2.90 | 3.44 | 4.04 | |
| | 거 푸 집 | 합판4회 | ㎡ | 8.28 | 9.2 | 10.56 | 11.52 | 12.48 | |

기초 재료표(H300)

| 번호 | 품 명 | 규 격 | 단위 | 기초 형별 B0 | B1 | B2 | B3 | B4 | 비 고 |
|---|---|---|---|---|---|---|---|---|---|
| ① | 앵커볼트 너트 | M36x2100 | 개 | 6 | 6 | 6 | 6 | 6 | |
| | 앵커볼트 너트 | M36x2100 | 개 | | | | | | |
| ② | 이형철근 | D13x2100 | kg | 4.17 | 4.17 | 4.17 | 4.17 | 4.17 | |
| ③ | 이형철근 | D13x710 | kg | 2.82 | 2.82 | 2.82 | 2.82 | 2.82 | |
| | 기초콘크리트량 | | ㎥ | 1.86 | 2.3 | 2.90 | 3.44 | 4.04 | |
| | 거 푸 집 | 합판4회 | ㎡ | 8.28 | 9.2 | 10.56 | 11.52 | 12.48 | |

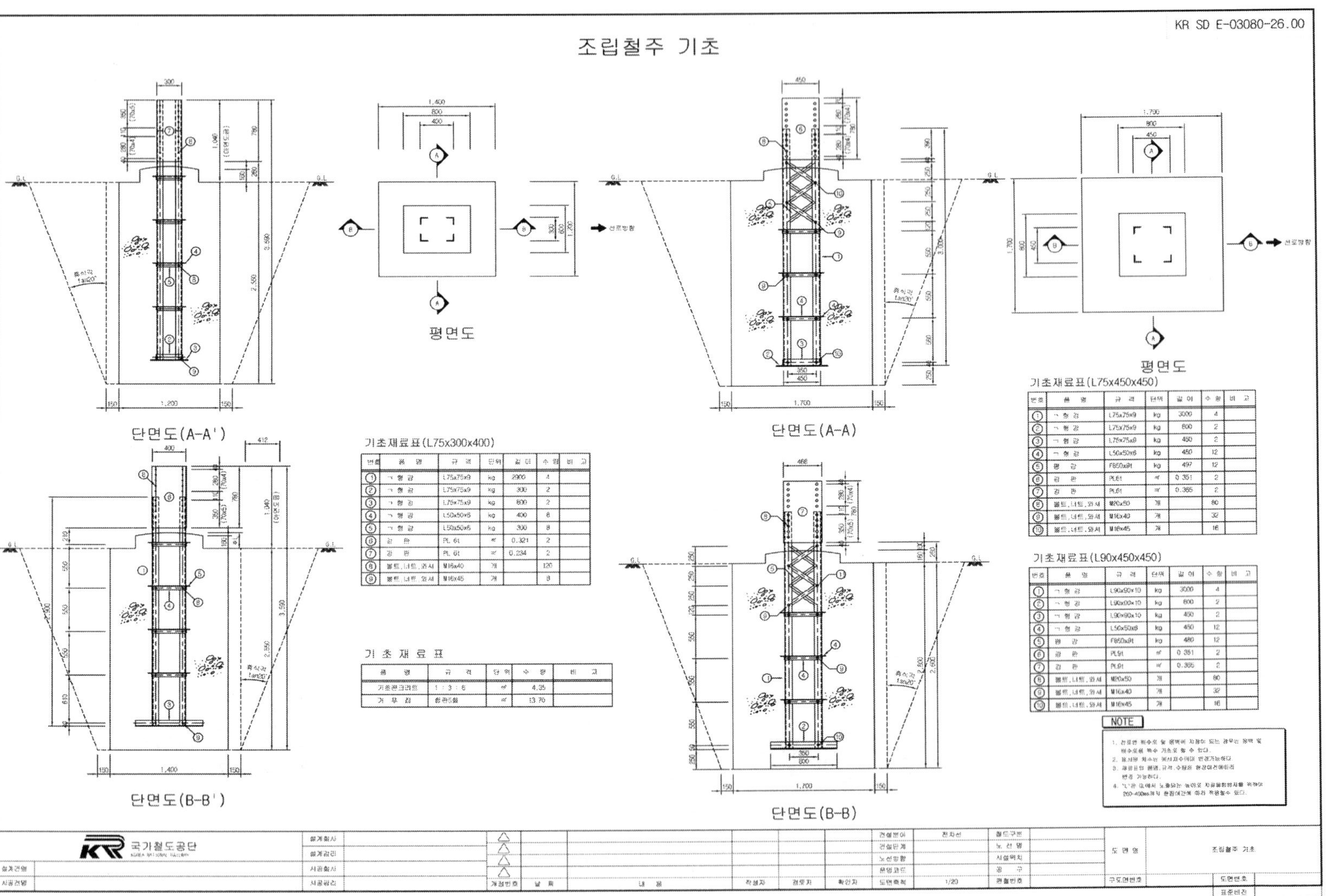


기초재료표(L75x300x400)

| 번호 | 품 명 | 규 격 | 단위 | 길 이 | 수 량 | 비 고 |
|---|---|---|---|---|---|---|
| ① | ㄱ 형 강 | L75x75x9 | kg | 2900 | 4 | |
| ② | ㄱ 형 강 | L75x75x9 | kg | 300 | 2 | |
| ③ | ㄱ 형 강 | L75x75x9 | kg | 800 | 2 | |
| ④ | ㄱ 형 강 | L50x50x6 | kg | 400 | 8 | |
| ⑤ | ㄱ 형 강 | L50x50x6 | kg | 300 | 8 | |
| ⑥ | 강 판 | PL 6t | ㎡ | 0.321 | 2 | |
| ⑦ | 강 판 | PL 6t | ㎡ | 0.234 | 2 | |
| ⑧ | 볼트, 너트, 와셔 | M16x40 | 개 | | 120 | |
| ⑨ | 볼트, 너트, 와셔 | M16x45 | 개 | | 8 | |

기 초 재 료 표

| 품 명 | 규 격 | 단 위 | 수 량 | 비 고 |
|---|---|---|---|---|
| 기초콘크리트 | 1 : 3 : 6 | ㎥ | 4.35 | |
| 거 푸 집 | 합판5회 | ㎡ | 13.70 | |

기초재료표(L75x450x450)

| 번호 | 품 명 | 규 격 | 단위 | 길 이 | 수 량 | 비 고 |
|---|---|---|---|---|---|---|
| ① | ㄱ 형 강 | L75x75x9 | kg | 3000 | 4 | |
| ② | ㄱ 형 강 | L75x75x9 | kg | 800 | 2 | |
| ③ | ㄱ 형 강 | L75x75x9 | kg | 450 | 2 | |
| ④ | ㄱ 형 강 | L50x50x6 | kg | 450 | 12 | |
| ⑤ | 평 강 | FB50x9t | kg | 497 | 12 | |
| ⑥ | 강 판 | PL6t | ㎡ | 0.351 | 2 | |
| ⑦ | 강 판 | PL6t | ㎡ | 0.365 | 2 | |
| ⑧ | 볼트, 너트, 와셔 | M20x50 | 개 | | 80 | |
| ⑨ | 볼트, 너트, 와셔 | M16x40 | 개 | | 32 | |
| ⑩ | 볼트, 너트, 와셔 | M16x45 | 개 | | 16 | |

기초재료표(L90x450x450)

| 번호 | 품 명 | 규 격 | 단위 | 길 이 | 수 량 | 비 고 |
|---|---|---|---|---|---|---|
| ① | ㄱ 형 강 | L90x90x10 | kg | 3000 | 4 | |
| ② | ㄱ 형 강 | L90x90x10 | kg | 800 | 2 | |
| ③ | ㄱ 형 강 | L90x90x10 | kg | 450 | 2 | |
| ④ | ㄱ 형 강 | L50x50x6 | kg | 450 | 12 | |
| ⑤ | 평 강 | FB50x9t | kg | 480 | 12 | |
| ⑥ | 강 판 | PL9t | ㎡ | 0.351 | 2 | |
| ⑦ | 강 판 | PL9t | ㎡ | 0.365 | 2 | |
| ⑧ | 볼트, 너트, 와셔 | M20x50 | 개 | | 80 | |
| ⑨ | 볼트, 너트, 와셔 | M16x40 | 개 | | 32 | |
| ⑩ | 볼트, 너트, 와셔 | M16x45 | 개 | | 16 | |

KR SD E-03080-28.00

# 배수로 기초

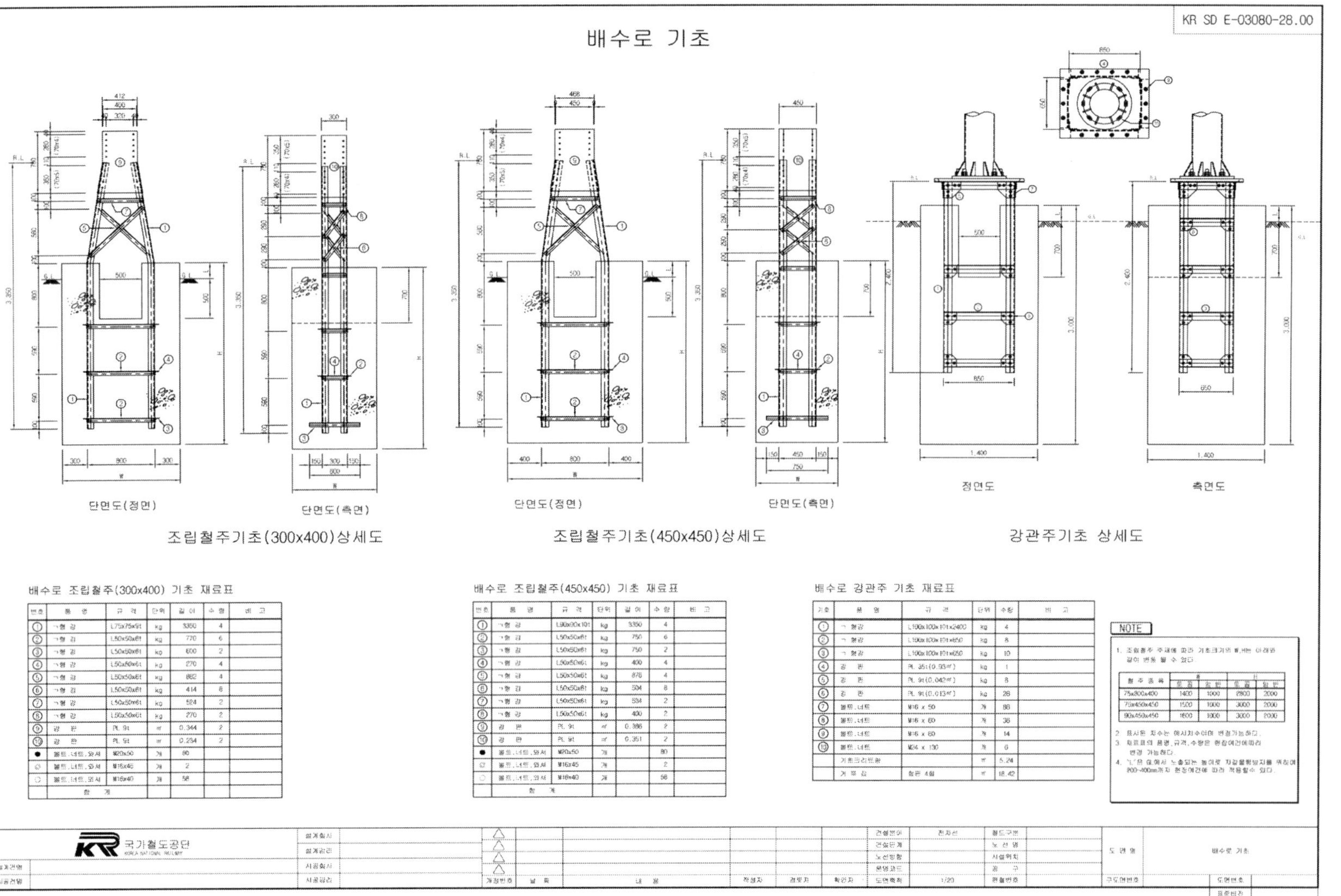


배수로 조립철주(300x400) 기초 재료표

| 번호 | 품 명 | 규 격 | 단위 | 길 이 | 수 량 | 비 고 |
|---|---|---|---|---|---|---|
| ① | ㄱ형 강 | L75x75x9t | kg | 3350 | 4 | |
| ② | ㄱ형 강 | L50x50x6t | kg | 770 | 6 | |
| ③ | ㄱ형 강 | L50x50x6t | kg | 600 | 2 | |
| ④ | ㄱ형 강 | L50x50x6t | kg | 270 | 4 | |
| ⑤ | ㄱ형 강 | L50x50x6t | kg | 882 | 4 | |
| ⑥ | ㄱ형 강 | L50x50x6t | kg | 414 | 8 | |
| ⑦ | ㄱ형 강 | L50x50x6t | kg | 524 | 2 | |
| ⑧ | ㄱ형 강 | L50x50x6t | kg | 270 | 2 | |
| ⑨ | 강 판 | PL 9t | ㎡ | 0.344 | 2 | |
| ⑩ | 강 판 | PL 9t | ㎡ | 0.234 | 2 | |
| ● | 볼트,너트,와셔 | M20x50 | 개 | 80 | | |
| ◎ | 볼트,너트,와셔 | M16x45 | 개 | 2 | | |
| ○ | 볼트,너트,와셔 | M16x40 | 개 | 58 | | |
| | 합 계 | | | | | |

배수로 조립철주(450x450) 기초 재료표

| 번호 | 품 명 | 규 격 | 단위 | 길 이 | 수 량 | 비 고 |
|---|---|---|---|---|---|---|
| ① | ㄱ형 강 | L90x90x10t | kg | 3350 | 4 | |
| ② | ㄱ형 강 | L50x50x6t | kg | 750 | 6 | |
| ③ | ㄱ형 강 | L50x50x6t | kg | 750 | 2 | |
| ④ | ㄱ형 강 | L50x50x6t | kg | 400 | 4 | |
| ⑤ | ㄱ형 강 | L50x50x6t | kg | 878 | 4 | |
| ⑥ | ㄱ형 강 | L50x50x6t | kg | 504 | 8 | |
| ⑦ | ㄱ형 강 | L50x50x6t | kg | 534 | 2 | |
| ⑧ | ㄱ형 강 | L50x50x6t | kg | 400 | 2 | |
| ⑨ | 강 판 | PL 9t | ㎡ | 0.386 | 2 | |
| ⑩ | 강 판 | PL 9t | ㎡ | 0.351 | 2 | |
| ● | 볼트,너트,와셔 | M20x50 | 개 | | 80 | |
| ◎ | 볼트,너트,와셔 | M16x45 | 개 | | 2 | |
| ○ | 볼트,너트,와셔 | M16x40 | 개 | | 58 | |
| | 합 계 | | | | | |

배수로 강관주 기초 재료표

| 기호 | 품 명 | 규 격 | 단위 | 수량 | 비 고 |
|---|---|---|---|---|---|
| ① | ㄱ 형강 | L100x100x10tx2400 | kg | 4 | |
| ② | ㄱ 형강 | L100x100x10tx650 | kg | 8 | |
| ③ | ㄱ 형강 | L100x100x10tx650 | kg | 10 | |
| ④ | 강 판 | PL 35t(0.93㎡) | kg | 1 | |
| ⑤ | 강 판 | PL 9t(0.042㎡) | kg | 8 | |
| ⑥ | 강 판 | PL 9t(0.013㎡) | kg | 28 | |
| ⑦ | 볼트,너트 | M16 x 50 | 개 | 88 | |
| ⑧ | 볼트,너트 | M16 x 60 | 개 | 36 | |
| ⑨ | 볼트,너트 | M16 x 60 | 개 | 14 | |
| ⑩ | 볼트,너트 | M24 x 130 | 개 | 6 | |
| | 기초콘크리트량 | | ㎥ | 5.24 | |
| | 거 푸 집 | 합판 4회 | ㎡ | 18.42 | |

NOTE

1. 조립철주 주재에 따라 기초크기의 W,H는 아래와 같이 변동 될 수 있다.

| 철 주 종 류 | W | | H | |
|---|---|---|---|---|
| | 토 공 | 암 반 | 토 공 | 암 반 |
| 75x300x400 | 1400 | 1000 | 2800 | 2000 |
| 75x450x450 | 1500 | 1000 | 3000 | 2000 |
| 90x450x450 | 1600 | 1000 | 3000 | 2000 |

2. 표시된 치수는 예시치수이며 변경가능하다.
3. 재료표의 품명,규격,수량은 현장여건에따라 변경 가능하다.
4. "L"은 GL에서 노출되는 높이로 자갈물튀방지를 위하여 200~400mm까지 현장여건에 따라 적용할수 있다.

국가철도공단

도 면 명: 배수로 기초

도면축척: 1/20

KR SD E-03080-31.00

# 강관주 기초

### 강관주 4각기초(단독주) 재료표 (기계화 시공)

| Type | | D15 | D18 | D20 | D23 | D25 | D28 | D30 | E18 | E21 | E25 | E30 | F20 | F22 | F25 | F28 | F32 |
|---|---|---|---|---|---|---|---|---|---|---|---|---|---|---|---|---|---|
| a | mm | 900 | 900 | 900 | 900 | 900 | 900 | 900 | 1,000 | 1,000 | 1,000 | 1,000 | 1,100 | 1,100 | 1,100 | 1,100 | 1,100 |
| b | mm | 900 | 900 | 900 | 900 | 900 | 900 | 900 | 1,000 | 1,000 | 1,000 | 1,000 | 1,100 | 1,100 | 1,100 | 1,100 | 1,100 |
| h | mm | 1,700 | 2,000 | 2,200 | 2,500 | 2,700 | 3,000 | 3,200 | 2,000 | 2,300 | 2,700 | 3,200 | 2,200 | 2,400 | 2,700 | 3,000 | 3,400 |
| 기초콘크리트량 | m³ | 1.377 | 1.620 | 9.801 | 2.025 | 2.187 | 2.430 | 2.592 | 2.000 | 2.300 | 2.700 | 3.200 | 2.662 | 2.904 | 3.267 | 3.630 | 4.114 |
| 거푸집(합판4회) | m² | 6.12 | 7.20 | 7.92 | 9.00 | 9.72 | 10.80 | 11.52 | 8.00 | 9.20 | 10.80 | 12.80 | 9.68 | 10.56 | 11.88 | 13.20 | 14.96 |
| 앵커볼트고정판 | 개 | 2 | 2 | 2 | 2 | 2 | 2 | 2 | 2 | 2 | 2 | 2 | 2 | 2 | 2 | 2 | 2 |
| 앵커볼트 Φ36x1800 | 개 | 6 | 6 | 6 | 6 | 6 | 6 | 6 | 6 | 6 | 6 | 6 | 6 | 6 | 6 | 6 | 6 |

| Type | | G18 | G21 | G25 | G28 | G32 | H21 | H25 | H28 | H30 | I22 | I26 | I30 | I32 |
|---|---|---|---|---|---|---|---|---|---|---|---|---|---|---|
| a | mm | 1,200 | 1,200 | 1,200 | 1,200 | 1,200 | 1,300 | 1,300 | 1,300 | 1,300 | 1,400 | 1,400 | 1,400 | 1,400 |
| b | mm | 1,200 | 1,200 | 1,200 | 1,200 | 1,200 | 1,300 | 1,300 | 1,300 | 1,300 | 1,400 | 1,400 | 1,400 | 1,400 |
| h | mm | 2,000 | 2,300 | 2,700 | 3,000 | 3,400 | 2,300 | 2,700 | 3,000 | 3,200 | 2,400 | 2,800 | 3,200 | 3,400 |
| 기초콘크리트량 | m³ | 2.880 | 3.312 | 3.888 | 4.320 | 4.896 | 3.887 | 4.563 | 5.070 | 5.408 | 4.704 | 5.488 | 6.272 | 6.664 |
| 거푸집(합판4회) | m² | 9.60 | 11.04 | 12.96 | 14.40 | 16.32 | 11.96 | 14.04 | 15.60 | 16.64 | 13.44 | 15.68 | 17.92 | 19.04 |
| 앵커볼트고정판 | 개 | 2 | 2 | 2 | 2 | 2 | 2 | 2 | 2 | 2 | 2 | 2 | 2 | 2 |
| 앵커볼트 Φ36x1800 | 개 | 6 | 6 | 6 | 6 | 6 | 6 | 6 | 6 | 6 | 6 | 6 | 6 | 6 |

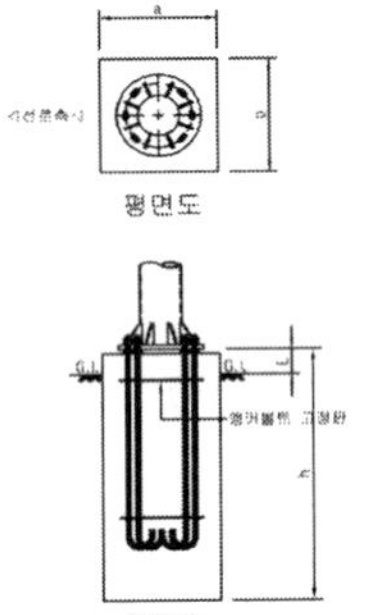

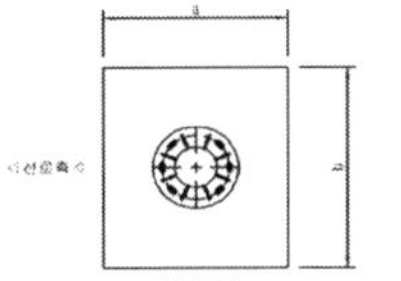

평면도

단면도

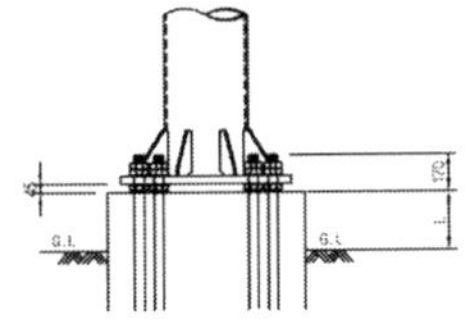

### 강관주 원형기초 재료표 (기계화 시공)

| Type | | R17 | R18 | R20 | R23 | R25 | R28 | R30 | R33 | R35 | R38 | R40 |
|---|---|---|---|---|---|---|---|---|---|---|---|---|
| h | mm | 1,900 | 2,000 | 2,200 | 2,500 | 2,700 | 3,000 | 3,200 | 3,500 | 3,700 | 4,000 | 4,200 |
| 기초콘크리트량 | m³ | 0.839 | 0.883 | 0.971 | 1.104 | 1.192 | 1.324 | 1.413 | 1.546 | 1.634 | 1.767 | 0.997 |
| 거푸집(수지1회) | m | 1.9 | 2.0 | 2.2 | 2.5 | 2.7 | 3.0 | 3.2 | 3.5 | 3.7 | 4.0 | 4.2 |
| 앵커볼트고정판 | 개 | 2 | 2 | 2 | 2 | 2 | 2 | 2 | 2 | 2 | 2 | 2 |
| 앵커볼트 Φ36x1800 | 개 | 6 | 6 | 6 | 6 | 6 | 6 | 6 | 6 | 6 | 6 | 6 |

### 강관주 4각기초(문형주) 재료표 (기계화 시공)

| Type | | MB1 | MB2 | MB3 |
|---|---|---|---|---|
| a | mm | 1,400 | 1,400 | 1,400 |
| b | mm | 1,600 | 1,600 | 1,600 |
| h | mm | 2,000 | 2,300 | 2,500 |
| 기초콘크리트량 | m³ | 4.47 | 5.14 | 5.59 |
| 거푸집(합판5회) | m² | 12.00 | 13.80 | 15.00 |
| 앵커볼트고정판 | 개 | 2 | 2 | 2 |
| 앵커볼트 Φ36x1800 | 개 | 6 | 6 | 6 |

평면도

단면도

평면도

단면도

저판과 콘크리트 기초 상부면 시공표준

NOTE

1. 적용기준 : 전철지지물 구조개선 추진용역 보고서 (2001. 9)
2. 적용기준 : 구조검토 보고서 (2001. 9)
3. 전철주기초 설계를 위한 저항 모멘트 산정 연구 (2010. 05)에 따라 설계시는 그에 따름.
4. 기초적용시 잡석은 연약지반개소 또는 용수개소에만 잡석을 포설하고 그 외에는 잡석을 제외한다.
5. 치수의 단위는 mm임
6. 앵커볼트의 재질은 KSD3752 SM45C 으로 한다.
7. 앵커볼트 나사산의 길이는 200mm이상으로 한다.
8. 앵커볼트의 나사산은 KSB0201 보통 미터나사 Φ36을 적용하고 너트는 2중 너트로 한다.
9. 앵커볼트는 상부에서 330mm까지 KSD8308 HDZ35이하기 용융아연도금한다.
10. 전철주 저판과 콘크리트 기초 및 교량 콘크리트 상부면 시공표준 앵커볼트 노출길이는 170mm이상으로 하여야 한다.
11. 앵커볼트 설치허용오차는 관련규정에 따른다.
12. 선로변 배수로 및 옹벽에 지장이 있는 경우는 옹벽 및 배수로용 특수 기초로 할 수 있다.
13. 표시된 치수는 예시치수이며 변경가능하다.
14. 재료표의 품명, 규격, 수량은 현장여건에따라 변경 가능하다.
15. "L"은 GL에서 노출되는 높이로 자갈월형방지를 위하여 200~400mm까지 현장여건에 따라 적용할수 있다.

KR 국가철도공단 KOREA NATIONAL RAILWAY

| 설계회사 | 설계감리 | 시공회사 | 시공감리 |
|---|---|---|---|

| 건설분야 | 전차선 | 철도구분 | |
|---|---|---|---|
| 건설단계 | | 노선명 | |
| 노선방향 | | 시설위치 | |
| 운영코드 | | 공구 | |
| 도면축척 | NONE | 관철번호 | |

도면명: 강관주 기초

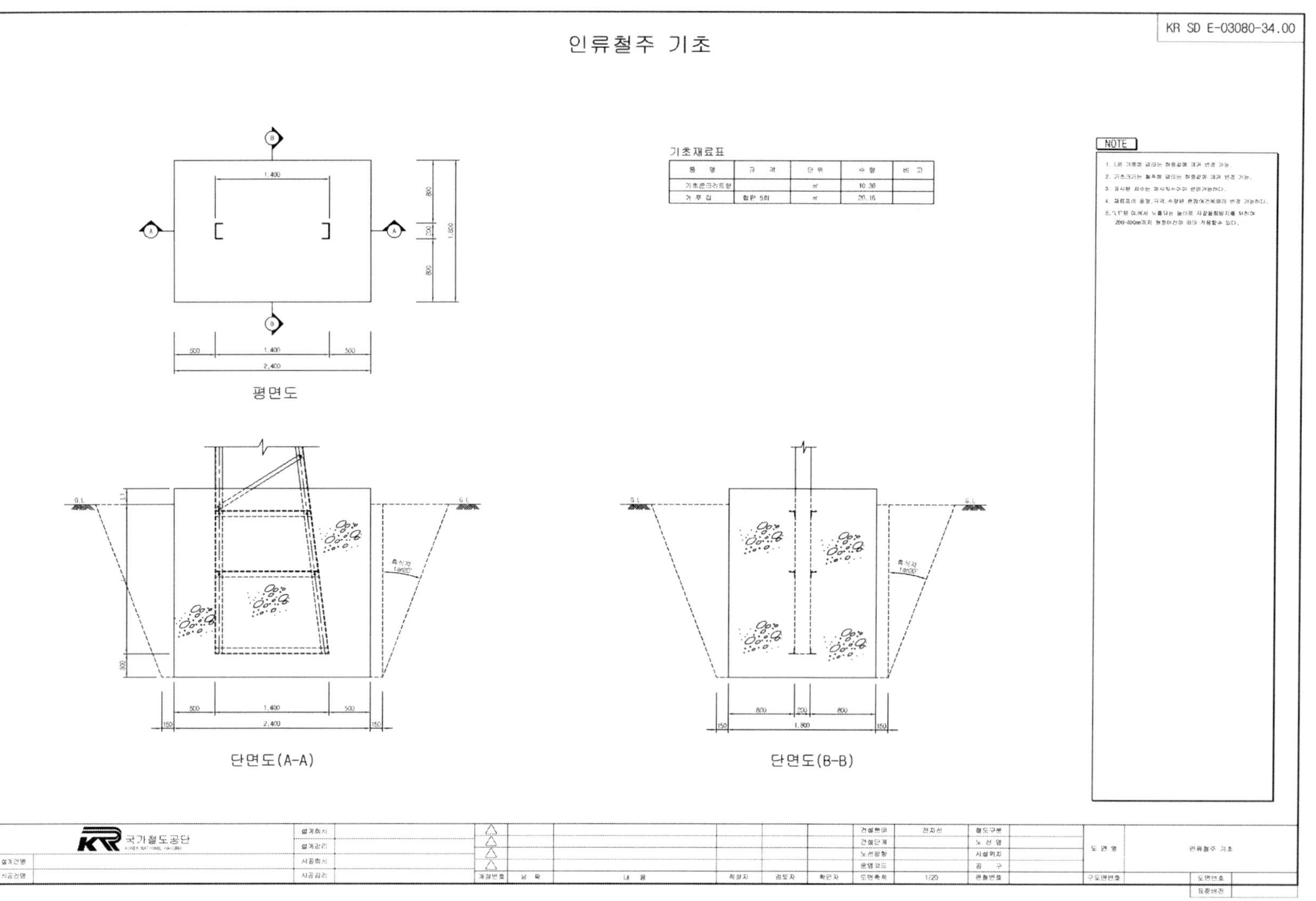


기초재료표

| 품 명 | 규 격 | 단 위 | 수 량 | 비 고 |
|---|---|---|---|---|
| 기초콘크리트량 | | ㎥ | 10.36 | |
| 거 푸 집 | 합판 5회 | ㎡ | 20.16 | |

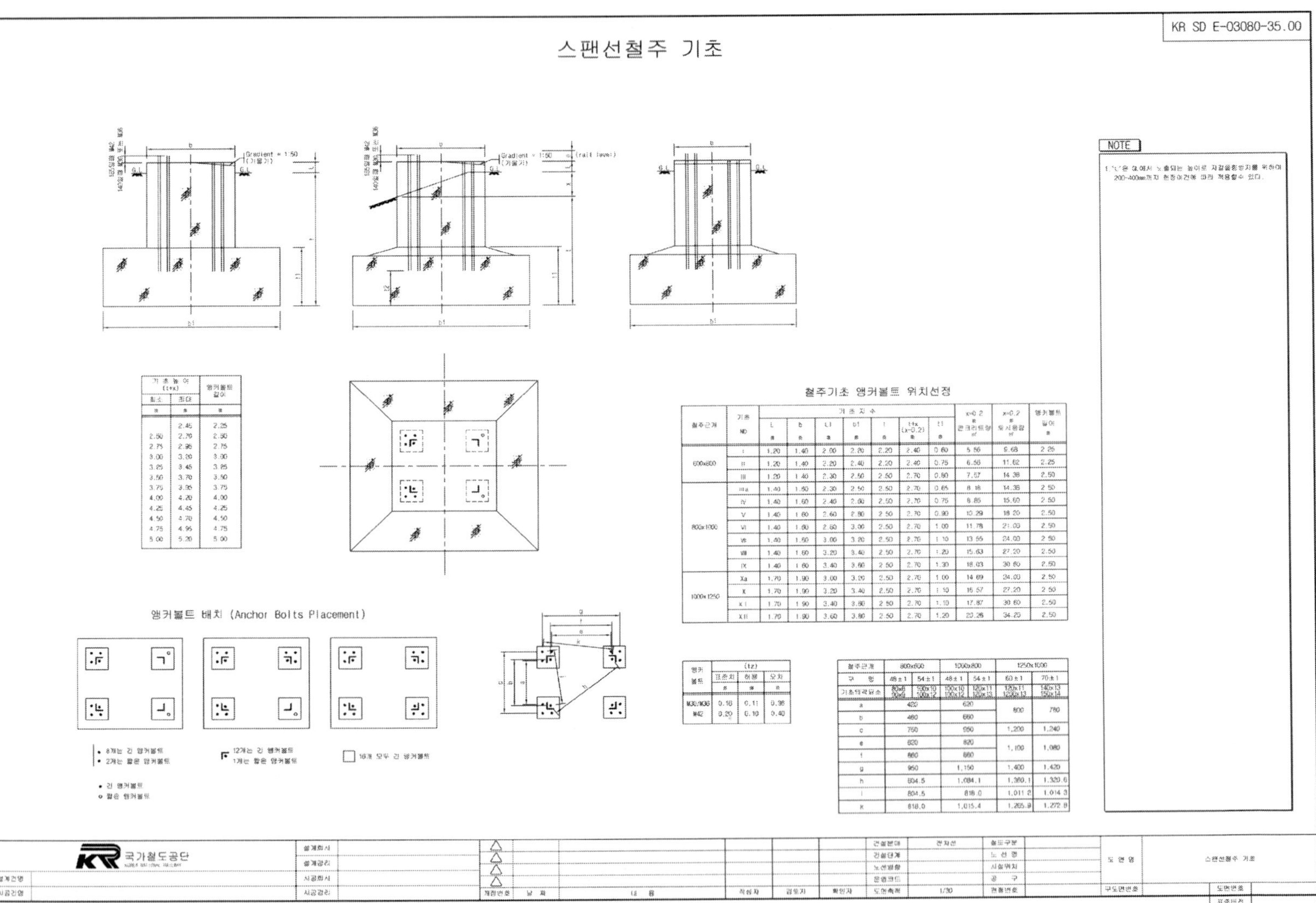


| 기초 높이 (t+x) 최소 | 기초 높이 (t+x) 최대 | 앵커볼트 길이 |
|---|---|---|
| m | m | m |
| | 2.45 | 2.25 |
| 2.50 | 2.70 | 2.50 |
| 2.75 | 2.95 | 2.75 |
| 3.00 | 3.20 | 3.00 |
| 3.25 | 3.45 | 3.25 |
| 3.50 | 3.70 | 3.50 |
| 3.75 | 3.95 | 3.75 |
| 4.00 | 4.20 | 4.00 |
| 4.25 | 4.45 | 4.25 |
| 4.50 | 4.70 | 4.50 |
| 4.75 | 4.95 | 4.75 |
| 5.00 | 5.20 | 5.00 |

철주기초 앵커볼트 위치선정

| 철주근계 | 기초 NO | 기초치수 L | b | L1 | b1 | t | t+x (x=0.2) | t1 | x=0.2 콘크리트량 ㎥ | x=0.2 토사용량 ㎥ | 앵커볼트 길이 |
|---|---|---|---|---|---|---|---|---|---|---|---|
| | | m | m | m | m | m | m | m | | | m |
| 600x800 | I | 1.20 | 1.40 | 2.00 | 2.20 | 2.20 | 2.40 | 0.60 | 5.56 | 9.68 | 2.25 |
| | II | 1.20 | 1.40 | 2.20 | 2.40 | 2.20 | 2.40 | 0.75 | 6.56 | 11.62 | 2.25 |
| | III | 1.20 | 1.40 | 2.30 | 2.50 | 2.50 | 2.70 | 0.80 | 7.57 | 14.38 | 2.50 |
| 800x1000 | IIIa | 1.40 | 1.60 | 2.30 | 2.50 | 2.50 | 2.70 | 0.65 | 8.18 | 14.38 | 2.50 |
| | IV | 1.40 | 1.60 | 2.40 | 2.60 | 2.50 | 2.70 | 0.75 | 8.85 | 15.60 | 2.50 |
| | V | 1.40 | 1.60 | 2.60 | 2.80 | 2.50 | 2.70 | 0.90 | 10.29 | 18.20 | 2.50 |
| | VI | 1.40 | 1.60 | 2.80 | 3.00 | 2.50 | 2.70 | 1.00 | 11.78 | 21.00 | 2.50 |
| | VII | 1.40 | 1.60 | 3.00 | 3.20 | 2.50 | 2.70 | 1.10 | 13.55 | 24.00 | 2.50 |
| | VIII | 1.40 | 1.60 | 3.20 | 3.40 | 2.50 | 2.70 | 1.20 | 15.63 | 27.20 | 2.50 |
| | IX | 1.40 | 1.60 | 3.40 | 3.60 | 2.50 | 2.70 | 1.30 | 18.03 | 30.60 | 2.50 |
| 1000x1250 | Xa | 1.70 | 1.90 | 3.00 | 3.20 | 2.50 | 2.70 | 1.00 | 14.69 | 24.00 | 2.50 |
| | X | 1.70 | 1.90 | 3.20 | 3.40 | 2.50 | 2.70 | 1.10 | 15.57 | 27.20 | 2.50 |
| | XI | 1.70 | 1.90 | 3.40 | 3.60 | 2.50 | 2.70 | 1.10 | 17.87 | 30.60 | 2.50 |
| | XII | 1.70 | 1.90 | 3.60 | 3.80 | 2.50 | 2.70 | 1.20 | 20.26 | 34.25 | 2.50 |

| 앵커볼트 | (tz) 표준치 | 허용 | 오차 |
|---|---|---|---|
| | m | m | m |
| M30/M36 | 0.18 | 0.11 | 0.38 |
| M42 | 0.20 | 0.10 | 0.40 |

| 철주근계 | 800x600 | | 1000x800 | | 1250x1000 | |
|---|---|---|---|---|---|---|
| 구 형 | 48±1 | 54±1 | 48±1 | 54±1 | 60±1 | 70±1 |
| 기초앵곽요소 | 80x8 90x9 | 100x10 100x12 | 100x10 100x12 | 120x11 120x13 | 120x11 120x13 | 140x13 150x14 |
| a | 420 | | 620 | | 800 | 780 |
| b | 460 | | 660 | | | |
| c | 750 | | 950 | | 1,200 | 1,240 |
| e | 820 | | 820 | | 1,100 | 1,080 |
| f | 860 | | 860 | | | |
| g | 950 | | 1,150 | | 1,400 | 1,420 |
| h | 804.5 | | 1,084.1 | | 1,360.1 | 1,320.6 |
| i | 804.5 | | 818.0 | | 1,011.2 | 1,014.3 |
| k | 818.0 | | 1,015.4 | | 1,265.9 | 1,272.8 |

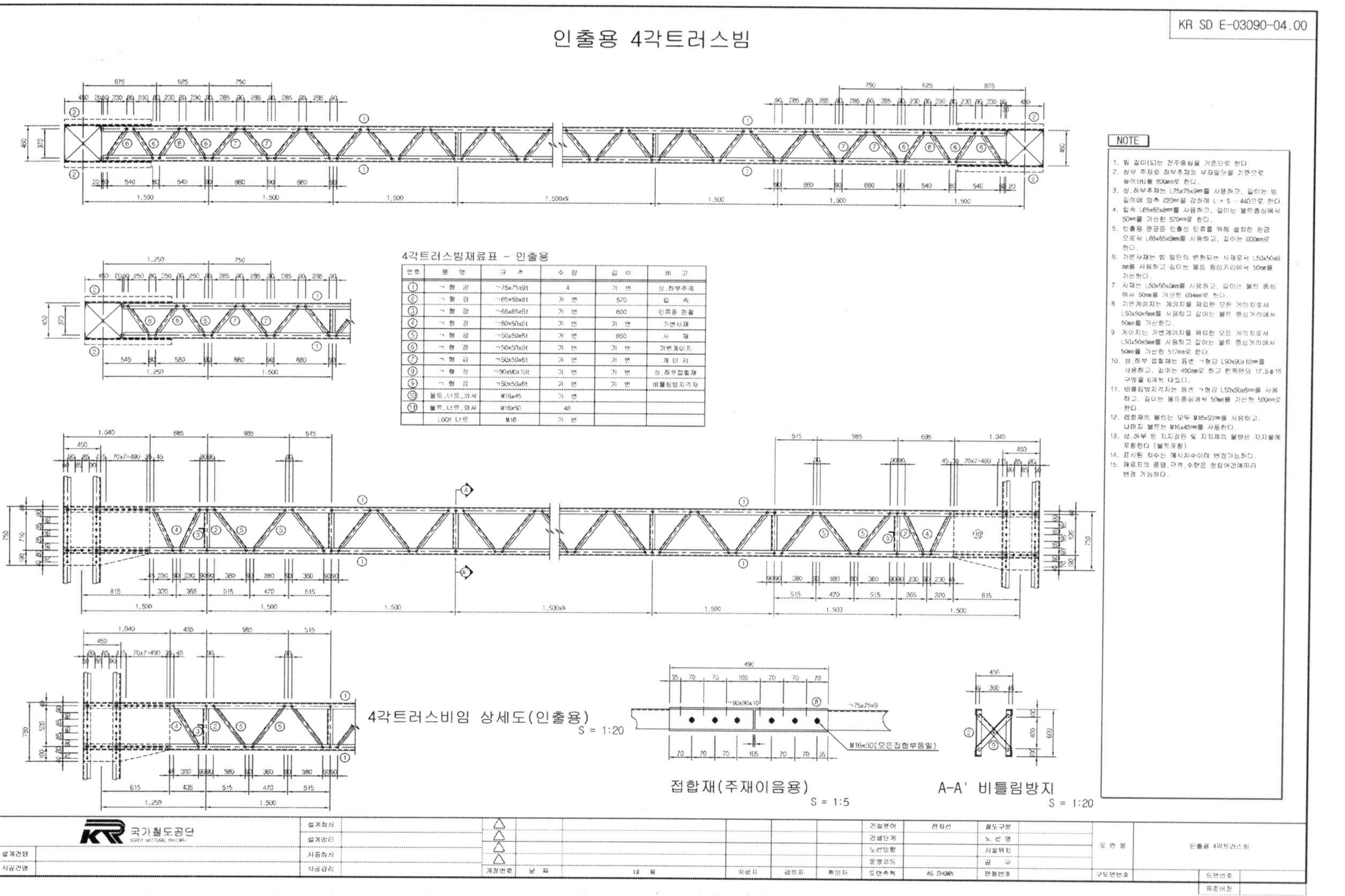


4각트러스빔재료표 - 인출용

| 번호 | 품 명 | 규 격 | 수 량 | 길 이 | 비 고 |
|---|---|---|---|---|---|
| ① | ㄱ 형 강 | ㄱ75x75x9t | 4 | 가 변 | 상,하부주재 |
| ② | ㄱ 형 강 | ㄱ65x65x8t | 가 변 | 570 | 받 속 |
| ③ | ㄱ 형 강 | ㄱ65x65x8t | 가 변 | 600 | 인출용 앵글 |
| ④ | ㄱ 형 강 | ㄱ50x50x6t | 가 변 | 가 변 | 가변사재 |
| ⑤ | ㄱ 형 강 | ㄱ50x50x6t | 가 변 | 650 | 사 재 |
| ⑥ | ㄱ 형 강 | ㄱ50x50x6t | 가 변 | 가 변 | 가변게이지 |
| ⑦ | ㄱ 형 강 | ㄱ50x50x6t | 가 변 | 가 변 | 게 이 지 |
| ⑧ | ㄱ 형 강 | ㄱ90x90x10t | 가 변 | 가 변 | 상,하부접합재 |
| ⑨ | ㄱ 형 강 | ㄱ50x50x6t | 가 변 | 가 변 | 비틀림방지각재 |
| ⑩ | 볼트,너트,와셔 | M16x45 | 가 변 | | |
| ⑪ | 볼트,너트,와셔 | M16x50 | 48 | | |
| | LOCK 너트 | M16 | 가 변 | | |

NOTE

1. 빔 길이(S)는 전주중심을 기준으로 한다.
2. 상부 주재와 하부주재의 부재중심을 기준으로 높이(H)를 600mm로 한다.
3. 상,하부주재는 L75x75x9mm를 사용하고, 길이는 빔 길이에 양측 220mm를 감하여 L = S - 440으로 한다.
4. 받속 L65x65x8mm를 사용하고, 길이는 볼트중심에서 50mm를 가산한 570mm로 한다.
5. 인출용 앵글은 인출선 인류를 위해 설치한 앵글으로서 L65x65x8mm를 사용하고, 길이는 600mm로 한다.
6. 가변사재는 빔 길이의 변화되는 사재로서 L50x50x6mm를 사용하고 길이는 볼트 중심거리에서 50mm를 가산한다.
7. 사재는 L50x50x6mm를 사용하고, 길이는 볼트 중심에서 50mm를 가산한 694mm로 한다.
8. 가변게이지는 게이지를 제외한 모든 게이지로서 L50x50x6mm를 사용하고 길이는 볼트 중심거리에서 50mm를 가산한다.
9. 게이지는 가변게이지를 제외한 모든 게이지로서 L50x50x6mm를 사용하고 길이는 볼트 중심거리에서 50mm를 가산한 517mm로 한다.
10. 상,하부 접합재는 등변 ㄱ형강 L90x90x10mm를 사용하고, 길이는 490mm로 하고 한쪽면당 17.5φ의 구멍을 6개씩 내었다.
11. 비틀림방지각재는 등변 ㄱ형강 L50x50x6mm를 사용하고, 길이는 볼트중심에서 50mm를 가산한 500mm로 한다.
12. 접합재의 볼트는 모두 M16x50mm를 사용하고, 나머지 볼트는 M16x45mm를 사용한다.
13. 상,하부 빔 지지강판 및 지지재의 볼형은 지지물에 포함한다(볼트포함)
14. 표시된 치수는 예시치수이며 변경가능하다.
15. 재료표의 품명,규격,수량은 현장여건에따라 변경 가능하다.

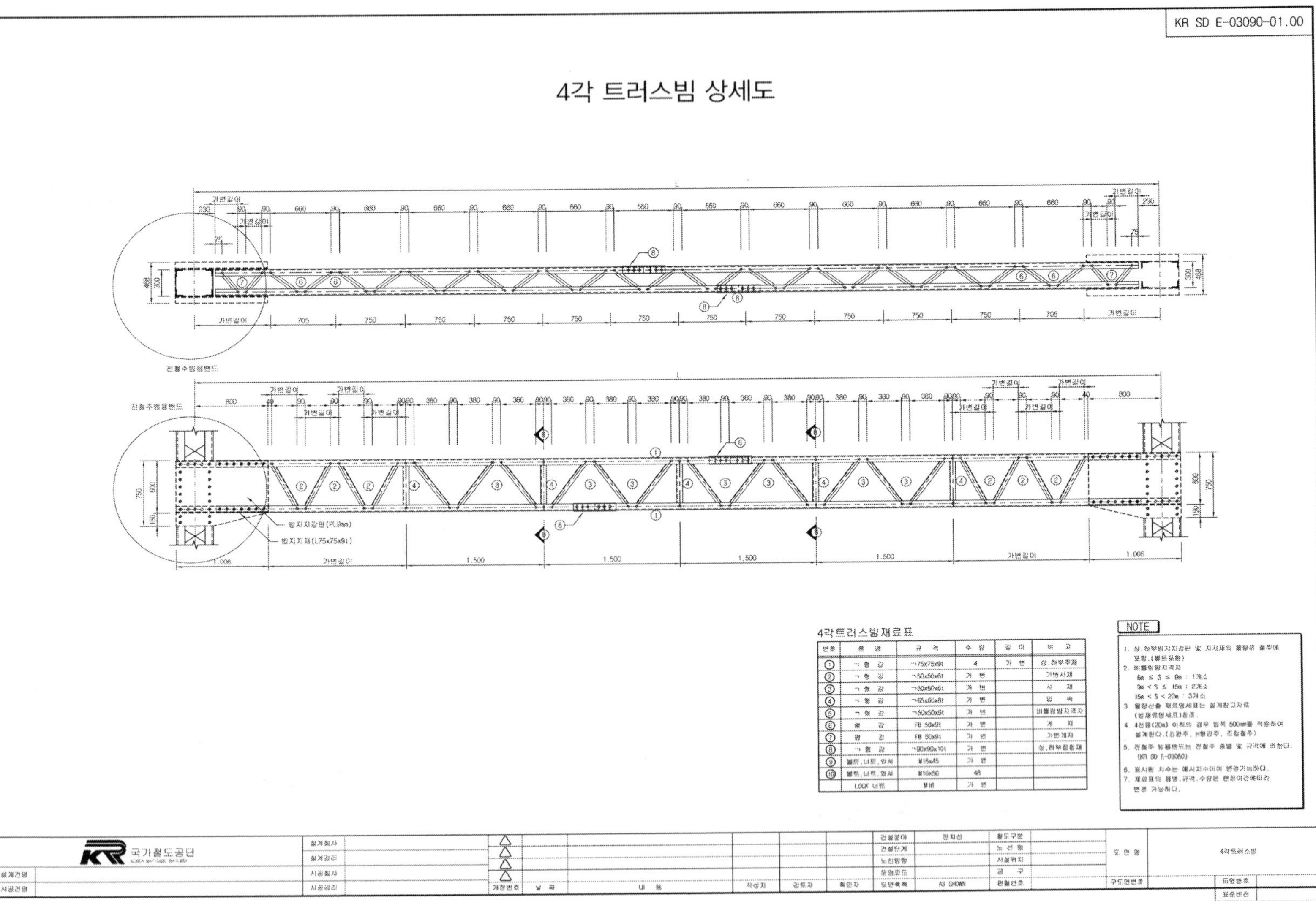
KR SD E-03090-01.00
4각 트러스빔 상세도
4각트러스빔재료표
NOTE
국가철도공단

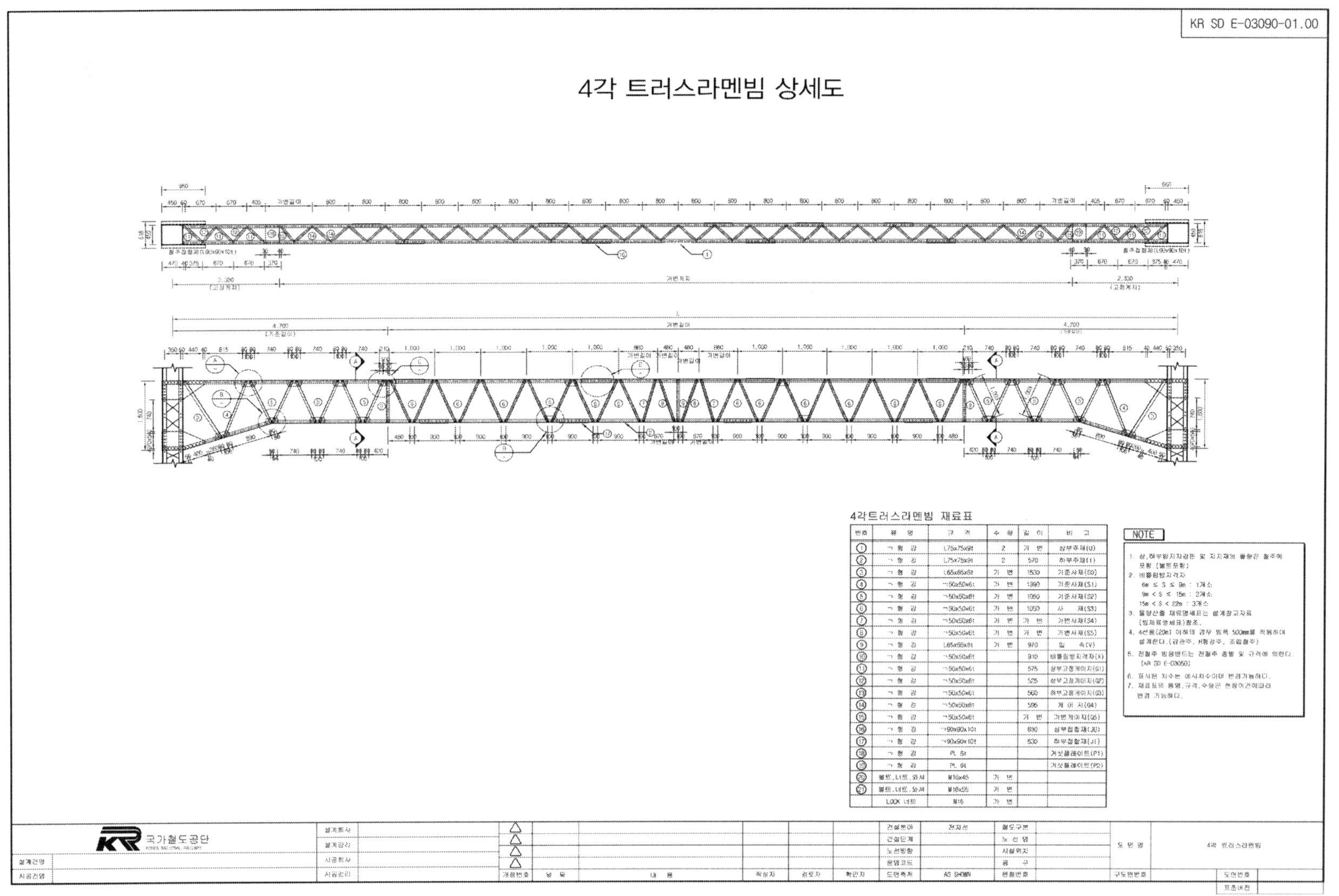


4각트러스라멘빔 재료표

| 번호 | 품 명 | 규 격 | 수 량 | 길 이 | 비 고 |
|---|---|---|---|---|---|
| ① | ㄱ 형 강 | L75x75x9t | 2 | 가 변 | 상부주재(U) |
| ② | ㄱ 형 강 | L75x75x9t | 2 | 570 | 하부주재(L) |
| ③ | ㄱ 형 강 | L65x65x6t | 가 변 | 1530 | 기준사재(S0) |
| ④ | ㄱ 형 강 | ㄱ50x50x6t | 가 변 | 1360 | 기준사재(S1) |
| ⑤ | ㄱ 형 강 | ㄱ50x50x6t | 가 변 | 1060 | 기준사재(S2) |
| ⑥ | ㄱ 형 강 | ㄱ50x50x6t | 가 변 | 1050 | 사 재(S3) |
| ⑦ | ㄱ 형 강 | ㄱ50x50x6t | 가 변 | 가 변 | 가변사재(S4) |
| ⑧ | ㄱ 형 강 | ㄱ50x50x6t | 가 변 | 가 변 | 가변사재(S5) |
| ⑨ | ㄱ 형 강 | L65x65x8t | 가 변 | 970 | 일 속(V) |
| ⑩ | ㄱ 형 강 | ㄱ50x50x6t | | 910 | 비틀림방지격자(X) |
| ⑪ | ㄱ 형 강 | ㄱ50x50x6t | | 575 | 상부고정게이지(G1) |
| ⑫ | ㄱ 형 강 | ㄱ50x50x6t | | 525 | 상부고정게이지(G2) |
| ⑬ | ㄱ 형 강 | ㄱ50x50x6t | | 560 | 하부고정게이지(G3) |
| ⑭ | ㄱ 형 강 | ㄱ50x50x6t | | 595 | 게 이 지(G4) |
| ⑮ | ㄱ 형 강 | ㄱ50x50x6t | | 가 변 | 가변게이지(G5) |
| ⑯ | ㄱ 형 강 | ㄱ90x90x10t | | 630 | 상부접합재(JU) |
| ⑰ | ㄱ 형 강 | ㄱ90x90x10t | | 530 | 하부접합재(JL) |
| ⑱ | ㄱ 형 강 | PL 6t | | | 거싯플레이트(P1) |
| ⑲ | ㄱ 형 강 | PL 6t | | | 거싯플레이트(P2) |
| ⑳ | 볼트, 너트, 와셔 | M16x45 | 가 변 | | |
| ㉑ | 볼트, 너트, 와셔 | M16x55 | 가 변 | | |
| | LOCK 너트 | M16 | 가 변 | | |

NOTE

1. 상,하부빔지지강판 및 지지재의 볼트는 철주에 유동 (볼트유동)
2. 비틀림방지격자
   6m ≤ S ≤ 9m : 1개소
   9m < S ≤ 15m : 2개소
   15m < S < 22m : 3개소
3. 물량산출 재료명세표는 설계참고자료 (빔재료명세표)참조.
4. 4선용(20m) 이하의 경우 빔폭 500mm를 적용하여 설계한다.(강관주, H형강주, 조립철주)
5. 전철주 빔용밴드는 전철주 종별 및 규격에 의한다. (KR SD E-03050)
6. 표시된 치수는 예시치수이며 변경가능하다.
7. 재료표의 품명,규격,수량은 현장여건에따라 변경 가능하다.

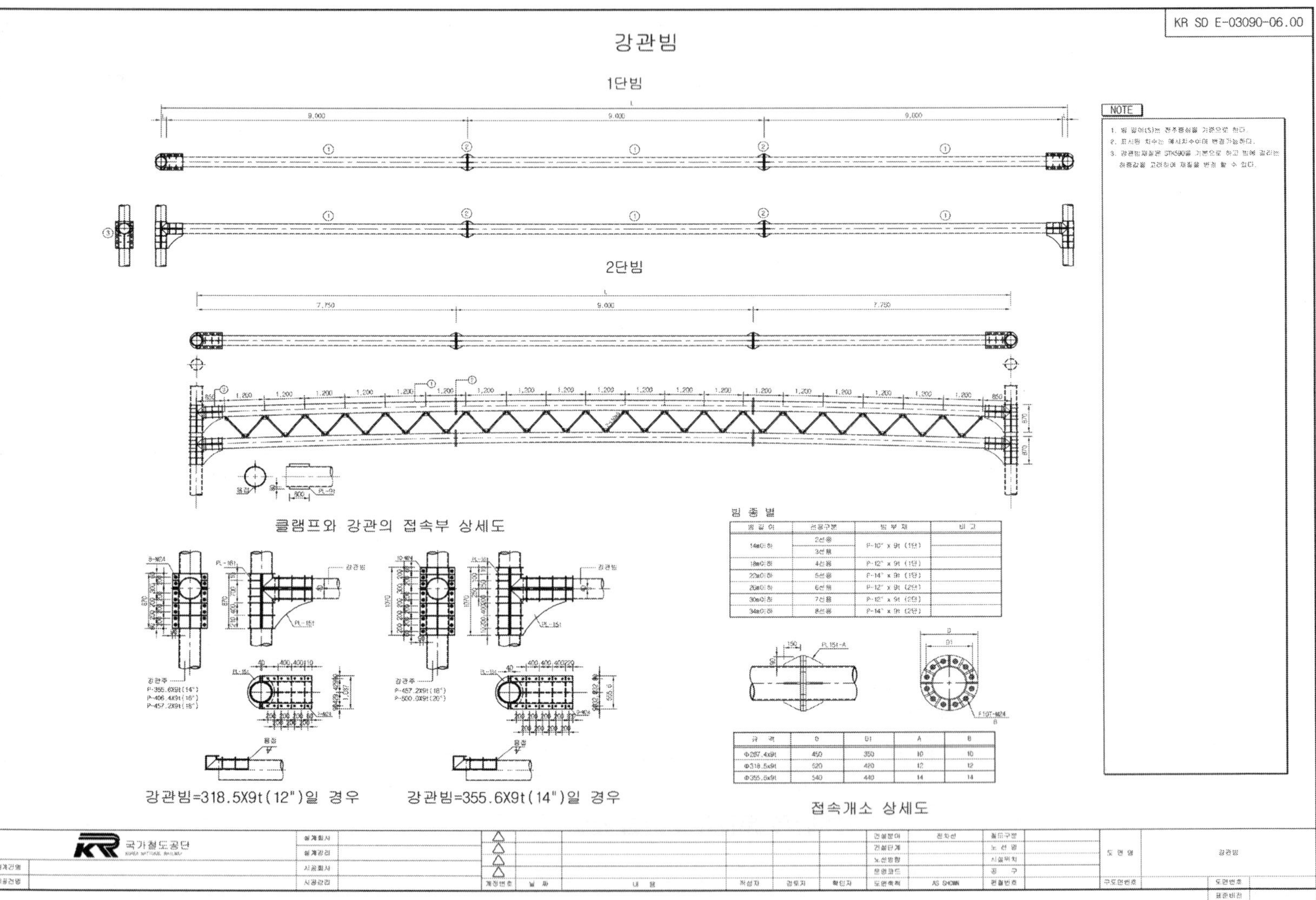
KR SD E-03090-06.00
강관빔
1단빔
2단빔
NOTE
1. 빔 길이(S)는 전주중심을 기준으로 한다.
2. 표시된 치수는 예시치수이며 변경가능하다.
3. 강관빔재질은 STK590을 기본으로 하고 빔에 걸리는 하중값을 고려하여 재질을 변경 할 수 있다.
클램프와 강관의 접속부 상세도
강관빔=318.5X9t(12")일 경우
강관빔=355.6X9t(14")일 경우
빔 종별
빔 길이 | 선로구분 | 빔 부재 | 비고
14m이하 | 2선용, 3선용 | P-10" x 9t (1단)
18m이하 | 4선용 | P-12" x 9t (1단)
22m이하 | 5선용 | P-14" x 9t (1단)
26m이하 | 6선용 | P-12" x 9t (2단)
30m이하 | 7선용 | P-12" x 9t (2단)
34m이하 | 8선용 | P-14" x 9t (2단)
규격 | D | D1 | A | B
Φ267.4x9t | 450 | 350 | 10 | 10
Φ318.5x9t | 520 | 420 | 12 | 12
Φ355.6x9t | 540 | 440 | 14 | 14
접속개소 상세도
국가철도공단
AS SHOWN

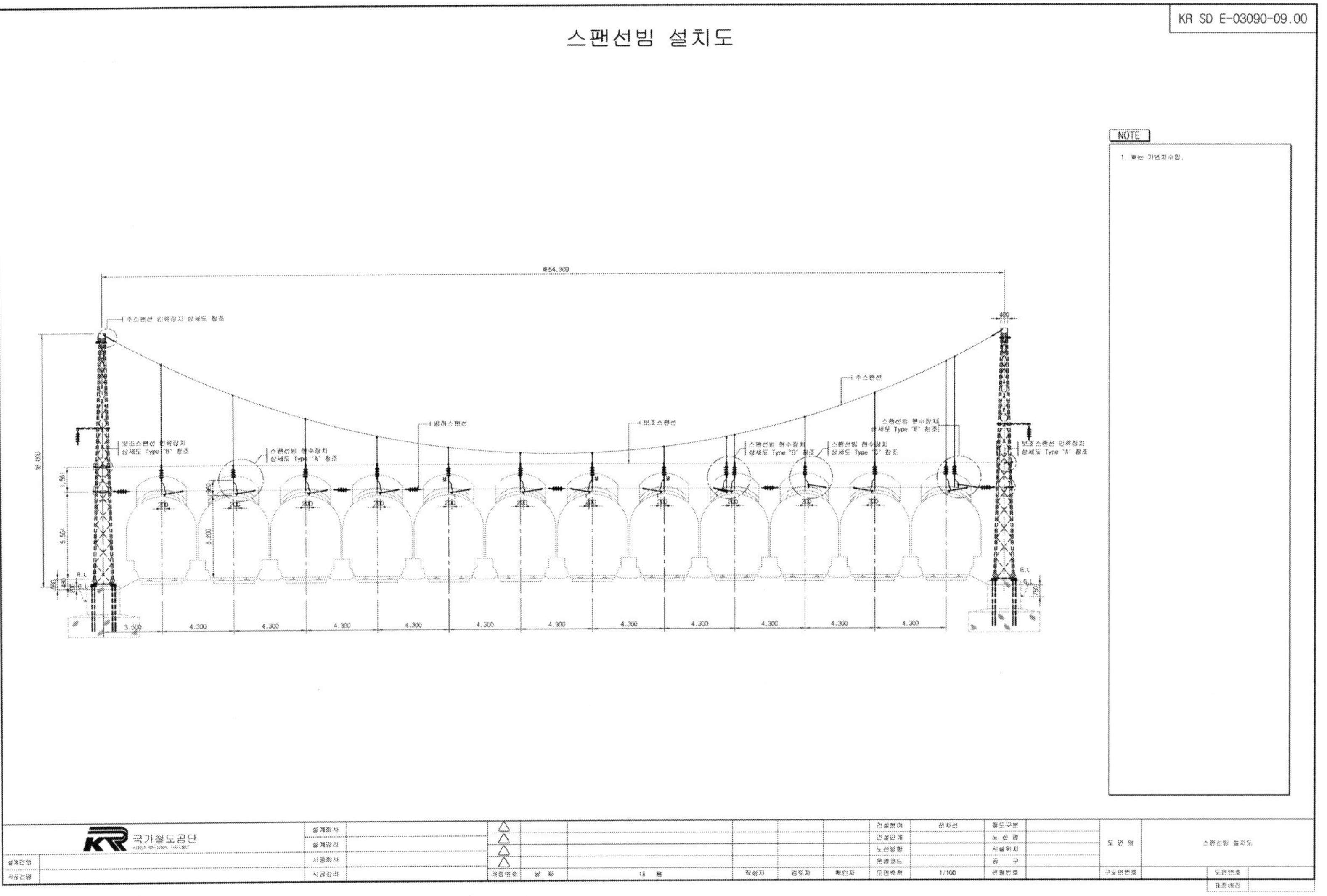
KR SD E-03090-09.00
스팬선빔 설치도
NOTE
※54,300
4,300
3,500
국가철도공단

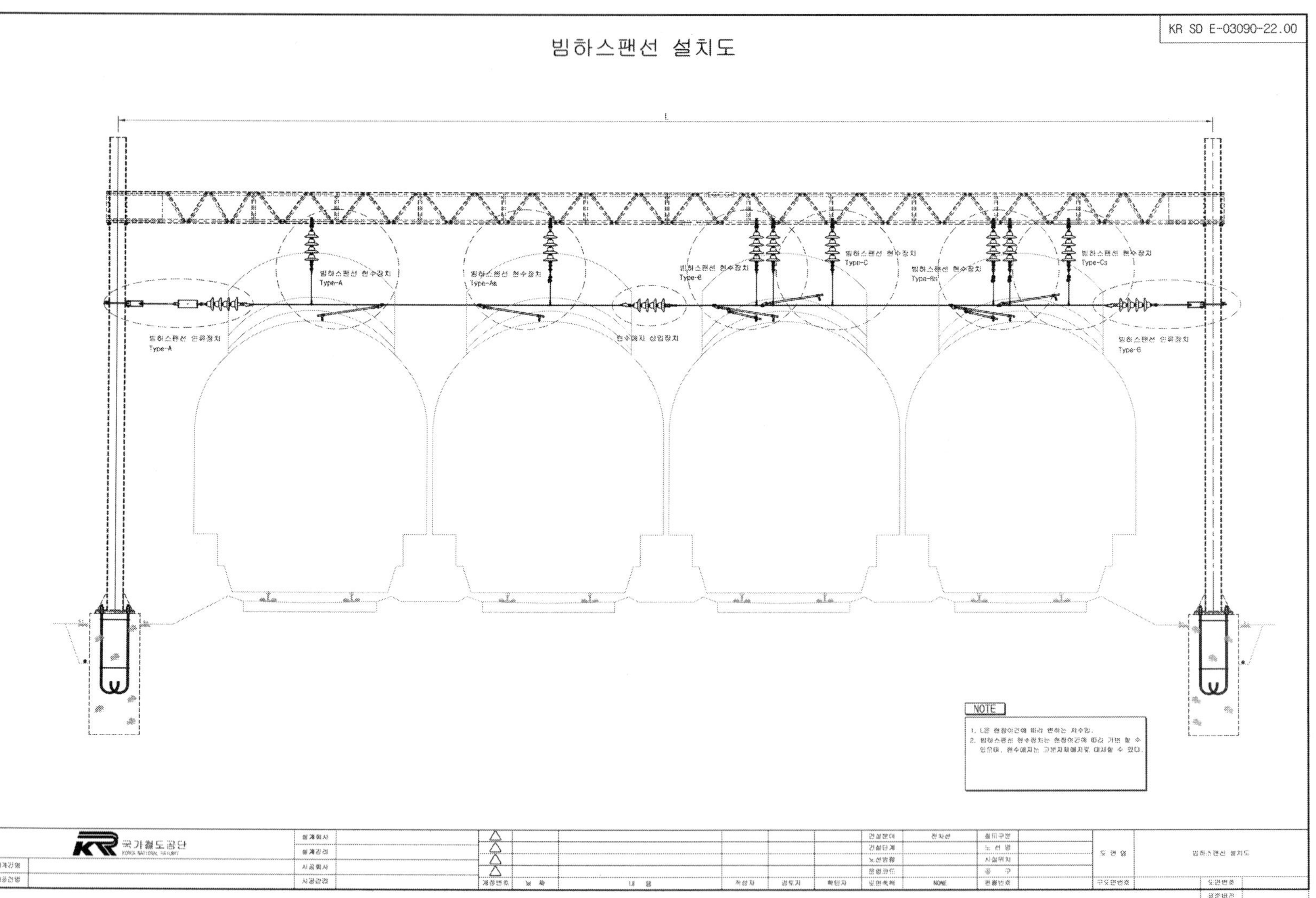
KR SD E-03090-22.00
빔하스팬선 설치도
빔하스팬선 인류장치
Type-A
빔하스팬선 현수장치
Type-A
빔하스팬선 현수장치
Type-As
현수애자 삽입장치
빔하스팬선 현수장치
Type-B
빔하스팬선 현수장치
Type-C
빔하스팬선 현수장치
Type-Bs
빔하스팬선 현수장치
Type-Cs
빔하스팬선 인류장치
Type-B
NOTE
국가철도공단

KR SD E-03090-31.00

# 4각빔용 전주대용물

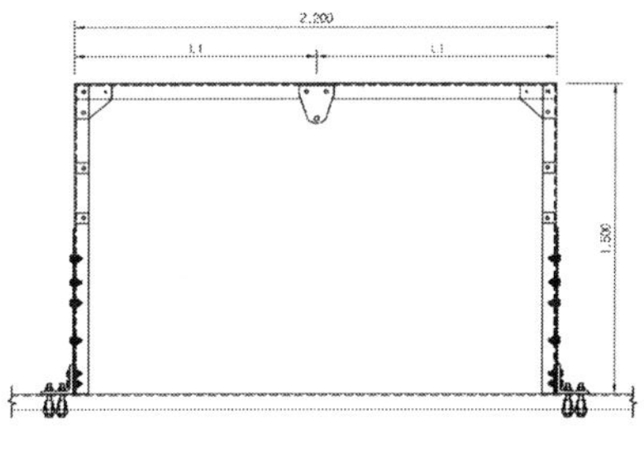

전주대용물 재료표

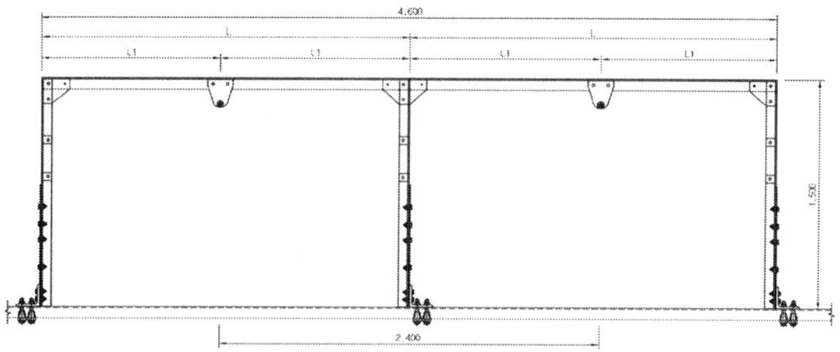

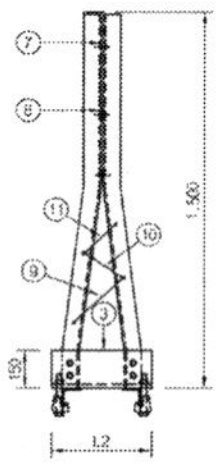

| 번호 | 품명 | 규격 | 단위 | 길이(mm)/면적(m²) | 비고 |
|---|---|---|---|---|---|
| ① | ㄱ형 강 | L75x75x9t | kg | 소요량 | |
| ② | ㄱ형 강 | L65x65x8t | kg | 소요량 | |
| ③ | ㄱ형 강 | L150x150x15t | kg | 소요량 | |
| ④ | 지지와셔 | 4홀 도그형 | 개 | 소요량 | |
| ⑤ | 강 판 | 6t | m² | 소요량 | |
| ⑥ | 강 판 | 6t | m² | 소요량 | |
| ⑦ | 강 판 | 9t | m² | 소요량 | |
| ⑧ | 강 판 | 9t | m² | 소요량 | |
| ⑨ | 평 강 | 50x9t | kg | 소요량 | |
| ⑩ | 평 강 | 50x9t | kg | 소요량 | |
| ⑪ | 평 강 | 50x9t | kg | 소요량 | |
| ● | 볼트,너트,와셔 | M16 x 35 | 개 | | |
| ◎ | 볼트,너트,와셔 | M16 x 45 | 개 | | |
| ○ | 볼트,너트,와셔 | M16 x 50 | 개 | | |
| | 볼트,너트,와셔 | M20 x 200 | 개 | | |
| | LOCK 너트 | M16 | 개 | | |
| | LOCK 너트 | M20 | 개 | | |
| 합 계 | | | | | |

NOTE

1. 트러스교 등 특수개소는 별도의 계산 절차를 통하여 설계 할 것
2. 지지물의 간격이 곡도에 따라 가변형인 경우 특이사항에 표기
3. L1치수는 애자의 종류에 따라 가변하는 치수임.
4. L2는 고정빔의 종류 및 규격에 따라 가변하는 치수임
5. 표시된 치수는 예시치수이며 변경가능 하며 대용물의 높이는 애자의 종류에 따라 변경될수 있다.
6. 재료표의 품명,규격,수량은 현장여건에따라 변경 가능하다.

국가철도공단

도면명: 4각빔용 전주대용물

도면축척: 1/15

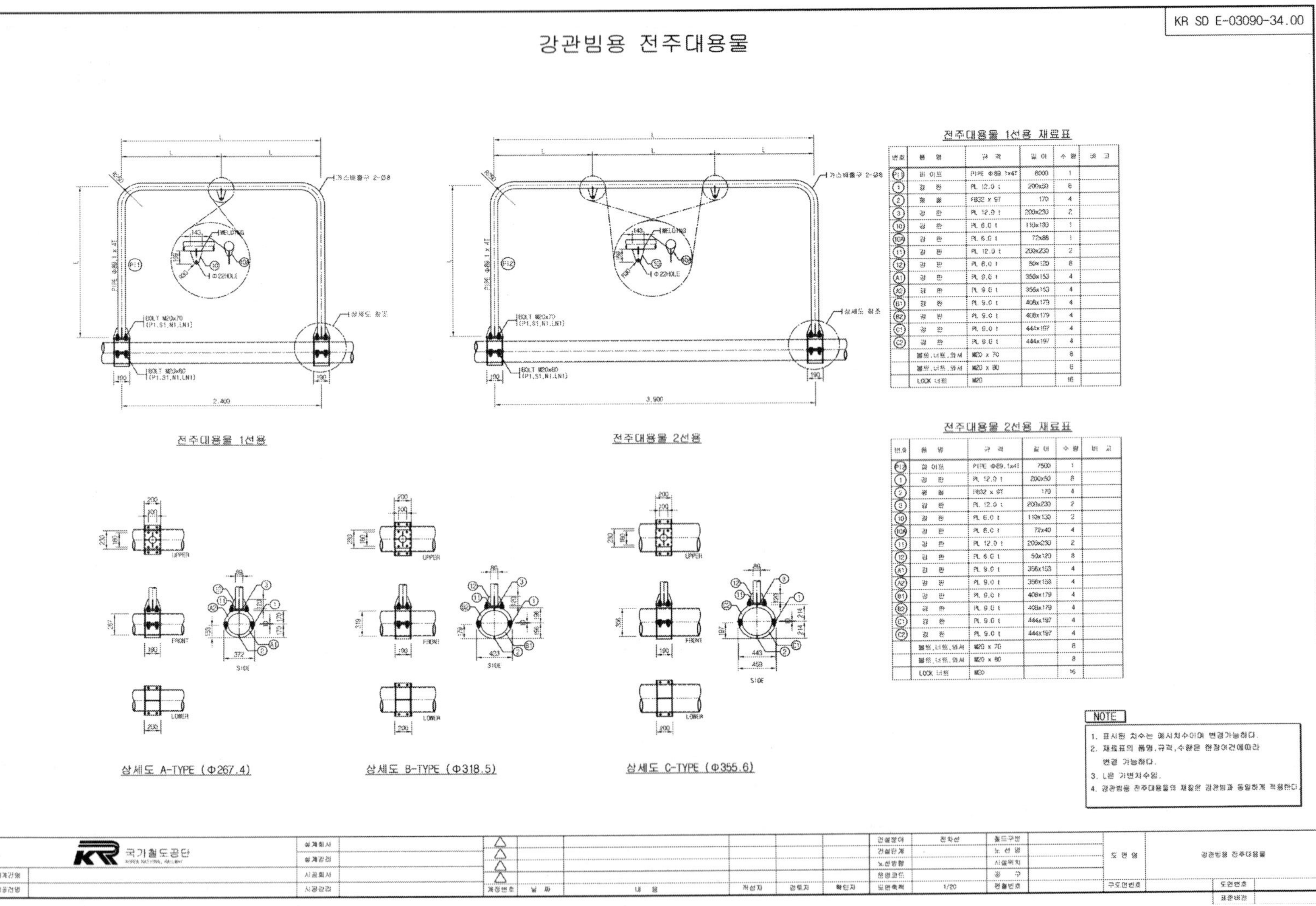


**전주대용물 1선용 재료표**

| 번호 | 품명 | 규격 | 길이 | 수량 | 비고 |
|---|---|---|---|---|---|
| P11 | 파이프 | PIPE Φ89.1x4T | 6000 | 1 | |
| 1 | 강판 | PL 12.0 t | 200x50 | 8 | |
| 2 | 평철 | FB32 x 9T | 170 | 4 | |
| 3 | 강판 | PL 12.0 t | 200x230 | 2 | |
| 10 | 강판 | PL 6.0 t | 110x130 | 1 | |
| 10A | 강판 | PL 6.0 t | 72x88 | 1 | |
| 11 | 강판 | PL 12.0 t | 200x230 | 2 | |
| 12 | 강판 | PL 6.0 t | 50x120 | 8 | |
| A1 | 강판 | PL 9.0 t | 356x153 | 4 | |
| A2 | 강판 | PL 9.0 t | 356x153 | 4 | |
| B1 | 강판 | PL 9.0 t | 408x179 | 4 | |
| B2 | 강판 | PL 9.0 t | 408x179 | 4 | |
| C1 | 강판 | PL 9.0 t | 444x197 | 4 | |
| C2 | 강판 | PL 9.0 t | 444x197 | 4 | |
| | 볼트,너트,와셔 | M20 x 70 | | 8 | |
| | 볼트,너트,와셔 | M20 x 80 | | 8 | |
| | LOCK 너트 | M20 | | 16 | |

**전주대용물 2선용 재료표**

| 번호 | 품명 | 규격 | 길이 | 수량 | 비고 |
|---|---|---|---|---|---|
| P12 | 파이프 | PIPE Φ89.1x4t | 7500 | 1 | |
| 1 | 강판 | PL 12.0 t | 200x50 | 8 | |
| 2 | 평철 | FB32 x 9T | 170 | 4 | |
| 3 | 강판 | PL 12.0 t | 200x230 | 2 | |
| 10 | 강판 | PL 6.0 t | 110x130 | 2 | |
| 10A | 강판 | PL 6.0 t | 72x40 | 4 | |
| 11 | 강판 | PL 12.0 t | 200x230 | 2 | |
| 12 | 강판 | PL 6.0 t | 50x120 | 8 | |
| A1 | 강판 | PL 9.0 t | 356x153 | 4 | |
| A2 | 강판 | PL 9.0 t | 356x153 | 4 | |
| B1 | 강판 | PL 9.0 t | 408x179 | 4 | |
| B2 | 강판 | PL 9.0 t | 408x179 | 4 | |
| C1 | 강판 | PL 9.0 t | 444x197 | 4 | |
| C2 | 강판 | PL 9.0 t | 444x197 | 4 | |
| | 볼트,너트,와셔 | M20 x 70 | | 8 | |
| | 볼트,너트,와셔 | M20 x 80 | | 8 | |
| | LOCK 너트 | M20 | | 16 | |

**NOTE**

1. 표시된 치수는 예시치수이며 변경가능하다.
2. 재료표의 품명,규격,수량은 현장여건에따라 변경 가능하다.
3. L은 가변치수임.
4. 강관빔용 전주대용물의 재질은 강관빔과 동일하게 적용한다.

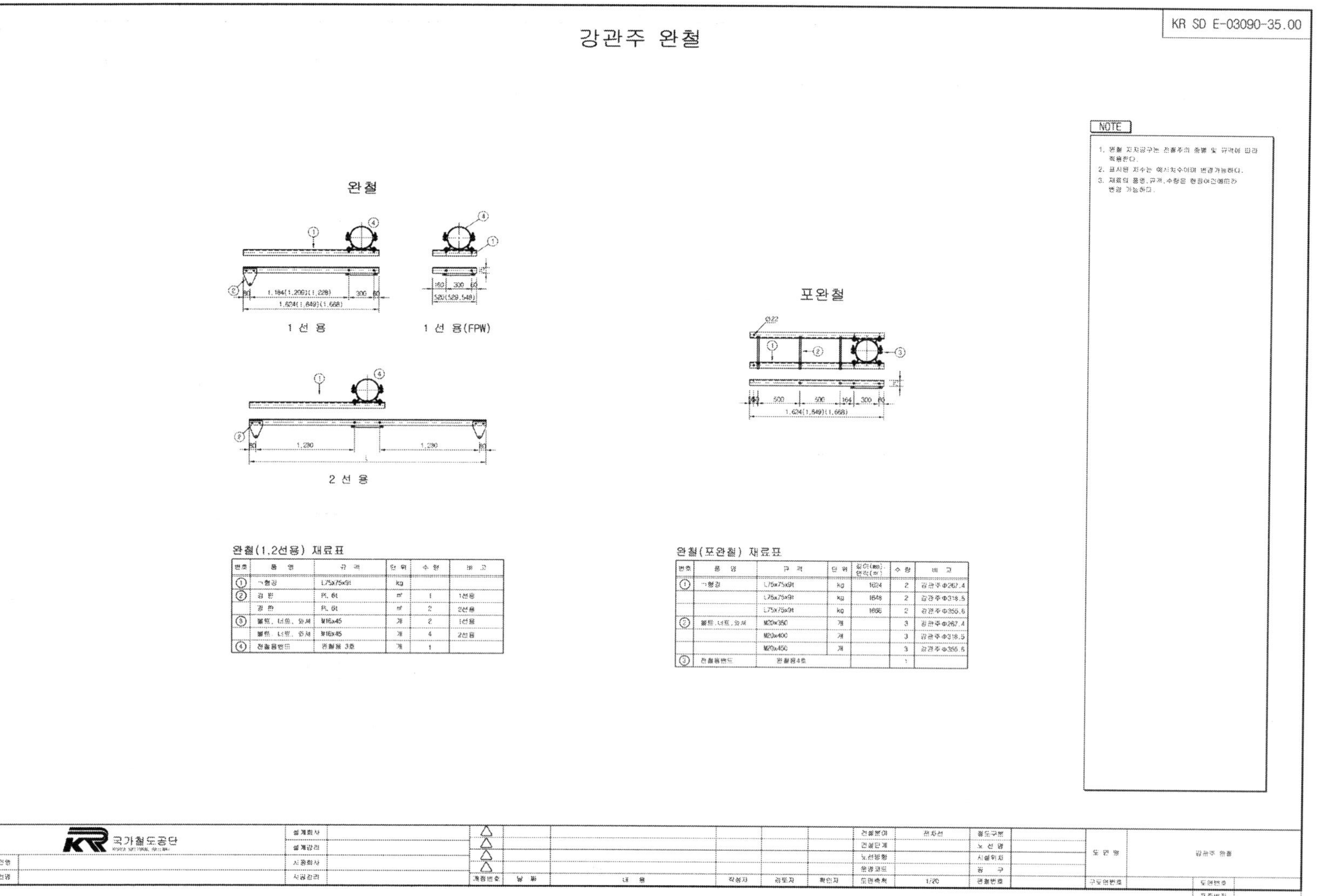


완철(1.2선용) 재료표

| 번호 | 품명 | 규격 | 단위 | 수량 | 비고 |
|---|---|---|---|---|---|
| ① | ㄱ형강 | L75x75x9t | kg | | |
| ② | 강판 | PL 6t | m² | 1 | 1선용 |
| | 강판 | PL 6t | m² | 2 | 2선용 |
| ③ | 볼트, 너트, 와셔 | M16x45 | 개 | 2 | 1선용 |
| | 볼트, 너트, 와셔 | M16x45 | 개 | 4 | 2선용 |
| ④ | 전철용밴드 | 완철용 3호 | 개 | 1 | |

완철(포완철) 재료표

| 번호 | 품명 | 규격 | 단위 | 길이(mm), 면적(m²) | 수량 | 비고 |
|---|---|---|---|---|---|---|
| ① | ㄱ형강 | L75x75x9t | kg | 1624 | 2 | 강관주 Φ267.4 |
| | | L75x75x9t | kg | 1648 | 2 | 강관주 Φ318.5 |
| | | L75x75x9t | kg | 1666 | 2 | 강관주 Φ355.6 |
| ② | 볼트, 너트, 와셔 | M20x350 | 개 | | 3 | 강관주 Φ267.4 |
| | | M20x400 | 개 | | 3 | 강관주 Φ318.5 |
| | | M20x450 | 개 | | 3 | 강관주 Φ355.6 |
| ③ | 전철용밴드 | 완철용4호 | | | 1 | |

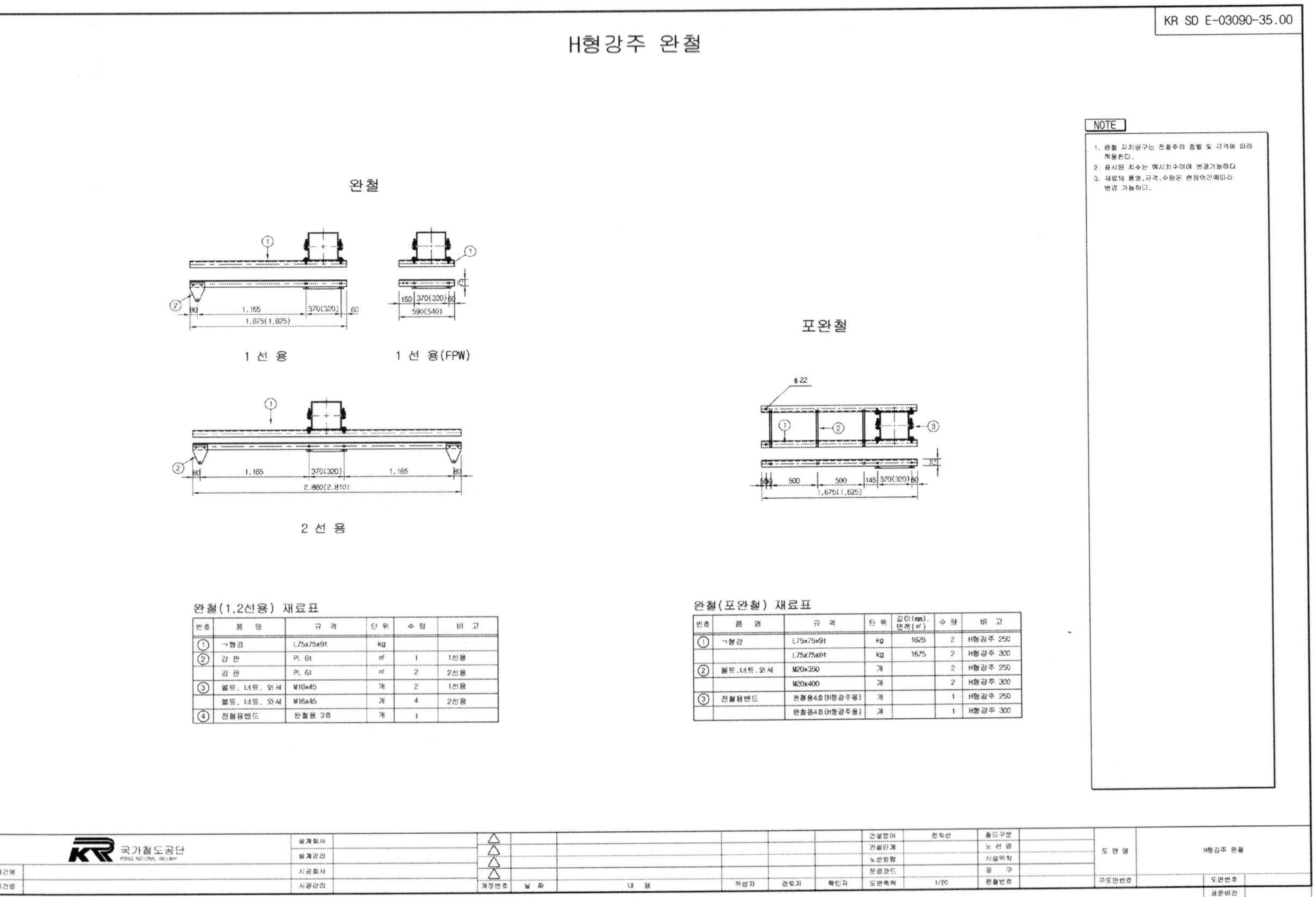


완철(1,2선용) 재료표

| 번호 | 품 명 | 규 격 | 단 위 | 수 량 | 비 고 |
|---|---|---|---|---|---|
| ① | ㄱ형강 | L75x75x9t | kg | | |
| ② | 강 판 | PL 6t | ㎡ | 1 | 1선용 |
| | 강 판 | PL 6t | ㎡ | 2 | 2선용 |
| ③ | 볼트, 너트, 와셔 | M16x45 | 개 | 2 | 1선용 |
| | 볼트, 너트, 와셔 | M16x45 | 개 | 4 | 2선용 |
| ④ | 전철용밴드 | 완철용 3호 | 개 | 1 | |

완철(포완철) 재료표

| 번호 | 품 명 | 규 격 | 단 위 | 길이(mm), 면적(㎡) | 수 량 | 비 고 |
|---|---|---|---|---|---|---|
| ① | ㄱ형강 | L75x75x9t | kg | 1625 | 2 | H형강주 250 |
| | | L75x75x9t | kg | 1675 | 2 | H형강주 300 |
| ② | 볼트,너트,와셔 | M20x350 | 개 | | 2 | H형강주 250 |
| | | M20x400 | 개 | | 2 | H형강주 300 |
| ③ | 전철용밴드 | 완철용4호(H형강주용) | 개 | | 1 | H형강주 250 |
| | | 완철용4호(H형강주용) | 개 | | 1 | H형강주 300 |

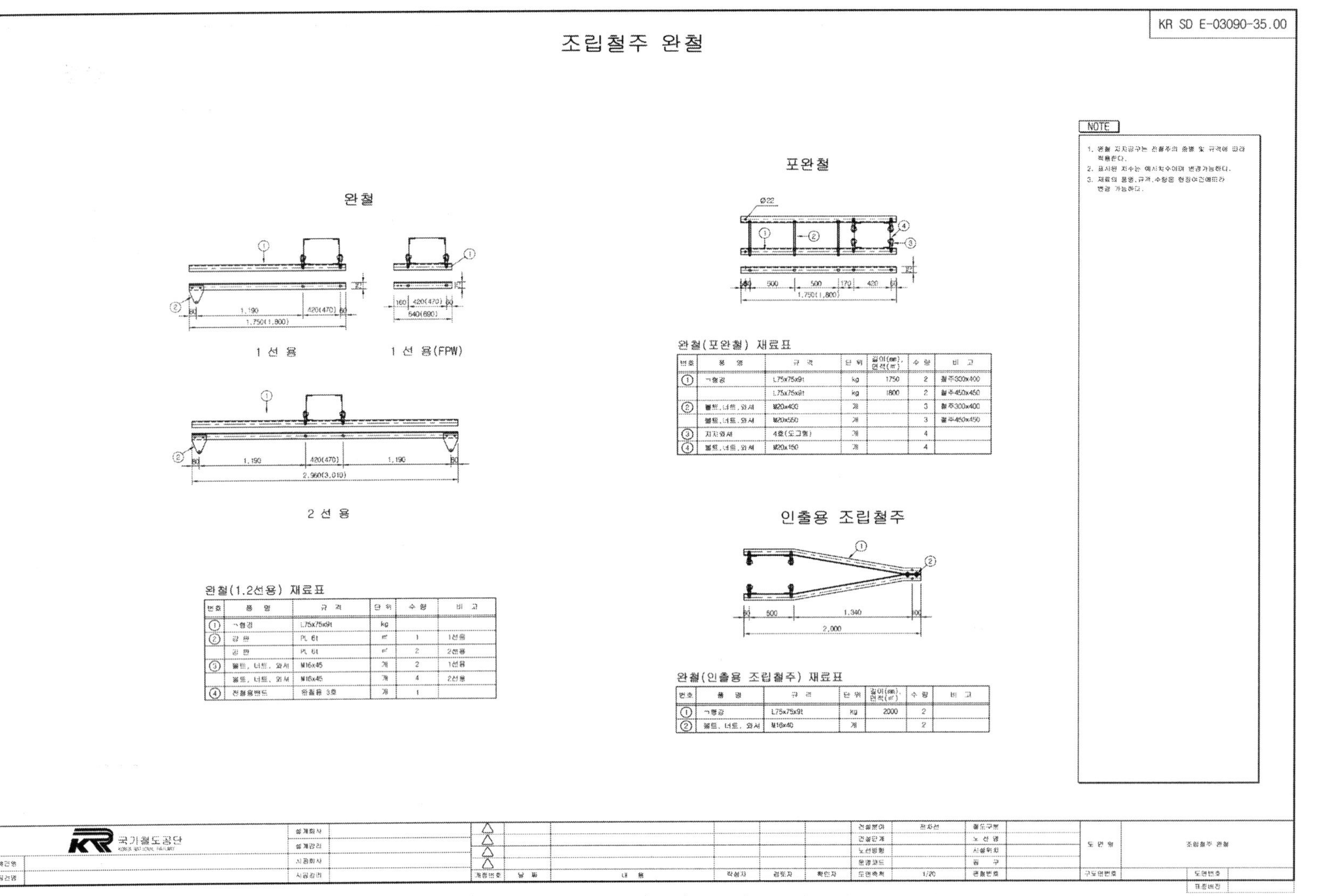


완철(1.2선용) 재료표

| 번호 | 품 명 | 규 격 | 단 위 | 수 량 | 비 고 |
|---|---|---|---|---|---|
| ① | ㄱ형강 | L75x75x9t | kg | | |
| ② | 강 판 | PL 6t | ㎡ | 1 | 1선용 |
| | 강 판 | PL 6t | ㎡ | 2 | 2선용 |
| ③ | 볼트, 너트, 와셔 | M16x45 | 개 | 2 | 1선용 |
| | 볼트, 너트, 와셔 | M16x45 | 개 | 4 | 2선용 |
| ④ | 전철용밴드 | 완철용 3호 | 개 | 1 | |

완철(포완철) 재료표

| 번호 | 품 명 | 규 격 | 단 위 | 길이(mm), 면적(㎡) | 수 량 | 비 고 |
|---|---|---|---|---|---|---|
| ① | ㄱ형강 | L75x75x9t | kg | 1750 | 2 | 철주300x400 |
| | | L75x75x9t | kg | 1800 | 2 | 철주450x450 |
| ② | 볼트, 너트, 와셔 | M20x400 | 개 | | 3 | 철주300x400 |
| | 볼트, 너트, 와셔 | M20x550 | 개 | | 3 | 철주450x450 |
| ③ | 지지와셔 | 4호(도그형) | 개 | | 4 | |
| ④ | 볼트, 너트, 와셔 | M20x150 | 개 | | 4 | |

완철(인출용 조립철주) 재료표

| 번호 | 품 명 | 규 격 | 단 위 | 길이(mm), 면적(㎡) | 수 량 | 비 고 |
|---|---|---|---|---|---|---|
| ① | ㄱ형강 | L75x75x9t | kg | 2000 | 2 | |
| ② | 볼트, 너트, 와셔 | M16x40 | 개 | | 2 | |

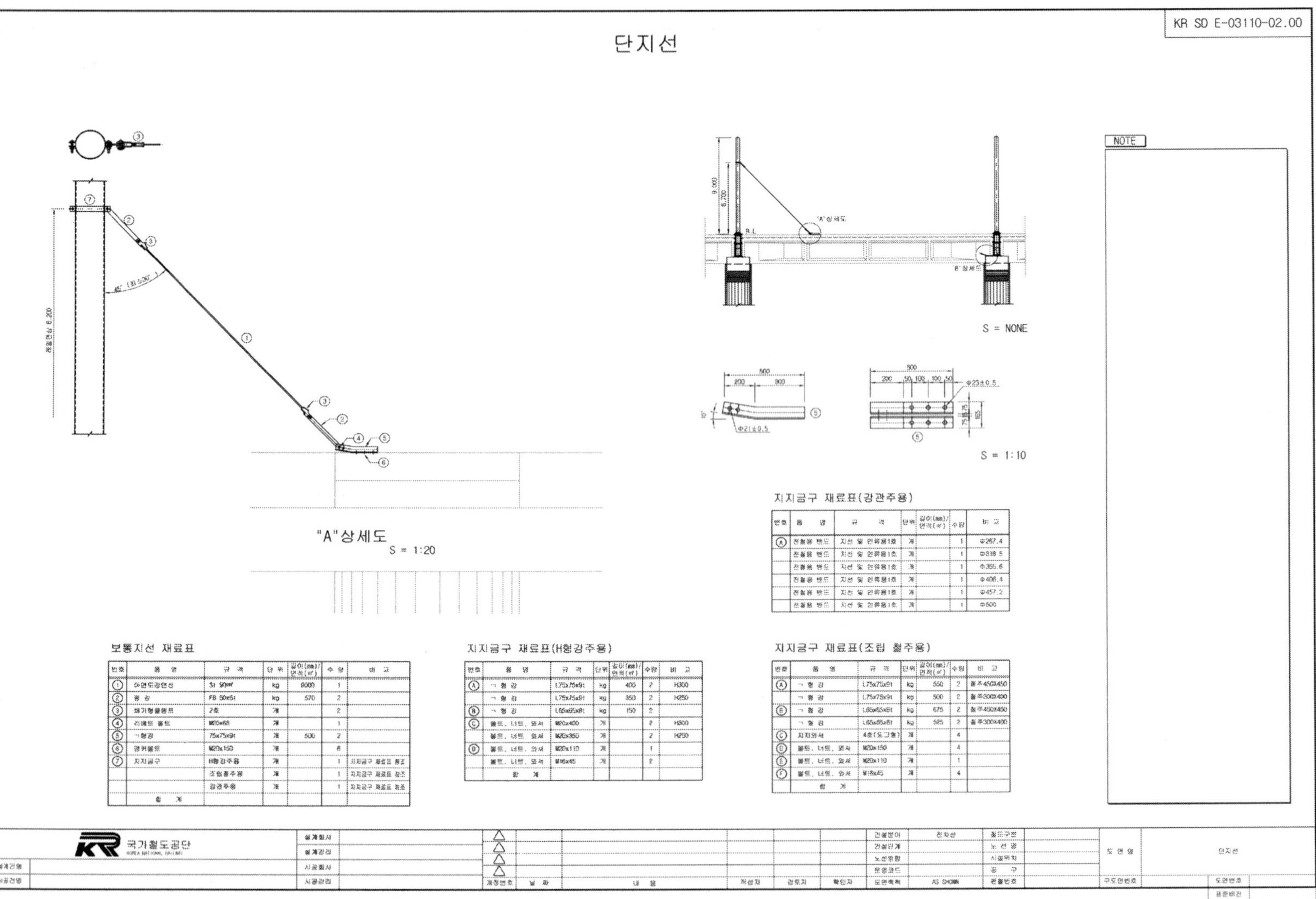


지지금구 재료표(강관주용)

| 번호 | 품 명 | 규 격 | 단위 | 길이(mm)/면적(㎡) | 수량 | 비 고 |
|---|---|---|---|---|---|---|
| Ⓐ | 전철용 밴드 | 지선 및 인류용1호 | 개 | | 1 | Φ267.4 |
| | 전철용 밴드 | 지선 및 인류용1호 | 개 | | 1 | Φ318.5 |
| | 전철용 밴드 | 지선 및 인류용1호 | 개 | | 1 | Φ355.6 |
| | 전철용 밴드 | 지선 및 인류용1호 | 개 | | 1 | Φ406.4 |
| | 전철용 밴드 | 지선 및 인류용1호 | 개 | | 1 | Φ457.2 |
| | 전철용 밴드 | 지선 및 인류용1호 | 개 | | 1 | Φ500 |

보통지선 재료표

| 번호 | 품 명 | 규 격 | 단 위 | 길이(mm)/면적(㎡) | 수 량 | 비 고 |
|---|---|---|---|---|---|---|
| ① | 아연도강연선 | St 90㎟ | kg | 9000 | 1 | |
| ② | 평 강 | FB 50x6t | kg | 570 | 2 | |
| ③ | 쐐기형클램프 | 2호 | 개 | | 2 | |
| ④ | 리베트 볼트 | M20x65 | 개 | | 1 | |
| ⑤ | ㄱ형강 | 75x75x9t | 개 | 500 | 2 | |
| ⑥ | 앵커볼트 | M20x150 | 개 | | 6 | |
| ⑦ | 지지금구 | H형강주용 | 개 | | 1 | 지지금구 재료표 참조 |
| | | 조립철주용 | 개 | | 1 | 지지금구 재료표 참조 |
| | | 강관주용 | 개 | | 1 | 지지금구 재료표 참조 |
| | 합 계 | | | | | |

지지금구 재료표(H형강주용)

| 번호 | 품 명 | 규 격 | 단위 | 길이(mm)/면적(㎡) | 수량 | 비 고 |
|---|---|---|---|---|---|---|
| Ⓐ | ㄱ 형 강 | L75x75x9t | kg | 400 | 2 | H300 |
| | ㄱ 형 강 | L75x75x9t | kg | 350 | 2 | H250 |
| Ⓑ | ㄱ 형 강 | L65x65x8t | kg | 150 | 2 | |
| Ⓒ | 볼트, 너트, 와셔 | M20x400 | 개 | | 2 | H300 |
| | 볼트, 너트, 와셔 | M20x350 | 개 | | 2 | H250 |
| Ⓓ | 볼트, 너트, 와셔 | M20x110 | 개 | | 1 | |
| | 볼트, 너트, 와셔 | M16x45 | 개 | | 2 | |
| | 합 계 | | | | | |

지지금구 재료표(조립 철주용)

| 번호 | 품 명 | 규 격 | 단위 | 길이(mm)/면적(㎡) | 수량 | 비 고 |
|---|---|---|---|---|---|---|
| Ⓐ | ㄱ 형 강 | L75x75x9t | kg | 550 | 2 | 철주450X450 |
| | ㄱ 형 강 | L75x75x9t | kg | 500 | 2 | 철주300X400 |
| Ⓑ | ㄱ 형 강 | L65x65x8t | kg | 675 | 2 | 철주450X450 |
| | ㄱ 형 강 | L65x65x8t | kg | 525 | 2 | 철주300X400 |
| Ⓒ | 지지와셔 | 4호(도그형) | 개 | | 4 | |
| Ⓓ | 볼트, 너트, 와셔 | M20x150 | 개 | | 4 | |
| Ⓔ | 볼트, 너트, 와셔 | M20x110 | 개 | | 1 | |
| Ⓕ | 볼트, 너트, 와셔 | M16x45 | 개 | | 4 | |
| | 합 계 | | | | | |

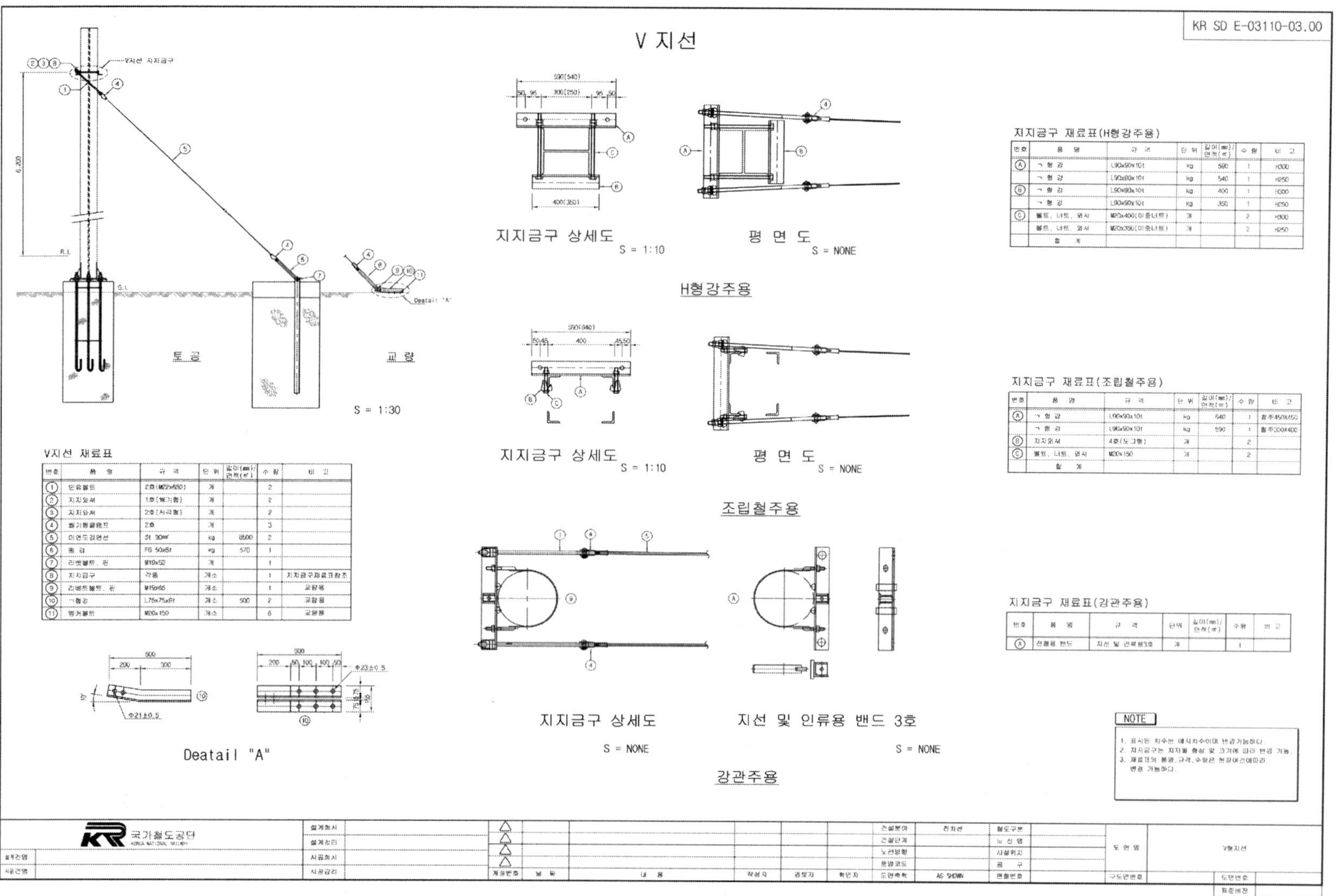


V지선 재료표

| 번호 | 품 명 | 규 격 | 단 위 | 길이(mm)/면적(㎡) | 수 량 | 비 고 |
|---|---|---|---|---|---|---|
| ① | 인류볼트 | 2호(M22x650) | 개 |  | 2 |  |
| ② | 지지와셔 | 1호(쐐기형) | 개 |  | 2 |  |
| ③ | 지지와셔 | 2호(사각형) | 개 |  | 2 |  |
| ④ | 쐐기형클램프 | 2호 | 개 |  | 3 |  |
| ⑤ | 아연도강연선 | St 90㎟ | kg | 8500 | 2 |  |
| ⑥ | 평 강 | FB 50x6t | kg | 570 | 1 |  |
| ⑦ | 리벳볼트, 핀 | M19x52 | 개 |  | 1 |  |
| ⑧ | 지지금구 | 각종 | 개소 |  | 1 | 지지금구재료표참조 |
| ⑨ | 리벳트볼트, 핀 | M19x65 | 개소 |  | 1 | 교량용 |
| ⑩ | ㄱ형강 | L75x75x9t | 개소 | 500 | 2 | 교량용 |
| ⑪ | 앵커볼트 | M20x150 | 개소 |  | 6 | 교량용 |

지지금구 재료표(H형강주용)

| 번호 | 품 명 | 규 격 | 단 위 | 길이(mm)/면적(㎡) | 수 량 | 비 고 |
|---|---|---|---|---|---|---|
| Ⓐ | ㄱ 형 강 | L90x90x10t | kg | 590 | 1 | H300 |
|  | ㄱ 형 강 | L90x90x10t | kg | 540 | 1 | H250 |
| Ⓑ | ㄱ 형 강 | L90x90x10t | kg | 400 | 1 | H300 |
|  | ㄱ 형 강 | L90x90x10t | kg | 350 | 1 | H250 |
| Ⓒ | 볼트, 너트, 와셔 | M20x400(이중너트) | 개 |  | 2 | H300 |
|  | 볼트, 너트, 와셔 | M20x350(이중너트) | 개 |  | 2 | H250 |
|  | 합 계 |  |  |  |  |  |

지지금구 재료표(조립철주용)

| 번호 | 품 명 | 규 격 | 단 위 | 길이(mm)/면적(㎡) | 수 량 | 비 고 |
|---|---|---|---|---|---|---|
| Ⓐ | ㄱ 형 강 | L90x90x10t | kg | 640 | 1 | 철주450X450 |
|  | ㄱ 형 강 | L90x90x10t | kg | 590 | 1 | 철주300X400 |
| Ⓑ | 지지와셔 | 4호(도그형) | 개 |  | 2 |  |
| Ⓒ | 볼트, 너트, 와셔 | M20x150 | 개 |  | 2 |  |
|  | 합 계 |  |  |  |  |  |

지지금구 재료표(강관주용)

| 번호 | 품 명 | 규 격 | 단위 | 길이(mm)/면적(㎡) | 수량 | 비 고 |
|---|---|---|---|---|---|---|
| Ⓐ | 전철용 밴드 | 지선 및 인류용3호 | 개 |  | 1 |  |

NOTE

1. 표시된 치수는 예시치수이며 변경가능하다.
2. 지지금구는 지지물 형상 및 크기에 따라 변경 가능.
3. 재료표의 품명,규격,수량은 현장여건에따라 변경 가능하다.

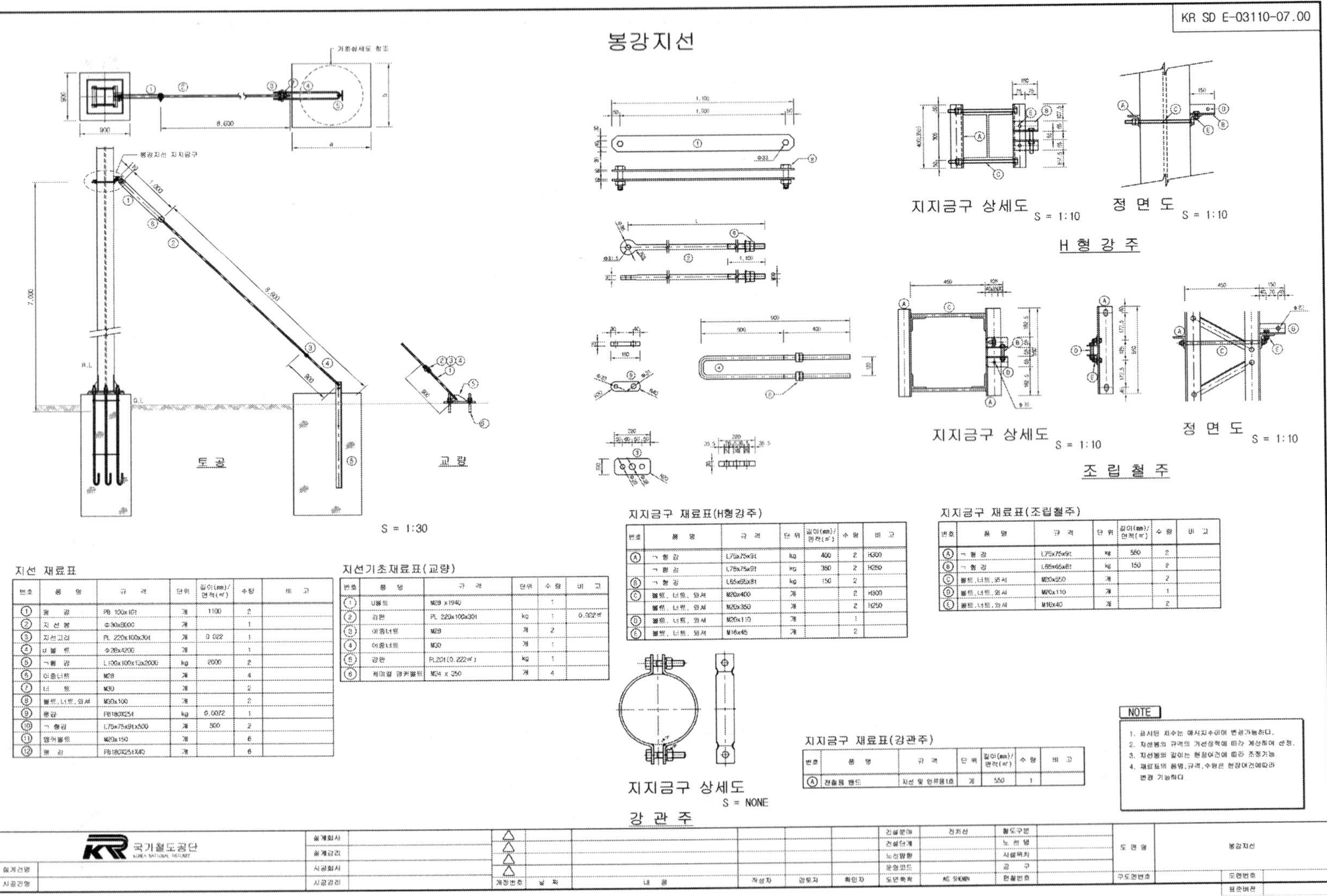


지선 재료표

| 번호 | 품 명 | 규 격 | 단위 | 길이(mm)/면적(㎡) | 수량 | 비 고 |
|---|---|---|---|---|---|---|
| ① | 봉 강 | FB 100x10t | 개 | 1100 | 2 | |
| ② | 지 선 봉 | Φ30x8000 | 개 | | 1 | |
| ③ | 지선고리 | PL 220x100x30t | 개 | 0.022 | 1 | |
| ④ | U 볼 트 | Φ28x4200 | 개 | | 1 | |
| ⑤ | ㄱ형 강 | L100x100x13x2000 | kg | 2000 | 2 | |
| ⑥ | 이중너트 | M28 | 개 | | 4 | |
| ⑦ | 너 트 | M30 | 개 | | 2 | |
| ⑧ | 볼트, 너트, 와셔 | M30x100 | 개 | | 2 | |
| ⑨ | 평강 | FB180X25t | kg | 0.0072 | 1 | |
| ⑩ | ㄱ 형강 | L75x75x9tx500 | 개 | 500 | 2 | |
| ⑪ | 앵커볼트 | M20x150 | 개 | | 6 | |
| ⑫ | 평 강 | FB180X25tX40 | 개 | | 6 | |

지선기초재료표(교량)

| 번호 | 품 명 | 규 격 | 단위 | 수 량 | 비 고 |
|---|---|---|---|---|---|
| ① | U볼트 | M28 x1940 | | 1 | |
| ② | 강판 | PL 220x100x30t | kg | 1 | 0.022㎡ |
| ③ | 이중너트 | M28 | 개 | 2 | |
| ④ | 이중너트 | M30 | 개 | 1 | |
| ⑤ | 강판 | PL20t(0.222㎡) | kg | 1 | |
| ⑥ | 케미컬 앵커볼트 | M24 x 250 | 개 | 4 | |

지지금구 재료표(H형강주)

| 번호 | 품 명 | 규 격 | 단 위 | 길이(mm)/면적(㎡) | 수 량 | 비 고 |
|---|---|---|---|---|---|---|
| Ⓐ | ㄱ 형 강 | L75x75x9t | kg | 400 | 2 | H300 |
| | ㄱ 형 강 | L75x75x9t | kg | 350 | 2 | H250 |
| Ⓑ | ㄱ 형 강 | L65x65x8t | kg | 150 | 2 | |
| Ⓒ | 볼트, 너트, 와셔 | M20x400 | 개 | | 2 | H300 |
| | 볼트, 너트, 와셔 | M20x350 | 개 | | 2 | H250 |
| Ⓓ | 볼트, 너트, 와셔 | M20x110 | 개 | | 1 | |
| Ⓔ | 볼트, 너트, 와셔 | M16x45 | 개 | | 2 | |

지지금구 재료표(조립철주)

| 번호 | 품 명 | 규 격 | 단 위 | 길이(mm)/면적(㎡) | 수 량 | 비 고 |
|---|---|---|---|---|---|---|
| Ⓐ | ㄱ 형 강 | L75x75x9t | kg | 550 | 2 | |
| Ⓑ | ㄱ 형 강 | L65x65x8t | kg | 150 | 2 | |
| Ⓒ | 볼트, 너트, 와셔 | M20x550 | 개 | | 2 | |
| Ⓓ | 볼트, 너트, 와셔 | M20x110 | 개 | | 1 | |
| Ⓔ | 볼트, 너트, 와셔 | M16x40 | 개 | | 2 | |

지지금구 재료표(강관주)

| 번호 | 품 명 | 규 격 | 단 위 | 길이(mm)/면적(㎡) | 수 량 | 비 고 |
|---|---|---|---|---|---|---|
| Ⓐ | 전철용 밴드 | 지선 및 인류용1호 | 개 | 550 | 1 | |

NOTE

1. 표시된 치수는 예시치수이며 변경가능하다.
2. 지선봉의 규격은 가선장력에 따라 계산하여 선정.
3. 지선봉의 길이는 현장여건에 따라 조정가능.
4. 재료표의 품명, 규격, 수량은 현장여건에따라 변경 가능하다.

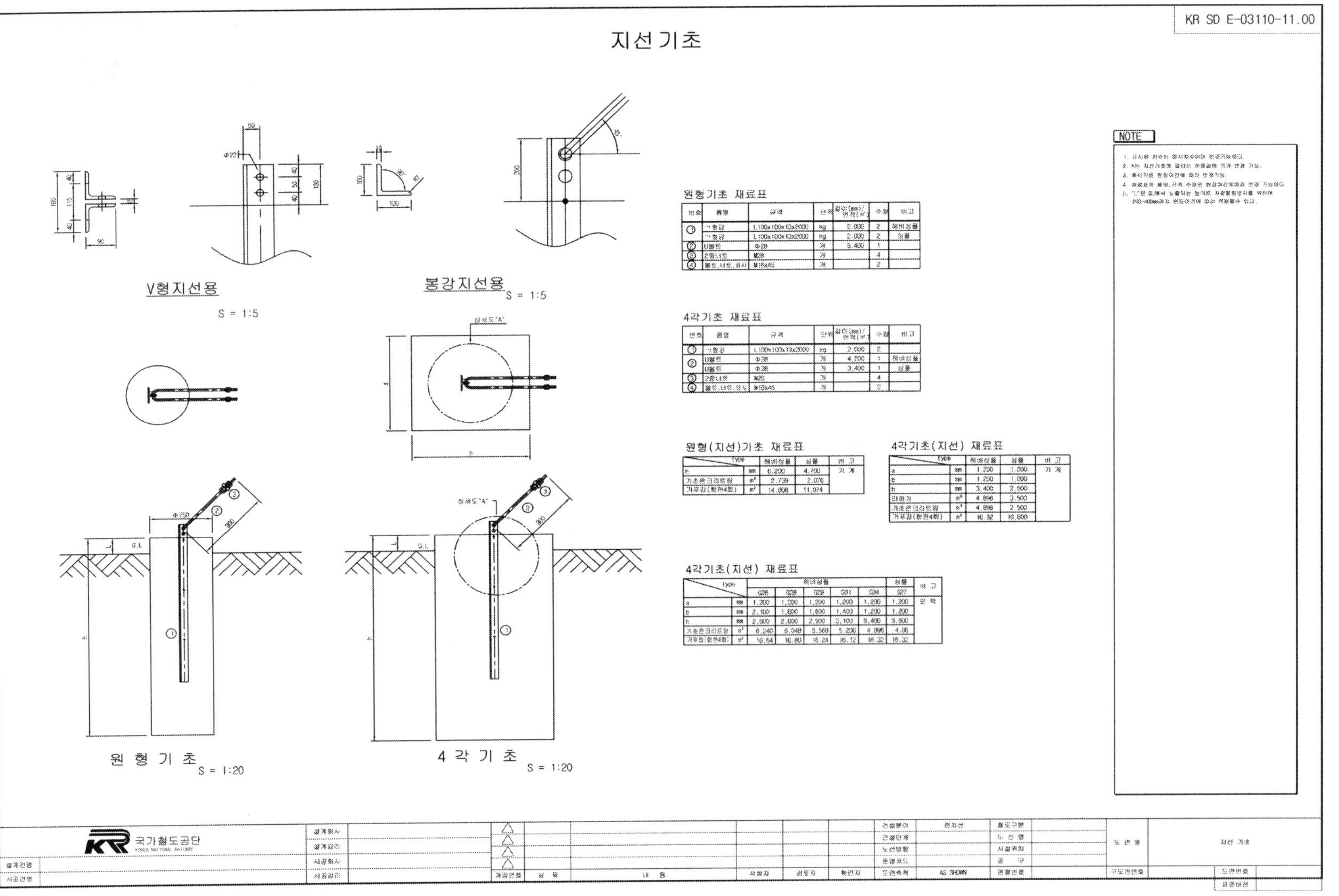


원형기초 재료표

| 번호 | 품명 | 규격 | 단위 | 길이(mm)/면적(㎡) | 수량 | 비고 |
|---|---|---|---|---|---|---|
| ① | ㄱ형강 | L100x100x13x2000 | kg | 2.000 | 2 | 해비상용 |
| | ㄱ형강 | L100x100x13x2000 | kg | 2.000 | 2 | 상용 |
| ② | U볼트 | Φ28 | 개 | 3.400 | 1 | |
| ③ | 2종너트 | M28 | 개 | | 4 | |
| ④ | 볼트,너트,와셔 | M16x45 | 개 | | 2 | |

4각기초 재료표

| 번호 | 품명 | 규격 | 단위 | 길이(mm)/면적(㎡) | 수량 | 비고 |
|---|---|---|---|---|---|---|
| ① | ㄱ형강 | L100x100x13x2000 | kg | 2.000 | 2 | |
| ② | U볼트 | Φ28 | 개 | 4.200 | 1 | 해비상용 |
| | U볼트 | Φ28 | 개 | 3.400 | 1 | 상용 |
| ③ | 2종너트 | M26 | 개 | | 4 | |
| ④ | 볼트,너트,와셔 | M16x45 | 개 | | 2 | |

원형(지선)기초 재료표

| type | | 해비상용 | 상용 | 비 고 |
|---|---|---|---|---|
| h | mm | 6.200 | 4.700 | 기 계 |
| 기초콘크리트량 | m³ | 2.739 | 2.076 | |
| 거푸집(합판4회) | m² | 14.808 | 11.074 | |

4각기초(지선) 재료표

| type | | 해비상용 | 상용 | 비 고 |
|---|---|---|---|---|
| a | mm | 1.200 | 1.000 | 기 계 |
| b | mm | 1.200 | 1.000 | |
| h | mm | 3.400 | 2.500 | |
| 터파기 | m³ | 4.896 | 3.500 | |
| 기초콘크리트량 | m³ | 4.896 | 2.500 | |
| 거푸집(합판4회) | m² | 16.32 | 10.800 | |

4각기초(지선) 재료표

| type | | 해비상용 | | | | | 상용 | 비 고 |
|---|---|---|---|---|---|---|---|---|
| | | G26 | G28 | G29 | G31 | G34 | G27 | |
| a | mm | 1,200 | 1,200 | 1,200 | 1,200 | 1,200 | 1,200 | 인 력 |
| b | mm | 2,100 | 1,600 | 1,600 | 1,400 | 1,200 | 1,200 | |
| h | mm | 2,600 | 2,600 | 2,900 | 3,100 | 3,400 | 3,500 | |
| 기초콘크리트량 | m³ | 6,240 | 6,048 | 5,568 | 5,206 | 4,896 | 4,86 | |
| 거푸집(합판4회) | m² | 16,64 | 16,80 | 16,24 | 16,12 | 16,32 | 16,32 | |

KR SD E-03100-17.00

# 터널브래킷

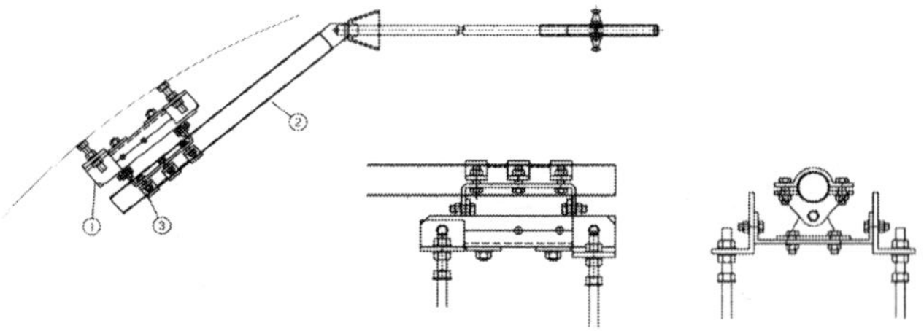

브래킷 지지금구 정면도

브래킷 지지금구 단면도

| 번호 | 품명 | 규격 | 단위 | 수량 | 비고 |
|---|---|---|---|---|---|
| ① | 브래킷 지지대 | 터널브래킷용 | 1 | 1 | |
| ② | 브래킷 본체 | 터널브래킷용 | 1 | 1 | |
| ③ | 가동고리 | 터널브래킷용 | 1 | 1 | |

터널브래킷

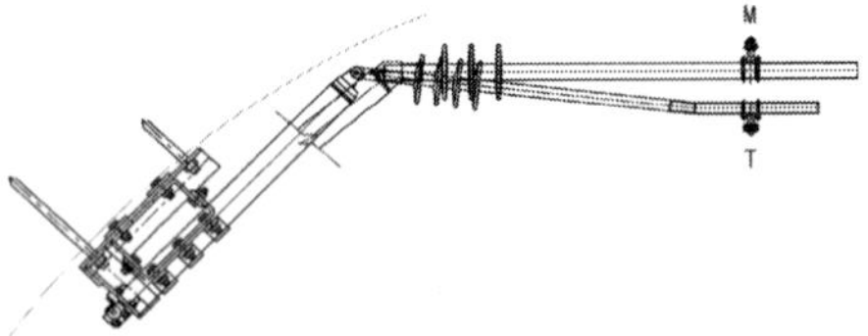

M

T

| 번호 | 품명 | 규격 | 단위 | 수량 | 비고 |
|---|---|---|---|---|---|
| ① | 브래킷 지지대 | 듀얼브래킷용 | 1 | 2 | |
| ② | 브래킷 본체 | 듀얼브래킷용 | 1 | 2 | |
| ③ | 가동고리 | 듀얼브래킷용 | 1 | 2 | |

듀얼브래킷

국가철도공단 KOREA NATIONAL RAILWAY

| 설계회사 | 설계감리 | 시공회사 | 시공감리 | 건설분야 | 전차선 | 건설단계 | 노선방향 | 운영코드 | 도면축척 | NONE | 도면명 | 터널브래킷 |
|---|---|---|---|---|---|---|---|---|---|---|---|---|

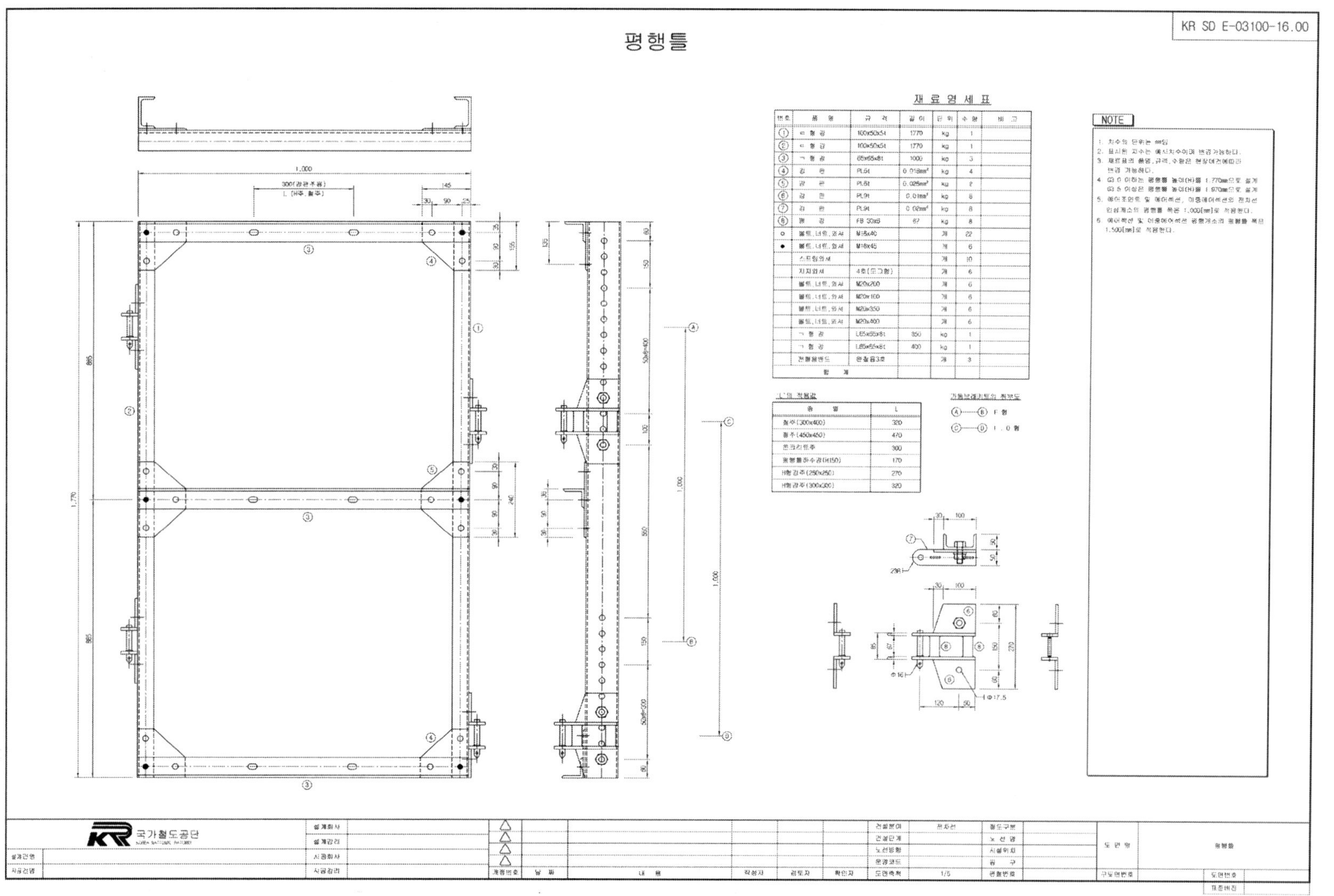


재 료 명 세 표

| 번호 | 품 명 | 규 격 | 길 이 | 단 위 | 수 량 | 비 고 |
|---|---|---|---|---|---|---|
| ① | ㄷ 형 강 | 100x50x5t | 1770 | kg | 1 | |
| ② | ㄷ 형 강 | 100x50x5t | 1770 | kg | 1 | |
| ③ | ㄱ 형 강 | 65x65x8t | 1000 | kg | 3 | |
| ④ | 강 판 | PL6t | 0.018m² | kg | 4 | |
| ⑤ | 강 판 | PL6t | 0.025m² | kg | 2 | |
| ⑥ | 강 판 | PL9t | 0.01m² | kg | 8 | |
| ⑦ | 강 판 | PL9t | 0.02m² | kg | 8 | |
| ⑧ | 평 강 | FB 30x6 | 67 | kg | 8 | |
| ○ | 볼트, 너트, 와셔 | M16x40 | | 개 | 22 | |
| ● | 볼트, 너트, 와셔 | M16x45 | | 개 | 6 | |
| | 스프링와셔 | | | 개 | 10 | |
| | 지지와셔 | 4호(표그형) | | 개 | 6 | |
| | 볼트, 너트, 와셔 | M20x200 | | 개 | 6 | |
| | 볼트, 너트, 와셔 | M20x100 | | 개 | 6 | |
| | 볼트, 너트, 와셔 | M20x350 | | 개 | 6 | |
| | 볼트, 너트, 와셔 | M20x400 | | 개 | 6 | |
| | ㄱ 형 강 | L65x65x8t | 350 | kg | 1 | |
| | ㄱ 형 강 | L65x65x8t | 400 | kg | 1 | |
| | 전주용밴드 | 완철용3호 | | 개 | 3 | |
| 합 계 | | | | | | |

"L"의 적용값

| 종 별 | L |
|---|---|
| 철주(300x400) | 320 |
| 철주(450x450) | 470 |
| 콘크리트주 | 300 |
| 평행틀하수강(H150) | 170 |
| H형강주(250x250) | 270 |
| H형강주(300x300) | 320 |

가동브래킷방식 적용도

Ⓐ-Ⓑ F 형

Ⓒ-Ⓓ I, O 형

NOTE

1. 치수의 단위는 mm임
2. 표시된 치수는 예시치수이며 변경가능하다.
3. 재료표의 품명, 규격, 수량은 현장여건에따라 변경 가능하다.
4. G3.0 이하는 평행틀 높이(H)를 1,770mm으로 설계
   G3.5 이상은 평행틀 높이(H)를 1,970mm으로 설계
5. 에어조인트 및 에어섹션, 이중에어섹션의 전차선 인상개소의 평행틀 폭은 1,000[mm]로 적용한다.
6. 에어섹션 및 이중에어섹션 평행개소의 평행틀 폭은 1,500[mm]로 적용한다.

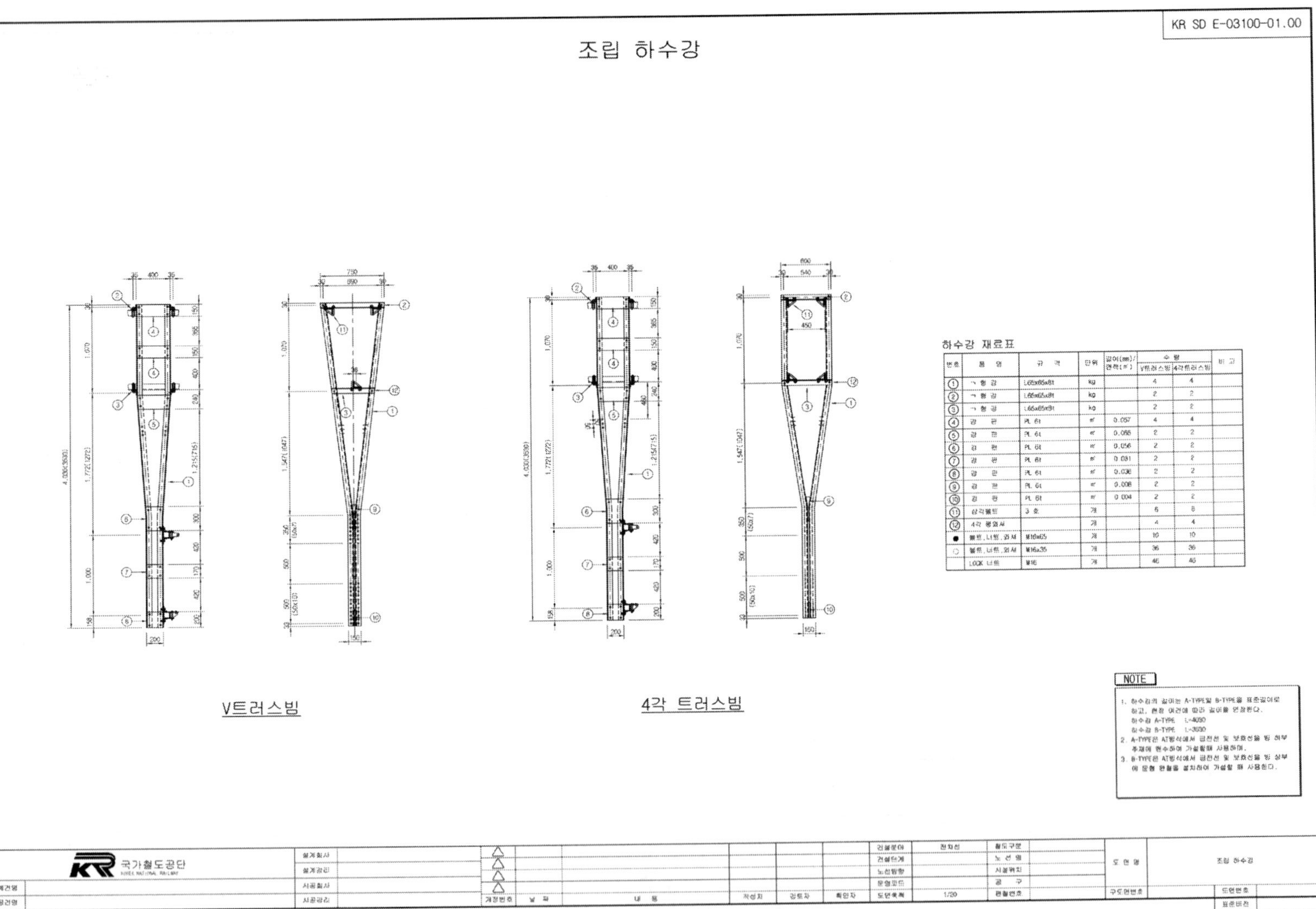


하수강 재료표

| 번호 | 품 명 | 규 격 | 단위 | 길이(mm)/면적(㎡) | 수량 V트러스빔 | 수량 4각트러스빔 | 비 고 |
|---|---|---|---|---|---|---|---|
| ① | ㄱ 형 강 | L65x65x8t | kg | | 4 | 4 | |
| ② | ㄱ 형 강 | L65x65x8t | kg | | 2 | 2 | |
| ③ | ㄱ 형 강 | L65x65x8t | kg | | 2 | 2 | |
| ④ | 강 판 | PL 6t | ㎡ | 0.057 | 4 | 4 | |
| ⑤ | 강 판 | PL 6t | ㎡ | 0.066 | 2 | 2 | |
| ⑥ | 강 판 | PL 6t | ㎡ | 0.056 | 2 | 2 | |
| ⑦ | 강 판 | PL 6t | ㎡ | 0.031 | 2 | 2 | |
| ⑧ | 강 판 | PL 6t | ㎡ | 0.036 | 2 | 2 | |
| ⑨ | 강 판 | PL 6t | ㎡ | 0.008 | 2 | 2 | |
| ⑩ | 강 판 | PL 6t | ㎡ | 0.004 | 2 | 2 | |
| ⑪ | 삼각볼트 | 3 호 | 개 | | 6 | 8 | |
| ⑫ | 4각 평와셔 | | 개 | | 4 | 4 | |
| ● | 볼트, 너트, 와셔 | M16x65 | 개 | | 10 | 10 | |
| ○ | 볼트, 너트, 와셔 | M16x35 | 개 | | 36 | 36 | |
| | LOCK 너트 | M16 | 개 | | 46 | 46 | |

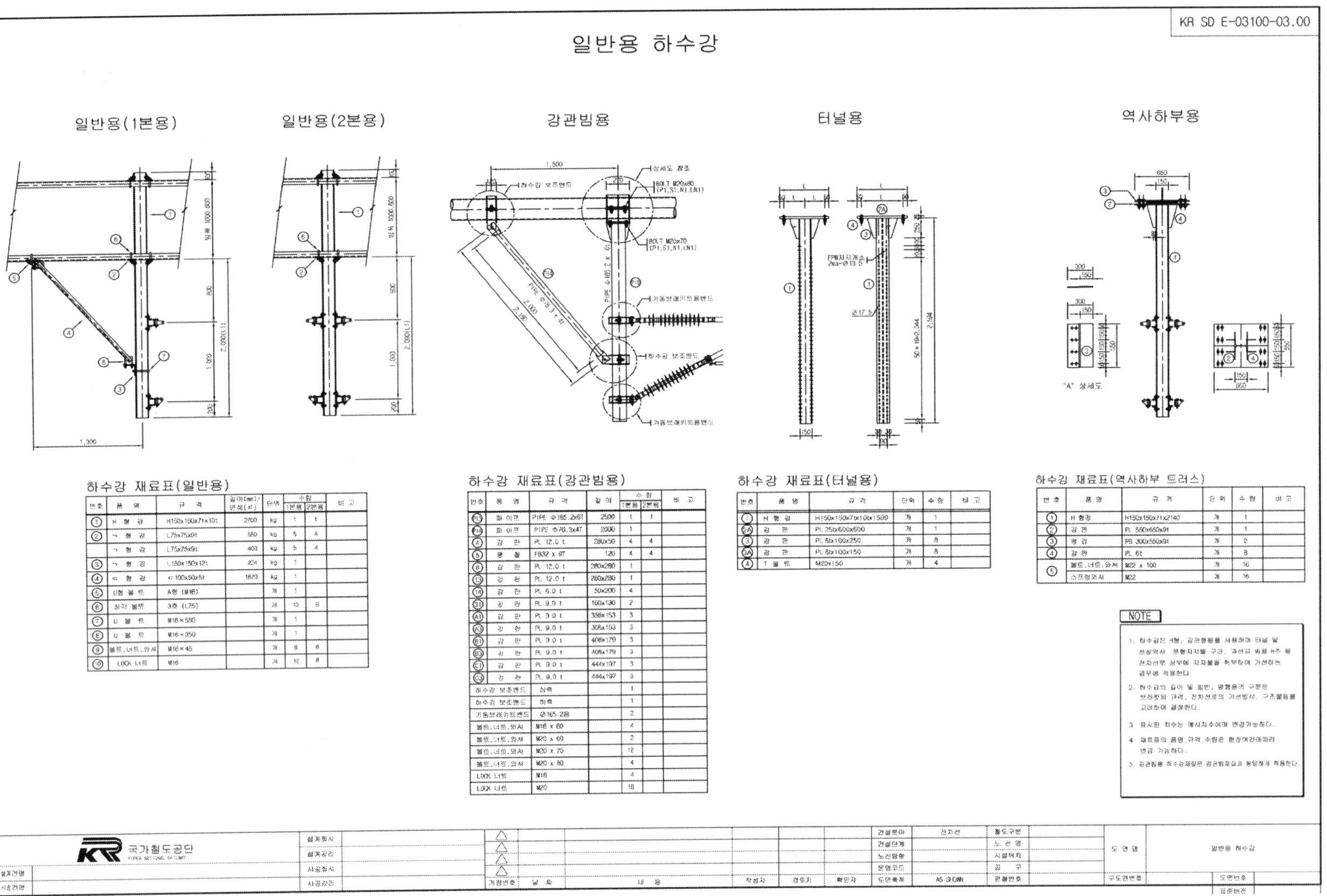


하수강 재료표(일반용)

| 번호 | 품 명 | 규 격 | 길이(mm)/면적(㎡) | 단위 | 수량 1본용 | 수량 2본용 | 비 고 |
|---|---|---|---|---|---|---|---|
| ① | H 형 강 | H150x150x7t x10t | 2700 | kg | 1 | 1 | |
| ② | ㄱ 형 강 | L75x75x9t | 550 | kg | 5 | 4 | |
| | ㄱ 형 강 | L75x75x9t | 400 | kg | 5 | 4 | |
| ③ | ㄱ 형 강 | L150x150x12t | 234 | kg | 1 | | |
| ④ | ㄷ 형 강 | ㄷ100x50x5t | 1670 | kg | 1 | | |
| ⑤ | U형 볼 트 | A형 (M16) | | 개 | 1 | | |
| ⑥ | 상하 볼트 | 3호 (L75) | | 개 | 10 | 8 | |
| ⑦ | U 볼 트 | M16×580 | | 개 | 1 | | |
| ⑧ | U 볼 트 | M16×350 | | 개 | 1 | | |
| ⑨ | 볼트,너트,와셔 | M16×45 | | 개 | 8 | 8 | |
| ⑩ | LOCK 너트 | M16 | | 개 | 12 | 8 | |

하수강 재료표(강관빔용)

| 번호 | 품 명 | 규 격 | 길 이 | 수량 1본용 | 수량 2본용 | 비 고 |
|---|---|---|---|---|---|---|
| P13 | 파 이 프 | PIPE Φ165.2x6T | 2500 | 1 | 1 | |
| P14 | 파 이 프 | PIPE Φ76.3x4T | 2000 | 1 | | |
| 4 | 강 판 | PL 12.0 t | 280x50 | 4 | 4 | |
| 5 | 평 철 | FB32 x 9T | 120 | 4 | 4 | |
| 8 | 강 판 | PL 12.0 t | 280x280 | 1 | | |
| 13 | 강 판 | PL 12.0 t | 280x280 | 1 | | |
| 14 | 강 판 | PL 6.0 t | 50x200 | 4 | | |
| 31 | 강 판 | PL 9.0 t | 160x130 | 2 | | |
| A1 | 강 판 | PL 9.0 t | 356x153 | 3 | | |
| A3 | 강 판 | PL 9.0 t | 356x153 | 3 | | |
| B1 | 강 판 | PL 9.0 t | 408x179 | 3 | | |
| B3 | 강 판 | PL 9.0 t | 408x179 | 3 | | |
| C1 | 강 판 | PL 9.0 t | 444x197 | 3 | | |
| C3 | 강 판 | PL 9.0 t | 444x197 | 3 | | |
| 하수강 보조밴드 | | 상측 | | 1 | | |
| 하수강 보조밴드 | | 하측 | | 1 | | |
| 가동브래키트용밴드 | | Ø165.2용 | | 2 | | |
| 볼트,너트,와셔 | | M16 x 60 | | 4 | | |
| 볼트,너트,와셔 | | M20 x 60 | | 2 | | |
| 볼트,너트,와셔 | | M20 x 70 | | 12 | | |
| 볼트,너트,와셔 | | M20 x 80 | | 4 | | |
| LOCK 너트 | | M16 | | 4 | | |
| LOCK 너트 | | M20 | | 16 | | |

하수강 재료표(터널용)

| 번호 | 품 명 | 규 격 | 단위 | 수량 | 비 고 |
|---|---|---|---|---|---|
| ① | H 형 강 | H150x150x7tx10tx1500 | 개 | 1 | |
| 2A | 강 판 | PL 25tx600x600 | 개 | 1 | |
| ③ | 강 판 | PL 6tx100x250 | 개 | 8 | |
| 3A | 강 판 | PL 6tx100x150 | 개 | 8 | |
| ④ | T 볼 트 | M20x150 | 개 | 4 | |

하수강 재료표(역사하부 트러스)

| 번호 | 품 명 | 규 격 | 단 위 | 수 량 | 비 고 |
|---|---|---|---|---|---|
| ① | H 형강 | H150x150x7tx2140 | 개 | 1 | |
| ② | 강 판 | PL 550x650x9t | 개 | 1 | |
| ③ | 평 강 | FB 300x550x9t | 개 | 2 | |
| ④ | 강 판 | PL 6t | 개 | 8 | |
| ⑤ | 볼트,너트,와셔 | M22 x 100 | 개 | 16 | |
| | 스프링와셔 | M22 | 개 | 16 | |

NOTE

1. 하수강은 H형, 강관형등을 사용하며 터널 및 선상역사, 을형지지물 구간, 개선급 빔을 H주 등 전차선로 상부에 지지물을 취부하여 가선하는 경우에 적용한다.
2. 하수강의 길이 및 일반, 강관용의 구분은 브래킷의 규격, 전차선로의 가선방식, 구조물등을 고려하여 결정한다.
3. 표시된 치수는 예시치수이며 변경가능하다.
4. 재료표의 품명, 규격, 수량은 현장여건에따라 변경 가능하다.
5. 강관빔용 하수강재질은 강관빔재질과 동일하게 적용한다.

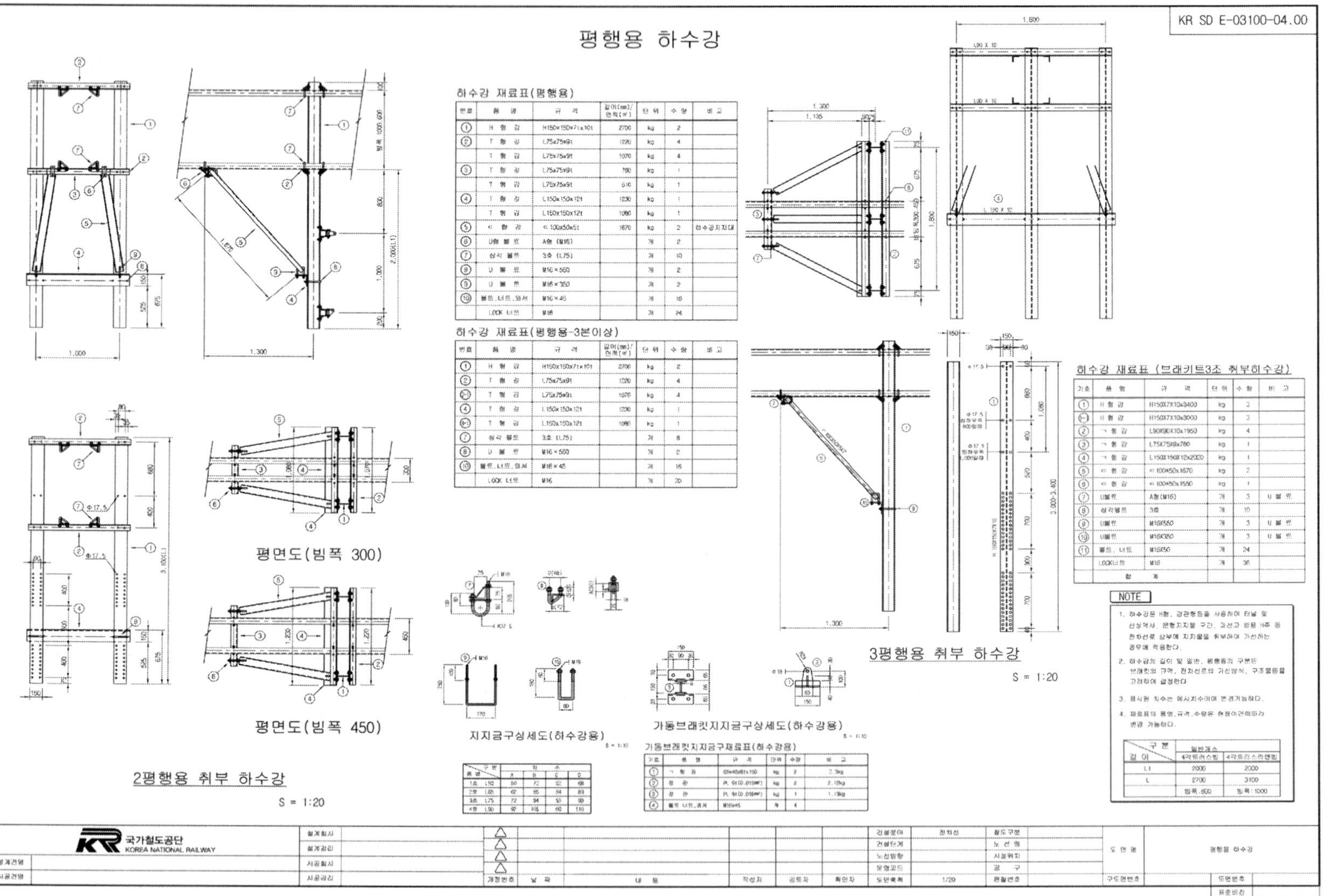


하수강 재료표(평행용)

| 번호 | 품 명 | 규 격 | 길이(mm)/면적(㎡) | 단 위 | 수 량 | 비 고 |
|---|---|---|---|---|---|---|
| ① | H 형 강 | H150x150x7tx10t | 2700 | kg | 2 | |
| ② | T 형 강 | L75x75x9t | 1220 | kg | 4 | |
| | T 형 강 | L75x75x9t | 1070 | kg | 4 | |
| ③ | T 형 강 | L75x75x9t | 760 | kg | 1 | |
| | T 형 강 | L75x75x9t | 610 | kg | 1 | |
| ④ | T 형 강 | L150x150x12t | 1230 | kg | 1 | |
| | T 형 강 | L150x150x12t | 1080 | kg | 1 | |
| ⑤ | ㄷ 형 강 | ㄷ100x50x5t | 1670 | kg | 2 | 하수강지지대 |
| ⑥ | U형 볼 트 | A형 (M16) | | 개 | 2 | |
| ⑦ | 삼각 볼트 | 3호 (L75) | | 개 | 10 | |
| ⑧ | U 볼 트 | M16×550 | | 개 | 2 | |
| ⑨ | U 볼 트 | M16×350 | | 개 | 2 | |
| ⑩ | 볼트, 너트, 와셔 | M16×45 | | 개 | 16 | |
| | LOCK 너트 | M16 | | 개 | 24 | |

하수강 재료표(평행용-3본이상)

| 번호 | 품 명 | 규 격 | 길이(mm)/면적(㎡) | 단 위 | 수 량 | 비 고 |
|---|---|---|---|---|---|---|
| ① | H 형 강 | H150x150x7tx10t | 2700 | kg | 2 | |
| ② | T 형 강 | L75x75x9t | 1220 | kg | 4 | |
| ②-1 | T 형 강 | L75x75x9t | 1070 | kg | 4 | |
| ④ | T 형 강 | L150x150x12t | 1230 | kg | 1 | |
| ④-1 | T 형 강 | L150x150x12t | 1080 | kg | 1 | |
| ⑦ | 삼각 볼트 | 3호 (L75) | | 개 | 8 | |
| ⑧ | U 볼 트 | M16×550 | | 개 | 2 | |
| ⑩ | 볼트, 너트, 와셔 | M16×45 | | 개 | 16 | |
| | LOCK 너트 | M16 | | 개 | 20 | |

하수강 재료표 (브래키트3조 취부하수강)

| 기호 | 품 명 | 규 격 | 단 위 | 수 량 | 비 고 |
|---|---|---|---|---|---|
| ① | H 형 강 | H150X7X10x3400 | kg | 3 | |
| ①-1 | H 형 강 | H150X7X10x3000 | kg | 3 | |
| ② | ㄱ 형 강 | L90X90X10x1950 | kg | 4 | |
| ③ | ㄱ 형 강 | L75X75X9x780 | kg | 1 | |
| ④ | ㄱ 형 강 | L150X150X12x2020 | kg | 1 | |
| ⑤ | ㄷ 형 강 | ㄷ100X50x1670 | kg | 2 | |
| ⑥ | ㄷ 형 강 | ㄷ100X50x1550 | kg | 1 | |
| ⑦ | U볼트 | A형(M16) | 개 | 3 | U 볼 트 |
| ⑧ | 삼각볼트 | 3호 | 개 | 10 | |
| ⑨ | U볼트 | M16X550 | 개 | 3 | U 볼 트 |
| ⑩ | U볼트 | M16X350 | 개 | 3 | U 볼 트 |
| ⑪ | 볼트, 너트 | M16X50 | 개 | 24 | |
| | LOCK너트 | M16 | 개 | 36 | |
| | 합 계 | | | | |

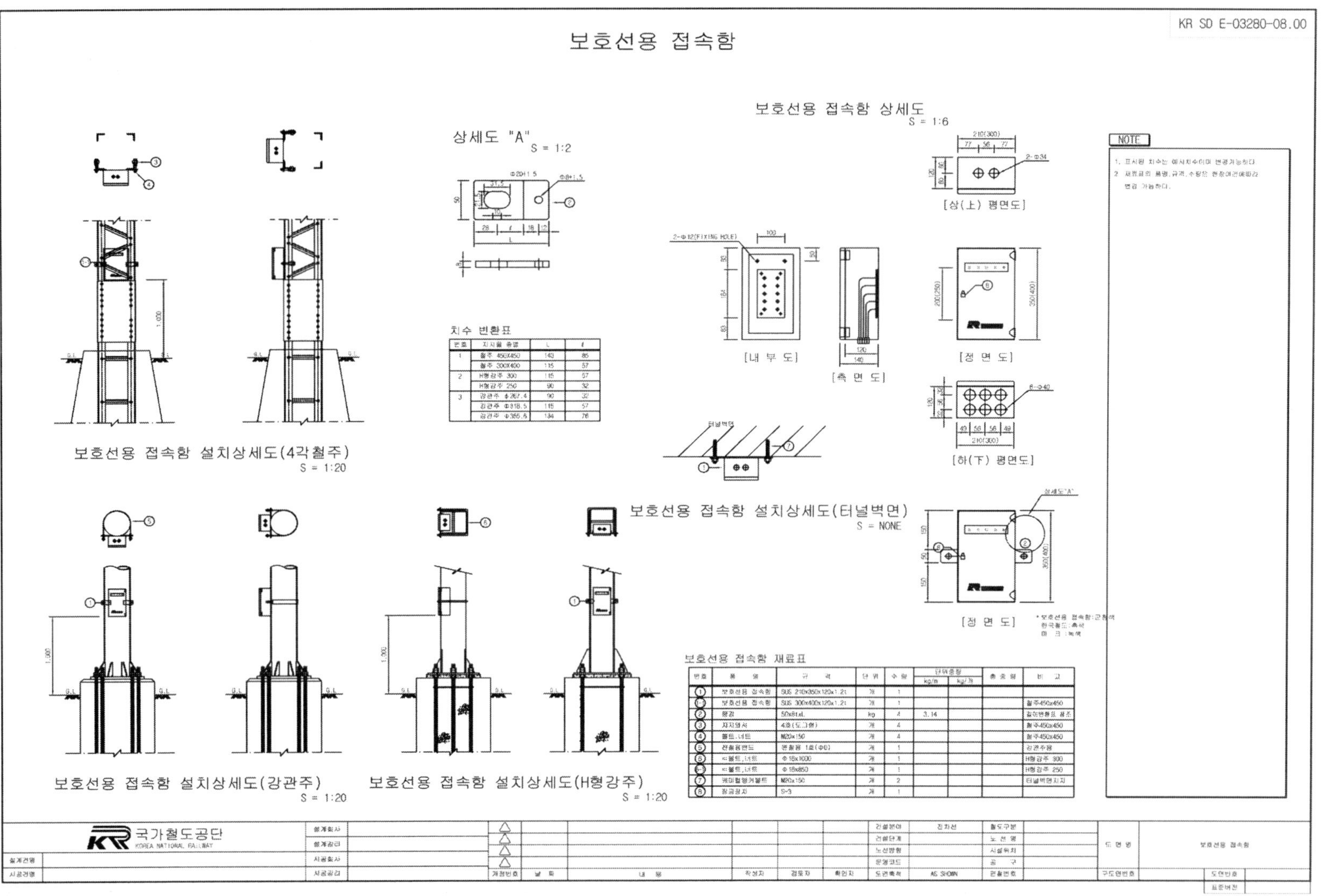
KR SD E-03280-08.00
보호선용 접속함
상세도 "A"
S = 1:2
치수 변환표
L
140
115
115
90
90
115
134
86
57
57
32
32
57
76
보호선용 접속함 설치상세도(4각철주)
S = 1:20
보호선용 접속함 상세도
S = 1:6
2-Φ12(FIXING HOLE)
[내 부 도]
[측 면 도]
[정 면 도]
[상(上) 평면도]
[하(下) 평면도]
보호선용 접속함 설치상세도(터널벽면)
S = NONE
보호선용 접속함 재료표
SUS 210x350x120x1.2t
SUS 300x400x120x1.2t
M20x150
Φ16x1000
Φ16x850
S-3
3.14
NOTE
보호선용 접속함 설치상세도(강관주)
S = 1:20
보호선용 접속함 설치상세도(H형강주)
S = 1:20
국가철도공단
KOREA NATIONAL RAILWAY
AS SHOWN

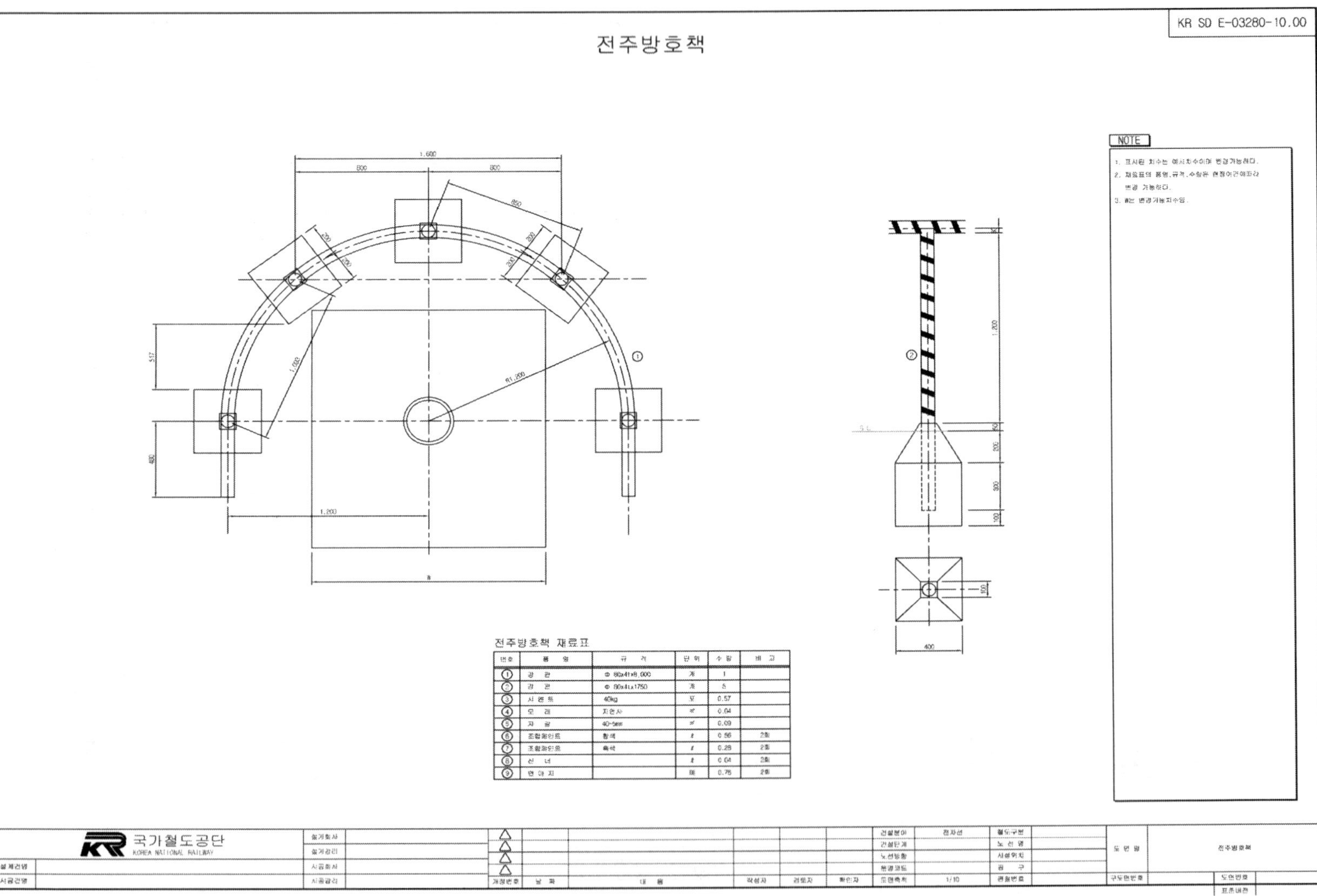


전주방호책 재료표

| 번호 | 품명 | 규격 | 단위 | 수량 | 비고 |
|---|---|---|---|---|---|
| ① | 강관 | Φ 80x4tx8,000 | 개 | 1 | |
| ② | 강관 | Φ 80x4tx1750 | 개 | 5 | |
| ③ | 시멘트 | 40kg | 포 | 0.57 | |
| ④ | 모래 | 자연사 | ㎥ | 0.04 | |
| ⑤ | 자갈 | 40-5mm | ㎥ | 0.09 | |
| ⑥ | 조합페인트 | 황색 | ℓ | 0.56 | 2회 |
| ⑦ | 조합페인트 | 흑색 | ℓ | 0.28 | 2회 |
| ⑧ | 신너 | | ℓ | 0.04 | 2회 |
| ⑨ | 연마지 | | 매 | 0.78 | 2회 |

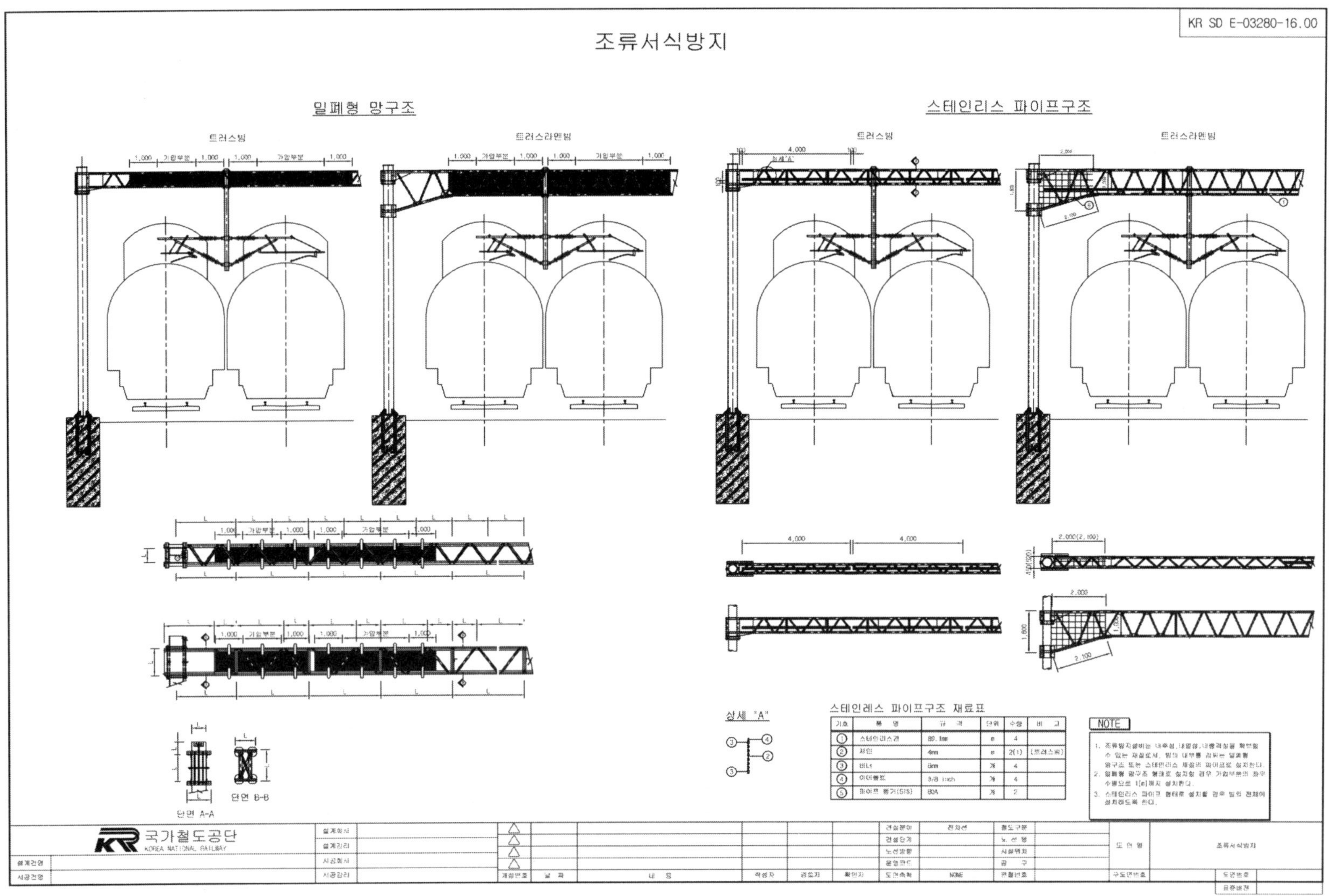
KR SD E-03280-16.00
조류서식방지
밀폐형 망구조
스테인리스 파이프구조
트러스빔
트러스라멘빔
상세 "A"
스테인레스 파이프구조 재료표
NOTE
단면 A-A
단면 B-B
국가철도공단
KOREA NATIONAL RAILWAY

# 찾아보기

(ㅅ)



(ㅇ)

(ㅈ)



(ㅊ)

## 기타

# 참고문헌


1. 국가철도공단, “전철전력설비 설계지침 및 편람(KR CODE 2012, 전철전력편)” 2012
2. 한국철도공사, “전기시설물 유지관리 규정” 2011
3. 한국철도공사, “전철전력설비 유지보수 세칙” 2011
4. 서울교통공사, “전기관련 규정” 1998.10
5. 박삼홍 외 1, 전기철도기술사(해설편) 2011
6. 김양수 외 1, “전기철도공학” 2008
7. 인재개발원(한국철도공사), “전기철도 구조물 전문가” 2007
8. 인재개발원(한국철도공사), “전기철도 고급기술 전문가” 2009
9. 한국전력공사, “송전실무반교재”, 1982
10. 이종득, “철도공학”, 노해출판사, 1997
11. 日本建築學會, “鐵塔構造計算規準·同解說” 1962
12. 丸山弘志, “鐵道工學”, 丸善株式會社, 1981.3
13. 日本國有鐵道, “電氣鐵道”, 電氣書院, 1982
14. 日本電氣學會, “電氣鐵道”, 科學圖書株式會社, 1985. 2
15. 穩田金次郎, “改訂 電氣鐵道” Ohm社, 1980
16. 日本鐵道電氣技術協會, “鐵道와 電氣技術”, 1998. 12
17. 日本鐵道電氣技術協會, “鐵道技術者를 위한 電氣概論”, 1990
18. Furrer+Frey, "Conductor rail manual", 1995
19. 권택진외3, “최신구조역학”, 학문사, 1998
20. 양창현, “구조역학” 청문각, 1998
21. 장동찬, “철골구조해설”, 기문당, 1997
22. 이무신 외 1, “개정 구조역학”, 1982
23. 전찬기 외 2, “응용역학”, 성안당, 1998
24. 강신업 외 3, “구조역학”, 학문사, 1983
25. 교재편찬위원회, “응용역학”, 경문출판사, 1979
26. 신현묵, “구조역학”, 화연사, 2011
27. 전철 전력설비 공사 설계표준(철도청 2000. 6)
28. 전철 지지물 구조개선 추진용역(철도청 2001. 9)

29. 6~9선용 복주형태의 빔을 이단빔으로 변경할 경우 구조검토보고서
(삼정 EMC 주식회사 2003. 6)
30. 전차선로 지지물기준(안)(국가철도공단 2004.10.22.)
31. 전철주기초 설계를 위한 저항모멘트 산정연구(국가철도공단 2010.05)

# 저자약력

**김양수** (金陽洙)

- 고려대학대학원 졸업(공학박사)
- 前 한국교통대학교 교통대학원장/교수
- 前 한국전기철도기술사회 회장
- 前 한국전기철도기술협회 회장
- 現 동산엔지니어링(주) 연구소장

**유해출** (金陽洙)

- 홍익대학교 대학원 졸업(공학박사)
- 前 우송대학교 교수
- 前 한국전기철도기술사회 회장
- 前 한국전기철도기술협회 회장
- 現 한국전기철도기술협회 기술고문

**심규식** (沈奎植)

- 연세대학교 산업대학원 전기공학과 졸업(공학석사)
- 前 우송대학교 겸임교수
- 現 한국전기철도기술협회 감사
- 現 (합) 부원전기 기술고문

# 전기철도구조물공학

발　　행 / 2023년 9월 5일

•

저　　자 / 김양수, 유해출, 심규식

펴 낸 이 / 정 창 희

펴 낸 곳 / 동일출판사

주　　소 / 서울시 강서구 곰달래로31길7 (2층)

전　　화 / (02) 2608-8250

팩　　스 / (02) 2608-8265

등록번호 / 109-90-92166

•



ISBN 978-89-381-1568-3 93560

값 / 32,000원